普通高等教育农业部"十二五"规划教材

面向 21 世纪课程教材
Textbook Series for 21st Century

普通高等教育"十四五"规划教材

食品化学

第 4 版

阚建全　主编

谢笔钧　主审

U0219150

中国农业大学出版社

·北京·

内 容 简 介

本书重点介绍食品化学的基础理论及其相关的实用知识。全书共分 12 章,主要内容包括食品 6 大营养成分、食品色香味成分和食品中有害成分的结构与性质,以及它们在食品加工储藏中的变化及其对食品品质和安全性的影响,同时还包括酶和食品添加剂在食品工业中的应用等。本书对近年来食品化学领域中的热点问题做了介绍和探讨,并注重反映食品化学的最新研究成果,本书二维码技术的应用既适度拓展了阅读内容,也方便了学生对有关内容的学习。本书每章都给出了学习目的与要求,以及必要的思考题和参考文献,以帮助学生更好地理解和掌握该章的重点和难点。本书努力通过不同的切入点将课程思政元素有机融入教学内容,促进本课程育人功能更好发挥。

本书不仅可作为高等院校食品科学与工程类专业本科学生的教材,也可供与食品科学与工程类相近专业的师生及从事农产品生产与加工的科技人员、管理人员参考。

图书在版编目(CIP)数据

食品化学 / 阚建全主编. —4 版. —北京:中国农业大学出版社,2021.10(2023.5 重印)
ISBN 978-7-5655-2620-6

Ⅰ.①食… Ⅱ.①阚… Ⅲ.①食品化学-高等学校-教材 Ⅳ.①TS201.2

中国版本图书馆 CIP 数据核字(2021)第 193076 号

书　　名	食品化学　第 4 版
作　　者	阚建全　主编　　谢笔钧　主审

策划编辑	宋俊果　王笃利　魏　巍	责任编辑	赵　艳
封面设计	郑　川		
出版发行	中国农业大学出版社		
社　　址	北京市海淀区圆明园西路 2 号	邮政编码	100193
电　　话	发行部 010-62733489,1190	读者服务部	010-62732336
	编辑部 010-62732617,2618	出　版　部	010-62733440
网　　址	http://www.caupress.cn	E-mail	cbsszs @ cau.edu.cn
经　　销	新华书店		
印　　刷	涿州市星河印刷有限公司		
版　　次	2021 年 10 月第 4 版　　2023 年 5 月第 3 次印刷		
规　　格	787×1092　　16 开本　　26.25 印张　　645 千字		
定　　价	69.00 元		

图书如有质量问题本社发行部负责调换

普通高等学校食品类专业系列教材

编审指导委员会委员

（按姓氏拼音排序）

第4版编写人员

主　　编　　阚建全(西南大学)

副 主 编　　庞　　杰(福建农林大学)

赵新淮(广东石油化工学院)

何　　慧(华中农业大学)

赵力超(华南农业大学)

刘　　玲(沈阳农业大学)

赵永焕(黑龙江八一农垦大学)

邬应龙(四川农业大学)

编写人员　　(按姓氏笔画顺序)

吕　　峰(福建农林大学)

邬应龙(四川农业大学)

刘　　玲(沈阳农业大学)

孙爱东(北京林业大学)

李春美(华中农业大学)

何　　慧(华中农业大学)

汪　　薇(仲恺农业工程学院)

汪开拓(重庆三峡学院)

张桂芝(中山火炬职业技术学院)

庞　　杰(福建农林大学)

赵力超(华南农业大学)

赵永焕(黑龙江八一农垦大学)

赵国华(西南大学)

赵新淮(广东石油化工学院)

谢建华(漳州职业技术学院)

阚建全(西南大学)

主　　审　　谢笔钧(华中农业大学)

第3版编写人员

主　　编　阚建全(西南大学)

副　主　编　庞　杰(福建农林大学)

赵新淮(东北农业大学)

何　慧(华中农业大学)

赵力超(华南农业大学)

刘　玲(沈阳农业大学)

赵永焕(黑龙江八一农垦大学)

邬应龙(四川农业大学)

编写人员　(按姓氏笔画顺序)

吕　峰(福建农林大学)

邬应龙(四川农业大学)

刘　玲(沈阳农业大学)

孙爱东(北京林业大学)

李春美(华中农业大学)

何　慧(华中农业大学)

汪　薇(仲恺农业工程学院)

汪开拓(重庆三峡学院)

张桂芝(中山火炬职业技术学院)

庞　杰(福建农林大学)

赵力超(华南农业大学)

赵永焕(黑龙江八一农垦大学)

赵国华(西南大学)

赵新淮(东北农业大学)

谢建华(漳州职业技术学院)

阚建全(西南大学)

主　　审　谢笔钧(华中农业大学)

第 2 版编写人员

主　　编　阚建全（西南大学）

副　主　编　庞　杰（福建农林大学）

　　　　　　刘　欣（华南农业大学）

　　　　　　何　慧（华中农业大学）

　　　　　　赵新淮（东北农业大学）

　　　　　　刘　玲（沈阳农业大学）

　　　　　　赵永焕（黑龙江八一农垦大学）

编写人员　孙爱东（北京林业大学）

　　　　　　吕　峰（福建农林大学）

　　　　　　刘　欣（华南农业大学）

　　　　　　刘　玲（沈阳农业大学）

　　　　　　李春美（华中农业大学）

　　　　　　何　慧（华中农业大学）

　　　　　　张桂芝（新疆农业大学）

　　　　　　庞　杰（福建农林大学）

　　　　　　赵永焕（黑龙江八一农垦大学）

　　　　　　赵国华（西南大学）

　　　　　　赵新淮（东北农业大学）

　　　　　　谢建华（漳州职业技术学院）

　　　　　　阚建全（西南大学）

主　　审　谢笔钧（华中农业大学）

第 1 版编写人员

主　　编　阚建全(西南农业大学)

副 主 编　庞　杰(福建农林大学)

　　　　　刘　欣(华南农业大学)

　　　　　何　慧(华中农业大学)

　　　　　赵新淮(东北农业大学)

参　　编　刘邻渭(西北农林科技大学)

　　　　　王义华(江西农业大学)

　　　　　李春美(华中农业大学)

　　　　　胡　敏(华中农业大学)

　　　　　吕　峰(福建农林大学)

主　　审　谢笔钧(华中农业大学)

出版说明
（代总序）

岁月如梭,食品科学与工程类专业系列教材自启动建设工作至现在的第4版或第5版出版发行,已经近20年了。160余万册的发行量,表明了这套教材是受到广泛欢迎的,质量是过硬的,是与我国食品专业类高等教育相适宜的,可以说这套教材是在全国食品类专业高等教育中使用最广泛的系列教材。

这套教材成为经典,作为总策划,我感触颇多,翻阅这套教材的每一科目、每一章节,浮现眼前的是众多著作者们汇集一堂倾心交流、悉心研讨、伏案编写的景象。正是大家的高度共识和对食品科学类专业高等教育的高度责任感,铸就了系列教材今天的成就。借再一次撰写出版说明(代总序)的机会,站在新的视角,我又一次对系列教材的编写过程、编写理念以及教材特点做梳理和总结,希望有助于广大读者对教材有更深入的了解,有助于全体编者共勉,在今后的修订中进一步提高。

一、优秀教材的形成除著作者广泛的参与、充分的研讨、高度的共识外,更需要思想的碰撞、智慧的凝聚以及科研与教学的厚积薄发。

20年前,全国40余所大专院校、科研院所,300多位一线专家教授,覆盖生物、工程、医学、农学等领域,齐心协力组建出一支代表国内食品科学最高水平的教材编写队伍。著作者们呕心沥血,在教材中倾注平生所学,那字里行间,既有学术思想的精粹凝结,也不乏治学精神的光华闪现,诚所谓学问人生,经年积成,食品世界,大家风范。这精心的创作,与敷衍的粘贴,其间距离,何止云泥!

二、优秀教材以学生为中心,擅于与学生互动,注重对学生能力的培养,绝不自说自话,更不任凭主观想象。

注重以学生为中心,就是彻底摒弃传统填鸭式的教学方法。著作者们谨记"授人以鱼不如授人以渔",在传授食品科学知识的同时,更启发食品科学人才获取知识和创造知识的思维与灵感,于润物细无声中,尽显思想驰骋,彰耀科学精神。在写作风格上,也注重学生的参与性和互动性,接地气,说实话,"有里有面",深入浅出,有料有趣。

三、优秀教材与时俱进，既推陈出新，又勇于创新，绝不墨守成规，也不亦步亦趋，更不原地不动。

首版再版以至四版五版，均是在充分收集和尊重一线任课教师和学生意见的基础上，对新增教材进行科学论证和整体规划。每一次工作量都不小，几乎覆盖食品学科专业的所有骨干课程和主要选修课程，但每一次修订都不敢有丝毫懈怠，内容的新颖性，教学的有效性，齐头并进，一样都不能少。具体而言，此次修订，不仅增添了食品科学与工程最新发展，又以相当篇幅强调食品工艺的具体实践。每本教材，既相对独立又相互衔接互为补充，构建起系统、完整、实用的课程体系，为食品科学与工程类专业教学更好服务。

四、优秀教材是著作者和编辑密切合作的结果，著作者的智慧与辛劳需要编辑专业知识和奉献精神的融入得以再升华。

同为他人作嫁衣裳，教材的著作者和编辑，都一样的忙忙碌碌，飞针走线，编织美好与绚丽。这套教材的编辑们站在出版前沿，以其炉火纯青的编辑技能，辅以最新最好的出版传播方式，保证了这套教材的出版质量和形式上的生动活泼。编辑们的高超水准和辛勤努力，赋予了此套教材蓬勃旺盛的生命力。而这生命力之源就是广大院校师生的认可和欢迎。

第 1 版食品科学与工程类专业系列教材出版于 2002 年，涵盖食品学科 15 个科目，全部入选"面向 21 世纪课程教材"。

第 2 版出版于 2009 年，涵盖食品学科 29 个科目。

第 3 版（其中《食品工程原理》为第 4 版）500 多人从 80 多所院校参加编写，2016 年出版。此次增加了《食品生物化学》《食品工厂设计》等品种，涵盖食品学科 30 多个科目。

需要特别指出的是，这其中，除 2002 年出版的第 1 版 15 部教材全部被审批为"面向 21 世纪课程教材"外，《食品生物技术导论》《食品营养学》《食品工程原理》《粮油加工学》《食品试验设计与统计分析》等为"十五"或"十一五"国家级规划教材。第 2 版或第 3 版教材中，《食品生物技术导论》《食品安全导论》《食品营养学》《食品工程原理》4 部为"十二五"普通高等教育本科国家级规划教材，《食品化学》《食品化学综合实验》《食品安全导论》等多个科目为原农业部"十二五"或农业农村部"十三五"规划教材。

本次第 4 版（或第 5 版）修订，参与编写的院校和人员有了新的增加，在比较完善的科目基础上与时俱进做了调整，有的教材根据读者对象层次以及不同的特色做了不同版本，舍去了个别不再适合新形势下课程设置的教材品种，对有些教材的题目做了更新,使其与课程设置更加契合。

在此基础上,为了更好满足新形势下教学需求,此次修订对教材的新形态建设提出了更高的要求,出版社教学服务平台"中农 De 学堂"将为食品科学与工程类专业系列教材的新形态建设提供全方位服务和支持。此次修订按照教育部新近印发的《普通高等学校教材管理办法》的有关要求,对教材的政治方向和价值导向以及教材内容的科学性、先进性和适用性等提出了明确且具针对性的编写修订要求,以进一步提高教材质量。同时为贯彻《高等学校课程思政建设指导纲要》文件精神,落实立德树人根本任务,明确提出每一种教材在坚持食品科学学科专业背景的基础上结合本教材内容特点努力强化思政教育功能,将思政教育理念、思政教育元素有机融入教材,在课程思政教育润物细无声的较高层次要求中努力做出各自的探索,为全面高水平课程思政建设积累经验。

教材之于教学,既是教学的基本材料,为教学服务,同时教材对教学又具有巨大的推动作用,发挥着其他材料和方式难以替代的作用。教改成果的物化、教学经验的集成体现、先进教学理念的传播等都是教材得天独厚的优势。教材建设既成就了教材,也推动着教育教学改革和发展。教材建设使命光荣,任重道远。让我们一起努力吧!

罗云波

2021 年 1 月

第4版前言

《食品化学》(第3版)出版已5年有余,得到了广大读者的支持和认可。2019年12月教育部印发的《普通高等学校教材管理办法》对教材编写与出版提出了新的要求,中国农业大学出版社结合教材建设最新发展提出了"融入思政元素的新理念,吸纳学科建设的新进展,拓展学科边界的新内涵,融合数字资源的新形态"的教材修订要求。同时,近几年在食品科学与工程领域出现了一些新的研究方法和成果,作为全国高等院校"面向21世纪课程教材"及"普通高等教育农业部'十二五'规划教材",本教材应及时地反映这方面的内容。因此,有必要对《食品化学》(第3版)进行完善和补充,这就促使了《食品化学》(第4版)的问世。

2016年12月8日,习近平总书记在全国高校思想政治工作会议上强调:要坚持把立德树人作为中心环节,把思想政治工作贯穿教育教学全过程,实现全程育人、全方位育人,努力开创我国高等教育事业发展新局面。因此,本教材在沿袭第3版框架结构和基本内容的基础上,根据新的要求和新的形势发展,在一些方面进行了改进:增加了近几年的新内容和新成果,尤其注重实现本课程与思政元素有机融合,发挥本课程的育人主渠道作用,每章通过不同的切入点将课程思政内容融入其中。如二维码技术内容在原有内容基础上增加了一些思政内容案例,章节里切入了一些思政元素,以弘扬"爱国、创新、求实、奉献"的科学家精神,倡导追求真理、严谨科学、实事求是的科学态度和胸怀祖国、团结协作、勇攀高峰的科研精神,强化树立"道路自信、理论自信、制度自信、文化自信"的四个自信意识,注重政治认同和家国情怀的培养,教导学生树立正确的世界观、人生观和价值观,以期教育培养学生们志存高远、服务人民,成为具有创新意识和创新能力的专业人才。自觉做共产主义远大理想和中国特色社会主义共同理想的坚定信仰者和忠实实践者。

2022年10月16日,习近平总书记在中国共产党第二十次全国代表大会上的报告中强调指出:教育是国之大计、党之大计。培养什么人、怎样培养人、为谁培养人是教育的根本问题。育人的根本在于立德。全面贯彻党的教育方针,落实立德树人根本任务,培养德智体美劳全面发展的社会主义建设者和接班人。坚持为党育人、为国育才。为更好宣传贯彻党的二十大精神,结合课程教学进一步提高广大师生思想认识水平,基于本课程覆盖内容广、基础性强的特点,本次重印在相应章节(绪论、1.5、1.6、2.5、3.1、3.3、4.5、7.5、8.5、11.12)融入了加快实施创新驱动发展战略;推进国家安全体系和能力现代化,坚决维护国家安全和社会稳定;全面推进乡村振兴;深入推进环境污染防治;树立大食物观,构建多元化食物供给体系等内容。希望各位老师、学生在使用本教材时结合实际进一步深入学习贯彻党的二十大精神,把立德树人和立志成才贯穿整个教学与学习过程。

全书共分为12章,其中西南大学阚建全和重庆三峡学院汪开拓共同编写第1章;华南农业大学赵力超编写第2章;广东石油化工学院赵新淮编写第3章;福建农林大学庞杰和漳州职业技术学院谢建华共同编写第4章;华中农业大学何慧编写第5章;福建农林大

学吕峰编写第 6 章;北京林业大学孙爱东和重庆三峡学院汪开拓共同编写第 7 章;中山火炬职业技术学院张桂芝编写第 8 章;黑龙江八一农垦大学赵永焕和四川农业大学邬应龙共同编写第 9 章;西南大学赵国华和沈阳农业大学刘玲共同编写第 10 章;华中农业大学李春美编写第 11 章;西南大学阚建全和仲恺农业工程学院汪薇共同编写第 12 章。全书由阚建全统稿,并对个别章节进行修改。华中农业大学谢笔钧教授主审。

中国农业大学罗云波教授、西南大学陈宗道教授和华中农业大学谢笔钧教授对本教材的改版提出了宝贵意见,中国农业大学出版社也为本书的顺利出版给予了极大的支持,在此一并致谢。

由于编者水平有限,虽多次修订书中仍然难免有错误和不妥之处,敬请读者批评指正。

编　者

2023 年 5 月

第3版前言

《食品化学》(第2版)出版已7年有余,在此期间,它得到了社会的支持和认可。由于在编写上存在不足,同时,近几年在食品科学与工程领域中出现了一些新的研究方法和成果,作为全国高等农业院校"面向21世纪课程教材",本书应及时的反映这方面的内容。因此,有必要对《食品化学》(第2版)进行完善和补充以及引入二维码技术,这就促使了《食品化学》(第3版)的问世。

本版《食品化学》仍然沿袭了第2版的框架结构,但在一些方面也有改进:在每一章都增加了新的内容,删去了一些内容,约缩减了10%的文字;每一章后的阅读材料尽可能地进行了更换,及时反映近年来食品化学中的热点问题或最新研究成果,以利学生开阔视野;引入了二维码技术,以提高学生阅读的兴趣和方便性以及阅读量;补充和更换了较多的理论联系实际的内容和思考题,帮助学生更好地理解和掌握所学的内容和实际应用能力的培养。

本书的编写人员增加了四川农业大学的邬应龙教授,仲恺农业工程学院汪薇副教授,重庆三峡学院汪开拓副教授。华南农业大学的刘欣教授因退休,未能参加本书的编写,深感遗憾,但她对本书的改版给予了极大的支持和帮助,推荐了华南农业大学的赵力超副教授接替她的工作。

全书共分为12章,其中西南大学阚建全和重庆三峡学院汪开拓共同编写第1章;华南农业大学赵力超编写第2章;东北农业大学赵新淮编写第3章;福建农林大学庞杰和漳州职业技术学院谢建华共同编写第4章;华中农业大学何慧编写第5章;福建农林大学吕峰编写第6章;北京林业大学孙爱东和重庆三峡学院汪开拓共同编写第7章;中山火炬职业技术学院张桂芝编写第8章;黑龙江八一农垦大学赵永焕和四川农业大学邬应龙共同编写第9章;西南大学赵国华和沈阳农业大学刘玲共同编写第10章;华中农业大学李春美编写第11章;西南大学阚建全和仲恺农业工程学院汪薇共同编写第12章。全书由阚建全统稿,并对个别章节进行了修改,敬请作者谅解;华中农业大学谢笔钧教授主审。

中国农业大学罗云波院长,西南大学陈宗道教授和华中农业大学谢笔钧教授对本教材的改版提出过宝贵意见,中国农业大学出版社也为本书的顺利出版给予了极大的支持,在此一并致谢。

由于编者水平有限,书中仍然难免有错误和不妥之处,敬请读者批评指正。

编　者

2015 年 12 月

第 2 版前言

  《食品化学》(第 1 版)出版已 5 年有余,此期间,它得到了社会的支持和认可。由于在编写上存在不足,同时,近几年在食品科学与工程领域中出现了一些新的研究方法和成果,作为教育部"面向 21 世纪课程教材",本书应及时地反映这方面的内容。因此,有必要对《食品化学》(第 1 版)进行完善和补充,这就促使了《食品化学》(第 2 版)的问世。

  本版《食品化学》仍然沿袭第 1 版的框架结构,但在一些方面也有改进:在每一章后都附加阅读材料,反映近年来食品化学中的热点问题或最新研究成果,以利于学生开阔视野;补充了较多的理论联系实际的内容,帮助学生更好地理解和掌握所学的内容和实际应用能力的培养;对食品添加剂一章做了较大的结构和内容的改变,并增加了第 12 章食品中的有害成分,使整个体系更加完善。

  本书的编写人员增加了北京林业大学的孙爱东教授、西南大学的赵国华教授、黑龙江八一农垦大学的赵永焕副教授、沈阳农业大学的刘玲博士、新疆农业大学的张桂芝博士、漳州职业技术学院的谢建华老师。中国农业大学的石阶平教授、江西农业大学的王义华博士及西北农林科技大学的刘邻渭教授因工作变动或出国,未能参加本书的编写,深感遗憾,但他们对本书的改版给了极大的支持和帮助,特别是石阶平教授。

  全书共分为 12 章,其中西南大学阚建全编写第 1 章和第 12 章;华南农业大学刘欣编写第 2 章;东北农业大学赵新淮编写第 3 章;福建农林大学庞杰和漳州职业技术学院谢建华共同编写第 4 章;华中农业大学何慧编写第 5 章;福建农林大学吕峰编写第 6 章;北京林业大学孙爱东编写第 7 章;新疆农业大学张桂芝编写第 8 章;黑龙江八一农垦大学赵永焕编写第 9 章;西南大学赵国华和沈阳农业大学刘玲共同编写第 10 章;华中农业大学李春美编写第 11 章。全书由阚建全统稿,并对个别章节进行了修改,敬请作者谅解。华中农业大学谢笔钧教授主审。

  中国农业大学罗云波院长、西南大学陈宗道教授和华中农业大学谢笔钧教授对本教材的改版提出过宝贵意见,中国农业大学出版社也为本书的顺利出版给予了极大的支持,在此一并致谢。

  由于编者水平有限,书中仍然难免有错误和不妥之处,敬请读者批评指正。

编 者
2008 年 6 月

第1版前言

食品化学是食品科学与工程专业的专业基础课之一。食品化学是从化学角度和分子水平上研究食品的化学组成、结构、理化性质、营养和安全性质以及它们在生产、加工、储藏和运销过程中发生的变化和这些变化对食品品质和安全性影响的一门基础应用科学。因此,对于一个食品科学与工程专业的本科生和研究生来说,必须掌握食品化学的基本知识和研究方法,才能在食品加工和保藏领域中较好地工作。

食品化学是多学科互相渗透的一门新兴学科,食品、化学、生物学、农业、医药和材料科学都在不断地向食品化学输入新鲜血液,也都在利用食品化学的研究成果,是食品科学与工程各个学科中发展很快的一个领域。在此领域,新的研究方法和成果不断涌现,本书必须能充分地反映这方面的最新研究成果,因此在编写过程中参考了许多国内外食品化学的最新教材和文献,其中最重要的是 O. R. Fennema 主编的 *Food Chemistry* 第 3 版和 H. D. Belitz 主编的 *Food Chemistry* 第 3 版,这两本书的前两版已在我国高等院校食品专业教育中产生了极大的影响。

本书被教育部审批为“面向 21 世纪课程教材”,主要内容包括食品 6 大营养成分和食品色香味成分的结构、性质以及在食品加工和储藏中的变化及其对食品品质和安全性的影响,酶和食品添加剂在食品工业中的应用等。本书还对近年来食品化学中的热点问题做了介绍和探讨,如功能性低聚糖、甜味剂、生物活性肽等(阅读材料),并注重反映食品化学的最新研究成果。章前有教学目的和要求,章后有思考题和参考文献,以便帮助学生更好地理解和掌握该章的重点、难点,因此本书内容新颖,理论联系实际。

全书共分为 11 章,其中西南大学阚建全、华中农业大学胡敏共同编写第 1 章绪论;华南农业大学刘欣编写第 2 章水分;福建农林大学庞杰、吕峰共同编写第 3 章碳水化合物,庞杰编写第 9 章呈味物质、第 10 章呈香物质;华中农业大学何慧编写第 4 章脂质;西南农业大学阚建全编写第 5 章蛋白质;东北农业大学赵新淮编写第 6 章维生素与矿物质;江西农业大学王义华编写第 7 章酶;西北农林科技大学刘邻渭编写第 8 章色素;华中农业大学李春美编写第 11 章食品添加剂。全书由阚建全统稿,华中农业大学谢笔钧教授主审。

中国农业大学罗云波院长、南庆贤教授,西南农业大学陈宗道教授和华中农业大学谢笔钧教授对本教材的编写提出过宝贵意见,中国农业大学出版社刘军、宋俊果等为本书的顺利出版给予了极大的支持,在此一并致谢。

由于编者水平有限,书中难免有错误和不妥之处,敬请读者批评指正。

编　者
2002 年 8 月

目　　录

第 1 章

绪　　论

本章学习目的与要求

1. 了解食品化学的概念、发展简史和食品化学研究的内容以及食品化学在食品工业技术发展中的重要作用。

2. 掌握食品化学的研究方法。

3. 熟悉食品中主要的化学变化以及对食品品质和安全性的影响,树立"食以安为先"的理念。

1.1 食品化学的概念与发展简史

1.1.1 食品化学的概念

食物(foodstuff)是指含有营养素的可食性物料。营养素(nutrient)是指那些能维持人体正常生长发育和新陈代谢所必需的物质,从化学性质可分为 6 大类,即蛋白质(protein)、脂质(lipid)、碳水化合物(carbohydrate)、矿物质(mineral)、维生素(vitamin)和水(water),目前,也有人提出将膳食纤维(dietary fiber)列为第 7 类营养素。人类的食物绝大多数都是经过加工后才食用的,经过加工的食物称为食品(food),但通常也泛指一切食物为食品(图 1-1)。

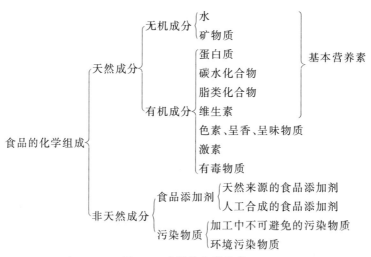

图 1-1 食品的化学组成

食品化学(food chemistry)是利用化学的理论和方法研究食品本质的科学,即从化学角度和分子水平研究食品的化学组成、结构、理化性质、营养和安全性质以及它们在生产、加工、储藏和运销过程中的变化及其对食品品质和安全性的影响的科学,属于应用化学的一个分支。它是为改善食品品质、开发食品新资源、革新食品加工工艺和储运技术、科学调整膳食结构、改进食品包装、加强食品质量控制及提高食品原料加工和综合利用水平奠定理论基础的一门学科。

1.1.2 食品化学的发展简史

食品化学是一门年轻的学科,是 20 世纪初随着化学、生物化学的发展和食品工业的兴起而形成的一门独立学科,与人类的生活和食物的生产实践紧密相关。虽然在某种意义上食品化学的起源可以追溯到远古时期,但食品化学作为一门学科出现是在 18—19 世纪,而其最主要的研究却始于 19 世纪末期。

瑞典著名化学家 Carl Wilhelm Scheele(1742—1786 年)分离和研究了乳酸的性质(1780 年),从柠檬汁(1784 年)和醋栗(1785 年)中分离出柠檬酸,从苹果中分离出苹果酸(1784 年),并检验了 20 种普通水果中的柠檬酸和酒石酸(1785 年)等,因此他的研究被认为是食品化学定量分析研究的开端。法国化学家 Antoine Laurent Lavoisier(1743—1794 年)首先测定了乙醇的元素成分(1784 年)。法国化学家 Nicolas Theodore de Saussure(1767—1845 年)用灰化的方法测定了植物中矿物质的含量,并首先完成了乙醇的元素组成分析(1807 年)。

英国化学家 Sir Humphrey Davy(1778—1829 年)在 1813 年出版了第一本《农业化学原理》,在其中论述了食品化学的一些相关内容。法国化学家 Michel Eugene Chevreul(1786—1889 年)关于动物脂肪成分的经典研究导致了硬脂酸和油酸的发现与命名。德国的 W. Hanneberg 和 F. Stohmann 于 1860 年发展了一种用来常规测定食品中主要成分的方法,即先将某一样品分为几部分,以便测定其中的水分、粗脂肪、灰分和氮的含量,将含氮量乘以 6.25 即得蛋白质含量,然后相继用稀酸和稀碱消化样品,得到的残渣被称为粗纤维,除去蛋白质、脂肪、灰分和粗纤维后的剩余部分称为"无氮提取物"。Jean Baptiste Duman(1800—1884 年)提出仅由蛋白质、碳水化合物和脂肪组成的膳食不足以维持人类的生命(1871 年)。Justus von Liebig(1803—1873 年)将食品分为含氮的(植物蛋白质、酪蛋白等)和不含氮的(脂肪、碳水化合物等)两类(1842 年),并于 1847 年出版了第一本有关食品化学方面的书——《食品化学的研究》,这显然是第一本食品化学方面的著作,但此时仍未建立食品化学学科。

直到 20 世纪初,食品工业已成为发达国家和一些发展中国家的重要工业,大部分的食品物质组成已被化学家、生物学家和营养医学家的研究探明,食品化学建立的时机才成熟。在此期间,食品工业的不同行业纷纷创建自身的化学基础,如粮油化学、果蔬化学、乳品化学、糖业化学、肉禽蛋化学、水产化学、添加剂化学和风味化学等,这些为系统的食品化学学科的建立奠定了坚实的基础。在 20 世纪 30—50 年代,具有世界影响力的 *Journal of Food Science*、*Journal of Agricultural and Food Chemistry* 和 *Food Chemistry* 等杂志相继创立,这标志着食品化学作为一门学科的正式建立。可见,任何科学进展都不能一蹴而就,它往往需要众多科研工作者前仆后继的长久努力。

近 20 年来,一些食品化学著作与世人见面,如英文版的《食品科学》《食品化学》《食品加工过程中的化学变化》《水产食品化学》《食品中的碳水化合物》《食品蛋白质化学》和《蛋白质在食品中的功能性质》等,反映了当代食品化学的水平。权威性的食品化学教科书应首推美国 Owen R. Fennema 主编的 *Food Chemistry*(已出版第 5 版)和德国 H. D. Belitz 主编的 *Food Chemistry*(已出版第 5 版),它们已广泛流传世界。

食品化学的发展历史与严重而普遍的食品掺假造假的起源同步,可以毫不夸张地说,对检测食品中杂质的需求是发展分析食品化学的一个主要推动力。食品掺假造假是一个全球性的问题,世界各地也经常爆发食品造假事件。同世界发达国家一样,2013 年以来,我国持续创新监管体制机制,食品造假治理工具体系更加丰富和完善。在政府和社会主体的关系上,开始强调多元化的社会主体的作用,致力于构建食品安全风险社会共治体系;在政府自身的监管方式上,完善监督抽查机制,重视科学技术在食品安全治理上的精确打击,并强化信息公开为基础的信用监管,为未来的食品掺假造假治理奠定了坚实的基础。

二维码 1-1　阅读材料——食品掺假造假与治理

近年来,食品化学的研究领域不断拓宽,研究手段日趋现代化,研究成果的应用周期越来越短。现在食品化学的研究正向反应机理、风味物的结构和性质研究、特殊营养成分的结构和

功能性质研究、食品材料的改性研究、食品现代和快速的分析方法研究、高新分离技术的研究、未来食品包装技术的化学研究、现代化储藏保鲜技术和生理生化研究,新食品资源、新工艺和新添加剂等方向发展。

我国的食品化学研究和教育多集中在高等院校,作为研究和教学的重点之一,"食品化学"课程已成为"食品科学与工程"和"食品质量与安全"专业的专业基础课,对我国食品工业的发展和保障食品安全产生了重要影响。

1.2　食品化学研究的内容和范畴

正如前面所述,食品化学是从化学角度和分子水平研究食品的化学组成、结构、理化性质、营养和安全性质以及它们在生产、加工、储藏和运销过程中的变化及其对食品品质和安全性的影响。因此,研究食品中营养成分,呈色、香、味成分和有害成分以及生理活性物质的化学组成、性质、结构和功能以及新的分析技术;阐明食品成分之间在生产、加工、储存、运销中的变化,即化学反应历程、中间产物和最终产物的结构及其对食品的品质和卫生安全性的影响;研究食品加工储藏的新技术,开发新的产品和新的食品资源以及新的食品添加剂等,则构成了食品化学的主要研究内容。

根据研究内容的主要范围,食品化学主要包括食品营养成分化学、食品色香味化学、食品工艺化学、食品物理化学和食品有害成分化学及食品分析技术。根据研究内容的物质分类,食品化学主要包括:食品碳水化合物化学、食品油脂化学、食品蛋白质化学、食品酶学、食品添加剂、维生素化学、食品矿物元素化学、调味品化学、食品风味化学、食品色素化学、食品毒物化学、食品保健成分化学。另外,在生活饮用水处理、食品生产环境保护、活性成分的分离提取、农产品资源的深加工和综合利用、生物技术的应用、绿色食品和有机食品以及保健食品的开发、食品加工、包装、储藏和运销等领域中也蕴含着丰富的食品化学内容。

食品化学与化学、生物化学、生理学、植物学、动物学、营养学、医学、工艺学、卫生学和分子生物学等密切相关,食品化学主要依靠上述学科的知识有效地研究和控制作为人类食品来源的生物物质。了解生物物质所固有的特性和掌握研究它们的方法是食品化学家和其他生物科学家的共同兴趣,然而食品化学家也有自己不同于其他生物科学家的特殊兴趣。生物科学家关心的是在与生命相适应或几乎相适应的环境条件下,活的生物物质所进行的繁殖、生长和变化。而食品化学家则主要关心死的或将要死的生物物质(如收获后的植物和宰后的肌肉)以及它们暴露在变化很大的各种环境条件下所发生的各种变化,如食品化学家关心新鲜果蔬在储藏和运销过程中维持残留生命过程的适宜条件,如用低温、包装来维持果蔬的新鲜度,使之具有较长的货架期;相反,在试图长期保存食品而进行的热加工、冷冻、浓缩、脱水、辐照和添加化学防腐剂等时,食品化学家则主要关心不适宜生命生存的条件和在这些加工和保藏条件下食品中各种组分可能发生的变化以及这些变化对食品的品质和安全性的影响;另外食品化学家还要关心破损的食品组织(面粉、果蔬汁等),单细胞食品(蛋、藻类等)和一些重要的生物流体(牛乳等)的性质和变化。总之,食品化学家虽然和生物科学家有很多共同的研究内容,但也有需要研究和解决的特殊问题,而这些问题对于食品加工和保藏是至关重要的。

1.3 食品中主要的化学变化概述

食品从原料生产,经过加工、运输、储藏到产品销售,每一过程无不涉及一系列的变化(表 1-1 至表 1-3)。表 1-1 列出了在加工和储藏中食品可能发生的变化,而表 1-2 则列出了引起食品品质和安全性变化的一些化学和生物化学反应,表 1-3 列出了此类变化顺序的实例。这个变化顺序把导致食品品质和安全性变化的原因和结果联系起来了,便于培养人们用分析的方法来处理食品中发生变化的问题,具有重要的实用价值。对这些变化的研究和控制就构成了食品化学研究的核心内容。

表 1-1 在加工和储藏中食品可能发生的变化分类

属 性	变 化
质地	失去溶解性,失去持水力,质地变坚韧,质地软化
风味	出现酸败味,出现焦味,出现异味,出现美味和芳香
颜色	褐变(暗色),漂白(褪色),出现异常颜色,出现诱人色彩
营养价值	蛋白质、脂类、维生素和矿物质的降解或损失及生物利用性改变
安全性	产生毒物,钝化毒物,产生具有调节生理机能作用的物质

表 1-2 改变食品品质和安全性的一些化学反应和生物化学反应

反应种类	实 例
非酶褐变(Maillard 反应)	焙烤食品色、香、味的形成
酶促褐变	切开的水果迅速变褐
氧化反应	脂肪产生异味,维生素降解,色素褪色,蛋白质营养价值降低
水解反应	脂类、蛋白质、维生素、碳水化合物、色素等的水解
与金属的反应	与花青素作用改变颜色,叶绿素脱镁变色,催化自动氧化
脂类的异构化反应	顺式不饱和脂肪酸→反式不饱和脂肪酸,非共轭脂肪酸→共轭脂肪酸
脂类的环化反应	产生单环脂肪酸
脂类的聚合反应	油炸中油产生泡沫和黏稠度增加
蛋白质的变性反应	卵清凝固,酶失活
蛋白质的交联反应	在碱性条件下加工蛋白质,使其营养价值降低
糖的酵解反应	宰后动物组织和采后植物组织的无氧呼吸

表 1-3 食品在加工和储藏中发生变化的因果关系

初期变化	二次变化	对食品的影响
脂类发生水解	游离脂肪酸与蛋白质发生反应	质地、风味、营养价值发生改变
多糖发生水解	糖与蛋白质发生反应	质地、风味、颜色、营养价值改变
脂类发生氧化	氧化产物与食品中其他成分的反应	质地、风味、颜色、营养价值改变,毒物产生
水果被破碎	细胞破碎、酶释放、氧气进入	质地、风味、颜色、营养价值改变
绿色蔬菜被加热	细胞壁和膜完整性破坏、酸释放、酶失活	质地、风味、颜色、营养价值改变
肌肉组织被加热	蛋白质变性和凝聚、酶失活	质地、风味、颜色、营养价值改变
脂类中不饱和脂肪酸发生的顺-反异构化	在油炸中油发生热聚合	油炸过度时产生泡沫,降低油脂的营养价值,油的黏稠度增加

食品在加工和储藏过程中发生的化学变化,一般包括生理成熟和衰老过程中的酶促变化,

水分活度改变引起的变化,原料或组织因混合而引起的酶促变化和化学反应,热加工等激烈加工条件下引起的分解、聚合及变性,空气中的氧气或其他氧化剂引起的氧化反应,光照引起的光化学变化及包装材料的某些成分向食品迁移引起的变化。这些变化中较重要的是酶促褐变、非酶促褐变、脂类水解、脂类氧化、蛋白质变性、蛋白质交联、蛋白质水解、低聚糖和多糖的水解、糖酵解和天然色素的降解等。这些反应的发生将导致食品品质的改变或损害食品的安全性。例如,脂类的氧化将导致含油脂食品的酸败和异味;破损水果的酶促褐变将引起其色泽变暗等。

在食品加工和保藏过程中,食品主要成分之间的相互作用对于食品的品质也有重要的影响(图1-2)。从图1-2可见,活泼的羰基化合物和过氧化物是极重要的反应中间产物,它们来自脂类、碳水化合物和蛋白质的化学变化,自身又引起色素、维生素和风味物的变化,结果导致了食品品质的多种变化。

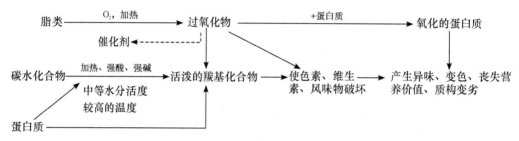

图1-2 主要食品成分的化学变化和相互联系

影响上述反应的因素主要有产品自身的因素(如产品的成分、水分活度、pH 等)和环境的因素(如温度、处理时间、大气的成分、光照等)(表1-4),这些也是决定食品在加工和储藏中稳定性的因素。在这些因素中最重要的是温度、处理时间、pH、水分活度和产品中的成分。一般来说,在中等温度范围内,化学反应的速度常数随温度的变化,符合经典化学中的阿伦尼乌斯(Arrhenius)方程,如下所示。

$$k = A \exp\left(-\frac{E_a}{RT}\right)$$

式中:k 为绝对温度 T 时的速度常数;A 及 R 均为常数;T 为绝对温度;E_a 为反应的活化能。

在高温或低温情况下,该方程会出现偏差。因为高温或低温会使酶失活,反应途径改变或出现竞争反应,体系的状态改变,反应物消耗增加,引起 1 个或几个反应物欠缺等,这些都会使该方程出现偏差。

表1-4 决定食品在加工和储藏中稳定性的重要因素

产品自身的因素	各组成成分(包括催化剂)的化学性质,氧气含量,pH,水分活度(A_w),玻璃化转变温度(T_g),玻璃化转变温度时的水含量(w_g)
环境的因素	温度(T),处理时间(t),大气成分,经受的化学、物理和生物处理,光照,污染,极端的物理环境

因此,控制和研究这些因素就能控制和了解相应的化学和生物化学反应,也就能控制和掌握引起食品品质和安全性变化的规律。这就构成了食品化学的基本研究思路。

1.4　食品化学的研究方法

食品化学的研究方法是通过实验和理论探讨从分子水平上分析和综合认识食品物质变化的方法。

食品化学的研究方法区别于一般化学的研究方法是把食品的化学组成、理化性质及变化的研究同食品品质和安全性的研究联系起来。因此，从实验设计开始，食品化学的研究就带有揭示食品品质或安全性变化的目的，并且把实际的食品物质系统和主要食品加工工艺条件作为实验设计的重要依据。食品是一个非常复杂的物质系统，在食品的配制、加工和储藏过程中将发生许多复杂的变化，因此，为了分析和综合有一个清晰的背景，通常采用一个简化的、模拟的食品物质系统来进行实验，再将所得的实验结果应用于真实的食品体系。可是这种研究方法使研究的对象过于简单化，由此而得到的结果有时很难解释真实的食品体系中的情况。因此，在应用该研究方法时，应明确该研究方法的不足。

食品化学的研究内容大致可划分为4个方面：①确定食品的化学组成、营养价值、功能（工艺）性质、品质和安全性等重要性质；②食品在加工和储藏过程中可能发生的各种化学和生物化学变化及其反应动力学；③确定上述变化中影响食品品质和安全性的主要因素；④将研究结果应用于食品的加工和储藏。因此，食品化学的实验应包括理化实验和感官实验。理化实验主要是对食品进行成分分析和结构分析，即分析实验的物质系统中的营养成分、有害成分、色素和风味物的存在、分解、生成量和性质及其化学结构；感官实验是通过人的直观检评来分析实验系统的质构、风味和颜色的变化。

根据实验结果和资料查证，可在变化的起始物和终产物间建立化学反应方程，也可能得出比较合理的假设机理，并预测这种反应对食品品质和安全性的影响，然后再用加工研究实验来验证。

在以上研究的基础上再研究这种反应的反应动力学，一方面是为了深入了解反应的机理，另一方面是为了探索影响反应速度的因素，以便为控制这种反应奠定理论依据和寻求控制方法。化学反应动力学是探讨物质浓度、碰撞概率、空间阻碍、活化能垒、反应温度和压力以及反应时间对反应速度和反应平衡影响的研究体系。通过速率方程和动力学方程的建立和研究，对反应中间产物、催化因素和反应方向及程度受各种条件影响的认识将得以深化。有了这些理论基础，食品化学家将能够在食品加工和储藏中选择适当的条件，把握和控制对食品品质和安全性有重大影响的化学反应的速度。

上述的食品化学研究成果最终将转化为：合理的原料配比，有效的反应物接触屏障的建立，适当的保护或催化措施的应用，最佳反应时间和温度的设定，光照、氧含量、水分活度和pH等的确定，从而得出最佳的食品加工和储藏方法。

因此，通过本课程的学习，我们要逐渐树立严谨的科学态度，掌握和运用好科学的研究方法与正确的思维方式，并能以科学客观的方式去破解网络上关于食品科学的"谣言"。

1.5　食品化学在食品工业技术发展中的作用

传统食品已不能满足人们对高层次食品的需求，现代食品正向着加强营养、安全和保健作

用方向发展。食品化学的基础理论和应用研究成果,正在并继续指导人们依靠科技进步,健康而持续地发展食品工业,可以说没有食品化学的理论指导就不可能有日益发展的现代食品工业。

食品化学的发展,使人们对美拉德(Maillard)反应、焦糖化反应、脂肪氧化反应、酶促褐变、淀粉的糊化与老化、多糖的水解、蛋白质水解反应、蛋白质变性反应、色素变色与褪色反应、维生素降解反应、金属催化反应、酶的催化反应、脂肪水解与酯交换反应、脂肪热氧化分解与聚合反应、风味物的变化反应和其他成分转变为风味物的反应及食品原料采后生理生化反应等有了认识,这种认识对现代食品加工和储藏技术的发展产生了深刻的影响(表 1-5)。

表 1-5　食品化学对各食品行业技术进步的影响

食品工业	影响方面
果蔬加工储藏	化学去皮,护色,质构控制,维生素保留,脱涩脱苦,打蜡涂膜,化学保鲜,气调储藏,活性包装,酶促榨汁、过滤和澄清及化学防腐等
肉品加工储藏	宰后处理,保汁和嫩化,护色和发色,提高肉糜乳化力、凝胶性和黏弹性,超市鲜肉包装,烟熏剂的生产和应用,人造肉的生产,内脏的综合利用(制药)等
饮料工业	速溶,克服上浮下沉,稳定蛋白质饮料,水质处理,稳定带肉果汁,果汁护色,控制澄清度,提高风味,白酒降度,啤酒澄清,啤酒泡沫和苦味改善,防止啤酒异味,果汁脱涩,大豆饮料脱腥等
乳品工业	稳定酸乳和果汁乳,开发凝乳酶代用品及再制乳酪,乳清的利用,乳品的营养强化等
焙烤工业	生产高效膨松剂,增加酥脆性,改善面包皮颜色和质构,防止老化和霉变等
食用油脂工业	精炼,冬化,调温,脂肪改性,DHA、EPA 及 MCT 的开发利用,食用乳化剂生产,抗氧化剂,减少油炸食品吸油量等
调味品工业	生产肉味汤料、核苷酸鲜味剂、碘盐和有机硒盐等
发酵食品工业	发酵产品的后处理,后发酵期间的风味变化,菌体和残渣的综合利用等
基础食品工业	面粉改良,精谷制品营养强化,水解纤维素和半纤维素,生产高果糖浆,改性淀粉,氢化植物油,生产新型甜味料,生产新型低聚糖,改性油脂,分离植物蛋白质,生产功能性肽,开发微生物多糖和单细胞蛋白质,食品添加剂生产和应用,野生、海洋和药食两用可食资源的开发利用等
食品检验	检验标准的制定,快速分析,生物传感器的研制等

农业和食品工业是生物工程最广阔的应用领域之一,生物工程的发展为食用农产品的品质改造、新食品和食品添加剂以及酶制剂的开发拓宽了道路,但生物工程在食品中应用的成功与否紧紧依赖着食品化学。首先,必须通过食品化学的研究来指明原有生物原料的物性有哪些需要改造和改造的关键在哪里,指明何种食品添加剂和酶制剂是急需的以及它们的结构和性质如何;其次,生物工程产品的结构和性质有时并不和食品中的应用要求完全相同,需要进一步分离、纯化、复配、化学改性和修饰,在这些工作中,食品化学具有最直接的指导意义;最后,生物工程可能生产出传统食品中没有用过的材料,需由食品化学研究其在食品中利用的可能性、安全性和有效性。

近 20 年来,食品科学与工程领域发展了许多高新技术,并正在把它们推向食品工业的应用。例如,可降解食品包装材料、生物技术、微波食品加工技术、辐照保鲜技术、超临界萃取和分子蒸馏技术、膜分离技术、活性包装技术、微胶囊技术等,这些新技术实际应用的成功关键依然是对物质结构、物性和变化的把握,因此它们的发展速度也紧紧依赖于食品化学在这一新领域内的发展速度。

　　中华人民共和国成立后,中国共产党率领全国人民进行社会主义建设,取得了巨大的成就,全国人民收入和生活水平不断提高,中国食品工业发生了翻天覆地的变化。现在我国把食品产业作为中国经济"扩大内需"的主体力量、乡村振兴的主要支撑行业、"健康中国"营养与健康的载体,因此仍然必须坚持以创新求发展,提高食品工业的科技攻关和创新能力,坚持面向世界科技前沿、面向经济主战场、面向国家重大需求,加快实现高水平科技自立自强,重点围绕食品安全、风味、营养与健康等领域进行持续创新,努力提高中国食品工业的科学与技术水平。

　　总之,食品工业中的技术进步,大都是食品化学发展的结果,因此食品化学的进一步发展必将继续推动食品工业以及与之密切相关的农、林、牧、渔等各行各业的发展。

1.6　食品化学的发展前景

　　近年来,我国食品工业一直快速向前发展,为了满足人民生活水平日益提高的需要,今后的食品工业必将会更快和更健康地发展,从客观上要求食品工业更加依赖科技进步,把食品科研的重点转向高、深、新的理论和技术方向,这将为食品化学的发展创造极有利的机会。同时,新的现代分析手段、分析方法和食品技术的应用以及生物学理论和应用化学理论的进展,使得我们对食品成分的结构和反应机理有了更进一步的了解。采用生物技术和现代化工业技术改变食品的成分、结构与营养性,从分子水平上对功能食品中的功能因子所具有的生理活性进行深入研究等将使得今后食品化学的理论和应用产生新的突破和飞跃。

　　因此,食品化学今后的研究方向将有以下几个方面。

　　(1)继续研究不同原料和不同食品的化学组成、性质和在食品加工储藏中的变化及其对食品品质和安全性的影响。

　　(2)研究开发新的食品资源,发现并脱除新食品资源中的有害成分的同时,保护有益成分的营养与功能性。

　　(3)继续研究解决现有食品工业生产中存在的各种各样的技术问题,如变色变味、质地粗糙、货架期短、风味不自然等问题。

　　(4)研究食物中功能因子的组成、结构、性质、生理活性、定性定量分析和分离提取方法以及综合开发措施,为保健食品的开发提供科学依据。

　　(5)现代储藏保鲜技术中辅助性的化学处理剂和膜剂及活性包装材料的研究和应用。

　　(6)利用现代分析手段和高新技术,深入研究食品的风味化学和加工工艺学。

　　(7)新食品添加剂包括酶制剂的开发、生产和应用研究。

　　(8)快速定量定性分析方法或新的检测技术的研究和开发。

　　(9)资源精深加工和综合利用的研究。

　　(10)食品基础原料的改性技术研究。

　　(11)食品中化学成分之间的相互作用及其存在状态,并对食品品质、安全性和生理作用影响的研究。

　　(12)传统食品工业化和现代化过程中相关的化学问题研究。

　　(13)食品质量与安全控制过程中的相关化学问题研究。

　　(14)食品中典型化学反应机理及其产物新功能特性的深入研究。

　　(15)营养组学、金属组学、糖化学及功能糖组学、食品微波化学、食品发酵化学、食品超高

压化学、食品胶体化学等正在或不久将成为食品化学的新分支或研究方向。

"国以民为本,民以食为天,食以安为先",我国食品行业已成为集农业、制造业、现代流通服务业于一体的战略性、全局性的国民经济支柱产业,是承载国民食品安全、营养健康的民生产业,更是保障国家安全稳定、社会和谐发展的支柱产业。坚持安全第一、预防为主,强化食品药品安全监管,健全生物安全监管预警防控体系,是保障食品安全和人民身体健康以及国家长治久安有力措施之一。

❓ 思考题

1. 什么是食品化学? 它的研究内容和范畴是什么?
2. 试述食品中主要的化学变化及对食品品质和安全性的影响。
3. 食品化学的研究方法有何特色?
4. 你认为未来食品化学有哪些"生长点"?

▣ 参考文献

[1]段振华.高级食品化学.北京:中国轻工业出版社,2012.

[2]冯凤琴,叶立扬.食品化学.北京:化学工业出版社,2005.

[3]江波,杨瑞金,卢蓉蓉.食品化学.北京:化学工业出版社,2005.

[4]江波,杨瑞金,钟芳,等.食品化学.4版.北京:中国轻工业出版社,2013.

[5]阚建全.食品化学.3版.北京:中国农业大学出版社,2016.

[6]刘红英,高瑞昌,戚向阳.食品化学.北京:中国质检出版社,2013.

[7]刘邻渭.食品化学.北京:中国农业出版社,2000.

[8]饶平凡,刘树滔,周建武,等.食品科学还必须研究什么.食品科学技术学报,2015,33(3):1-4.

[9]孙宝国,曹雁平,李媛健,等.食品科学研究前沿动态.食品科学技术学报,2014,32(2):1-11.

[10]孙庆杰,李琳.食品化学.武汉:华中科技大学出版社,2013.

[11]OWEN R. FENNEMA.食品化学.3版.王璋,许时婴,江波,等译.北京:中国轻工业出版社,2003.

[12]夏延斌,王燕.食品化学.2版.北京:中国农业出版社,2015.

[13]谢笔钧.食品化学.2版.北京:科学出版社,2004.

[14]谢明勇.高等食品化学.北京:化学工业出版社,2014.

[15]赵新淮.食品化学.北京:化学工业出版社,2006.

[16]BELITZ H D, GROSCH W, SCHIEBERLE P. Food chemistry. Heidelberg: Springer-Verlag Berlin,2009.

[17]CHEUNG P C K, MEHTA B M. Handbook of food chemistry. Heidelberg: Springer-Verlag Berlin,2015.

[18]DAMODARAN S,PARKIN K L,FENNEMA O R. Fennema's food chemistry,4th ed. Baca Raton: CRC Press,2008.

[19]RYCHLIK M. Challenges in food chemistry. Frontiers in Nutrition,2015,2:11.

第 2 章

水　分

本章学习目的与要求

1. 了解水和冰的结构及性质,分子流动性与食品稳定性的关系,含水食品的水分转移规律。

2. 掌握水在食品中的重要作用、存在的状态,水分活度和水分等温吸湿线的概念及意义,水分活度与食品的稳定性之间的关系。

水不仅是食品中最丰富的组分,而且对食品固有的需宜性质有很大的影响,也是引起食品腐败变质的原因,通过水能控制许多化学和生物化学反应的速率,有助于食品的稳定和品质的保持。水与非水食品组分以非常复杂的方式结合在一起,这种结合一旦被某些方法,如干燥或冷冻所破坏,就再也不能恢复原状。

2.1 概述

2.1.1 水在食品中的作用

在地球上,水是储量最多、分布最广的一种物质,不仅集中存在于江河湖海中,也存在于绝大部分的生物体中。人体中水分含量一般为 70%,水是维持生命活动、调节代谢过程不可缺少的重要物质。正常情况下,每人每日需要从食物中摄取 2～2.7 L 的水,并以汗、尿等形式排出,维持体内水的平衡。

在人体内,水虽无直接的营养价值,但水不仅是构成机体的主要成分,而且是维持生命活动、调节代谢过程不可缺少的重要物质,断水比断食物对人体的危害和影响更为严重。如:①水使人体体温保持稳定,因为水的热容量大,一旦人体内热量增多或减少也不致引起体温出现太大的波动;水的蒸发潜热大,因而蒸发少量汗水即可散发大量热能,通过血液流动使全身体温平衡。②水是一种溶剂,能够作为体内营养素运输、吸收和代谢物运转的载体,也可作为体内化学和生物化学的反应物和反应介质。③水是天然的润滑剂,可使摩擦面滑润,减少损伤。④水是优良的增塑剂,同时又是生物大分子聚合物构象的稳定剂,以及包括酶催化剂在内的大分子动力学行为的促进剂。

水是食品的主要成分(表 2-1),食品中水的含量、分布和状态对食品的结构、外观、质地、风味、色泽、流动性、新鲜程度和腐败变质的敏感性产生极大的影响。在许多法定的食品质量标准中,含水量是一个主要的质量指标。由于大多数新鲜食品含水量较高,若希望长期储藏它们,必须采取有效的储藏方法控制水分。但无论采用普通方法脱水或是低温冷冻干燥脱水,食品和生物材料的固有特性都会发生很大的变化。因此,在食品的解冻、复水和组合食品内部水分迁移控制方面,在控制水分含量或活度以控制许多物理化学变化方面,在利用水分与非水组分(特别是蛋白质和多糖)适当相互作用而获得更多有益的功能性质方面,不论从理论还是技术角度,还有许多问题需要进一步解决。故研究水和食品的关系是食品科学的重要内容之一,对食品的保藏有重要的意义。

表 2-1　部分代表性食品的典型含水量　　　　　　　　　　　　　%

产品	含水量	产品	含水量	产品	含水量
番茄	95	牛奶	87	果酱	28
莴苣	95	马铃薯	78	蜂蜜	20
结球甘蓝(洋白菜)	92	香蕉	75	奶油	16
啤酒	90	鸡	70	稻米、面粉	12
柑橘	87	肉	65	奶粉	4
苹果汁	87	面包	35	酥油	0

2.1.2 水和冰的物理性质

水在常温常压下为无色无味的透明液体,是一种可以在液态、气态和固态之间转化的物质。比较水与一些具有相近分子量以及相似原子组成的分子(如 HF、CH_4、H_2F、H_2Se、NH_3 等)的物理性质时,发现除了黏度外,熔点、沸点、比热容、相变热(熔化热、蒸发热和升华热)、表面张力和介电常数等均有明显提高。

　水的这些热学性质对食品加工中冷冻和干燥过程有重大影响。水的密度较低,水结冰时体积增加,表现出异常的膨胀特性,这会导致食品冻结时组织结构的破坏。水的热导值也大于其他液态物质,冰的热导值稍大于非金属固体。0 ℃时冰的热导值约为同一温度下水的 4 倍,这说明冰的热传导速率比生物组织中非流动的水快得多。从水和冰的热扩散系数值可看出冰的热扩散速率约为水的 9 倍,显示在一定的环境条件下,冰的温度变化速率比水大得多。因而可以解释在温差相等的情况下,为什么生物组织的冷冻速率比解冻速率更快。水和冰的物理常数见表 2-2。

表 2-2　水和冰的物理常数

物理量名称	物理常数值		
分子量	18.015 3		
相变性质			
熔点(101.3 kPa)/℃	0.000		
沸点(101.3 kPa)/℃	100.000		
临界温度/℃	373.99		
临界压力	22.064 MPa(218.6 atm)		
三相点	0.01 ℃和611.73 Pa(4.589 mmHg)		
熔化热(0 ℃)	6.012 kJ(1.436 kcal)/mol		
蒸发热(100 ℃)	40.657 kJ(9.711 kcal)/mol		
升华热(0 ℃)	50.91 kJ(12.06 kcal)/mol		
其他性质	20 ℃(水)	0 ℃(水)	0 ℃(冰)	−20 ℃(冰)
密度/(g/cm³)	0.998 21	0.999 84	0.916 8	0.919 3
黏度/(Pa•s)	1.002×10^{-3}	1.793×10^{-3}	—	—
界面张力(相对于空气)/(N/m)	72.75×10^{-3}	75.64×10^{-3}	—	—
蒸气压/kPa	2.338 8	0.611 3	0.611 3	0.103
热容量/[J/(g•K)]	4.181 8	4.217 6	2.100 9	1.954 4
热传导(液体)/[W/(m•K)]	0.598 4	0.561 0	2.240	2.433
热扩散系数/(m²/s)	1.4×10^{-7}	1.3×10^{-7}	11.7×10^{-7}	11.8×10^{-7}
介电常数	80.20	87.90	～90	～98

2.2　水和冰的结构与性质

2.2.1　水

2.2.1.1　水分子的结构
先研究单个水分子的结构,再研究一小群水分子的结构有助于我们更清楚解释水的各种

物理化学性质。水分子(H_2O)中氢原子的电子结构是$1s^1$,氧原子为$1s^2 2s^2 2p_x^2 2p_y^1 2p_z^1$,有2个未成对的2p电子。氧原子与氢原子成键时,氧原子发生sp^3杂化,形成4个sp^3杂化轨道。其中2个sp^3杂化轨道为氧原子本身的孤对电子所占据(Φ_1^2,Φ_2^2),另外2个sp^3杂化轨道与2个氢原子的1s轨道重叠,形成2个σ共价键($\Phi_3^1 + H_{1s}^1,\Phi_4^1 + H_{1s}^1$)(具有40%离子性质),于是形成一个水分子,水分子为四面体结构,即角锥体结构,氧原子位于四面体的中心。四面体的4个顶点中有2个被氢原子占据,其余2个被氧原子的两对孤对电子占据。由于该两对孤对电子将对成键电子对形成挤压作用,所以两个O—H的键间夹角为104.5°,与典型四面体的夹角109°28′有一定差别。每个O—H的离解能为4.614×10^2 kJ/mol(110.2 kcal/mol)。O—H核间距为0.096 nm,氧和氢的范德华力(van der Waals)半径分别为0.14 nm和0.12 nm(图2-1)。

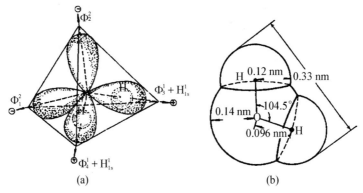

(a)sp^3构型;(b)气态水分子的范德华力半径

图 2-1　单个水分子的结构示意图

以上对水分子的描述只适合于普通的水分子,由于自然界中氧与氢存在同位素,所以在纯水中,除常见的H_2O外,实际上还存在一些同位素的微量成分,总共有33种以上HOH的化学变体,但这种变体仅少量存在于水中,大多数情况下可忽略不计。

2.2.1.2　水分子的缔合作用

水分子中氧原子的电负性更大,O—H的共用电子对强烈地偏向于氧原子,使得氢原子几乎成为带有一个正电荷的裸露质子,整个水分子发生偶极化,形成偶极分子[气态时的偶极矩为1.84 D(德拜)]。同时,其氢原子也极易与另一水分子的氧原子外层上的孤电子对形成氢键,水分子间便通过这种氢键产生了较强的缔合作用。

在水分子中,O—H形成的键在四面体的两个轴上(图2-1a),这两个轴代表正力线(氢键给体部位);氧原子的两个孤对电子轨道位于四面体的另外两个轴上,它们代表负力线(氢键受体部位)。每个水分子最多能够与另外4个水分子通过氢键结合(图2-2)。由于每个水分子具有相等数目的氢键给体和受体,能够在三维空间形成氢键网络结构。因此,水分子间的吸引力比同样靠氢键结合在一起的其他小分子要大得多,如NH_3由3个氢给体和1个氢受体形成四面体排列,HF的四面体排列只有1个氢给体和3个氢受体,它们没有相同数目的氢键给体和受体,因此,这些分子只能在二维空间形成氢键网络结构,并且每个分子都比水分子含有较少的氢键。

水分子的三维氢键缔合,为说明水的异常物理性质奠定了理论基础。水的异常物理性质,与断裂水分子间氢键需要额外能量有关。水反常的介电常数,也与氢键缔合有关,因为水的氢键缔合而生成了庞大的水分子簇$(H_2O)_n$,产生了多分子偶极子,从而使水的介电常数显著增大。水的低黏度也与其结构有关,因为氢键网络是动态的,当分子在纳秒甚至皮秒这样短暂的时间内改变它们与邻近分子之间的氢键键合关系时,会增大分子的流动性。

----表示氢键;

⊙和●分别表示氧原子和氢原子

图 2-2　四面体构型中水分子的氢键

水分子间氢键的键合程度取决于温度。在 0 ℃时,冰中水分子的配位数为 4,最邻近的水分子间的距离为 0.276 nm;随着温度上升,水分子的配位数增多,结果是水的密度增加,例如,水在 1.5 ℃和 8.3 ℃时的配位数分别为 4.4 和 4.9。同时,温度升高,布朗运动加剧,导致体积膨胀,结果是水的密度减小,如邻近的水分子之间的距离从 0 ℃时的 0.276 nm 增至 1.5 ℃时 0.29 nm 和 8.3 ℃时的 0.305 nm。在 0～4 ℃时,配位数的影响占主导,水的密度增大;随着温度继续上升,布朗运动占主导,水的密度降低。两种因素的最终结果,是水的密度在 3.98 ℃时最大。

2.2.1.3　水的结构

液态水中,水分子不停地进行热运动,水分子间的相对位置不断改变,所以不可能像冰晶体那样有着单一、确定的刚性结构,但它比气态水分子的排列有规则得多。X 射线的衍射分析发现,液态水是微观晶体,在短距离"有序",在短程和短时内具有与冰相似的结构。当若干个水分子以氢键缔合形成水分子簇$(H_2O)_n$时,水分子的取向和运动都将受到周围其他水分子的明显影响。分子间除了无规则地分布以及冰结构碎片等的形式外,还会含有大量呈动态平衡的、不完整的多面体的连接方式。因此纯水的结构不能单一地刻画,必须借助一定的理论模型。目前被广泛接受的主要有 3 种:混合结构模型、连续结构模型和填隙式结构(或均匀结构)模型。

二维码 2-1　水的结构

混合结构模型认为:水分子间以氢键形式瞬时地聚集成庞大的水分子簇,并与其他更紧密的水分子处于动态平衡,水分子簇的瞬间寿命约为 10^{-11} s。

连续结构模型认为:水分子间的氢键均匀地分布在整个水体系中,原存在于冰中的许多氢键在冰融化时发生简单的扭曲,由此形成一个由水分子构成的具有动态性质的连续网状结构。

填隙式模型认为:水保留了一种似冰或是笼形的结构,单个水分子填充在整个笼形结构的间隙空间中。

在以上的 3 种模型中,占优势的结构特征是液体水分子以短暂、扭曲的四面体方式形成氢键缔合。所有的模型都认为各个水分子频繁地改变它们的结合排列,即一个氢键快速地终止而代之以一个新的氢键重新形成,而在温度不变的条件下,整个体系维持一定程度的氢键键合和网络结构。

2.2.2 冰

水在不同的温度和压力条件下,可结晶成多种结构形式的冰。冰是水分子有序排列形成的晶体,水分子间靠氢键连接在一起形成非常"疏松"(低密度)的刚性结构(图2-3)。冰中最邻近水分子的 O—O 核间距离为 0.276 nm,O—O—O 的键角约为 $109°$,十分接近理想四面体的键角 $109°28′$。每个水分子都能缔合另外 4 个水分子,形成四面体结构,所以水分子的配位数为 4。当从顶部沿着 c 轴观察几个晶胞结合在一起的晶群时,便可看出冰的正六方形对称结构,如图 2-4a 所示。图中水分子 W 和最邻近的另外 3 个水分子 1、2、3 及位于平面下的另外 1 个水分子(正好位于水分子 W 的正下方)显示出冰的四面体亚结构。当在三维空间观察图 2-4a 时即可得到如图 2-4b 所示的图形,它包含水分子的两个平面(由空心和实心的圆分别表示),这两个平面平行而且很紧密地结合在一起。当冰在受压下"滑动"或"流动"时,它们作为一个单元(整体)滑动,像冰河中的冰在压力下所产生的"流动"。这类成对平面构成冰的"基础平面",几个"基础平面"堆积起来便得到冰的扩展结构。图 2-5 表示 3 个基础平面结合在一起形成的结构,沿着平行 c 轴的方向观察,可以看到它的外形和图 2-4a 所表示的完全相同,这表明基础平面有规则地排列成了一行。沿着这个方向观察的冰是单折射的,而所有其他方向都是双折射的,因此,我们称 c 轴为冰的光轴。

溶质的种类和数量可以影响冰晶的数量、大小、结构、位置和取向。在不同的溶质影响下,冰的结构主要可以有 4 种类型:六方形、不规则树状、粗糙球状、易消失的球晶。此外,还存在各种各样中间形式的结晶。六方形是大多数冷冻食品中重要的冰结晶形式。样品在最适的低温冷却剂中缓慢冷冻,并且溶质的性质及浓度均不严重干扰水分子的迁移时,才有可能形成六方形冰结晶。然而明胶水溶液冷冻时则形成具有较大无序性的冰结构,并随着明胶浓度的提高,主要形成六方形和玻璃状冰结晶。显然,像明胶这类大而复杂的亲水性分子,不仅能限制水分子的运动,而且阻碍水形成高度有序的六方形结晶。

水的冰点为 0 ℃,可是纯水并不在 0 ℃就结冻,常常首先被冷却成过冷状态,只有当温度降低到开始出现稳定性晶核时,或在振动的促进下才会立即向冰晶体转化并放出潜热,同时促使温度回升到

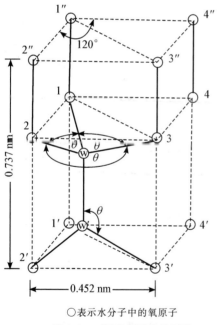

○表示水分子中的氧原子

图 2-3　0 ℃时普通冰的晶胞

0 ℃。开始出现稳定晶核时的温度称为过冷温度,如果外加晶核,不必达到过冷温度时就能结冰,但此时生成的冰晶粗大,因为冰晶主要围绕有限的晶核长大。

二维码 2-2　冰的相图

食品中含有一定的水溶性成分会使食品的结冰温度(冻结点)不断降低,大多数天然食品的初始冻结点在 $-1.0 \sim -2.6$ ℃,并且随冻结量增加,冻结点持续下降到更低,直到食品达到了低共晶点。食品的低共

晶点为 $-65 \sim -55\ ℃$，而我国的冻藏食品的温度常为 $-18\ ℃$。因此，冻藏食品的水分实际上并未完全凝结固化。尽管如此，在这种温度下绝大部分水已冻结了，并且是在 $-4 \sim -1\ ℃$ 间完成了大部分冰的形成过程。

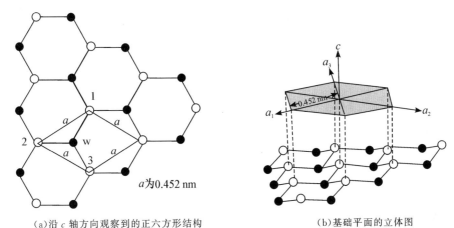

(a)沿 c 轴方向观察到的正六方形结构　　　　(b)基础平面的立体图

○和●分别表示基础平面的上层和下层一个水分子的氧原子

图 2-4　冰的基础平面是由两个高度略微不同的平面构成的结合体

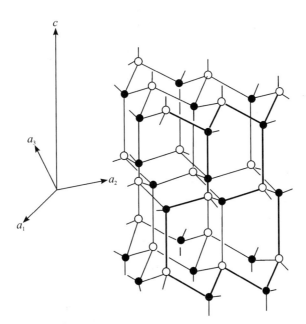

○和●分别表示上层和下层一个水分子的氧原子

图 2-5　冰的扩展结构

　　现代冻藏工艺提倡速冻，在该工艺下形成的冰晶体颗粒细小(呈针状)，冻结时间缩短且微生物活动受到更大限制，因而食品品质好。

二维码 2-3　冰晶

2.3 食品中水与非水组分之间的相互作用

2.3.1 食品中水与非水组分之间的相互作用

2.3.1.1 水与离子及离子基团的相互作用

与离子或离子基团(Na^+、Cl^-、$-COO^-$、$-NH_3^+$ 等)相互作用的水是食品中结合得最紧密的一部分水,它们是通过离子或离子基团的电荷与水分子偶极子发生静电相互作用(离子—偶极子)而产生水合作用。而对于既不具有氢键给予体位置也不具有接受体位置的简单无机离子,此种结合仅仅是极性作用而已。图 2-6 表示 NaCl 邻近的水分子(仅指出了纸平面上的第一层水分子)可能出现的相互作用方式。Na^+ 与水分子的相互作用能(83.68 kJ/mol)大约是水分子间氢键键能(20.9 kJ/mol)的 4 倍,然而却低于共价键的键能,pH 变化显著影响溶质分子的离解,从而显著影响其相互作用。

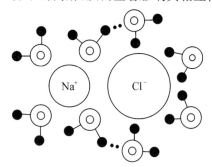

图 2-6　NaCl 邻近的水分子可能出现的排列方式
(图中仅表示出纸平面上的水分子)

在稀盐溶液中,离子的周围存在多层水,离子对最内层和最外层的水产生的影响相反,因而使水的结构遭到破坏,以致使最内层的邻近水(即第二层水)和最外层的水的某些物理性质不相同,最外层的水与稀溶液中水的性质相似。而在高浓度盐溶液中,水的结构与邻近离子的水相同,也就是水的结构完全由离子所控制。

在稀盐溶液中,不同离子对水结构的影响是不同的。某些电场强度较弱的负离子和离子半径大的正离子,如 K^+、Rb^+、Cs^+、NH_4^+、Cl^-、Br^-、I^-、NO_3^-、BrO_3^-、IO_3^- 和 ClO_4^- 等阻碍水形成网状结构,这类盐的溶液比纯水的流动性更大。因为,这些离子的强度能够打破水的正常结构,但又不足以形成更稳定的新结构。而电场强度较强、离子半径小的离子或多价离子,如 Li^+、Na^+、H_3O^+、Ca^{2+}、Ba^{2+}、Mg^{2+}、Al^{3+}、F^- 和 OH^- 等有助于水形成网状结构,因此这类离子的水溶液比纯水的流动性小。它们可与 4 个或 6 个第一层水分子发生相互作用,导致它们比纯水中的 HOH 具有较低的流动性和更紧密的包装。实际上,从水的正常结构来看,加入可以离解的溶质都会打破纯水的正常四面体排列结构,它们能阻止水在 0 ℃下结冰。

离子除影响水的结构外,还可通过不同的与水相互作用的能力,改变水的介电常数、决定胶体周围双电子层的厚度,显著影响水与其他非水溶质和悬浮物质的"相容程度"。因此,蛋白质的构象与胶体的稳定性(盐溶和盐析)将受到共存的离子的种类与数量的影响。

2.3.1.2 水与具有形成氢键能力的中性基团的相互作用

在生物材料和食品中,水可以与食品中蛋白质、淀粉、果胶物质、纤维素等的羟基、氨基、羧基、酰胺或亚氨基等极性基团通过氢键结合。水与溶质之间的氢键键合比水与离子之间的相互作用要弱,但与水分子间的氢键相近。因此推测,具有形成氢键能力的溶质可以强化纯水的结构,至少不会破坏纯水的正常结构。然而在某些情况下,溶质氢键键合的位置和取向在几何

构型上与正常水是不相同的,于是这些溶质对水的正常结构也会起破坏作用。尿素就是一个
具有形成氢键能力的小分子溶质,由于几何构型的原因,对水的正常结构具有显著的破坏作用。同样,大多数能形成氢键的溶质会阻止结冰。但也应当看到,当体系中加入一种具有形成氢键能力的溶质时,每摩尔溶液中的氢键总数不会明显改变,这可能是由于已断裂的水-水氢键被水-溶质氢键所替代。因此,这些溶质对水的网状结构几乎没有影响。

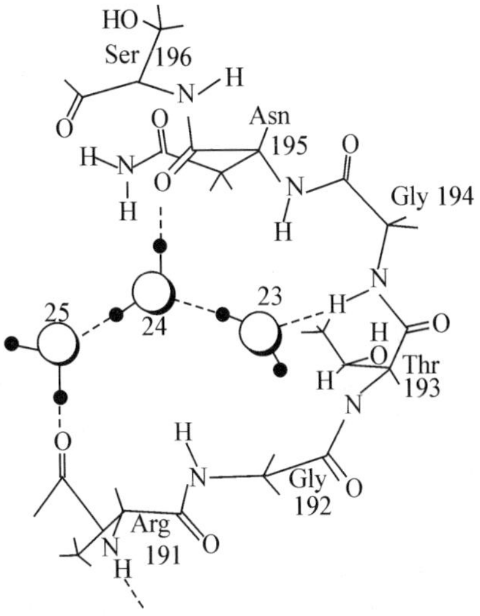

　　氢键结合水和其邻近的水虽然数量有限,但其作用和性质非常重要。例如,在生物大分子的两个部位或两个大分子之间可形成由几个水分子所构成的"水桥",维持大分子的特定构型。图 2-7 和图 2-8 分别表示木瓜蛋白酶肽链之间存在一个 3 水分子构成的水桥,以及与蛋白质分子中的两种功能基团之间形成的氢键。

图 2-7　木瓜蛋白酶中的 3 分子水桥

　　已经发现,许多结晶大分子中的亲水基团之间的距离与纯水中相邻最近的 O—O 间的距离相等。如果在水化的大分子中这种间隔占优势,将会促进第一层水与第二层水之间相互形成氢键。

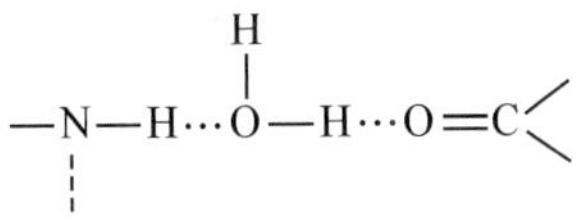

图 2-8　水与蛋白质分子中两种功能基团形成的氢键(虚线所示)

2.3.1.3　水与非极性物质的相互作用

　　把疏水性物质,如烃类、稀有气体、脂肪酸、氨基酸以及蛋白质的非极性基团等加入水中,它们与水分子产生排斥力,从而造成其疏水基团附近非极性部分的水-水氢键增强。极性的差异发生了体系熵的减少,在热力学上是不利的($\Delta G > 0$),此过程称为疏水水合(hydrophobic hydration)(图 2-9a)。在此过程中,有两个特殊的结构变化值得阐述:笼形水合物(clathrate hydrates)的形成和蛋白质中的疏水相互作用(hydrophobic interaction)。

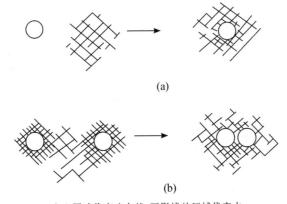

(a)

(b)

空心圆球代表疏水基,画影线的区域代表水
图 2-9　疏水水合(a)和疏水相互作用(b)的图示

（1）笼形水合物。笼形水合物是冰状包合物，其中水称为"主体"物质，通过氢键形成了笼状结构，物理截留了另一种被称为"客体"的分子。笼形水合物的"主体"一般由 20～74 个水分子组成，"客体"是低分子量化合物，如低分子量烃、稀有气体、烷基铵盐、卤代烃、二氧化碳、二氧化硫、环氧乙烷、乙醇、硫、磷盐以及短链的一级、二级和三级胺等。只有"客体"的形状和大小适合于"主体"的笼才能被截留。"主体"水分子与"客体"分子之间的相互作用一般是弱的范德华力，但在有些情况下为静电相互作用。此外，大分子量的"客体"如蛋白质、糖类、脂类和生物细胞内的其他物质等也能与水形成笼形水合物，使水合物的凝固点降低。

二维码 2-4　笼形水合物的结构

笼形水合物的微结晶与冰的晶体很相似，但当形成大的晶体时，原来的四面体结构逐渐变成多面体结构，在外表上与冰的结构存在很大差异。笼形水合物晶体在 0 ℃ 以上和适当压力下仍能保持稳定的晶体结构。现已证明，生物物质中天然存在类似晶体的笼形水合物结构，它们很可能对蛋白质等生物大分子的构象、反应性和稳定性产生影响。笼形水合物晶体目前尚未开发利用，在海水脱盐、溶液浓缩和防止氧化等方面可能具有很好的应用前景。

（2）疏水相互作用。疏水相互作用就是疏水基团尽可能聚集（缔合）在一起以减少它们与水分子的接触。这是一个热力学上有利的（$\Delta G < 0$）过程，是疏水水合的部分逆转（图 2-9b）。大多数蛋白质中，40% 的氨基酸具有非极性侧链，如丙氨酸的甲基、苯丙氨酸的苯基、缬氨酸的异丙基、半胱氨酸的巯基、异亮氨酸的仲丁基和亮氨酸的异丁基，其他化合物如醇、脂肪酸和游离氨基酸的非极性基等都能参与疏水相互作用，但后者的疏水相互作用的结果肯定不如涉及蛋白质的疏水相互作用那样重要。

蛋白质在水溶液环境中尽管产生疏水相互作用，但它的非极性基团大约有 1/3 仍然暴露在水中，暴露的疏水基团与邻近的水除了产生微弱的范德华力外，它们相互之间并无吸引力。从图 2-10 可看出，疏水基团周围的水分子对正离子产生排斥，吸引负离子；这与许多蛋白质在等电点以上 pH 时能结合某些负离子的实验结果一致。疏水相互作用是维持蛋白质三级结构的重要因素，因此，水及水的结构在蛋白质结构中起着重要的作用。如图 2-10 所示，蛋白质的疏水基团受周围水分子的排斥而相互靠范德华力或疏水键结合得更加紧密，如果蛋白质暴露的非极性基团太多，就很容易聚集并产生沉淀。

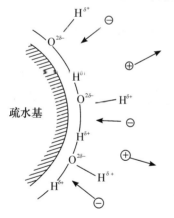
图 2-10　水在疏水基表面的取向

综上所述，水与溶质的结合力十分重要，现将它们的相互作用总结在表 2-3 中。

表 2-3　水-溶质的相互作用分类

种　类	实例	相互作用的强度（与 H_2O-H_2O 氢键[1] 比较）
偶极-离子	H_2O-游离离子	较强[2]
	H_2O-有机分子中的带电基团	
偶极-偶极	H_2O-蛋白质 NH	接近或者相等
	H_2O-蛋白质 CO	

续表2-3

种　类	实　例	相互作用的强度(与 H_2O-H_2O 氢键[①]比较)
	H_2O-蛋白质侧链 OH	
疏水水合	$H_2O + R$[③] → R(水合)	远小于($\Delta G > 0$)
疏水相互作用	R(水合) + R(水合) → R_2(水合) + H_2O	不可比较[④]($\Delta G < 0$)

①12~25 kJ/mol;②远低于单个共价键的强度;③R 是烷基;④疏水相互作用是熵驱动的,而偶极-离子和偶极-偶极相互作用是焓驱动的。

2.3.2　食品中水的存在形式

根据上文中水与非水物质相互作用的性质和程度,可以将食品中的水分为结合水(bound water)和体相水(bulk water)。

2.3.2.1　结合水

结合水也称为束缚水、固定水,通常是指存在于溶质或其他非水组分附近的、与溶质分子之间通过化学键结合的那一部分水,具有与同一体系中体相水显著不同的性质,如呈现低的流动性、在 $-40\ ℃$ 不结冰,不能作为所加入溶质的溶剂,在氢核磁共振(^{1}H-NMR)中使氢的谱线变宽。根据结合水被结合的牢固程度的不同,结合水又可分为:化合水(combined water)、邻近水(vicinal water)和多层水(multilayer water)。

(1)化合水也称为组成水,是指与非水物质结合得最牢固的并构成非水物质整体的那部分水,如位于蛋白质分子内空隙中或者作为化学水合物中的水。它们在 $-40\ ℃$ 不结冰,不能作为所加入溶质的溶剂,也不能被微生物所利用,在食品中仅占很少部分。

(2)邻近水,是指处在非水组分亲水性最强的基团周围的第一层位置的水,主要的结合力是水-离子和水-偶极间的缔合作用,与离子或离子基团缔合的水是结合最紧密的邻近水。包括单分子层水(monolayer water)和微毛细管(直径$<0.1\ \mu m$)中的水。它们在 $-40\ ℃$ 不结冰,也不能作为所加入溶质的溶剂。

(3)多层水,是指位于以上所说的第一层的剩余位置的水和在单分子层水的外层形成的另外几层水,主要是靠水-水和水-溶质氢键的作用。尽管多层水不像邻近水那样牢固地结合,但仍然与非水组分结合得非常紧密,且性质与纯水的性质也不相同。即大多数多层水在 $-40\ ℃$ 仍不结冰,即使结冰,冰点也大大降低;溶剂能力部分降低。

2.3.2.2　体相水

体相水也称为游离水(free water),是指食品中除了结合水以外的那一部分水。它又可分为3类:不移动水或滞化水(entrapped water)、毛细管水(capillary water)和自由流动水(free flow water)。

(1)滞化水,是指被组织中的显微和亚显微结构及膜所阻留住的水,这些水不能自由流动,所以有时候又称为不移动水或截留水。

(2)毛细管水,是指在生物组织的细胞间隙和食品结构组织中,由毛细管力所截留的水,在生物组织中又称为细胞间水,其物理和化学性质与滞化水相同。

(3)自由流动水,是指动物的血浆、淋巴和尿液,植物的导管和细胞内液泡中的水以及食品中肉眼可见的水,是可以自由流动的水。

2.3.2.3　结合水与体相水的区分

结合水和体相水之间很难定量地进行截然的区分。只能根据物理、化学性质进行定性的

食品化学

区分(表 2-4)。

表 2-4　食品中水的性质

项　　目	结合水	体相水
一般描述	存在于溶质或其他非水组分附近的那部分水。包括化合水和邻近水以及几乎全部多层水	位置上远离非水组分,以水-水氢键存在
冰点(与纯水比较)	冰点大为降低,甚至在-40 ℃不结冰	能结冰,冰点略微降低
溶剂能力	无	大
平动(分子水平)运动	大大降低甚至无	变化很小
蒸发焓(与纯水比)	增大	基本无变化
在高水分食品中占总水分含量/%	<0.03～3	约 96

(1)结合水的量与食品中有机大分子的极性基团的数量有比较固定的比例关系。如每 100 g 蛋白质可结合的水平均高达 50 g,每 100 g 淀粉的持水能力为 30～40 g。结合水对食品的风味起重要作用,当结合水被强行与食品分离时,食品的风味和质量就会发生改变。

(2)结合水的蒸气压比体相水低得多,所以在一定温度(100 ℃)下结合水不能从食品中分离出来。

(3)结合水不易结冰(冰点约-40 ℃)。这种性质,使得植物的种子和微生物的孢子(几乎没有体相水)得以在很低的温度下保持其生命力;而多汁的组织(新鲜水果、蔬菜、肉等)在冰冻后细胞结构往往被冰晶破坏,解冻后组织不同程度地崩溃。

(4)结合水不能作为溶质的溶剂。

(5)体相水能为微生物所利用,而绝大部分结合水则不能。

水分含量的定量测定一般是以 105 ℃恒重后的样品质量的减少量作为食品水分的含量。

2.4　水分活度

2.4.1　水分活度的定义

人们早就认识到食物的易腐败性与含水量之间有着密切的关系,但食品的稳定性和安全性与食品中水的含量并不直接相关,而是与水的"状态",或者说与食品中水的"可利用性"相关。因为已有的证据表明,不同种类的食品即使水分含量相同,其腐败变质的难易程度也存在明显的差异,而且,食品中的水与其非水组分结合的强度是不同的,处于不同的存在状态,强烈结合的那一部分水是不能有效地被微生物和生物化学所利用。因此,引进了水分活度(water activity)的概念。

水分活度是指食品中水的蒸气压与同温度下纯水的饱和蒸气压的比值,可用式(2-1)表示。

$$A_w = p/p_0 \tag{2-1}$$

式中:A_w 是水分活度;p 是某种食品在密闭容器中达到平衡状态时的水蒸气分压;p_0 是相同温度下纯水的饱和蒸气压。p/p_0 又可以称为相对蒸气压。式(2-1)是一个便于测定的公式,如果要理解水分活度的内涵还是要看式(2-2)。

$$A_w = f/f_0 \tag{2-2}$$

式(2-2)是从平衡热力学定律严密推导出的水分活度的概念式。其中：f 是食品中水的逸度(逸度是溶剂从溶液中逃脱的趋势)；f_0 是相同条件下纯水的逸度。在低温时(如室温下)，f/f_0 和 p/p_0 之间的差值很小(低于 1%)。显然，用式(2-1)表示水分活度是合理的。

若把纯水作为食品来看，其水蒸气压 p 和 p_0 值相等，故 $A_w = 1$。然而，一般食品不仅含有水，而且含有非水组分，食品的蒸气压比纯水小，即总是 $p < p_0$，故 $A_w < 1$。

相对蒸气压(p/p_0)与环境平衡相对湿度(equilibrium relative humidity，ERH)有关，如式(2-3)。

$$p/p_0 = \mathrm{ERH}/100 = N = n_1/(n_1 + n_2) \tag{2-3}$$

式(2-3)表明，食品的水分活度在数值上等于环境平衡相对湿度除以 100。其中 N 是溶剂(水)的摩尔分数，n_1 是溶剂的摩尔数，n_2 是溶质的摩尔数，n_2 可通过测定样品的冰点并按式(2-4)进行计算。

$$n_2 = G\Delta T_f/(1\,000 \times K_f) \tag{2-4}$$

式中：G 是样品中溶剂的质量(g)；ΔT_f 是冰点下降的温度(℃)；K_f 是水的摩尔冰点下降常数(1.86)。

这里必须强调，水分活度是样品的固有性质，环境平衡相对湿度是与样品相平衡的大气性质，它们只是在数值上相等；同时，少量样品(小于 1 g)与环境之间达到平衡需要相当长的时间，而大量的样品在温度低于 50 ℃时，则几乎不可能与环境达到平衡。

样品的水分活度与水分含量之间的关系非常重要，因此常常要测定某一条件下食品的 A_w，这可以通过测定该条件下食品的蒸气压或环境平衡相对湿度来进行。具体方法如下。

(1)冰点测定法：先测定样品的冰点降低和水分含量，再根据方程(2-3)和方程(2-4)计算 A_w。在低温下测量冰点而计算高温时的 A_w 值所引起的误差是很小的($< 0.001 A_w/℃$)。

(2)相对湿度传感器测定法：在恒定温度下，把已知水分含量的样品放在一个小的密闭室内，使其达到平衡，然后使用任何一种电子技术或湿度技术测量样品和环境大气平衡的 ERH，即可得到 A_w。

(3)恒定相对湿度平衡室法(扩散法)：样品在康威氏微量扩散皿的密封和恒温条件下，分别在 A_w 值较高和较低的标准饱和溶液中进行扩散平衡，根据样品质量的增加(在较高 A_w 值标准溶液中平衡)和减少(在较低 A_w 值标准溶液中平衡)求出样品的 A_w 值。扩散法测量水分活度比较复杂，步骤烦琐、耗时，无法直接得到测量结果(需要称重、作图、求解)，现在也不常用。

(4)水分活度仪测定样品的 A_w，已报道的最先进仪器精确温度控制已达到 0.2 ℃，最高精确度已达到 0.000 1A_w，最短测量时间只有 5 min。

最后要注意的是，虽然水分活度指标在判断食品腐败变质方面远比水分含量指标好，但仍是不完美的，因为一些其他因素如氧的浓度、pH、水的流动性和溶质的种类等在某些情况下对食品变质的速率也有强烈的影响。

2.4.2　水分活度与温度的关系

测定水分活度时，必须标明温度，因为在水分活度的表达式中，p、p_0 都是温度的函数，因而水分活度也随温度而改变。修改的克劳修斯-克拉佩龙(Clausius-Clapeyron)方程，即式(2-5)准确地表示了水分活度与温度的关系。

$$d(\ln A_w)/d(1/T) = -\Delta H/R \quad 或 \quad \ln A_w = \frac{-k\Delta H}{R \cdot \frac{1}{T}} \tag{2-5}$$

式中:R 是气体常数;T 是热力学温度;ΔH 是样品中水分的净吸收热(纯水的汽化潜热);k 是样品中非水物质的本质和浓度的函数,也是温度的函数,但在样品一定和温度变化范围较窄的情况下,k 可看为常数,可由式(2-6)表示。

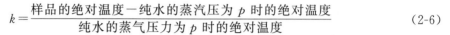

由式(2-5)可见,$\ln A_w$ 对 $1/T$ 作图为直线,具有不同水分含量的天然马铃薯淀粉的实验图可以证实(图2-11),两者间在一定温度范围内有良好的线性关系,且 A_w 对温度的相依性是含水量的函数。

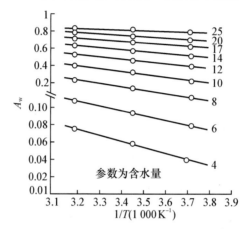

图2-11 马铃薯淀粉的水分活度和温度的 Clausius-Clapeyron 关系

(用每克干淀粉中的水的克数表示含水量)

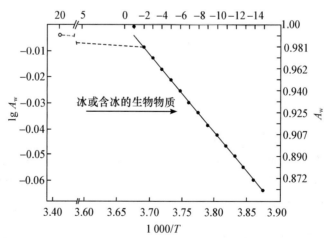

图2-12 高于或低于冻结温度时样品的水分活度和温度之间的关系

在较大温度范围的 $\ln A_w$-$1/T$ 图,并非始终是一条直线;当冰开始形成时,直线将在结冰的温度时出现明显的折点,在冰点以下 $\ln A_w$ 随 $1/T$ 的变化率明显变大,并且不再受食品中非水组分的影响(图 2-12)。因为这时水的汽化潜热应由冰的升华热代替,也就是说,前述的 A_w 与温度的关系方程中的 ΔH 值大大增加了。这给我们提出了一个问题,"在冻结后计算 A_w 时,分母 p_0 是用冰的蒸气压,还是用过冷水的蒸气压?"大量实验结果证明,用过冷水的蒸气压来表示 p_0 是正确的。因为冻结后的食品中也有冰,食品内水的蒸气分压(分子 p)实际上就是纯冰的蒸气压;在此情况下,如果分母 p_0 也用冰的蒸气压,这样求得的 A_w 则无意义,因为这造成了冻结后的食品在任何条件下只有一个 $A_w = 1$ 的结果。为此,样品冻结后的 A_w 值,应按式(2-7)计算。

$$A_w = p_{(ff)} / p_{0(scw)} = p_{0(ice)} / p_{0(scw)} \tag{2-7}$$

式中:$p_{(ff)}$ 是未完全冷冻食品中水的蒸气分压;$p_{0(scw)}$ 是纯过冷水的蒸气压;$p_{0(ice)}$ 是纯冰的蒸气压。

表 2-5 中列举了 0 ℃以下,纯冰和过冷水的蒸气压以及由此求得的冻结食品在不同温度时的 A_w 值。

表 2-5　水、冰和食品在低于冰点的各个不同温度下的蒸气压和水分活度

温度/℃	液体水[1]蒸气压/kPa	冰[2]和含冰食品蒸气压/kPa	A_w
0	0.610 4[2]	0.610 4	1.00[4]
−5	0.421 6[2]	0.401 6	0.953
−10	0.286 5[2]	0.259 9	0.907
−15	0.191 4[2]	0.165 4	0.864
−20	0.125 4[2]	0.103 4	0.82
−25	0.080 6[3]	0.063 5	0.79
−30	0.050 9[3]	0.038 1	0.75
−40	0.018 9[3]	0.012 9	0.68
−50	0.006 4[3]	0.003 9	0.62

①除 0 ℃外在所有温度下的过冷水;②观测的数据;③计算的数据;④仅适用于纯水。

在比较冰点以上与冰点以下的 A_w 值时,应注意有 2 个重要的区别。第一,在冰点以上温度时,A_w 是食品组成和温度的函数,并以食品的组成为主;在冰点以下温度时,由于冰的存在,A_w 不再受食品中非水组分种类和数量的影响,只与温度有关。为此,食品中任何一个受非水组分影响的物理、化学和生物化学变化,在食品冻结后,就不能再根据水分活度的大小进行预测。第二,在冰点以上和以下温度时,就食品稳定性而言,A_w 的意义是不一样的。例如,某含水的食品在 −15 ℃时,水分活度等于 0.86,在此低温下,微生物不能生长繁殖,化学反应也基本上不能进行;但在 20 ℃,水分活度仍为 0.86 时,微生物则迅速生长,化学反应也较快地进行。

2.4.3　水分活度与水分含量的关系

2.4.3.1　水分的吸附等温线

在恒定温度下,以食品的水分含量(用每单位干物质质量中水的质量表示)对它的水分活度绘图形成的曲线(图 2-13),称为水分的吸附等温线(moisture adsorption isotherm,MSI)。

广泛水分含量范围的水分吸附等温线(图 2-13),包括了从正常到干燥状态的整个水分含量范围的情况,但在图中并没有详细地表示出最有价值的低水分区域的情况。把水分含量低的区域扩大和略去高水分区就可得到一张更有价值的吸附等温线图(图 2-14)。一些食品的低水分区域吸附等温线如图 2-15 所示,大多数食品的水分吸附等温线呈 S 形,而水果、糖制品、

二维码 2-5　水分吸附等温线的数学描述

含有大量糖和其他可溶性小分子的咖啡提取物以及多聚物含量不高的食品的等温线为 J 形。决定吸附等温线形状和位置的因素包括食品的成分、食品的物理结构、食品的预处理、温度和制作等温线的方法。

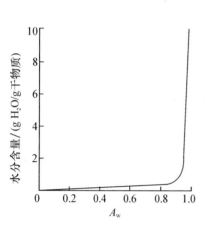

图 2-13　广泛水分含量范围的水分吸附等温线图

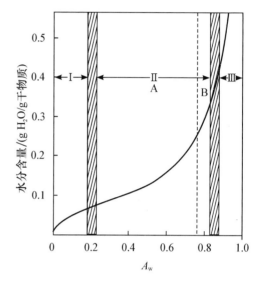

图 2-14　低水分含量范围食品的水分吸附等温线（温度 20 ℃）

水分活度依赖于温度,因此吸附等温线也与温度有关(图 2-16)。在一定的水分含量时,水分活度随温度的上升而增大,它与 Clausius-Clapeyron 方程一致,符合食品中所发生各种变化的规律。

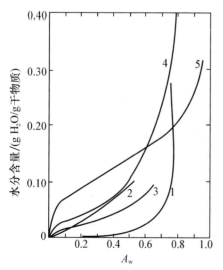

1. 糖果(主要成分为蔗糖粉);2. 喷雾干燥的菊苣提取物;3. 焙烤后的咖啡;4. 猪胰脏提取粉;5. 天然大米淀粉

图 2-15　一些食品物质不同类型的回吸等温线
（除"1"为 40 ℃外,其余均为 20 ℃）

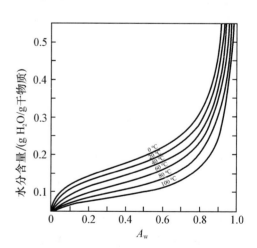

图 2-16　马铃薯在不同温度下的水分吸附等温线

为了深入理解水分吸附等温线的含义和实际应用,可将水分吸附等温线分为 3 个区段进行讨论(图 2-14 和表 2-6)。

表 2-6　吸附等温线上不同区水分特性

项目	分区		
	Ⅰ区	Ⅱ区	Ⅲ区
A_w	0~0.25	0.25~0.85	>0.85
含水量/%	0~7	7~27.5	>27.5
冻结能力	不能冻结	不能冻结	正常
溶剂能力	无	轻微~适度	正常
水分状态	单分子水层吸附 化学吸附结合水	多分子水层凝聚 物理吸附	毛细管水或 自由流动水
微生物利用性	不可利用	部分可利用	可利用

Ⅰ区:是食品中水分子与非水组分中的羧基和氨基等离子基团以水-离子或水-偶极相互作用而牢固结合的水。这部分水不能作为溶剂,在 -40 ℃不结冰,对食品固体没有显著的增塑作用,可以简单地看作为食品固体的一部分。在区间Ⅰ的高水分末端(区间Ⅰ和区间Ⅱ的分界线)位置的这部分水相当于食品的"单分子层"水含量,这部分水可看成是在干物质可接近的强极性基团周围形成一个单分子层所需水的近似量。区间Ⅰ的水只占高水分食品中总水分含量的很小一部分,一般为 0~0.07 g/g 干物质,A_w 一般为 0~0.25。

Ⅱ区:该部分水占据非水组分表面第一层的剩余位置和亲水基团(如氨基、羟基等)周围的另外几层位置,形成多分子层结合水,主要靠水-水和水-溶质的氢键与邻近的分子缔合,同时还包括直径<1 μm 的毛细管中的水。A_w 为 0.25~0.85。从Ⅱ区的低水分端开始,水将引发溶解过程,引起体系中反应物流动,加速了大多数反应的速率。同时还具有增塑剂的作用,促使物料骨架开始膨胀。但它们的移动性比体相水差,蒸发焓比纯水大,大部分在 -40 ℃不结冰。

Ⅲ区:该部分水实际上就是体相水,是食品中结合最不牢固和最容易移动的水。A_w 为 0.85~0.99。在凝胶和细胞体系中,因为体相水以物理方式被截留,所以宏观流动性受到阻碍,但它与稀盐溶液中水的性质相似。这部分水的蒸发焓基本上与纯水相同,既可以结冰也可作为溶剂,并且还有利于化学反应的进行和微生物的生长。

虽然等温线划分为 3 个区间,但还不能准确地确定各区间分界线的位置,而且除化合水外,等温线区间内和区间与区间之间的水都能发生相互交换。另外,向干燥食品中增加水时,虽然能够稍微改变原来所含水的性质,如产生溶胀和溶解过程,但在区间Ⅱ增加水时,区间Ⅰ水的性质几乎保持不变。同样,在区间Ⅲ内增加水,区间Ⅱ水的性质也几乎保持不变(图 2-14)。从而可以说明,食品中结合得最不牢固的那部分水对食品的稳定性起着重要作用。

所以,吸附等温线的研究对于了解以下信息是十分有意义的:①在浓缩和干燥过程中样品脱水的难易程度与相对蒸气压的关系;②应当如何组合食品才能防止水分在组合食品的各配料之间的转移;③测定包装材料的阻湿性;④可以预测多大的水分含量时才能够抑制微生物的生长;⑤预测食品的化学和物理稳定性与水分含量的关系;⑥可以看出不同食品中非水组分与水结合能力的强弱。

2.4.3.2　等温线的滞后现象

采用向干燥样品中添加水(回吸作用,即物料吸湿)的方法绘制的水分吸附等温线和按解

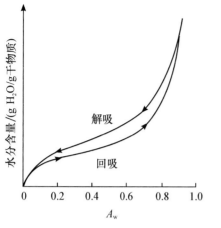

水分含量/(g H₂O/g 干物质)

解吸

回吸

A_w

图 2-17　水分吸附等温线的滞后现象

吸过程绘制的等温线并不相互重叠,这种不重叠性称为滞后现象(hysteresis)(图 2-17)。许多食品的水分吸附等温线都表现出滞后现象,滞后作用的大小、曲线的形状以及滞后回线(hysteresis loop)的起始点与终点都不相同,它们取决于食品的性质和食品加入或去除水时所产生的物理变化、温度、解吸速度以及解吸过程中被除去的水分的量等因素。一般来说,当 A_w 值一定时,解吸过程中食品的水分含量大于回吸过程中的水分含量。所以由脱湿制得的食品必须保持更低的 A_w 才能与由吸湿制得的食品保持相同的稳定性,而吸湿制得的食品成本比较高。在实际应用中,吸附等温曲线可应用于吸湿制品的观察研究,而脱湿等温线则可应用于调制研究干燥过程。

引起食品滞后现象的原因可能是:①食品解吸过程中的一些吸水部位与非水组分作用而无法释放出水分;②食品不规则形状而产生的毛细管现象,欲填满或抽空水分需不同的蒸气压(要抽出需 $p_内>p_外$,要填满即吸附时则需 $p_外>p_内$);③解吸时将使食品组织发生改变,当再吸水时就无法紧密结合水分,由此可导致较高的水分活度。然而,对吸附滞后现象全面而确切的解释,目前还没有形成。

2.5　水与食品的稳定性

2.5.1　水分活度与食品的稳定性

食品的储藏稳定性与水分活度之间有着密切的联系,主要是跟食品储藏稳定性密切相关的微生物生命活动和生物化学反应与水分活度有着密切的联系。

2.5.1.1　水分活度与微生物生命活动的关系

就水与微生物的关系而言,食品中各种微生物的生长繁殖,是由其水分活度而不是由其含水量所决定,即食品的水分活度决定了微生物在食品中萌发的时间、生长速率及死亡率。不同的微生物在食品中繁殖时对水分活度的要求不同。一般来说,细菌对低水分活度最敏感,酵母菌次之,霉菌的敏感性最差(表 2-7),当水分活度低于某种微生物生长所需的最低水分活度时,这种微生物就不能生长。

水分活度在 0.91 以上时,食品的微生物变质以细菌为主;水分活度降至 0.91 以下时,就可以抑制一般细菌的生长;当在食品中加入食盐、糖后,其水分活度下降,一般细菌不能生长,但嗜盐细菌却能生长。水分活度在 0.9 以下时,食品的微生物腐败主要是由酵母菌和霉菌所引起的,其中水分活度在 0.8 以下的糖浆、蜂蜜和浓缩果汁的败坏主要是由酵母菌引起的。研究结果表明,重要的食品中有害微生物生长的最低水分活度为 0.86~0.97,所以,真空包装的水产和畜产加工制品,流通标准规定其水分活度要在 0.94 以下。

表 2-7　食品中水分活度与微生物生长关系

A_w 范围	在此范围内的最低 A_w 值 能抑制的微生物	食品
1.00～0.95	假单胞菌属、埃希菌属、变形杆菌属、志贺菌属、芽孢杆菌属、克雷伯菌属、梭菌属、产气荚膜杆菌、一些酵母	极易腐败变质的新鲜食品、水果、蔬菜、肉、鱼、乳制品、罐头、熟香肠和面包，含有约40%（质量分数）蔗糖或7%NaCl的食品
0.95～0.91	沙门菌属、副溶血红蛋白弧菌、肉毒梭菌、沙雷菌属、乳杆菌属、片球菌属、几种霉菌、酵母（红酵母属、毕赤氏酵母属）	奶酪、咸肉、一些果汁浓缩物，含有55%（质量分数）蔗糖（饱和）或12%NaCl的食品
0.91～0.87	许多酵母（假丝酵母、汉逊氏酵母、球拟酵母）、微球菌属	发酵香肠、蛋糕、干奶酪、人造奶油，含65%（质量分数）蔗糖（饱和）或15%NaCl的食品
0.87～0.80	大多数霉菌（产霉菌毒素的青霉菌）、金黄色葡萄球菌、大多数酵母菌属（拜耳酵母）、德巴利氏酵母菌	大多数浓缩果汁、甜炼乳、巧克力糖、糖浆和水果糖浆、面粉、米，含有15%～17%水分的豆类及其食品、水果蛋糕、家庭自制火腿、软糖、重油蛋糕
0.80～0.75	大多数嗜盐杆菌、产霉菌毒素的曲霉菌	果酱、加柑橘皮丝的果冻、杏仁酥糖、糖渍水果、一些棉花糖
0.75～0.65	嗜干性霉菌、双孢子酵母	含10%水分的燕麦片、牛轧糖、砂性软糖、果冻、棉花糖、糖蜜、粗蔗糖、某些干果和坚果
0.65～0.60	耐渗透压酵母（鲁酵母）、少数霉菌（二孢红曲霉、刺孢曲霉）	含水量15%～20%的干果、一些太妃糖和焦糖、蜂蜜
0.50	微生物不增殖	含水量约12%的面条和约10%的调味料
0.40	微生物不增殖	含水量为5%的全蛋粉
0.30	微生物不增殖	含水量为3%～5%的甜饼、脆点心和面包屑
0.20	微生物不增殖	含水量为2%～3%的全脂奶粉、含约5%水分的脱水蔬菜、含约5%水分的玉米片、脆点心、烤饼

　　降低 A_w 值可以使微生物的生长速度降低，进而降低食品腐败速度、生物毒素以及微生物代谢活性。但中止不同的代谢过程所需的 A_w 值不同。例如，对于细菌形成孢子所需的 A_w 值比它们生长的值要高，魏氏芽孢杆菌繁殖时的 A_w 阈值为0.96，而芽孢形成的最适宜 A_w 值为0.993，A_w 值略低于0.97，就几乎看不到有芽孢生成。毒素的产生是与人体健康最有关系的微生物代谢活动，一般认为产毒霉菌的生长所需的 A_w 要比其毒素形成所需的 A_w 低，通过 A_w 来控制微生物生长的一些食品中，虽然可能有微生物生长，但不一定有毒素的产生。例如，黄曲霉生长时所需的 A_w 阈值为0.78～0.8，而产生毒素时要求 A_w 阈值达0.83。

　　微生物对水分的需要还会受到食品pH、营养成分、氧气等共存因素的影响。通过选择合适的条件（A_w、pH、湿度、保鲜剂等），可减少或杀死微生物，从而提高食品稳定性和安全性。当然，A_w 不仅与引起食品腐败的有害微生物相关，而且对发酵食品所需要的有益微生物也同样有影响。在发酵食品的加工中，就必须把 A_w 提高到有利于有益微生物生长、繁殖、代谢所需的 A_w 以上。因此，在选定食品的水分活度时应根据具体情况进行适当的调整。

2.5.1.2　水分活度与食品劣变化学反应的关系

　　图 2-18 显示了在25～45℃温度范围内几类重要反应的速度与 A_w 的关系。为了进行比

较,同时用图 2-18f 指出了典型的水分吸附等温线。从图 2-18 可见,食品中的多种化学反应的反应速度以及曲线的位置与形状是随食品样品的组成、物理状态及其结构(毛细管现象)而改变,也随大气组成(特别是氧)、温度以及滞后效应而改变。

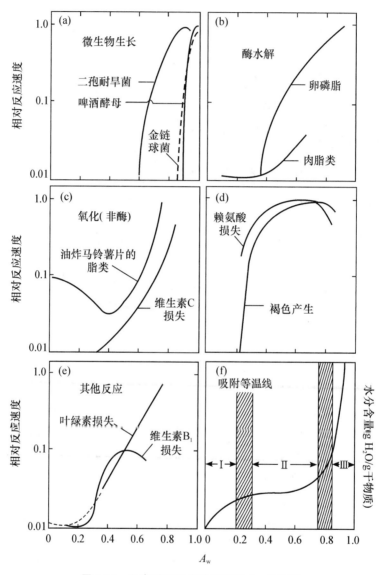

图 2-18　几类重要反应的速度与 A_w 的关系

图 2-18c 表示脂类氧化和 A_w 之间的相互关系。很明显,从极低的 A_w 值开始,脂类的氧化速度随着水分的增加而降低,直到 A_w 值接近等温线(图 2-18f)区间Ⅰ与Ⅱ的边界时,脂类的氧化速度达到最低;而进一步增加水就使氧化速度增加直到 A_w 值接近区间Ⅱ与Ⅲ的边界;再进一步增加入水将会引起氧化速度降低(未表示出来)。该关系明显与图 2-18 中其他反应不一样,所以具体问题要具体分析,要从实践中得出结论。Karel 与 Yong 对此的解释为:首先,加入非常干燥的食品样品中的水明显地干扰了脂类的氧化,这部分水(区域Ⅰ)被认为能结合脂类的氢过氧化物,干扰了它们的分解,于是阻碍了氧化的进行;另外,这部分水能同催化氧化

的金属离子发生水合作用,从而显著地降低了金属离子的催化效力。当水增加到超过区间Ⅰ与Ⅱ的边界时,增加了氧的溶解度和脂类大分子的肿胀,暴露出更多的催化部位,从而加速了氧化。当 A_w 值较大(>0.8)时,加入的水则减缓了脂类的氧化速度,这是由于水的增加对体系中的催化剂产生了稀释效应而降低其催化效力。

在图 2-18d 和图 2-18e 中分别代表 Maillard 反应和维生素 B_1 降解反应在中等至较高 A_w 值时,都表现出最大转化速度。在中等至高水分含量食品中,当水分活度增加时,有时反应速度下降,可能的原因是:①水是这些反应中的一种产物,增加水分的含量能造成产物的抑制作用;②当样品中水分含量使得该反应的反应物的溶解度、表面反应位点的可接近性和扩散性不再是限速(制)因素时,进一步增加的水,将稀释反应物,从而减慢反应速度。

综上所述,降低食品的 A_w,可以延缓酶促褐变和非酶褐变的进行,减少食品营养成分的破坏,防止水溶性色素的分解。但 A_w 过低,则会加速脂肪的氧化酸败。要使食品具有最高的稳定性所必需的水分含量,最好是将 A_w 保持在结合水范围内。这样,可使化学变化难以发生,同时又不会使食品丧失吸水性和复原性。

2.5.1.3　降低水分活度提高食品稳定性的机理

如上所述,低水分活度能抑制食品的化学变化和微生物的生长繁殖,稳定食品质量,食品中发生的化学反应和酶促反应以及微生物的生长繁殖是引起食品腐败变质的重要原因,故降低水分活度可以抑制这些反应的进行,其机理如下。

(1)大多数化学反应都必须在水溶液中才能进行,如果降低食品的水分活度,则食品中水的存在状态发生了变化,结合水的比例增加,体相水的比例减少,而结合水是不能作为反应物的溶剂的。所以降低水分活度,能使食品中许多可能发生的化学反应、酶促反应受到抑制。

(2)很多化学反应属于离子反应。该反应发生的条件是反应物首先必须进行离子化或水合作用,而这个作用的条件必须是有足够的体相水才能进行。

(3)很多化学反应和生物化学反应都必须有水分子参加才能进行(如水解反应),若降低水分活度,就减少了参加反应的体相水的数量,化学反应的速度也就变慢。

(4)许多以酶为催化剂的酶促反应,水除了起着一种反应物的作用外,还能作为底物向酶扩散的输送介质,并且通过水化促使酶和底物活化。当 A_w 值低于 0.8 时,大多数酶的活力就受到抑制;若 A_w 值降到 0.25~0.30 的范围,则食品中的淀粉酶、多酚氧化酶和过氧化物酶就会受到强烈的抑制或丧失其活力(但脂肪酶例外,水分活度在 0.05~0.1 时仍能保持其活性)。

(5)食品中微生物的生长繁殖都要求有一定最低限度的 A_w:大多数细菌为 0.94~0.99,大多数霉菌为 0.80~0.94,大多数耐盐细菌为 0.75,耐干燥霉菌和耐高渗透压酵母为 0.60~0.65。当水分活度低于 0.60 时,绝大多数微生物就无法生长。

由此可见,食品化学反应的最大反应速度一般发生在具有中等水分含量的食品中(A_w 为 0.7~0.9),而最小反应速度一般首先出现在等温线的区间Ⅰ与Ⅱ之间的边界(A_w 为 0.2~0.3)附近,当进一步降低 A_w 时,除了脂类的氧化反应外,其他反应速度全都保持在最小值,这时的水分含量是单分子层水分含量。因此,用食品的单分子层水的值可以较准确地预测干燥产品最大稳定性时的含水量。可以利用 BET 方程,即式(2-8)计算出食品的 BET 单分子层水值。

$$\frac{A_{\mathrm{w}}}{m(1-A_{\mathrm{w}})}=\frac{1}{m_1 C}+\frac{C-1}{m_1 C}\cdot A_{\mathrm{w}} \tag{2-8}$$

式中：A_{w} 为水分活度；m 为水分含量（g H₂O/g 干物质）；m_1 为 BET 单分子层水的值（g H₂O/g 干物质）；C 为常数。

图 2-19 是马铃薯淀粉的 BET 图。在 A_{w} 值约大于 0.35 时，线性关系开始出现偏差。单分子层值可按式(2-9)计算。

$$单分子层值(m_1)=\frac{1}{(Y\text{ 截距})+斜率} \tag{2-9}$$

根据图 2-19 查得，Y 截距为 0.6，斜率等于 10.7，于是可求出 m_1，如下。

$$m_1=\frac{1}{0.6+10.7}=0.088(\mathrm{g\ H_2O/g\ 干物质})$$

在此特定的例子中，BET 单层值相当于 A_{w} 为 0.2。

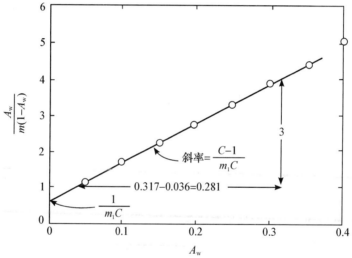

图 2-19　马铃薯淀粉的 BET 图（回吸温度为 20 ℃）

除了化学反应与微生物生长外，A_{w} 对干燥与半干燥食品的质构也有影响。例如，如果要想保持脆饼干、爆米花以及油炸马铃薯片的脆性，避免粒状糖、奶糖以及速溶咖啡的结块，防止硬糖的发黏等，就需要使产品具有相当低的水分活度。要保持干燥食品的理想品质，A_{w} 值不能超过 0.35～0.5，但随食品产品的不同而有所变化。对于软质构的食品（含水量高的食品），为了避免不希望的失水变硬，需要保持相当高的水分活度。

2.5.2　冷冻与食品稳定性

2.5.2.1　冻藏时冰对食品稳定性的影响

冷冻被认为是保藏大多数食品的一个好方法，其作用主要在于低温情况下微生物的繁殖被抑制、一些化学反应的速度常数降低，但与水从液态转化为固态的冰无关。食品的低温冻藏虽然可以提高一些食品的稳定性，但对于具有细胞结构的食品和食品凝胶，将会出现两个非常不利的后果：①水转化为冰后，其体积会相应增加 9%，体积的膨胀就会产生局部压力，使具有细胞组织结构的食品受到机械性损伤,造成解冻后汁液的流失,或者使得细胞内的酶与细胞外的底物接触,导致不良反应的发生。②冷冻浓缩效应。这是由于在所采用的商业冻藏温度下,食品中仍然存在非冻结相,在非冻结相中非水组分的浓度提高,最终引起食品体系的理化性质如非冻结相的 pH、可滴定酸度、离子强度、黏度、冰点、表面和界面张力、氧化-还原电位等发生改变。此外,还将形成低共熔混合物,溶液中有氧和二氧化碳逸出,水的结构和水与溶质间的相互作用也剧烈地改变,同时大分子更紧密地聚集在一起,使之相互作用的可能性增大。

因此,冷冻给食品体系化学反应带来的影响有相反的两方面:降低温度,减慢了反应速度;溶质浓度增加,加快了反应速度。表 2-8 和表 2-9 综合列出了它们对反应速度的影响。

对牛肌肉组织所挤出的汁液中蛋白质的不溶性研究发现,由于冻结而产生蛋白质不溶性变化加速的温度,一般是在低于冰点几度时最为明显;同时在正常的冻藏温度下(−18 ℃),蛋白质不溶性变化的速度远低于 0 ℃时的速度。在冷冻过程中细胞食品体系的某些酶催化转化速率也同样加快(表 2-10),这与冷冻导致的浓缩效应无关,一般认为是由冷冻诱导酶底物和(或)酶激活剂发生移动所引起的,或是冰体积增加而导致的酶-底物位移。

表 2-8　冷冻过程中温度和溶质浓缩对化学反应的最终影响

状态	温度的变化	溶质的浓缩变化	两种作用的相对影响程度[①]	冷冻对反应速度的最终影响
Ⅰ	降低	降低	协同	降低
Ⅱ	降低	略有增加	$T>S$	略有降低
Ⅲ	降低	中等程度增加	$T=S$	无影响
Ⅳ	降低	极大增加	$T<S$	增加

①T 表示温度效应;S 表示溶质浓缩效应。

表 2-9　食品冷冻过程中一些变化被加速的例子

反应类型	反应物
酶催化水解反应	蔗糖
氧化反应	抗坏血酸、乳脂、油炸马铃薯食品中的维生素 E、脂肪中 β-胡萝卜素与维生素 A 的氧化、牛奶
蛋白质的不溶性	鱼肉、牛肉、兔肉的蛋白质
形成 NO-肌红蛋白或 NO-血红蛋白(腌肉的颜色)	肌红蛋白或血红蛋白

表 2-10　冷冻过程中酶催化反应被加速的例子

反应类型	食品样品	反应加速的温度/℃
糖原损失和乳酸蓄积	动物肌肉组织	$-3\sim-2.5$
磷脂的水解	鳕鱼	-4
过氧化物的分解	快速冷冻马铃薯与慢速冷冻豌豆中的过氧化物酶	$-5\sim-0.8$
维生素 C 的氧化	草莓	-6

在食品冻藏过程中,冰结晶大小、数量、形状的改变也会引起食品劣变,也许是冷冻食品品质劣变最重要的原因。由于冻藏过程中温度出现波动,温度升高时,已冻结的小冰晶融化;温度再次降低时,原先未冻结的水或先前小冰晶融化的水将会扩散并附着在较大的冰晶表面,造成再结晶的冰晶体积增大,这样对组织结构的破坏性很大。所以,在食品冻藏时,要尽量控制

温度的恒定。

食品冻藏有慢冻和速冻 2 种方法。如速冻的肉,由于冻结速率快,形成的冰晶数量多,颗粒小,在肉组织中分布比较均匀,又由于小冰晶的膨胀力小,对肌肉组织的破坏很小,解冻融化后的水可以渗透到肌肉组织内部,所以基本上能保持原有的风味和营养价值。而慢冻的肉,结果刚好相反。速冻的肉,解冻时一定要采取缓慢解冻的方法,使冻结肉中的冰晶逐渐融化成水,并基本上全部渗透到肌肉中去,尽量不使肉汁流失,以保持肉的营养和风味。所以商业上,尽量采用速冻和缓慢解冻的方法。

采后鲜活农产品因水分含量高和农村贮藏设施不足,易腐败变质,农民收益得不到保障。因此,本着坚持农业农村优先发展、强化农业科技和装备支撑、健全种粮农民收益保障机制的精神,最近 10 年,我国拿出巨大的财政资金,鼓励和补贴社会团体、企业和个人建设低温库,延长农产品贮藏期和保障农产品安全,这对乡村振兴和农民增收起到了巨大作用。

2.5.2.2 玻璃化温度与食品稳定性

水的存在状态有液态、固态和气态 3 种,在热力学上属于稳定态。其中水分在固态时,是以稳定的结晶态存在的。但是复杂的食品与其他生物大分子(聚合物)一样,往往是以无定形态存在的。所谓无定形(amorphous)态是指物质所处的一种非平衡、非结晶状态,当饱和条件占优势并且溶质保持非结晶时,此时形成的固体就是无定形态。食品处于无定形态时,其稳定性不会很高,但却具有优良的食品品质。因此,食品加工的任务就是在保证食品品质的同时使食品处于亚稳态或处于相对于其他非平衡态来说比较稳定的非平衡态。

玻璃态(glassy state),指既像固体一样具有一定的形状和体积,又像液体一样分子间排列只是近似有序,因此它是非晶态或无定形态。处于此状态的大分子聚合物的链段运动被冻结,只允许在小尺度的空间运动(即自由体积很小),其形变很小,类似于坚硬的玻璃,因此称为玻璃态。

橡胶态(rubbery state),指大分子聚合物转变成柔软而具有弹性的固体(此时还未熔化)时状态,分子具有相当的形变,它也是一种无定形。根据状态的不同,橡胶态的转变可分成 3 个区域(图 2-20):①玻璃态转变区域(图 2-20b)(glassy transition region);②橡胶态高弹区(图 2-20c)(rubbery plateau region);③橡胶态流动区(图 2-20d)(rubbery flow region)。

黏流态,指大分子聚合物链可以自由运动,出现类似一般液体的黏性流动的状态。

玻璃化转变温度(glass transition temperature T_g,T_g'):T_g 指非晶态的食品体系从玻璃态到橡胶态的转变(称为玻璃化转变)时的温度;T_g' 是特殊的 T_g,指食品体系在冰形成时具有最大冷冻浓缩效应的玻璃化转变温度。

随着温度由低到高,无定形聚合物可经历 3 个不同的状态即玻璃态、橡胶态、黏流态,各反映了不同的分子运动模式(图 2-20)。

(1)当 $T < T_g$ 时,大分子聚合物的分子运动能量很低,此时大分子链段不能运动,大分子聚合物呈玻璃态。

(2)当 $T = T_g$,分子热运动能增加,链段运动开始被激发,玻璃态开始逐渐转变到橡胶态,此时大分子聚合物处于玻璃态转变区域。玻璃化转变发生在一个温度区间内而不是在某个特定的单一温度处;发生玻璃化转变时,食品体系不放出潜热,不发生一级相变,宏观上表现为一系列物理和化学性质的急剧变化,如食品体系的比容、比热容、膨胀系数、导热系数、折光指数、黏度、自由体积、介电常数、红外吸收谱线和核磁共振吸收谱线宽度等都发生突变或不连续变化。

（3）当 $T_g < T < T_m$（T_m 为熔融温度），分子的热运动能量足以使链段自由运动，但由于邻近分子链之间存在较强的局部性的相互作用，整个分子链的运动仍受到很大抑制，此时聚合物柔软而具有弹性，黏度约为 10^7 Pa·s，处于橡胶态高弹区。橡胶态高弹区的宽度取决于聚合物的分子量，分子量越大，该区域的温度范围越宽。

（4）当 $T = T_m$，分子热运动能量可使大分子聚合物整链开始滑动，此时的橡胶态开始向黏流态转变，除了具有弹性外，出现了明显的无定型流动性。此时大分子聚合物处于橡胶态流动区。

（5）当 $T > T_m$，大分子聚合物链可以自由运动，出现类似一般液体的黏性流动，大分子聚合物处于黏流态。

状态图（state diagram）是补充的相图（phase diagram），包含平衡状态和非平衡状态的数据。由于干燥、部分干燥或冷冻食品不存在热力学平衡状态，所以，状态图比相图更有用。

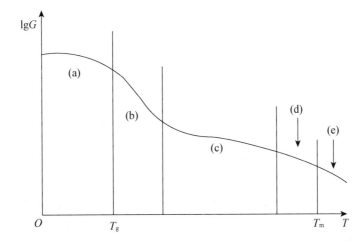

（a）为 $T < T_g$，明胶凝胶处于玻璃态；（b）为当 $T = T_g$ 时，发生玻璃态转化，并进入"韧性区"，弹性模量降低了大约 3 个数量级；（c）和（d），$T_g < T < T_m$，为橡胶态高弹区和橡胶态流动区；（e）为黏性液态流动区

图 2-20　明胶的弹性模量在玻璃化过程中的变化

在恒压下，以溶质含量为横坐标，以温度为纵坐标做出的二元体系状态图如图 2-21 所示。由融化平衡曲线 T_m^L 可见，食品在低温冷冻过程中，随着冰晶的不断析出，未冻结相溶质的浓度不断提高，冰点逐渐降低，直到食品中非水组分也开始结晶（此时的温度可称为共晶温度 T_E），形成所谓共晶物后，冷冻浓缩也就终止。由于大多数食品的组成相当复杂，其共晶温度低于起始冰结晶温度，所以其未冻结相，随温度降低可维持较长时间的黏稠液体过饱和状态，而黏度又未显著增加，这即是所谓的橡胶态。此时，物理、化学及生物化学反应依然存在，并导致食品腐败。继续降低温度，未冻结相的高浓度溶质的黏度开始显著增加，并限制了溶质晶核的分子移动与水分的扩散，则食品体系将从未冻结的橡胶态转变成玻璃态，对应的温度为 T_E。

玻璃态下的未冻结的水不是按前述的氢键方式结合的，其分子被束缚在由极高溶质黏度所产生的具有极高黏度的玻璃态下，这种水分不具有反应活性，使整个食品体系以不具有反应活性的非结晶性固体形式存在。因此，在 T_g 下，食品具有高度的稳定性。故低温冷冻食品的稳定性可以用该食品的 T_g 与储藏温度 t 的差（$t - T_g$）来决定，差值越大，食品的稳定性就越差。

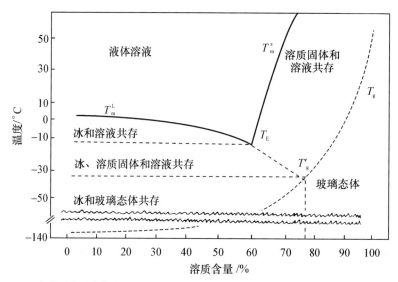

T_m^L 是融化平衡曲线，T_m^s 是溶解平衡曲线，T_E 是低共熔点，T_g 是玻璃化曲线，T_g'
是特定溶质的最大冷冻浓缩溶液的玻璃化温度。粗虚线代表亚稳态平衡状态，其他的
线代表平衡状态

图 2-21　二元体系的状态图

食品中的水分含量和溶质种类显著地影响食品的 T_g。一般而言，每增加 1% 的水分，T_g
降低 5～10 ℃。如冻干草莓的水分含量为 0 时，T_g 为 60 ℃；当水分含量增加到 3% 时，T_g 已
降至 0 ℃；当水分含量为 10% 时，T_g 为 −25 ℃；水分含量为 30% 时，T_g 降至 −65 ℃。食品的
T_g 随着溶质分子量的增加而成比例增高，但是当溶质分子量大于 3 000 时，T_g 就不再依赖其
分子量。不同种类的淀粉，支链淀粉分子侧链越短，且数量越多，T_g 也相应越低，如小麦支链
淀粉与大米支链淀粉相比时，小麦支链淀粉的侧链数量多而且短，所以，在相近的水分含量时，
其 T_g 也比大米淀粉的 T_g 小。食品中的蛋白质的 T_g 都相对较高，不会对食品的加工及储藏
过程产生影响。虽然 T_g 强烈依赖溶质类别和水分含量，但 T_g' 只依赖溶质种类。

食品中 T_g 的测定方法主要有：差示扫描量热法（DSC）、动力学分析法（DMA）和热力学分析
法（DMTA）（表 2-11）。除此之外，还包括热机械分析（TMA）、热高频分析（TDEA）、热刺激流
（TSC）、松弛图谱分析（MA）、光谱法、电子自旋共振谱（ESR）、核磁共振（NMR）、磷光光谱法、高
频光谱法、Mossbauer 光谱法、Brillouin 扫描光谱法、机械光谱测定法（Mechanical spectrometry）、
动力学流变仪测定法、黏度仪测定法和 Instron 分析法。由于 T_g 值与测定时的条件和所用的方
法有很大关系，所以在研究食品玻璃化转变的 T_g 时，一般可同时采用不同的方法进行研究。
需要指出的是，复杂体系的 T_g 很难测定，只有简单体系的 T_g 可以较容易地测定。

表 2-11　T_g 测定方法

测定方法	测量的性质
热差法（DTA）、差示扫描量热法（DSC）	热力学性质变化
热膨胀计法、折射系数法	体积的变化
动力学分析法（DMA）和热力学分析法（DMTA）	力学性质变化
核磁共振（NMR）、松弛图谱分析（MA）	电磁效应

表 2-12 是一些食品的 T_g' 值。蔬菜、肉、鱼肉和乳制品的 T_g' 一般高于果汁和水果的 T_g' 值，

所以冷藏或冻藏时,前 4 类食品的稳定性就相对高于果汁和水果。但是在动物性食品中,大部分脂肪由于和肌纤维蛋白质同时存在,所以在低温下并不被玻璃态物质保护。因此,即使在冻藏的温度下,动物性食品的脂类仍具有高不稳定性。

表 2-12　一些食品的 T_g'

食品名称	$T_g'/℃$	食品名称	$T_g'/℃$
橘子汁	-37.5 ± 1.0	花菜(冻茎)	-25
菠萝汁	-37	菜豆(冻)	-2.5
梨汁、苹果汁	-40	青豆	-27
桃	-36	菠菜	-17
香蕉	-35	冰淇淋	$-37\sim-33$
苹果	$-42\sim-41$	干酪	-24
甜玉米	$-15\sim-8$	鳕鱼肌肉	-11.7 ± 0.6
鲜马铃薯	-12	牛肌肉	-12.0 ± 0.3

2.5.3　水分转移与食品稳定性

食品中的水分转移可分为 2 种情况:①水分在同一食品的不同部位或在不同食品之间发生位转移,导致了原来水分的分布状况的改变;②食品水分的相转移,特别是气相和液相水的互相转移,导致了食品含水量的改变,这对食品的储藏性、加工性和商品价值都有极大影响。

2.5.3.1　食品中水分的位转移

根据热力学有关定律,食品中水分的化学势(μ)可以用式(2-10)表示如下。

$$\mu=\mu^0(T,p)+RT\ln A_w \tag{2-10}$$

式中:$\mu^0(T,p)$ 为一定温度(T)和压力(p)下纯水的化学势,R 为气体常数。由式(2-10)可看出,如果不同食品或食品不同部位的温度(T)或水分活度(A_w)不同,则水的化学势就不同,水分就要沿着化学势梯度运动,从而造成食品中水分转移。从理论上讲,水分的位转移必须进行到食品中各部位水的化学势完全相等才能停止,即达到热力学平衡。

由温差引起的水分转移,是食品中水分从高温区域沿着化学势降落的方向运动,最后进入低温区域,这个过程既可在同一食品中发生,也可以在不同的食品间发生。前一种情况水分仅在食品中运动,后一种情况水分则必须借助空气介质。该过程是一个缓慢的过程。

由 A_w 不同引起的水分转移,是水分从 A_w 高的区域自动地向 A_w 低的区域转移。如果把 A_w 大的蛋糕与 A_w 低的饼干放在同一环境中,则蛋糕里的水分就逐渐转移到饼干里,使两者的品质都受到不同程度的影响。

2.5.3.2　食品中水分的相转移

如前所述,食品的含水量是指在一定温度、湿度等外界条件下食品的平衡水分含量。如果外界条件发生变化,则食品的水分含量也发生变化。空气湿度的变化就有可能引起食品水分的相转移,空气湿度变化的方式与食品水分相转移的方向和强度密切相关。

食品中水分相转移的主要形式有水分蒸发(evaporation)和水蒸气凝结(condensation)。

(1)水分蒸发。食品中的水分由液相变为气相而散失的现象称为食品的水分蒸发,对食品

质量有重要影响。利用水分的蒸发进行食品干燥或浓缩可制得低水分活度的干燥食品或半干燥食品。但对新鲜的水果、蔬菜、肉禽、鱼贝及其他许多食品,水分蒸发对食品品质会产生不良的影响,如导致外观萎蔫皱缩,原来的新鲜度和脆度变化,严重时将丧失其商品价值。同时,由于水分蒸发,还会促进食品中水解酶的活力增强,使高分子物质水解,导致食品品质降低和货架寿命缩短。

从热力学角度来看,食品水分的蒸发过程是食品中水溶液形成的水蒸气和空气中的水蒸气发生转移-平衡的过程。由于食品的温度与环境温度、食品水蒸气压与环境水蒸气压不一定相同,所以两相间水分的化学势有差异。它们的差计算如下。

$$\Delta\mu = \mu_F - \mu_E = R(T_F \ln p_F - T_E \ln p_E)$$

式中:μ 是水蒸气的化学势,p 是水蒸气压,T 是温度,角标 F、E 分别表示食品、环境。所以 $\Delta\mu$ 是食品中水蒸气与空气中水蒸气的化学势之差。据此可得出以下结论。

①若 $\Delta\mu > 0$,则食品中的水蒸气向外界转移是自发过程。这时食品水溶液上方的水蒸气压力下降,原来食品水溶液与其上方水蒸气达成的平衡状态遭到破坏。为了达到新的平衡状态,食品中的水溶液中就有部分水蒸发,直到 $\Delta\mu = 0$ 为止。对于敞开的、无包装的食品,尤其是在空气相对湿度较低时 $\Delta\mu$ 很难为 0,所以食品中水分的蒸发就会不断进行,食品的品质受到严重损坏。

②若 $\Delta\mu = 0$,即食品水溶液的水蒸气与空气中水蒸气处于动态平衡状态。从净结果来看,食品既不蒸发水也不吸收水分,是食品货架期的理想环境。

③若 $\Delta\mu < 0$,空气中的水蒸气向食品转移是自发过程。这时食品中的水分不仅不能蒸发,而且还吸收空气中的水蒸气而变潮,食品的稳定性受到影响(A_w 增加)。

水分蒸发主要与空气湿度与饱和湿度差有关,饱和湿度差是指空气的饱和湿度与同一温度下空气中的绝对湿度之差。若饱和湿度差越大,则空气要达到饱和状态所能容纳的水蒸气量就越多,从而食品水分的蒸发量就大;反之,蒸发量就小。

影响饱和湿度差的因素主要有空气温度、绝对湿度和流速等。空气的饱和湿度随着温度的变化而改变,温度升高,空气的饱和湿度也升高。在相对湿度一定时,温度升高,饱和湿度差变大,食品水分的蒸发量增大。在绝对湿度一定时,若温度升高,饱和湿度随之增大,所以饱和湿度差也加大,相对湿度降低。同样,食品水分的蒸发量加大。若温度不变,绝对湿度改变,则饱和湿度差也随着发生变化,如果绝对湿度增大,温度不变,则相对湿度也增大,饱和湿度差减少,食品的水分蒸发量减少。空气的流动可以从食品周围的空气中带走较多的水蒸气,从而降低了这部分空气的水蒸气压,加大了饱和湿度差,因而能加快食品水分的蒸发,使食品的表面干燥。

(2)水蒸气的凝结。空气中的水蒸气在食品表面凝结成液体水的现象称为水蒸气的凝结。一般来讲,单位体积的空气所能容纳水蒸气的最大数量,随着温度的下降而减少,当空气的温度下降一定数值时,就有可能使原来饱和的或不饱和的空气变为过饱和状态,与食品表面、食品包装容器表面等接触时,则水蒸气有可能在表面上凝结成液态水。若食品为亲水性物质,则水蒸气凝聚后铺展开来并与之融合,如糕点、糖果等就容易被凝结水润湿,并可将其吸附;若食品为疏水性物质,则水蒸气凝聚后收缩为小水珠,如蛋的表面和水果表面的蜡纸层均为疏水性物质,水蒸气在其上面凝结时就不能扩展而只能收缩为小水珠。

2.6　分子移动性与食品的稳定性

2.6.1　分子移动性与食品的稳定性

分子移动性(molecular mobility,M_m)：也称分子流动性,是分子的旋转移动和平动移动的总度量(不包括分子的振动)。

物质处于完全而完整的结晶状态下其 M_m 为零,物质处于完全的玻璃态(无定形态)时其 M_m 值也几乎为零,其他情况下 M_m 值大于零。决定食品 M_m 值的主要成分是水和食品中占优势的非水组分。水分子体积小,常温下为液态,黏度也很低,所以在食品体系温度处于 T_g 时,水分子仍然可以转动和移动;而作为食品主要成分的蛋白质、碳水化合物等大分子聚合物,不仅是食品品质的决定因素,还影响食品的黏度、扩散性质,所以它们也决定食品的分子移动性。故绝大多数食品的 M_m 值不等于零。

用分子移动性预测食品体系的化学反应速率是合适的,当然也包括酶催化反应、蛋白质折叠变化、质子转移变化、游离基结合反应等。根据化学反应理论,一个化学反应的速率由 3 个方面控制:扩散系数(因子)D(一个反应要发生,首先反应物必须能相互接触)、碰撞频率因子 A(在单位时间内的碰撞次数)、反应的活化能 E_a(两个适当定向的反应物发生碰撞时有效能量必须超过活化能才能导致反应的发生)。如果 D 对反应的限制性大于 A 和 E_a,那么反应就是扩散限制反应;另外,在一般条件下不是扩散限制的反应,在水分活度或体系温度降低时,也可能使其成为扩散限制反应,这是因为水分降低导致了食品体系的黏度增加或者是温度降低减少了分子的运动性。因此,用分子移动性预测具有扩散限制反应的速率时很有用,而对那些不受扩散限制的反应和变化,应用分子移动性是不恰当的,如微生物的生长。

大多数食品都是以亚稳态或非平衡状态存在的,其中大多数物理变化和一部分化学变化由 M_m 控制。因为分子移动性关系到许多食品的扩散限制性质,这类食品包括淀粉食品(如面团、糖果和点心)、以蛋白质为基料的食品、中等水分食品、干燥或冷冻干燥的食品。由分子移动性控制的食品性质和特征的例子见表 2-13。

表 2-13　与分子移动性相关的某些食品性质和特征

干燥或半干燥食品	冷冻食品
流动性质和黏性	水分迁移(冰的结晶作用)
结晶和重结晶	乳糖结晶(在冷冻甜食中的砂状结晶)
巧克力糖霜	酶活力在冷冻时留存,有时还出现表观提高
食品在干燥中的碎裂	在冷冻干燥的第一阶段发生无定形结构的塌陷
干燥和中等水分食品的质构	食品体积收缩(冷冻甜点中泡沫状结构的部分塌陷)
在冷冻干燥中发生的食品结构塌陷	
以胶囊化方式包埋的挥发性物质的逃逸	
酶的活性	
Maillard 反应	
淀粉的糊化	
由淀粉老化引起的焙烤食品的变陈	
焙烤食品在冷却时的碎裂	
微生物孢子的热失活	

在讨论分子移动性与食品性质的关系时,还必须注意以下例外情况:①转化速率不是显著受扩散影响的化学反应;②可通过特定的化学作用(如改变 pH 或氧分压)达到需宜或不需宜的效应;③试样 M_m 是根据聚合物组分(聚合物的 T_g)估计的,而实际上渗透到聚合物中的小分子才是决定产品重要性质的决定因素;④微生物的营养细胞生长(因为此时 A_w 是比 M_m 更可靠的估计指标)。

2.6.2　用水分活度、分子移动性和玻璃化转变温度方法预测食品稳定性的比较

水分活度(A_w)、分子移动性(M_m)和玻璃化转变温度(T_g)方法是研究食品稳定性的 3 个互补的方法。水分活度(A_w)方法主要是研究食品中水的有效性(可利用性),如水作为溶剂的能力;分子移动性(M_m)方法主要是研究食品的微观黏度(microviscosity)和化学组分的扩散能力,它也取决于水的性质;玻璃化转变温度(T_g)是从食品的物理特性的变化来评估食品稳定性的方法。

大多数食品具有 T_g,在生物体系中,溶质很少在冷却或干燥时结晶,所以常以无定形态和玻璃态存在。可以从 M_m 和 T_g 的关系估计这类物质的扩散限制性质的稳定性。在食品保藏温度低于 T_g 时,M_m 和所有扩散限制的变化,包括许多变质反应,都会受到很好的限制。在$T_m \sim T_g$ 温度范围内,随着温度下降,M_m 减小而黏度提高。一般说来,食品在此范围内的稳定性也依赖温度,并与 $T - T_g$ 成反比。

在估计由扩散限制的性质,如冷冻食品的物理性质,冷冻干燥的最佳条件和包括结晶作用、胶凝作用和淀粉老化等物理变化时,M_m 方法明显更有效,A_w 指标在预测冷冻食品物理或化学性质上是无用的。

在估计食品保藏在接近室温时导致的结块、黏结和脆性等物理变化时,M_m 方法和 A_w 方法有大致相同的效果。

估计在不含冰的产品中微生物生长和非扩散限制的化学反应速度(如高活化能反应和在较低黏度介质中的反应)时,M_m 方法的实用性明显较差和不可靠,而 A_w 方法更有效。

二维码 2-6　阅读材料——玻璃化转变温度(T_g)在食品加工储藏中的应用

在快速、正确和经济地测定食品的 M_m 和 T_g 这项技术没有完善之前,M_m 方法不能在实用性上达到或超过 A_w 方法的水平。但食品体系的玻璃化转变温度是预测食品储藏稳定性的一种新思路、新方法。如何将玻璃化转变温度、水分含量、水分活度等重要临界参数和现有的技术手段综合考虑,并应用于对各类食品的加工和储藏过程的优化,是今后研究的重点之一。

2.7　小结

水是食品中最丰富的成分,对食品性质是极其重要的,是食品易腐败的原因,是决定食品中各种化学反应速度的因素,是导致在冷冻期间发生不良反应的因素之一。水分在食品中的存在状态直接影响食品的性质。水分含量、水分活度和玻璃化转变温度及 M_m 都是预测食品储藏稳定性的重要参数。

思考题

1. 从理论上解释水的独特理化性质。

2. 食品中的离子、亲水性物质、疏水性物质分别以何种方式与水作用?

3. 食品中水的存在形式有哪些? 各有何特点?

4. 水分含量与水分活度的关系和区别表现在哪些方面?

5. 不同物质的等温吸附曲线不同,其曲线形状受哪些因素的影响?

6. 简述 T_g 在食品保藏中的作用。

7. 什么是分子移动性(M_m)? M_m 与食品稳定性有何关系?

8. 比较水分活度、分子移动性和 T_g 在预测食品稳定性时的利弊。

9. 为什么在水的冰点温度(0 ℃)时,水不一定能结冰?

10. 食品中的水分转移是如何发生的? 它对食品品质可能产生什么影响?

11. 查阅文献,简述如何测定固态食品的水分含量或者水分活度。

12. 名词解释:结合水,化合水,单分子层水,多分子层水,疏水相互作用,疏水水合作用,笼形水合物,水分活度,水分的吸附等温线,等温线的滞后现象,玻璃化转变温度,状态图,分子移动性。

参考文献

[1]陈静生.水环境化学.北京:高等教育出版社,1987.

[2]冯凤琴,叶立扬.食品化学.北京:化学工业出版社,2005.

[3]江波,杨瑞金,卢蓉蓉.食品化学.北京:化学工业出版社,2005.

[4]阚建全.食品化学.3 版.北京:中国农业大学出版社,2016.

[5]刘邻渭.食品化学.北京:中国农业出版社,2000.

[6]孙庆杰.食品化学.长沙:中南大学出版社,2017.

[7]汪东风,徐莹.食品化学.3 版.北京:化学工业出版社,2019.

[8]王璋,许时婴.食品化学.北京:中国轻工业出版社,1999.

[9]夏延斌,王燕.食品化学.2 版.北京:中国农业出版社,2015.

[10]谢笔钧.食品化学.北京:科学出版社,2004.

[11]易小红,邹同华,刘斌.聚合物玻璃化转变理论在干燥食品加工储藏中的应用.食品研究与开发,2007,28(9):178-182.

[12]赵新淮.食品化学.北京:化学工业出版社,2006.

[13]BELITZ H D, GROSCH W, SCHIEBERLE P. Food chemistry. Heidelberg: Springer-Verlag Berlin, 2009.

[14]CHEUNG P C K, Mehta B M. Handbook of food chemistry. Heidelberg:Springer-Verlag Berlin, 2015.

[15]DAMODARAN S,PARKIN K L, FENNEMA O R. Fennema's food chemistry, 4th ed. Boca Raton:CRC Press, 2008.

[16]SLADE L, LEVINE H, IEVOLELLA J, et al. The glassy state phenomenon in

applications for the food industry : application of the food polymer science approach to structure-function relationships of sucrose in cookie and cracker systems. Journal of the Science of Food and Agriculture,1993,63(2):133—176.

[17]WALSTRA P. Physical chemistry of foods. New York：Marcel Dekker，Inc. ,2003.

第 3 章
蛋白质

本章学习目的与要求

1. 了解氨基酸、常见活性肽和蛋白质的结构、分类、特点、理化性质和重要的生物功能性质等。

2. 掌握蛋白质变性的机理及其影响因素;蛋白质功能性质产生的机理、影响因素和评价方法以及在食品工业中的具体应用;掌握蛋白质在食品加工和储藏中发生的物理、化学和营养变化以及调控方法;蛋白质的改性方法。

蛋白质是一类复杂的大分子有机物质,由碳、氢、氧、氮、硫、磷以及某些金属元素(如锌、铁)等组成,分子量常为 $10^4 \sim 10^5$,有时可达到 10^6。蛋白质是细胞的主要成分,占细胞干重的 50% 以上,是生命生长或维持所必需的营养物质。某些蛋白质还可以作为生物催化剂(酶和激素),控制机体的生长、消化、代谢、分泌及其能量转移等过程,如胰岛素、血红蛋白、生长激素。蛋白质还是机体内生物免疫作用所必需的物质(如免疫球蛋白)。不过,一些蛋白质也具有抗营养性质,如胰蛋白酶抑制剂。在食品加工中,蛋白质对食品的质构、色、香、味等方面有重要作用。

蛋白质的基本组成单元是氨基酸。常见的氨基酸有 20 种(或 18 种),以不同的连接顺序、通过酰胺键而构成蛋白质分子。根据蛋白质的化学特点,可以将其分为 3 大类:①单纯蛋白质,仅由氨基酸组成的蛋白质;②结合蛋白质,由氨基酸和非蛋白部分所组成的蛋白质;③衍生蛋白质,用酶或化学方法处理蛋白质后得到的相应产物。根据蛋白质的功能,也可将其分为 3 类:结构蛋白质、生物活性蛋白质和食品蛋白质。大多数的教科书中,一般采用第一种分类方法,并根据蛋白质溶解性进一步细分。

二维码 3-1　阅读材料——
蛋白质保障与全民健康

蛋白质不足可导致儿童生长受限,肌肉萎缩,肝脏脂肪积累,浮肿,皮肤色素变化包括皮肤色素沉积过多和过少,毛发的质地、色泽以及发根和发梢的变化,精神状态和能力发生变化,嗜睡、疲劳和贫血,以及对传染病的易感性。2003 年阜阳劣质奶粉事件,就是奶粉中蛋白质严重不足导致主要摄食婴幼儿严重营养不良,造成头大、嘴小、浮肿、低烧(当地人称这些孩子为大头娃娃),造成了极恶劣的影响。因此,蛋白质摄入量的保障,是全面健康的物质基础。2012 年 6 月 14 日,教育部等 15 个部门印发《农村义务教育学生营养改善计划实施细则》等 5 个配套文件,以确保学生"营养餐"计划能有效实施。实施细则规定,学生"营养餐"应以"肉蛋奶"为主要供餐内容。由此可见,这是保证农村义务教育学生的"蛋白质"摄入量的具体举措。为了满足人类对蛋白质的需要,不仅要寻找新蛋白质资源、开发蛋白质利用新技术,还要充分利用现有的蛋白质资源。因此,需要了解蛋白质的物理、化学和生物学性质以及加工储藏处理对蛋白质性质的影响。

为了满足人类对蛋白质的需要,不仅要寻找新蛋白质资源、开发蛋白质利用新技术,更要充分利用现有的蛋白质资源,树立大食物观,发展设施农业,构建多元化食物供给体系。因此,需要了解蛋白质的物理、化学和生物学性质以及加工贮藏处理对蛋白质性质的影响。

3.1　氨基酸

3.1.1　结构与分类

除脯氨酸外,自然界中的氨基酸(amino acid)分子至少含有一个羧基、一个氨基和一个侧链 R 基团。氨基位于 α-碳,所以一般称为 α-氨基酸。氨基酸为 L-型构型(某些微生物中有 D-型的),这是人类可利用的形式。

$$
\begin{array}{c}
\quad\quad\quad O \\
\quad\quad\quad \| \\
R—CH—C—OH \\
\; | \\
\; NH_2 \quad (\text{R代表不同的侧链})
\end{array}
$$

根据氨基酸侧链 R 基团的不同,可以将这 20 种氨基酸分为如下 4 类。

(1)非极性氨基酸(8 个),包括丙氨酸、亮氨酸、异亮氨酸、缬氨酸、脯氨酸、色氨酸、苯丙氨酸和甲硫氨酸(蛋氨酸)。它们有一个疏水性(非极性)的侧链 R,其疏水性随碳链长度增加而增加。这里应注意,脯氨酸

实际上是一个 α-亚氨基酸。

（2）侧链不带电荷的极性氨基酸（7 个），包括丝氨酸、苏氨酸、酪氨酸、半胱氨酸、天冬酰胺、谷氨酰胺及甘氨酸。它们的侧链有极性基团（但通常不能离解），可以同其他的极性基团形成氢键。其中，在强碱性条件下酪氨酸、半胱氨酸也可离解，因此其极性比其他的 5 个极性氨基酸更大。半胱氨酸通常以胱氨酸的形式存在；天冬酰胺、谷氨酰胺则可水解脱去酰胺基转化为天冬氨酸和谷氨酸。

（3）碱性氨基酸（3 个），包括赖氨酸、精氨酸、组氨酸。其侧链含有氨基或亚氨基，可以结合质子（H^+）而带正电荷（显碱性）。

（4）酸性氨基酸（2 个），包括谷氨酸和天冬氨酸。它们的侧链均含有一个羧基（显酸性），离解而带负电荷。

还有一些其他结构的氨基酸，如胶原蛋白中的羟脯氨酸和 5-羟基赖氨酸、动物肌肉蛋白中的甲基组氨酸和 α-N-甲基赖氨酸，均属于常见氨基酸的衍生物。还有一些其他的氨基酸，不再介绍。

常见氨基酸的化学结构见图 3-1。常见氨基酸的一些物理化学常数分别见表 3-1、表 3-2 及表 3-3。

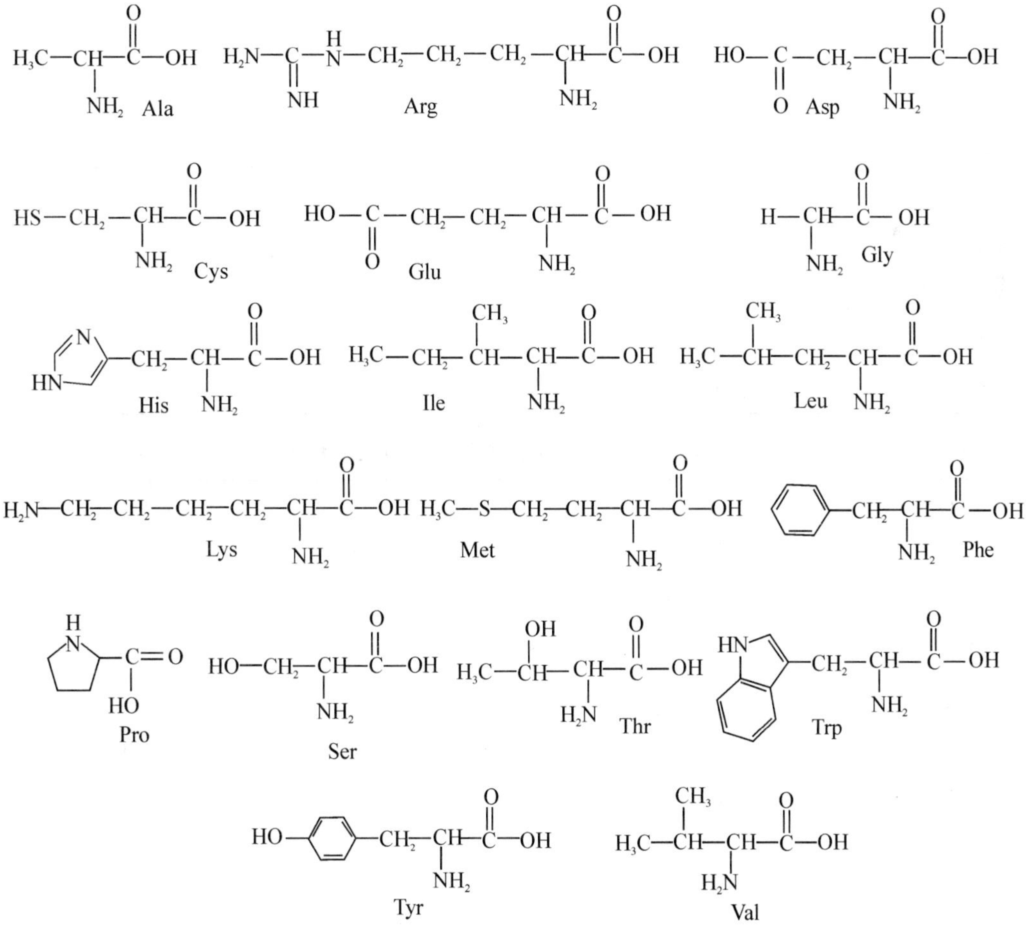

图 3-1　常见氨基酸的化学结构

表 3-1　常见氨基酸的名称、符号、分子量、溶解度以及熔点

名称	简写符号	单字母符号	分子量	溶解度 (25 ℃)/(g/L)	熔点/℃
丙氨酸(alanine)	Ala	A	89.1	167.2	279
精氨酸(arginine)	Arg	R	174.2	855.6	238
天冬酰胺(asparagine)	Asn	N	132.2	28.5	236
天冬氨酸(aspartic acid)	Asp	D	133.1	5.0	269～271
半胱氨酸(cysteine)	Cys	C	121.1	0.05	175～178
谷氨酰胺(glutamine)	Gln	Q	146.1	7.2	185～186
谷氨酸(glutamic acid)	Glu	E	147.1	8.5	247
甘氨酸(glycine)	Gly	G	75.1	249.9	290
组氨酸(histidine)	His	H	155.2	41.9	277
异亮氨酸(isoleucine)	Ile	I	132.2	34.5	283～284
亮氨酸(leucine)	Leu	L	131.2	21.7	337
赖氨酸(lysine)	Lys	K	146.2	739.0	224
甲硫氨酸(methionine)	Met	M	149.2	56.2	283
苯丙氨酸(phenylalanine)	Phe	F	165.2	27.6	283
脯氨酸(proline)	Pro	P	115.1	1 620.0	220～222
丝氨酸(serine)	Ser	S	105.1	422.0	228
苏氨酸(threonine)	Thr	T	119.1	13.2	253
色氨酸(tryptophan)	Trp	W	204.2	13.6	282
酪氨酸(tyrosine)	Tyr	Y	181.2	0.4	344
缬氨酸(valine)	Val	V	117.1	58.1	293

表 3-2　常见氨基酸的比旋光度（介质、温度略）

氨基酸	比旋光度	氨基酸	比旋光度
丙氨酸	+14.7°	赖氨酸	+25.9°
精氨酸	+26.9°	甲硫氨酸	+21.2°
天冬氨酸	+34.3°	苯丙氨酸	−35.1°
胱氨酸	−214.4°	脯氨酸	−52.6°
谷氨酸	+31.2°	丝氨酸	+14.5°
甘氨酸	0	苏氨酸	−28.4°
组氨酸	−39.0°	色氨酸	−31.5°
异亮氨酸	+40.6°	酪氨酸	−8.6°
亮氨酸	+15.1°	缬氨酸	+28.8°

表 3-3　常见氨基酸的 pK_a 和 pI(25 ℃)

氨基酸	pK_{a_1}(α-羧基)	pK_{a_2}(α-氨基)	pK_{a_R}(R＝侧链)	pI
丙氨酸	2.35	9.69		6.02
精氨酸	2.17	9.04	12.48	10.76
天冬酰胺	2.02	8.80		5.41
天冬氨酸	1.88	9.60	3.65	2.77
半胱氨酸	1.96	10.28	8.18	5.07
谷氨酰胺	2.17	9.13		5.65
谷氨酸	2.19	9.67	4.25	3.22
甘氨酸	2.34	9.60		5.98
组氨酸	1.82	9.17	6.00	7.59
异亮氨酸	2.36	9.68		6.02
亮氨酸	2.30	9.60		5.98
赖氨酸	2.18	8.95	10.53	9.74
甲硫氨酸	2.28	9.21		5.74
苯丙氨酸	1.83	9.13		5.48
脯氨酸	1.94	10.60		6.30
丝氨酸	2.20	9.15		5.68
苏氨酸	2.21	9.15		5.68
色氨酸	2.38	9.39		5.89
酪氨酸	2.20	9.11	10.07	5.66
缬氨酸	2.32	9.62		5.96

3.1.2　氨基酸的性质

（1）旋光性。从图 3-1 可看出氨基酸的 α-碳原子为不对称的手性碳原子（甘氨酸除外），所以具有旋光性（optical rotation）（表 3-2）；其旋光方向和大小不仅取决于其侧链 R 基的性质，并与水溶液的 pH、温度等有关。氨基酸的旋光性质可以用于其定量分析和定性鉴别。

（2）紫外吸收和荧光。常见的氨基酸在可见光区无吸收，但由于含有羧基，所以在紫外光区 210 nm 附近有吸收。另外，酪氨酸、色氨酸和苯丙氨酸含有芳香环，分别在 278 nm、279 nm 和 259 nm 处有较强的吸收，摩尔吸光系数分别为 1 340、5 590、190 mol^{-1}·cm^{-1}，可用于这 3 个氨基酸的分析（图 3-2）。结合后的酪氨酸、色氨酸残基在 280 nm 附近有最大吸收，可用于蛋白质的定量分析。

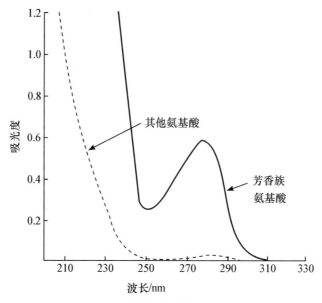

图 3-2　氨基酸的紫外吸收情况

酪氨酸、色氨酸和苯丙氨酸也能被激发产生荧光,发射波长分别为 304 nm、348 nm(激发波长 280 nm)和 282 nm(激发波长 260 nm),其他的氨基酸则不产生荧光。

(3)离解。所有的氨基酸至少含有一个氨基和一个羧基,在中性水溶液中主要以偶极离子(dipolar ion)或两性离子(zwitterion)的形式存在。也就是说,氨基酸既可作为碱接受 1 个质子,也可作为酸而离解(dissociation)出 1 个质子。这样,一个单氨基、单羧基氨基酸全部质子化以后,可以将其看作为一个二元酸,因而有两个离解常数,分别对应于羧基(pK_{a_1})和氨基(pK_{a_2})。当氨基酸的侧链还有可离解基团(如碱性或酸性氨基酸的 α-氨基或 α-羧基),就有第三个离解常数(pK_{a_R})。常见氨基酸的离解常数和等电点(pI)见表 3-3。

$$R-\underset{\underset{NH_3^+}{|}}{CH}-\overset{\overset{O}{\|}}{C}-OH \xrightarrow[pK_{a_1}]{-H^+} R-\underset{\underset{NH_3^+}{|}}{CH}-\overset{\overset{O}{\|}}{C}-O^-$$

$$R-\underset{\underset{NH_3^+}{|}}{CH}-\overset{\overset{O}{\|}}{C}-OH \xrightarrow[pK_{a_2}]{-H^+} R-\underset{\underset{NH_2}{|}}{CH}-\overset{\overset{O}{\|}}{C}-OH$$

当氨基酸分子在溶液中呈电中性时(即净电荷为零),其在电场中不运动,所处环境的 pH 即为该氨基酸的等电点,此时氨基酸的溶解性最差。对于单氨基单羧基的氨基酸,其 pI 与 pK_{a_1}、pK_{a_2} 的数学关系为 $2pI = pK_{a_1} + pK_{a_2}$,对于碱性氨基酸有 $2pI = pK_{a_2} + pK_{a_3}$,而对于酸性氨基酸有 $2pI = pK_{a_1} + pK_{a_3}$。氨基酸的等电点性质,可用于从氨基酸混合物中选择性分离某个氨基酸。此外,氨基酸结合形成蛋白质后,氨基酸的离解还影响蛋白质的等电点性质。

(4)疏水性。氨基酸的疏水性(hydrophobicity)可以定义为将 1 mol 的氨基酸从水溶液中转移到乙醇溶液时所产生的自由能变化。在忽略活度系数变化的情况下,此时体系的自由能变化如下。

$$\Delta G^0 = -RT\ln\left(\frac{S_{乙醇}}{S_水}\right)$$

式中:$S_{乙醇}$、$S_水$分别表示氨基酸在乙醇和水中的溶解度(mol/L)。

氨基酸分子中有多个基团,则ΔG^0应该是氨基酸中多个基团的加和函数,即有:

$$\Delta G^0 = \sum \Delta G_i^0$$

将氨基酸分子分为两个部分,一部分是甘氨酸基,另一部分是侧链(R),则有:

苯基   甘氨酸基

$$\Delta G^0 = \Delta G_{(侧链)}^0 + \Delta G_{(甘氨酸)}^0$$

这样,就可以得到任何一种氨基酸侧链残基的疏水性$\Delta G_{(侧链)}^0 = \Delta G^0 - \Delta G_{(甘氨酸)}^0$。

通过测定各个氨基酸在两种介质中的溶解度,就可以确定各氨基酸侧链的疏水性(Tanford法,见表3-4)。疏水性数值具有较大的正值,意味着氨基酸的侧链为疏水,在蛋白质结构中倾向分布于分子内部;反之,疏水性数值具有较大负的数值,意味着氨基酸的侧链为亲水,在蛋白质结构中倾向分布于分子的表面。赖氨酸是一个例外,它是一个亲水性氨基酸,但具有正的疏水性数值;这是由于它含有4个亚甲基。氨基酸疏水性可以用来预测氨基酸在疏水性载体上的吸附行为,因吸附系数与疏水性程度成正比。

表 3-4   常见氨基酸侧链的疏水性(25 ℃,乙醇→水,Tanford 法)   kJ/mol

氨基酸	$\Delta G_{(侧链)}^0$	氨基酸	$\Delta G_{(侧链)}^0$
Ala	2.09	Leu	9.61
Arg	3.10	Lys	6.25
Asn	0	Met	5.43
Asp	2.09	Phe	10.45
Cys	4.18	Pro	10.87
Gln	-0.42	Ser	-1.25
Glu	2.09	Thr	1.67
Gly	0	Trp	14.21
His	2.09	Tyr	9.61
Ile	12.54	Val	6.27

3.1.3　氨基酸的化学性质

氨基酸分子中的各种官能团(包括氨基、羧基以及侧链基团)均可进行相应的化学反应。

3.1.3.1　氨基的反应

(1)与亚硝酸的反应。α-NH_2能定量与亚硝酸作用,产生氮气和羟基酸。测定所产生氮气体积,就可以测定氨基酸的含量。

与 α-NH$_2$ 不同,ε-NH$_2$ 与 HNO$_2$ 反应较慢,脯氨酸的 α-亚氨基不与 HNO$_2$ 作用,精氨酸、组氨酸、色氨酸中被环结合的氮也不与 HNO$_2$ 作用。

(2)与醛类的反应。α-氨基与醛类化合物反应生成席夫(Schiff)碱类化合物,席夫碱是非酶褐变反应(美拉德反应)的中间产物。

(3)酰基化反应。α-氨基与苄氧基甲酰氯在弱碱性条件下反应,生成氨基衍生物,可用于肽的合成。

(4)烃基化反应。α-氨基可以与二硝基氟苯反应生成稳定的黄色化合物,可用于氨基酸或蛋白质末端氨基酸的分析。

3.1.3.2 羧基的反应

(1)酯化反应。氨基酸在干燥 HCl 存在下,与无水甲醇或乙醇作用生成甲酯或乙酯。

(2)脱羧反应。大肠杆菌中含有谷氨酸脱羧酶,可使谷氨酸发生脱羧反应,可用于谷氨酸的分析。

3.1.3.3 由氨基与羧基共同参加的反应

(1)形成肽键。一个氨基酸的羧基和另一个氨基酸的氨基之间发生缩合反应形成肽键,是蛋白质形成的基础。

（2）与茚三酮的反应。在微碱性条件下，水合茚三酮与氨基酸共热可发生反应，最终产物为蓝紫色化合物（$\lambda_{max}=570$ nm）。该反应可用于氨基酸和蛋白质的定性、定量分析。脯氨酸无 α-氨基，只能够生成黄色的化合物（$\lambda_{max}=440$ nm）。

3.1.3.4 侧链的反应

α-氨基酸侧链 R 基的反应很多。含有酚基时可还原 Folin-酚试剂，生成钼蓝和钨蓝。含有—SH 时，则在氧化剂存在下可生成二硫键；在还原剂存在下，二硫键也可被还原，重新变为—SH，这个反应对蛋白质功能性质等有重要影响。

二维码 3-2　氨基酸的制备

$$—SH+—SH \longrightarrow —S—S—$$

氨基酸或蛋白质鉴定、鉴别时，一些重要化学反应涉及氨基酸的侧链基团，列于表 3-5 中。

表 3-5　氨基酸（蛋白质）的一些重要颜色反应

反应名称	试剂	反应氨基酸/基团/化学键	颜色
米伦反应	汞、亚汞的硝酸溶液	苯酚基/酪氨酸	砖红色
黄色蛋白反应	浓硝酸	苯环/酪氨酸、色氨酸反应最快	黄色，加碱为橙色
乙醛酸反应	乙醛酸	色氨酸/吲哚环	紫色
茚三酮反应	水合茚三酮	α-氨基、ε-氨基	紫色或蓝紫色
Ehrlich 反应	p-二甲基氨基苯甲醛	吲哚环	蓝色
Sakaguchi 反应	α-萘酚、次氯酸钠	胍啶环/精氨酸	红色
Sullivan 反应	1,2-萘醌磺酸钠、亚硫酸钠、硫代硫酸钠，氰化钠	胱氨酸、半胱氨酸	红色

3.2　蛋白质和肽

3.2.1　蛋白质的结构

蛋白质（protein）是以氨基酸为单元构成的大分子化合物，分子中每个化学键在空间的旋转状态不同，会导致蛋白质分子构象不同。所以，蛋白质的空间结构非常复杂。在描述蛋白质的结构时，通常是在以下的不同结构水平上对其进行描述。

（1）一级结构。蛋白质的一级结构（primary structure）指由肽键（peptide bond）结合在一起的氨基酸残基的排列顺序。蛋白质肽链中带有游离氨基的一端称作 N-端，带有游离羧基的一端称作 C-端。许多蛋白质的一级结构已经确定，如胰岛素、血红蛋白、细胞色素 c、酪蛋白（α_{S1}、α_{S2}、β_{A2}、γ_1、γ_2、γ_3）等，少数蛋白质中氨基酸残基数目为几十个，大多数的蛋白质含有 100～500 个残基，一些不常见的蛋白质残基数多达几千个。不过，一些蛋白质的一级结构尚未完全确定。

蛋白质一级结构决定蛋白质的基本性质，同时还会使其二级、三级结构不同。理论上讲，

氨基酸形成蛋白质时可能存在的一级结构非常多,例如,一个由 100 个氨基酸组成的蛋白质,在每一位置上均可连接 20 个氨基酸,从统计学上来看,可能的结构有 $20^{100} = 10^{130}$ 个之多。很显然,生物界没有这么多的蛋白质,只有一部分蛋白质被合成出来($10^4 \sim 10^5$),而已经被分离、鉴定出的蛋白质只有几千种。

(2)二级结构。蛋白质的二级结构(secondary structure)指肽链借助氢键作用排列成为沿一个方向、具有周期性结构的构象,主要是螺旋结构(以 α-螺旋常见,还有 π-螺旋和 γ-螺旋等)和 β-结构(以 β-折叠、β-弯曲常见),另外,还有一种没有对称轴或对称面的无规卷曲结构。在蛋白质的二级结构中,氢键对构象稳定具有重要作用。

α-螺旋结构(右手 α-螺旋)是一种有序且稳定的构象。每圈螺旋有 3.6 个氨基酸残基,螺旋的表观直径为 0.6 nm,螺旋之间的距离为 0.54 nm,相邻的 2 个氨基酸残基的垂直距离为 0.15 nm。肽链中酰胺键的亚氨基氢,与螺旋下一圈的羰基氧形成氢键,所以,α-螺旋中氢键的方向和电偶极的方向一致。脯氨酸的化学结构特征妨碍螺旋的形成及肽链的弯曲,不能形成 α-螺旋而是形成无规卷曲结构;酪蛋白就是因此而形成特殊结构,并对其一些性质产生影响。

β-折叠结构是一种锯齿状的结构,并比 α-螺旋结构伸展。蛋白质在加热时 α-螺旋转化为 β-折叠结构。在 β-折叠结构中,伸展的肽链通过分子间的氢键连接在一起,且所有的肽键都参与结构形成。肽链的排布分为平行式(所有的 N-端在同一侧)和反平行式(N-端按照顺-反-顺-反排列),而构成蛋白质的氨基酸残基则是在折叠面的上面或下面。

β-转角是另一种常见的结构,可以看作间距为零的特殊螺旋结构。这种结构使得多肽链自身弯曲,具有由氢键稳定的转角构象。

(3)三级结构。蛋白质的三级结构是指多肽链借助各种作用力、进一步折叠卷曲形成紧密的复杂球形分子的结构。稳定蛋白质三级结构的作用力有氢键、离子键、二硫键和范德华力等。在大部分球形蛋白分子中,极性氨基酸的 R 基一般位于分子表面,而非极性氨基酸的 R 基则位于分子内部以避免与水接触。但也有例外,如某些脂蛋白的非极性氨基酸在分子表面有较大的分布。

(4)四级结构。蛋白质的四级结构是二条或多条肽链之间以特殊方式结合、形成有生物活性的蛋白质;其中,每条肽链都有自己的一级、二级、三级结构。一般将每个肽链称为亚基,它们可以相同,也可以不同。肽链之间的作用以氢键、疏水相互作用为主。一个蛋白质含疏水性氨基酸的摩尔比高于 30% 时,其形成四级结构的倾向大于含较少疏水性氨基酸的蛋白质。

蛋白质的一级结构到四级结构的形成过程可以用图 3-3 表示。

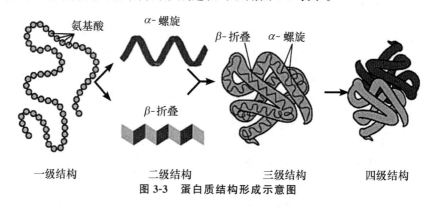

图 3-3　蛋白质结构形成示意图

3.2.2 稳定蛋白质二级、三级、四级结构的作用力

蛋白质二级结构构象主要是由不同基团之间所形成的氢键维持,而三级结构、四级结构构象则主要是由氢键、静电作用、疏水相互作用和范德华力等维持,这些作用力的特征如表 3-6 所示。共价键、双硫键的键能较大,其他的作用能较小;所以,蛋白质结构受外来因素影响而发生变化,导致蛋白质变性。

表 3-6　维持蛋白质构象的作用力及其特征

类型	键能 /(kJ/mol)	作用距离 /nm	所涉及的官能团	作用力的破坏性试剂/条件	增强作用
共价键	330~380	0.1~0.2	—S—S—	半胱氨酸,Na_2SO_3,CH_3CH_2SH 等	—
氢键	8~40	0.2~0.3	—NH_2,—OH,C=O	胍,脲,洗涤剂,酸,加热	冷却
疏水相互作用	4~12	0.3~0.5	长的脂肪族或芳香族侧链	有机溶剂,表面活性剂	加热
静电作用	42~84	0.2~0.3	羧基和氨基	高的或低的 pH,盐溶液	—
范德华力	1~9	—	分子	—	—

存在于蛋白质结构之中的各种作用力情况也可以用图 3-4 来表示。

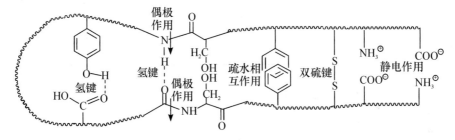

图 3-4　存在于蛋白质结构中的作用力示意图

3.2.3 蛋白质的分类

通常将蛋白质分为 3 大类:单纯蛋白质、结合蛋白质和衍生蛋白质;然后,根据蛋白质在不同介质中的溶解行为,再分类为水溶、盐溶、碱(酸)溶、醇溶蛋白质等。常见各种蛋白质的溶解特性、主要来源和存在见表 3-7,它们具体的溶解条件可以参考有关书籍。

表 3-7　蛋白质的分类及实例

蛋白质名称		特性	存在	典型实例
单纯蛋白质	白蛋白	能溶于水、稀盐类、稀酸、稀碱溶液中,在饱和硫酸铵中析出,加热凝固	动植物细胞和体液中	血清蛋白,乳清蛋白,卵白蛋白,豆白蛋白
	球蛋白	能溶于稀盐类、稀酸、稀碱溶液中,不溶于水,在半饱和硫酸铵中析出,加热时多数凝固	动植物细胞和体液	血清球蛋白,β-乳球蛋白,大豆球蛋白,肌球蛋白,溶菌酶
	谷蛋白	能溶于稀酸、稀碱液中,不溶于水、乙醇和中性盐溶液	植物种子	麦谷蛋白,米谷蛋白

续表3-7

蛋白质名称		特性	存在	典型实例
单纯蛋白质	醇溶蛋白	能溶于稀酸、稀碱溶液及66%~80%乙醇中，不溶于水、盐类溶液，Pro、Glu的含量较高，Lys含量较低	植物种子	麦胶蛋白，醇溶蛋白，玉米胶蛋白
	硬蛋白	一般不溶于各种盐溶液、水、稀酸、稀碱液中，也不被酶分解	动物组织	胶原，弹性蛋白，角蛋白
	组蛋白	能溶于稀酸和水中，不溶于氨水。在酸性或中性溶液中加磷钨酸沉淀	动物细胞	胸腺组蛋白，红细胞组蛋白，核蛋白
	精蛋白	能溶于稀酸和水中，不溶于氨水。在酸性或中性溶液中加磷钨酸沉淀，Arg含量高	成熟的生殖细胞中	鱼类精蛋白
结合蛋白质	核蛋白	核酸（核糖核酸，脱氧核糖核酸）	动植物细胞	胸腺组蛋白，病毒蛋白
	磷蛋白	含磷酸基，可被磷脂酶分解	动物细胞和体液	酪蛋白，卵黄磷蛋白
	色素蛋白	含铁、铜等及有机色素	动植物体和细胞	血红蛋白，肌红蛋白，细胞色素，过氧化氢酶
	糖蛋白	含糖基	动物细胞	血清糖蛋白，卵黏蛋白
衍生蛋白质	一次衍生物	蛋白质初始变性物；酸、碱变性蛋白质		凝乳酶凝固的酪蛋白
	二次衍生物	蛋白质的分解产物，性质明显改变		肽类

3.2.4 蛋白质的物理化学性质

3.2.4.1 酸碱性质

蛋白质是两性电解质，可离解的基团除了C-端的α-羧基和N-端的α-氨基外，还有氨基酸侧链的可离解基团，因此相当于一个多价离子。蛋白质所带电荷的性质和数量，与分子中可离解基团含量、分布有关，同时也与溶液的pH有关。蛋白质也可以在某一pH时所带的净电荷数为零，这就是它的等电点pI。在pH>pI的介质中，蛋白质作为阴离子在电场中可向阳极移动，在pH<pI的介质中，蛋白质作为阳离子向阴极移动。在pH=pI的介质中，蛋白质在电场中不移动并且溶解度最低。

3.2.4.2 水解

蛋白质在酸、碱或酶催化作用下肽键断裂，经过一系列中间产物，最后生成氨基酸；中间产物主要是蛋白胨和各种不同链长度的肽类。

$$蛋白质 \longrightarrow 蛋白胨 \longrightarrow 小肽 \longrightarrow 二肽 \longrightarrow 氨基酸$$

碱催化水解破坏胱氨酸、半胱氨酸、精氨酸，还可以引起氨基酸的外消旋化。酸催化水解破坏色氨酸。相比之下，酶法水解较为理想，对氨基酸破坏少，但是一种蛋白酶很难将蛋白质彻底水解为游离的氨基酸，一般需要一系列酶的共同作用；另外，酶水解的反应速度也较慢。

3.2.4.3 颜色反应

双缩脲反应（biuret reaction）是一个重要的颜色反应，但不是蛋白质的专一反应。碱性条件下，凡是具有 2 个以上肽键的肽类都可发生该反应，二肽和游离氨基酸则不能。在强碱性溶液中，铜离子与肽键中的氮原子孤对电子形成稳定的配位化合物（图 3-5），从而呈现紫红色。在中性条件下蛋白质或多肽也能同茚三酮试剂发生反应，生成蓝或紫色的化合物，当然茚三酮试剂与胺盐、氨基酸均能反应。

另外一些颜色反应是利用某一氨基酸的特异反应，如利用酪氨酸的酚基或组氨酸的吲哚基的反应。这些反应均也可用于蛋白质的定性、定量分析。

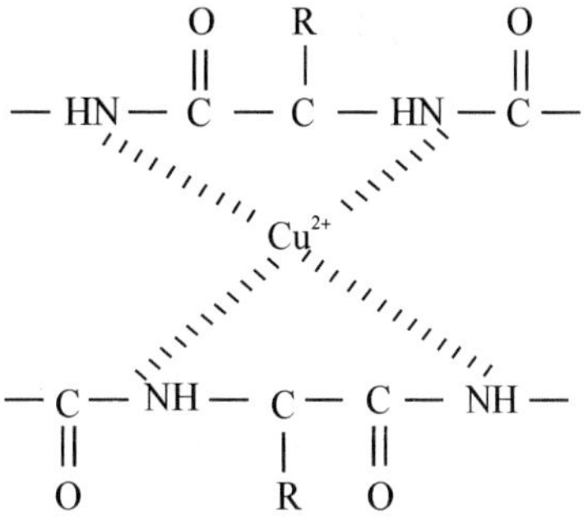

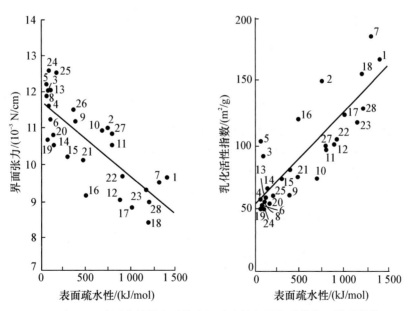

图 3-5 碱性条件下铜离子与肽键的作用

3.2.4.4 疏水性

同氨基酸一样，蛋白质也有它的疏水性。理论上，已知一种蛋白质的氨基酸组成，就可以根据各氨基酸的疏水性来计算蛋白质的平均疏水性，即各氨基酸疏水性的总和除以氨基酸残基数 n。

$$\Delta \overline{G}^{0} = \frac{\sum \Delta G^{0}}{n}$$

在研究蛋白质的一些功能性质时，发现蛋白质的表面疏水性是一个重要常数。蛋白质的表面疏水性与蛋白质空间结构、表面性质和脂肪结合能力等有关，更能反映出它与水、其他化学物质产生作用时的实际情况（如图 3-6 所示的表面疏水性与界面张力、乳化活性指数的关系）。

图 3-6 由 CPA 法测定的蛋白质的表面疏水性与蛋白质的表面性质的关系

（体系为 0.2％蛋白质溶液-玉米油）

3.2.5 肽

肽(peptide)也是由氨基酸通过酰胺键(肽键)连接形成的,但分子量小于蛋白质的氨基酸聚合物。2 个氨基酸形成的肽称为二肽,3 个氨基酸形成的肽称为三肽,依此类推。若一种肽含有少于 10 个氨基酸,则为寡肽,超过此数的肽统称为多肽。因此,肽的性质与氨基酸、蛋白质的性质有所不同。食品中存在的肽类远不如蛋白质多和重要,其作用还未被更多地重视。

3.2.5.1 物理化学性质

(1)离解。肽与氨基酸、蛋白质一样离解,有其相应的 pK、pI。肽类的离解也与分子的大小、介质等有关,不过对其进行的研究不如对蛋白质、氨基酸等的研究深入。

(2)溶解性、黏度和渗透压。分子量较小的肽类一般具有很好的溶解度,其溶解性随 pH 的变化也较蛋白质小。肽分子在较高浓度和较宽 pH 范围内仍然保持溶解状态,非常适用于一些酸性食品的加工,区别于蛋白质。此外,对于常用的蛋白质沉淀剂三氯乙酸,小肽分子和氨基酸的表现是一样的,即在 3% 以上的三氯乙酸溶液中小肽是可溶的,而大肽分子的表现与蛋白质相同,可被 3%三氯乙酸沉淀。

肽类溶液的黏度较蛋白质明显降低,不能产生胶凝作用。肽溶液的渗透压比氨基酸低,在经过胃肠道时,吸收性能要好于氨基酸溶液,特别是一些小肽分子,这一点在营养学上很重要。

(3)化学性质。肽类的化学性质与蛋白质、氨基酸基本类似,所以大部分氨基酸所能发生的反应,肽分子均能发生。双缩脲反应是区别三肽以上肽分子与氨基酸的一个反应,但并不能区别多肽与蛋白质。

3.2.5.2 生物活性肽

一些生物活性肽在正常的生命活动中发挥重要的作用,如三肽胃泌素、四肽胃泌素促进胃酸分泌,谷胱甘肽在机体内参与氧化还原反应、清除生物体内过氧化物(ROOH)或过氧化氢等。

$$ROOH + 2GSH \xrightarrow{\text{酶}} ROH + GSSG + H_2O$$

$$H_2O_2 + 2GSH \xrightarrow{\text{酶}} GSSG + 2H_2O$$

选择性地分解天然蛋白质(如酶水解),可以得到一些重要的多肽,从而制备各种各样的生物活性肽。已经发现的多肽生理作用主要有以下几个方面。

(1)促进矿物质的吸收。酪蛋白磷酸肽(CPP)含有多个磷酸丝氨酸,是酪蛋白经胰蛋白酶的催化水解后生成的肽片段。在动物小肠内它能与钙结合,阻止磷酸钙沉淀的形成,使肠内溶解钙的量增加,从而促进钙的吸收和利用。

(2)降低血压。天然蛋白质水解得到的肽(如来自大豆蛋白、酪蛋白水解物中的一些肽)具有显著的降血压作用,因而被称为降血压肽。降血压肽是通过竞争性抑制人体中的血管紧张素转化酶的活性,而达到降低血压的作用。

(3)促进免疫功能。一些肽类具有多方面的免疫活性,如刺激机体淋巴细胞的增殖和增强巨噬细胞的吞噬能力,提高机体对外界病原物质感染的抵抗能力。

(4)抑菌作用。乳酸链球菌素(nisin)是由乳酸乳球菌中乳酸亚种产生的一种小分子抗菌肽,由 34 个氨基酸组成,对许多革兰氏阳性菌具有很强的抑制作用。Nisin 在消化道中很快被胰凝乳蛋白酶降解,不会产生常用抗生素出现的抗药性问题。

(5)其他肽类。在氨基酸或寡肽混合物中,支链氨基酸与芳香族氨基酸的摩尔比值称为 Fischer 值(F 值)。高 F 值的肽类在临床上对肝脏病人有益,可作为辅助治疗的食品。

3.3 蛋白质的变性

蛋白质分子是氨基酸通过一定的顺序连接在一起,再通过分子内、分子间的各种作用力达到平衡,最后形成一定的空间结构(一级、二级、三级、四级结构)。所以,蛋白质构象是许多作用共同产生的结果。但是,这个构象不稳定,在酸、碱、热、有机溶剂或辐射处理时,蛋白质的二级、三级、四级结构会发生不同程度的改变,这个过程称为变性(denaturation)。因此,蛋白质的变性不涉及氨基酸的连接顺序即蛋白质一级结构的变化。

蛋白质的变性对蛋白质的结构、物理化学性质、生物学性质有影响,一般包括:①分子内部疏水性基团的暴露,蛋白质在水中的溶解性能降低。②某些蛋白质的生物活性丧失,如失去酶活性或免疫活性。③蛋白质的肽键更多地暴露出来,易被蛋白酶催化水解。④蛋白质结合水的能力发生改变。⑤蛋白质分散体系的黏度发生改变。⑥蛋白质的结晶能力丧失。

测定蛋白质的一些性质变化如光学性质、沉降性质、黏度、电泳性质、热力学性质等,可以评估蛋白质的变性程度,也可以用免疫学方法如酶联免疫吸附测定(ELISA)来研究蛋白质的变性。我国生化学家吴宪提出的蛋白质变性理论被国际认为是关于蛋白质变性的第一个合理学说。吴宪在美国哈佛大学获得博士学位后,放弃优越的科研和生活条件,毅然回国筹建了北京协和医学院,并为中国临床生物化学奠定了基础。

天然蛋白质的变性有时是可逆的。当引起变性的因素被解除以后,蛋白质结构恢复到原状,即为蛋白质的复性(renaturation)。一般来说,温和条件下蛋白质比较容易发生可逆变性,而在剧烈的条件下将产生不可逆变性。当稳定蛋白质构象的二硫键被破坏时,则变性蛋白质很难复性。

引起蛋白质变性的因素有物理的、化学的,如温度、pH、化学试剂和机械处理等。无论何种因素导致蛋白质变性,从蛋白质分子本身来看,变性很类似于一个物理变化过程,不涉及化学反应。

3.3.1 物理变性

(1)加热。加热是食品加工常用的处理过程,也是导致蛋白质变性最常见的因素。蛋白质在某一温度时会产生状态的剧烈变化,这个温度就是其变性温度。蛋白质热变性后表现出相当程度的伸展变形,如天然血清蛋白是椭圆形的,长:宽=3:1,而热变性后的长:宽=5.5:1,分子形状明显地伸展。

对于化学反应来讲,其温度系数多为 3~4。但对于蛋白质的热变性,其温度系数为 600 左右。这个性质在食品加工中很重要,如高温瞬时杀菌、超高温杀菌技术就是利用高温大大提升蛋白质的变性速度,短时间内破坏生物活性蛋白质或微生物中的酶,而其他营养素的化学反应速度变化相对较小,确保营养素较少损失。

蛋白质的热变性与蛋白质组成、浓度、水分活度、pH 和离子强度等有关。蛋白质分子中含较多疏水性氨基酸时,比含有较多亲水性氨基酸的蛋白质更稳定。生物活性蛋白质在干燥

状态下较稳定,对温度变化的承受能力较强,而在湿热状态下时容易变性。

(2)冷冻。低温处理也可以导致某些蛋白质变性。L-苏氨酸脱氨酸酶在室温下稳定,但在 0 ℃不稳定。11S 大豆蛋白、乳蛋白在冷却或冷冻时发生凝集和沉淀。一些酶(如氧化酶)在较低温度下被激活。

低温变性的原因,可能是蛋白质的水合环境变化,维持蛋白质结构的作用力平衡被破坏,并且破坏一些基团的水化层,基团之间发生相互作用而引起蛋白质的聚集或亚基重排;也可能是体系结冰后的盐效应导致蛋白质的变性。另外,冷冻引起的浓缩效应可能导致蛋白质分子内、分子间的二硫键交换反应增加,从而导致蛋白质变性。

(3)机械处理。揉捏、搅打等剪切力作用使蛋白质分子伸展,破坏其中的 α-螺旋结构,导致蛋白质变性。剪切速率越大,蛋白质变性程度越大。例如,在 pH 为 3.5～4.5 和温度为 80～120 ℃的条件下,用 8 000～10 000 s^{-1} 的剪切速度处理乳清蛋白(浓度 10%～20%),就可以形成蛋白质脂肪代用品;沙拉酱、冰淇淋等生产中也涉及蛋白质的机械变性。

(4)静高压。静高压(hydrostatic pressure)处理也能导致蛋白质的变性。虽然天然蛋白质具有比较稳定的构象,但球型蛋白质分子不是刚性球,分子内部存在一些空穴,具有一定的柔性和可压缩性,在高压下分子会发生变形(即变性)。在一般温度下,在 100～1 000 MPa 压力下蛋白质就会变性。有时,高压而导致的蛋白质变性或酶失活,在高压消除以后会重新恢复。

静高压处理对食品中的营养物质、色泽、风味等不会造成破坏作用,也不形成有害化合物,对肉制品进行高压处理还可以使肌肉组织中的肌纤维裂解,从而提高肉制品的品质。

(5)电磁辐射。电磁波对蛋白质结构的影响与电磁波的波长和能量有关。可见光由于波长较长、能量较低,对蛋白质的构象影响不大;紫外线、X 射线、γ 射线等高能量电磁波,对蛋白质的构象会产生影响。高能射线被芳香族氨基酸吸收后,将导致蛋白质构象改变,同时还会使氨基酸残基发生各种变化,如破坏共价键、离子化、游离基化等。所以电磁辐射不仅使蛋白质发生变性,而且还可能影响蛋白质的营养价值。

辐射保鲜对食品蛋白的影响极小,一是由于所使用的辐射剂量较低,二是食品中的水裂解而减少了其他物质的裂解。

(6)界面作用。蛋白质吸附在气-液、液-固或液-液界面后,可以发生不可逆变性。在气液界面上的水分子能量较本体水分子高,它们与蛋白质分子发生相互作用导致蛋白质分子能量增加,一些化学作用(键)被破坏,蛋白质结构发生少许伸展,最后水分子进入蛋白质分子内部,进一步导致蛋白质分子的伸展,并使得蛋白质的疏水性、亲水性残基分别向极性不同的两相(空气-水)排列,最终导致蛋白质变性。蛋白质分子具有较疏松的结构,在界面上的吸附比较容易;如果它的结构较紧密,或是被二硫键所稳定,或是不具备相对明显的疏水区和亲水区,蛋白质就不易被界面吸附,因而界面变性也就比较困难。

3.3.2 化学变性

(1)酸、碱因素(pH)。大多数蛋白质在特定 pH 范围内稳定,但若处于极端 pH 条件,蛋白质分子内部可离解基团如氨基、羧基等的离解,产生强烈的分子内静电相互作用,从而使蛋白质发生伸展、变性。此时如果再伴以加热,其变性的速率会更大。在一些情况下,蛋白质经过酸碱处理后,pH 又调回原来的范围时,蛋白质仍可以恢复原来的结构,如酶。

蛋白质在等电点时比在其他 pH 下稳定。在中性条件下,由于蛋白质所带净电荷不多,分子内部所产生的排斥力相对较小,所以大多数蛋白质在中性条件下比较稳定。

(2)盐类。碱土金属 Ca^{2+}、Mg^{2+} 可能是蛋白质中的组成部分,对蛋白质构象起着重要作用,所以 Ca^{2+}、Mg^{2+} 的去除会降低蛋白质分子对热、酶等的稳定性。Cu^{2+}、Fe^{2+}、Hg^{2+}、Pb^{2+}、Ag^{3+} 等易与蛋白质分子中的—SH形成稳定的化合物,或者是将二硫键转化为—SH,改变稳定蛋白质结构的作用力,导致蛋白质变性。Hg^{2+}、Pb^{2+} 等可与组氨酸、色氨酸残基等反应,也能导致蛋白质变性。可见,重金属能够使蛋白质结构发生不可逆改变,使细胞功能遭到破坏,影响人体健康。保护环境,预防重金属污染,就显得十分重要。

对于阴离子,它们对蛋白质结构稳定性影响的大小程度为:$F^-<SO_4^{2-}<Cl^-<Br^-<I^-<ClO_4^-<SCN^-<Cl_3CCOO^-$。在高浓度时,阴离子对蛋白质结构的影响比阳离子更强,一般氯离子、氟离子、硫酸根离子是蛋白质结构的稳定剂,而硫氰酸根、三氯乙酸根则是蛋白质结构的去稳定剂。可见,重金属能够使蛋白质结构发生不可逆改变,使细胞功能遭到破坏,影响人体健康。因此,保护环境,加强土壤污染源头防控,开展新污染物治理,预防重金属污染,就显得很重要。

(3)有机溶剂。大多数有机溶剂(organic solvent)可导致蛋白质变性,因为它们降低溶液的介电常数,使蛋白质分子内的静电力增加;或者是破坏、增加蛋白质分子内的氢键,改变稳定蛋白质构象原有的作用力情况;或是进入蛋白质的疏水性区域,破坏蛋白质分子的疏水相互作用。结果均使蛋白质结构改变,产生变性作用。

在低浓度下,有机溶剂对蛋白质结构的影响较小,一些甚至具有稳定作用,但是在高浓度下,所有的有机溶剂均能使蛋白质变性。

(4)有机化合物。高浓度的脲(urea)和胍盐(guanidine salt)($4\sim8$ mol/L)将使蛋白质分子中的氢键断裂,导致蛋白质变性;表面活性剂(detergent)如十二烷基磺酸钠(sodium dodecyl sulfate,SDS)能破坏蛋白质的疏水区,还能促使蛋白质分子伸展,是一种很强的变性剂。

(5)还原剂。巯基乙醇($HSCH_2CH_2OH$)、半胱氨酸、二硫苏糖醇等,具有—SH,能使蛋白质分子中存在的二硫键还原,从而改变蛋白质的原有构象,造成蛋白质的不可逆变性。

$$HSCH_2CH_2OH+—S—S—Pr\longrightarrow—S—SCH_2CH_2OH+HS—Pr$$

对于食品加工而言,蛋白质变性一般来讲是有利的,但在某些情况下则是必须避免的,如酶分离、牛乳浓缩,此时蛋白质过度变性会导致酶失活或沉淀生成,是不希望发生的变化。一些不良商贩用甲醛泡发毛肚,获取非法收益,虽然甲醛能使毛肚保质,还能使毛肚蛋白质变性而烫食时口感变脆,但甲醛对人体有极大的危害,如此操作是违法的。食品从业者不但要树立"做食品,做的是诚心和良心"的理念,还要有道德底线,要符合法律法规,要有食品安全意识和社会责任感。

3.4 蛋白质的功能性质

蛋白质的功能性质(functional property)是指除营养价值外的那些对食品需宜特性有利的蛋白质物理化学性质,如胶凝、溶解、泡沫、乳化、黏度等。蛋白质的功能性质影响着食品的感官质量,尤其是在质地方面,也对食品成分制备、食品加工或储存过程中的物理特性起重要作用,一般分为3大类。

(1)水合性质,取决于蛋白质与水之间的相互作用,包括水的吸附与保留、湿润性、膨胀性、黏合、分散性和溶解性等。

(2)结构性质,与蛋白质分子之间相互作用有关,如沉淀、胶凝作用、组织化、面团形成等。

(3)表面性质,涉及蛋白质在极性不同的两相之间的作用,主要有起泡、乳化等。

根据蛋白质在食品感官质量方面所具有的一些作用,还可划分出第四种性质——感官性质,涉及蛋白质在食品中所产生的浑浊度、色泽、风味结合、咀嚼性、爽滑感等。

蛋白质的这些功能性质不是相互独立、完全不同的性质,也存在着相互联系,如胶凝作用既涉及蛋白质分子之间的相互作用(形成空间三维网状结构),又涉及蛋白质分子与水分子之间的作用(水的保留);而黏度、溶解度均涉及蛋白质分子之间和蛋白质与水之间的作用。

蛋白质的功能性质是许多相关因素的共同作用而产生的结果,蛋白质本身的物理化学性质(分子大小、形状、化学组成、结构),以及外来因素的影响等,均对蛋白质的功能性质具有影响作用。整体上看,影响蛋白质功能性质因素可分为3个方面:①蛋白质本身固有的性质;②环境条件;③食品所经历的加工处理。

一般来讲,蛋白质的一个功能性质不只是某一个物理化学性质产生的结果,因此很难说明蛋白质的物理化学性质在功能性质中所起的作用有多大。不过,蛋白质的一些理化常数还是与其功能性质之间存在一定的相关性(表3-8)。

表3-8 蛋白质的疏水性、电荷密度和结构对功能性质的贡献

功能性质	疏水性	电荷密度	结构
溶解度	无贡献	有贡献	无贡献
乳化作用	表面疏水性有贡献	一般无贡献	有贡献
起泡作用	总疏水性有贡献	无贡献	有贡献
脂肪结合	表面疏水性有贡献	一般无贡献	无贡献
水保留	无贡献	有贡献	有疑问
热凝结	总疏水性有贡献	无贡献	有贡献
面团形成	稍有贡献	无贡献	有贡献

蛋白质不仅是重要的营养成分,其功能性质也是其他食品成分所不能比拟和替代的,对一些食品的品质具有决定性。常见食品中蛋白质所需宜的功能性质见表3-9。

表3-9 常见食品中蛋白质的需宜功能性质

食品名称	功能性质
饮料	不同pH时的溶解性,热稳定性,黏度
汤,沙司	黏度,乳化作用,持水性
面团焙烤产品(面包,蛋糕等)	成型和形成黏弹性膜,内聚力,热变性和胶凝作用,乳化作用,吸水作用,发泡,褐变
乳制品(干酪,冰淇淋,甜点心等)	乳化作用,对脂肪的保留,黏度,起泡,胶凝作用,凝结作用
鸡蛋	起泡,胶凝作用
肉制品(香肠等)	乳化作用,胶凝作用,内聚力,对水和脂肪的吸收和保持
肉代用品(组织化植物蛋白)	对水和脂肪的吸收和保持,不溶性,硬度,咀嚼性,内聚力,热变性
食品涂膜	内聚力,黏合
糖果制品(牛奶巧克力等)	分散性,乳化作用

3.4.1 水合

大多数食品是水合（hydration）的体系，各成分的理化性质和流变学性质不仅受水的影响，而且还受水分活度的影响。蛋白质构象在很大程度上与蛋白质和水的相互作用有关。此外，从不同原料生产出的浓缩蛋白或分离蛋白在食品中应用时，也涉及蛋白质的水合过程。蛋白质吸附水、保留水的能力，不仅影响蛋白质的黏度和其他性质，而且还能影响食品质地、产品的数量（与生产成本直接相关）。因此，研究蛋白质的水合和复水性质具有重要作用。

蛋白质的水合是通过蛋白质分子表面上各种极性基团与水分子的相互作用而产生。一般来讲，约有 0.3 g/g 的水与蛋白质结合比较牢固，还有 0.3 g/g 的水与蛋白质结合较松散。由于氨基酸组成不同，不同蛋白质的水结合能力也不同。由于极性基团对水有更强的结合能力，极性氨基酸、离子化的氨基酸、蛋白质的盐等的结合水量相应较大。不同氨基酸残基对水的结合能力见表 3-10。

表 3-10 氨基酸残基的水合能力　　　　　　　　　　　　　　　　mol 水/mol 残基

氨基酸残基	水结合能力	氨基酸残基	水结合能力
极性残基		离子化残基	
Asn	2	Asp	6
Gln	2	Glu	7
Pro	3	Tyr	7
Ser,The	2	Arg	3
Trp	2	His	4
Asp（非离解）	2	Lys	4
Glu（非离解）	2	疏水性残基	
Tyr	3	Ala	1
Arg（非离解）	4	Gly	1
Lys（非离解）	4	Phe	0
		Val,Ile,Leu,Met	1

蛋白质浓度、pH、温度、离子强度、其他成分的存在等，均影响蛋白质-蛋白质以及蛋白质-水的相互作用。蛋白质总的水结合量随蛋白质浓度的增加而增加，但是在等电点时蛋白质表现出最小的水合作用。动物被屠宰后，僵直期内肌肉组织的持水力最差，就是肌肉 pH 由于从 6.5 下降到 5.0 左右（接近其等电点），导致肉的嫩度下降、品质不佳。蛋白质结合水的能力一般随温度升高而降低，这是由于升温破坏蛋白质-水之间形成的氢键，降低蛋白质与水之间的作用，并且加热时蛋白质发生变性和凝集，降低蛋白质的表面积和极性氨基酸与水结合的有效性（图 3-7）。不过加热处理有时也能提高蛋白质的水结合能力。结构十分致密的蛋白质，可由于加热而发生亚基解离和分子伸展，将原来被掩盖的一些肽键和极性基团暴露于表面，从而提高其水结合能力；或者是加热时发生蛋白质胶凝作用，所形成的三维网状结构容纳大量的水，也能提高蛋白质与水结合的能力。蛋白质体系中所存在的离子对蛋白质的水结合能力也有影响，这是水-盐-蛋白质之间发生竞争作用的结果；低浓度盐提高蛋白质的水结合能力（盐溶作用），而高浓度盐将降低蛋白质的水结合能力（盐析作用），甚至可能引起蛋白质脱水。

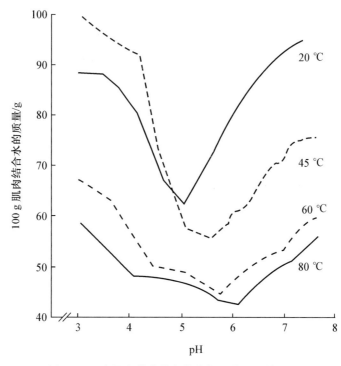

图 3-7　肌肉蛋白的水结合能力与温度、pH 的关系

对于一些单体蛋白质,它们的水结合能力可以利用经验公式、根据氨基酸组成情况来计算,计算结果与实验结果能很好符合。而对一些由多亚基组成的蛋白质,计算值一般大于实验值。

$$水结合能力(g 水/g 蛋白质)＝f_C+0.4f_P+0.2f_N$$

式中:f_C、f_P、f_N 分别代表蛋白质分子中离子化氨基酸残基、极性氨基酸残基、非极性(疏水性)氨基酸残基所占的百分数。从各系数上可以看出,离子化氨基酸对水结合贡献最大,非极性氨基酸对水结合能力的影响最小。

蛋白质的水结合能力对各类食品尤其是肉制品和面团等的质地起重要作用。蛋白质的其他功能性质如胶凝、乳化作用也与蛋白质水合性质有关系。在食品加工中,蛋白质的水合作用通常以持水力(water holding capacity)或者是保水性(water retention capacity)来衡量。持水力是指蛋白质将水截留(或保留)在其组织中的能力,被截留的水包括有吸附水、物理截留水、流体动力学水。蛋白质持水力与其水结合能力有关,可影响到食品的嫩度、多汁性、柔软性,所以持水力对食品品质具有重要意义。

3.4.2　溶解度

作为有机大分子化合物,蛋白质在水中以分散态(胶体态)存在。因此,蛋白质在水中无严格意义上的溶解度,只是将蛋白质在水中的分散量或分散水平相应地称为蛋白质的溶解度(solubility)。蛋白质溶解度的大小非常重要,如确定天然蛋白质的提取、分离和纯化。蛋白质的变性程度也可以通过其溶解度变化作为评价指标。此外,蛋白质在饮料中的应用也与其溶解性能直接相关。

蛋白质溶解度的常用表示方法为蛋白质分散指数（protein dispersibility index，PDI）、氮溶解指数（nitrogen solubility index，NSI）和水可溶性氮（water soluble nitrogen，WSN）。

$$PDI = \frac{水分散蛋白质}{总蛋白质} \times 100\%$$

$$NSI = \frac{水溶解氮}{总氮} \times 100\%$$

$$WSN = \frac{可溶性氮的质量}{样品的质量} \times 100\%$$

一些条件如 pH、离子强度、温度、溶剂等影响蛋白质的溶解度。蛋白质溶解度在等电点时通常最低，在高于或低于等电点 pH 时，蛋白质所带的净电荷为负电荷或正电荷，其溶解度增大（图 3-8）。蛋白质溶解度在 pI 时虽然最低，但是对不同的蛋白质还是有差异的。酪蛋白、大豆蛋白等在等电点时几乎不溶，而乳清蛋白在等电点时的溶解性仍然很好。溶解性随 pH 变化大的蛋白质，通过改变介质的酸碱度，对其进行相应的提取、分离时十分方便；而溶解性随 pH 变化不大的蛋白质，则需要通过其他方法才能分离、提取。

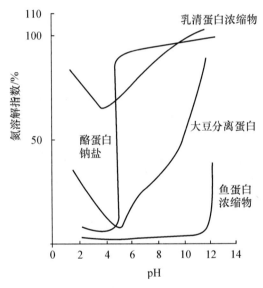

图 3-8　几种蛋白质在不同 pH 下的 NSI

盐类对蛋白质的溶解性影响不同。中性盐在浓度范围为 0.1～1 mol/L 时，可增加蛋白质在水中的溶解度（盐溶，salting in）；中性盐的浓度大于 1 mol/L 时，可降低蛋白质在水中的溶解度甚至产生沉淀（盐析，salting out）。蛋白质发生盐溶或盐析时，溶解度与盐类离子强度 μ 的数学关系如下式。

$$盐溶：s = s_0 + k\mu^{0.5}$$
$$盐析：\lg s = \lg s_0 - k\mu$$

式中：s_0 为蛋白质在水中的溶解度（g 蛋白质/100 g 水）；s 为蛋白质在盐溶液中的溶解度（g 蛋白质/100 g 盐溶液）；μ 为盐溶液的离子强度；k 为盐析常数（对盐析类盐，k 是正值；对盐溶类盐，k 是负值）。

有机溶剂如丙酮、乙醇等,可降低溶剂的介电常数,使得蛋白质分子之间的静电斥力减弱,蛋白质分子间的吸引作用相对增加,从而使蛋白质发生聚集甚至沉淀,即有机溶剂降低蛋白质溶解度。

蛋白质加热后溶解度明显地不可逆降低。蛋白质提取、提纯过程,也会产生一定程度的不溶性,如脱脂大豆粉、浓缩蛋白、分离蛋白的氮溶解指数,因处理方式不同而在 $10\%\sim90\%$ 之间。一般来讲,其他条件固定时,蛋白质的溶解度在 $0\sim40$ ℃ 范围内随温度升高而增加;温度进一步升高,蛋白质分子发生伸展、变性,蛋白质溶解性最终下降(表 3-11)。

表 3-11   一些蛋白质加工后的溶解度相对变化

蛋白质	处理	溶解度	蛋白质	处理	溶解度
血清蛋白	天然	100	白蛋白	天然	100
	加热	27		80 ℃,15 s	91
β-乳球蛋白	天然	100		80 ℃,30 s	76
	加热	6		80 ℃,60 s	71
大豆分离蛋白	天然	100		80 ℃,120 s	49
	100 ℃,15 s	100	油菜籽分离蛋白	天然	100
	100 ℃,30 s	92		100 ℃,15 s	57
	100 ℃,60 s	54		100 ℃,30 s	39
	100 ℃,120 s	15		100 ℃,60 s	14
				100 ℃,120 s	11

一般认为,起始溶解度较大的蛋白质,能迅速且大量地在体系中分散,这样可以得到很好的分散体系,有利于蛋白质分子向空气或水-油界面的扩散,利于蛋白质其他功能性质的提高。

3.4.3 黏度

对于一种流体的黏度(viscosity),可用相对运动的两个板块来说明。板块间充满流体,板块在外来作用力 F 的作用下产生相对运动;如果流体的黏度很大,则板块的运动将很慢,反之,板块的运动将很快。所以黏度是对流体对抗运动的一种阻力的衡量。一般用黏度系数 μ 表示一种液体的黏度大小,在数值上它是液体流动时的剪切力(τ)与剪切速率(γ)的比值,而剪切速率是相对运动的两个板块间的运动速率(v)与其距离(d)的比值。

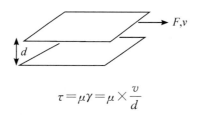

$$\tau = \mu\gamma = \mu \times \frac{v}{d}$$

牛顿流体(理想流体)具有固定的 μ,即 μ 不随剪切力或剪切速度的变化而变化。但是对于一些由大分子物质构成的分散系(包括溶液、乳化液、悬浮液、凝胶等),则不具备牛顿流体的性质,这些分散系的 μ 会随着流体剪切速度或剪切力的变化而变化,在数值上它们的关系变化如下。

$$\tau = m\gamma^{n} \ (m \text{ 为稠度系数}, n \text{ 为流动指数}, n < 1)$$

对蛋白质黏度产生影响的因素很多,包括杀菌、pH 改变、蛋白质水解、无机离子的存在等。影响蛋白质流体黏度特性的主要因素是分散蛋白质分子或颗粒的表观直径,表观直径又因以下的参数而变化:①蛋白质分子的固有特性,如蛋白质分子大小、体积、结构、电荷数及浓度等;②蛋白质和溶剂(水)分子间的相互作用情况;③蛋白质分子之间的相互作用。所以,任何影响蛋白质黏度的因素,肯定会影响到蛋白质分子的表观直径大小。

蛋白质溶液的 μ 会随其流速的增加而降低,这种现象称为"剪切稀释"或"切变稀释"(shear thinning)。产生的原因为:①蛋白质分子朝着运动方向逐渐取向一致,从而使分子排列整齐,液体流动时所产生的摩擦阻力降低;②蛋白质的水合环境在运动方向产生变形;③氢键和其他弱的键发生断裂,使蛋白质的聚集体、网状结构产生解离,蛋白质的体积减小。总之,剪切稀释可以用在运动方向上蛋白质分子或颗粒的表观直径的减少来进行解释。

在溶液流动时,蛋白质分子中弱作用力的断裂通常是缓慢地发生。因此,蛋白质流体在达到平衡之前其表观黏度随时间增加而降低;剪切停止时,原来的聚集体可能重新形成,或不能重新形成,如果能重新形成聚集体,黏度系数不会降低,体系是触变的,乳清蛋白浓缩物和大豆分离蛋白就是触变的。

蛋白质的黏度与溶解性之间不存在简单的关系。通过热变性而得到的不溶性蛋白质,在水中分散后不具有高黏度;而对于溶解性能好、但吸水能力和溶胀能力较差的乳清蛋白,同样也不能在水中形成高黏度分散系;对于那些具有很大初始吸水能力的一些蛋白质(如大豆蛋白、酪蛋白钠盐),在水中分散后却具有很高的黏度。所以,蛋白质的水吸附能力与黏度之间存在着正相关。

蛋白质体系的黏度、稠度是流体食品如饮料、肉汤、汤汁等的主要功能性质,影响着食品品质,对于输送、混合、加热、冷却等加工过程也有影响。

3.4.4　胶凝作用

蛋白质的胶凝(gelation)与蛋白质的缔合、聚集、聚合、沉淀、絮凝和凝结等,均属于蛋白质分子在不同水平上的聚集变化,但又有一定区别。蛋白质的缔合(association)是指在亚基或分子水平上发生的变化;聚合(polymerization)或聚集(aggregation)一般是指有较大的聚合物生成;沉淀(precipitation)是指由蛋白质溶解度部分或全部丧失而引起的一切聚集反应;絮凝(flocculation)是指蛋白质没有变性时所发生的无序聚集反应;凝结(coagulation)是变性蛋白质所产生的无序聚集反应;胶凝(gelation)则是变性蛋白质发生的有序聚集反应。

蛋白质胶凝后形成的产物是凝胶(gel),它具有三维网状结构,可以容纳其他的成分,对食品质地等有重要作用(如肉类食品),不仅可以形成半固态的黏弹性质地,同时还具有保水、稳定脂肪、黏结等作用。对于一些蛋白质食品如豆腐、酸乳,凝胶是这些食品品质形成的基础。

蛋白质凝胶的网状结构,是蛋白质-蛋白质之间相互作用、蛋白质-水之间相互作用以及邻近肽链之间吸引力和排斥力这3类作用达到平衡而产生的结果。静电吸引力、蛋白质-蛋白质作用(包括氢键、疏水相互作用等)有利于蛋白质肽链的靠近,而静电排斥力、蛋白质-水作用有利于蛋白质肽链的分离。在多数情况下,热处理是蛋白质形成凝胶的必需条件(蛋白质变性、肽链伸展),然后需冷却(肽链间氢键形成);形成蛋白质凝胶时,加入少量酸或 Ca^{2+},可以提高胶凝速度和凝胶强度。有时,蛋白质不需要加热也可以形成凝胶,如有些蛋白质只需要加入 Ca^{2+} 盐,或通过适当的酶解,或加入碱使溶液碱化后再调溶液 pH 至等电点,就可以发生胶凝作用。钙离子的作用是形成所谓的"盐桥"(salt bridge)。

整体上看,蛋白质的胶凝过程一般可以分为 2 步:①蛋白质分子构象的改变或部分伸

展,发生变性;②单个变性的蛋白质分子逐步聚集,有序地形成可以容纳水等物质的网状结构(图 3-9)。

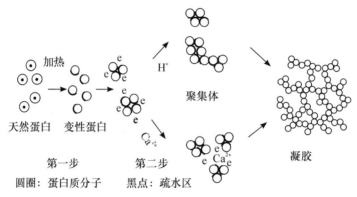

图 3-9 大豆蛋白的胶凝过程示意图

根据凝胶形成的途径,一般将凝胶分为热致凝胶(如卵白蛋白加热形成的凝胶)和非热致凝胶(调节 pH,加入二价金属离子,或者部分蛋白质水解形成的凝胶)两类。也可以根据蛋白质形成凝胶后,凝胶对热的稳定性,分为热可逆凝胶(如明胶,重新加热时再次形成溶液,冷却后又恢复凝胶状态)、非热可逆凝胶(如卵白蛋白、大豆蛋白等,凝胶状态一旦形成加热处理就不再发生变化)两类。热可逆凝胶,主要是通过蛋白质分子间的氢键形成而保持稳定;非热可逆凝胶,多涉及分子间的二硫键形成,因为二硫键一旦形成就不容易再发生断裂,加热不会对其产生破坏作用。

蛋白质形成凝胶时有两类不同的结构方式(图 3-10):串形有序聚集排列方式,形成的凝胶是透明或是半透明的,如血清蛋白、溶菌酶、卵白蛋白、大豆球蛋白等的凝胶;自由聚集排列方式,形成的凝胶是不透明的,如肌浆球蛋白在高离子强度下形成的凝胶,还有乳清蛋白、β-乳球蛋白所形成的凝胶。常见的蛋白质凝胶中,可同时存在着这两种不同的方式,并且受胶凝条件(如蛋白质浓度、pH、离子种类、离子强度、加热温度、加热时间等)的影响。

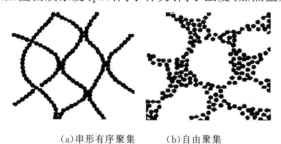

(a)串形有序聚集　　(b)自由聚集

图 3-10 蛋白质凝胶的网状结构示意图

许多胶凝作用是由蛋白质溶液产生的,但是不溶、难溶的蛋白质或蛋白质的盐水分散液也可以形成凝胶。因此,蛋白质的溶解性不是胶凝作用的必需条件,只是有助于蛋白质的胶凝作用。

胶凝作用是一些蛋白质食品非常重要的功能性质,在许多食品的制备中起着重要作用,如乳制品、凝胶、各种加热的肉糜、鱼制品等。蛋白质的胶凝作用除可以用来形成固体弹性凝胶、提高食品的吸水性、增稠、黏着脂肪外,对食品中成分的乳化、发泡稳定性还有帮助。胶凝作用是蛋白质最重要的功能作用之一,也是食品加工中经常考虑的问题之一。

3.4.5 组织化

蛋白质是许多食品的质地或结构的构成基础,如动物的肌肉。但是自然界中的一些蛋白质并不具备相应的组织结构和咀嚼性能,如分离出的可溶性植物蛋白或乳蛋白。因此,这些蛋白质配料应用于食品加工时就存在一定的限制。不过,现在可以通过一定处理使它们形成具咀嚼性能和良好持水性能的薄膜或纤维状产品,并且在以后的水合或加热处理后,蛋白质能保持良好的性能,这就是蛋白质的组织化处理(texturization)。经过组织化处理的蛋白质可以作为肉的代用品或替代物并在食品中使用,这是"人造肉"的加工原理,是"未来食品"的主要研究领域。另外,组织化加工还可以用于对一些动物蛋白进行重组织化,如对牛肉或禽肉的重整再加工处理。

常见的蛋白质组织化方法有如下 3 种。

(1)热凝固和薄膜形成。大豆蛋白浓溶液在平滑的热金属表面蒸发水分时,蛋白质产生热凝结作用,生成水合的蛋白质薄膜。将大豆蛋白溶液在 95 ℃保持几小时,由于溶液表面水分蒸发和蛋白质热凝结,也能形成一层薄的蛋白质膜。这些蛋白质膜就是组织化蛋白质,具有稳定的结构,加热处理不会发生改变,具有正常的咀嚼性能。传统豆制品腐竹就是采用上述方法加工的。

如果将蛋白质溶液(如玉米醇溶蛋白的乙醇液)均匀涂布在光滑物体的表面,溶剂挥发后,蛋白质分子通过相互作用也可以形成均匀的薄膜(蛋白质膜)。蛋白质膜具有一定的机械强度,对水、氧气等气体有屏障作用,可以作为可食性的食品包装材料。

(2)热塑性挤压。热塑性挤压的方法是使含有蛋白质的混合物依靠旋转螺杆的作用通过一个圆筒,在高压、高温和强剪切的作用下固体物料转化为黏稠状物,然后迅速地通过圆筒而进入常压环境,物料中的水分迅速蒸发以后,就形成了高度膨胀、干燥的多孔结构,即所谓的组织化蛋白(俗称膨化蛋白)。所得到的产品在吸收水后,变为纤维状、具有咀嚼性能的弹性结构,杀菌条件下仍稳定,可以用作肉丸、汉堡包等肉的替代物、填充物。该方法还可以用于其他蛋白质组织化,是目前最常用的蛋白质组织化方法。

热塑性挤压所得到的组织化蛋白,虽然无肌肉纤维那样的结构,但是却具有相似的口感。从产品的微结构上看,大豆粉的热塑性挤压产物显示出均一质地和纤维状叠层片结构特征(图 3-11)。

(3)纤维形成。这是蛋白质的另一种组织化方式,借鉴合成纤维的生产原理。在 pH＞10 的条件下制备高浓度的蛋白质溶液,由于静电斥力增加,蛋白质分子离解并充分伸展;蛋白质溶液经过脱气、澄清处理后,在高压下通过一个有许多小孔的喷头,此时伸展的蛋白质分子沿流出方向定向排列,以平行方式延长并有序排列;当从喷头的液体进入含有 NaCl 的酸性溶液时,由于等电点和盐析效应作用,蛋白质凝结,通过氢键、离子键和二硫键等形成水合蛋白质纤维;通过滚筒转动使蛋白质纤维拉伸,增加纤维的机械阻力和咀嚼性,降低蛋白质纤维的持水容量;再通过滚筒的加热除去一部分水分,提高蛋白质纤维的黏着力和韧性;最后通过调味、黏合、切割、成型等一系列处理,可形成人造肉或类似肉的蛋白质产品。

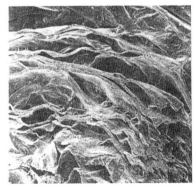

图 3-11　大豆组织蛋白的微观结构

以上 3 种蛋白质组织化方法中,热塑性挤压较为经济,工艺也较简单,原料要求比较宽松,

不仅可用于蛋白质含量较低的原料(如脱脂大豆粉),也可以用于蛋白质含量高的原料。纤维形成只能用于分离蛋白的组织化加工。

3.4.6　面团的形成

小麦、大麦、黑麦等具有一个相同的特性,有水存在时,胚乳中面筋蛋白通过混合、揉捏等处理,能形成强内聚力和黏弹性糊状物(面团),以小麦粉的这种能力最强。小麦粉中的面筋蛋白在形成面团(dough formation)以后,其他成分如淀粉、糖和极性脂类、非极性脂类、可溶性蛋白等,都有利于面筋蛋白形成三维网状结构,以及面包最后的质地,并被容纳在这个三维结构中。

面筋蛋白主要由麦谷蛋白(glutenin)和麦醇溶蛋白(gliadin)组成,它们在面粉中占总蛋白质质量的80%以上,面团的特性与它们直接有关。首先,这些蛋白质的可离解氨基酸含量低,所以在中性水中不溶解;其次,它们含有大量的谷氨酸酰胺和羟基氨基酸,所以易形成分子间氢键,使面筋具有很强的吸水能力和黏聚性质,其中黏聚性质还与疏水相互作用有关;最后,这些蛋白质中含有—SH,能形成二硫键,所以在面团中它们紧密连接在一起,使其具有韧性。当面粉被揉捏时蛋白质分子伸展,二硫键形成,疏水相互作用增强,面筋蛋白转化为立体、具有黏弹性的蛋白质网状结构,并截留淀粉粒和其他的成分;如果加入还原剂破坏二硫键,则可破坏面团内聚结构;如加入氧化剂 $KBrO_3$ 促使二硫键形成,则有利于面团弹性和韧性。

麦谷蛋白和麦醇溶蛋白二者的适当平衡是非常重要的。麦谷蛋白的分子量高达 $1×10^6$,而且分子中含有大量的二硫键(链内与链间),而麦醇溶蛋白的分子量仅为 $1×10^4$,只有链内的二硫键。麦谷蛋白决定面团的弹性、黏合性以及强度,麦醇溶蛋白决定面团的流动性、伸展性和膨胀性。面包的强度与麦谷蛋白有关,麦谷蛋白的含量过高会抑制发酵过程中残留的 CO_2 的膨胀,抑制面团鼓起;若麦醇溶蛋白含量过高则会导致过度膨胀,结果是产生的面筋膜易破裂和易渗透,面团塌陷。在面团中加入极性脂类,有利于麦谷蛋白和麦醇溶蛋白的相互作用,提高面筋网络结构,而中性脂肪的加入则十分不利于面团结构。球蛋白的加入一般不利于面团结构,但是变性后球蛋白加入面团,则可消除其不利影响。

面团在揉捏时,如果揉捏的强度不足就会使面筋蛋白的三维网状结构不能很好形成,结果是面团强度不足;过度揉捏则也会使得面筋蛋白的一些二硫键断裂,造成面团强度下降。

面团在焙烤时,面筋蛋白所释放出的水分能被糊化淀粉吸收,但面筋蛋白仍然可以保持近一半的水分。面筋蛋白在面团揉捏过程中已经呈充分伸展状态,在焙烤时不会进一步伸展。

青稞是我国青藏高原的优势特种作物,在高寒缺氧、环境恶劣的青藏高原地区种植了3 500余年,具有抗寒、耐旱、耐瘠薄、生长期短、适应性强、抗逆性强、产量稳定、易栽培等优点,是藏族人民的主粮之一。青稞是藏族人民制作主食"糌粑"、青稞酒等的原料,承载着藏族人民的独特地域文化。青稞含有丰富的营养和生物活性成分,具有"三高两低"(高蛋白、高纤维、高维生素和低脂肪、低糖)的组分特性,在藏族人民少果蔬、多肉、多脂肪的膳食结构中对藏族人民的身体健康起到了重要作用,受到越来越多的关注。但是,青稞中的蛋白质不具有"面筋"特性,因此青稞无法单独加工成面条、馒头、饺子皮、面包等产品,对藏族人民的青稞食品种类丰富和增收极为不利,期待未来通过一系列科技手段,改善并提高青稞的利用价值,丰富其食品种类。

3.4.7　乳化性质

日常的许多食品都是蛋白质稳定的乳状液,形成的分散系有油包水型(W/O)或水包油型(O/W)。牛乳、冰淇淋、人造黄油、干酪、蛋黄酱、肉馅等是最常见的水包油型分散系,蛋白质稳定这些乳状液体系;它在油滴和水相的界面上吸附,产生抗凝集性的物理学、流变学性质(如静电斥力、黏度)。可溶性蛋白质最重要的作用是它向油-水界面扩散并在界面吸附的能力,蛋白质的一部分与界面相接触,其疏水性氨基酸残基向非水相排列,降低体系的自由能,蛋白质的其余部分发生伸展并自发地吸附在油-水界面,表现相应的界面性质。一般认为,蛋白质的疏水性越大,界面上吸附的蛋白质浓度越大,界面张力越小,乳状液体系更稳定。

球蛋白具有较稳定的结构和表面亲水性,因此不是一种很好的乳化剂,如血清蛋白、乳清蛋白。酪蛋白由于其结构特点(无规则卷曲),以及肽链中亲水区域和疏水区域是相对分开的,所以是一种很好的乳化剂。大豆蛋白分离物、肉和鱼肉蛋白质的乳化性能也都不错。

乳化体系在热力学上是不稳定体系,脂肪球之间的相互作用必然会产生失稳问题,最终结果就是油、水两相的完全分离。此外,O/W 体系中的失稳结果还可以是聚结(coalescence)、絮聚(flocculation)、分层(creaming)。聚结是指脂肪球之间的膜发生破裂,导致大脂肪球的形成过程;絮聚是指脂肪球之间的聚集但膜不破裂的过程;分层则是指脂肪球密度小于连续相而导致的上浮。各种失稳作用可以单独产生,也可同时产生。

蛋白质的溶解度与其乳化性质(emulsifying property)正相关。一般来说,不溶解的蛋白质对乳化体系的形成无影响,因此,蛋白质溶解性能的改善将有利于其乳化性能提高,例如,肉糜中 NaCl 存在时(0.5~1 mol/L)可提高蛋白质的乳化容量,NaCl 的作用是产生盐溶作用。不过,一旦乳状液形成,不溶蛋白质在膜上的吸附,对脂肪球稳定性产生促进作用。溶液的pH 对乳化作用也有影响。明胶、卵清蛋白在 pI 时具有良好的乳化性能。其他大多数蛋白质如大豆蛋白、花生蛋白、酪蛋白、肌原纤维蛋白、乳清蛋白等在非 pI 时乳化性能更好,此时氨基酸侧链的离解产生有利于稳定性的静电斥力,避免液滴的聚集;同时,有利于蛋白质溶解与水结合,提高蛋白质膜的稳定性。

加热降低吸附于界面上的蛋白质膜的黏度,因而会降低乳状液的稳定性;但是,如果加热产生胶凝作用,就能提高其黏度和硬度,从而提高乳状液的稳定性。例如,肌原纤维蛋白的胶凝作用对灌肠等乳化体系的稳定性有益,不仅提高产品保水性和脂肪保持性,同时还增强各成分之间的黏结性。

低分子表面活性剂一般不利于蛋白质乳化稳定性,原因是它们在界面会与蛋白质竞争吸附,导致蛋白质吸附于界面的作用力减弱,降低蛋白质膜黏度,结果是降低乳状液的稳定性。

蛋白质的乳化性质一般使用乳化活性指数(emulsifying activity index,EAI)、乳化容量(emulsion capacity,EC)和乳化稳定性(emulsion stability,ES)为指标,它们反映蛋白质帮助形成乳化体系及其稳定乳化体系的能力大小,即:①蛋白质通过降低界面张力帮助形成乳化体系;②通过增加吸附膜黏度、空间位阻等稳定乳化体系。蛋白质形成乳化分散体系的能力和稳定乳化分散体系的能力,不存在相关性。一些蛋白质的乳化性质分别见表 3-12 和表 3-13。

蛋白质与脂类的相互作用有利于脂类分散及乳状液稳定,但是也可能产生不利的影响,特别是从富含脂肪的原料中提取蛋白质时,可能由于乳状液的形成而影响蛋白质的提取和纯化。

表 3-12　一些蛋白质的乳化活性指数(溶液离子强度＝0.1 mol/L)

蛋白质	乳化活性指数		蛋白质	乳化活性指数	
	pH＝6.5	pH＝8.0		pH＝6.5	pH＝8.0
卵蛋白	—	49	乳清蛋白	119	142
溶菌酶	—	50	β-乳球蛋白	—	153
酵母蛋白	8	59	干酪素钠盐	149	166
血红蛋白	—	75	牛血清蛋白	—	197
大豆蛋白	41	92	酵母蛋白(88%酰化)	322	341

表 3-13　一些蛋白质的乳化容量和乳化稳定性

蛋白源	种类	EC/(g/g)	ES(24 h)/%	ES(14 d)/%
大豆	分离蛋白	277	94	88.6
	大豆粉	184	100	100
蛋	蛋白粉	226	11.8	3.3
	液态蛋白	215	0	1.1
乳	酪蛋白	336	5.2	41.0
	乳清蛋白	190	100	100

3.4.8　发泡性质

泡沫是指气体在连续液相或半固相中分散所形成的分散体系,典型的食品例子包括冰淇淋、啤酒等。在稳定的泡沫体系中,弹性薄层连续相将各个气泡分开,气泡的直径从 1 μm 到几个厘米不等。食品泡沫的特征有:①含有大量的气体;②在气相和连续相之间有较大的表面积;③溶质的浓度在界面较高;④有能膨胀、具有刚性或半刚性和弹性的膜;⑤可反射光,泡沫看起来不透明。

泡沫和乳状液的主要差别在于分散相是气体还是脂肪,并且在泡沫体系中气体所占的体积百分数史大。所以,泡沫有很大的界面面积,界面张力也远大于乳化分散系,更不稳定、容易破裂。此时,蛋白质的作用就是吸附在气-液界面降低界面张力,同时对所形成的吸附膜产生必要的流变学特性和稳定作用,如对水和蛋白质吸附,以增加膜的强度、黏度和弹性,对抗外来不利作用。泡沫的典型结构见图 3-12,其中薄层(lamella)的性质对泡沫的稳定性有很重要的作用。

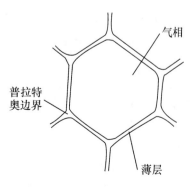

图 3-12　泡沫的典型结构示意图

产生泡沫的方法包括:①气体经过多孔分散器而通入蛋白质溶液中,从而产生相应的气泡;②大量气体存在下,机械搅拌或振荡蛋白质溶液而产生气泡;③高压下将气体溶于溶液,突然将压力解除,气体因为膨胀而形成泡沫。在泡沫形成过程中,蛋白质首先向气-液界面上迅速扩散并吸附,进入界面层后再进行分子结构重排;其中,扩散过程是决定因素。

造成泡沫不稳定的原因包括:①重力、压力差、蒸发作用等造成泡沫薄层排水,降低薄层厚度,最终导致泡沫破裂。②由于泡沫大小不一,气体在小气泡中的压力大而在大气泡中的压力小,所以气体通过连续相从小气泡向大气泡中转移,造成泡沫总面积的下降,这是一个降低表面自由能的自发过程;此时,界面扩张会导致界面张力增加,为降低界面张力,蛋白质分子(携水分子一起)发生迁移,从低张力区域到达高张力区域,降低原来区域的薄层厚度(Marangoni效应),因而会降低泡沫稳定性。③分隔气泡的薄层发生破裂,薄层受排水等因素的影响而厚度及强度下降,泡沫通过聚结而增大直径,最终导致泡沫破裂。泡沫排水及薄层破裂之间存在相互关联,薄层破裂增加泡沫排水,而排水又降低薄层的厚度及强度,相当于一个恶性的循环。

影响蛋白质发泡性质(foaming property)的因素包括以下几点。

(1)蛋白质的内禀性质。一个具有良好发泡性质的蛋白质应是蛋白质分子能够快速地扩散到气-液界面,易于在界面吸附、展开和重排,并且通过分子间的作用形成黏弹性的吸附膜。具有疏松的自由卷曲结构的 β-酪蛋白,就是这样的蛋白质。相比之下,溶菌酶是一个紧密缠绕的球蛋白,同时具有多个分子内的二硫键,发泡性质很差。蛋白质的理化性质与泡沫性质的关系,见表3-14。

表 3-14 影响蛋白质发泡性质的内禀性质

溶解度	快速扩散至气-液界面
疏水性	极性区与疏水区的相对独立分布,产生降低界面张力的作用
肽链的柔韧性	有利于蛋白质分子在界面上的伸展,变形
肽链间的相互作用	有利于蛋白质分子间的相互作用,形成黏弹性好、稳定的吸附膜
基团的离解	有利于气泡间的排斥,但是高电荷密度也不利于蛋白质在膜上的吸附
极性基团	对水的结合、蛋白质分子之间的相互作用有利于吸附膜的稳定性

具有良好发泡能力的蛋白质,其泡沫稳定性一般很差,而发泡能力很差的蛋白质,其泡沫的稳定性却较好,原因是蛋白质的发泡能力和泡沫稳定性由两类不同的分子性质决定。发泡能力取决于蛋白质分子的快速扩散、对界面张力的降低、疏水基团的分布等,主要由蛋白质的溶解性、疏水性、肽链的柔软性决定。泡沫稳定性主要由蛋白质溶液的流变学性质决定,如吸附膜中蛋白质的水合、蛋白质浓度、膜厚度、适当的蛋白质分子间相互作用。通常,卵清蛋白是最好的蛋白质发泡剂,其他蛋白质如血清蛋白、明胶、酪蛋白、谷蛋白、大豆蛋白等也具有不错的发泡性质。

(2)盐类。盐类影响蛋白质的溶解、黏度、伸展和解聚,也影响其发泡性质。例如,NaCl增加膨胀量但降低泡沫稳定性,Ca^{2+} 由于能与蛋白质的羧基形成盐桥而提高泡沫稳定性。

(3)糖类。糖类通常都抑制蛋白质的泡沫膨胀,但是又可提高蛋白质溶液黏度,所以提高泡沫稳定性。

(4)脂类。蛋白质溶液被低浓度脂类污染时,会严重损害蛋白质的发泡性能,特别是极性脂类也可在气-水界面吸附,干扰蛋白质的吸附,影响已吸附蛋白质之间的相互作用,从而影响泡沫稳定性。

(5)蛋白质浓度。蛋白质浓度在 2%～8% 时可达到最大膨胀度,液相具有最好的黏度,膜具有适宜厚度和稳定性。蛋白质浓度超过 10% 时,溶液黏度过大,影响蛋白质发泡能力,气泡变小、泡沫变硬。

(6)机械处理。形成泡沫时需要适当的搅拌,并使蛋白质伸展;但是,搅拌强度和时间必须适中。过度的搅拌会使蛋白质絮凝,降低膨胀度和泡沫稳定性,因为絮凝后的蛋白质不能适当地吸附于界面。

(7)加热处理。加热一般不利于泡沫的形成,因为加热使气体膨胀、黏度降低,导致气泡破裂。但发泡前对一些结构紧密的蛋白质进行适当的热处理,对其发泡是有利的,因为可使蛋白质分子产生伸展,有利于其在气-液界面吸附;若加热后可以导致胶凝作用,则会大大提高泡沫稳定性。

(8)pH。接近 pI 时,蛋白质所稳定的泡沫体系很稳定,这是因为蛋白质之间的排斥力很小,有利于蛋白质-蛋白质之间的相互作用和蛋白质在膜上的吸附,可形成黏稠的吸附膜,从而提高蛋白质发泡能力和泡沫稳定性。在 pI 之外,蛋白质的发泡能力通常较好,但是泡沫稳定性一般不好。

评价蛋白质的发泡性质,一个是评价其对气体的包封能力(即发泡力,FP),另一个是泡沫寿命(即泡沫稳定性,FS)。发泡力是随蛋白质浓度的增加而增加,所以单一浓度下的比较是不准确的。通常采用 3 种不同情况下蛋白质的发泡力来进行比较(表 3-15)。

表 3-15　3 种蛋白质的发泡力比较

蛋白质	最大发泡力 (质量浓度 2%～3%)	达到 1/2 最大发泡力 的质量浓度	在质量浓度 1% 时 的发泡力
明胶	228	0.04%	221
干酪素钠盐	213	0.1%	198
大豆分离蛋白	203	0.29%	154

泡沫稳定性一般是衡量泡沫样品放置一段时间后发生的破裂情况,或者是衡量泡沫在不同时刻的排水速度。可以用泡沫破裂排出 1/2 的液体体积所需要的时间,或者是通过分别测定泡沫在不同时间体积的变化情况,来衡量泡沫的稳定性。但无论何种方法,泡沫的稳定性均与蛋白质的浓度有关。

3.4.9　与风味物质的结合

食品中存在着的醛、酮、酸、酚和脂肪氧化的分解产物,它们可能产生异味。这些物质也可与蛋白质或其他食品成分结合,在加工过程中或食用时释放出来,被食用者所察觉,从而影响食品的感官质量。但是蛋白质与风味物质的结合(binding of flavor compounds)也有其可利用之处,如可以使组织化植物蛋白产生肉香味。

蛋白质与风味物质的结合有物理结合和化学结合。物理结合中涉及的作用力主要是范德华力等,为可逆结合,作用能为 20 kJ/mol。化学结合中涉及的作用力有氢键、共价键、静电作用力等,作用能在 40 kJ/mol 以上,通常是不可逆结合。一般认为,在蛋白质的结构中具有一些相同的、但又相互独立的结合位点(binding site),这些位点通过与风味化合物(F)产生作用而导致其被结合。

$$\text{Protein} + n\text{F} \longleftrightarrow \text{Protein} + \text{F}_n$$

Scatchard 模型可用于描述蛋白质与风味物质的结合,如下所示。

$$\frac{V}{[\text{L}]} = K(n - V)$$

式中:V 为蛋白质与风味物质结合达到平衡时被结合的风味物质的量(mol/mol 蛋白质),L 为游离的风味物质的量(mol/L),K 是结合的平衡常数(L/mol),n 是 1 mol 蛋白质中对风味物质所具有的总结合位点数。

对于由单肽链组成的蛋白质,利用此模型可以得到很好的结果。但是,对于由多肽链组成的蛋白质,随蛋白质浓度增加,每摩尔蛋白质对风味物质的结合量下降;这是因为蛋白质分子之间的相互作用降低蛋白质对风味物质结合的有效性(部分位点被掩盖而不能结合风味物质)。一些蛋白质对几个酮类风味物质的结合常数,见表3-16。

表 3-16 一些蛋白质的风味物质结合常数

蛋白质	被结合的风味化合物	n	$K/(\text{L/mol})$	$\Delta G^0/(\text{kJ/mol})$
血清蛋白	2-庚酮	6	270	−13.8
	2-壬酮	6	1 800	−18.4
β-乳球蛋白	2-庚酮	2	150	−12.4
	2-壬酮	2	480	−15.3
大豆蛋白				
天然	2-庚酮	4	110	−11.6
	2-辛酮	4	310	−14.2
	2-壬酮	4	930	−16.9
	壬醛	4	1 094	−17.3
部分变性	2-壬酮	4	1 240	−17.6

蛋白质与风味物质的结合受环境因素影响。水提高蛋白质对极性挥发物质的结合,但不影响对非极性物质的结合,这与水增加极性物质的扩散速度有关。高浓度的盐使蛋白质的疏水相互作用减弱,导致蛋白质伸展,提高它与羰基化合物的结合。在中性或碱性pH时,酪蛋白比在酸性条件下结合更多的羰基化合物,与此时的氨基非离子化有关。蛋白质的水解一般降低其与风味物质结合的能力(尤其是蛋白质的高度水解),这与蛋白质的一级结构或结合位点被破坏有关。蛋白质热变性使得分子伸展,导致风味物质结合能力增加。脂类物质的存在可以促进蛋白质对各种羰基挥发物质的结合与保留。蛋白质真空冷冻干燥时,受真空的影响,可使最初结合的50%挥发物质释放出来。

3.4.10 与其他物质的结合

蛋白质除了可以与水分、脂类、挥发性物质结合之外,还可以与金属离子、色素、染料等物质结合,也可以与一些具有诱变性和其他活性的物质结合。这些结合可产生解毒作用,也可产生毒性增强作用,有时还可以使蛋白质营养价值降低。蛋白质与金属离子的结合有利于一些矿物质(如铁、钙)吸收,与色素的结合可以用于对蛋白质的定量分析。结合于大豆蛋白上的异黄酮,则保证它的健康作用。

3.5 食品蛋白质在加工和储藏中的变化

食品的加工处理会给食品带来一些有益的变化,如酶类的灭活可以防止氧化反应的发生,微生物的灭活可以提高食品的保存性,或者是将食品原料转化为有特征风味的食品。但是在加工或储藏过程中蛋白质的功能性质和营养价值会发生一定的变化,甚至对食用安全性产生一定的影响。

3.5.1 热处理的影响

大多数食品是以加热的方式进行杀菌处理,并对蛋白质的一些功能性质产生影响,所以加热条件需要进行严格控制。例如,牛乳在 72 ℃巴氏杀菌时,大部分酶可失去其活性,而乳清蛋白和香味变化不大,故此对牛乳的营养价值影响不大;但若在更高温度下进行杀菌,则蛋白质发生凝集,酪蛋白发生脱磷酸作用,乳清蛋白热变性,从而对牛乳品质产生严重的影响。肉类杀菌时,肌浆蛋白和肌纤维蛋白在 80 ℃时发生凝集,同时肌纤维蛋白中的—SH 氧化生成二硫键,90 ℃时则会释放出 H_2S,同时蛋白质会和还原糖发生美拉德反应。一般来讲,在加工过程中以热处理对蛋白质的影响最大,整体上看,热处理对蛋白质品质的影响是利大于弊。

不过,加热对蛋白质的影响也有其有利的一方面,温和热处理都是有利的,如热烫和蒸煮可以使酶失活,可避免酶促氧化产生不良的色泽和风味。植物组织中存在的大多数抗营养因子或蛋白质毒素,可通过加热变性或钝化(如大豆中胰蛋白酶抑制物的灭活)。适当的热处理会使蛋白质发生伸展,暴露出被掩埋的一些氨基酸残基,有利于蛋白酶的催化水解和消化吸收。此外。适当的热处理还会产生一定的风味物质,有利于食品感官质量的提高。加热对蛋白质功能性质有利的一方面,可以从蛋白质的各个功能性质中分别看出。

对蛋白质性质产生不利影响的热处理一般是过度的热处理,因为强热处理蛋白质时会发生氨基酸的脱氨、脱硫、脱二氧化碳反应,使氨基酸被破坏,从而降低了蛋白质的营养价值。食品中含有还原糖时,赖氨酸残基可与它们发生美拉德反应,形成在消化道中不被酶水解的席夫(Schiff)碱,降低蛋白质的营养价值。非还原糖蔗糖在高温下生成的羰基化合物,脂肪氧化生成的羰基化合物,都能与蛋白质发生美拉德反应。而在高温下长时间处理,蛋白质分子中的肽键在无还原剂存在时可发生转化,生成蛋白酶无法水解的化学键,因而降低蛋白质的生物可利用率。

3.5.2 低温处理

食品在低温下储藏可以达到延缓或抑制微生物繁殖、抑制酶活性和降低化学反应速度的目的,一般对蛋白质营养价值无影响,但对蛋白质性质往往有严重影响。例如,肉类食品经冷冻及解冻,组织及细胞膜被破坏,并且蛋白质间产生了不可逆结合代替蛋白质和水之间的结合,因而肉类食品的质地变硬,保水性降低。又如,牛乳中的酪蛋白在冷冻以后,极易形成解冻后不易分散的沉淀,从而影响感官质量。再如,鱼肉蛋白非常不稳定,经过冷冻或冻藏以后,组织发生变化,肌球蛋白变性以后与肌动球蛋白结合导致了肌肉变硬、持水性降低,解冻后鱼肉变得干且有韧性,同时由于鱼脂肪中不饱和脂肪酸含量一般较高,极易发生自动氧化反应,生成的过氧化物和游离基再与肌肉蛋白作用使蛋白质聚合,氨基酸也被破坏。

蛋白质在冷冻条件下变性程度与冷冻速度有关,一般来说,冷冻速度越快,形成的冰晶越小,挤压作用也小,变性程度也就越小。因此,一般采用快速冷冻的方法,尽量保持食品的原有质地和风味。

3.5.3 脱水

食品经过脱水(dehydration)以后质量减少、水分活度降低,有利于食品的储藏稳定性,但对蛋白质也产生一些不利影响。

（1）热风干燥。脱水后的肉类、鱼类会变坚硬、复水性差，烹调后既无香味又感觉坚韧，目前已经很少采用。

（2）真空干燥。较热风干燥对肉类品质影响小，由于真空时氧气分压低，所以氧化速度慢，而且温度较低可以减少美拉德反应和其他化学反应的发生。

（3）转鼓干燥。通常使蛋白质的溶解度降低，并可能产生焦煳味，目前也很少采用。

（4）冷冻干燥。可使食品保持原有形状，食品具有多孔性，具有较好的回复性，但仍会使部分蛋白质变性，持水性下降；不过，对蛋白质的营养价值及消化吸收率无影响。特别适合用于生物活性蛋白，如酶、益生菌等的加工。

（5）喷雾干燥。由于液体食品以雾状进入快速移动的热空气，水分快速蒸发而成为小颗粒，颗粒物的温度很快降低，所以对蛋白质性质的影响较小。对蛋白质固体食品或一些蛋白质配料，喷雾干燥是常用的脱水方法。

3.5.4 辐射

辐射（irradiation）可以使水分子离解成游离基和水合电子，再与蛋白质作用，发生脱氢反应、脱氨反应或脱二氧化碳反应。蛋白质的二级、三级、四级结构一般不被辐射离解。总的来说，一般剂量的辐射对氨基酸和蛋白质的营养价值影响不大。

在强辐射情况下，水分子可以被裂解为羟游离基，羟游离基再与蛋白质作用产生蛋白质游离基，它的聚合导致蛋白质分子间的交联，因此导致蛋白质功能性质改变。

3.5.5 碱处理

食品加工中若应用碱处理并配合热处理，特别是在强碱性条件下，会使蛋白质发生一些不良变化，蛋白质的营养价值严重下降，甚至产生安全性问题。在较高的温度下碱处理蛋白质，丝氨酸残基、半胱氨酸残基会发生脱磷、脱硫反应生成脱氢丙氨酸残基（图 3-13）。

脱氢丙氨酸残基非常活泼，可与蛋白质中的赖氨酸、半胱氨酸等残基发生加成反应，生成人体不能消化吸收的赖氨酸丙氨酸残基（LAL）和羊毛硫氨酸残基（图 3-14 和表 3-17）。

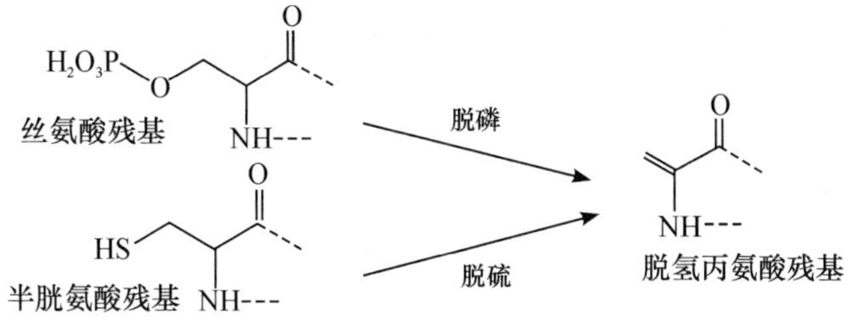

图 3-13　脱氢丙氨酸残基的形成

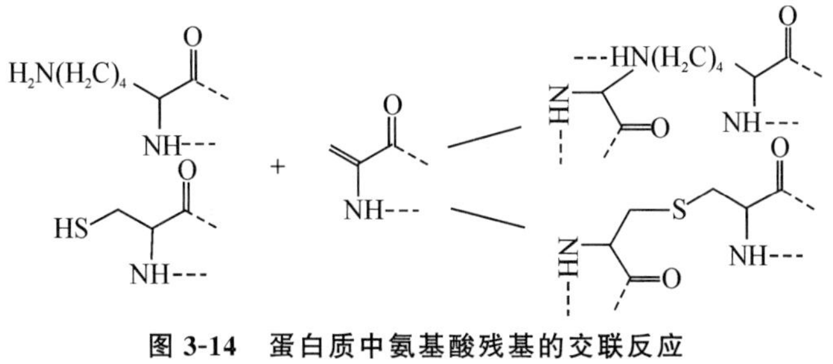

图 3-14　蛋白质中氨基酸残基的交联反应

表 3-17　一些加工食品中赖氨酸丙氨酸残基的含量　　　　　μg/g 蛋白质

食品	LAL 含量	食品	LAL 含量
燕麦	390	水解蛋白	40～500
乳(UHT)	160～370	大豆分离蛋白	0～370
乳(HTST)	260～1 030	酵母提取物	120
卵白(加热)	160～1 820	奶粉(喷雾干燥)	0
奶粉(婴儿食品)	150～640	干酪素钠盐	430～690

在温度超过 200 ℃时的碱处理,会导致蛋白质氨基酸残基发生异构化反应,天然氨基酸的 L-型结构将有部分转化为 D-型结构,从而使得氨基酸的营养价值降低。由于与羧基相连的碳原子(手性碳原子)首先发生脱氢反应,生成平面结构的负离子,再次形成氨基酸残基时,氢离子有两个不同的进攻位置,所以最终产物中 D-型、L-型的理论比例是 1∶1(图 3-15),而大多数 D-型氨基酸不具备营养价值。另外,剧烈的热处理还可能导致环状衍生物的形成,而环状衍生物可能具有强烈的诱变作用。

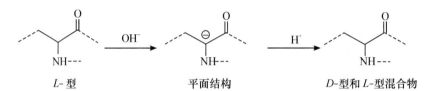

图 3-15　氨基酸的消旋化

一些蛋白质在碱性条件下加热处理,生成相当量的 D-型氨基酸。必需氨基酸如苯丙氨酸、异亮氨酸,其异构化水平较高。

3.5.6　其他物质的反应

其他因素如氧化剂、食品中的其他成分、污染物等也能与蛋白质发生作用。

3.5.6.1　与脂类游离基的反应

(1)脂质的氧化产物(LOO·)可以与蛋白质(Pr)发生共价结合反应。

$$LOO· + Pr \longrightarrow LOOPr·$$

接着发生蛋白质的交联聚合反应。

$$LOOPr· + O_2 \longrightarrow LOOPrOO· \longrightarrow \cdots\cdots$$

(2)或者脂质游离基可与蛋白质作用生成蛋白质游离基。

$$LOO· + Pr \longrightarrow LOOH + Pr·$$

接着蛋白质可以发生聚合反应。

$$Pr· + Pr \longrightarrow Pr—Pr· \longrightarrow Pr—Pr—Pr·$$

蛋白蛋的交联聚合可以导致蛋白质营养价值的降低。而油脂氧化生成的分解产物丙二醛,则是使一些食品蛋白质功能性质劣化的重要原因。

模拟体系中的研究表明,氧化脂肪还可以对氨基酸产生破坏作用,特别是在反应体系水分含量降低时;同时还发现,这种破坏作用与蛋白质、反应条件间存在依赖关系。氧化脂肪对蛋白质、氨基酸的破坏作用见表 3-18,氨基酸氧化产物的形成过程或产物结构见氨基酸残基氧化这一部分。

表 3-18　蛋白质与氧化脂肪作用时氨基酸的损失情况

反应体系		反应条件		氨基酸损失率/%
蛋白质	脂肪	时间	温度/℃	
细胞色素 c	亚麻酸	5 h	37	组氨酸 59,丝氨酸 55,脯氨酸 53,缬氨酸 49,精氨酸 42,甲硫氨酸 38,半胱氨酸 35
胰蛋白酶	亚油酸	40 min	37	甲硫氨酸 83,组氨酸 12
溶菌酶	亚油酸	8 d	37	色氨酸 56,组氨酸 42,赖氨酸 17,甲硫氨酸 14,精氨酸 9
酪蛋白	亚油酸乙酯	4 d	60	赖氨酸 50,甲硫氨酸 47,异亮氨酸 30,苯丙氨酸 30,精氨酸 19,组氨酸 28,苏氨酸 27,丙氨酸 27
卵白蛋白	亚油酸乙酯	24 h	55	甲硫氨酸 17,丝氨酸 10,赖氨酸 9,亮氨酸 8,丙氨酸 8

3.5.6.2　与亚硝酸盐的作用

在土壤、水体和动植物组织中存在硝酸盐。在一定条件下硝酸盐可以转化为亚硝酸盐,如微生物的还原作用。蔬菜在正常条件下的储存、腐烂或腌制时,亚硝酸盐的含量就大大增加。

亚硝酸盐对人类的健康存在危害,表现在形成亚硝基化合物。在酸性条件下,亚硝酸盐能与仲胺作用生成亚硝胺(图 3-16),游离的或结合的氨基酸如脯氨酸、色氨酸、酪氨酸、半胱氨酸等是这一反应的活泼底物。已经发现,许多亚硝胺具有致突变作用,因而这一食品安全性问题被广泛关注。

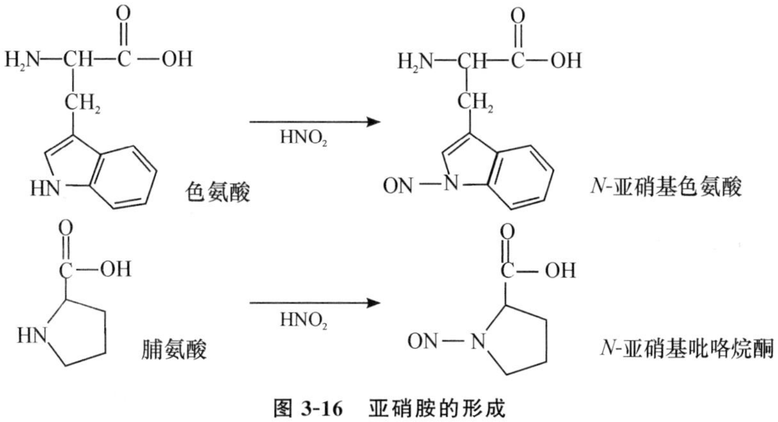

图 3-16　亚硝胺的形成

3.5.6.3　与亚硫酸盐等的作用

亚硫酸盐作为还原剂能够还原蛋白质中的二硫键并生成 S-磺酸盐衍生物(图 3-17)。若还原剂是半胱氨酸或巯基乙醇,S-磺酸盐衍生物可以转化成为半胱氨酸;而在酸性或碱性条件下,S-磺酸盐衍生物分解生成二硫化合物。对二硫键的 S-磺化作用不会影响半胱氨酸的生物利用性,然而却增加了蛋白质的电负性和二硫键的断裂,导致蛋白质分子构象改变并影响其功

能性质。

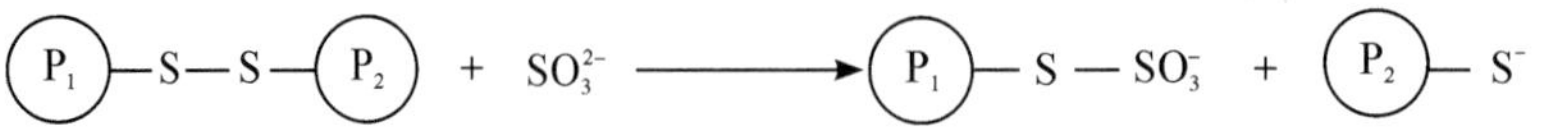

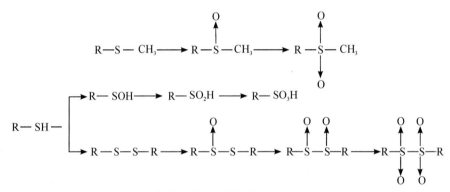

图 3-17　亚硫酸盐与双硫键的作用

3.5.6.4　氨基酸残基的氧化

一些氧化剂,如过氧化氢、过氧化苯甲酰和次氯酸盐等,以及食品加工或储藏过程中生成的具有氧化性的物质,可以对蛋白质中的敏感氨基酸残基(Met、Cys、Trp、His 和 Tyr 等)进行氧化。含硫氨基酸的氧化产物可以是亚砜、砜等(图 3-18),而亚砜、砜在机体中的利用率很低或者不能利用。在过氧化酶(如酪氨酸酶或多酚氧化酶)和过氧化氢的作用下,酪氨酸残基会发生交联反应(图 3-19),生成交联蛋白(在胶原、弹性蛋白中已证实)。氧化后的氨基酸不仅生物利用率降低,甚至对生物体有害。

图 3-18　含硫氨基酸的氧化反应

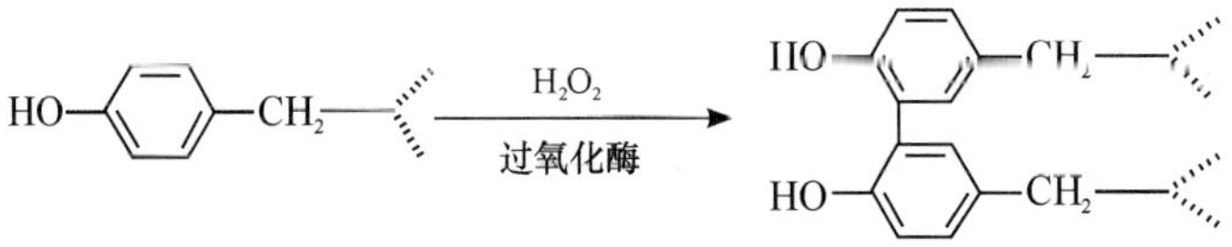

图 3-19　酪氨酸的酶促氧化

在酸性、温和的氧化条件下,色氨酸被氧化为 β-氧代吲哚基丙氨酸;在酸性、激烈的氧化条件下,色氨酸被氧化为 N-甲酰犬尿氨酸、犬尿氨酸等不同产物(图 3-20)。犬尿氨酸毒性较强,实验结果表明它对动物有致癌作用。

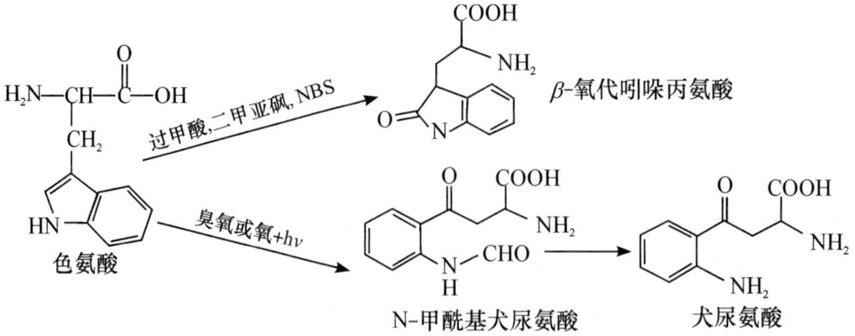

图 3-20　色氨酸的氧化产物

维生素 B_2 的光氧化也会诱导氨基酸侧链氧化,氧化反应一般发生在含硫氨基酸或色氨酸残基上;相同的浓度水平时,含硫氨基酸的氧化速度为:甲硫氨酸>半胱氨酸>色氨酸。

3.5.6.5 蛋白质的交联反应

蛋白质分子上的游离氨基(一般为赖氨酸的 ε -NH_2)可以与醛类发生缩合反应,生成缩合产物 Schiff 碱。蛋白质与脂类的氧化产物丙二醛反应时,由于是 1 分子丙二醛可与 2 分子蛋白质作用,所以产生蛋白质的交联(图 3-21)。另外,戊二醛也能导致蛋白质交联。

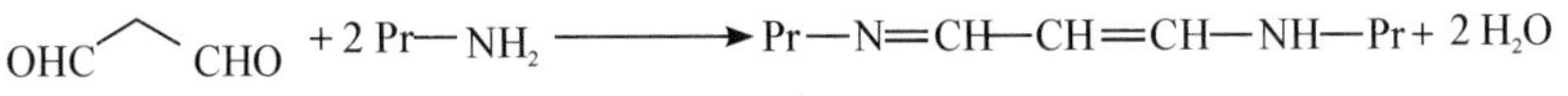

$$OHC\diagup\diagdown CHO + 2Pr-NH_2 \longrightarrow Pr-N=CH-CH=CH-NH-Pr + 2H_2O$$

图 3-21 丙二醛与蛋白质的交联作用

蛋白质与丙二醛作用改变了蛋白质的功能性质,如溶解度、保水能力等。如此生成的交联酪蛋白甚至可以抗拒蛋白酶的水解作用。人体内由于脂类氧化生成的丙二醛,与蛋白质发生交联反应后,产物在体内蓄积,随着年龄增长而成为脂褐素(lipofuscin),这是机体衰老的标志。

3.5.6.6 与 N-羧化脱水酸苷的反应

此反应可以将一种氨基酸以异肽键的方式连接于蛋白质分子,连接位置为 ε -NH_2,反应的结果是通过多聚作用在蛋白质分子上形成一个新的多聚氨基酸链,相当于一个延长的蛋白质侧链(图 3-22)。新形成的肽链可被生物利用,因此这个反应可用于蛋白质氨基酸组成的调整,如补充某种限制性氨基酸。

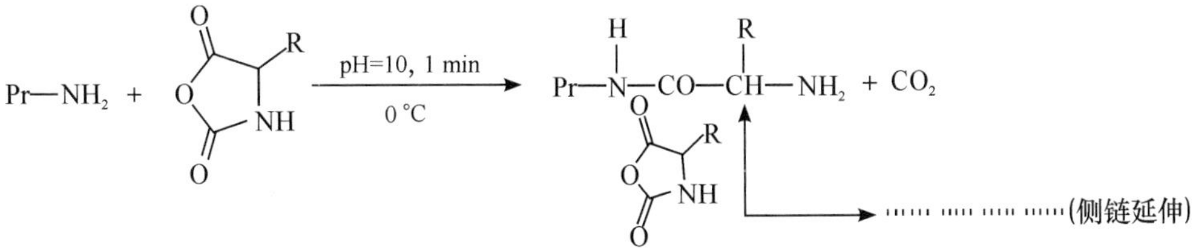

图 3-22 蛋白质的侧链延长反应

3.5.6.7 丙烯酸酰胺的生成

2002 年,人们发现丙烯酰胺(acrylamide)在许多高温加工食品中都存在,尤其是一些高温加工的食品(如油炸马铃薯片),而在一般普通加工食品中含量较低。丙烯酰胺的生成途径可能有 2 个(图 3-23):一个由油脂热分解形成丙烯酰胺,另一个是由天冬氨酸与还原糖(葡萄糖)的作用形成丙烯酰胺,这已在模拟体系中得到证明。当然,还存在其他的可能途径。

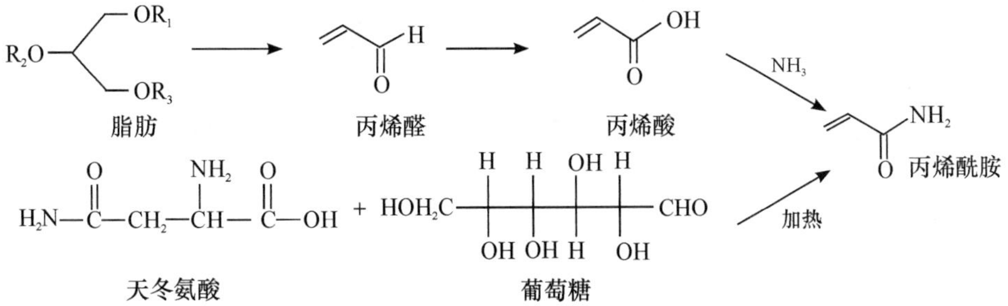

图 3-23 丙烯酰胺的可能生成途径

3.5.7　加工储藏中蛋白质的变化对食品感官质量的影响

3.5.7.1　美拉德反应中风味化合物的形成

Strecker 降解反应的产物是产生风味物质的重要途径之一,甚至是一些食品如面包产生风味物质的必需途径,但有时可能有副作用,因为过度反应便会产生焦煳味。在模拟体系中一些氨基酸和葡萄糖反应生成的醛类及产物的风味特征,见表 3-19。

表 3-19　氨基酸和葡萄糖反应生成的醛类及产生的风味

氨基酸	醛类化合物	风味	
		100～150 ℃	180 ℃
甘氨酸	甲醛	焦糖	烧焦臭味
丙氨酸	乙醛	焦糖	烧焦臭味
缬氨酸	甲基丙醛	糕点	巧克力
亮氨酸	3-甲基丁醛	面包、巧克力	烤焦干酪
丝氨酸	羟乙醛	枫糖	烧焦气味
苯丙氨酸	苯乙醛	蔷薇	焦糖
蛋氨酸	甲硫醛	马铃薯、甘蓝	马铃薯
脯氨酸		玉蜀黍	面包
组氨酸		面包、黄油	
精氨酸		面包、爆玉米	烧焦
赖氨酸		马铃薯	油炸马铃薯
天冬氨酸			焦糖
谷氨酸		焦糖	烧焦
异亮氨酸	2-甲基丁醛	糕点、霉味	烤焦的干酪
苏氨酸	2-羟基丙醛	枫糖、巧克力	烧焦臭味

3.5.7.2　水产品的变质

在水产品的腐败变质中,蛋白质分解及产生的化合物,会对水产品风味和安全性产生影响。水产品污染的微生物繁殖到一定程度时,分泌出蛋白酶,蛋白酶将蛋白质分解成游离的氨基酸,再将氨基酸分子的氨基、羧基脱去,生成低分子的胺类化合物,如由谷氨酸产生 γ-氨基丁酸,由赖氨酸产生尸胺(图 3-24),由鸟氨酸产生腐胺,由组氨酸产生组胺,由色氨酸产生吲哚等,导致水产品的感官质量异常。此外,尸胺、组胺的毒性较大,食用组胺含量高的鱼类时可以产生过敏性食物中毒(如人体摄入量大于 1.5 mg/kg 就可能产生中毒现象),鱼肌肉组织中组胺含量超过 2 g/kg 也可产生毒性作用。所以在水产品的质量控制指标中,吲哚、组胺的含量水平是衡量水产品新鲜度的重要指标。

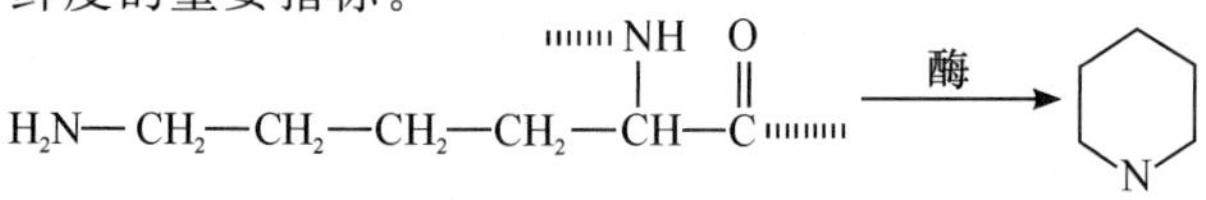

$$H_2N-CH_2-CH_2-CH_2-CH_2-\underset{\overset{\shortmid}{\underset{}{}}}{CH}-\overset{O}{\overset{\shortmid\shortmid}{C}} \xrightarrow{\text{酶}}$$

图 3-24　淡水鱼中尸胺的生成

3.5.7.3 乳制品风味的形成

生牛乳因含有丙酮、乙醛、丁酸和甲基硫化物等而呈生乳气味,但经过杀菌处理将产生乳香味,并且香气与杀菌方式相关。一般来讲,牛乳和乳制品中二甲基硫化物是重要的香气成分,二甲基硫化物是由 S-甲基蛋氨酸磺酸盐分解而产生(图 3-25),而风味化合物中其他含—SH 的化合物来自乳清蛋白中的半胱氨酸残基。所以,蛋白质分解产物对乳制品风味形成有重要意义。

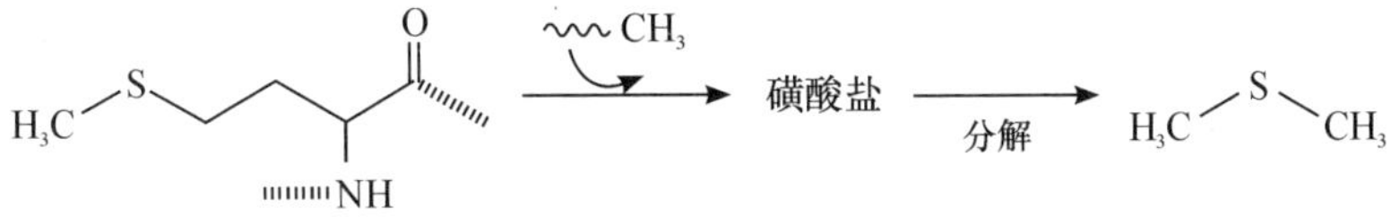

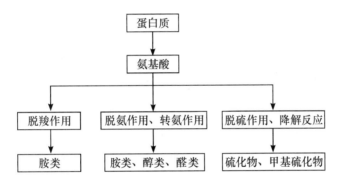

图 3-25　牛乳加热时二甲基硫的生成

对于干酪,蛋白质更是产生风味物质的典型例子。干酪成熟过程中涉及氨基酸的脱羧、脱氨、脱硫、Strecker 降解等反应,最后形成胺类、醛类、醇类、含硫化合物等风味化合物(图 3-26)。

图 3-26　干酪成熟过程中风味物质的形成途径

3.5.8 蛋白质的化学改性

由于蛋白质分子的侧链上含有一些活性基团,所以通过化学反应引入一些外来基团,使其连接于分子侧链,可对蛋白质的功能性质产生明显的影响。但是需要指出的是,虽然侧链的化学改性可以改变蛋白质的功能性质,但是发生的副反应可能有害。常用的反应包括如下。

(1)水解反应。水解反应实际上相当于一种基团转换,典型例子是将侧链上的酰胺基转化为羧酸基,如将谷酰胺或天冬酰胺水解转化为相应的谷氨酸或天冬氨酸。

(2)烷基化反应。通过反应在侧链上引入烷基或取代的烷基(如羧甲基),引入烷基的方法有直接引入或间接引入,氨基酸侧链参与反应的基团包括羟基、氨基、巯基等。

(3)酰化。在侧链上引入羧酸基,常用的有机酸是低分子有机酸或者是二羧酸,有时也可以使用长链脂肪酸,氨基酸侧链参与反应的基团包括氨基、羟基。

(4)磷酸化。在侧链上引入磷酸基,通常利用的化学试剂是三氯氧磷或者是多聚磷酸盐,氨基酸侧链参与反应的基团包括羟基、氨基。

对蛋白质化学修饰作用中所涉及的反应官能团、所能够发生的反应总结于表 3-20 中。

表 3-20　蛋白质化学修饰中涉及的反应及基团

侧链基团	化学修饰	侧链基团	化学修饰
氨基	酰化、烷基化	羧基	酯化、酰胺化
二硫键	氧化、还原	巯基	氧化、烷基化
硫醚基	氧化、烷基化	酚基	酰化、亲电取代
咪唑基	氧化、烷基化	吲哚基	氧化、烷基化

在蛋白质分子中引入一些基团后,对蛋白质功能性质的影响主要取决于所引入基团的性质。引入羧甲基、二羧酸基、磷酸基等离子基团以后,可增加蛋白质分子内的静电斥力,导致蛋白质分子伸展,所以改变它的溶解度-pH 模式。引入羧酸基、磷酸基后还增加蛋白质对钙离子的敏感性。而对蛋白质侧链的酰胺基进行水解,可以增加其溶解性能,改善其发泡能力和乳化能力。如果引入的基团是非极性基团,则蛋白质的疏水性增强,结果是改变它的表面性质。所以,蛋白质用长链脂肪酸酯化以后,将得到乳化性质明显改善的蛋白质。模仿卵蛋白的结构,通过蛋白质与糖分子间的还原烷基化处理,得到的蛋白质具有很好的发泡性质。

燕麦蛋白经过酰化改性后其功能性质的一些变化情况,如表 3-21 所示。可见,燕麦蛋白经过酰化处理后,它的乳化性质方面得到了明显的改善。另外,由于引入了一个离子基团,琥珀酰化燕麦蛋白的极性得以增加,所以它的水结合能力大幅度增加。

表 3-21　酰化燕麦蛋白的功能性质比较

蛋白质	乳化活性指数 /(m²/g)	乳化稳定性 /%	持水力	脂肪结合力	堆积密度 /(g/mL)
燕麦蛋白	32.3	24.6	1.8～2.0	127.2	0.45
乙酰化燕麦蛋白	40.2	31.0	2.0～2.2	166.4	0.50
琥珀酰化燕麦蛋白	44.2	33.9	3.2～3.4	141.9	0.52

3.5.9　蛋白质的酶法改性

与化学改性相比,蛋白质酶法改性所存在的安全性问题一般可以忽略,主要原因就是酶法改性一般不对氨基酸的化学结构产生改变,副反应少。可利用的蛋白质酶法改性反应很多,其中重要的是酶水解、类蛋白反应(plastein reaction)和交联反应(crosslinking reaction)。

3.5.9.1　蛋白质的限制性酶水解

利用蛋白酶对蛋白质进行水解处理时,深度水解产生的是小分子肽类以及游离氨基酸,导致蛋白质大部分功能性质损失,只保留其高度溶解性和溶解度对 pH 不敏感这两个特点。利用特异性蛋白酶或控制水解条件的方法对蛋白质限制性酶水解(limited enzymatic hydrolysis),可以改善蛋白质的乳化、发泡性质,但仍然会破坏蛋白质的胶凝性质,并且由于分子内部疏水区的破坏、疏水基团的暴露,其溶解性有时降低。例如,限制性水解将大豆蛋白水解至水解度为 4% 左右时,水解物的发泡、乳化性能得到明显的改善,但乳化稳定性差,因为此时形成的蛋白质吸附膜不足以维持乳化液的稳定性。又如在生产干酪时,凝乳酶对酪蛋白的限制性水解导致酪蛋白的聚集,从而可以分出乳凝块。

不过,疏水氨基酸含量较高的蛋白质在水解时将会产生具有苦味的肽分子(苦味肽),会影响感官质量。苦味肽的苦味强度取决于蛋白质中氨基酸的组成和所使用的蛋白酶,一般来说平均疏水性大于 5.85 kJ/mol 的蛋白质容易产生苦味,而非特异性蛋白酶较特异性蛋白酶更容易水解出苦味肽。

3.5.9.2 类蛋白反应

类蛋白(plastein)反应不是单一的反应,实际上它包括一系列反应。在类蛋白反应中,首先是蛋白质的酶水解,接着是在蛋白酶催化下的蛋白质再合成反应。第一步反应在一般条件下进行,蛋白质分子水解为肽分子;第二步反应是在高的底物浓度下进行,蛋白酶催化先前产生的小肽链重新结合形成新的多肽链,此时甚至可以通过加入氨基酸的方式对原蛋白质中的某种氨基酸进行强化,改变蛋白质的营养特性。由于最后形成的多肽分子与原来的蛋白质分子的氨基酸序列或组成不同,所以蛋白质的功能性质改变。类蛋白反应也可以通过在高蛋白质浓度下进行蛋白酶催化处理,直接进行两步反应。

蛋白质经过类蛋白反应对某一氨基酸进行强化以后,其氨基酸的组成整体改变,氨基酸不平衡的问题因此而解决。

3.5.9.3 酶促交联反应

转谷氨酰胺酶(transglutaminase)通过催化转酰基反应,在赖氨酸残基和谷氨酰胺残基间形成新的共价键。在温和的反应条件下,经过转谷氨酰胺酶的催化,蛋白质分子发生分子间、分子内的交联,不同的蛋白质聚集体生成,使得该交联反应成为重要的酶法改性的手段之一。

$$\text{Glu — CONH}_2 + \text{Lys — NH}_2 \xrightarrow{\text{酶}} \text{Glu — CONH — Lys}$$

已经有许多蛋白质被进行过相关的交联研究,包括酪蛋白、乳清蛋白、大豆蛋白、谷蛋白和肌动蛋白等,还被有目的地应用于改进一些食品品质,如乳制品(酸奶)、谷物制品(面包)。对 β-酪蛋白的研

二维码 3-3 阅读材料——
转谷氨酰胺酶与蛋白质改性

究表明,交联反应导致 β-酪蛋白的乳化活性指数降低,但对酪蛋白-脂肪乳化体系的稳定性却随着交联程度的增加而增加,这可能与交联作用导致的空间位阻有关。对谷蛋白的交联研究发现,适当地添加转谷氨酰胺酶可以提高面包的品质,过多的添加反而会导致面包品质的降低。对酸奶产品的研究发现,通过交联反应,可提高酸奶的抗破裂作用。

酪氨酸残基在过氧化酶作用下的交联反应,也被有目的地应用于改善蛋白质的功能性质。利用来自蘑菇中的酪氨酸酶对溶菌酶、酪蛋白和核糖核酸酶进行交联,发现只有存在少量的低分子酚类化合物时才有交联反应发生,因此研究者认为蛋白质的交联反应实际上涉及酚类物质的氧化、蛋白质残基的加成反应,参与加成反应的氨基酸残基包括含有—SH、—NH$_2$ 等基团的氨基酸残基。当然,蛋白质本身存在的酪氨酸,由于可以作为一个酚类物质发生氧化生成醌类化合物,所以也可以直接使蛋白质发生交联反应。据此,提出了蛋白质交联的可能机理(图 3-27)。

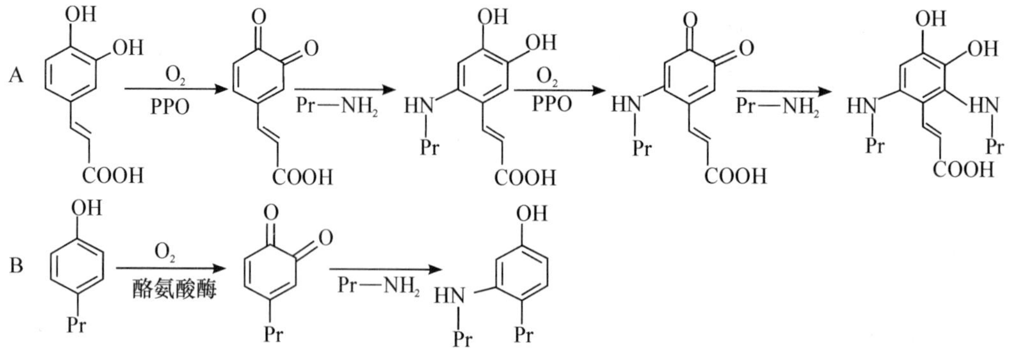

A. 咖啡酸存在　　B. 无低分子酚类物质存在　　Pr. 蛋白质

图 3-27　多酚氧化酶导致蛋白质交联的反应机理

3.6　小结

氨基酸是构成蛋白质的基本单元。通过氨基酸之间的共价键连接,蛋白质再依靠不同的作用力,形成蛋白质的一级、二级、三级、四级结构,具有稳定的空间构象,并产生了相应的功能性质。但是在外来因素的作用下,稳定蛋白质构象的作用力将发生变化,从而导致蛋白质变性以及功能性质改变。此外,在食品的加工过程中,除蛋白质变性外,蛋白质中的一些侧链基团可以发生多种反应,包括蛋白质的交联反应、分解反应、水解反应,以及氨基酸残基的氧化反应、异构化反应等,结果是对蛋白质的营养、功能性质、安全性和食品的感官质量等诸多方面产生有利或不利的影响。

二维码 3-4　常见食品蛋白质与新蛋白质资源

作为食品中的主要成分,蛋白质不仅决定食品的营养价值,同时对食品的质地产生影响,甚至是一些食品质地的决定因素。蛋白质通过与水的作用,形成蛋白质分散系,并在此基础上产生有益的功能性质。常见的动物蛋白以及大豆蛋白等在胶凝、乳化、发泡、组织化、黏度等方面具有较好的功能性质。通过蛋白质的结构修饰,天然蛋白质的功能性质将发生不同的变化。

思考题

1. 解释下列术语:氨基酸疏水性,单纯蛋白,结合蛋白,蛋白质的结构,蛋白质变性,蛋白质功能性质,剪切稀释,交联反应,类蛋白反应,氨基酸和蛋白质等电点,蛋白质乳化性质,蛋白质发泡性质,蛋白质胶凝性质。

2. 简述氨基酸分类的化学依据,总结氨基酸的氨基反应与应用。

3. 列举蛋白质变性所产生的结果,以及常用的变性手段,阐述各种变性手段所涉及的机制。

4. 从化学反应动力学原理解释 UHT 技术在液态食品中应用所产生的好处。

5. 总结不同食品蛋白质的功能性质特点,功能性质产生时的化学机制,以及它们在食品中的重要应用价值。

6. 阐释小麦粉形成面团时谷蛋白所发挥的作用。

7. 总结蛋白质的表面性质,说明乳蛋白或肌肉蛋白在动物性食品中产生的功能作用。

8. 在强碱性条件下、强热处理时,蛋白质所发生的不良反应有哪些?

9. 总结蛋白质的常用改性技术,说明不同酶改性时反应特点。

10. 查阅一篇英文文献,涉及内容为单细胞蛋白的提取、分离,或者是乳蛋白中活性蛋白质的提取技术。

11. 为什么面粉加水后经过揉捏后会形成具有黏弹性的面团?

12. 为什么牛奶中加入果汁会出现沉淀?如何防止沉淀产生?

13. 蛋白质为什么可以利用加酸的方法生产味精?

14. 为什么动物发生重金属中毒后可以利用蛋清或牛奶来解毒?

15. 为什么空腹不宜吃柿子?

16. 为什么搅打全蛋液无法产生丰富的泡沫,但搅打蛋清液却可以产生丰富的泡沫?

17. 市场上的素鸡、素鸭或素火腿是怎样做出来的?

18. 为什么经过冷冻储藏后的肉制品吃起来又干又硬?

19. 奶酪主要由牛奶中的哪种蛋白质组成?

20. 豆浆在煮沸时产生的泡沫是何种蛋白质引起的?

参考文献

[1] 阚建全. 食品化学. 3 版. 北京:中国农业大学出版社,2016.

[2] 夏延斌,王燕. 食品化学. 2 版. 北京:中国农业出版社,2015.

[3] 谢明勇. 高等食品化学. 北京:化学工业出版社,2014.

[4] 赵新淮,徐红华,姜毓君. 食品蛋白质——结构、性质与功能. 北京:科学出版社,2009.

[5] BECALSKI A,LAU B P Y,LEWIS D. et al. Acrylamide in foods:occurrence, sources, and modeling. J. Agric. Food Chem. ,2003,51:802−808.

[6] BELITZ H D, GROSCH W, SCHIEBERLE P. Food chemistry. Heidelberg: Springer-Verlag Berlin,2009.

[7] DAMODARAN S, PARKIN K L, FENNEMA O R. Fennema's food chemistry, Pieter Walstra:CRC Press/Taylor & Francis, 2008.

[8] DAMODARAN S,PARAF A. Food proteins and their applications. New York: Marcell Dekker, Inc. , 1997.

[9] FOX P E,MCSWEENEY P L H. Dairy chemistry and biochemistry. London:Blackie Academic & Professional,1998.

[10] FRIEDMAN M. Chemistry, biochemistry, nutrition, and microbiology of lysino-alanine, lanthionine, and histidinoalanine in food and other proteins. J. Agric. Food Chem. , 1999, 47(4):1295−1319.

[11] HALL G M. Methods of testing protein functionality. London:Blackie Academic & Professional,1996.

[12] PHILLIPS G O, WILLIAMS P A. Handbook of food proteins. Cambridge:Wood-

head Publishing Ltd. ,2011.

    [13]SHURYO N,MODLER H W. Food protein-processing applications. New York：Wiley-VCH，Inc. , 2000.

第4章

碳水化合物

本章学习目的与要求

1. 了解主要的单糖种类及其衍生物,多糖类物质在食品加工和储藏中的作用以及当前多糖的研究热点。

2. 熟悉多糖类化合物的组成结构与各种食品加工的关系和具体应用。

3. 掌握单糖、低聚糖、淀粉和果胶的理化性质和功能性质及其在食品中的应用。

4.1　概述

碳水化合物是自然界中存在量最大的一类化合物,是绿色植物光合作用的主要产物,在植物中含量可达干重的 80% 以上,动物体中肝糖、血糖也属于碳水化合物,约占动物干重的 2%。

碳水化合物的分子组成一般可用 $C_n(H_2O)_m$ 的通式表示,好似此类物质是由碳和水组成的化合物,故得名碳水化合物。但是此称谓并不确切,因为甲醛(CH_2O)、乙酸($C_2H_4O_2$)等有机化合物的氢氧比也为 2:1,但它们并不是碳水化合物,而其他的一些有机化合物如鼠李糖($C_6H_{12}O_5$)和脱氧核糖($C_5H_{10}O_4$),氢氧比并不符合 2:1 的通式,但它们却是碳水化合物。一般认为,将碳水化合物称为糖类更为科学合理,但由于沿用已久,至今仍在使用这个名称。根据糖类的化学结构特征,糖类的定义应是多羟基醛或多羟基酮及其衍生物和缩合物。

根据水解程度,碳水化合物分为单糖(monosaccharide)、低聚糖(寡糖,oligosaccharide)和多糖(polysaccharide)三大类。单糖是结构最简单的碳水化合物,是不能再被水解为更小分子的糖单位。根据单糖分子中碳原子数目的多少,可将单糖分为丙糖(triose,三碳糖)、丁糖(tetrose,四碳糖)、戊糖(pentose,五碳糖)、己糖(hexose,六碳糖)等;根据其单糖分子中所含羰基的特点又可分为醛糖(aldose)和酮糖(ketose)。自然界中最重要也最常见的单糖是葡萄糖(glucose)和果糖(fructose)。

低聚糖是指能水解产生 2~10 个单糖分子的化合物,按水解后所生成单糖分子的数目,低聚糖可分为二糖(disaccharide)、三糖(trisaccharide)、四糖(tetrasaccharide)、五糖(pentasaccharide)等,其中以二糖最为重要,如蔗糖(sucrose)、乳糖(lactose)、麦芽糖(maltose)等,根据其还原性质不同也可分为还原性低聚糖(reducing oligosaccharide)和非还原性低聚糖。

多糖又称为多聚糖,是指单糖聚合度大于 10 的糖类,如淀粉(starch)、纤维素(cellulose)、糖原等。根据组成不同,多糖又可以分为同多糖和杂多糖两类。同多糖是指由相同的糖基组成的多糖,如纤维素、淀粉;杂多糖是指由两种或多种不同的单糖单位组成的多糖,如半纤维素、果胶质、糖胺聚糖等。根据所含非糖基团的不同,又可分为纯粹多糖和复合多糖,主要有糖蛋白、糖脂、脂多糖、氨基糖等。此外,还可根据多糖功能的不同,分为构成多糖和活性多糖。

碳水化合物是生物体维持生命活动所需能量的主要来源,是合成其他化合物的基本原料,同时也是生物体的主要结构成分。人类摄取食物的总能量中大约 80% 由碳水化合物提供,是人类及动物的生命源泉。在食品中,碳水化合物除具有营养价值外,其低分子糖类可作为食品的甜味剂,大分子糖类可作为增稠剂和稳定剂而广泛应用于食品中。此外,碳水化合物还是食品加工过程中产生香味和色泽的前体物质,对食品的感官品质具有重要作用。

4.2　单糖及低聚糖

4.2.1　单糖及低聚糖的结构

4.2.1.1　单糖的结构

在化学结构上,除丙酮糖外,单糖分子中均含有手性碳原子(即不对称碳原子,asymmetric carbon),因此,大多数单糖具有旋光异构体。天然存在的单糖大部分是 *D*-型,食物中只有两

种天然存在的 L-糖,即 L-阿拉伯糖和 L-半乳糖。

　　单糖的直链状构型的写法,以费歇尔(Fischer)式最具代表性。常见的单糖可以看成是 D-甘油醛的衍生物,从 $C_3 \sim C_6$ 衍生出来的 D-醛糖的构型用费歇尔式表示,如图 4-1 所示。

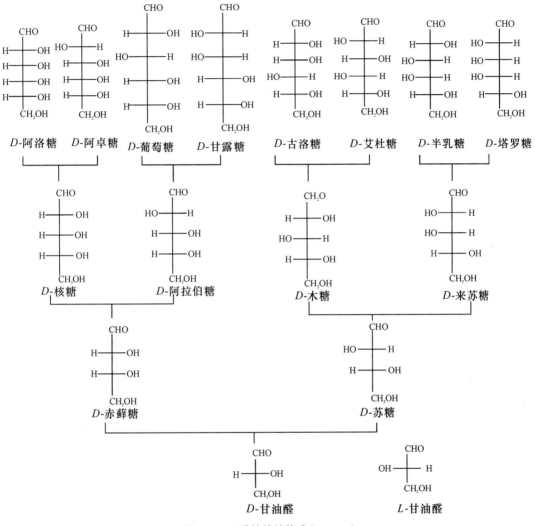

D-阿洛糖　D-阿卓糖　　D-葡萄糖　　D-甘露糖　　　D-古洛糖　　D-艾杜糖　　　D-半乳糖　　D-塔罗糖

D-核糖　　　　D-阿拉伯糖　　　　　D-木糖　　　　　　　D-来苏糖

D-赤藓糖　　　　　　　　　　D-苏糖

D-甘油醛　　　　　　L-甘油醛

图 4-1　D-醛糖的结构式($C_3 \sim C_6$)

　　戊糖以上的单糖除了直链式外,还存在着环状结构,尤其在水溶液中多以环状结构——分子内半缩醛式或半缩酮式的构型存在,即单糖分子中的羰基与其本身的一个醇基反应,形成五元呋喃糖(furanose)环和更为稳定的六元吡喃糖(pyranose)环。由于环状结构中增加了一个手性碳原子,所以又多了两种构型,即 α-型和 β-型。图 4-2 为 D-葡萄糖环状结构的形成,在 20 ℃和处于平衡状态时,两种构型的比例为 $\alpha:\beta=37:63$。纯的 D-葡萄糖属于 α-D-吡喃葡萄糖,制成水溶液时,由于 α 与 β 转换,比旋光度由最初$+112°$逐渐降到$+52.7°$时恒定下来,这种现象称为变旋(mutarotation)。温度越高,变旋速度越快。

　　单糖环状结构的书写以哈沃斯(Haworth)式最为常见(图 4-3)。天然存在的糖环实际上并非平面结构,吡喃葡萄糖有 2 种不同的构象——椅式或船式,但大多数己糖是以椅式存在的(图 4-4)。

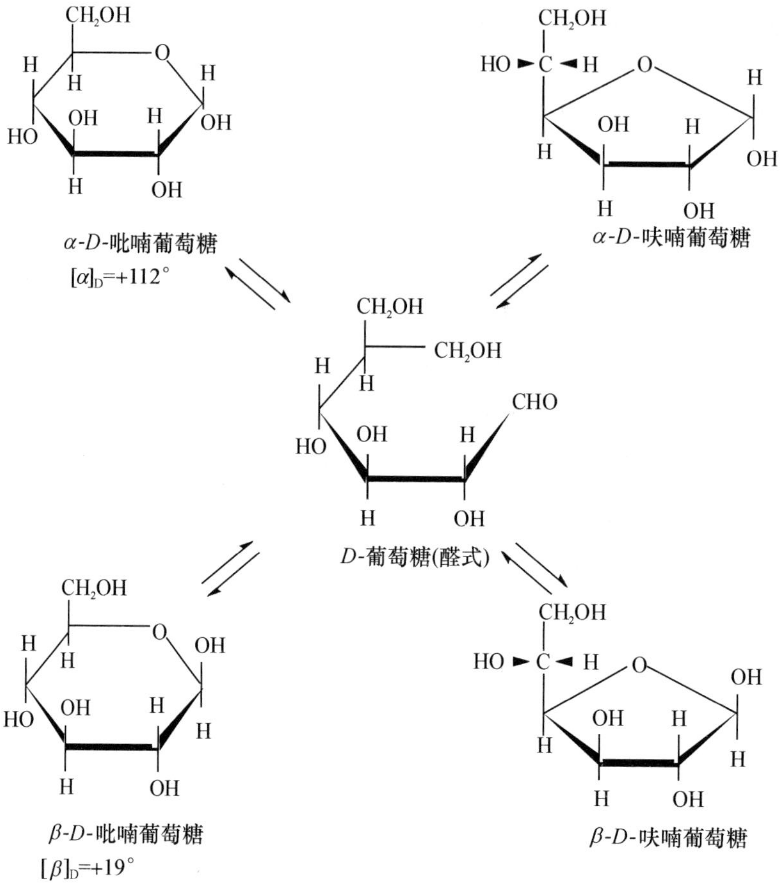

图 4-2 *D*-葡萄糖的平衡状态（Haworth 表示法）

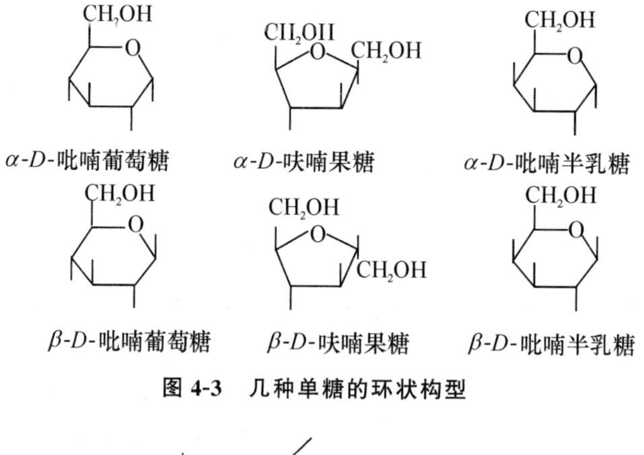

图 4-3 几种单糖的环状构型

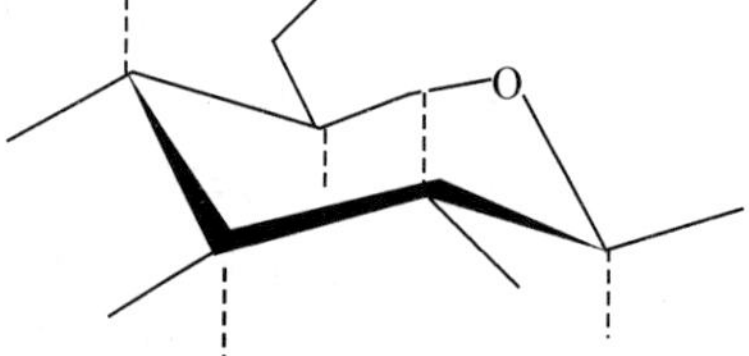

图 4-4 椅式吡喃环

4.2.1.2　低聚糖的结构

低聚糖是以一个醛糖 C_1（酮糖则在 C_2）上的半缩醛羟基（—OH）和另一单糖的羟基脱水而成（形成糖苷键），即低聚糖是单糖以糖苷键结合而构成。糖苷键有 α 和 β 两种构型，结合的位置有 $1\to2$，$1\to3$，$1\to4$，$1\to6$ 等。

低聚糖的名称通常采用系统命名，即用规定的符号 D 或 L 和 α 或 β 分别表示单糖残基的构型和糖苷键的构型，用阿拉伯数字和箭头（→）表示糖苷键连接的碳原子位置和连接方向，用"O"表示取代位置在羟基氧上。如：麦芽糖的系统名称为 4-O-α-D-吡喃葡萄糖基-(1→4)-D-吡喃葡萄糖；乳糖的系统名称为 β-D-吡喃半乳糖基-(1→4)-D-吡喃葡萄糖；蔗糖系统名称为 α-D-吡喃葡萄糖基-(1→2)-β-D-呋喃果糖苷（图 4-5）。除系统命名外，因习惯名称使用简单方便，沿用已久，目前仍然经常使用，如蔗糖、乳糖、海藻糖、棉籽糖等。

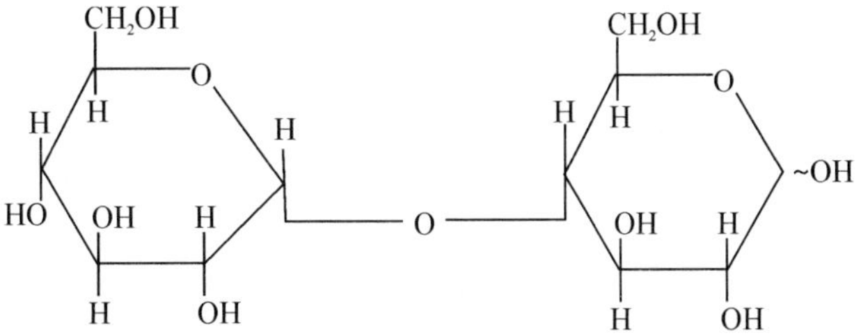

麦芽糖[α-D-吡喃葡萄糖基-(1→4)-D-吡喃葡萄糖]

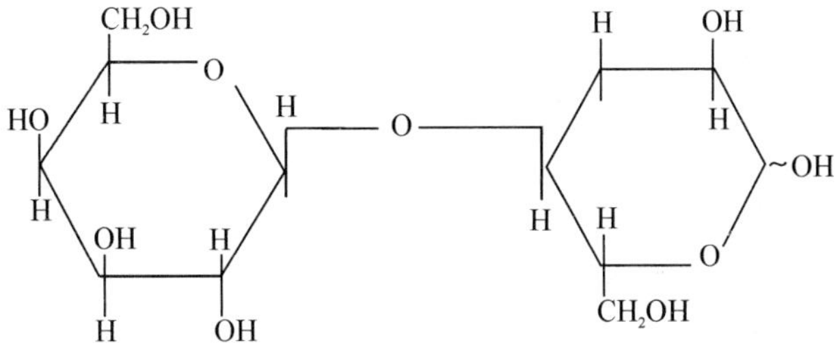

乳糖[β-D-吡喃半乳糖基-(1→4)-D-吡喃葡萄糖]

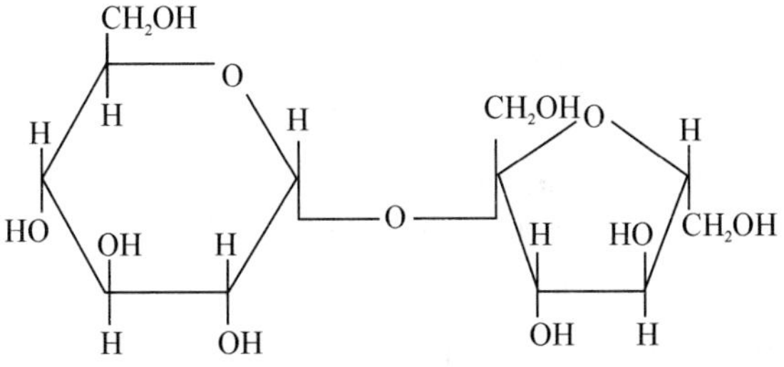

蔗糖[α-D-吡喃葡萄糖基-(1→2)-β-D-呋喃果糖]

图 4-5　几种低聚糖的结构式

4.2.2　单糖及低聚糖的物理性质

4.2.2.1　甜度

甜味是糖的重要性质，甜味的强弱用甜度来表示，但甜度目前还不能用物理或化学方法定

量测定,只能采用感官比较法,即通常以蔗糖(非还原糖)为基准物,一般以10%或15%的蔗糖水溶液在20℃时的甜度为1.0,其他糖的甜度则与之相比较而得,如果糖的甜度为1.5,葡萄糖的甜度为0.7。由于这种甜度是相对的,所以又称为相对甜度。表4-1列出了一些单糖的相对甜度。

表 4-1 单糖的相对甜度

单糖	相对甜度	单糖	相对甜度
蔗糖	1.00	麦芽糖	0.5
α-D-葡萄糖	0.70	乳糖	0.4
β-D-呋喃果糖	1.50	麦芽糖醇	0.9
α-D-半乳糖	0.27	山梨醇	0.5
α-D-甘露糖	0.59	木糖醇	1.0
α-D-木糖	0.50		

糖甜度的高低与糖的分子结构、分子量、分子存在状态及外界因素有关,即分子量越大,溶解度越小,则甜度越小。此外,糖的α型和β型也影响糖的甜度,如对于D-葡萄糖,如把α型的甜度定为1.0,则β型的甜度为0.666左右;结晶葡萄糖是α型,溶于水以后一部分转为β型,所以刚溶解的葡萄糖溶液最甜。果糖与之相反,若β型的甜度为1.0,则α型果糖的甜度是0.33;结晶的果糖是β型,溶解后,一部分变为α型,达到平衡时其甜度下降。

优质的糖应具备甜味纯正,甜度高低适当,甜感反应快,消失得也迅速的特点。常用的几种单糖基本上符合这些要求,但仍有差别。例如,与蔗糖相比,果糖的甜味感觉反应快,达到最高甜味的速度快,持续时间短;而葡萄糖的甜味感觉反应慢,达到最高甜度的速度也慢,甜度较低,但具有凉爽的感觉。

不同种类的糖混合时,对其甜度有协同增效作用。例如,蔗糖与果葡糖浆结合使用时,可使其甜度增加20%～30%;5%葡萄糖溶液的甜度仅为同浓度蔗糖甜度的1/2,但若配成5%葡萄糖与10%蔗糖的混合溶液,甜度相当于15%蔗糖溶液的甜度。

低聚糖除蔗糖、麦芽糖等双糖外,其他低聚糖可作为一类低热值低甜度的甜味剂,在食品中被广泛利用,尤其是作为功能性食品甜味剂,备受青睐。

4.2.2.2 旋光性

旋光性(optical rotation)是指一种物质使直线偏振光的振动平面发生向左或向右旋转的特性,其旋光方向以不同的符号表示,即右旋为D-或(+),左旋为L-或(-)。

除丙酮糖外,其余单糖分子结构中均含有手性碳原子,故都具有旋光性,因此旋光性是鉴定糖的一个重要指标。糖的比旋光度是指1 mL含有1 g糖的溶液在其透光层为0.1 m时使偏振光旋转的角度,通常用$[\alpha]_\lambda^t$表示。其中,t为测定时的温度,λ为测定时光的波长,一般采用钠光,用符号D表示。表4-2是几种单糖的比旋光度。

糖刚溶解于水时,其比旋度是处于动态变化中的,但到一定时间后就趋于稳定,此种现象称为变旋(mutarotation)。这是由糖发生构象转变所引起的。因此,对有变旋光性的糖,在测定其旋光度时,必须使糖溶液静置一段时间后(24 h)再测定。

表 4-2　各种糖在 20 ℃（钠光）时的比旋光度数值

单糖	比旋光度$[\alpha]_D^{20}$/(°)	单糖	比旋光度$[\alpha]_D^{20}$/(°)
D-葡萄糖	+52.2	D-甘露糖	+14.2
D-果糖	−92.4	D-阿拉伯糖	−105.0
D-半乳糖	+80.2	D-木糖	+18.8
L-阿拉伯糖	+104.5		

4.2.2.3　溶解性

单糖分子中具有的多个羟基使其能溶于水,尤其是热水,但不能溶于乙醚、丙酮等有机溶剂。在同一温度下,各种单糖的溶解度不同,其中果糖的溶解度最大,其次是葡萄糖。温度对溶解过程和溶解速度具有决定性影响,一般随温度升高,溶解度增大。不同温度下果糖、葡萄糖和蔗糖的溶解度如表 4-3 所示。

表 4-3　糖的溶解度（每 100 g 水）

糖	20 ℃		30 ℃		40 ℃		50 ℃	
	质量分数/%	溶解度	质量分数/%	溶解度	质量分数/%	溶解度	质量分数/%	溶解度
果糖	78.94	374.78	81.54	441.70	84.34	538.63	86.94	665.58
蔗糖	66.60	199.40	68.18	214.30	70.01	233.40	72.04	257.60
葡萄糖	46.71	87.67	54.64	120.46	61.89	162.38	70.91	243.76

糖溶解度的大小还与其水溶液的渗透压密切相关,在一定浓度下,随着浓度增加,其渗透压也增大。对果酱、蜜饯类食品,是利用高浓度糖的保存性质（渗透压）,这需要糖具有高溶解度。因为糖浓度只有在 70% 以上才能抑制酵母、霉菌的生长。在 20 ℃ 时,单独的蔗糖、葡萄糖、果糖最高浓度分别为 66%、50%、79%,故此时只有果糖具有较好的食品保存性,而单独使用蔗糖或葡萄糖均达不到防腐保质的要求,果葡糖浆的浓度因其果糖含量不同而异,果糖含量为 42%、55% 和 90% 时,其浓度分别为 71%、77% 和 80%。因此,果糖含量较高的果葡糖浆,其保存性能较好。

4.2.2.4　吸湿性、保湿性及结晶性

吸湿性是指糖在空气湿度较高的情况下吸收水分的性质。保湿性是指糖在空气湿度较低条件下保持水分的性质。这两种性质对于保持食品的柔软性、弹性、加工及储存都有重要的意义。不同的糖吸湿性不一样,在所有的糖中,果糖的吸湿性最强,葡萄糖次之,所以用果糖或果葡糖浆生产面包、糕点、软糖、调味品等,效果很好。但也正因其吸湿性、保湿性强,不能用于生产硬糖、酥糖及酥性饼干。

蔗糖与葡萄糖易结晶,但蔗糖晶体粗大,葡萄糖晶体细小;果糖及果葡糖浆较难结晶;淀粉糖浆是葡萄糖、低聚糖和糊精的混合物,不能结晶,并可防止蔗糖结晶。在糖果生产中,就需利用糖结晶性质上的差别。例如,当饱和蔗糖溶液由于水分蒸发后,形成了过饱和的溶液,此时在温度骤变或有晶种存在情况下,蔗糖分子会整齐地排列在一起重新结晶,利用这个特性可以制造冰糖等。又如,生产硬糖时,不能单独使用蔗糖,否则,当熬煮到水分小于 3% 时,冷却下来后就会出现蔗糖结晶,硬糖碎裂而得不到透明坚韧的硬糖产品;如果在生产硬糖时添加适量的淀粉糖浆,就不能形成结晶体而可以制成各种形状的硬糖。这是因为淀粉糖浆不含果糖,吸

湿性较小,糖果保存性好。同时因淀粉糖浆中的糊精能增加糖果的黏性、韧性和强度,使糖果不易碎裂。此外,在糖果制作过程中加入其他物质,如牛奶、明胶等,也会阻止蔗糖结晶的产生。再如,对于蜜饯,需要高糖浓度,若使用蔗糖易产生返砂现象,不仅影响外观且防腐效果降低,因此可利用果糖或果葡糖浆的不易结晶性,适当替代蔗糖,可大大改善产品的品质。

4.2.2.5　黏度

一般来说,糖的黏度是随着温度的升高而下降,但葡萄糖的黏度则随温度的升高而增大;单糖的黏度比蔗糖低,低聚糖的黏度多数比蔗糖高;淀粉糖浆的黏度随转化程度增大而降低。

糖浆的黏度特性对食品加工具有现实的生产意义。如在一定黏度范围,可使由糖浆熬煮而成的糖膏具有可塑性,以适合糖果工艺中的拉条和成型的需要;在搅拌蛋糕蛋白时,加入熬好的糖浆,就是利用其黏度来包裹稳定蛋白中的气泡。

4.2.2.6　渗透压

单糖的水溶液与其他溶液一样,具有冰点降低,渗透压增大的特点。糖溶液的渗透压与其浓度和分子量有关,即渗透压与糖的摩尔浓度成正比;在同一浓度下,单糖的渗透压为双糖的2倍。例如,果糖或果葡糖浆就具有高渗透压特性,故其防腐效果较好。低聚糖由于其分子量较大,且水溶性较小,所以其渗透压也较小。

4.2.2.7　发酵性

糖类发酵对食品具有重要的意义,酵母菌能使葡萄糖、果糖、麦芽糖、蔗糖、甘露糖等发酵生成乙醇,同时产生 CO_2,这是酿酒生产及面包疏松的基础。但各种糖的发酵速度不一样,大多数酵母菌发酵糖的顺序为:葡萄糖>果糖>蔗糖>麦芽糖。乳酸菌除可发酵上述糖类外,还可发酵乳糖产生乳酸。但大多数低聚糖却不能被酵母菌和乳酸菌等直接发酵,必须先水解产生单糖后,才能被发酵。

另外,蔗糖、葡萄糖、果糖等具有发酵性,故在某些食品的生产中,可用其他甜味剂代替糖类,以避免微生物生长繁殖而引起食品变质或汤汁混浊现象的发生。

4.2.3　单糖及低聚糖的化学反应

简单的单糖和大多数低聚糖分子中具有游离的羟基和羰基,因此具有醇羟基的成酯、成醚、成缩醛等反应和羰基的一些加成反应以及一些特殊反应。这里主要介绍几种与食品有关而且比较重要的反应。

4.2.3.1　美拉德反应

美拉德反应(Maillard reaction)又称羰氨反应,即指羰基与氨基经缩合,聚合生成类黑色素的反应。此反应最初是由法国生物化学家美拉德(Louis-Camille Maillard)于1912年发现,1953年,霍奇(J. E. Hodge)等经总结归纳,把氨基化合物(如蛋白质、肽、胺、氨和氨基酸)和羰基化合物(如还原糖、脂质、醛、酮、多酚、抗坏血酸以及类固醇等)之间的一类复杂化学反应正式命名为 Maillard 反应(Maillard reaction)或羰-氨反应(amino-carbonyl reaction)。因其最终产物主要是棕色的类黑素,且不需酶的参与,所以也被称为类黑素反应(melanoidin reaction)或非酶褐变反应(non-enzymatic browning reaction)。同年,Hodge 提出了 Maillard 反应模拟体系及其反应历程框架,成为 Maillard 反应发展史中的一个重要里程碑。1995年,Tressl 等进一步发展和修订了 Hodge 的理论。随后,Hodge、Reynolds、Mauron 等都对 Maillard 反应原理进行了论述,提出了较完整 Maillard 反应原理。20 世纪 50 年代以后 Maillard 反应一直备受关注,20 世纪 60 年代的研究集中在对其挥发性化合物的分离与鉴定。20 世纪 70 年代和 80 年代初,Maillard 反应的研究重点聚焦于模拟反应系统、反应条件以及生成的风味化合物的分析研究。近年来,Maillard 反应在中药现代化和疾病生理等研究中成为新的研究热点。Maillard 反应自发现以来,在食品学、营养学、香料化学、毒理学以及中药学研究中成为久不衰的研究课题。可见,任何科学进展都不能一蹴而就,往往需要众多科研工作者前仆后继的长久努力。

几乎所有食品中均含有羰基(来源于糖或油脂氧化酸败产生的醛和酮)和氨基(来源于蛋白质),因此都可能发生羰氨反应,故在食品加工中由羰氨反应引起食品颜色加深的现象比较普遍。如焙烤面包产生的金黄色,烤肉产生的棕红色,熏干产生的棕褐色,酿造食品如啤酒的黄褐色,酱油、醋的棕黑色等均与其有关。

1.美拉德反应的机理

美拉德反应过程可分为初期、中期、末期 3 个阶段。每一个阶段包括若干个反应。

(1)初期阶段。初期阶段又包括羰氨缩合和分子重排两种作用。

①羰氨缩合。羰氨反应的第一步是氨基化合物中的游离氨基与羰基化合物的游离羰基之间的缩合反应(图 4-6),最初产物是一个不稳定的亚胺衍生物,称为席夫碱(Schiff base),此产物随即环化为氮代葡萄糖基胺。

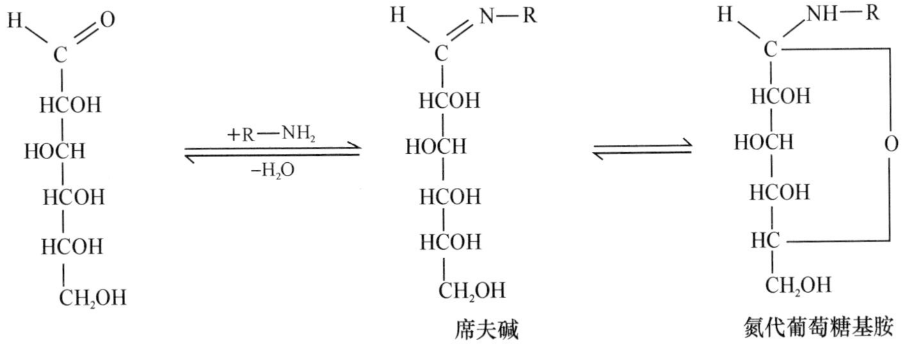

图 4-6 羰氨缩合反应式

在反应体系中,如果有亚硫酸根的存在,亚硫酸根可与醛形成加成化合物,这个产物能和 R—NH_2 缩合,但缩合产物不能再进一步生成席夫碱和 N-葡萄糖基胺(图 4-7)。因此,亚硫酸根可以抑制羰氨反应的褐变。

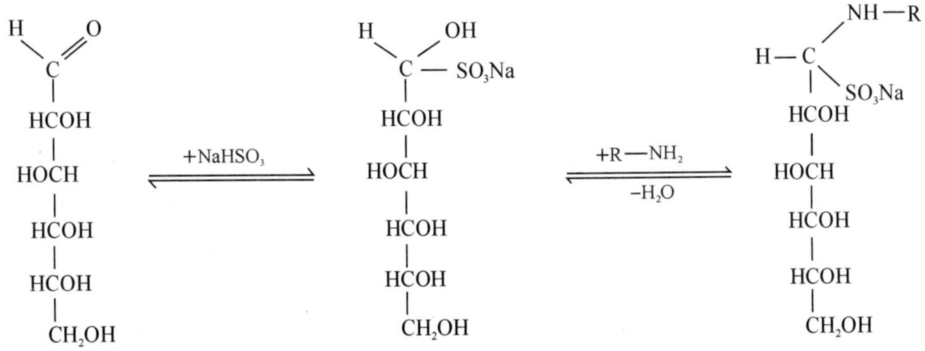

图 4-7 亚硫酸根与醛的加成反应式

羰氨缩合反应是可逆的,在稀酸条件下,该反应产物极易水解(图 4-8)。羰氨缩合反应过程中由于游离氨基的逐渐减少,使反应体系的 pH 下降,所以在碱性条件下有利于羰氨反应。

②分子重排。氮代葡萄糖基胺在酸的催化下经过 Amadori 分子重排作用,生成 1-氨基-1-脱氧-2-酮糖即单果糖胺;此外,酮糖也可以与氨基化合物生成酮糖基胺,而酮糖基胺可经过 Heyenes 分子重排作用异构成 2-氨基-2-脱氧葡萄糖(图 4-8)。

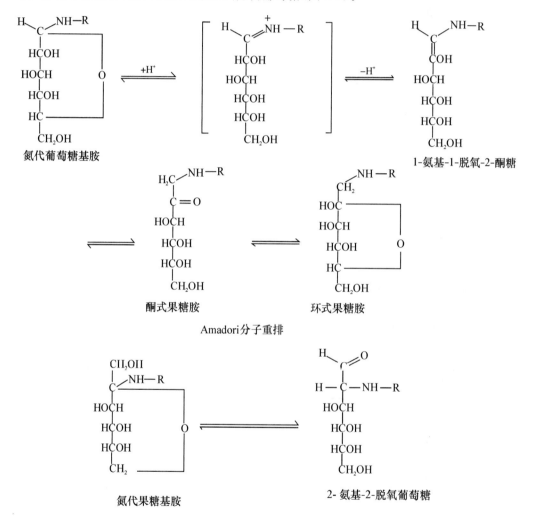

图 4-8　糖基胺的分子重排反应

(2)中期阶段。重排产物果糖基胺可能通过多条途径进一步降解,生成各种羰基化合物,如羟甲基糠醛(hydroxymethylfural,HMF)、还原酮等,这些化合物还可进一步发生反应。

①果糖基胺脱水生成羟甲基糠醛。果糖基胺在 pH≤5 时,首先脱去胺残基(R—NH$_2$),再进一步脱水生成 5-羟甲基糠醛(图 4-9)。HMF 的积累与褐变速度有密切的相关性,HMF 积累后不久就可发生褐变。因此,可用分光光度计测定 HMF 积累情况来监测食品中褐变反应发生的情况。

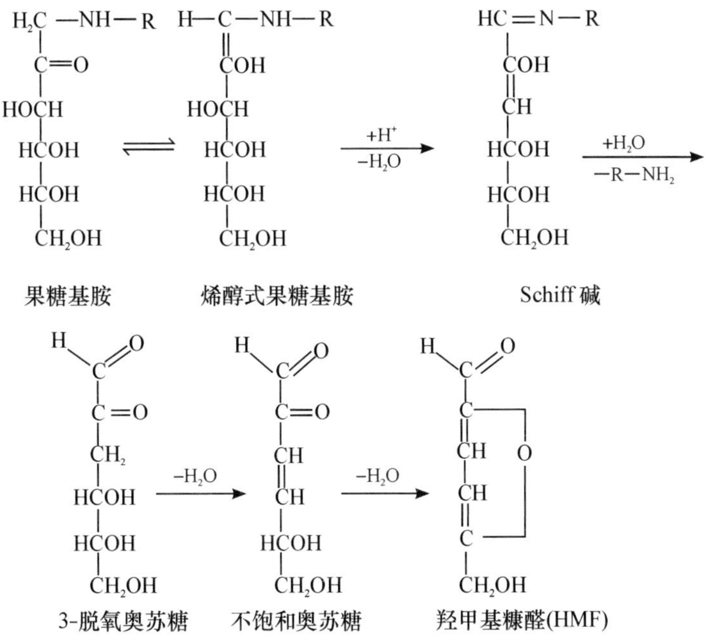

图 4-9 果糖基胺脱水生成羟甲基糠醛的反应

②果糖基胺脱去胺残基重排生成还原酮。除上述反应历程中发生 Amadori 分子重排的 1,2-烯醇化作用外(烯醇式果糖基胺),还可发生 2,3-烯醇化,最后生成还原酮(reductone)类化合物(图 4-10)。还原酮类化合物的化学性质比较活泼,可进一步脱水后再与胺类缩合,也可裂解成较小的分子如二乙酰、乙酸、丙酮醛等。

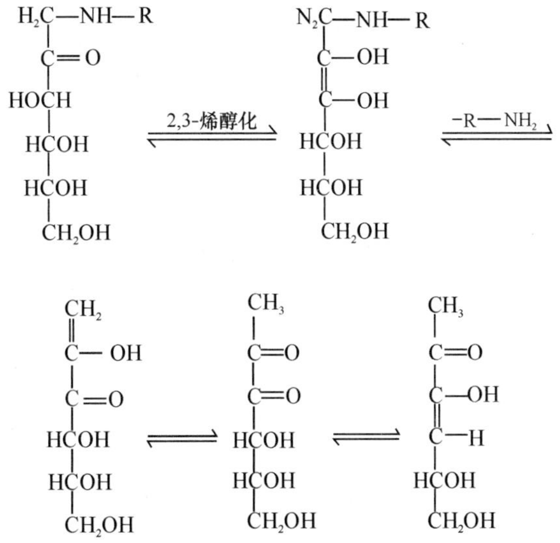

图 4-10 果糖基胺重排反应式

③氨基酸与二羰基化合物的作用。在二羰基化合物存在下,氨基酸可发生脱羧、脱氨作用,生成醛和二氧化碳,其氨基则转移到二羰基化合物上并进一步发生反应生成各种化合物(风味成分,如醛、吡嗪等),这一反应称为 Strecker 降解反应(图 4-11)。通过同位素示踪

食品化学

法已证明,在羰氨反应中产生的二氧化碳中 $90\%\sim100\%$ 来自氨基酸残基而不是来自糖残基部分。所以,Strecker 降解反应在褐变反应体系中即使不是唯一的,也是主要产生二氧化碳的途径。

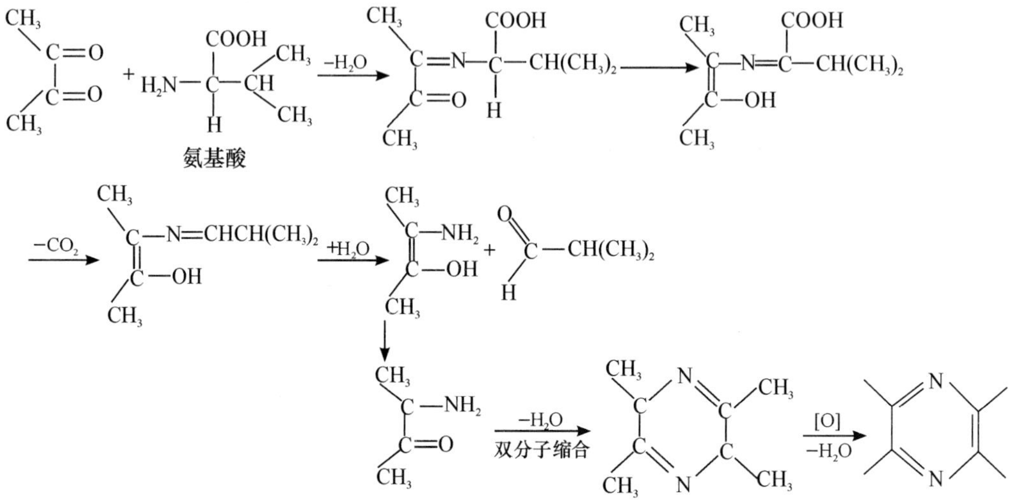

图 4-11　Strecker 降解反应

④果糖基胺的其他反应产物的生成。在美拉德反应中间阶段,果糖基胺除生成还原酮等化合物外,还可以通过其他途径生成各种杂环化合物,如吡啶、苯并吡啶、苯并吡嗪、呋喃化合物、吡喃化合物等(图 4-12),所以此阶段的反应是一个复杂的反应。

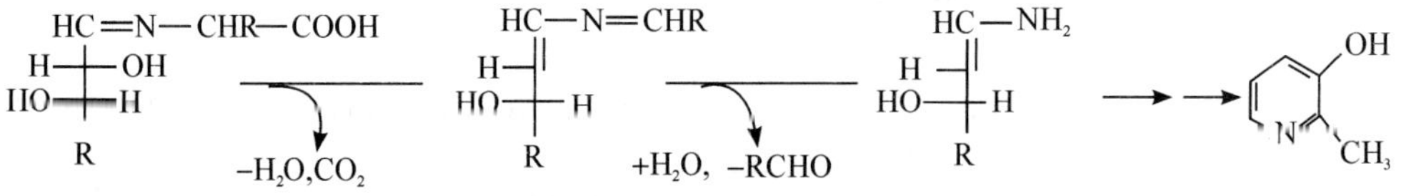

图 4-12　美拉德反应过程中吡啶化合物的生成

此外,Amadori 产物还可以被氧化裂解,生成有氨基取代的羧酸化合物(图 4-13)。因此,ε-羧甲基赖氨酸可以作为该反应体系中美拉德反应进程度的一个指标。

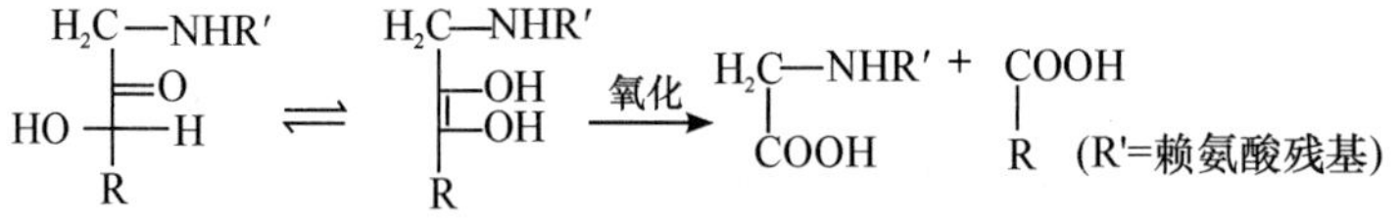

图 4-13　Amadori 产物的氧化裂解

(3)末期阶段。羰氨反应的末期阶段,多羰基不饱和化合物(如还原酮等)一方面进行裂解反应,产生挥发性化合物,另一方面又进行缩合、聚合反应,产生褐黑色的类黑精(melanoidin)物质,从而完成整个美拉德反应。

①醇醛缩合。醇醛缩合是 2 分子醛的自相缩合并进一步脱水生成不饱和醛的过程(图 4-14)。

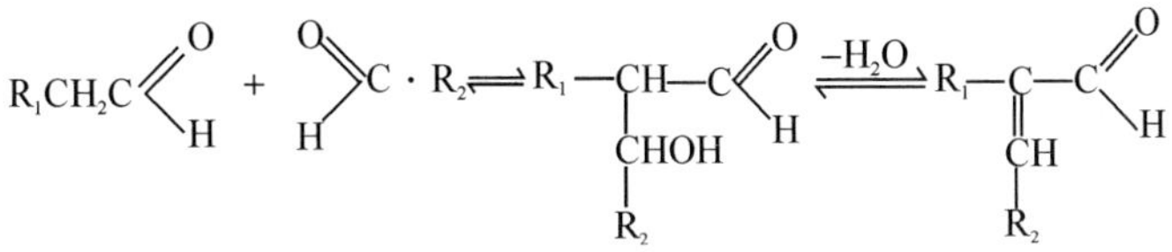

图 4-14 醇醛缩合反应

②生成类黑精物质的聚合反应。该反应是经过中期反应后,产物中有糠醛及其衍生物、二羰基化合物、还原酮类、由 Strecker 降解和糖的裂解所产生的醛等,这些产物进一步缩合、聚合形成复杂的高分子色素。

总之,食品体系中发生羰氨反应的生成产物众多,对食品的风味、色泽等方面产生重要的影响。

2.影响羰氨反应的因素

美拉德反应的机制十分复杂,不仅与参与的单糖及氨基酸的种类有关,同时还受到温度、氧气、水分及金属离子等因素的影响。控制这些因素,就可以产生或抑制非酶褐变,这对食品加工具有实际意义。

(1)底物的影响。对于不同的还原糖,美拉德反应的速度是不同的。在五碳糖中:核糖>阿拉伯糖>木糖;在六碳糖中:半乳糖>甘露糖>葡萄糖;并且五碳糖的褐变速度大约是六碳糖的 10 倍,醛糖>酮糖,单糖>二糖。值得注意的是,一些不饱和羰基化合物(如 2-己烯醛)、α-二羰基化合物(如乙二醛)等的反应活性比还原糖更高。

对于不同的氨基酸,具有 ε-NH_2 氨基酸的美拉德反应速度,远大于 α-NH_2 氨基酸。因此,可以预料,在美拉德反应中赖氨酸损失较大。对于 α-NH_2 氨基酸,碳链长度越短的 α-NH_2 氨基酸,反应性越强。

(2)pH 的影响。美拉德反应在酸、碱环境中均可发生,但在 pH=3 以上,其反应速度随 pH 的升高而加快。国外,在蛋粉干燥前,加酸降低 pH,在蛋粉复溶时,再加碳酸钠恢复 pH,这样可以有效地抑制蛋粉的褐变。

(3)水分。美拉德反应速度与反应物浓度成正比,在完全干燥条件下,难以进行;水分在 10%~15% 时,褐变易进行。此外、褐变与脂肪也有关,当水分含量超过 5% 时,脂肪氧化加快,褐变也加快。

(4)温度。美拉德反应受温度的影响很大,温度相差 10 ℃,褐变速度相差 3~5 倍,所以食品的加工处理应尽量避免长时间高温,储存时也以低温为宜。

(5)金属离子。铁和铜促进美拉德反应,在食品加工处理时应避免这些金属离子的混入。而钙可同氨基酸结合生成不溶性化合物,可抑制美拉德反应,Mn^{2+}、Sn^{2+} 等也可抑制美拉德反应。

(6)空气。空气的存在影响美拉德反应,真空或充入惰性气体,降低了脂肪等的氧化和羰基化合物的生成,也减少了它们与氨基酸的反应。此外,氧气被排除虽然不影响美拉德反应早期的羰氨反应,但是可影响反应后期色素物质的形成。

对于很多食品,为了增加色泽和香味,在加工处理时利用适当的褐变反应是十分必要的,如茶叶的制作,可可豆、咖啡的烘焙,酱油的加热杀菌等。然而对于某些食品,由于褐变反应可引起其色泽变劣,则要严格控制,如乳制品、植物蛋白饮料的高温灭菌。

4.2.3.2 焦糖化反应

糖类尤其是单糖在没有含氨基化合物存在的情况下,加热到熔点以上的高温(一般是 140~170 ℃),因糖发生脱水与降解,也会产生褐变反应,这种反应称为焦糖化(caramelization)反应,英译又称卡拉蜜尔作用。

各种单糖因熔点不同,其反应速度也各不一样,熔点越低,焦糖化反应越快。葡萄糖的熔点为 146 ℃,果糖的熔点为 95 ℃,麦芽糖的熔点为 103 ℃。由此可见,果糖引起焦糖化反应最快。

糖液的 pH 不同,其反应速度也不相同,pH 越大,焦糖化反应越快,在 pH 为 8 时要比 pH 为 5.9 时快 10 倍。

焦糖化反应主要有以下 2 类产物:一类是糖的脱水产物——焦糖(或称酱色,caramel);另一类是糖的裂解产物——挥发性醛、酮类等。对于某些食品(如焙烤,油炸食品),焦糖化作用得当,可使产品得到悦人的色泽与风味。另外,作为食品着色剂的焦糖色素,就是利用此反应得来的。

(1)焦糖的形成。糖类在无水条件下加热,或者在高浓度时用稀酸处理,可发生焦糖化反应。由葡萄糖可生成右旋光性的葡萄糖酐(1,2-脱水-α-D-葡萄糖)和左旋光性的葡萄糖酐(1,6-脱水-β-D-葡萄糖),前者的比旋光度为+69°,后者的为-67°,酵母菌只能发酵前者,两者很容易区别。在同样条件下果糖可形成果糖酐(2,3-脱水-β-D-呋喃果糖)。

由蔗糖形成焦糖(酱色)的过程可分为 3 个阶段。开始阶段,蔗糖熔融,继续加热,当温度达到约 200 ℃时,经约 35 min 的起泡(foaming),蔗糖失去一分子水,生成异蔗糖酐(图 4-15),无甜味而具有温和的苦味,这是蔗糖焦糖化的初始反应。

生成异蔗糖酐后,起泡暂时停止。稍后又发生二次起泡现象,这就是形成焦糖的第二阶段,持续时间比第一阶段长,约为 55 min,在此期间失水量达 9%,形成的产物为焦糖酐,平均分子式为 $C_{24}H_{36}O_{18}$。

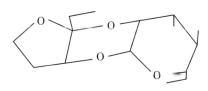

图 4-15 异蔗糖酐结构式

$$2C_{12}H_{22}O_{11} \xrightarrow{-4H_2O} C_{24}H_{36}O_{18}$$

焦糖酐的熔点为 138 ℃,可溶于水及乙醇,味苦。中间阶段起泡 55 min 后进入第三阶段,进一步脱水形成焦糖稀。

$$3C_{12}H_{22}O_{11} \xrightarrow{-8H_2O} C_{36}H_{50}O_{25}$$

焦糖稀的熔点为 154 ℃,可溶于水。若再继续加热,则生成高分子量的深色难溶的物质,称为焦糖素(caramelin),分子式为 $C_{125}H_{188}O_{80}$。这些复杂色素的结构目前尚不清楚,但具有下列的官能团:羰基、羧基、羟基和酚基等。

生产焦糖色素的原料一般为蔗糖、葡萄糖、麦芽糖或糖蜜,高温和弱碱性条件可提高焦糖化反应速度,催化剂可以加速此反应,并可生产具有不同类型的焦糖色素。现在,市场上有 3 种商品化焦糖色素。第一种是由亚硫酸氢铵催化蔗糖生产的耐酸焦糖色素,可应用于可乐饮料、其他酸性饮料、烘焙食品、糖浆、糖果以及调味料中,这种色素的溶液是酸性的(pH 2~4.5),它含有带负电荷的胶体粒子,酸性盐催化蔗糖糖苷键的裂解,铵离子参与 Amadori 重排。第二种是将糖与铵盐加热,产生红棕色并含有带正电荷的胶体粒子的焦糖色素,其水溶液的 pH 为 4.2～4.8,用于烘焙食品、糖浆以及布丁等。第三种是单由蔗糖直接热解产生红棕色并含有略带负电荷的胶体粒子的焦糖色素,其水溶液的 pH 为 3～4,应用于啤酒和其他含醇饮料。焦糖色素的等电点在食品的制造中有重要意义。例如,在一种 pH 为 4～5 的饮料中若使用了等电点 pH 为 4.6 的焦糖色素,就会发生凝絮、混浊乃至出现沉淀。

磷酸盐、无机酸、碱、柠檬酸、延胡索酸、酒石酸、苹果酸等对焦糖的形成有催化作用。

(2)糠醛和其他醛的形成。糖在强热下的另一类变化是裂解脱水等,形成一些醛类物质。如单糖在酸性条件下加热,主要进行脱水形成糠醛或糠醛衍生物。它们经聚合或与胺类反应,可生成深褐色的色素。单糖在碱性条件下加热,首先起互变异构作用,生成烯醇糖,然后断裂生成甲醛、五碳糖、乙醇醛、四碳糖、甘油醛、丙酮醛等。这些醛类经过复杂缩合、聚合反应或发生羰氨反应均可生成黑褐色的物质。

4.2.3.3　与碱的作用

单糖在碱性溶液中不稳定,易发生异构化和分解等反应。碱性溶液中单糖的稳定性与温度的关系很大,在温度较低时还是相当稳定的,而温度增高,单糖会很快发生异构化和分解反应。并且这些反应发生的程度和形成的产物受许多因素的影响,如单糖的种类和结构,碱的种类和浓度,作用的温度和时间等。

(1)异构化。稀碱溶液处理单糖,首先生成烯醇式中间体,C_2 失去手性。当葡萄糖烯醇式中间体 C_1 羟基上的氢转回 C_2 时,如果由左面加到 C_2 上,则 C_2 上的羟基便在右面,即仍然得到 D-葡萄糖;但当 C_1 羟基上氢原子由右面加到 C_2 上,则 C_2 上羟基便转至左面,产物便是 D-甘露糖;且 C_2 羟基上的氢原子也同样可以转移到 C_1 上,这样得到的产物便是 D-果糖。因此,D-葡萄糖在稀碱作用下,可通过烯醇式中间体转化得到 D-葡萄糖、D-甘露糖和 D-果糖 3 种物质的平衡混合物。同理,用稀碱处理 D-果糖或 D-甘露糖,也可得到相同的平衡混合物(图 4-16)。

单糖的烯醇化不仅仅发生在 1、2 位生成 1,2-烯二醇,随着碱浓度的增高,还可以发生在 2、3 位和 3、4 位上,从而形成其他的己醛糖和己酮糖。但在弱碱作用下,烯醇化作用一般停止于 2、3 位的阶段。

在未使用酶法以前,就是利用此反应处理葡萄糖溶液或淀粉糖浆来生产果葡糖浆,此时果糖的转化率只有 21%～27%,糖分损失 10%～15%,同时还产生有色物质,精制很困难。在 1957 年开始使用异构酶后,已有 3 代果葡糖浆产品在食品工业中应用。第一代果葡糖浆产品中 D-葡萄糖为 52%,D-果糖为 42%,高碳糖为 6%,固形物约 71%;第二代果葡糖浆产品中 D-葡萄糖为 40%,D-果糖为 55%,高碳糖为 5%,固形物约 77%;第三代果葡糖浆产品中 D-葡萄糖为 7%,D-果糖为 90%,高碳糖为 3%,固形物约 80%。

(2)糖精酸的生成。单糖与碱作用时,随碱浓度的增加,加热温度的提高或加热作用时间的延长,单糖还会发生分子内氧化还原反应与重排作用,生成羧酸类化合物。此羧酸类化合物的组成与原来单糖的组成没有差异,只是分子结构(或原子连接顺序)改变,此羧酸类化合物称为糖精酸类化合物,有多种异构体,因碱浓度不同而不同,且不同的单糖生成不同结构的糖精酸(图 4-17)。

(3)分解反应。在浓碱的作用下,单糖分解产生较小分子的糖、酸、醇和醛等化合物。此分解反应(decomposition reaction),因有无氧气或其他氧化剂的存在而其分解产物各不相同。在有氧化剂存在时,己糖受碱作用,先发生连续烯醇化,然后在氧化剂存在的条件下从双键处

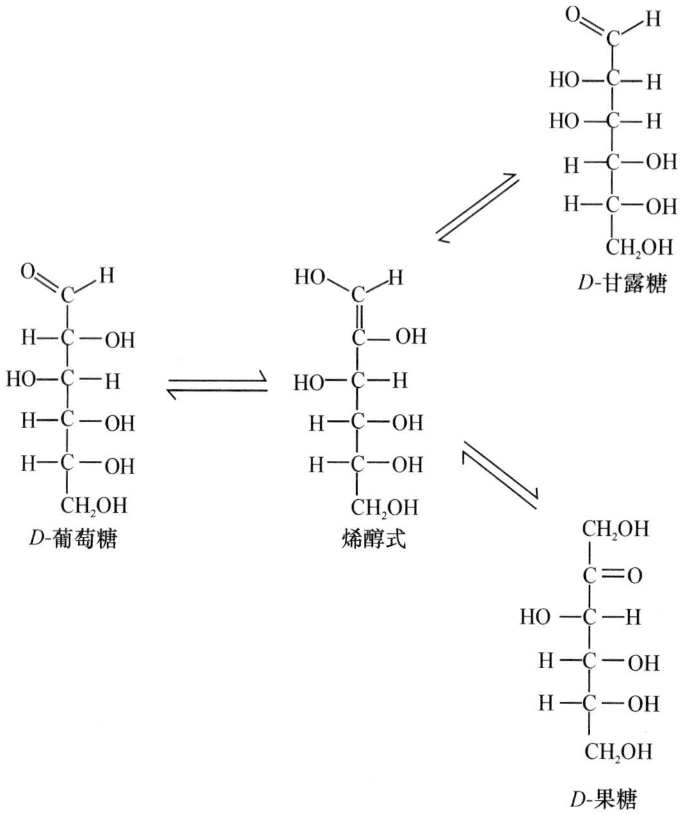

图 4-16　葡萄糖的异构化(isomerization)反应

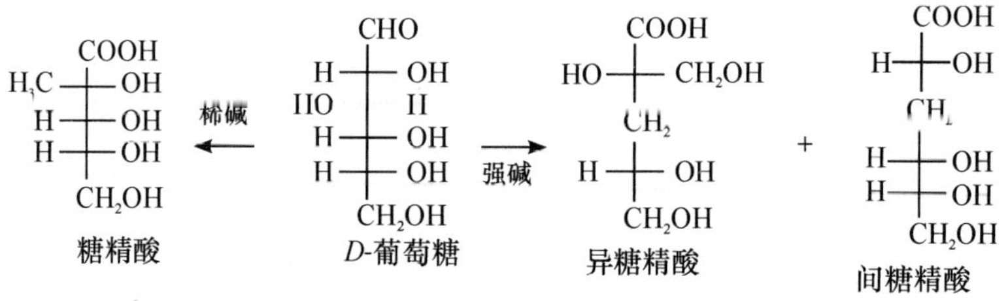

图 4-17　糖精酸化合物的生成反应

裂开,生成含 1、2、3、4 和 5 个碳原子的分解产物。若没有氧化剂存在时,则碳链断裂的位置为距离双键的第二单键上,具体的反应式如图 4-18 所示。

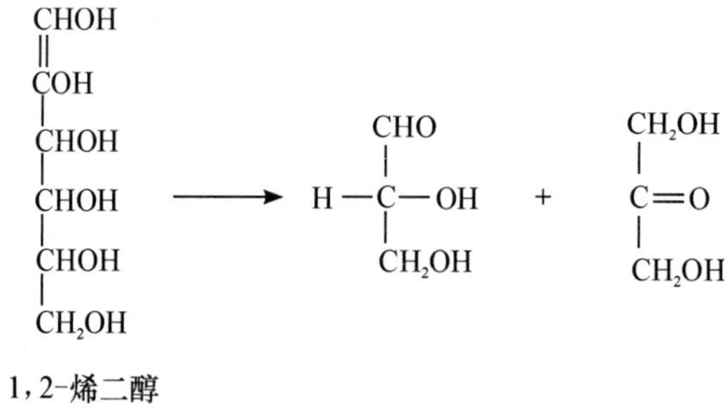

图 4-18　非氧化条件下单糖的分解反应

4.2.3.4 与酸的作用

酸对于糖的作用,因酸的种类、浓度和温度不同而不同。很微弱的酸度能促进单糖 α-和 β-异构体的转化;在稀酸和加热条件下,也能使单糖发生分子间脱水反应而缩合生成糖苷(为糖苷水解的逆反应),产物包括二糖和其他的低聚糖,这种反应称为复合反应。但是这个反应很复杂,除主要生成 α-和 β-1,6-糖苷键的二糖外,还有微量的其他二糖,如 2 分子的葡萄糖发生复合反应,主要通过 α-1,6-糖苷键和 β-1,6-糖苷键结合成异麦芽糖和龙胆二糖。因此,工业上用酸法水解淀粉生产葡萄糖,由于葡萄糖发生复合反应,约有 5% 的异麦芽糖和龙胆二糖生成,这不仅影响葡萄糖的产率,还会影响葡萄糖的结晶和风味。

糖和强酸共热则脱水生成糠醛。例如,戊糖生成糠醛,己糖生成 5-羟甲基糠醛,己酮糖较己醛糖更易发生此反应。糠醛与 5-羟甲基糠醛能与某些酚类物质作用生成有色的缩合物,利用这个性质可以鉴定糖类。例如,间苯二酚加盐酸遇酮糖呈红色,而遇醛糖则是很浅的颜色,这种反应称为西利万诺夫试验(Sellwaneff's test),可用于鉴别酮糖与醛糖。

糖的脱水反应与 pH 有关,实验证明,在 pH 为 3.0 时,5-羟甲基糠醛的生成量和有色物质的生成量都较低。同时,有色物质的生成随反应时间和浓度的增加而增加。

4.2.3.5 糖的氧化与还原反应

(1)氧化反应

①托伦试剂、费林试剂氧化(碱性氧化)。单糖含有游离醛基或酮基,而酮基在稀碱溶液中能转化为醛基,因此单糖具有醛的通性,既可被氧化成酸又可被还原为醇。所以醛糖与酮糖都能被像托伦试剂或费林试剂这样的弱氧化剂氧化(oxidation),前者产生银镜,后者生成氧化亚铜的砖红色沉淀,糖分子的醛基被氧化为羧基。

$$C_6H_{12}O_6 + Ag(NH_3)_2^+OH^- \longrightarrow C_6H_{12}O_7 + Ag\downarrow$$
葡萄糖或果糖 葡萄糖酸

$$C_6H_{12}O_6 + Cu(OH)_2 \longrightarrow C_6H_{12}O_7 + Cu_2O\downarrow$$
红色沉淀

凡是能被上述弱氧化剂氧化的糖,都称为还原糖,所以果糖也是还原糖。这主要是因为果糖在稀碱溶液中可发生酮式-烯醇式互变,酮基不断地变成醛基,并与氧化剂发生反应。

②溴水氧化(酸性氧化)。溴水能氧化醛糖,生成糖酸,糖酸加热很容易失水而得到 γ-和 δ-酯。例如,D-葡萄糖被溴水氧化生成 D-葡萄糖酸和 D-葡萄糖酸-δ-内酯(GDL),后者是一种温和的酸味剂,适用于肉制品与乳制品。而葡萄糖酸还可与钙离子生成葡萄糖酸钙,它是口服钙的配料。但酮糖不能被溴水氧化,因为酸性条件下,不会引起糖分子的异构化作用,所以可用此反应可以来区别醛糖和酮糖。

D-葡萄糖 D-葡萄糖酸-δ-内脂 D-葡萄糖酸-γ-内脂

③硝酸氧化。稀硝酸的氧化作用比溴水强,它能将醛糖的醛基和伯醇基都氧化,生成具有相同碳数的二元酸。

$$
\text{D-葡萄糖} \rightleftharpoons \text{D-葡萄糖二酸} \xrightarrow[100\,℃]{\text{HNO}_3} \rightleftharpoons \text{内酯}
$$

而半乳糖氧化后生成半乳糖二酸。半乳糖二酸不溶于酸性溶液,而其他己醛糖氧化后生成的二元酸都能溶于酸性溶液,利用这个反应可以鉴定半乳糖和其他己醛糖。

④高碘酸氧化。糖类像其他有两个或更多的在相邻的碳原子上有羟基或羰基的化合物一样,也能被高碘酸所氧化,碳碳键发生断裂。该反应是定量的,每断裂1个碳碳键就消耗1 mol 的高碘酸。因此,该反应现在是研究糖类结构的重要手段之一。

$$
+ 5\text{HIO}_4 \longrightarrow
\begin{array}{c}
\text{HCOOH} \\
+ \\
\text{HCOOH} \\
+ \\
\text{HCOOH} \\
+ \\
\text{HCOOH} \\
+ \\
\text{HCOOH} \\
+ \\
\text{HCHO}
\end{array}
$$

⑤其他。除了上面介绍的一些氧化反应外,如酮糖在强氧化剂作用下,在酮基处裂解,生成草酸和酒石酸。单糖与强氧化剂反应还可生成二氧化碳和水。葡萄糖在氧化酶的作用下,可以保持醛基不被氧化,仅第六个碳原子上的伯醇基被氧化生成羧基而形成葡萄糖醛酸。

(2)还原反应。单糖分子中的醛或酮也能被还原(reduction)生成多元醇,常用的还原剂有钠汞齐(NaHg)和四氢硼钠(NaBH₄)。如 D-葡萄糖还原生成山梨醇,木糖还原生成木糖醇,D-果糖还原生成甘露醇和山梨醇的混合物。

山梨醇、甘露醇等多元醇存在于植物中,山梨醇无毒,有轻微的甜味和吸湿性,甜度为蔗糖的50%,可用作食品、化妆品和药物的保湿剂。木糖醇的甜度为蔗糖的70%,可以替代蔗糖作为糖尿病患者的甜味剂。

4.2.4 食品中重要的低聚糖及其性质

低聚糖存在于多种天然食物中,如果蔬、谷物、豆类、牛奶、蜂蜜等。在食品中最常见也最重要的低聚糖是二糖,如蔗糖、麦芽糖、乳糖。除此之外的大多数低聚糖,因其具有显著的生理功能,属功能性低聚糖,近年来备受重视。

4.2.4.1 二糖

二糖可以看作是由2分子单糖失水形成的化合物,均溶于水,有甜味、旋光性,可结晶。根据其还原性质,二糖又分为还原性二糖与非还原性二糖。

(1)蔗糖。蔗糖(sucrose,saccharose,cane sugar)是 α-D-葡萄糖的 C_1 与 β-D-果糖的 C_2

通过糖苷键结合的非还原糖。在自然界中,蔗糖广泛地分布于植物的果实、根、茎、叶、花及种子内,尤以甘蔗、甜菜中含量最高。蔗糖是人类需求最大,也是食品工业中最重要的能量型甜味剂。

纯净蔗糖为无色透明的单斜晶体结晶,相对密度 1.588,熔点 160 ℃,加热到熔点,便形成玻璃样固体,加热到 200 ℃ 以上形成棕褐色的焦糖。蔗糖易溶于水,溶解度随温度上升而增加;当 KCl、K_3PO_4、$NaCl$ 等存在时,其溶解度也增加;而当 $CaCl_2$ 存在时,溶解度反而减少。蔗糖在乙醇、氯仿、醚等有机溶剂中难溶解。

蔗糖是右旋糖,其水溶液的比旋光度为 $[\alpha]_D^{20} = +66.5°$,当其水解后,得到等量的葡萄糖和果糖混合物,此时的比旋光度为 $[\alpha]_D^{20} = -19.9°$,即水解混合物的旋光方向发生改变,因此将蔗糖的水解产物称为转化糖。

蔗糖不具还原性,无变旋现象,也无成脎反应,但可与碱土金属的氢氧化物结合,生成蔗糖盐。工业上利用此特性可从废糖蜜中回收蔗糖。

红糖(brown sugar),是以甘蔗为原料,经提汁、澄清、煮炼,采用石灰法工艺制炼而成的粗糖,整个加工过程中不加入除石灰外任何化学试剂及食品添加剂,完全保留甘蔗原有风味和营养物。与白砂糖(refined white sugar)、赤砂糖(refined brown sugar)等精制糖(refined sugar)不一样,是一种非分蜜糖(non-centrifugal sugar,NCS),即未经过分蜜处理制成的糖。红糖在我国具体起源时间"始于三国魏晋南北朝到唐代之间的某一时代,至少在后魏以前",其产生初期基本作为药用,在《千金要方》《食疗本草》等药典中均有记载。20 世纪中叶,由于传统红糖融化缓慢且带有颜色,不能满足各类食品加工厂大规模生产需求,采用亚硫酸法(或碳酸法)进行脱色而得到精制糖,精制糖具有方便、速溶、廉价等特点,其一经出现就迅速占领了市场。其实赤砂糖并不是红糖,是工业化的精制砂糖,它们除了工艺不同外,在营养成分和保健功效等方面也存在较大差异。然而近年来人们对于工业制品加工中使用各种添加剂的疑虑逐步加深,传统天然的产品开始受到人们的重视,传统红糖也迎来了复兴的机会。海南遵谭镇土法制糖工艺在 2013 年被评为"海南省级非物质文化遗产";义乌红糖的榨糖工艺在 2014 年被列入"国家级非物质文化遗产";同一年,古方红糖"连环锅"工艺则被评为"贵州省非物质文化遗产"。如果能探讨红糖与赤砂糖两者的显著差别,不仅关乎红糖千年滋补美誉的"归正",也可使消费者能够辨别两者,正确选择自己所需产品,更有利于推动整个传统红糖产业的崛起。

(2)麦芽糖。麦芽糖(maltose)是由 2 分子葡萄糖通过 α-1,4-糖苷键结合而成的二糖,有 α-麦芽糖和 β-麦芽糖两种异构体。麦芽糖为透明针状晶体,易溶于水,微溶于乙醇,不溶于醚。其熔点为 102～103 ℃,相对密度 1.540,甜度为蔗糖的 1/3,味爽,口感柔和。α-麦芽糖的 $[\alpha]_D^{20}$ 为 +168°,β-麦芽糖 $[\alpha]_D^{20}$ 为 +112°,变旋达平衡时的 $[\alpha]_D^{20}$ 为 +136°。麦芽糖具有还原性,能与过量苯肼形成糖脎。

麦芽糖存在于麦芽,花粉、花蜜、树蜜及大豆植株的叶柄、茎和根部,在淀粉酶(即麦芽糖酶)或唾液酶作用下,淀粉水解可得麦芽糖。面团发酵和甘薯蒸烤时就有麦芽糖生成,啤酒生产时所用的麦芽汁中所含糖的主要成分就是麦芽糖。

(3)乳糖。乳糖(lactose)是哺乳动物乳汁中的主要糖成分,牛乳含乳糖 4.6%～5.0%,人乳含乳糖 5%～7%。乳糖是由一分子 β-D-半乳糖与另一分子 D-葡萄糖通过 β-1,4-糖苷键结合生成。乳糖在常温下为白色固体,溶解度小,甜度仅为蔗糖的 1/6,具有还原性,能形成脎,有旋光性,其比旋光度 $[\alpha]_D^{20} = +55.4°$,常用于食品工业和医药工业。

乳糖有助于机体内钙的代谢和吸收,但对体内缺乳糖酶的人群,可导致乳糖不耐受,此时乳糖只有在水解成单糖之后才能作为能量利用。

(4)纤维二糖和海藻糖。纤维二糖(cellobiose)是纤维素的基本结构组分,在自然界无游离状态,由 2 分子葡萄糖以 β-1,4-糖苷键结合,是典型的 β 型葡萄糖苷。分子中依然保留了一个半缩醛羟基,故有还原性,能变旋,能成脎,属于还原性二糖。纤维二糖为无色结晶,熔点225 ℃。

海藻糖(trehalose),旧称茧蜜糖,是由 2 个葡萄糖分子以 1,1-糖苷键结合而成的二糖,有 3 种异构体,即海藻糖(α,α)、异海藻糖(β,β)和新海藻糖(α,β)。海藻糖广泛存在于海藻、真菌、蕨类等植物和酵母菌、无脊椎动物及昆虫的血液中。海藻糖对生物组织和生物大分子具有非特异性的保护作用,因此可用于工业上,作为不稳定药品、食品和化妆品等的保护剂。

4.2.4.2　果葡糖浆

果葡糖浆(high fructose corn syrup)又称高果糖浆或异构糖浆,是以酶法水解淀粉所得的葡萄糖液经葡萄糖异构酶的异构化作用,将其中一部分葡萄糖异构成果糖而形成的由果糖和葡萄糖组成的一种混合糖糖浆。

果葡糖浆根据其所含果糖的多少,分为果糖含量为 42%、55%、90% 的 3 种产品,其甜度分别为蔗糖的 1.0、1.4、1.7 倍。

果葡糖浆作为一种新型食用糖,其最大的优点就是含有相当数量的果糖,而果糖具有多方面的独特性质,如甜度的协同增效,冷甜爽口性,高溶解度与高渗透压,吸湿性,保湿性与抗结晶性,优越的发酵性与加工储藏稳定性,显著的褐变反应等,而且这些性质随果糖含量的增加而更加突出。因此,日前作为蔗糖的替代品在食品领域中的应用日趋广泛。

4.2.4.3　其他低聚糖

(1)棉籽糖。棉籽糖(raffinose)又称蜜三糖,与水苏糖一起组成大豆低聚糖的主要成分,是除蔗糖外的另一种广泛存在于植物界的低聚糖,在棉籽、甜菜、豆科植物种子、马铃薯、各种谷物粮食、蜂蜜及酵母等中含量较多。

棉籽糖是 α-D-吡喃半乳糖(1→6)-α-D-吡喃葡萄糖(1→2)-β-D-呋喃果糖(图 4-19)。纯净棉籽糖为白色或淡黄色长针状结晶体,结晶体一般带有 5 分子结晶水,带结晶水的棉籽糖熔点为 80 ℃,不带结晶水的为 118~119 ℃。棉籽糖易溶于水,甜度为蔗糖的 20%~40%,微溶于乙醇,不溶于石油醚。其吸湿性是所有低聚糖中最低的,即使在相对湿度为 90% 的环境中也不吸水结块。棉籽糖属非还原糖,参与美拉德反应的程度小,热稳定性较好。

工业生产棉籽糖主要有 2 种方法。一种是从甜菜糖蜜中提取,另一种是从脱毒棉籽中提取。

(2)低聚果糖。低聚果糖(fructo-oligosaccharide)又称寡果糖或蔗果三糖族低聚糖,是指在蔗糖分子的果糖残基上通过 β-(2→1)糖苷键连接 1~3 个果糖基而成的蔗果三糖、蔗果四糖及蔗果五糖组成的混合物。其结构式可表示为 G—F—F$_n$(G 为葡萄糖,F 为果糖,$n=1~3$),属于果糖与葡萄糖构成的直链杂低聚糖(图 4-20)。

低聚果糖多存在于天然植物中,如菊芋、芦笋、洋葱、香蕉、番茄、大蒜等中。低聚果糖具有多种生理作用,如双歧杆菌的有效增殖因子,水溶性膳食纤维,属于人体难消化的低热值甜味剂,可改善肠道环境,防止龋齿等。

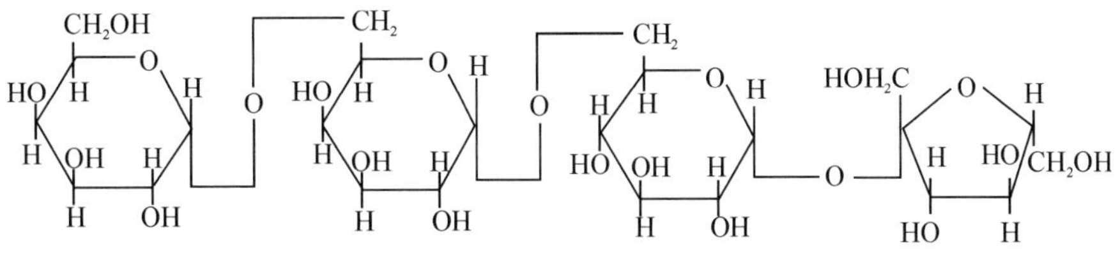

水苏糖

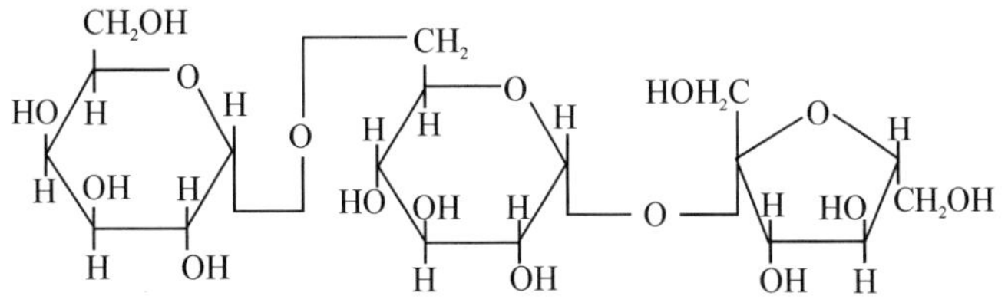

棉籽糖

图 4-19　水苏糖和棉籽糖的结构式

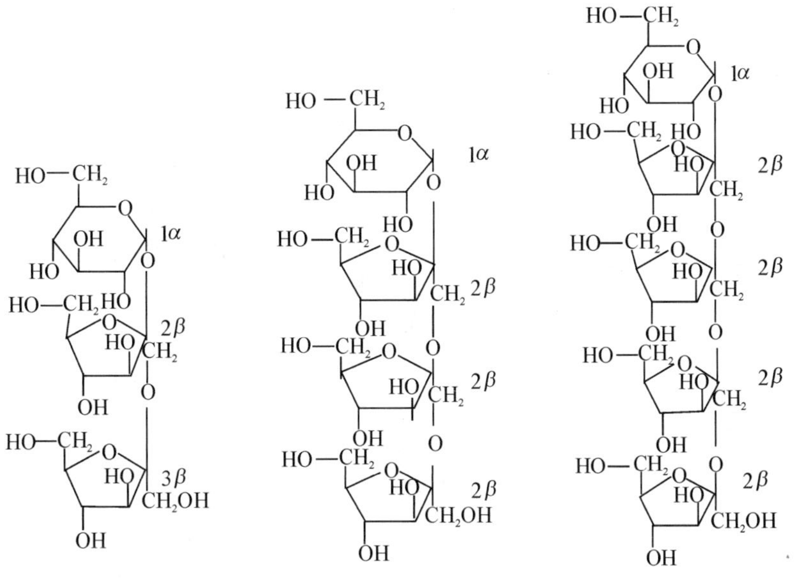

蔗果三糖　　　　　蔗果四糖　　　　　蔗果五糖

图 4-20　低聚果糖的结构式

现在,低聚果糖多采用适度酶解菊芋来获得,也有以蔗糖为原料,采用 β-D-呋喃果糖苷酶 (β-D-fructofuranosidase) 的转果糖作用,在蔗糖分子上以 β-(1→2) 糖苷键与 1~3 个果糖分子相结合而成。β-D-呋喃果糖苷酶多由米曲霉和黑曲霉生产。

低聚果糖的黏度等特性与蔗糖相似,甜度较蔗糖低。但低聚果糖具有明显的抑制淀粉老化的作用,应用于淀粉质食品,效果很好。

(3) 低聚木糖。低聚木糖 (xylooligosaccharide) 是由 2~7 个木糖以 β-(1→4) 糖苷键连接而成的低聚糖 (图 4-21),以木二糖和木三糖为主,木二糖的含量越高,产品质量越好。自然界

存在许多富含木聚糖的植物,如玉米芯、甘蔗和棉籽等。木聚糖经碱水解、酸水解或热水解后就可以得到低聚木糖。低聚木糖的甜味特性类似于蔗糖,具有独特的耐酸、耐热及不分解性,还具有改善肠道环境,防止龋齿,促进机体对钙的吸收和在体内代谢不依赖胰岛素等作用。因此,低聚木糖被认为是最有前途的功能性低聚糖之一,得到了广泛的应用。

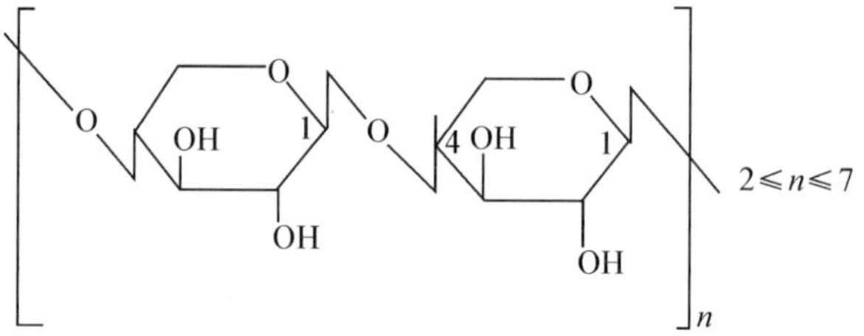

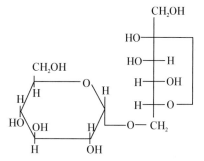

图 4-21　低聚木糖的结构式

(4)异麦芽酮糖。异麦芽酮糖(isomaltulose),又称帕拉金糖(palatinose),结构为 6-O-α-D-吡喃葡萄糖基-D-果糖(图 4-22)。

异麦芽酮糖具有与蔗糖类似的甜味特性,其甜度为蔗糖的 42%。室温下,其溶解性较小,为蔗糖的 1/2,但随温度的升高,其溶解度急剧增加,80 ℃时可达蔗糖的 85%。异麦芽酮糖的结晶体含有 1 分子的水,与果糖相同,是正交晶体,有旋光性,比旋光度为 $[\alpha]_D^{20} = +97.2°$,熔点为 122～123 ℃,没有吸湿性,且抗酸水解性强,不被大多数细菌和酵母所发酵利用而用来防止龋齿,故应用于酸性食品和发酵食品中。

图 4-22　异麦芽酮糖的结构式

异麦芽酮糖首先发现于甜菜制糖的过程中,目前,工业上多采用以蔗糖为原料经 α-葡萄糖基转移酶转化而得。

(5)环状糊精。环状糊精(cyclodextrin)是由 α-D-葡萄糖以 α-1,4-糖苷键结合而成的闭环结构的低聚糖,聚合度分别为 6、7、8 个葡萄糖单位,依次称为 α-、β-、γ-环状糊精。工业上多用软化芽孢杆菌(*Bacillus macerans*)产生的葡萄糖基转移酶(EC 2.4.1.19)作用于淀粉而制得(图 4-23)。

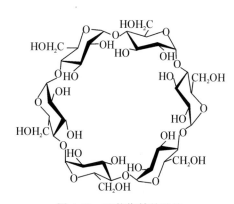

环状糊精结构具有高度对称性,呈圆筒形立体结构,空腔深度和内径均为 0.7～0.8 nm;分子中糖苷氧原子是共平面的,分子上的亲水基葡萄糖残基 C_6 上的伯醇羟基均排列在环的外侧,而疏水基 C—H 键则排列在圆筒内壁,使中间的空穴呈疏水性。鉴于这一分子结构特性,环状糊精很容易以其内部空间包合脂溶性物质如香精油、风味物等,因此可作为微胶囊化的壁材,充当易挥发嗅感成分的保护剂,不良气味的修饰包埋剂,食品和化妆品的保湿剂、乳化剂、起泡促进剂,营养成分和色素的稳定剂等。其中,以 β-环状糊精的应用效果最佳。此外,还可以利

图 4-23　环状糊精的结构

用它对被分析物质的包埋作用来提高分析的灵敏度。

4.3　多糖

4.3.1　多糖的结构与效应

4.3.1.1　多糖的结构

多糖(polysaccharide)又称为多聚糖,是指单糖聚合度大于 10 的糖类。在自然界中多糖的聚合度多在 100 以上,大多数多糖的聚合度为 200~3 000,纤维素的聚合度最大,为 7 000~15 000。多糖具有 2 种结构:一种是直链,另一种是支链,都是由单糖分子通过 1,4-和 1,6-糖苷键结合而形成的高分子化合物。多糖大分子结构与蛋白质一样,也可以分为一级、二级、三级和四级结构层次。多糖的一级结构是指多糖线性链中糖苷键连接单糖残基的顺序。多糖的二级结构是指多糖骨架链间以氢键结合所形成的各种聚合体,只关系多糖分子主链的构象,不涉及侧链的空间排布。在多糖一级结构和二级结构的基础上形成的有规则而粗大的空间构象,就是多糖的三级结构。但应注意到,在多糖一级和二级结构中,不规则的以及较大的分支结构,都会阻碍三级结构的形成,而外在的干扰,如溶液温度和离子强度改变也影响三级结构的式样。多糖的四级结构是指多糖链间以非共价键结合而形成的聚集体。这种聚集作用能在相同的多糖链之间进行,如纤维素链间的氢键相互作用;也可以在不同的多糖链间进行,如黄杆菌聚糖的多糖链与半乳甘露聚糖骨架中未取代区域之间的相互作用。

4.3.1.2　多糖的结构与生物活性

多糖是广泛存在于高等植物、动物细胞膜、微生物细胞壁中的一类天然大分子物质,是所有生命有机体的重要组成部分,它是有机体能量的主要来源。现代研究表明,多种多糖与维持生命所需的多种生理功能有关,广泛参与细胞识别、细胞生长、分化、代谢、胚胎发育、细胞癌变、病毒感染、免疫应答等各项生命活动,因此其被称为活性多糖,是食品功能化学研究的热点领域。

多糖生物活性的发挥与其结构有关,目前对多糖构效关系的研究主要包括多糖一级结构、物理性质和空间结构与多糖活性的关系。多糖的一级结构与其活性的关系,包括糖单元和主链的糖苷键、支链的类型、分支度、取代基的种类、聚合度及链的灵活性和空间构象等。

二维码 4-1　阅读材料——多糖、多糖的结构修饰与生物活性

单糖的组成对多糖活性的影响远远小于糖苷键型和单糖连接方式。通常,具有不同化学结构的单糖组成的多糖具有免疫调节活性,这表明免疫应答对单糖的化学结构是非特异性的,它主要由分子大小决定而不取决于单糖的化学结构。例如,从菌体中获得的活性多糖一般是由葡萄糖构成的,而且葡萄糖主链上的 β-(1,3)-D-糖苷键是抗肿瘤所必需的。此外,多糖的抗肿瘤活性还与硫酸基、金属离子络合这两个结构因素密切相关。目前,硫酸根对抗 HIV 病毒普遍被认为是必需的,并且其抑制 HIV 的作用同分子中硫酸基含量有关,含量越高,其抗 HIV 的作用越强。多糖的高级结构尤其是空间构象与活性的关系由于受到多糖空间结构测试手段的限制,至今尚不明确,但高级结构比一级结构在活性方面有更大的决定作用。一级结构相同,但高级结构存在差异,也会造成多糖活性大不相同。

4.3.2 多糖的性质

4.3.2.1 多糖的溶解性

多糖具有大量的游离羟基,因而多糖具有较强亲水性,易于水合和溶解。在食品体系中,多糖具有控制水分移动的能力,同时水分也是影响多糖物理与功能性质的重要因素。因此,食品的许多功能性质和质构都同多糖和水分有关。

多糖是分子量大的物质,它不会显著降低水的冰点,它是一种冷冻稳定剂(不是冷冻保护剂)。例如,淀粉溶液冷冻时,形成两相体系,一相是结晶水相(即冰),另一相是由70%淀粉分子与30%非冷冻水组成的玻璃态物质。非冷冻水是高度浓缩的多糖溶液的组成部分,由于黏度很高,所以水分子的运动受到限制;当大多数多糖处于冷冻浓缩状态时,水分子的运动受到了极大的限制,水分子不能移动到冰晶晶核或晶核长大的活性位置,因而抑制了冰晶的长大,提供了冷冻稳定性,能有效地保护食品产品的结构与质构不受破坏,从而提高产品的质量与储藏稳定性。

除了高度有序具有结晶的多糖不溶于水外,大部分多糖不能结晶,因而易于水合和溶解。在食品工业和其他工业中,使用的水溶性多糖与改性多糖被称为胶或亲水胶体。

4.3.2.2 多糖溶液的黏度与稳定性

多糖(胶或亲水胶体)主要具有增稠和胶凝的功能,此外还能控制流体食品与饮料的流动性质与质构以及改变半固体食品的变形性等。在食品产品中,一般使用0.25%～0.5%浓度的胶,即能产生极大的黏度甚至形成凝胶。

高聚物溶液的黏度与分子的大小、形态及其在溶剂中的构象有关。一般多糖分子在溶液中呈无序的无规线团状态(图4-24),但是大多数多糖的实际状态与严格的无规线团存在偏差,是形成紧密的线团,而线团的性质同单糖的组成与连接有关,有些是紧密的,有些是松散的。

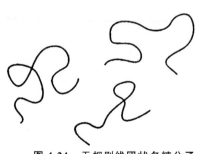

图4-24 无规则线团状多糖分子

溶液中线性高聚物分子旋转时占有很大空间,分子间彼此碰撞频率高,产生摩擦,因而具有很高的黏度。线性高聚物溶液黏度很高,甚至当浓度很低时,其溶液的黏度仍很高。而高度支链的多糖分子比具有相同分子质量的直链多糖分子占有的体积小得多,因而相互碰撞频率也低,溶液的黏度也比较低。

对于带一种电荷的直链多糖,由于同种电荷产生静电斥力,引起链伸展,使链长增加,高聚物占有体积增大,因而溶液的黏度大大提高。而一般情况下,不带电的直链均匀多糖分子倾向于缔合和形成部分结晶,这是因为不带电的多糖分子链段相互碰撞易形成分子间作用力,因而产生缔合或形成部分结晶。例如,直链淀粉在加热条件下溶于水,当溶液冷却时,分子立即聚集,产生沉淀,此过程称为老化。

多糖溶液一般具有两类流动性质,一类是假塑性,另一类是触变性。线性高聚物分子溶液一般是假塑性的。一般来说,分子质量越大的胶,假塑性越大。假塑性大的称为"短流",其口感是不黏的,假塑性小的称为"长流",其口感是黏稠的。

大多数亲水胶体溶液随温度升高黏度下降,因而利用此性质,可在高温下溶解较高含量的亲水胶体,溶液冷下来后就起到增稠的作用。但是黄原胶溶液除外,黄原胶溶液在0～100℃

内,黏度基本保持不变。

4.3.2.3　凝胶

在许多食品产品中,一些高聚物分子(如多糖或蛋白质)能形成海绵状的三维网状凝胶结构(图 4-25)。连续的三维网状凝胶结构是由高聚物分子通过氢键、疏水相互作用、范德华力作用、离子桥联、缠结或共价键形成联结区,网孔中充满了液相,液相是由低分子量溶质和部分高聚物组成的水溶液。

凝胶(gel)既具有固体性质,又具有液体性质,故可成为具有黏弹性的半固体,显示部分弹性与部分黏性。虽然多糖凝胶只含有 1% 高聚物,含有 99% 水分,但能形成很强的凝胶,如甜食凝胶、果冻、仿水果块等。

不同的胶具有不同的用途,其选择标准,取决于所期望的黏度、凝胶强度、流变性质、体系的 pH、加工温度、与其他配料的相互作用、质构以及价格等。此外,也必须考虑所期望的功能特性。亲水胶体具有多功能用途,它可以作为增稠剂、结晶抑制剂、澄清剂、成膜剂、脂肪代用品、絮凝剂、泡沫稳定剂、缓释剂、悬浮稳定剂、吸水膨胀剂、乳状液稳定剂以及胶囊剂等,这些性质常作为用途的选择依据。

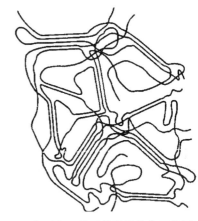

图 4-25　典型的三维网状凝胶结构示意图

4.3.2.4　多糖的水解

在食品加工和储藏过程中,多糖比蛋白质更容易水解。因此,往往添加相对高浓度的食用胶,以免多糖水解导致体系黏度降低。

在酸或酶的催化下,低聚糖或多糖的水解,伴随着黏度的下降。水解程度取决于酸的强度或酶的活力、时间、温度以及多糖的结构。

4.3.2.5　多糖的风味结合功能

大分子糖类化合物,是一类很好的风味固定剂,应用最普遍的是阿拉伯胶。阿拉伯胶能在风味物质颗粒的周围形成一层膜,从而可以防止水分的吸收、蒸发和化学氧化造成的损失。阿拉伯胶和明胶的混合物用于微胶囊的壁材,这是食品风味成分固定方法的一大进展。

4.4　食品中的主要多糖

食品中的多糖,主要有淀粉、果胶、纤维素、半纤维素、亲水多糖胶和改性多糖等,下面依据其重要性逐一介绍。

4.4.1　淀粉

植物的种子、根部和块茎中蕴藏着丰富的淀粉(starch)。淀粉和淀粉产品是人类的主要膳食,为人类提供 70%～80% 的热量。淀粉和改性淀粉具有独特的化学和物理性质及功能特性,在食品中有广泛的应用,可作为黏着剂、黏合剂、混浊剂、喷粉剂、成膜剂、稳泡剂、保鲜剂、胶凝剂、上光剂、持水剂、稳定剂、质构剂以及增稠剂等,对食品的品质起着非常重要的作用。

4.4.1.1 淀粉的结构

淀粉是由 D-葡萄糖通过 α-1,4 糖苷键和 α-1,6-糖苷键结合而成的高聚物,可分为直链淀粉(amylose)和支链淀粉(amylopectin)。在天然淀粉颗粒中,这两种淀粉同时存在,相对含量因淀粉的来源不同而异(表 4-4)。

表 4-4   不同品种淀粉中直链淀粉的含量

淀粉种类	直链淀粉含量/%	淀粉种类	直链淀粉含量/%
大米	17	燕麦	24
糯米	0	光皮豌豆	30
普通玉米	26	皱皮豌豆	75
糯玉米	0	马铃薯	22
高直链玉米	70~80	甘薯	20
高粱	27	木薯	17
糯高粱	0	绿豆	30
小麦	24	蚕豆	32

直链淀粉是 D-葡萄糖通过 α-1,4-糖苷键连接而形成的线状大分子(图 4-26),聚合度范围为 100~6 000,一般为 250~300。直链淀粉分子并不是完全伸直的线性分子,而是由分子内羟基间的氢键作用使整个链分子蜷曲成以每 6 个葡萄糖残基为一个螺旋节距的螺旋结构。

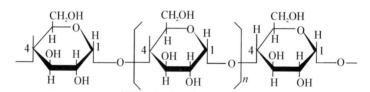

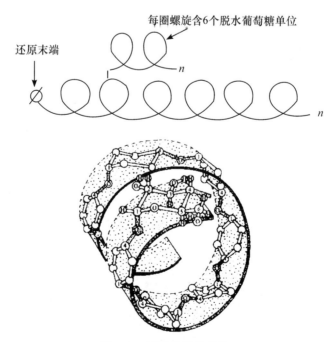

图 4-26   直链淀粉的结构

支链淀粉是 *D*-葡萄糖通过 α-1,4-糖苷键和 α-1,6-糖苷键连接而形成的大分子(图 4-27)，结构中具有分支，即每个支链淀粉分子由 1 条主链和若干条连接在主链上的侧链组成。一般将主链称为 C 链，侧链又分成 A 链和 B 链。A 链是外链，经 α-1,6-糖苷键与 B 链连接，B 链又经 α-1,6-糖苷键与 C 链连接，A 链和 B 链的数目大致相等，A 链、B 链和 C 链本身是由 α-1,4-糖苷键连接而形成的。每一个分支平均含有 20～30 个葡萄糖残基，分支与分支之间相距 11～12 个葡萄糖残基，各分支也卷曲成螺旋结构，所以支链淀粉分子近似球形，并如"树枝"状的枝杈结构。支链淀粉分子的聚合度范围为 1 200～3 000 000，一般在 6 000 以上，比直链淀粉分子的聚合度大得多，是最大的天然化合物之一。

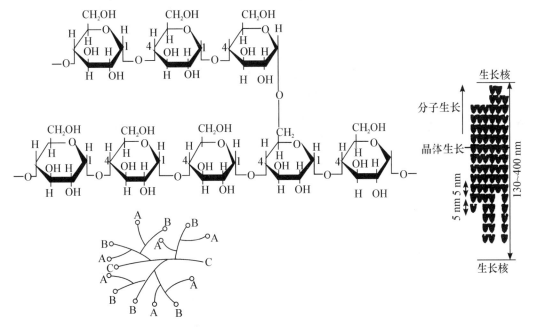

图 4-27　支链淀粉的结构

淀粉颗粒是由直链淀粉和(或)支链淀粉分子径向排列而成，具有结晶区与非结晶区交替层的结构。支链淀粉成簇的分支(B 链和 C 链)是以螺旋结构形式存在，这些螺旋结构堆积在一起形成许多小的结晶区(微晶束)(图 4-28)，是靠分支侧链上葡萄糖残基以氢键缔合平行排列而形成，主要有 3 种结晶形态，即 A、B、C 型(但当淀粉与有机化合物形成复合物后，将以 V 型结构存在)。这也说明不是以整个支链淀粉分子参与微晶束的形成，而是以其链的某个部分参与微晶束的构成，其中有一部分链不参与构成微晶束，而成为淀粉颗粒的非结晶区，也就是无定形区。同时，直链淀粉也主要是形成非结晶区。结晶区构

图 4-28　微晶束的结构

成了淀粉颗粒的紧密层,无定形区构成了淀粉颗粒的稀疏层,紧密层与稀疏层交替排列而形成淀粉颗粒。晶体结构在淀粉颗粒中只占小部分,大部分则是非结晶体。

在偏光显微镜下观察淀粉颗粒,可看到黑色的偏光十字(polarizing cross)或称马耳他十字(Maltese cross),将淀粉颗粒分成 4 个白色的区域(图 4-29),偏光十字的交叉点位于淀粉颗粒的粒心(脐点),这种现象称作双折射(birefringence),说明淀粉颗粒具有晶体结构,也说明淀粉颗粒中淀粉分子是径向排列和有序排列的。

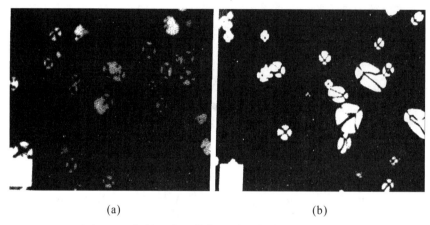

(a)   (b)

图 4-29 小麦(a)和马铃薯(b)淀粉粒的偏光显微形态

同时,淀粉颗粒在显微镜下观察时,可以发现围绕脐点的类似于树木年轮的环层细纹(称为轮纹,图 4-30),呈螺壳形,纹间密度的大小不同。马铃薯淀粉颗粒的环纹最为明显,木薯淀粉颗粒的环纹也很清楚,但粮食淀粉颗粒几乎没有环纹。

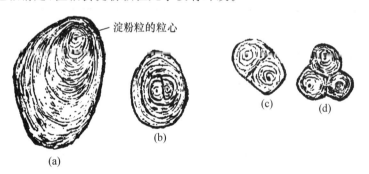

淀粉粒的粒心

(a)简单淀粉粒;(b)半复合淀粉粒;(c)、(d)复合淀粉粒

图 4-30 马铃薯淀粉颗粒的环纹结构

淀粉颗粒的形状一般分为圆形、多角形和卵形(椭圆形)3 种(图 4-31),随来源不同而呈现差异。例如,马铃薯淀粉和甘薯淀粉的大粒为卵形,小粒为圆形;大米淀粉和玉米淀粉颗粒大多为多角形;蚕豆淀粉为卵形而更接近肾形;绿豆淀粉和豌豆淀粉颗粒则主要是圆形和卵形。

不同淀粉颗粒的大小差别很大,同种淀粉的颗粒,大小也有很大差别(表 4-5)。淀粉颗粒的形状和大小受种子生长条件、成熟度、胚乳结构以及直链淀粉和支链淀粉的相对比例等因素影响,对淀粉的性质也有很大影响。

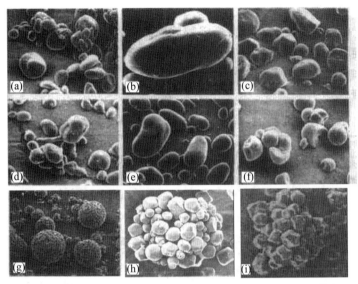

(a)、(b)小麦；(c) 玉米；(d) 高直链玉米；(e) 马铃薯；(f) 木薯；(g) 大米；(h) 荞麦；(i) 苋菜籽

图 4-31 部分淀粉颗粒扫描电子显微镜图

表 4-5 几种淀粉颗粒的大小 μm

淀粉种类	颗粒大小	平均粒度
马铃薯	5～100	65
甘薯	5～40	17
大米	3～8	5
玉米	5～30	15
小麦	2～10,25～35	20
绿豆	8～21	16
蚕豆	20～48	32

4.4.1.2 淀粉的物理性质

淀粉为白色粉末。淀粉分子中存在的羟基而具有较强的吸水性和持水能力,因此淀粉的含水量较高,约为 12%,但与淀粉的来源有关。

纯支链淀粉易分散于冷水中,而直链淀粉则相反。天然淀粉完全不溶于冷水,但加热到一定的温度,天然淀粉将发生溶胀(swelling),直链淀粉分子从淀粉粒向水中扩散,形成胶体溶液,而支链淀粉仍保留在淀粉粒中。当温度足够高并不断搅拌,支链淀粉也会吸水膨胀形成稳定的黏稠胶体溶液。当胶体溶液冷却后,直链淀粉重结晶而沉淀并不能再分散于热水中,而支链淀粉重结晶的程度则非常小。淀粉水溶液成右旋光性,$[\alpha]_D^{20} = +201.5° \sim +205°$,平均相对密度为 1.5～1.6。

淀粉与碘可以形成有颜色的复合物(非常灵敏),直链淀粉与碘形成的复合物呈棕蓝色,支链淀粉与碘的复合物则呈蓝紫色,糊精与碘呈现的颜色随糊精分子质量递减,由蓝色、紫红色、橙色以至无色。这种颜色反应与直链淀粉的分子大小有关,聚合度 4～6 的短直链淀粉与碘不显色,聚合度 8～20 的短直链淀粉与碘显红色,聚合度大于 40 的直链淀粉分子与碘呈深蓝色。支链淀粉分子的聚合度虽大,但其分支侧链部分的聚合度只有 20～30,所以与碘呈现紫红色。

这种颜色反应并不是化学反应,在水溶液中,直链淀粉分子以螺旋结构方式存在,每个螺

旋吸附一个碘分子,借助于范德华力连接在一起,形成一种复合物,从而改变碘原有的颜色。碘分子犹如一个轴贯穿于直链淀粉分子螺旋(图4-32),一旦螺旋伸展开来,结合着的碘分子就会游离出来。因此,热淀粉溶液因螺旋结构伸展,遇碘不显深蓝色,冷却后,因又恢复螺旋结构而呈深蓝色。

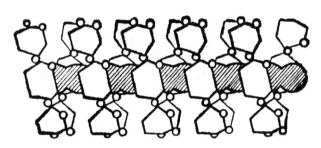

图 4-32　淀-碘粉复合物

纯净的直链淀粉能定量结合碘,每克直链淀粉可结合 200 mg 的碘,这一性质通常被用于直链淀粉含量的测定。

直链淀粉除了可以与碘结合形成复合物外,还能与脂肪酸、醇类、表面活性剂等形成结构类似于淀粉-碘的复合物。

4.4.1.3　淀粉的水解反应

淀粉在无机酸或酶的催化下将发生水解反应,分别称为酸水解法和酶水解法。淀粉的水解产物因催化条件、淀粉的种类不同而有差别,但最终水解产物为葡萄糖。

(1)酸水解法。淀粉分子糖苷键的酸水解或多或少是随机的,起初产生很大的片段。淀粉水解程度不同,其水解产物的分子大小也不同,可以是紫色糊精、红色糊精、无色糊精、麦芽糖、葡萄糖。

不同来源的淀粉,其酸水解难易不同,一般马铃薯淀粉较玉米、小麦、高粱等谷类淀粉易水解,大米淀粉较难水解。支链淀粉较直链淀粉容易水解。糖苷键酸水解的难易顺序为 α-1,6 > α-1,4 > α-1,3 > α-1,2,而 α-1,4-糖苷键的水解速度较 β-1,4-糖苷键快。结晶区比非结晶区更难水解。另外,淀粉的酸水解反应还与温度、底物浓度和无机酸种类有关,一般来讲,盐酸和硫酸的催化水解效率较高。

工业上,将盐酸喷射到混合均匀的淀粉中,或用氯化氢气体处理搅拌的含水淀粉;然后混合物加热得到所期望的解聚度,接着将酸中和,回收产品、洗涤以及干燥。产品仍然是颗粒状,但非常容易破碎(烧煮),此淀粉称为酸改性或变稀淀粉(acid-modified or thin-boiling starch),此过程称为变稀(thinning)。酸改性淀粉形成的凝胶透明度得到改善,凝胶强度有所增加,而溶液的黏度有所下降。用酸对淀粉再进行深度改性产生糊精,有紫色糊精、红色糊精、无色糊精等。

(2)酶水解法。淀粉的酶水解在食品工业上称为糖化,所使用的淀粉酶也被称为糖化酶。淀粉的酶水解一般要经过糊化、液化和糖化 3 道工序。淀粉的酶水解所使用的淀粉酶主要有 α-淀粉酶(液化酶)、β-淀粉酶(转化酶、糖化酶)和葡萄糖淀粉酶等。

α-淀粉酶是一种内切酶,它能将直链淀粉和支链淀粉两种分子从内部裂开任意位置的 α-1,4-糖苷键,产物中还原端葡萄糖残基为 α-构型,故称 α-淀粉酶。α-淀粉酶不能催化水解

α-1,6-糖苷键,但能越过 α-1,6-糖苷键继续催化水解 α-1,4-糖苷键。此外,α-淀粉酶也不能催化水解麦芽糖分子中的 α-1,4-糖苷键水解,所以其水解产物主要是 α-葡萄糖、α-麦芽糖和很小的糊精分子。

β-淀粉酶可以从淀粉分子的非还原尾端开始催化 α-1,4-糖苷键水解,不能催化 α-1,6-糖苷键水解,也不能越过 α-1,6-糖苷键继续催化水解 α-1,4-糖苷键。因此,β-淀粉酶是外切酶,水解产物是 β-麦芽糖和 β-限制糊精。

葡萄糖淀粉酶则是从非还原尾端开始催化淀粉分子的水解,反应可发生在 α-1,6-糖苷键、α-1,4-糖苷键、α-1,3-糖苷键上,即能催化水解淀粉分子中的任何糖苷键。葡萄糖淀粉酶属于外切酶,最后产物全部是葡萄糖。

有一些脱支酶专门催化水解支链淀粉的 1→6 连接键,产生许多低分子量的直链分子,其中一种酶是异淀粉酶,另一种是普鲁兰酶。

综上,淀粉是食品工业的基础原料,可进一步加工成各种有益产品。

4.4.1.4　淀粉的糊化

生淀粉分子靠大量的分子间氢键排列得很紧密,形成束状的胶束,彼此之间的间隙很小,即使水这样的小分子也难以渗透进去。具有胶束结构的生淀粉称为 β-淀粉,β-淀粉在水中经加热后,随着加热温度的升高,破坏了淀粉结晶区胶束中弱的氢键,一部分胶束被溶解而形成空隙,于是水分子浸入内部,与一部分淀粉分子进行氢键结合,胶束逐渐被溶解,空隙逐渐扩大,淀粉粒因吸水,体积膨胀数十倍,生淀粉的结晶区胶束即行消失,这种现象称为膨润。继续加热,结晶区胶束则全部崩溃,淀粉分子形成单分子,并被水所包围(氢键结合),而成为溶液状态,由于淀粉分子是链状或分枝状,彼此牵扯,结果形成具有黏性的糊状溶液。这种现象称为淀粉糊化(starch gelatinization)(图 4-33),处于这种状态的淀粉称为 α-淀粉。

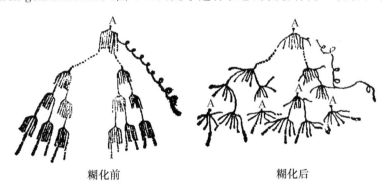

糊化前　　　　　　　　　糊化后

A 表示支链淀粉的 A 链

图 4-33　淀粉糊化前后的分子形态示意图

糊化作用可分为 3 个阶段:①可逆吸水阶段,水分进入淀粉粒的非晶质部分,淀粉通过氢键与水分子发生作用,颗粒的体积略有膨胀,外观上没有明显的变化,淀粉粒内部晶体结构没有改变,此时冷却干燥,可以复原,双折射现象不变;②不可逆吸水阶段,随温度升高,水分进入淀粉微晶束间隙,不可逆大量吸水,颗粒的体积膨胀,淀粉分子之间的氢键被破坏和分子结构发生伸展,结晶"溶解",双折射现象开始消失;③淀粉粒解体阶段,淀粉分子全部进入溶液,体系的黏度达到最大,双折射现象完全消失。因此,淀粉糊化是一个过程。这也说明凡事都有一个时间过程,不要操之过急,欲速则不达;凡事也都会随时间、环境而改变,莫要妄自菲薄。

淀粉糊化温度一般有一个温度范围,双折射现象开始消失的温度称为开始糊化温度,双折射现象完全消失的温度称为完全糊化温度。通常用糊化开始的温度和糊化完成的温度表示淀粉的糊化温度。表4-6列出了几种淀粉的糊化温度。

表4-6 几种淀粉的糊化温度

℃

淀粉	开始糊化温度	完全糊化温度	淀粉	开始糊化温度	完全糊化温度
粳米	59	61	玉米	64	72
糯米	58	63	荞麦	69	71
大麦	58	63	马铃薯	59	67
小麦	65	68	甘薯	70	76

淀粉糊化、淀粉溶液黏度和淀粉凝胶的性质等,不仅取决于淀粉的种类、加热的温度,还取决于共存的其他组分的种类和数量,如糖、蛋白质、脂肪、有机酸、水以及盐等物质。

各种淀粉的糊化温度不相同,其中直链淀粉含量越高的淀粉,糊化温度越高;即使是同一种淀粉,因为颗粒大小不同,其糊化温度也不相同。一般来说,小颗粒淀粉的糊化温度高于大颗粒淀粉的糊化温度。

高浓度的糖将降低淀粉糊化的速度、黏度的峰值和所形成凝胶的强度,二糖在升高糊化温度和降低黏度峰值等方面比单糖更有效,通常蔗糖>葡萄糖>果糖。糖是通过增塑作用和干扰结合区的形成而降低凝胶强度的。

脂类,如三酰甘油和脂类衍生物,如单酰甘油和二酰甘油乳化剂,也影响淀粉的糊化,即能与直链淀粉形成复合物的脂肪推迟了淀粉颗粒的肿胀,如在脂肪含量低的白面包中,通常96%的淀粉是完全糊化的。但在已糊化的淀粉体系中加入脂肪,如果不存在乳化剂,则对其所能达到的最大黏度值无影响,但是会降低达到最大黏度的温度。例如,在玉米淀粉-水悬浮液的糊化过程中,在92 ℃达到最大黏度,如果存在9%~12%的脂肪,即可在82 ℃时达到最大黏度。

加入具有16~18个碳原子的脂肪酸或其单酰甘油,将使其糊化温度提高,达到最大黏度的温度也增加,而凝胶形成的温度与凝胶的强度则降低。单酰甘油或脂肪酸组分,能与螺旋形直链淀粉形成包合物,也可与支链淀粉较长的侧链形成包合物(图4-34),因淀粉螺旋内部的疏水性高于外部,脂肪-淀粉复合物的形成,干扰了结合区的形成,能有效地阻止水分子进入淀粉颗粒。

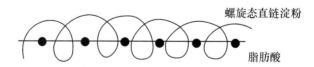

图4-34 脂肪酸与直链淀粉形成包合物

由于淀粉具有中性特征,低浓度的盐对糊化或凝胶的形成影响很小,但含有一些磷酸盐基团的马铃薯支链淀粉和人工制造的离子化淀粉则受盐的影响,对于一些盐敏感性淀粉,依条件的不同,盐可增加或降低膨胀的速度。不同离子对淀粉糊化的促进作用大小顺序为:Li^+ > Na^+ > K^+ > Rb^+;OH^- > 水杨酸 > SCN^- > I^- > Br^- > Cl^- > SO_4^{2-}(大于 I^- 者,常温下可使淀粉糊化)。另外,能够破坏氢键的化合物,如脲、胍盐、二甲基亚砜等,在常温下也能使淀粉产生糊化,其中二甲基亚砜在淀粉尚未发生溶胀前就使其产生溶解,所以可作为淀粉的溶剂。

酸普遍存在于许多淀粉增稠的食品中,因此,大多数食品的 pH 范围在 4~7,这样的酸浓度对淀粉溶胀或糊化影响很小。在 pH 为 10.0 时,淀粉溶胀的速度明显增加,但这个 pH 已超出食品的范围。在低 pH 时,淀粉糊的黏度峰值显著降低,并且在烧煮时黏度快速下降,因为在低 pH 时,淀粉发生水解,产生了非增稠的糊精。在淀粉增稠的酸性食品中,为避免酸变稀,一般使用交联淀粉。

在许多食品中,淀粉和蛋白质间的相互作用对食品的质构产生重要影响。如小麦淀粉和面筋蛋白在和面(揉捏)时,就发生了一定的作用,在有水存在的情况下加热,淀粉糊化而蛋白质变性,使焙烤食品具有一定的结构。但食品体系中淀粉和蛋白质间相互作用的本质,现在仍然不清楚。

4.4.1.5   淀粉的老化

经过糊化的 α-淀粉在室温或低于室温下放置后,会变得不透明甚至凝结而沉淀,这种现象称为老化(retrogradation)。这是糊化后的淀粉分子在低温下又自动排列成序,相邻分子间的氢键又逐步恢复而形成致密、高度晶化的淀粉分子微晶束的缘故。所以,从某种意义上看,淀粉老化过程可看成是淀粉糊化的逆过程,但是老化不能使淀粉彻底复原到生淀粉(β-淀粉)的结构状态,它比生淀粉的晶化程度低。老化后的淀粉与水失去亲和力,不易与淀粉酶作用,因此不易被人体消化吸收,严重地影响了食品的质地,如面包的陈化(staling)失去新鲜感,米汤的黏度下降或产生沉淀,就是淀粉老化的结果。因此,淀粉老化作用的控制在食品工业中具有重要意义。

不同来源的淀粉,老化难易程度并不相同。这是由于淀粉的老化与所含直链淀粉及支链淀粉的比例有关,一般是直链淀粉较支链淀粉易于老化。直链淀粉愈多,老化愈快。支链淀粉几乎不发生老化,其原因是它的分支结构妨碍了微晶束氢键的形成。

淀粉含水量为 30%~60% 时较易老化,含水量小于 10% 或在大量水中则不易老化。老化作用最适宜温度为 2~4 ℃,大于 60 ℃ 或小于 −20 ℃ 都不发生老化。在偏酸(pH=4 以下)或偏碱的条件下也不易老化。

防止老化,可将糊化后的 α-淀粉,在 80 ℃ 以下的高温迅速除去水分(水分含量最好在 10% 以下)或冷至 0 ℃ 以下迅速脱水。这样,淀粉分子已不能移动和相互靠近,成为固定的 α-淀粉。α-淀粉加水后,因无胶束结构,水易于浸入而将淀粉分子包蔽,不需要加热,也易糊化。这就是制备方便食品的原理,如方便米饭、方便面条、饼干、膨化食品等。

糊化淀粉在有单糖、二糖和糖醇存在时,不易老化,这是因为它们能妨碍淀粉分子间缔合,并且本身吸水性强能夺取淀粉凝胶中的水,使溶胀的淀粉成为稳定状态。表面活性剂或具有表面活性的极性脂,由于直链淀粉与之形成包合物,推迟了淀粉的老化。此外,一些大分子物质如蛋白质、半纤维素、植物胶等对淀粉的老化也有减缓的作用。

4.4.1.6   抗消化淀粉

随着人们发现有部分淀粉在人小肠内无法消化吸收后,过去一直认为淀粉可在小肠内完全消化吸收的观点受到了挑战,新型的一种淀粉分类方法也就应运而生,目前公认的分类方法为 Englyst 和 Baghurst 的分类方法,人们依淀粉在小肠内的生物可利用性将淀粉分为 3 类:第一类是快消化淀粉(rapidly digestible starch,RDS),指那些能在小肠中迅速被消化吸收的淀粉分子,一般是 α-淀粉,如热米饭、煮甘薯、粉丝等;第二类是慢消化淀粉(slowly digestible

食品化学

starch,SDS),指那些能在小肠中被完全消化吸收但速度较慢的淀粉,主要指一些生的未经糊化的淀粉,如生米、生面等;第 3 类便是所谓的抗消化淀粉(resistant starch,RS)。其实这种分类方式是依单个淀粉分子为基础的,也就是说有的食物中可能同时含有上述 3 类或其中的2 类。

Resistant starch,简称 RS,国内有人译作抗淀粉、抗性淀粉、抗消化淀粉、抗酶淀粉或抗酶性淀粉等。中国淀粉协会名誉会长,著名淀粉专家张力田教授认为,"直译为'抗淀粉',究竟是抗什么欠明确,还是用抗消化淀粉名称好"。欧洲抗消化淀粉协会(FURESTA)1992 年将其定义为:不被健康正常人体小肠所消化吸收的淀粉及其降解产物的总称。目前国内外多数学者根据抗消化淀粉的形态及物理化学性质,又将抗消化淀粉分为 4 种:即 RS1、RS2、RS3、RS4。

(1)RS1 称为物理包埋淀粉,指淀粉颗粒因细胞壁的屏障作用或蛋白质等的隔离作用而难以与酶接触,因此不易被消化。加工时的粉碎及碾磨,摄食时的咀嚼等物理动作可改变其含量。常见于轻度碾磨的谷类、豆类等食品中。

(2)RS2 指抗消化淀粉颗粒,为有一定粒度的淀粉,通常为生的薯类和香蕉中的淀粉。经物理和化学分析后认为,RS2 具有特殊的构象或结晶结构(B 型或 C 型 X 射线衍射图谱)、对酶具有高度抗性。

(3)RS3 为老化淀粉,主要为糊化淀粉经冷却后形成的。凝沉的淀粉聚合物,常见于煮熟又放冷的米饭、面包、油炸马铃薯片等食品中。这类抗消化淀粉又分为 RS3a 和 RS3b 两部分,其中 RS3a 为凝沉的支链淀粉,RS3b 为凝沉的直接淀粉,RS3b 的抗酶解性最强。

(4)RS4 为化学改性淀粉,经基因改造或化学方法引起的分子结构变化以及一些化学官能团的引入而产生的抗酶解性,如乙酰基、羟丙基淀粉,热变性淀粉以及磷酸化淀粉等。

值得一提的是,RS1、RS2 和 RS3a 经过适当热加工后仍可被消化吸收,RS3 是目前最重要也是最主要的抗消化淀粉,国外对此类淀粉研究也较多。

影响淀粉老化的因素,也就是影响食物中抗消化淀粉(这里主要指 RS3)含量的因素,依其性质可分为内因和外因。内因是指与食物中淀粉性质和食物组成成分有关的因素,主要包括原料的组成,直链淀粉与支链淀粉的比率、淀粉颗粒的大小、淀粉分子的聚合度或链长等;外因则指有关的加工条件,处理方式以及食物形态等。常见食物的直/支比与抗消化淀粉含量见表 4-7。

表 4-7 常见食物的直/支比与抗消化淀粉含量

食物名称	直/支比	抗消化淀粉含量/%
直链玉米淀粉(Ⅰ)	70/30	21.3±0.3
直链玉米淀粉(Ⅱ)	53/47	17.8±0.2
豌豆淀粉	33/67	10.5±0.1
小麦淀粉	25/75	7.8±0.2
普通玉米淀粉	25/74	7.0±0.1
马铃薯淀粉	20/80	4.4±0.1
蜡质玉米淀粉	<1/99	2.5±0.2

4.4.1.7 淀粉的改性

为了适应各种应用领域的需要,需将天然淀粉经物理、化学或酶处理,使淀粉原有的物理性质发生一定的变化,如水溶性、黏度、色泽、味道、流动性等。这种经过处理的淀粉总称为改性淀粉(modified starch)。改性淀粉的种类很多,如可溶性淀粉、漂白淀粉、交联淀粉、氧化淀粉、酯化淀粉、醚化淀粉、磷酸淀粉等。

(1)可溶性淀粉。可溶性淀粉(soluble starch)是经过轻度酸或碱处理的淀粉,其淀粉溶液热时有良好的流动性,冷凝时能形成坚柔的凝胶。α-淀粉则是由物理处理方法生成的可溶性淀粉。

生产可溶性淀粉的一般方法是在 $25 \sim 55 \, ℃$ 的温度下(低于糊化温度),用盐酸或硫酸作用于 40% 玉米淀粉浆;处理的时间可由黏度降低来决定,为 $6 \sim 24 \, h$;用纯碱或者稀 $NaOH$ 中和水解物,再经过滤和干燥,即得到可溶性淀粉。可溶性淀粉用于制造胶姆糖和糖果。

(2)酯化淀粉。淀粉的糖基单体含有 3 个游离羟基,能与酸或酸酐形成淀粉酯(esterized starch),其取代度能从 0 变化到最大值 3。常见的有淀粉乙酸酯、淀粉硝酸酯、淀粉磷酸酯和淀粉黄原酸酯等。

工业上是用乙酸酐或乙酰氯在碱性条件下作用淀粉乳而制备淀粉乙酸酯的。低取代度的淀粉乙酸酯(取代度<0.2,乙酰基$<5\%$)糊的凝沉性弱(抗老化的作用),稳定性高。淀粉三乙酸酯(高取代度)含乙酰基 44.8%,能溶于乙酸、氯仿和其他氯烷烃溶剂中,其氯仿溶液常用于测定其黏度、渗透压力、旋光度等。

利用 CS_2 作用于淀粉即可得到淀粉黄原酸酯,为使其不溶于水,可使用高程度交联淀粉为原料进行制备。淀粉黄原酸酯可用于除去工业废水中的铜、铬、锌和其他多种重金属离子,效果很好。

用 N_2O_5 在含有 NaF 的氯仿液中氧化淀粉能得到完全取代的淀粉硝酸酯,为工业上生产很早的淀粉酯衍生物,可用于炸药。

磷酸为三价酸,与淀粉作用生成的酯衍生物有淀粉磷酸一酯、二酯和三酯。用正磷酸钠和三聚磷酸钠 $Na_5P_3O_{10}$ 进行酯化,得磷酸淀粉一酯。磷酸淀粉一酯糊具有较高的黏度、透明度、胶黏性。用三氯氧磷($POCl_3$)进行酯化时,可得淀粉磷酸一酯和交联的淀粉磷酸二酯、三酯混合物。淀粉磷酸二酯和三酯,属于交联淀粉。交联淀粉颗粒的溶胀受到抑制,糊化困难,黏度和黏度稳定性均增高。酯化度低的淀粉磷酸酯可改善某些食品的抗冻结-解冻性能,降低冻结-解冻过程中水分的离析。

(3)醚化淀粉。淀粉糖基单体上的游离羟基可被醚化而得醚化淀粉(etherized starch),其中甲基醚化法为研究淀粉(多糖)结构的常用方法。即用硫酸二甲酯和 $NaOH$ 或 AgI 和 Ag_2O 作用于淀粉,其游离羟基被甲氧基化,水解后根据所得甲基糖的结构,就可确定淀粉分子中葡萄糖单位间联结的糖苷键。工业生产一般用前法,特别是制备低取代度的甲基醚,而制备高取代度的甲基醚,则需要重复甲基化操作多次。

低取代度甲基淀粉醚具有较低的糊化温度,较高的水溶解度和较低的凝沉性。取代度 1.0 的甲基淀粉醚能溶于冷水,但不溶于氯仿。随取代度再提高,水溶解度降低,氯仿溶解度增加。

颗粒状或糊化淀粉在碱性条件下易与环氧乙烷或环氧丙烷反应,生成部分取代的羟乙基或羟丙基淀粉醚衍生物。低取代度的羟乙基淀粉具有较低的糊化温度,受热溶胀速度较快,糊的透明度和胶黏性较高,凝沉性较弱,干燥后形成透明、柔软的薄膜。

(4)氧化淀粉。工业上应用 $NaClO$ 处理淀粉,即得到氧化淀粉(oxidized starch)。由于直链淀粉被氧化后,链成为扭曲状,因而不易引起老化。氧化淀粉的糊,黏度较低,但稳定性高,

较透明,成膜性能好;在食品加工中可形成稳定溶液,适用作分散剂或乳化剂。高碘酸或其钠盐也能氧化相邻的羟基成醛基,在研究糖类的结构中非常有用。

(5)交联淀粉。用具有多元官能团的试剂,如甲醛、环氧氯丙烷、三氯氧磷、三聚磷酸盐等作用于淀粉颗粒,能将不同淀粉分子经"交联键"结合而生成的淀粉称为交联淀粉(cross-linked starch)。交联淀粉具有良好的机械性能,并且耐热、耐酸、耐碱;随交联度增加,甚至在高温受热也不糊化。在食品工业中,交联淀粉可用作增稠剂和赋形剂。

(6)接枝淀粉。淀粉能与丙烯酸、丙烯氰、丙烯酰胺、甲基丙烯酸甲酯、丁二烯、苯乙烯和其他人工合成高分子的单体起接枝反应生成共聚物,称为接枝淀粉(branched starch)。所得共聚物具有两类高分子(天然淀粉和人工合成高分子)的性质,并随接枝百分率、接枝频率和平均分子量而发生变化。接枝百分率为接枝高分子占共聚物的质量分数;接枝频率为接枝链之间平均葡萄糖单位数目,由接枝百分率和共聚物平均分子量计算而得。

淀粉链上连接合成高分子($CH_2 = CHX$)分支链的结构不同,其性质也有所不同,若$X=—CO_2H$,$—CONH_2$,$—CO(CH_2)_n$,$—N^+R_3Cl$ 等,所得共聚物溶于水,能用作增稠剂、吸收剂、上浆料、胶黏剂和絮凝剂等。若 $X=—CN$,$—CO_2R$ 和苯基等,所得共聚物不溶于水,但能用于树脂和塑料。

4.4.2 果胶

果胶(pectin)类物质是植物细胞壁成分之一,存在于相邻细胞壁间的细胞间层中,起着将细胞粘在一起的作用。果胶类物质广泛存在于植物中,尤其是在果实、蔬菜中含量较多,它使水果蔬菜具有较硬的质地。

4.4.2.1 果胶类物质的化学结构与分类

果胶分子的主链是由 150～500 个 α-D-吡喃半乳糖醛酸基通过 α-1,4-糖苷键连接而成的聚合物,其中半乳糖醛酸残基中部分羧基与甲醇形成酯,剩余的羧基部分与钠、钾或铵离子形成盐(图 4-35)。在主链中相隔一定距离含有 α-L-鼠李吡喃糖基侧链,因此果胶的分子结构由均匀区与毛发区组成(图 4-36)。均匀区是由 α-D-半乳糖醛酸基组成,毛发区是由高度支链 α-L-鼠李半乳糖醛酸组成。

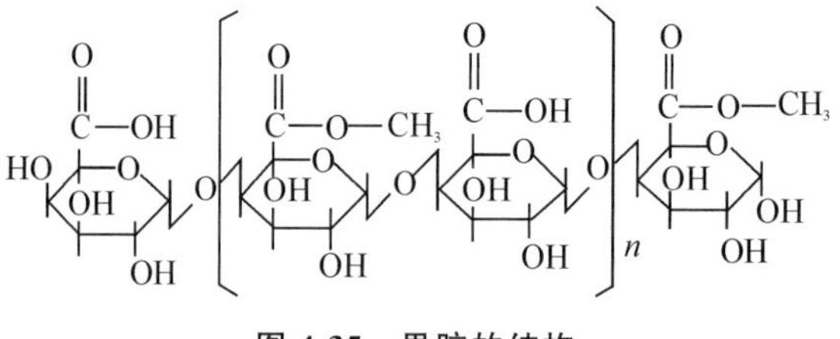

图 4-35 果胶的结构

天然果胶类物质的甲酯化程度变化较大,酯化的半乳糖醛酸基与总半乳糖醛酸基的比值称为酯化度(the degree of esterifacation,DE),也有用甲氧基含量来表示酯化度的。天然原料提取的果胶最高酯化度为 75%,果胶产品的酯化度一般为 20%～70%。

根据果蔬的成熟过程,果胶类物质一般有 3 种形态。

(1)原果胶。与纤维素和半纤维素结合在一起的甲酯化半乳糖醛酸链,只存在于细胞壁中,不溶于水,水解后生成果胶。在未成熟果蔬组织中与纤维素和半纤维素黏结在一起形成较

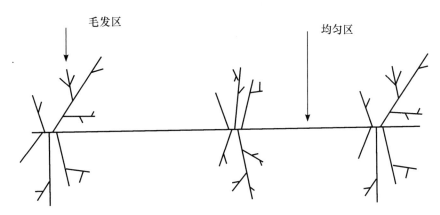

图 4-36　果胶分子结构示意图

牢固的细胞壁,使整个组织比较坚固。

(2)果胶。果胶是羧基不同程度甲酯化和阳离子中和的聚半乳糖醛酸链,存在于植物细胞汁液中,成熟果蔬的细胞液内含量较多。

(3)果胶酸。果胶酸是完全未甲酯化的聚半乳糖醛酸链,在细胞汁液中与 Ca^{2+}、Mg^{2+}、K^+、Na^+ 等矿物质形成不溶于水或稍溶于水的果胶酸盐。当果蔬变成软疡状态时,果胶酸的含量较多。

通常将酯化度大于 50% 的果胶称为高甲氧基果胶(high-methoxyl pectin,HM),通常将酯化度小于 50% 的果胶称为低甲氧基果胶(low-methoxyl pectin,LM)。

4.4.2.2　果胶类物质的特性

果胶类物质在酸性或碱性条件下,能发生水解,可使酯基或糖苷键裂解;在高温强酸条件下,糖醛酸残基发生脱羧作用。

果胶及果胶酸在水中的溶解度随聚合度增加而减小,在一定程度上还随酯化程度增加而加大。果胶酸的溶解度较小(1%),但其衍生物如甲醇酯和乙醇酯溶解度较大。

果胶分散所形成的溶液是高黏度溶液,其黏度与分子链长度成正比。在一定条件下,果胶具有形成凝胶的能力。

4.4.2.3　果胶物质凝胶的形成

(1)果胶物质凝胶形成的条件和机理。当果胶水溶液含糖量为 $60\%\sim65\%$,pH 为 $2.0\sim3.5$,果胶含量为 $0.3\%\sim0.7\%$(依果胶性能而异)时,在室温甚至接近沸腾的温度下,果胶也能形成凝胶。

在果胶形成凝胶过程中,水的含量影响很大,过量的水会阻碍果胶形成凝胶。在果胶溶液中加入糖类,其目的在于脱水,促使果胶分子周围的水化层发生变化,使原来胶粒表面吸附的水减少,果胶分子间易于结合而产生链状胶束。高度失水能加快胶束的凝聚,并相互交织,无定向地形成三围网状结构。在果胶-糖分散体系内添加一定量的酸,酸产生的 H^+ 能减少果胶分子所带的负电荷,当 pH 达到一定值时,果胶接近电中性,于是其溶解度降低,故加酸能加速果胶胶束结晶、沉淀和凝聚,有利于凝胶形成。

(2)影响果胶凝胶强度的因素有如下几点。

①果胶的分子量与凝胶强度。在相同条件下,果胶的分子量越大,形成的凝胶越强,如果

果胶分子链降解,则形成的凝胶强度就比较弱。除果胶凝胶破裂强度与分子量具有非常好的相关性外,果胶凝胶破裂强度还与每个分子参与联结的点的数目有关。这是因为在果胶溶液转变成凝胶时,每6～8个半乳糖醛酸基形成一个结晶中心。

②果胶酯化度与凝胶强度。果胶的凝胶强度随着其酯化度增加而增大,因为凝胶网络结构形成时的结晶中心位于酯基团之间,同时果胶的酯化度也直接影响凝胶速度,果胶的凝胶速度随酯化度增加而增大(表4-8)。

表 4-8　果胶的分类与胶凝条件

果胶类型	酯化度	胶凝条件	胶凝速率
高甲氧基	74～77	Brix>55,pH<3.5	超快速
高甲氧基	71～74	Brix>55,pH<3.5	快速
高甲氧基	66～69	Brix>55,pH<3.5	中速
高甲氧基	58～65	Brix>55,pH<3.5	慢速
低甲氧基	40	Ca^{2+}	慢速
低甲氧基	30	Ca^{2+}	快速

当甲酯化度为100%时,称为全甲酯化聚半乳糖醛酸,只要有脱水剂存在就能形成凝胶。

当甲酯化度大于70%时,称为速凝果胶,加糖、加酸(pH 3.0～3.4)后,可在较高温度下形成凝胶(稍冷即凝)。在"蜜饯型"果酱中,可防止果肉块的浮起或下沉。

当甲酯化度为50%～70%时,称为慢凝果胶,加糖、加酸(pH 2.8～3.2)后,可在较低温度下形成凝胶(凝胶较慢),所需酸量也因果胶分子中游离羧基增多而增大。慢凝果胶用于果冻、果酱、点心等生产中,在汁液类食品中可用作增稠剂、乳化剂。

当甲酯化度小于50%时,称为低甲氧基果胶,即使加糖、加酸的比例恰当,也难形成凝胶,但其羧基能与多价离子(常用 Ca^{2+})产生作用而形成凝胶,多价离子的作用是加强果胶分子间的交联作用(形成"盐桥")。同时,Ca^{2+} 的存在对果胶凝胶的质地有硬化的作用,这就是果蔬加工中首先用钙盐前处理的原因。这类果胶的凝胶能力受酯化度的影响大于分子量的影响。

(3)pH。一定的 pH 有助于果胶-糖凝胶体系的形成,不同类型的果胶胶凝时 pH 不同,如低甲氧基果胶对 pH 变化的敏感性差,能在 pH 2.5～6.5 范围内形成凝胶,而正常的果胶则仅在 pH 2.7～3.5 范围内形成凝胶。不适当的 pH,不但无助于果胶形成凝胶,反而会导致果胶水解,尤其是高甲氧基果胶和在碱性条件下。

(4)糖浓度。低甲氧基果胶在形成凝胶时,可以不需要糖的加入,但加入10%～20%的蔗糖,凝胶的质地会更好。

(5)温度。当脱水剂(糖)的含量和 pH 适当时,在0～50 ℃范围内,温度对果胶凝胶影响不大。但温度过高或加热时间过长,果胶将发生降解,蔗糖也发生转化,从而影响果胶凝胶的强度。

4.4.3　纤维素和半纤维素及纤维素衍生物

4.4.3.1　纤维素

纤维素(cellulose)是高等植物细胞壁的主要结构组分,通常与半纤维素、果胶和木质素结合在一起,其结合方式和程度在很大程度上影响植物性食品的质地。纤维素是由 β-D-吡喃葡萄糖基单位通过 β-1,4-糖苷键连接而成的均一直链高分子聚合物。其聚合度的大小取决于纤维素的来源,一般可以达到 $1\,000 \sim 14\,000$。

用 X 射线衍射法研究纤维素的微观结构,发现纤维素是由 60 多条纤维素分子平行排列,并相互以氢键连接起来的束状物质。虽然氢键的键能较一般化学键的键能小得多,但由于纤维素微晶之间氢键很多,所以微晶束结合得很牢固,导致纤维素的化学性质非常稳定,如纤维素不溶于水,对稀酸和稀碱特别稳定,几乎不还原费林试剂,在一般食品加工条件下不被破坏。但是在高温、高压和酸(60%～70%硫酸或 41%盐酸)下,能分解为 β-葡萄糖。

人体没有分解纤维素的消化酶,当它们通过人的消化系统时不提供营养与热量,但却具有重要的生理功能,如润肠通便等。

纤维素可用于造纸、纺织品、化学合成物、炸药、胶卷、医药和食品包装、发酵(乙醇)、饲料生产(酵母蛋白和脂肪)、吸附剂和澄清剂等。

4.4.3.2　半纤维素

半纤维素(hemicellulose)是含有 D-木糖的一类杂聚多糖,一般它水解能产生戊糖、葡糖醛酸和一些脱氧糖。半纤维素存在于所有陆地植物中,而且经常存在于植物木质化的那部分。食品中最主要的半纤维素是由(1→4)-β-D-吡喃木糖基单位组成的木聚糖为骨架,也是膳食纤维的一个来源。

粗制的半纤维素可分为一个中性组分(半纤维素 A)和一个酸性组分(半纤维素 B),半纤维素 B 在硬质木材中特别多。两种半纤维素都有 β-D-(1→4)键结合成的木聚糖链。在半纤维素 A 中,主链上有许多由阿拉伯糖组成的短支链,还存在 D-葡萄糖、D-半乳糖和 D-甘露糖,从小麦、大麦和燕麦粉得到的阿拉伯木聚糖就是其典型例子。半纤维素 B 不含阿拉伯糖,它主要含有 4-甲氧基-D-葡糖醛酸,因此,它具有酸性。水溶性小麦面粉戊聚糖的位置结构见图 4-37。

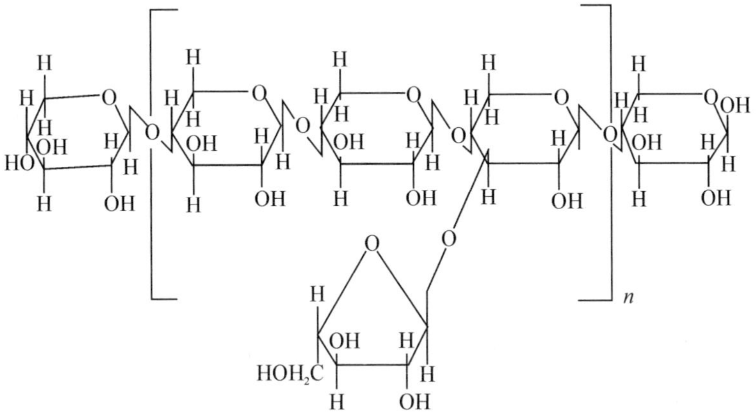

图 4-37　水溶性小麦面粉戊聚糖的位置

半纤维素在焙烤食品中的作用很大,它能提高面粉结合水能力,改进面包面团混合物的质量,降低混合物能量,有助于蛋白质的进入和增加面包的体积,并能延缓面包的老化。

半纤维素对肠蠕动、粪便量和粪便排泄产生有益的生理作用,能促进胆汁酸的消除和降低血液中胆固醇的含量。事实表明,半纤维素可以减少心血管疾病、结肠紊乱,特别是预防结肠癌。

4.4.3.3　甲基纤维素

在强碱性(氢氧化钠)条件下,经一氯甲烷处理纤维素引入甲基,即得到甲基纤维素(methyl cellulose,MC),这种改性属于醚化。商品级 MC 的取代度一般为 1.1～2.2,取代度为 1.69～1.92 的 MC 在水中有最高的溶解度,而黏度主要取决于其分子的链长。

甲基纤维素除具有一般亲水性多糖胶的性质外,比较突出和特异之处有 3 点:①甲基纤维素的溶液在被加热时,最初黏度下降,与一般多糖胶相同,然后黏度很快上升并形成凝胶,凝胶冷却时又转变为溶液,即是热凝胶。这是加热破坏了各个甲基纤维素分子外面的水合层而造成聚合物之间疏水键增加的缘故。电解质(如氯化钠)和非电解度(如蔗糖或山梨醇)均可降低形成凝胶的温度,也许是因为它们争夺水分子的缘故。②MC 本身是一种优良的乳化剂,而大多数多糖胶仅仅是乳化助剂或稳定剂。③MC 在一般的食用多糖中有最优良的成膜性。因此,甲基纤维素可增强食品对水的吸收和保持,使油炸食品减少油脂的吸收;在某些食品中可起脱水收缩抑制剂和填充剂的作用;在不含面筋的加工食品中作为质地和结构物质;在冷冻食品中用于抑制脱水收缩,特别是沙司、肉、水果、蔬菜以及在色拉调味汁中可作为增稠剂和稳定剂;还可用于各种食品的可食涂布料和代脂肪;不能被人体消化吸收,是无热量多糖。

4.4.3.4　羧甲基纤维素

羧甲基纤维素(carboxymethyl cellulose,CMC)是采用 18％氢氧化钠处理纯木浆得到碱性纤维素,碱性纤维素与氯乙酸钠盐反应,生成了纤维素的羧甲基醚钠盐(纤维素—O—CH_2—CO_2^- Na^+,CMC-Na),一般产品的取代度 DS 为 0.3～0.9,聚合度为 500～2 000。作为食品配料用和市场上销售量最大的 CMC 的 DS 为 0.7。

由于 CMC 是由带负电荷的、长的刚性分子链组成,在溶液中因静电斥力作用而具有高黏性和稳定性,并与取代度和聚合度有关。取代度为 0.7～1.0 的羧甲基纤维素易溶于水,形成非牛顿流体,其黏度随温度升高而降低,溶液在 pH 为 5～10 时稳定,在 pH 为 7～9 时有最高的稳定性,并且当 pH 为 7 时,黏度最大,而 pH 在 3 以下时,则易生成游离酸沉淀;当有二价金属离子存在的情况下,其溶解度降低,并形成不透明的液体分散系;三价阳离子存在下能产生凝胶或沉淀,其耐盐性较差。

CMC-Na 在食品工业中应用广泛。我国规定,用于速煮面和罐头,最大用量为 5.0 g/kg;用于果汁和牛乳,最大用量为 1.2 g/kg;用于冰棍、雪糕、冰淇淋、糕点、饼干、果冻和膨化食品,可按正常生产需要使用。

CMC-Na 能稳定蛋白质分散体系,特别是在接近蛋白质等电点的 pH,如鸡蛋清可用 CMC-Na 一起干燥或冷冻而得到稳定,CMC-Na 也能提高乳制品稳定性以防止酪蛋白沉淀。在果酱、番茄酱中添加 CMC-Na,不仅增加黏度,而且可增加固形物的含量,还可使其组织柔软细腻。在面包和蛋糕中添加 CMC-Na,可增加其保水作用,防止淀粉的老化。在方便面中加入 CMC-Na,较易控制水分,减少面饼的吸油量,并且还可增加面条的光泽,一般用量为 0.36％。在酱油中添加 CMC-Na 以调节酱油的黏度,使酱油具有滑润口感。CMC-Na 对于冰淇淋的作用类似于海藻酸钠,但 CMC-Na 的价格低廉,溶解性好,保水作用也较强,所以 CMC-Na 常与其他乳化剂并用,以降低成本,而且 CMC-Na 与海藻酸钠并用有协同作用。

4.4.3.5　微晶纤维素

食品工业中使用的微晶纤维素(microcrystalline cellulose,MCC)是一种纯化的不溶性纤维素,它是由纯木浆水解并从纤维素中分离出微晶组分而制得。纤维素分子是由约 3 000 个 β-D-吡喃葡萄糖基单位组成的直链分子,非常容易缔合,具有长的接合区。但是长而窄的分子链不能完全排成一行,结晶区的末端是纤维素链的分叉,不再是有序排列,而是随机排列。当纯木浆用酸水解时,酸穿透密度较低的无定形区,使这些区域中分子链水解断裂,得到单个穗状结晶。构成穗状的分子链具有较大的运动自由度,因而分子可以定向,使结晶长得越来越大。

已制得的两种 MCC 都是耐热和耐酸的。第一种 MCC 为粉末,是喷雾干燥产品;喷雾干燥使微晶聚集体附聚,形成多孔性和类海绵结构;微晶纤维素粉末主要用于风味载体以及作为干酪的抗结块剂。第二种 MCC 为胶体,它能分散在水中,并具有与水溶性胶相似的功能性质。为了制造 MCC 胶体,在水解后,再施加很大的机械能,将结合较弱的微晶纤维拉开,使主要部分成为胶体颗粒大小的聚集体(其直径小于 0.2 μm)。为了阻止干燥期间聚集体重新结合,可加入羧甲基纤维素钠。羧甲基纤维素(CMC)提供了稳定的带负电的颗粒,因此,将MCC 隔开,防止 MCC 重新缔合,有助于重新分散。

MCC 胶体的主要功能为:特别在高温加工过程中,能稳定泡沫和乳状液;形成似油膏质构的凝胶(形成水合微晶网状结构);提高果胶和淀粉凝胶的耐热性;提高黏附力;替代脂肪和控制冰晶生长。MCC 之所以能稳定乳状液与泡沫,是因为 MCC 吸附在界面上并加固了界面膜,因此,MCC 是低脂冰淇淋和其他冷冻甜食产品的常用配料。

4.5 小结

碳水化合物是生物体维持生命活动所需能量的主要来源,是合成其他化合物的基本原料,同时也是生物体的主要结构成分。在食品中,碳水化合物除具有营养价值外,其低分子糖类可作为食品的甜味剂,大分子

二维码 4-2 其他多糖

糖类可作为增稠剂和稳定剂而广泛应用于食品中。此外,碳水化合物还是食品加工过程中产生香味和色泽的前体物质,对食品的感官品质产生重要作用。天然存在和可通过加工方法得到的碳水化合物的种类很多,除了已知的一些碳水化合物外,还会有很多新的碳水化合物不断被发现,并被合理利用。

粮食是碳水化合物的主要来源,是人们生存的保障,全方位夯实粮食安全根基,全面落实粮食安全党政同责,牢牢守住十八亿亩耕地红线,逐步把永久基本农田全部建成高标准农田;深入实施种业振兴行动,强化农业科技和装备支撑,健全种粮农民收益保障机制和主产区利益补偿机制,确保中国人的饭碗牢牢端在自己手中;树立大食物观,发展设施农业,构建多元化食物供给体系。这对国家安全稳定、社会和谐发展意义重大。

❓ 思考题

1.解释下列术语:糖的变旋现象,糖苷,低聚糖,功能性低聚糖,糖的还原性,多糖,淀粉的糊化和老化,膳食纤维,美拉德反应,焦糖化作用,微晶纤维素,环状糊精,果葡糖浆。

2.简述碳水化合物的种类及其在食品中的应用。

3.简述多糖的结构与活性之间的关系。

4.简述凝胶的特性和用途。

5.阐述单糖和二糖在食品应用方面的性质。

6.阐述淀粉的特点和性质。

7.糖类在酸性与碱性溶液中分别可发生哪些反应？各有何结果？

8.阐述美拉德反应机理及其对食品加工的影响。

9.焦糖是怎样形成的？它在食品加工中有何作用？

10.功能性低聚糖在食品加工中有何应用？

11.淀粉老化对食品加工和食品品质有何影响？怎样防止老化现象？

12.举例说明海洋多糖的特性及其在食品加工中有何应用。

13.为什么新制作的谷物食品如面包、馒头等，都具有内部组织结构松软、有弹性、口感良好的特点，但随着储藏时间的延长就会由软变硬呢？

14.为什么谷物食品在油炸、焙烤等加工过程中会呈现金黄色？

15.我们平常吃的蜜饯是用什么糖制成的？为什么不仅用蔗糖？

16.为什么新米比陈米更易煮烂？

17.简述果胶凝胶形成的机理和影响因素。

参考文献

[1]阚建全.食品化学.3版.北京:中国农业大学出版社,2016.

[2]宁正祥,赵谋明.食品生物化学.广州:华南理工大学出版社,1995.

[3]申林卉,刘丽侠,陈冠,等.多糖化学结构修饰方法的研究进展.药物评价研究,2013,36(6):465-468.

[4]天津轻工业学院,无锡轻工业学院.食品生物化学.北京:中国轻工业出版社,1991.

[5]汪东风.食品化学.北京:化学工业出版社,2007.

[6]王文君.食品化学.武汉:华中科技大学出版社,2016.

[7]王璋,许时婴.食品化学.北京:中国轻工业出版社,2007.

[8]吴东儒.糖类生物化学.上海:上海高等教育出版社,1987.

[9]夏延斌,王燕.食品化学.2版.北京:中国农业出版社,2015.

[10]谢笔钧.食品化学.3版.北京:科学出版社,2011.

[11]谢明勇.高等食品化学.北京:化学工业出版社,2014.

[12]钟立人.食品科学与工艺原理.北京:中国轻工业出版社,1999.

[13]BELITZ H D, GROSCH W, SCHIEBERLE P. Food chemistry. Heidelberg: Springer-Verlag Berlin, 2009.

[14]DAMODARAN S, PARKIN K L, FENNEMA O R. Fennema's food chemistry. Pieter Walstra:CRC Press/Taylor & Francis, 2008.

[15]FENNEMA O R,DAMODARAN S,PARKI K L.食品化学.4版.江波,杨瑞金,钟芳,等译.北京:中国轻工业出版社,2013.

第 5 章

脂　质

本章学习目的与要求

1. 了解脂肪及脂肪酸的组成特征和命名,卵磷脂、胆固醇和植物甾醇的性质,酶促酯交换,脂肪替代物,饱和脂肪酸、不饱和脂肪酸及反式脂肪酸对人体健康的影响。

2. 熟悉脂肪结晶特性、熔融特性、油脂的乳化等物理性质,过氧化值、酸价、碘值等油脂质量评价方法,油脂加工化学的基本原理。

3. 掌握脂肪氧化的机理及影响因素,抗氧化剂的抗氧化原理,油脂在加工储藏中发生的化学变化。

脂肪(fat)是我们熟悉的食品营养成分。在日常生活中,为什么脂肪含量高的食品易变质?为什么油在高温下长时间加热,会变得黏稠、泡沫增多,品质下降?为什么巧克力表面常出现"白霜"?为什么牛奶中水和脂不会分层?当我们在享用蛋糕、面包、曲奇饼、冰淇淋、奶茶、炸薯条、炸鸡块等美食时,是否想到了患心血管疾病的风险?欧洲人的膳食中脂肪摄入量较高,故心血管疾病患者和肥胖者较多,殊不知意大利人虽然摄入脂肪量同样较高,但心血管疾病发病率却明显低于欧洲其他国家。因此,如何提供具有油脂风味和口感而又没有健康风险的油脂替代物,把习近平总书记的"没有全民健康,就没有全面小康"的讲话落在实处,是食品从业者共同的任务。

5.1 概述

5.1.1 脂质的定义及作用

脂质(lipid)是生物体内一大类不溶于水,而溶于大部分有机溶剂的疏水性物质。其中99%左右的脂肪酸甘油酯即三酰甘油(triacylglycerol)是我们俗称的脂肪。习惯上将在室温下呈固态的脂肪称为脂(fat),呈液态的脂肪称为油(oil)。脂肪是食品中重要的营养成分。脂质中还包括少量的非酰基甘油化合物,如磷脂、甾醇、糖脂、类胡萝卜素等。脂质化合物种类繁多,结构各异,故很难用一句话来对其定义,但脂质化合物通常具有以下共同特征:①不溶于水,而溶于乙醚、石油醚、氯仿、丙酮等有机溶剂。②大多具有酯的结构,并以脂肪酸形成的酯最多。③均由生物体产生,并能被生物体利用(与矿物油不同)。

但在被称为脂质的物质中,也有不完全符合上述定义的物质,如卵磷脂微溶于水而不溶于丙酮;又如属于复合脂质的鞘磷脂和脑苷脂,却不溶于乙醚。

脂肪是食品中重要的组成成分和人类不可缺少的营养素。与同样质量的蛋白质和碳水化合物相比,脂肪所含的热量最高,每克脂肪能提供 39.58 kJ 的热能,并提供必需脂肪酸,是脂溶性维生素的载体,赋予食品滑润的口感,光润的外观和油炸食品的香酥风味。塑性脂肪还具有造型功能。此外,在烹调中,脂肪还是一种传热介质。而脂质在生物体中具有润滑、保护、保温等功能,是组成生物细胞不可缺少的物质。

5.1.2 脂质的分类

脂质按其结构和组成可分为:简单脂质,复合脂质和衍生脂质(表 5-1)。

表 5-1 脂质的分类

主　类	亚　类	组　成
简单脂质 (simple lipid)	酰基甘油	甘油+脂肪酸(占天然脂质的99%左右)
	蜡	长链脂肪醇+长链脂肪酸
复合脂质 (complex lipid)	磷酸酰基甘油	甘油+脂肪酸+磷酸盐+含氮基团
	鞘磷脂类	鞘氨醇+脂肪酸+磷酸盐+胆碱
	脑苷脂类	鞘氨醇+脂肪酸+糖
	神经节苷脂类	鞘氨醇+脂肪酸+碳水化合物
衍生脂质 (derivative lipid)		类胡萝卜素、甾醇、脂溶性维生素等

5.2 脂肪的结构和组成

5.2.1 脂肪酸的结构和命名

5.2.1.1 脂肪酸的结构

(1)饱和脂肪酸。食用油脂中天然存在的饱和(saturated)脂肪酸(fatty acid)主要是长链(碳数≥14)、直链脂肪酸,但在乳脂中含有一定数量的短链脂肪酸。

(2)不饱和脂肪酸。食用油脂中天然存在的不饱和(unsaturated)脂肪酸常含有一个或多个烯丙基[—$(CH=CH-CH_2)_n$—]结构单元,两个双键之间夹有一个亚甲基(非共轭),双键多为顺式。在油脂加工和储藏过程中部分双键会转变为反式,并出现共轭双键。有些脂肪酸是人体内不可缺少的,具有特殊的生理作用,但人体自身不能合成,必须从食物中摄取,这类脂肪酸被称为必需脂肪酸(essential fatty acid,EFA),如亚油酸和亚麻酸。必需脂肪酸的最好来源是植物油。

饱和脂肪酸的摄入量与冠心病的发病率和死亡率呈正相关;而不饱和脂肪酸却具有降血脂和防止动脉硬化的作用。世界卫生组织(WHO)的调查表明:地中海地区居民的膳食中,主要以富含单不饱和脂肪酸——油酸的橄榄油为食用油,虽然他们的脂肪摄入量也很高,但其心血管疾病发病率却明显低于欧洲其他国家。这是因为单不饱和脂肪酸能降低低密度脂蛋白胆固醇(LDL-C)。一般认为单不饱和脂肪酸可以增加 LDL 受体的活性,从而使循环中 LDL 的清除加快,使血清 LDL-C 降低;此外,单不饱和脂肪酸对胆固醇有拮抗作用。多不饱和脂肪酸也有类似的作用。

5.2.1.2 脂肪酸的命名

(1)系统命名法。以含羧基的最长的碳链为主链,若是不饱和脂肪酸则主链包含双键,编号从羧基端开始,并标出双键的位置。

例:$CH_3(CH_2)_7CH=CH(CH_2)_7COOH$　　9-十八碳一烯酸

(2)数字命名法。$n:m$(n 为碳原子数,m 为双键数),如 18:1、18:2、18:3。

有时还需标出双键的顺反结构及位置,c 表示顺式,t 表示反式,位置是从羧基端编号,如 $5t$,$9c$-18:2。也可从甲基端开始编号,则记作"ω 数字"或"n-数字",该数字为编号最小的双键碳原子位次,如 18:1 ω9 或 18:1(n-9);18:3 ω3 或 18:3(n-3),但此法仅限用于顺式双键结构中,若有多个双键则应为五碳双烯结构,即具有非共轭双键结构(天然多烯酸多是如此),所以第一个双键定位后,其余双键的位置也随之而定,只需标出第一个双键碳的位置即可;其他结构的脂肪酸不能用 ω 法或 n 法表示。

(3)俗名或普通名。许多脂肪酸最初是从某种天然产物中得到的,因此,常常根据其来源命名。如月桂酸、棕榈酸、花生酸等。

(4)英文缩写。见表 5-2,DHA 和 EPA 是我国市场上曾出现过的保健产品"脑黄金"的主要成分。

表 5-2　一些常见脂肪酸的命名

数字命名	系统命名	俗名或普通名	英文缩写
4:0	丁酸	酪酸(butyric acid)	B
6:0	己酸	己酸(caproic acid)	H
8:0	辛酸	辛酸(caprylic acid)	Oc
10:0	癸酸	癸酸(capric acid)	D
12:0	十二酸	月桂酸(lauric acid)	La
14:0	十四酸	肉豆蔻酸(myristic acid)	M
16:0	十六酸	棕榈酸(palmitic acid)	P
16:1	9-十六烯酸	棕榈油酸(palmitoleic acid)	Po
18:0	十八酸	硬脂酸(stearic acid)	St
18:1 ω9	9-十八碳一烯酸	油酸(oleic acid)	O
18:2 ω6	9,12-十八碳二烯酸	亚油酸(linoleic acid)	L
18:3 ω3	9,12,15-十八碳三烯酸	α-亚麻酸(linolenic acid)	α-Ln
18:3 ω6	6,9,12-十八碳三烯酸	γ-亚麻酸(linolenic acid)	γ-Ln
20:0	二十酸	花生酸(arachidic acid)	Ad
20:4 ω6	5,8,11,14-二十碳四烯酸	花生四烯酸(arachidonic acid)	An
20:5 ω3	5,8,11,14,17-二十碳五烯酸	(eicosapentanoic acid)	EPA
22:1 ω9	13-二十二碳一烯酸	芥酸(erucic acid)	E
22:6 ω3	4,7,10,13,16,19-二十二碳六烯酸	(docosahexaneoic acid)	DHA

5.2.2　脂肪的结构和命名

5.2.2.1　脂肪的结构

脂肪主要是由甘油与脂肪酸形成的三酯,即三酰甘油(triacylglycerol,TG)。

$$\begin{array}{c} CH_2-OH \\ HO-C-H \\ CH_2-OH \end{array} + 3\ R_iCOOH \longrightarrow \begin{array}{c} CH_2OCOR_1 \\ R_2OCOCH \\ CH_2OCOR_3 \end{array}$$

甘油　　　　　　　脂肪酸　　　　　　三酰甘油

如果 $R_1=R_2=R_3$,则称为单酰甘油,橄榄油中含有 70%以上的甘油三油酸酯;当 R_i 不完全相同时,则称为混合甘油酯,天然油脂多为混合甘油酯。当 R_1 和 R_3 不同时,则 C_2 原子具有手性,天然油脂多为 L 型。天然三酰甘油中的脂肪酸,无论是否饱和,其碳原子数多为偶数,且多为直链脂肪酸,奇数碳原子、支链及环状结构的脂肪酸则较为鲜见。

5.2.2.2　三酰甘油的命名

三酰甘油的命名有赫尔斯曼(Hirschmann)提出的立体有择位次编排命名法(stereospecific numbering,简写 Sn)和堪恩(Cahn)提出的 R/S 系统命名法,由于后者应用有限(不适用于甘油 C_1、C_3 上脂肪酸相同的情况),故此处仅介绍立体有择位次编排命名法。此法规定甘油的写法:碳原子编号自上而下为 1～3,C_2 上的羟基写在左边,三酰甘油的命名以下式为例。

$$\begin{array}{ll}
CH_2{-}OH & Sn\text{-}1 \\
HO{-}C{-}H & Sn\text{-}2 \\
CH_2{-}OH & Sn\text{-}3
\end{array}$$

甘油

$$\begin{array}{l}
CH_2OOC(CH_2)_{14}CH_3 \\
CH_3(CH_2)_7CH{=}CH(CH_2)_7COOCH \\
CH_2OOC(CH_2)_{16}CH_3
\end{array}$$

三酰甘油

(1)数字命名。Sn-16:0-18:1-18:0。

(2)英文缩写命名。Sn-POSt。

(3)中文命名。Sn-甘油-1-棕榈酸酯-2-油酸酯-3-硬脂酸酯或 1-棕榈酰-2-油酰-3-硬脂酰-Sn-甘油。

有时也将 C_1 位和 C_3 位称为 α 位,C_2 位称为 β 位。

5.3　油脂的物理性质

5.3.1　气味和色泽

纯净的脂肪是无色无味的,天然油脂中略带的黄绿色是由含有一些脂溶性色素(如类胡萝卜素、叶绿素等)所致。油脂精炼脱色后,色泽变浅。多数油脂无挥发性,少数油脂中含有短链脂肪酸,会引起臭味,如乳脂。油脂的气味大多是由非脂成分引起的,如芝麻油的香气是由乙酰吡嗪引起的,椰子油的香气是由壬基甲酮引起的,而菜籽油受热时产生的刺激性气味,则是其中所含的黑芥子苷分解所致。

乙酰吡嗪　　　　　　　　　壬基甲酮　　　　　　　　　黑芥子苷

5.3.2　熔点和沸点

由于天然油脂是各种三酰甘油的混合物,所以没有敏锐的熔点(melting point)和沸点(boiling point),而仅有一段熔化或沸腾的温度范围。此外,油脂的同质多晶(化学组成相同但晶体结构不同的化合物)现象,也使油脂无敏锐的熔点。游离脂肪酸、单酰甘油、二酰甘油、三酰甘油的熔点依次降低。这是因为它们的极性依次降低,分子间的作用力依次减小的缘故。

油脂的熔点,一般最高在 40～55 ℃。三酰甘油中脂肪酸的碳链越长,饱和度越高,则熔点越高;反式结构的熔点高于顺式结构,共轭双键结构的熔点高于非共轭双键结构。可可脂及陆产动物油脂相对于植物油而言,饱和脂肪酸含量较高,在室温下常呈固态;植物油在室温下多呈液态。一般油脂的熔点低于人体温度 37 ℃时,其消化率达 96％以上;熔点高于 37 ℃越多,越不易消化。几种常用食用油脂的熔点与消化率的关系见表 5-3。

表 5-3　几种常用食用油脂的熔点与消化率的关系

脂肪	熔点/℃	消化率/%
大豆油	−8～−18	97.5
花生油	0～3	98.3
向日葵油	−16～19	96.5
棉籽油	3～4	98
奶油	28～36	98
猪油	36～50	94
牛脂	42～50	89
羊脂	44～55	81
人造黄油	—	87

二维码 5-1　油脂的烟点、闪点和着火点

油脂的沸点与其脂肪酸的组成有关,一般为 180～200 ℃,沸点随脂肪酸碳链增长而增高,但碳链长度相同、饱和度不同的脂肪酸,其沸点变化不大。油脂在储藏和使用过程中随着游离脂肪酸增多,油脂变得易冒烟,发烟点低于沸点。

5.3.3　结晶特性

经 X 射线衍射测定表明:固态脂的微观结构是高度有序的晶体,其结构可由一个基本的结构单元在三维空间作周期性排列而得。固体脂的结晶方式有多种,即存在同质多晶(polymorphism)现象。所谓同质多晶是指化学组成相同的物质,可以有不同的结晶方式,但融化后生成相同的液相。不同的同质多晶体具有不同的稳定性,亚稳态的同质多晶体在未熔化时会自发地转变为稳定态,这种转变具有单向性,而当两种同质多晶体均较稳定时,则可双向转变(enantiotropy),转向何方则取决于温度;天然脂肪多为单向转变(monotropy)。

长碳链化合物的同质多晶现象与烃链的不同堆积排列或排列的倾斜角有关,可以用晶胞内沿链轴方向重复的最小空间单元——亚晶胞(subcell)来描述堆积方式。脂肪酸烃链中的最小重复单位是亚乙基(—CH₂CH₂—)。

烃的亚晶胞有 7 种堆积方式,其中最常见的有如下 3 种(图 5-1)。

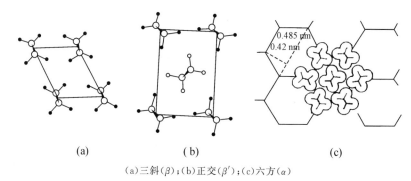

(a)三斜(β);(b)正交(β′);(c)六方(α)

图 5-1　烃亚晶胞堆积的一般类型

　　图 5-1a 为三斜晶系堆积(triclinic,T//),又称为 β 型,由于亚晶胞的取向是一致的,故在这三种堆积方式中是稳定性最高的;普通正交堆积(common orthorhombic,O⊥),又称为 β' 型,这种晶型如图 5-1b 所示,位于中心的亚晶胞取向与位于四个顶点的亚晶胞取向不同,所以稳定性不如 β 型;图 5-1c 为正六方型堆积(hexagonal,H),也称为 α 型,这种结构中,链随机取向,并绕其长垂直轴旋转,无序性增大,稳定性最低。

　　三酰甘油由于碳链较长,表现出烃类的许多特征,它们有 3 种主要的同质多晶型,即 α、β' 和 β。表 5-4 比较了 3 种晶型的特性,表 5-5 为它们的熔点。

表 5-4　同酸($R_1 = R_2 = R_3$)三酰甘油同质多晶体的特性

特性	α		β'		β
堆积方式	正六方		正交		三斜
熔点	α	$<$	β'	$<$	β
密度	α	$<$	β'	$<$	β
有序程度	α	$<$	β'	$<$	β

表 5-5　三酰甘油同质多晶体的熔点　　　　　　　　　　　℃

化合物	α	β'	β
StStSt	55	63.2	73.5
PPP	44.7	56.6	66.4
OOO	−32	−12	4.5～5.7
PPO	18.5	29.8	34.8
POP	20.8	33	37.3
POSt	18.2	33	39
PStO	26.3	40.2	
StPO	25.3	40.2	

　　以三硬脂酸甘油酯为例,当油脂从熔化状态逐渐冷却首先形成 α 晶型,α 型不稳定,在不同的条件下可转变成 β' 和 β 型。如果将 α 型加热至熔点,可迅速转变成 β 型;若将温度保持在 α 型熔点以上几摄氏度时,可直接得到 β' 型;而 β' 型被加热到其熔点,则发生熔融,并转变成稳定的 β 型。

　　由于三酰甘油的 Sn-1、Sn-3 位与 Sn-2 位上的脂肪酸方向相反,在晶格中分子排列成椅式,分别如图 5-2、图 5-3 所示。在 β 排列方式中,脂肪酸以两种方式交错排列,一种是两倍碳链长(DCL)方式,一种是三倍碳链长(TCL)方式(图 5-2),分别记作 β-2 和 β-3。

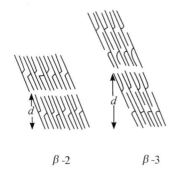

图 5-2　三酰甘油 β 型的排列方式

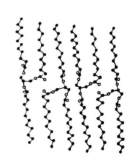

图 5-3　三月桂酸甘油酯的分子排列

一般同酸三酰甘油易形成稳定的 β 结晶,而且是 β-2 排列;不同酸三酰甘油由于碳链长度不同,易停留在 β' 结晶状态,以三倍碳链长(TCL)方式排列。

易结晶为 β 型的脂肪有:大豆油、花生油、椰子油、橄榄油、玉米油、可可脂和猪油。易结晶为 β' 型的脂肪有:棉籽油、棕榈油、菜油、乳脂、牛脂及改性猪油。β' 型的油脂适合于制造起酥油(shortening)和人造奶油(margarine)。

在实际应用中,若期望得到某种晶型的产品,可通过"调温"即控制结晶温度、时间和速度,来达到目的。调温系一种加工手段,即利用结晶方式改变油脂的性质,使得到理想的同质多晶体和物理状态,从而增加油脂的可利用性和应用范围。

生产巧克力的原料可可脂中,有 2 种主要的甘油酯 Sn-StOSt 和 Sn-POSt,能形成几种同质多晶体:α-2 型(熔点 23.3 ℃),β'-2 型(熔点 27.5 ℃),β-3 V 型(熔点为 33.8 ℃),β-3 Ⅵ 型(熔点为 36.2 ℃)。要得到外观光滑,口感细腻,口熔性好(33.8 ℃)的巧克力,应避免可可脂的 β-3 V 结晶转变为 β-3 Ⅵ 型,否则会产生粗糙的口感和表面起"白霜"。由于 β-3 Ⅵ 型比 β-3 V 型更稳定,β-3 V 型结晶会自发地转变为 β-3 Ⅵ 型结晶,可通过加入乳化剂抑制这种转变,从而抑制巧克力表面起"白霜"。

5.3.4 熔融特性

5.3.4.1 熔化

由同酸($R_1 = R_2 = R_3$)三酰甘油熔化得到的热熔曲线如图 5-4 所示,β 型同质多晶体随着温度升高,热熔值增加,到达熔化温度时,吸热但温度不上升,直至全部固体转化为液体时(B 点),温度才开始继续上升。不稳定的 α 型在 E 处转变为稳定的 β 型,同时会放出热量。

脂肪熔化时,除热熔值变化外,体积会膨胀,但当固体脂从不太稳定的同质多晶体转变为更稳定的同质多晶体时,体积会收缩(因为后者密度更大)。可以用膨胀计测定液体油与固体脂的比容(即比体积)随温度的变化,得到如图 5-5 所示的膨胀熔化曲线。此法使用的仪器简单,比量热法更为实用。固体在 X 点处开始熔化,Y 点处全部变为液体。在曲线 b 点处是固液混合物,混合物中固体脂所占的比例为 ab/ac,液体油所占的比例为 bc/ac。而在一定温度下固液比则为 ab/bc,称为固体脂肪指数(solid fat index,SFI)。

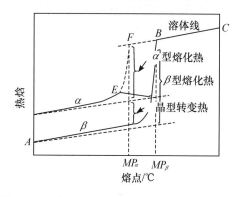

图 5-4 α 型及 β 型同质多晶体热熔熔化曲线　图 5-5 甘油酯混合物的热熔或膨胀熔化曲线

5.3.4.2 油脂的塑性

在室温下表现为固体的脂肪,实际上是固体脂和液体油的混合物,两者交织在一起,用一般的方法无法将两者分开。这种脂具有可塑造性,可保持一定的外形。所谓油脂的塑性(plasticity)是指在一定外力下,表观固体脂肪具有的抗变形的能力。油脂的塑性取决于如下几点。

(1)固体脂肪指数(SFI)。油脂中固液比适当时,塑性最好。固体脂过多,则过硬,塑性不好;液体油过多,则过软,易变形,塑性同样不好。

(2)脂肪的晶型。当脂肪为 β' 晶型时,可塑性最强。因为 β' 型在结晶时将大量小空气泡引入产品,赋予产品较好的塑性和奶油凝聚性质;而 β 型结晶所包含的气泡少且大。

(3)熔化温度范围。油脂从熔化开始到熔化结束之间温差越大,则脂肪的塑性越好。

塑性脂肪(plastic fat)具有良好的涂抹性和可塑性(用于蛋糕的裱花),用在焙烤食品中,具有起酥作用。在面团调制过程中加入塑性脂肪,则形成较大面积的薄膜和细条,使面团的延展性增强,油膜的隔离作用使面筋粒彼此不能黏合成大块面筋,降低了面团的弹性和韧性,同时还降低了面团的吸水率,故使制品起酥;塑性脂肪的另一作用是在调制时能包含和保持一定数量的气泡,使面团体积增加。在饼干、糕点、面包生产中专用的油脂称为起酥油,是结构稳定的塑性固形脂,具有在 40 ℃时不变软,在低温下不太硬,不易氧化的特性。

5.3.5　油脂的液晶态

油脂中存在着几种相态,除固态、液态外,还有一种物理特性介于固态和液态之间的相态,被称为液晶态(liquid crystalstate)或介晶相(mesomorphic phase)。

油脂的液晶态结构中存在非极性的烃链,烃链之间仅存在较弱的范德华力。加热油脂时,未达到真正的熔点之前,烃区便熔化;而油脂中的极性基团(如酯基、羧基)之间除存在范德华力外,还存在诱导力、取向力,甚至还有氢键,因此极性区不熔化,从而形成液晶态。乳化剂是典型的两亲性物质,故易形成液晶态。

在脂类-水体系中,液晶态主要有 3 种,如图 5-6 所示,即层状结构、六方结构及立方结构。层状结构类似生物双层膜,排列有序的两层脂中夹一层水。当层状液晶加热时,可转变成立方或六方Ⅱ型液晶。在六方Ⅰ型结构中,非极性基团朝着六方柱内部,极性基团朝六方柱外部,水处在六方柱之间的空间中;六方Ⅱ型结构中,水被包裹在六方柱内部,油的极性端包围着水,非极性的烃区朝六方柱外部。立方结构中也是如此。在生物体内,液晶态影响细胞膜的可渗透性。

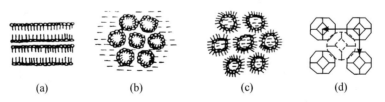

(a) 层状结构;(b) 六方Ⅰ型结构;(c) 六方Ⅱ型结构;(d) 立方结构

图 5-6　脂类的液晶结构

5.3.6　油脂的乳化及乳化剂

油、水本互不相溶,但在一定条件下,两者却可以形成介稳态的乳浊液。其中一相以直径 $0.1 \sim 50~\mu m$ 的小液滴分散在另一相中,前者被称为内相或分散相,后者被称为外相或连续相。

乳浊液分为水包油型(oil-in-water emulsion,O/W,水为连续相)和油包水型(water-in-oil emulsion,W/O,油为连续相)。牛乳是典型的 O/W 型乳浊液,而奶油一般为 W/O 型乳浊液。

5.3.6.1 乳浊液的失稳机制

乳浊液这种热力学上的不稳定体系,在一定条件下会失去稳定性,出现分层、絮凝、甚至聚结。主要原因如下。

(1)重力作用导致分层。重力作用可导致密度不同的相分层或沉降。

(2)分散相液滴表面静电荷不足导致絮凝。分散相液滴表面静电荷不足,则液滴间斥力不足,液滴与液滴相互接近,但液滴的界面膜尚未破裂。

(3)两相间界面膜破裂导致聚结。两相间界面膜破裂,液滴与液滴结合,小液滴变为大液滴,严重时会完全分相。

5.3.6.2 乳化剂的乳化作用

(1)增大分散相之间的静电斥力。有些离子型表面活性剂(surfactant)可在含油的水相中建立起双电子层,导致小液滴之间的静电斥力增大,使小液滴保持稳定不絮凝,这类乳化剂(emulsifier)适用于 O/W 型体系。如图 5-7 所示。

(2)增大连续相的黏度或生成有弹性的厚膜。明胶和许多树胶能使乳浊液连续相的黏度增大,蛋白质能在分散相周围形成有弹性的厚膜,可抑制分散相絮凝和聚结,这类乳化剂适用于 O/W 型体系。如牛乳中脂肪球外有一层酪蛋白膜,从而起乳化作用(emulsification)。

(3)减小两相间的界面张力。大多数乳化剂是具有两亲性的表面活性剂,它具有亲水基和疏水基,乳化剂处于水-油界面上,亲水基与水作用,疏水基与油作用,从而降低了两相间的界面张力,使乳浊液稳定。

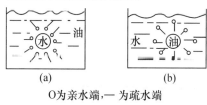

O为亲水端,— 为疏水端

(a) W/O型;(b)O/W 型

图 5-7　乳化剂的乳化作用示意图

(4)形成液晶态。有些乳化剂可导致油滴周围形成液晶多分子层,这种作用使液滴间的范德华引力减弱,抑制液滴的絮凝和聚结。当液晶态黏度比水相黏度大得多时,这种稳定作用更加显著。

5.3.6.3 乳化剂的选择

对于 O/W 型和 W/O 型体系所需的乳化剂是不同的,可根据美国 ATLAS 研究机构创立的衡量乳化性能的指标"亲水-亲脂平衡(hydrophilic-lipophilic balance,HLB)性质"来选择。HLB 值可表示乳化剂的亲水亲脂能力,可用实验方法测得,也可用一些方法计算。表 5-6 列出不同 HLB 值的适用性。表 5-7 列出了一些常见食品乳化剂的 HLB 值及每日允许摄入量(accepted daily intake,ADI)。HLB 值具有代数加和性,即混合乳化剂的 HLB 值可通过计算得到。通常混合乳化剂比具有相同 HLB 值的单一乳化剂的乳化效果好。

表 5-6　HLB 值与适用性

HLB 值	适用性	HLB 值	适用性
1.5～3	消泡剂	8～18	O/W 型乳化剂
3.5～6	W/O 型乳化剂	13～15	洗涤剂
7～9	湿润剂	15～18	溶化剂

表 5-7　一些常见食品乳化剂的 HLB 值和 ADI 值

乳 化 剂	HLB 值	ADI 值/(mg/kg 体重)
一硬脂酸甘油酯	3.8	无限量
双甘油硬脂酸一酯	5.5	0～25
双乙酰琥珀酰甘油一酯	9.2	0～50
硬脂酰-2-乳酸钠	21.0	0～20
脱水山梨醇硬脂酸三酯	2.1	0～25
聚氧乙烯脱水山梨醇油酸一酯	15.0	0～25

乳化剂在食品中的作用是多方面的,例如,在冰淇淋中除起乳化作用外,还可减少气泡,使冰晶变小,赋予冰淇淋细腻滑爽的口感;在巧克力中,可抑制可可脂由 β-3 Ⅴ 型转变成 β-3 Ⅵ 型同质多晶体,即抑制巧克力表面起"白霜";用在焙烤面点食品中,可增大制品的体积,防止淀粉老化;用在人造奶油中,可作为晶体改良剂,调节稠度。

5.4　油脂在加工和储藏中的氧化反应

5.4.1　油脂的氧化

油脂氧化(oxidation)是油脂及含油食品败坏的主要原因之一。油脂在储藏期间,因空气中的氧气、光照、微生物、酶等的作用,而导致油脂变哈喇,即产生令人不愉快的气味和苦涩味,同时产生一些有毒的化合物,这些统称为油脂的酸败(rancidity)。食品在加工和储藏中产生的酸败是负面的,但有时油脂的适度氧化,对于油炸食品香气的形成却又是必需的。

油脂氧化的初级产物是氢过氧化物(hydroperoxide,ROOH),ROOH 的形成途径有自动氧化(autoxidation)、光氧化(photooxidation)和酶促氧化(enzymic oxidation)3 种。ROOH 不稳定,易分解,分解产物还可进一步聚合。

5.4.1.1　自动氧化

(1)油脂自动氧化的机理。油脂自动氧化是活化的不饱和脂肪与基态氧之间发生的自由基(free radical)反应,包括链引发(chain initiation),链增殖(chain propagation)和链终止(chain termination)3 个阶段。在链引发阶段,不饱和脂肪酸及其甘油酯(RH)在金属催化或光、热作用下,易使与双键相邻的 α-亚甲基脱氢,引发链式反应中的第一个自由基烷基自由基(R·)的产生(因为 α-亚甲基氢受到双键的活化易脱去);在链增殖阶段,会循环产生 R·;在链终止阶段,自由基之间反应,形成非自由基化合物。

第一个自由基的引发,通常活化能较高,故这一步反应相对很慢。链增殖反应的活化能较低,故此步骤进行很快,并且反应式(2)、式(3)可循环进行,产生大量的 ROOH。

反应式(2)中的氧是能量较低的基态氧,即所谓的三线态氧($^3O_2$),其电子排布如图 5-8 所示,在两个 π^* 轨道中分别填充 1 个电子,且它们自旋平行。根据 Pauli 不相容原理,这种填充方式能量较低,较稳定。由于电子自旋平行,则其总角动量为 $2S+1=2(1/2+1/2)+1=3$(S 为角量子数),故称为三线态(triplet)氧。油脂直接与 $^3O_2$ 反应生成 ROOH 是很难的。因为反应式(7)的活化能高达 $146～273$ kJ/mol,以至于在没有任何帮助的条件下,该反应是不能进行的。所以自动氧化反应中最初自由基的产生,需要引发剂的帮助。

$$链引发(诱导期)：RH \xrightarrow{\text{引发剂}} R· + H· \qquad (1)$$

$$链增殖：\qquad R· + O_2 \longrightarrow ROO· \qquad\qquad (2)$$

$$ROO· + RH \longrightarrow ROOH + R· \qquad (3)$$

$$链终止：R· + R· \longrightarrow R—R \qquad\qquad (4)$$

$$R· + ROO· \longrightarrow ROOR \qquad\qquad (5)$$

$$ROO· + ROO· \longrightarrow ROOR + O_2 \qquad (6)$$

$$RH + {}^3O_2 \longrightarrow ROOH \qquad\qquad (7)$$

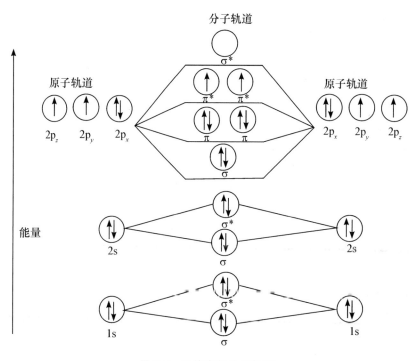

图 5-8　三线态氧分子轨道

$^3O_2$ 受到激发(如光照)时，π^* 轨道中的电子可采用如图 5-9 所示的自旋反平行填充，电子的总角动量为 $2S+1=2(1/2-1/2)+1=1$，故这种激发态氧称为单线态(singlet)氧($^1O_2$)。单线态氧反应活性高，可参与光敏氧化，生成 ROOH 并引发自动氧化链反应中的第一个自由基。此外，过渡金属离子，某些酶及加热等也可引发自动氧化链反应的第一个自由基。

(2)氢过氧化物的形成。现在，已用现代分析技术定性和定量分析了由油酸酯、亚油酸酯和亚麻酸酯氧化形成的各种氢过氧化物异构体。

①油酸酯。引发剂首先在双键的 α-C 处引发出自由基，分别生成 C_8、C_{11} 自由基；由于烯丙基结构中单电子的离域化作用，C_8、C_{11} 处的单电子还可分别流动到 C_{10}、C_9 处，同时双键发生位移和顺反异构，生成 C_{10}、C_9 自由基；四种自由基与 $^3O_2$ 作用生成相应的 ROO·，进一步生成四种 ROOH。其中 C_8、C_{11} 氢过氧化物略多于 C_9、C_{10} 氢过氧化物，且反式异构体占 70%

以上。

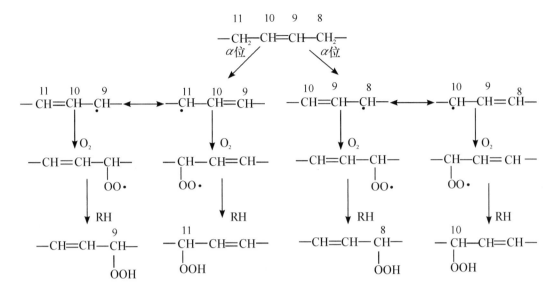

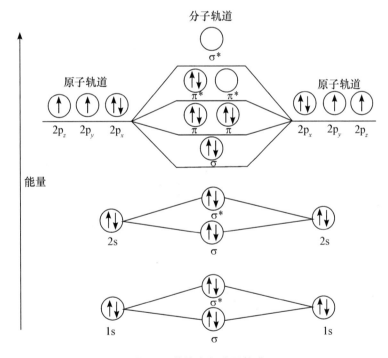

图 5-9　单线态氧分子轨道

②亚油酸酯。亚油酸酯具有戊二烯结构,α-C_{11} 同时受到两个双键的双重激活,氧化反应速度比油酸快约 20 倍。因此,首先在 C_{11} 处形成自由基,该自由基发生异构化(位置和顺反异构),生成两种具有共轭双键结构的亚油酸酯自由基,再与 $^3O_2$ 作用可生成两种 ROOH。

（图）

③亚麻酸酯。亚麻酸酯中有两个 C 原子（即 C_{11}、C_{14}）处在两个双键之间,故易在此处引发自由基,最终生成 4 种 ROOH,氧化反应速度比亚油酸酯更快。

（图）

自动氧化反应历程中 ROOH 的形成:先在双键的 α-C 处引发自由基,自由基共振稳定,双键可位移和顺反异构。参与反应的是 $^3O_2$,生成的 ROOH 的种类数为 2×亚甲基数(含有两个或两个以上的双键时,α-亚甲基数目只算被两个双键激活的 α-亚甲基)。

5.4.1.2 光敏氧化

食品中存在的某些天然色素如叶绿素、血红蛋白是光敏化剂(photosensitizer,Sens),它受到光照后可将基态氧($^3O_2$)转变为激发态氧($^1O_2$)。高亲电性的 $^1O_2$ 可直接进攻高电子云密度的双键处的任一碳原子,形成六元环过渡态,然后双键位移形成反式构型的 ROOH。生成的 ROOH 种类数为 2×双键数。以亚油酸酯为例,其反应机制如下。

（图）

由于 $^1O_2$ 的能量高,反应活性大,故光敏氧化反应(photooxidation)的速度比自动氧化反应速度约快 1 500 倍;油酸酯、亚油酸酯和亚麻酸酯的光氧化速度为 1.0∶1.7∶2.3,而其自动氧化的速度一般为 1∶12∶25。光氧化反应产生的 ROOH 再裂解,可引发自动氧化历程的自由基链反应。

5.4.1.3　酶促氧化

脂肪在酶参与下所发生的氧化反应,称为酶促氧化。脂氧合酶(lipoxygenase,LOX)专一性地作用于具有 1,4-顺、顺-戊二烯结构的多不饱和脂肪酸(如 18∶2,18∶3),在 1,4-戊二烯的中心亚甲基处(即 ω-8 位)脱氢形成自由基,然后异构化使双键位置转移,同时转变成反式构型,形成具有共轭双键的 ω-6 和 ω-10 氢过氧化物。

此外,我们通常所称的酮型酸败,也属于酶促氧化,是由某些微生物繁殖时所产生酶(如脱氢酶、脱羧酶、水合酶)的作用引起的。氧化反应多发生在饱和脂肪酸的 α-碳位和 β-碳位之间,因而也称为 β-氧化作用。氧化产生的最终产物酮酸和甲基酮具有令人不愉快的气味,故称为酮型酸败。

5.4.1.4 氢过氧化物的分解及聚合

各种途径生成的 ROOH 均不稳定,可裂解产生许多分解产物。首先是 ROOH 在氧-氧键处均裂,产生烷氧自由基和羟基自由基。

(1)ROOH 的氧-氧断裂。反应如下。

$$R_1-CH-R_2COOH \longrightarrow R_1-CH-R_2COOH + \cdot OH$$

进一步是 RO· 在与氧相连的碳原子两侧发生碳-碳断裂,生成醛、酸、烃等化合物。

(2)RO· 的碳-碳断裂。反应如下。

$$R_1-CH-R_2COOH \longrightarrow R_1C-H + \cdot R_2COOH \longrightarrow 醛 + 酸$$
$$\longrightarrow R_1 \cdot + H-C-R_2COOH \longrightarrow 烃 + 含氧酸$$

此外,RO· 还可通过以下途径生成酮、醇。

$$R_1-CH-R_2OOH \xrightarrow[R_4H]{R_3O\cdot} R_1-C-R_2COOH + R_3OH$$
$$\longrightarrow R_1-CH-R_2COOH + R_4'$$

氢过氧化物分解产生的小分子醛、酮、醇、酸等有令人不愉快的气味,即哈喇味,导致油脂酸败。油脂氧化产生的小分子化合物还可发生聚合反应,生成二聚体或多聚体,如亚油酸的氧化产物己醛可聚合成具有强烈臭味的环状三聚物——三戊基三·烷。

$$3C_5H_{11}CHO \longrightarrow$$

5.4.1.5 影响油脂氧化速率的因素

(1)脂肪酸及甘油酯的组成。油脂氧化速率与脂肪酸的不饱和度、双键位置、顺反构型有关。室温下饱和脂肪酸的链引发反应较难发生,当不饱和脂肪酸已开始酸败时,饱和脂肪酸仍可保持原状。而在不饱和脂肪酸中,双键增多,氧化速率加快;顺式构型比反式构型易氧化;共轭双键结构比非共轭双键结构易氧化;游离脂肪酸比甘油酯中结合型脂肪酸的氧化速率略高,当油脂中游离脂肪酸的含量大于 0.5% 时,自动氧化速率会明显加快;而甘油酯中脂肪酸的无规则分布有利于降低氧化速率(表5-8)。

表 5-8　脂肪酸在 25 ℃时的诱导期和相对氧化速率

脂肪酸	双键数	诱导期/h	相对氧化速率
18:0	0		1
18:1(9)	1	82	100
18:2(9,12)	2	19	1 200
18:3(9,12,15)	3	1.34	2 500

（2）氧。$^1O_2$ 的氧化速率约为 $^3O_2$ 的 1 500 倍。当氧浓度较低时,氧化速率与氧浓度近似成正比;当氧浓度很高时,则氧化速率与氧浓度无关。故可采用真空或充氮包装及使用低透气性材料包装,可防止含油食品的氧化变质。

（3）温度。一般说来,温度上升,氧化反应速率加快。因为高温既能促进自由基的产生,又能促进氢过氧化物的分解和聚合。但温度上升,氧的溶解度会有所下降。饱和脂肪酸在室温下稳定,但在高温下也会发生显著的氧化。例如,猪油中饱和脂肪酸含量通常比植物油高,但猪油的货架期却常比植物油短,这是因为猪油一般经过熬炼而得,同时还含有光敏化剂血红蛋白和金属离子,并经历了高温阶段,引发了自由基所致;而植物油常在不太高的温度下用有机溶剂萃取而得,故稳定性比猪油好。

（4）水分。油脂氧化反应的相对速率与水分活度的关系如图 5-10 所示。在水分活度 0.33 处,氧化速率最低;水分活度从 0→0.33,随着水分活度增加,氧化速率降低,这是因为十分干燥的样品中添加少量水,既能与催化氧化的金属离子水合,使催化效率明显降低,又能与氢过氧化物结合并阻止其分解;水分活度从 0.33→0.73,随着水分活度增大,催化剂的流动性提高,水中溶解的氧增多,分子溶胀,暴露出更多催化点位,故氧化速率提高;当水分活度大于 0.73 后,水量增加,使催化剂的浓度被稀释,导致氧化速度降低。

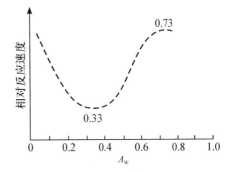

图 5-10　水分活度与脂肪氧化速率的关系

（5）表面积。一般来说,油脂与空气接触的表面积与油脂氧化速率成正比。

（6）助氧化剂。一些具有合适氧化还原电位的二价或多价过渡金属离子是有效的助氧化剂（pro-oxidant）,即使浓度低至 0.1 mg/kg,仍能缩短链引发期,使氧化速率加快。其催化机制可能如下。

①促进氢过氧化物分解。

$$M^{n+} + ROOH \nearrow M^{(n+1)+} + OH^- + RO\cdot \searrow M^{(n-1)+} + H^+ + ROO\cdot$$

②直接与未氧化的底物作用。

$$M^{n+} + RH \longrightarrow M^{(n-1)+} + H^+ + R\cdot$$

③使氧分子活化产生 $^1O_2$ 和 $ROO\cdot$。

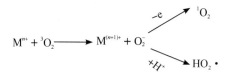

金属离子来源于种植油料作物的土壤、加工储藏设备以及食物材料本身。不同金属催化能力强弱排序如下：铅＞铜＞黄铜＞锡＞锌＞铁＞铝＞不锈钢＞银。此外，血红素因含铁，也是油脂氧化的催化剂。熬炼猪油时，若血红素未去除完全，则猪油酸败速度快。应该说参与酶促氧化的酶均为氧化反应的助氧化剂。

（7）光和射线。光和射线不仅能促使 ROOH 分解，还能引发自由基。可见光、紫外光和高能射线均能促进氧化，尤其是紫外光和 γ 射线，所以油脂的储存宜用遮光容器。

（8）抗氧化剂。加入抗氧化剂能减慢油脂氧化速率。能延缓和减慢油脂氧化速率的物质被称为抗氧化剂。将在 5.4.2 处详细介绍。

如何把"油脂氧化的理论知识"用到实际工作中去，著名的生物化学家王应睐院士给我们做出了榜样。在抗美援朝时期，我志愿军战士的主要食物是干粮，但是后方生产的干粮过不了多久就变质产生哈喇味（脂肪氧化），直接影响了部队的后勤供应与战斗力。王应睐接受了研究防止干粮脂肪氧化的任务，通过研究提出了切实可行的综合措施，包括利用含有天然抗氧化剂的黄豆粗豆油作为干粮的油脂来源，严格控制干粮中催化脂肪氧化的铜、铁离子的含量，以及采用经防氧化处理的包装纸等，完美地解决了问题。

5.4.1.6 过氧化脂质的危害

油脂自动氧化是自由基链反应，自由基的高反应活性，可导致机体损伤，细胞破坏，人体衰老等。油脂氧化过程中产生的过氧化脂质（peroxidation lipid），将导致食品的外观、质地和营养质量变劣，甚至会产生致突变的物质。

（1）过氧化脂质几乎能和食品中的任何成分反应，使食品品质降低。例如，过氧化脂质与蛋白质的反应。ROOH 及其降解产物与蛋白质反应，会导致食品质地改变，蛋白质溶解度降低（蛋白质发生交联），颜色变化（褐变），营养价值降低（必需氨基酸损失）。ROOH 的氧-氧键断裂产生的 RO·，与蛋白质（PrH）作用生成蛋白质自由基，蛋白质自由基再交联。

$$RO· + PrH \longrightarrow Pr· + ROH$$
$$2Pr· \longrightarrow Pr—Pr$$

脂质过氧化物的分解产物丙二醛能与蛋白质中赖氨酸的 ε-NH_2 反应生成席夫碱（Schiff base），使大分子交联。鱼蛋白在冷冻储藏后，其溶解度降低应归咎于该反应。

$$O \rightleftharpoons O \Longrightarrow O \qquad OH \xrightarrow{2PrNH_2} Pr—N \qquad \qquad NH—Pr$$

因不饱和脂肪酸自动氧化生成的醛可与蛋白质中的氨基缩合生成席夫碱，如该醇醛缩合反应继续进行，则可生成褐色的聚合物；如在该醇醛缩合反应的早期（第一次或第二次醇醛缩合）发生水解，则会释放出有强烈气味的醛。因此，该反应不仅导致变色，而且导致风味改变，如图 5-11 所示。

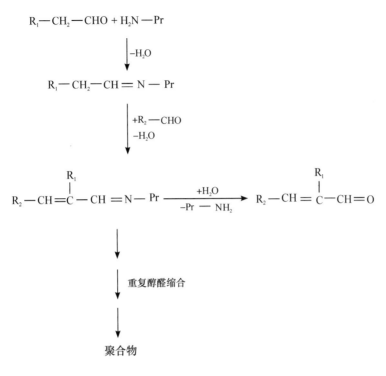

图 5-11　醛与蛋白质的一系列反应

（2）过氧化脂质几乎可与人体内所有分子或细胞反应,破坏 DNA 和细胞结构。酶分子中的—NH$_2$ 与丙二醛如发生前述的交联反应,则会失去活性。蛋白质交联后将丧失其生物功能,这些被破坏了的细胞成分被溶酶体吞噬后,又不能被水解酶消化,在体内积累,就会产生脂褐素（老年斑）。

（3）脂质在常温及高温下氧化均会产生有毒有害物质。经动物实验表明,喂食常温下高度氧化的脂肪（在大鼠饲料中占 10%～20%）,将引起大鼠食欲下降,生长抑制,肝肾肿大,过氧化物聚集在脂肪组织内。而喂食因加热而高度氧化的脂肪,在动物体内会产生各种有害效应。有报道,氧化聚合物产生的极性二聚物是有毒的,而无氧热聚合生成的环状酯也是有毒的。在用长时间高温油炸过的油,或反复使用的油炸油的油炸薯条和炸鱼片,发现其具有较明显的致癌活性。

5.4.2　抗氧化剂

5.4.2.1　抗氧化剂的抗氧化机理

抗氧化剂（antioxidant）按抗氧化机理可分为自由基清除剂、单线态氧淬灭剂、氢过氧化物转化剂、金属螯合剂、氧清除剂、酶类抗氧化剂等。

（1）自由基清除剂（氢供体、电子供体）。酚类（AH$_2$）抗氧化剂是优良的氢供体,可清除原有的自由基,同时自身生成比较稳定的酚类自由基（酚类自由基氧原子上的单电子可与苯环上的 π 电子云共轭,使之稳定）。如下所示。

当酚羟基邻位有叔丁基时,由于存在空间位阻,阻碍了氧分子进攻,所以,叔丁基减少了烷氧自由基进一步引发自由基链反应的可能性,从而具有抗氧化的作用。其作用机制可用下式表示。

$$ROO \cdot + AH_2 \longrightarrow ROOH + AH \cdot$$
$$AH \cdot + AH \cdot \longrightarrow A + AH_2$$

此外,还有供电子的抗氧化剂,但由于这种抗氧化剂一般都是弱抗氧化剂,并不常用。

(2)单线态氧淬灭剂。$^1O_2$ 易与同属单线态的双键作用,转变成 $^3O_2$,所以含有许多双键的类胡萝卜素是较好的 $^1O_2$ 淬灭剂。其作用机理是激发态的 $^1O_2$ 将能量转移到类胡萝卜素上,使类胡萝卜素由基态(^{1}类胡萝卜素)变为激发态(^{3}类胡萝卜素),而后者可直接回复到基态。

$$^1O_2 + {}^1类胡萝卜素 \longrightarrow {}^3O_2 + {}^3类胡萝卜素$$
$$^3类胡萝卜素 \longrightarrow {}^1类胡萝卜素$$

此外,$^1O_2$ 淬灭剂还可能使光敏化剂回复到基态。

$$^1类胡萝卜素 + {}^3Sen* \longrightarrow {}^3类胡萝卜素 + {}^1Sen$$

(3)氢过氧化物转化剂。氢过氧化物是油脂氧化的主要初产物,有些化合物如硫代二丙酸的月桂酸酯及硬脂酸酯(用 R_2S 表示),可将 ROOH 转变为非活性的醇,从而起到抑制油脂进一步氧化的作用,这类物质被称为氢过氧化物转化剂。其作用机理如下。

$$R_2S + R'OOH \longrightarrow R_2S{=}O + R'OH$$
$$R_2S{=}O + R'OOH \longrightarrow R_2SO_2 + R'OH$$

(4)金属螯合剂。柠檬酸、酒石酸、抗坏血酸等能与作为油脂助氧化剂的过渡金属离子螯合而使之钝化,从而起到抑制油脂氧化的作用。

(5)氧清除剂。抗坏血酸除具有螯合金属离子的作用外,还是有效的氧清除剂,通过除去食品中的氧而起到抗氧化作用,如抗坏血酸抑制酶促褐变,就是除氧作用。

(6)酶类抗氧化剂。超氧化物歧化酶(SOD)可将超氧阴离子自由基 $O_2^- \cdot$ 转变为 $^3O_2$,反应如下。

$$2O_2^- \cdot + 2H^+ \xrightarrow{\text{SOD}} {}^3O_2 + H_2O_2$$
$$2H_2O_2 \xrightarrow{\text{过氧化氢酶}} 2H_2O + {}^3O_2$$

SOD、谷胱甘肽过氧化物酶、过氧化氢酶、葡萄糖氧化酶等均属酶类抗氧化剂。

（7）增效剂。在实际应用抗氧化剂时,常同时使用两种或两种以上的抗氧化剂。因使用几种抗氧化剂其抗氧化效果优于单独使用一种抗氧化剂,其增效机制通常有两种。

①增效剂(synergist)的作用是使主抗氧化剂再生,从而起到增效作用。例如,同属于酚类的抗氧剂 BHA 和 BHT,前者为主抗氧化剂,它将首先成为氢供体(因为其 O—H 键离解能较低),而 BHT 由于空间阻碍只能与 ROO· 缓慢地起反应,故 BHT 的作用是使 BHA 再生,如图 5-12 所示。

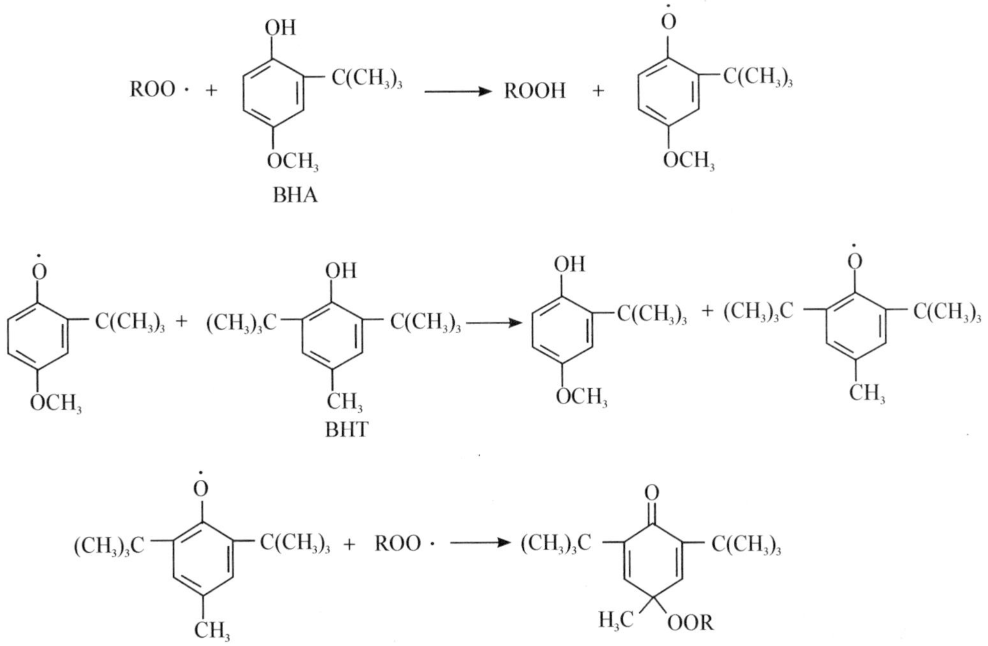

图 5-12 BHT 对 BHA 的增效作用

②增效剂为金属螯合剂。例如,酚类＋抗坏血酸,其中酚类是主抗氧化剂,抗坏血酸可螯合金属离子,此外抗坏血酸还是氧清除剂。两者联合使用,抗氧化能力大为提高。

5.4.2.2 食品中常用的抗氧化剂

抗氧化剂按来源可分为天然抗氧化剂和人工合成抗氧化剂两类。我国允许使用的抗氧化剂主要有生育酚、茶多酚、没食子酸丙酯(PG)、抗坏血酸、丁基羟基茴香醚(BHA)、二丁基羟基甲苯(BHT)等 14 种。

（1）天然抗氧化剂。许多天然动植物材料中,存在一些具有抗氧化作用的成分。由于人们对人工合成抗氧化剂安全性的疑虑,天然抗氧化剂愈来愈受到青睐。在天然抗氧化剂中,酚类仍是最重要的一类,如自然界中分布很广的生育酚,茶叶中的茶多酚,芝麻中的芝麻酚等均是优良的天然抗氧化剂。此外,许多香辛料中也存在一些抗氧化成分,如迷迭香酸、生姜中的姜酮和姜脑。黄酮类及有些氨基酸和肽类也属于天然抗氧化剂;有些天然的酶类如谷胱甘肽过氧化物酶,SOD 也具有良好的抗氧化剂性能;还有前面提到的抗坏血酸、类胡萝卜素等。

①生育酚(tocopherol)。生育酚有多种结构,几种异构体的结构如图 5-13 所示。

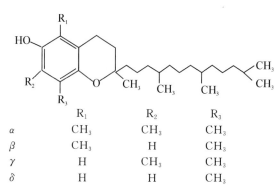

	R_1	R_2	R_3
α	CH_3	CH_3	CH_3
β	CH_3	H	CH_3
γ	H	CH_3	CH_3
δ	H	H	CH_3

图 5-13　几种生育酚异构体的结构

就抗氧化活性而言,几种生育酚的活性排序为 $\delta > \gamma > \beta > \alpha$。生育酚在动物油脂中的抗氧化效果优于用在植物油中,但其天然分布却是在植物油中含量高。生育酚具有耐热、耐光和安全性高等特点,可用在油炸油中。

②茶多酚(tea polyphenol)。茶多酚为茶叶中一些多酚类化合物,包括表没食子儿茶素没食子酸酯(EGCG),表没食子儿茶素(EGC),表儿茶素没食子酸酯(ECG),表儿茶素(EC),其中 EGCG 在含水和含油体系中都是最有效的。

③L-抗坏血酸(ascorbic acid)。L-抗坏血酸广泛存在于自然界,也可人工合成,是水溶性抗氧化剂,可用在加工过的水果、蔬菜、肉、鱼、饮料等食品中。L-抗坏血酸作为抗氧化剂,其作用是多方面的:①清除氧,如用在果蔬中抑制酶促褐变;②有螯合剂的作用,与酚类合用作为增效剂;③还原某些氧化产物,如 L-抗坏血酸用在肉制品中起发色助剂作用,将褐色的高铁肌红蛋白还原成红色的亚铁肌红蛋白;④保护巯基(—SH)不被氧化。

(2)人工合成抗氧化剂。人工合成的抗氧化剂,由于其良好的抗氧化性能以及价格优势,目前仍然被广泛使用,几种最常用的人工合成抗氧化剂也属酚类。其结构如下。

3-叔丁基茴香醚(3-BHA)　　2-叔丁基茴香醚(2-BHA)　　2,6-二叔丁基对甲基苯酚(BHT)

没食子酸丙酯(PG)　　2-叔丁基对苯二酚(TBHQ)　　2,4,5-三羟基苯丁酮(THBP)

①BHA。商品 BHA 是 2-BHA 和 3-BHA 的混合物,在动物油脂中的抗氧化效果优于用在植物油中;易溶于油,不溶于水,耐热性好,与金属离子作用不着色;可用在焙烤食品中,有典型的酚气味。动物实验表明 BHA 有一定的毒性,BHA 同时还有抗微生物的效果。

②BHT。不溶于水,溶于有机试剂,耐热性和稳定性较好,在普通烹调温度下稳定,可用在焙烤食品中;遇金属离子不着色,无 BHA 那种特异臭味,且价格低廉,抗氧化能力强。因此,在我国被作为主要的抗氧化剂使用。

③PG。抗氧化性能优于 BHT 和 BHA,耐热性好,但遇金属离子易着色,故常与柠檬酸合用。因柠檬酸可螯合金属离子,既可用作增效剂,又避免了遇金属离子着色的问题。PG 在食品焙烤或油炸过程中将迅速挥发,可用在罐头、方便面、干鱼制品中。

④TBHQ。属油溶性抗氧化剂,在植物油中使用,抗氧化效果好于 BHA、BHT 及 PG,遇铁离子不着色,无异味、臭味。

⑤D-异抗坏血酸及其钠盐。D-异抗坏血酸是合成品,属水溶性抗氧化剂。用于水果、蔬菜、罐头、啤酒、果汁等食品中。其抗氧化性与 L-抗坏血酸相当,但易合成。

5.4.2.3 抗氧化剂使用的注意事项

(1)抗氧化剂应尽早加入。因为油脂氧化反应是不可逆的,抗氧化剂只能起阻碍油脂氧化的作用,延缓食品败坏的时间,但不能改变已经变坏的结果。

(2)抗氧化剂的使用要注意剂量问题。一是用量不能超出其安全剂量;二是有些抗氧化剂用量不合适时,反而会有促氧化效果。

(3)选择抗氧化剂应注意溶解性。只有在体系中有良好的溶解性,才能充分发挥其抗氧化功效。因此,油脂体系选用脂溶性抗氧化剂,含水体系应选水溶性抗氧化剂。

(4)在实际应用中常使用两种或两种以上的抗氧化剂,利用其增效效应。

5.4.2.4 抗氧化与促氧化

一些研究表明,有些抗氧化剂用量与抗氧化(antioxidation)性能并不完全是正相关关系,有时用量过大后,反而起到促氧化作用(prooxidation)。以酚类物质(AH_2)为例,其机理如下。

(1)低浓度酚可清除自由基。

$$ROO \cdot + AH_2 \longrightarrow ROOH + AH \cdot (清除过氧自由基)$$
$$ROO \cdot + AH \cdot \longrightarrow ROOH + A$$

(2)高浓度酚有促氧化作用。因为酚自由基浓度升高,可发生上述反应的逆反应,起到促氧化作用。

$$ROOH + AH \cdot \longrightarrow ROO \cdot + AH_2$$

α-生育酚和 β-生育酚具有促氧化现象,而 γ-生育酚和 δ-生育酚则无此现象。在动植物油中,当 α-生育酚浓度不太高时(低于 $600 \sim 700$ mg/kg 油脂),在室温下并不表现促氧化作用;当温度升高时,酚类自由基的生成速度比底物自动氧化的速度要快,即酚类自由基的浓度超过 $ROO \cdot$ 时,它就可能起到促氧化作用。因此,在食品工业中,一般宜将 α-生育酚的总量(自身含量及添加量之和)控制在 $50 \sim 500$ mg/kg。

与 α-生育酚的情况相反,低浓度的抗坏血酸(10^{-5} mol/L)有促氧化作用,尤其是有 Fe^{2+}、Cu^{2+} 存在时对氧化反应有促进作用,推测该反应形成了抗坏血酸-Fe^{2+}-氧络合物,可促进氢过氧化物分解,从而引起不饱和脂肪酸的自动氧化。

β-胡萝卜素在浓度为 5×10^{-5} mol/L 时,有最高的抗氧化活性。若浓度更高,则以促氧

化作用为主导。β-胡萝卜素是否抗氧化还取决于氧的分压,低氧压时(p_{O_2}<150 mmHg,1 mmHg=133.322 Pa),具有抗氧化作用;高氧压时,又有促氧化作用。

5.5 油脂在加工和储藏中的其他化学变化

5.5.1 油脂的水解

油脂在有水存在下以及在热、酸、碱、脂解酶的作用下,可发生水解(hydrolysis)反应,使脂肪酸游离出来。油脂在碱性条件下的水解称为皂化(saponification)反应,水解生成的脂肪酸盐即为肥皂。在工业上,就用该反应制肥皂。

在活体动物的脂肪组织中不存在游离脂肪酸(free fat acid,FFA),但动物宰后,在体内脂解酶的作用下,将产生 FFA。由于 FFA 具有酸的口感,且对氧比甘油酯更为敏感,所以会导致油脂更快酸败。在大多数情况下,水解反应是不利的。动物油脂的获得,常用高温熬炼法,高温可使脂解酶失活。植物油料种子中也存在脂解酶,但动物油脂中 FFA 的含量相对于未精炼的植物油来说要少些;而在植物油的精炼过程中,FFA 是通过加碱中和脱去的。

食品在油炸过程中,食物中的水分进入油中,油脂水解释放出 FFA,导致油的发烟点降低,并且随着 FFA 含量的增高,油的发烟点不断降低(表5-9)。因此,水解导致油品质降低,风味变差。乳脂水解将产生一些短链脂肪酸($C_4 \sim C_{12}$),而产生酸败味。但在有些食品的加工中,轻度的水解是有利的,如干酪及酸奶的生产。

表 5-9 油脂中游离脂肪酸含量与发烟点的关系

游离脂肪酸/%	0.05	0.10	0.50	0.60
发烟点/℃	226.6	218.6	176.6	148.8~160.4

5.5.2 油脂在高温下的化学反应

油脂在高温下烹调时,会发生各种化学反应,如热分解、热聚合、热氧化聚合、缩合、水解、氧化反应等。油脂经长时间加热,会导致油的品质降低,如黏度增大,碘值降低,酸价升高,发烟点降低,泡沫量增多。如果继续用此油煎炸食品,显然是不安全的,尽量不食用该油炸食品,要有良好的食品安全意识和饮食习惯。当然油炸类食品不是不能吃,而是要合理用油。

5.5.2.1 热分解

饱和脂肪和不饱和脂肪在高温下都会发生热分解反应。热分解反应根据有、无氧参与反应,又可分为热分解和热氧化分解。金属离子(如 Fe^{2+})的存在,可催化热分解反应。饱和脂肪的热分解反应如图 5-14 所示。

饱和脂肪在常温下较稳定,但在高温下($T>150$ ℃)下也将发生热氧化分解,首先在羧基或酯基的 α-或 β-或 γ-碳上形成 ROOH,然后 ROOH 再进一步分解成烃、醛、酮等化合物。例如,当氧进攻 β 位置时,其反应如图 5-15 所示。

不饱和脂肪在隔氧条件下加热,主要生成二聚体,此外还生成一些低分子量的物质。不饱

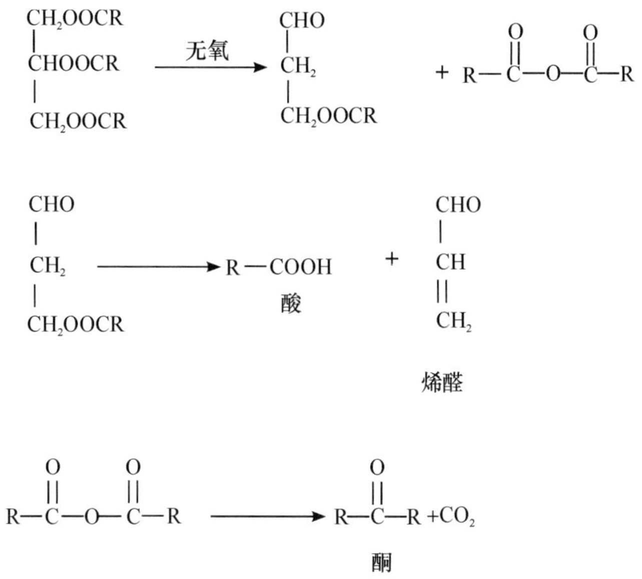

$$\begin{array}{c}CH_2OOCR\\|\\CHOOCR\\|\\CH_2OOCR\end{array}\xrightarrow{\text{无氧}}\begin{array}{c}CHO\\|\\CH_2\\|\\CH_2OOCR\end{array}+\ R-\overset{O}{\underset{\|}{C}}-O-\overset{O}{\underset{\|}{C}}-R$$

$$\begin{array}{c}CHO\\|\\CH_2\\|\\CH_2OOCR\end{array}\xrightarrow[\text{酸}]{}R-COOH\ +\ \begin{array}{c}CHO\\|\\CH\\\|\\CH_2\end{array}$$

烯醛

$$R-\overset{O}{\underset{\|}{C}}-O-\overset{O}{\underset{\|}{C}}-R\longrightarrow R-\overset{O}{\underset{\|}{C}}-R+CO_2$$

酮

图 5-14　饱和脂肪的热分解反应

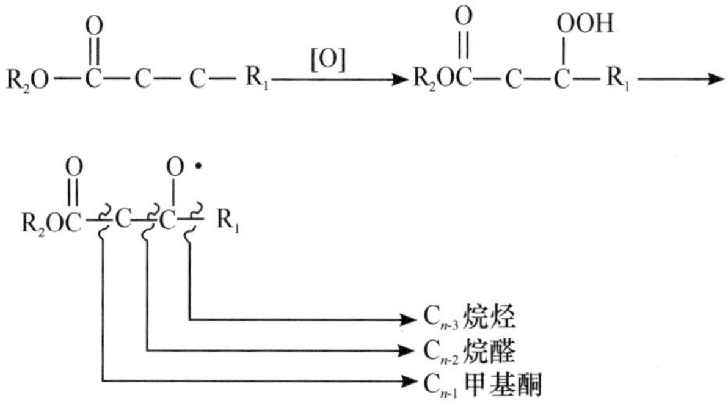

$$R_2O-\overset{O}{\underset{\|}{C}}-\overset{|}{\underset{|}{C}}-\overset{|}{\underset{|}{C}}-R_1\xrightarrow{[O]}R_2OC-\overset{O}{\underset{\|}{}}\overset{|}{\underset{|}{C}}-\overset{OOH}{\underset{|}{C}}-R_1\longrightarrow$$

$$R_2OC-C-C-O\cdot R_1$$

├── C_{n-3} 烷烃
├── C_{n-2} 烷醛
└── C_{n-1} 甲基酮

图 5-15　饱和脂肪的热氧化分解反应

和脂肪的热氧化分解反应与低温下的自动氧化反应的主要途径是相同的,根据双键的位置可以预示 ROOH 的生成与分解,但高温下 ROOH 的分解速率更快些。

5.5.2.2　热聚合

油脂在高温条件下,可发生热聚合反应和热氧化聚合反应。热聚合反应将导致油脂黏度增大,泡沫增多。隔氧条件下的热聚合,是多烯化合物之间发生 Diels-Alder 反应,生成环烯烃。该聚合反应可以发生在不同三酰甘油的分子间(图 5-16),也可发生在同一个三酰甘油的分子内(图 5-17)。

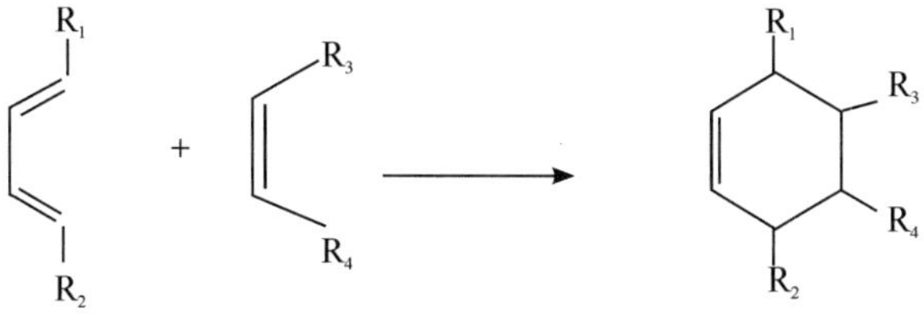

图 5-16　分子间的 Diels-Alder 反应

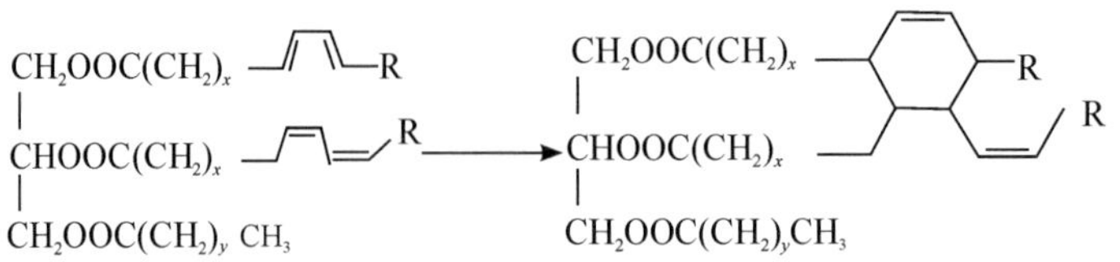

$$
\begin{array}{l}
\mathrm{CH_2OOC(CH_2)}_x \\
| \\
\mathrm{CHOOC(CH_2)}_x \\
| \\
\mathrm{CH_2OOC(CH_2)}_y\mathrm{CH_3}
\end{array}
\longrightarrow
\begin{array}{l}
\mathrm{CH_2OOC(CH_2)}_x \\
| \\
\mathrm{CHOOC(CH_2)}_x \\
| \\
\mathrm{CH_2OOC(CH_2)}_y\mathrm{CH_3}
\end{array}
$$

图 5-17　分子内的 Diels-Alder 反应

热氧化聚合反应是在 200～230 ℃ 条件下,三酰甘油分子在双键的 α-碳上均裂产生自由基,自由基之间再结合成二聚物,其中有些二聚物有毒性。因这种物质在体内被吸收后,能与酶结合使之失活,从而引起生理异常。油炸鱼虾时,出现的细泡沫经分析发现也是一种二聚物。如下所示。

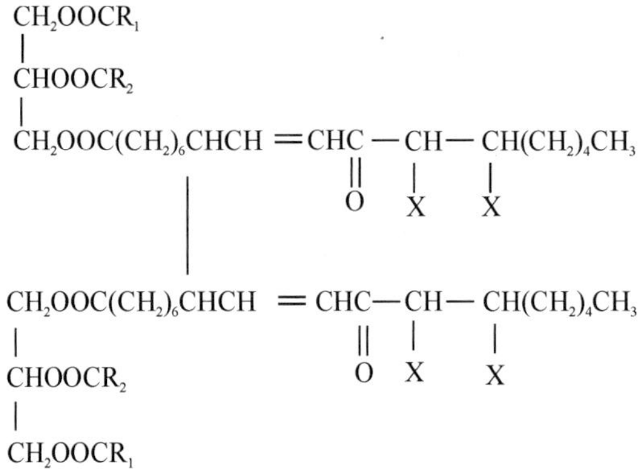

$$
\begin{array}{l}
\mathrm{CH_2OOCR_1} \\
| \\
\mathrm{CHOOCR_2} \\
| \\
\mathrm{CH_2OOC(CH_2)_6CHCH=CHC-CH-CH(CH_2)_4CH_3} \\
\qquad\qquad\qquad\qquad\quad |\quad\; |\quad\; | \\
\qquad\qquad\qquad\qquad\quad O\;\;\; X\;\;\; X \\
\\
\mathrm{CH_2OOC(CH_2)_6CHCH=CHC-CH-CH(CH_2)_4CH_3} \\
| \qquad\qquad\qquad\qquad\qquad\;\; \| \quad | \quad | \\
\mathrm{CHOOCR_2}\qquad\qquad\qquad\;\; O\;\;\; X\;\;\; X \\
| \\
\mathrm{CH_2OOCR_1}
\end{array}
$$

X=OH 或环氧化合物

5.5.2.3　缩合

在高温下,特别是在油炸条件下,食品中的水进入油中,相当于水蒸气蒸馏,将油中的挥发性氧化物赶走,同时也使油脂发生部分水解,酸价增高,发烟点降低。然后水解产物冉缩合成分子量较大的环氧化合物,如图 5-18 所示。

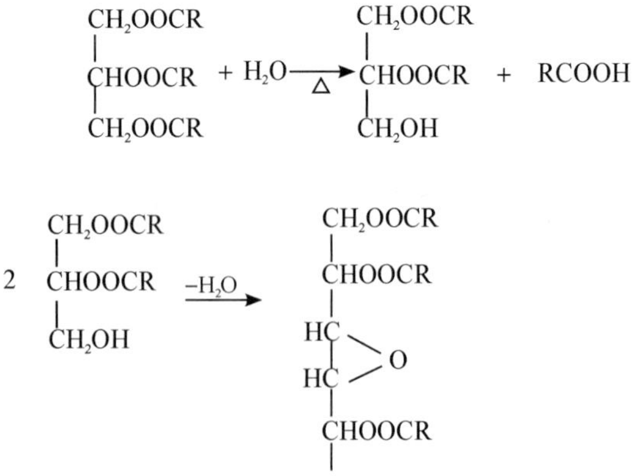

$$
\begin{array}{l}
\mathrm{CH_2OOCR} \\
| \\
\mathrm{CHOOCR} \\
| \\
\mathrm{CH_2OOCR}
\end{array}
+ H_2O \xrightarrow{\triangle}
\begin{array}{l}
\mathrm{CH_2OOCR} \\
| \\
\mathrm{CHOOCR} \\
| \\
\mathrm{CH_2OH}
\end{array}
+ \; \mathrm{RCOOH}
$$

$$
2\;
\begin{array}{l}
\mathrm{CH_2OOCR} \\
| \\
\mathrm{CHOOCR} \\
| \\
\mathrm{CH_2OH}
\end{array}
\xrightarrow{-H_2O}
\begin{array}{l}
\mathrm{CH_2OOCR} \\
| \\
\mathrm{CHOOCR} \\
| \\
\mathrm{HC} \\
\qquad\;\;\diagdown \\
\mathrm{HC}\;\;\;\;O \\
| \\
\mathrm{CHOOCR} \\
| \\
\mathrm{CH_2OOCR}
\end{array}
$$

图 5-18　油脂的缩合反应生成环氧化合物

油脂在高温下发生的化学反应,并不一定都是负面的。油炸食品中香气的形成与油脂在高温条件下的某些反应产物有关,通常油炸食品香气的主要成分是羰基化合物(烯醛类)。例如,将三亚油酸甘油酯加热到 185 ℃,每 30 min 通 2 min 水蒸气,前后加热 72 h,从其挥发物中发现其中有 5 种直链 2,4-二烯醛和内酯呈现油炸物特有的香气。然而,油脂在高温下过度反应,对于油的品质、营养价值均是十分不利的。在食品加工工艺中,一般宜将油脂的加热温度控制在 150 ℃以下。

5.5.3　辐解

辐照导致油脂降解的反应称为辐解(radiolysis)。食物的辐照作为一种灭菌手段,可延长食品的货架期。其负面的影响和热处理一样,可诱导化学变化。辐射剂量越大,影响越严重。

在辐照油脂的过程中,油脂分子吸收辐射能而形成离子和激化分子,激化分子可进一步降解。以饱和脂肪酸酯为例,辐照后首先在羰基附近的 α、β、γ 位置处断裂,即在羰基附近的 5 个位置(a、b、c、d、e)优先发生裂解(图 5-19),而在其余部位发生的裂解则是随机的,生成的辐解产物有烃、醛、酸、酮、酯等;激化分子分解时还可产生自由基。在有氧时,辐照还可加速油脂的自动氧化,同时使抗氧化剂遭到破坏。

辐照和加热均造成油脂降解,这两种途径生成的降解产物有些相似,只是后者生成更多的分解产物。大量实验证明,按巴氏灭菌剂量辐照含脂肪的食品,不会有毒性危险。

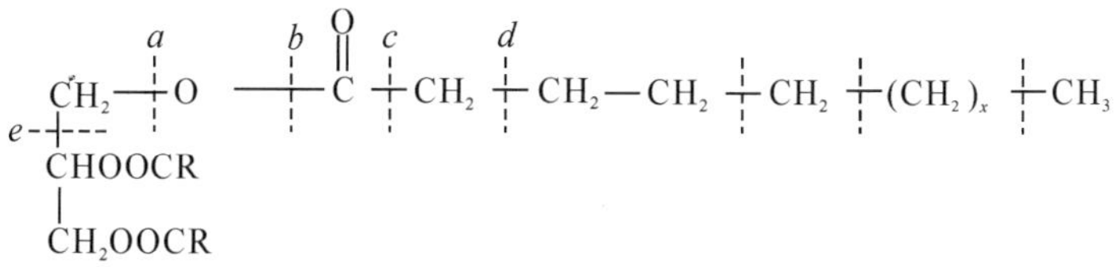

图 5-19　油脂发生辐解反应的断裂位置

5.6　油脂的质量评价

油脂在加工和储藏过程中,其品质会因各种化学反应逐渐降低。其中,脂肪的氧化反应是引起油脂酸败的重要因素。此外,水解、辐解等反应也会导致油脂品质的降低。

5.6.1　脂类氧化的评价方法

脂类氧化反应十分复杂,氧化产物众多,且有些中间产物极不稳定、易分解,故对油脂氧化程度评价指标的选择也是十分重要的。目前仍没有一种简单的测试方法可立即测定所有的氧化产物,常常需要测定几种指标,方可正确评价油脂的氧化程度。

5.6.1.1　过氧化值

过氧化值(peroxide value,POV)是指 1 kg 油脂中所含氢过氧化物的毫摩尔数。

ROOH 是油脂氧化的主要初级产物。在油脂氧化初期,POV 随氧化程度加深而增高,而当油脂深度氧化时,ROOH 的分解速度超过了其生成速度,这时 POV 会有所降低,所以 POV 宜用于衡量油脂氧化初期的氧化程度。POV 值常用碘量法测定。

$$ROOH + 2\,KI \longrightarrow ROH + I_2 + K_2O$$

生成的碘再用 $Na_2S_2O_3$ 溶液滴定,即可定量确定 ROOH 的含量。

$$I_2 + 2\,Na_2S_2O_3 \longrightarrow 2NaI + Na_2S_4O_6$$

5.6.1.2 硫代巴比妥酸法

不饱和脂肪酸的氧化产物醛类,可与硫代巴比妥酸(thiobarbituric acid,TBA)生成有色化合物,如丙二醛(malondialdehyde,MDA)与 TBA 生成的有色物在 530 nm 处有最大吸收,而其他的醛与 TBA 生成的有色物的最大吸收在 450 nm 处,故需要在两个波长处测定有色物的吸光度值,以此来衡量油脂的氧化程度。此法的不足是,并非所有的脂类氧化体系都有 MDA 产生,且有些非氧化产物也可与 TBA 显色,如 TBA 可与食品中共存的蛋白质反应。故此法不便于评价不同体系的氧化情况,但仍可用于比较单一物质在不同氧化阶段的氧化程度。

5.6.1.3 碘值

碘值(iodine value,IV)是指 100 g 油脂吸收碘的克数。该值的测定利用了双键的加成反应,由于碘直接与双键的加成反应很慢,所以先将碘转变为溴化碘或氯化碘,再进行加成反应。碘值越高,说明油脂中双键越多;碘值降低,说明油脂发生了氧化。

$$I_2 + Br_2 \longrightarrow 2IBr$$

$$\text{—CH—CH— } + IBr \longrightarrow \begin{array}{cc} CH & CH \\ | & | \\ I & Br \end{array}$$

过量的 IBr 在 KI 存在下,析出 I_2,再用 $Na_2S_2O_3$ 溶液滴定,即可求得碘值。

$$IBr + KI \longrightarrow I_2 + KBr$$

$$I_2 + 2\,Na_2S_2O_3 \longrightarrow 2NaI + Na_2S_4O_6$$

5.6.1.4 活性氧法

活性氧法(active oxygen method,AOM)是在 97.8 ℃下,连续通入速度为 2.33 mL/s 的空气,测定 POV 达到 100(植物油脂)或 20(动物油脂)所需的时间。该法可用于比较不同抗氧化剂的抗氧化性能,但它与油脂的实际货架期并不完全相对应。

5.6.1.5 史卡尔法

史卡尔(Schaal)法是定期测定处于 60 ℃油脂的 POV 的变化,确定油脂出现氧化性酸败的时间,或用感官评定确定油脂达到酸败的时间。

5.6.1.6 羰基价

ROOH 分解时产生的羰基化合物(醛、酮类化合物)的总量即为羰基价(carbonyl group

value，CGV）。CGV 的国标检验方法为 2,4-二硝基苯肼比色法，其测定原理是：羰基化合物与 2,4-二硝基苯肼作用生成苯腙，在碱性条件下生成褐红色或酒红色的醌离子，测定其在 440 nm 处的吸光度，并与标准进行比较定量。我国规定食用植物油煎炸过程中 CGV≤50 mEq/kg 油脂。

5.6.2　油脂品质的其他评价方法

5.6.2.1　酸价

酸价（acid value，AV）是指中和 1 g 油脂中游离脂肪酸所需的 KOH 的毫克数。该指标可衡量油脂中游离脂肪酸的含量，也反映了油脂品质的好坏。新鲜油脂酸价低，我国规定食用植物油的酸价不得超过 5。

5.6.2.2　皂化价

1 g 油脂完全皂化时所需的 KOH 毫克数称为皂化价（saponification value，SV）。SV 的大小与油脂的平均分子质量成反比。一般油脂的 SV 在 200 左右，SV 高的油脂熔点较低，易消化。

5.6.2.3　二烯值

丁烯二酸酐与油脂作用能发生 Diels-Alder 反应，因此二烯值（diene value，DV）是指 100 g 油脂中所需顺丁烯二酸酐换算成碘的克数。该指标可反映出不饱和脂肪酸中共轭双键的多少。天然存在的脂肪酸一般含非共轭双键，经化学反应后可转变为含共轭双键的脂肪酸。

使用后的油炸油的品质检查，还可通过测定石油醚中不溶物及发烟点来确定油炸油是否变质。当石油醚不溶物≥0.7%，发烟点低于 170 ℃，或石油醚不溶物≥1.0%，无论其发烟点是否改变，均可认为该油炸油已经变质。

5.7　油脂加工的化学

5.7.1　油脂的精炼

从油料作物、动物脂肪组织中，采用压榨、熬炼、机械分离及有机溶剂浸提等方法可得到粗油。粗油中含有磷脂、色素、蛋白质、游离脂肪酸及有异味的杂质，甚至含有有毒的成分（如花生油中的黄曲霉毒素，棉籽油中的棉酚等）。无论是风味、外观、还是油的品质、稳定性，粗油都是不理想的。对粗油进行精制，可提高油的品质，改善风味，延长油的货架期。

5.7.1.1　脱胶

脱胶（degumming）是应用物理、化学或物化方法将粗油中的胶溶性杂质脱除的工艺过程。食用油脂中，若磷脂含量高，加热时易起泡、冒烟、有臭味，且磷脂在高温下因氧化而使油脂呈焦褐色，影响煎炸食品的风味。脱胶就是依据磷脂及部分蛋白质在无水状态下可溶于油，但与水形成水合物后则不溶于油的原理，向粗油中加入热水或通入水蒸气，加热油脂并在 50 ℃ 温度下搅拌混合，然后静置分层，分离水相，即可除去磷脂和部分蛋白质。

5.7.1.2 脱酸

粗油中游离脂肪酸的含量在 0.5% 以上，米糠油中 FFA 含量甚至高达 10%。FFA 影响油脂的稳定性和风味，采用加碱中和的方法除去 FFA 称为脱酸（deacidification）或碱炼（alkali refining）。加入的碱量可通过测定油脂的酸价来确定。该反应生成的脂肪酸盐进入水相，分离水相后，用热水洗涤中性油脂，静置离心，分离残留的脂肪酸盐。该过程同时还可吸附一部分胶质和色素。

5.7.1.3 脱色

粗油中含有叶绿素、类胡萝卜素等色素，叶绿素是光敏化剂，影响油脂的稳定性，且影响油脂的外观，可用吸附剂除去，称为脱色（decoloring）。常用的吸附剂有活性炭、白土等。吸附剂同时还可吸附磷脂、脂肪酸盐及一些氧化产物，最后过滤除去吸附剂。

5.7.1.4 脱臭

油脂中存在一些非需宜的异味物质，主要源于油脂氧化产物。采用减压蒸馏的方法，并添加柠檬酸，螯合过渡金属离子，抑制氧化作用。此法不仅可除去挥发性的异味物，还可使非挥发性的异味物热分解转变为挥发物，蒸馏除去。

油脂精炼后品质提高，但也有一些负面的影响，将损失一些脂溶性维生素，如维生素 A、维生素 E 和类胡萝卜素（维生素 A 原）等，胡萝卜素和维生素 E（生育酚）均是天然抗氧化剂。

5.7.2 油脂的氢化

由于天然来源的固体脂很有限，可采用改性的方法将液体油转变为固体或半固体脂。甘油酯上不饱和脂肪酸的双键在 Ni、Pt 等金属的催化作用下，可在高温下与氢气发生加成反应，使甘油酯的不饱和度降低，这个过程称为油脂的氢化（hydrogenation）。氢化后，油脂的熔点提高，颜色变浅，稳定性提高，如含有令人不愉快气味的鱼油经氢化后，臭味消失。

部分氢化的产品可用于食品工业制造起酥油、人造奶油等。油脂的部分氢化可用镍粉，在 151.99～253.30 kPa，125～190 ℃下进行氢化。

5.7.2.1 油脂氢化的机理

氢化中最常用的催化剂是镍，虽然有些贵金属（如铂）的催化效率比镍高得多，但由于价格因素，并不适用；铜催化剂对豆油中亚麻酸有较好的选择性，但其缺点是铜易中毒，反应完毕后，不易除去。若油脂不含硫化物或经过精炼后，则镍催化剂可反复使用达 50 次。

二维码 5-2 阅读材料——植物氢化油与人体健康

氢化反应的机理如图 5-20 所示，液态油脂和气态氢均被固态催化剂吸附。首先是油脂中烯键两端的任意一端与金属形成碳-金属复合物（a），（a）再与被催化剂吸附的氢原子相互作用，形成一个不稳定的半氢化状态（b）或（c）。由于此时只有一个烯键碳被接到催化剂上，所以可自由旋转。（b）和（c）既可以再接受氢原子，生成饱和产品（d）；也可失去一个氢原子重新生成双键，重新生成的双键既可处在原位如产品（g），也可发生位移，生成产品（e）和（f），并均有顺式和反式两种异构体，所以说油脂氢化可产生反式脂肪酸。

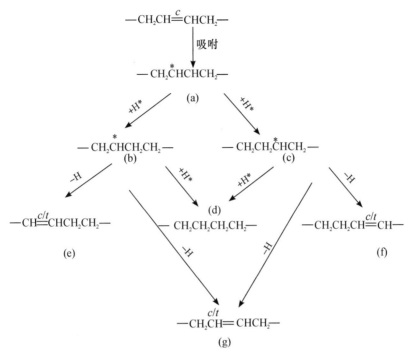

图 5-20 油脂氢化的示意图

（＊代表金属键）

5.7.2.2 氢化的选择性

氢化反应的产物十分复杂，反应物的双键越多，产物也越多。三烯可转变为二烯，二烯可转变为一烯，直至达到饱和。

$$三烯 \xrightarrow{K_3} 二烯 \xrightarrow{K_2} 一烯 \xrightarrow{K_1} 饱和$$

以 α-亚麻酸的氢化为例，可生成如下 7 种产物。

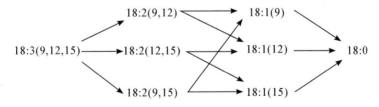

生成某种产物的选择性，可用两步氢化反应的氢化速率之比 $S_{ij} = K_i / K_j$ 来衡量。

$$S_{32} = \frac{K_3}{K_2}; S_{21} = \frac{K_2}{K_1}; S_{31} = \frac{K_3}{K_1}$$

S_{32} 值越大，说明由三烯转变成二烯这一步反应速度越快。例如：

$$亚麻酸 \xrightarrow{K_3} 亚油酸 \xrightarrow{K_2} 油酸 \xrightarrow{K_1} 硬脂酸$$

$$S_{21} = K_2 / K_1 = 0.159 / 0.013 = 12.2$$

说明亚油酸的氢化速度比油酸的氢化速度快 12.2 倍。各反应 K 值的大小,实际上与催化剂及反应条件有关。通过选择合适的催化剂及反应条件,可提高反应的选择性。例如,Cu作为催化剂时,对孤立双键不起作用,故可避免全饱和产物的产生。

油脂氢化后,稳定性提高,但多不饱和脂肪酸含量下降,维生素 A 及类胡萝卜素因氢化而破坏,且氢化还伴随有反式脂肪的产生,这些从营养学方面考虑是不利的。

5.7.3 油脂的酯交换

天然油脂中脂肪酸的分布模式,赋予了其特定的物理性质如结晶特性,熔点等,有时这种性质限制了它们在工业上的应用,但可以采用化学改性的方法,如酯交换(interesterification)改变脂肪酸的分布模式,以改变油脂的物理性质,适应特定的需要。例如,天然猪油的结晶颗粒粗大,口感粗糙,不利于产品的稠度,也不利于用在糕点制品上;但经过酯交换后,改性猪油可结晶成细小颗粒,稠度改善,熔点和黏度降低,就很适合于作为人造奶油和糖果用油。在酯交换过程中,脂肪酸在甘油上的重排,首先是分子内重排,然后是分子间重排,直至随机分布。酯交换分为化学酯交换和酶促酯交换两类。

5.7.3.1 化学酯交换

化学酯交换一般采用甲醇钠作催化剂,通常只需在 $50\sim70\ ℃$ 的温度下,不太长的时间内完成。

(1)化学酯交换的反应机理。以 S_3、U_3 分别表示三饱和、三不饱和甘油酯。首先是甲醇钠与三酰甘油反应,生成二酰甘油酸盐。

$$U_3 + NaOCH_3 \longrightarrow U_2ONa + U-CH_3$$

这个中间产物再与另一分子三酰甘油反应,发生酯交换。

$$S_3 + U_2ONa \Longrightarrow SU_2 + S_2ONa$$

生成的 S_2ONa 又可与另一三酰甘油分子发生酯交换,反应不断继续下去,直到所有脂肪酸酰基改变其位置,并随机化趋于完全为止。

(2)随机酯交换。当酯化反应在高于油脂熔点温度下进行时,则脂肪酸的重排是随机的,产物很多,这种酯交换即为随机酯交换(random transesterification)。例如,50%的三硬脂酸酯和 50%的三油酸酯发生随机酯交换反应(图 5-21)。

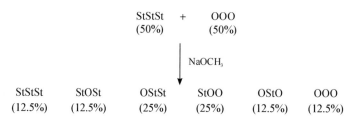

图 5-21 脂肪随机酯交换示意图

油脂的随机酯交换可用来改变油脂的结晶性和稠度。猪油的随机酯交换,增强了油脂的塑性,从而可作为起酥油用在焙烤食品中。

（3）定向酯交换。当酯交换反应在油脂熔点温度以下进行时，则脂肪酸的重排是定向的，因反应中形成的高熔点的三饱和脂肪酸酯将会结晶析出，不断移去这些三饱和脂肪酸酯，将促使产生更多的三饱和脂肪酸酯，直至饱和脂肪酸全部生成三饱和脂肪酸酯为止，实现定向酯交换（directed transesterification）。混合甘油酯经定向酯交换后，可生成高熔点的 S_3 产物和低熔点的 U_3 产物，如图 5-22 所示。

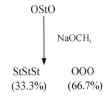

图 5-22　脂肪定向酯交换示意图

这种可控重排适用于使含饱和脂肪酸的液态油（如棉籽油、花生油）熔点提高，稠度改善，无须氢化或向油中加入硬化脂肪，即可转变为具有起酥油稠度的产品。表 5-10 为部分氢化的棕榈油经酯交换后，熔点及脂肪酸分布的变化。

表 5-10　部分氢化棕榈油酯交换前后熔点及脂肪酸分布的变化

项目	酯交换前	随机酯交换	定向酯交换
熔点/℃	41	47	52
三酰甘油的摩尔百分数			
S_3	7	13	32
S_2U^*	49	38	13
SU_2	38	37	31
U_3	6	12	24

* S 表示饱和（saturated）脂肪酸，U 表示不饱和（unsaturated）脂肪酸。

5.7.3.2　酶促酯交换

由于用酶催化更具专一性，且反应条件不剧烈，副产品较少，具有较好的可控性，所以将其用作定向酯交换具有优势。若再采用固定化酶技术，则酶可重复使用，可降低生产成本。

用脂酶（lipase）作为催化剂的酯交换称为酶促酯交换（enzymatic transesterification）。脂酶源于细菌、酵母菌和真菌，是水解酶，在有足够水的体系中，可催化长链三酰甘油水解；而在有限水的体系中，则可合成酯。

$$三酰甘油 \underset{脂酶,有机溶剂}{\overset{脂酶,H_2O}{\rightleftharpoons}} 脂肪酸 + 甘油$$

以无选择性的脂酶催化的酯交换也是随机酯交换，但以选择性脂酶催化的酯交换则是定向酯交换。如以 Sn-1,3 位的脂酶催化的酯交换，只能在 Sn-1,3 位交换，Sn-2 位保持不变。如下所示。

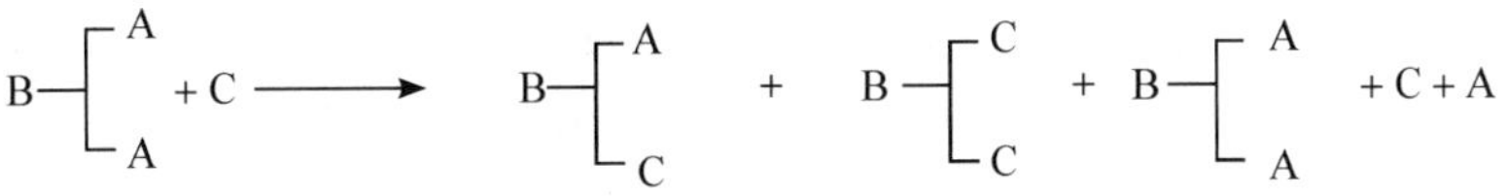

棕榈油中存在大量的 Sn-POP，加入硬脂酸或其三酰甘油，以 Sn-1,3 位的脂酶催化进行酯交换，可得到可可脂的主要成分 Sn-POSt 和 Sn-StOSt，这是人工合成可可脂的最新方法。

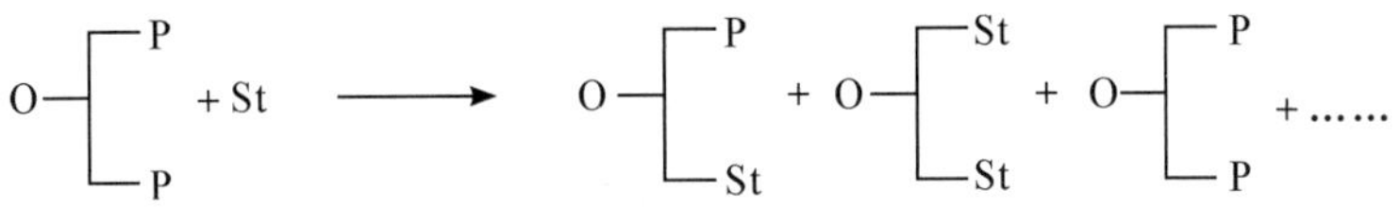

尽管酶促酯交换很有意义,但现在完全用其取代化学酯交换是不可能的,因为酶促酯交换的成本较高,而得到的产品如起酥油、人造奶油等相对较低价值。酶促酯交换有价值之处在于用其生产不能用化学酯交换获得的高价值油脂,如可可脂代用品、糖果业用油脂等。未来酶促酯交换的发展方向将仍然是用于生产低热量产品;而开发新的脂酶,尤其是 Sn-2 位的脂酶是今后的研究方向。

5.7.4 油脂的分提

在一定温度下,利用油脂中各种三酰甘油的熔点差异及在不同溶剂中溶解度的差异,通过分步结晶,使不同的三酰甘油因分相而分离,这种加工方法称为分提(fractionation)。分提法包括干法分提、溶剂分提和表面活性剂分提。

干法分提是指在无有机溶剂存在的情况下,将熔化的油脂缓慢冷却,直至较高熔点的三酰甘油选择性析出,过滤分离结晶。在 5.5 ℃下使油脂中高熔点的三酰甘油结晶析出,称为“冬化”(winterization),分离出的硬脂可用于生产人造黄油。而在 10 ℃下使油脂中的蜡结晶析出,称为脱蜡(dewaxing)。菜籽油、棉籽油、葵花子油经冬化、脱蜡后,冷藏时不会出现混浊现象。

溶剂分提是指在油脂中加入有机溶剂,然后进行冷却结晶的分提。有机溶剂的作用是有利于形成易过滤的稳定结晶,提高分离效率,适合于黏度大的含长碳链脂肪酸的油脂的分提。常用的有机溶剂有正己烷、丙酮、2-硝基丙烷等,但此法成本较高,不常用。

表面活性剂分提是在上述两法得到的油脂进行冷却结晶后,加入表面活性剂(如十二烷基磺酸钠)的水溶液,使结晶润湿而悬浮于水中,分离出包含结晶的水相后,加热水相,结晶熔化并与水分层,再离心分离,就得到液态的三酰甘油。此法分提效率高,所得产品质量高,适合于大规模连续生产。

5.8 复合脂质及衍生脂质

复合脂质及衍生脂质的分类见表5-1。本节着重介绍在食品中较重要的卵磷脂和胆固醇,脂溶性维生素将在第 6 章中介绍。

5.8.1 磷脂

磷脂是指含有磷酸的脂类,主要包括甘油磷脂(phosphoglyceride)和神经鞘磷脂(sphingomyelin)。甘油磷脂以甘油为骨架,甘油的 1 位和 2 位上的羟基分别与两个脂肪酸生成酯,3位上的羟基与磷酸生成酯,称为磷脂酸。磷脂酸中的磷酸基团又可与其他的醇进一步酯化,生成多种磷脂,如卵磷脂(磷脂酰胆碱)、脑磷脂(磷脂酰乙醇胺)、磷脂酰丝氨酸、磷脂酰肌醇。

磷脂是构成生物膜的重要成分,PC、PE 及鞘磷脂都参与膜的组成。在磷脂结构中,既含有长烃链的非极性基团,又含有极性基团磷脂酰碱基,因而具有两亲性。当它们处于极性介质水中时,非极性端——脂肪酸烃链的尾部有强烈的避开水相,自相靠近的倾向,构成疏水内层,而将亲水的极性端朝着两侧的表面,形成磷脂双层(图 5-23),它是生物膜的基本骨架。这种紧密有序的排列使生物膜具有良好的保护作用,能维持膜内微环境的相对稳定,使其中的水分、无机盐等各种营养物质不致流失,为各种生命物质的生存和生理活动创造适宜条件。具有两亲性的磷脂,能溶于含少量水的非极性溶剂中,因而用氯仿-甲醇(2∶1)溶剂可将其从生物组织中萃取出来。但磷脂不溶于丙酮,利用此性质可将磷脂与其他脂质分离,而不同的磷脂在有机溶剂中的溶解度也有差异,利用这种差异可进一步将 PC、PE 等分离。例如 PC 溶于乙醇,而 PE 不溶。磷脂与蛋白质等以结合态存在于组织中,如油料作物种子中磷脂含量较高,当种子萌发时磷脂就成为能量的来源之一。

$$
\begin{array}{l}
\qquad\qquad\quad\ \ \overset{\displaystyle O}{\overset{\displaystyle \|}{}} \\
\qquad\qquad CH_2OC\!-\!R_1 \\
R_2COO\!-\!CH\qquad\ \ \overset{\displaystyle O^-}{} \\
\qquad\qquad CH_2\!-\!O\!-\!\overset{\displaystyle |}{\underset{\displaystyle \|}{P}}\!-\!OR_3 \\
\qquad\qquad\qquad\qquad\ O
\end{array}
$$

R_1、R_2 为脂肪酸,通常 R_1 为饱和脂肪酸

R_2 为不饱和脂肪酸

$R_3 =\!-\!H$ 为磷脂酸(phosphatidyl acid)

$R_3 =\!-\!CH_2CH_2N^+(CH_3)_3$ 为磷脂酰胆碱(phosphatidyl choline,PC)

$R_3 =\!-\!CH_2CH_2NH_2$ 为磷脂酰乙醇胺(phosphatidyl ethanolamine,PE)

$R_3 =\!-\!CH_2CH(NH_2)COOH$ 为磷脂酰丝氨酸(phosphatidyl serine,PS)

$R_3 =$ 〔肌醇环〕 为磷脂酰肌醇(phosphatidyl inositol,PI)

$R_3 =\!-\!$甘油　则为磷脂酰甘油(phosphatidyl glycerol,PG)

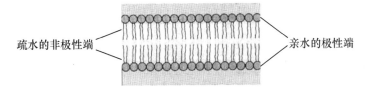

图 5-23　磷脂双分子层

疏水的非极性端　　　　　亲水的极性端

在食品工业中,卵磷脂(lecithin)很重要,是生物界中分布最广泛的一种磷脂,存在于植物的种子、动物的卵和神经组织中,因其在蛋黄中含量高(8%～10%)而得名。商品化的卵磷脂通常是从大豆中得到的"未经纯化的卵磷脂(raw lecithin)",是以 3 种磷脂酸衍生物为主要成分的脂质混合物,从大豆中得到的粗卵磷脂的组成见表 5-11。

表 5-11　商品大豆卵磷脂的近似组成

成分	质量分数/%	成分	质量分数/%
PC	20	其他磷脂	5
PE	15	三酰甘油	35
PI	20	碳水化合物、甾醇、甾醇甘油酯	5

纯化了的卵磷脂为 PC,卵磷脂是构成生物膜的重要成分,承担了生命现象中的多种功能,参与体内脂肪的代谢,能降低血中胆固醇含量,具有预防冠状动脉粥样硬化、脂肪肝等作用,可用于治疗急慢性肝炎、肝硬化等疾病,且具有健脑和增强记忆力的作用。

卵磷脂在卵磷脂胆固醇酰基转移酶的作用下,将卵磷脂中的不饱和脂肪酸转移到胆固醇的羟基位置上(图 5-24),酯化后的胆固醇不易在血管壁上沉积,所以卵磷脂有软化血管、防止冠心病的作用。乙酰胆碱是神经系统传递信息必需的化合物,人的记忆力减退与乙酰胆碱不

足有一定关系,人脑能直接从血液中摄取卵磷脂,并很快转化为乙酰胆碱。

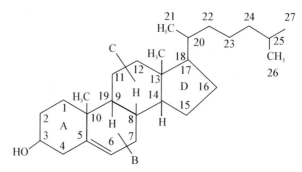

图 5-24　胆固醇的结构

由于卵磷脂具有两亲性,其在食品工业中也是一种重要的乳化剂。纯的卵磷脂属油包水型的乳化剂,HLB 值为 3。由于卵磷脂中含有不饱和脂肪酸,所以卵磷脂易被氧化,在食品工业中也可作为抗氧化剂使用。

5.8.2　甾醇

生物体内有一大类以环戊烷多氢菲为骨架的物质,称为甾醇(sterol)或固醇,在脂质中属于不皂化物。在 AB 环之间及 CD 环之间都有一个甲基,称为角甲基,带有角甲基的环戊烷多氢菲称为"甾"。图 5-24 为胆固醇的结构,是最重要的动物甾醇。脊椎动物可在体内合成胆固醇,而大多数无脊椎动物缺乏合成甾醇的酶,必须从食物中摄取甾醇。

5.8.2.1　胆固醇

早在 18 世纪,人们从胆石中就发现了胆固醇(cholesterol),1816 年化学家本歇尔将这种具有脂类性质的物质命名为胆固醇。胆固醇是动物组织细胞中不可缺少的重要物质,它不仅参与形成细胞膜,而且是合成胆汁酸、维生素 D 以及性激素的原料。胆汁酸具有乳化脂肪的能力,对脂肪的消化吸收起着重要的作用。少量的胆固醇对人体健康是必不可少的,在营养不良的人群中,胆固醇过低与非血管硬化造成的死亡率高有极大的相关性;但过量的胆固醇会在胆道中沉积为胆石,在血管壁上沉积引起动脉粥样硬化。胆固醇广泛存在于动物体内,尤其在脑及神经组织中最为丰富,在肾、皮肤、肝和胆汁中含量也较高。胆固醇需与脂蛋白结合才能被运送到身体各部分。运送胆固醇的脂蛋白有 2 种,即低密度脂蛋白(LDL)和高密度脂蛋白(HDL)。低密度脂蛋白胆固醇(LDL-C)有着极强的黏附力,可黏附在血管壁上,被认为是酿成血管栓塞的罪魁祸首,是"不良"的胆固醇,而高密度脂蛋白胆固醇(HDL-C),能将血管内"不良"的胆固醇运送回肝脏,避免血管阻塞,所以被认为是"良性"胆固醇。

目前普遍接受的导致动脉硬化发生的理论是"血管损伤及胆固醇氧化修饰理论"。即动脉硬化发生的起因主要是血管内皮细胞损伤:①致使血管内皮的屏障和通透性改变,LDL-C 渗透进入动脉内皮下时,血管内皮细胞的微孔过滤作用,使得大量内源性天然抗氧化物被阻挡在外,LDL-C 离开血液后就不再受血浆或细胞间液中抗氧化物质的保护,此时如果存在吸烟、药物、高血压、糖尿病等因素的诱发,内皮细胞、平滑肌细胞等产生大量氧自由基,就会发生 LDL-C 在内皮下的氧化修饰;②干扰内皮细胞的抗血栓性质;③影响内皮细胞释放血管活性物质,所有这些变化就导致了动脉硬化的发生。

胆固醇不溶于稀酸、稀碱,不能皂化,在食品加工中几乎不被破坏。成人体内约 2/3 的胆固醇在肝脏内合成,约 1/3 源于食物。高含量血清胆固醇是引起心血管疾病的危险因素,所以在膳食中有必要限制高胆固醇食物的摄入量。一些食品中的胆固醇含量见表 5-12。

表 5-12　一些食品中的胆固醇含量　　　　　　　　　　　　　　　mg/100 g

食品	小牛脑	蛋黄	猪肾	猪肝	黄油	猪肉(瘦)	牛肉(瘦)	鱼(比目鱼)
含量	2 000	1 010	410	340	240	70	60	50

5.8.2.2　植物甾醇

植物甾醇(phytosterol)广泛存在于米糠油、大豆油、菜籽油、玉米油中,一般油料籽粒中甾醇含量较高,在 1% 以上。且每一种植物中所含的甾醇往往是几种甾醇的混合物,以豆甾醇(stigmasterol)及谷甾醇(sitosterol)在植物中最为丰富和分布广泛,而麦角甾醇(ergosterol)则主要存在于真菌及酵母中,在紫外线照射下,可转化成维生素 D。植物甾醇与胆固醇相比,以在 C_{24} 处多一个烷基为特征。由于甾醇是不皂化物,油脂精炼在加碱脱酸时,大部分甾醇可被皂脚吸附,因此油脂的碱炼皂脚及油脂的脱臭馏出物可作为提取植物甾醇的原料。原料经溶剂提取、浓缩、冷析、再精制,就得到植物甾醇成品。

麦角甾醇　　　　　　　　　　谷甾醇　　　　　　　　　　豆甾醇

由于植物甾醇具有预防和治疗冠状动脉粥样硬化、预防血栓形成和抗炎症等作用,近年来被广泛应用于化妆品、保健品、饲料添加剂中。豆甾醇可用来制造"妊娠激素和雄素酮"。

植物甾醇的主要生理功能是调节血脂,20 世纪 50 年代人们就认识到:从膳食中摄入植物甾醇越多,则对胆固醇的吸收率就越低。研究发现,将脂溶性的甾烷醇酯加到蛋黄酱或人造奶油中,能降低 10%～15% 的血清总胆固醇含量。1995 年芬兰率先生产了一种植物甾烷醇酯产品 Benecol,这种甾烷醇酯可被小肠中的酶水解,释放出具有生理活性的游离甾醇,可使心脏病患者的血清胆固醇含量显著降低,甚至有 1/3 的人降到了正常水平。研究还表明:甾醇酯可使LDL-C 降低 14%,而对有益于人体健康的 HDL-C 含量却无影响,因此它既安全又有效。关于植物甾醇降低胆固醇的作用机理有以下几种理论:①植物甾醇可将小肠中的胆固醇沉淀下来,使其不溶解,因此不被吸收;②胆固醇能溶解于小肠中胆汁酸的微胶束中,是被吸收的必要条件,而植物甾醇能将胆固醇从中替换出来,阻碍胆固醇的吸收;③植物甾醇在小肠绒毛膜处与胆固醇竞争吸收部位,从而降低胆固醇的吸收率。

5.9　小结

脂质是食品中的主要组成成分,包括油脂、磷脂、糖脂、鞘脂、类固醇、蜡等多种类型的物

质。本章以介绍油脂相关知识为主,兼及磷脂、固醇、脂质代用品的相关内容。即主要介绍了脂质的类型、基本组成、结构及命名方法;以油脂为主要对象,讨论了油脂典型的物理性质、主要的化学反应、精炼及深加工中的化学等内容。

二维码5-3 阅读材料——
脂肪氧化与王应睐的
科学精神

二维码5-4 脂肪代用品

思考题

1.巧克力为何起"白霜"? 如何防止巧克力起霜?

2.牛奶中水和脂为何不会分层?

3.油脂氧化与水分活度的关系如何? 是否油脂氧化程度越深,POV越高?

4.酚类抗氧化剂的抗氧化原理是什么? 是否抗氧化剂用量越多越好?

5.用植物油制造人造奶油是氢化法好,还是酯交换法好? 为什么?

6.简述油脂氧化的机理及影响因素。

7.油脂抗氧化的机制是什么?

8.简述油脂的同质多晶现象及在食品工业中的应用。

9.油脂在高温加热过程中发生的变化及对食品品质的影响有哪些?

10.反式脂肪如何产生及安全性如何?

11.在日常生活中,为什么含脂食品不易保藏而易变质?

12.为什么油炸食品易导致肥胖?

13.名词解释:中性脂肪,磷脂,衍生脂类,固体脂肪指数,乳化剂,同质多晶,油脂自动氧化,油脂氢化,油脂酯交换,油脂分提,油脂光氧化,油脂的酶促氧化,抗氧化剂。

参考文献

[1]傅红,赵霖,杨琳,等. 中国市售食品中反式脂肪酸含量的现状研究. 中国食品学报, 2010,10(4):48-52.

[2]阚建全.食品化学.3版.北京:中国农业大学出版社,2016.

[3]齐继成. 植物甾醇产品的开发应用.中国保健食品,2004(6):11-13.

[4]王文君.食品化学.武汉:华中科技大学出版社,2016.

[5]夏延斌,王燕.食品化学.2版.北京:中国农业出版社,2015.

[6]谢笔钧.食品化学.3版. 北京:科学出版社,2011.

[7]谢明勇,谢建华,杨美艳,等. 反式脂肪酸研究进展.中国食品学报,2010,10(4):14-26.

[8]谢明勇.高等食品化学.北京:化学工业出版社,2014.

[9]BELITZ H D, GORSCH W, SCHIEBERLE P. Food chemistry. 4th ed. Heidelberg: Springer-Verlag Berlin,2008.

[10]AKOH C C,MIN D B. Food lipid:chemistry,nutrition,and biotechnology. 2nd ed. Pieter Walstra:CRC Press/Taylor & Francis,2002.

[11]DAMODARAN S, PARKIN K L, FENNEMA O R. Fennema's food chemistry. Pieter Walstra:CRC Press/Taylor & Francis, 2008.

[12]LARQUE E, ZAMORA S, GIL A. Dietary trans fatty acids in early life: a review. Early Human Development,2001,65:31−41.

第6章

维生素

本章学习目的与要求

1.了解维生素的种类和它们在机体中的主要作用。

2.熟悉维生素在食品加工处理、储藏过程中所发生的物理化学变化,以及对食品品质所产生的影响。

3.掌握各种维生素的一般理化性质以及维生素 A、维生素 D、维生素 E、维生素 B₁、维生素 B₂、维生素 PP、维生素 C、维生素 H 等重要维生素在食品中的含量与分布。

6.1　概述

维生素也称"维他命"，即维持生命的物质。维生素是人和动物为维持正常的生理功能而必须从食物中获得的一类微量有机物质，在人体生长、代谢、发育过程中发挥着重要的作用。维生素既不参与构成人体细胞，也不为人体提供能量。

维生素在体内的含量很少，但不可或缺。各种维生素的化学结构以及性质虽然不同，但它们却有着以下共同点：①维生素均以维生素原的形式存在于食物中；②维生素不是构成机体组织和细胞的组成成分，它也不会产生能量，它的作用主要是参与机体代谢的调节；③大多数的维生素，机体不能合成或合成量不足，不能满足机体的需要，必须经常通过食物获得；④人体对维生素的需要量很小，日需要量常以毫克或微克计算，维生素是人体代谢中必不可少的有机化合物，一旦缺乏就会引发相应的维生素缺乏症，对人体健康造成损害。人体不断地进行着各种生化反应，这些反应与酶的催化作用有密切关系。酶要产生活性，必须有辅酶参加。已知许多维生素是酶的辅酶或者是辅酶的组成成分。因此，维生素是维持和调节机体正常代谢的重要物质。可以认为，最好的维生素是以"生物活性物质"的形式，存在于人体组织中。

由于维生素的化学结构复杂，对它们的分类无法采用化学结构分类法，也无法根据其生理作用进行分类。一般根据它们的溶解性特征，将其分为两大类：脂溶性维生素和水溶性维生素。脂溶性维生素有维生素 A、维生素 D、维生素 E、维生素 K；而水溶性维生素则有维生素 B_1（硫胺素）、维生素 B_2（核黄素）、泛酸（维生素 B_5）、维生素 B_6、维生素 B_{12}、烟酸（维生素 PP）、维生素 C、叶酸和生物素。水溶性维生素在食品加工过程中的稳定性较差，较容易损失，而脂溶性维生素的稳定性较高。

除此之外，还有维生素类似物，也有人建议称为"其他微量有机营养素"，如胆碱、肉毒碱、吡咯喹啉醌、肌醇、乳清酸和牛磺酸等。

6.2　脂溶性维生素

6.2.1　维生素 A

维生素 A（vitamin A）又称视黄醇或抗干眼病维生素，是一个具有脂环的不饱和一元醇，包括动物性食物来源的维生素 A_1（视黄醇，retinol）、维生素 A_2 两种，以及其衍生物（酯、醛、酸），其结构分别如图 6-1 所示。

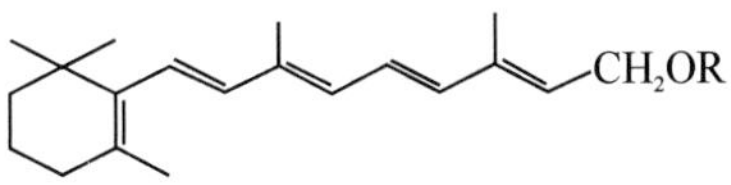

(a) 维生素A_1（视黄醇） 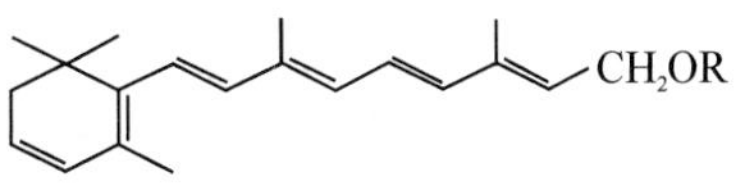　　　　　　　　(b) 维生素A_2

（R＝H 或 $COCH_3$（乙酸酯）或 $CO(CH_2)_{14}CH_3$（棕榈酸酯））

图 6-1　维生素 A 的化学结构

维生素 A 是构成视觉细胞中感受弱光的视紫红质的组成成分，与暗视觉有关。人体缺乏维生素 A，影响暗适应能力，如儿童发育不良、干眼病、夜盲症等；但过量摄入维生素 A 将出现皮肤干燥、脱屑和脱发等症状。

维生素 A 的主要结构单元是由 20 个碳构成的不饱和碳氢化合物,由于其结构中有共轭双键,所以在化学结构上它可以有多种顺、反立体异构体,食物中的视黄醇主要是全反式结构,其生物效价最高,脱氢视黄醇即维生素 A_2,其生物效价为维生素 A_1 的 40%,而 13-顺式异构体即所谓的新维生素 A,它的生物效价为全反式视黄醇的 75%。在天然维生素 A 中,新维生素 A 的含量约为其中的 1/3,而在人工合成的维生素 A 中则要少得多。维生素 A 的含量常用视黄醇活性当量(RAE)来表示,1 RAE＝1 μg 视黄醇。

维生素 A 主要存在于动物组织中,维生素 A_1 在动物和海鱼中存在,维生素 A_2 主要存在于淡水鱼中而不存在于陆地动物中;蔬菜中虽然不存在维生素 A,但所含的类胡萝卜素可经动物体转化为维生素 A,如 1 分子的 β-胡萝卜素能转化为 2 分子的维生素 A,因此,类胡萝卜素又称为维生素 A 原。膳食中维生素 A 和维生素 A 原的比例最好为 1:2。日常食品中富含维生素 A 或维生素 A 原的有:鱼肝油、动物肝脏、奶制品、蛋类、胡萝卜、菠菜、豌豆苗、红心甘薯、青椒、黄绿色蔬果等(表 6-1)。

表 6-1 一些食物中维生素 A 和胡萝卜素的含量   mg/100 g

食物名称	维生素 A	胡萝卜素
牛肉	37	0.04
黄油	2 363~3 452	0.43~0.17
干酪	553~1 078	0.07~0.11
鸡蛋(煮熟)	165~488	0.01~0.15
鲱鱼(罐头)	178	0.07
牛乳	110~307	0.01~0.06
番茄(罐头)	0	0.5
桃	0	0.34
结球甘蓝(洋白菜)	0	0.10
花菜(煮熟)	0	2.5
菠菜(煮熟)	0	6.0

维生素 A 分子中有不饱和键,化学性质活泼,在空气中易被氧化,或受紫外线照射而被破坏,失去生理作用,故维生素 A 的制剂应装在棕色瓶内避光保存。不论是维生素 A_1 或维生素 A_2,都能与三氯化锑作用,呈现深蓝色,这种性质可作为定量测定维生素 A 的依据。许多植物如胡萝卜、番茄、绿叶蔬菜、玉米含类胡萝卜素物质,如 α-胡萝卜素、β-胡萝卜素、γ-胡萝卜素、隐黄质、叶黄素等。其中有些类胡萝卜素具有与维生素 A_1 相同的环结构,在体内可转变为维生素 A,故称为维生素 A 原,β-胡萝卜素含有两个维生素 A_1 的环结构,转换率最高。1 分子 β-胡萝卜素,加 2 分子水可生成 2 分子维生素 A_1。在动物体内,这种加水氧化过程由 β-胡萝卜素-15,15′-加氧酶催化,主要在动物小肠黏膜内进行。食物中,由 β-胡萝卜素裂解生成的维生素 A 在小肠黏膜细胞内与脂肪酸结合成酯,然后掺入乳糜微粒,通过淋巴吸收进入体内。动物的肝脏为储存维生素 A 的主要场所,当机体需要时,再释放入血。在血液中,视黄醇(R)与视黄醇结合蛋白(RBP)以及血浆前清蛋白(PA)结合,生成 R-RBP-PA 复合物而转运至各组织。

一般的加热、碱性条件和弱酸性条件下维生素 A 比较稳定,但在无机强酸中不稳定。在缺氧情况下,维生素 A 和维生素 A 原可能产生许多变化,尤其是 β-胡萝卜素可以通过顺反异构化而转变成为新 β-胡萝卜素,降低其营养价值,蔬菜在被烹饪和罐装时就能发生此反应。金属铜离子对它的破坏很强烈,铁也如此,只是程度上稍差些。图 6-2 总结了维生素 A 降解的主要途径和产物。

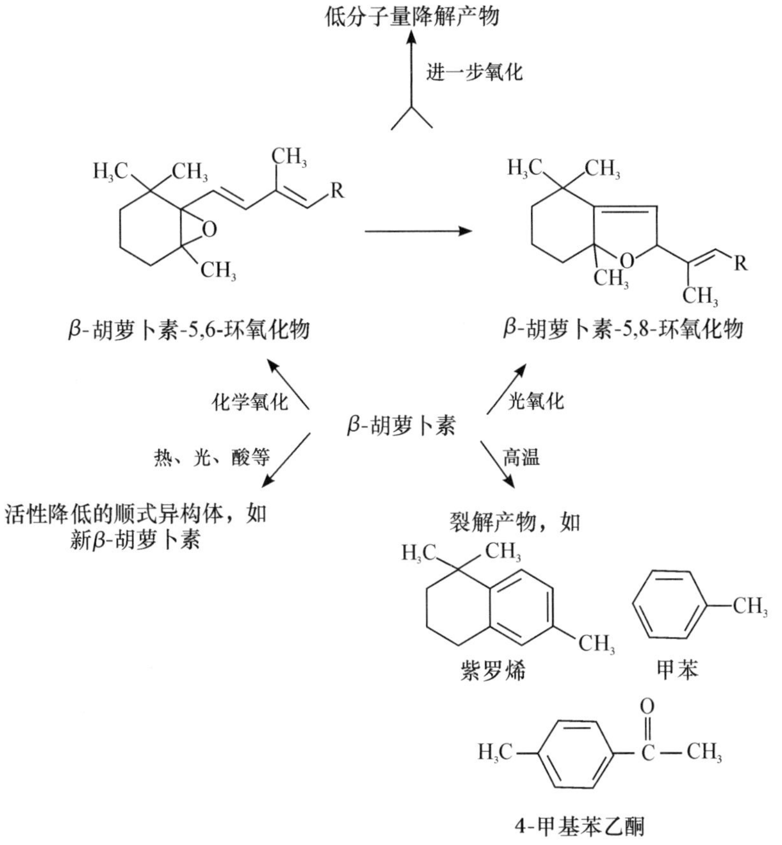

图 6-2　维生素 A 降解的主要途径和产物

6.2.2　维生素 D

维生素 D(vitamin D),是一些具有胆钙化醇生物活性的类固醇的统称。维生素 D 主要包括维生素 D_2 和维生素 D_3 两种,其化学结构如图 6-3 所示。二者的化学结构十分相似,维生素 D_2 只比维生素 D_3 多一个双键。在植物性食品、酵母等中所含的麦角固醇,经紫外线照射后就转变成维生素 D_2,即麦角钙化醇(ergocalciferol)。人和动物皮肤中所含有的 7-脱氢胆固醇,经紫外线照射后可得维生素 D_3,即胆钙化醇(cholecalciferol)。

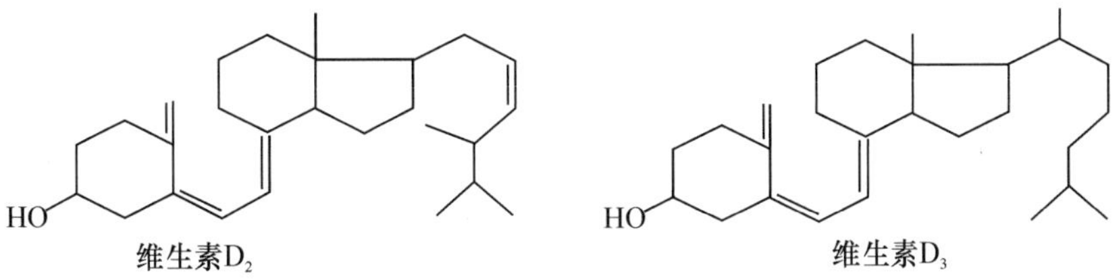

图 6-3　维生素 D_2 和维生素 D_3 的化学结构

维生素 D_2 和维生素 D_3 在自然界常以酯的形式存在,为白色晶体,溶于脂肪和有机溶剂,其化学性质比较稳定。在中性和碱性溶液中耐高温和氧化;但对光敏感,易被紫外线照射而被破坏,故需保存在不透光的密封容器中;在酸性溶液中维生素 D 逐渐被分解;食品中脂肪的酸

食品化学

败也可引起维生素 D 的破坏;通常的加工、储藏和烹调不会影响维生素 D 的生理活性,但过量射线照射,可形成少量具有毒性的化合物,且无抗佝偻病活性。

维生素 D 的重要生理功能为调节机体钙、磷的代谢;也是一种新的神经内分泌-免疫调节激素;此外,其还可维持血液中正常的氨基酸浓度,调节柠檬酸的代谢,具有抗婴儿的佝偻病和成人的骨质疏松等作用。

维生素 D 广泛存在于动物性食品中,以鱼肝油中含量最高,而在鸡蛋、牛乳、黄油、干酪中含量较少。一般情况下仅从普通食物中获得充足的维生素 D 是不容易的,而采用日光浴的方式则是机体合成维生素 D 的一个重要途径,如每周将脸部、手部和胳膊直接暴露在正午的阳光中 2～3 次,每次 15 min,就足以补充人体全部需要的维生素 D。

6.2.3　维生素 E

维生素 E(vitamin E)是指具有 α-生育酚生物活性的一类物质,生育酚能促进性激素分泌,提高生育能力。自然界中共有 8 种:包括生育酚(tocopherols)和三烯生育酚(tocotrienols)各 4 种,三烯生育酚的结构与生育酚的结构差异在于其侧链的 $3'$、$7'$、$11'$ 处存在双键。在一般食品中以生育酚的含量较高。母育酚和 α-生育酚的结构式分别如下所示。

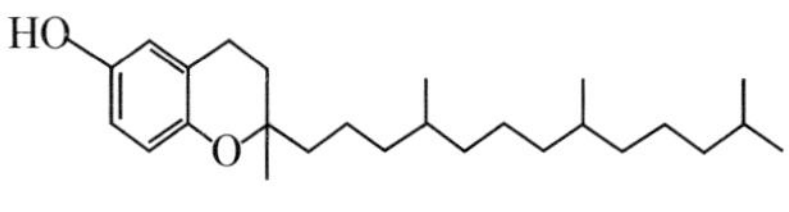

母育酚 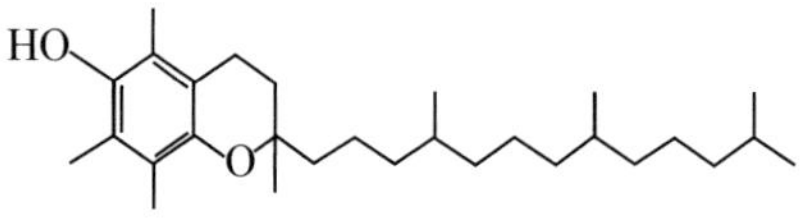　　　　　　　　　α-生育酚

维生素 E 广泛存在于动植物食品中,如棉籽油中含有 α-生育酚,β-生育酚和 γ-生育酚,而在大豆油中还分离出 δ-生育酚,α-生育酚是自然界中分布最广泛、含量最丰富、活性最高的维生素 E 形式。在自然界存在的常见 4 种生育酚的化学结构如图 6-4 所示,它们都具有相同的生理功能作用,但以 α-生育酚的生理活性最大。

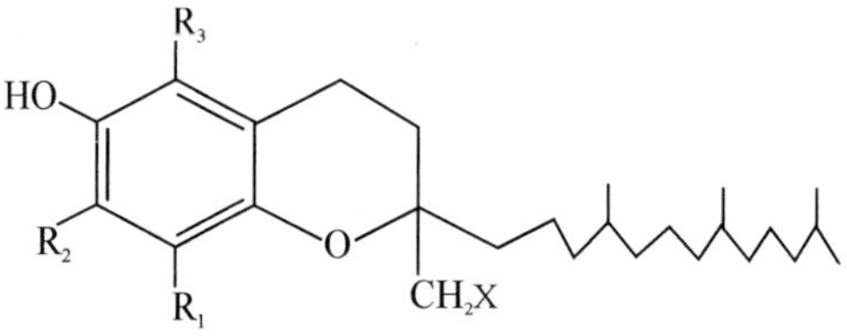

	R_1	R_2	R_3
α	CH_3	CH_3	CH_3
β	CH_3	H	CH_3
γ	H	CH_3	CH_3
δ	H	H	CH_3
生育酚	H	H	H

图 6-4　生育酚的化学取代模式图

维生素 E 作为重要的抗氧化剂常被应用于食品尤其动植物油脂中,其抗氧化能力大小依次为 δ＞γ＞β＞α;而在生物体内,生育酚的抗氧化能力大小恰恰与它在食品中的抗氧化能力相反,即大小为 α＞β＞γ＞δ。维生素 E 的氧化降解途径如图 6-5 所示。

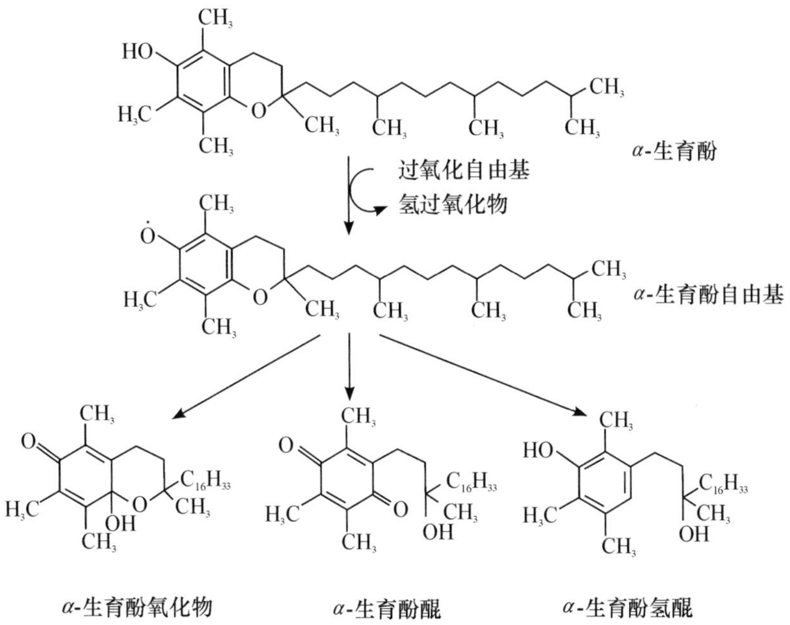

图 6-5　维生素 E 氧化降解途径

　　食物中维生素 E 对热、酸稳定,即使加热至 200 ℃ 也不被破坏,在一般烹调条件下损失不大,但油炸时其活性明显降低;维生素 E 对碱不稳定,对氧、氧化剂、紫外线十分敏感,易被氧化破坏,油脂酸败加速维生素 E 的破坏;金属离子如 Fe^{2+} 的存在将促进维生素 E 的氧化;干燥脱水食品中的维生素 E 更容易被氧化。

　　食物中维生素 E 主要在动物体内小肠上部吸收,在血液中主要由 β-脂蛋白携带,运输至各组织。同位素示踪实验表明,α-生育酚在组织中能氧化成 α-生育醌。后者再还原为 α-生育氢醌后,可在肝脏中与葡糖醛酸结合,随胆汁入肠,经粪排出。其他维生素 E 的代谢与 α-生育酚类似。维生素 E 对动物生育是必需的。缺乏维生素 E 时,雄鼠睾丸退化,不能形成正常的精子;雌鼠胚胎及胎盘萎缩而被吸收,会引起流产。动物缺乏维生素 E 也可能发生肌肉萎缩、贫血、脑软化及其他神经退化性病变。如果还伴有蛋白质不足时,会引起急性肝硬化。虽然这些病变的代谢机理尚未完全阐明,但是维生素 E 的各种功能可能都与其抗氧化作用有关。人体有些疾病的症状与动物缺乏维生素 E 的症状相似。一般食品中维生素 E 含量尚充分,较易吸收,故不易发生维生素 E 缺乏症,仅见于肠道吸收脂类不全时。

　　维生素 E 在自然界中分布甚广,主要存在于植物性食品中,如油脂类食物、绿叶植物、鳄梨中维生素 E 含量丰富;蛋类、鸡(鸭)肫、肉类、鱼类等动物性食品中含量中等,见表 6-2。

表 6-2　常见食物中维生素 E 的含量　　　　　　　　　　　　　　　　　　mg/100 g

食物名称	含量	食物名称	含量
棉籽油	90	牛肝	1.4
玉米油	87	胡萝卜	0.45
花生油	22	番茄	0.40
甘薯	4.0	苹果	0.31
鲜奶油	2.4	鸡肉	0.25
豆	2.1	香蕉	0.22

6.2.4 维生素K

维生素 K(vitamin K)是叶绿醌生物活性的一类物质,较常见的天然维生素 K 有维生素 K_1(叶绿醌,phylloquinone)和维生素 K_2(聚异戊烯基甲基萘醌,menaquinones),还有人工合成的水溶性维生素 K_3、维生素 K_4,最重要的是维生素 K_1 和维生素 K_2(图 6-6)。

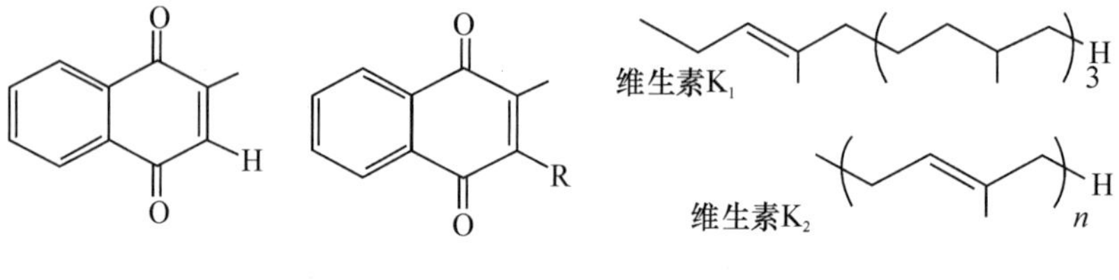

甲萘醌　　　　　维生素K_1或维生素K_2　　　　　R取代基的结构

图 6-6　各种维生素 K 的化学结构

各种维生素 K 的化学性质都较稳定,能耐酸、耐热,正常烹调中只有很少损失,但对光敏感,也易被碱和紫外线分解。有些衍生物如甲基萘氢醌乙酸酯有较高的维生素 K 活性,并对光不敏感。

维生素 K 与凝血作用有关,其主要功能是加速血液凝固,是促进肝脏合成凝血酶原所必需的因子,故也被称为凝血维生素。维生素 K 还具有还原性,在食品体系中可以消除自由基(与 β-胡萝卜素和维生素 E 相同),保护食品成分不被氧化,同时还能减少腌肉中亚硝胺的生成。

人体维生素 K 的来源有 2 个方面:一方面从肠道细菌合成,占 $50\%\sim60\%$;另一方面从食物中来,占 $40\%\sim50\%$。绿叶蔬菜中维生素 K 含量高,奶及肉类、水果及谷类含量低。食物中维生素 K 的含量如表 6-3 所示。

表 6-3　食物中维生素 K 的含量 $\mu g/100\ g$

食物名称	含量	食物名称	含量	食物名称	含量	食物名称	含量
动物性食品		谷类		蔬菜		水果饮料	
牛奶	3	小米	5	青花菜	200	苹果酱	2
乳酪	35	全麦	17	结球甘蓝	125	香蕉	2
黄油	30	面粉	4	生菜	129	柑橘	1
猪肉	11	面包	4	豌豆	19	桃	8
火腿	15	燕麦	20	菠菜	89	葡萄干	6
熏猪肉	46	绿豆	14	萝卜叶	650	咖啡	38
牛肝	92			马铃薯	3	可口可乐	2
猪肝	25			南瓜	2	绿茶	712
鸡肝	7			番茄	5		

6.3　水溶性维生素

6.3.1　维生素 C

维生素 C(vitamin C)具有防治坏血病的生理功能,并有显著酸味,故又称抗坏血酸(ascorbic acid),是高等灵长类动物与其他少数生物的必需营养素。维生素 C 是一个含有 6 个碳原子的多羟基羧酸内酯,具有一个烯二醇基团,所以在生物体内其是一种抗氧化剂,保护机体免于自由基的威胁,同时也是一种辅酶;此外,在铁的吸收、预防疾病等方面也有积极的作用;而且在胶原的合成上也扮演很重要的角色。天然存在的抗坏血酸有 L-型和 D-型 2 种,后者无生物活性(图 6-7)。

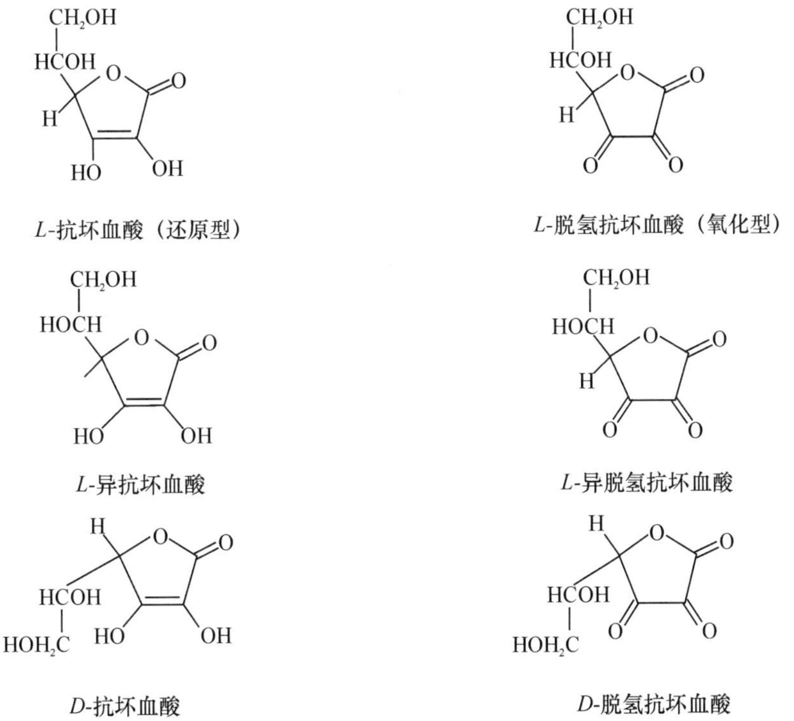

图 6-7　维生素 C 的各种结构

维生素 C 是无色晶体,熔点 190~192 ℃,易溶于水,水溶液呈酸性。化学性质较活泼,在酸性环境(pH<4)中稳定,遇空气中氧、热、光、碱性(pH>7.6)物质,特别是有氧化酶及痕量铜、铁等金属离子存在时,可促进其氧化破坏。氧化酶一般在蔬菜中含量较多,故蔬菜储存过程中都有不同程度的维生素 C 流失。但在某些果实中因含有的生物类黄酮,能保护其稳定性。因此,在食物储藏或烹调过程中,甚至切碎新鲜蔬菜时维生素 C 都能被破坏,只有新鲜的蔬菜、水果或生拌菜才是维生素 C 的丰富来源。

在有氧存在下,抗坏血酸首先降解形成单价阴离子(HA^-),可与金属离子和氧形成三元复合物,依据金属催化剂(Mn^+)的浓度和氧分压的大小不同,单价阴离子 HA^- 的氧化有多种途径。一旦(HA^-)生成后,很快通过单电子氧化途径转变为脱氢抗坏血酸(A)。当金属催化剂为 Cu^{2+} 或 Fe^{3+} 时,降解速率常数要比自动氧化大几个数量级,其中 Cu^{2+} 的催化反应速率比 Fe^{3+} 大 80 倍。即使这些金属离子含量为百万分之几,也会引起食品中维生素 C 的严重损失。

在抗坏血酸的降解过程中,脱氢抗坏血酸(A)通过温和的还原反应仍可以转化成抗坏血酸。因此,维生素 C 活性的丧失仅发生在内酯开环水解生成 2,3-二酮古洛糖酸(DKG)以后,DKG 还可以进一步降解,生成木糖酮(X)或 3-脱氧戊糖酮(DP),木糖酮继续降解生成还原酮和乙基乙二醛,而 DP 降解则得到糠醛(F)和 2-呋喃甲酸(FA),所有这些生成物都可以与氨基结合而引起食品褐变(非酶褐变),最终形成风味化合物的前体物质,所以抗坏血酸与碳水化合物

175

中的还原糖一样,也能够与氨基酸或蛋白质作用发生美拉德反应。某些糖和糖醇能防止抗坏血酸的氧化降解,这可能是因为它们能够结合金属离子,从而降低了金属离子的催化活性,有利于食品中维生素 C 的保护,其机理尚需进一步研究。抗坏血酸的氧化和降解反应途径分别见图 6-8和图 6-9。

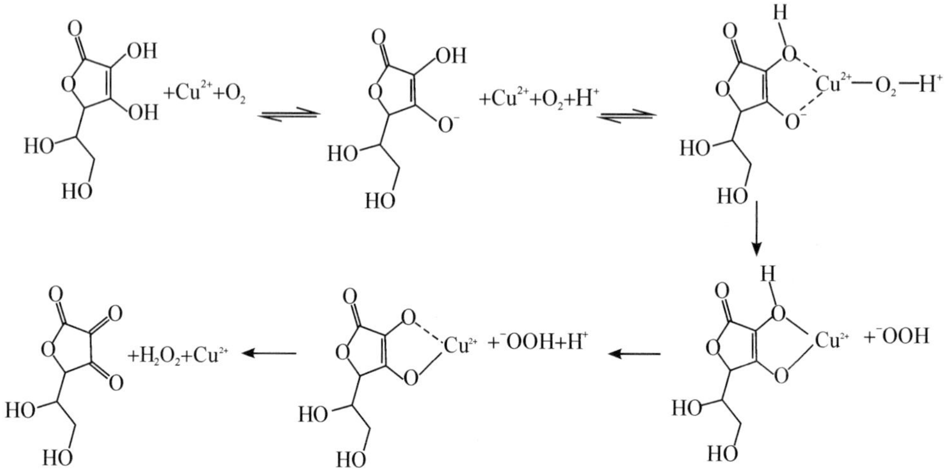

图 6-8　Cu²⁺催化维生素 C 的氧化

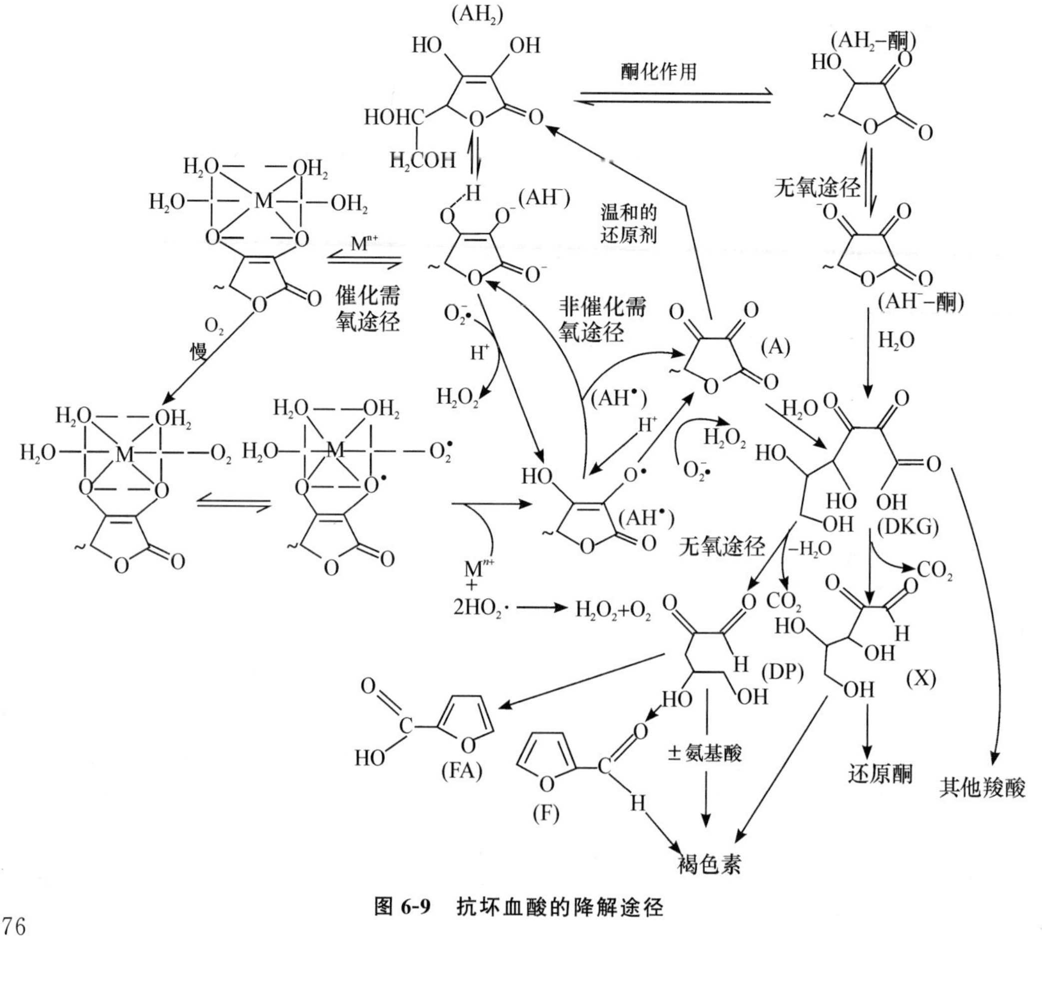

图 6-9　抗坏血酸的降解途径

维生素 C 是一种必需维生素，它的主要生理功能为：①维持细胞的正常代谢，保护酶的活性；②对铅化物、砷化物、苯以及细菌毒素等，具有解毒作用；③使三价铁还原成二价铁，有利于铁的吸收，并参与铁蛋白的合成；④参与胶原蛋白中合成羟脯氨酸的过程，防止毛细血管脆性增加，有利于组织创伤的愈合；⑤促进心肌利用葡萄糖和心肌糖原的合成，有扩张冠状动脉的效应；⑥是体内良好的自由基清除剂。同时，要注意维生素 C 缺乏和过量均会对人体健康产生影响，使用要有一个限度。因此，要辩证地、全面地看待维生素 C 的生理功能。

维生素 C 广泛存在于自然界中，主要食物来源是新鲜蔬菜与水果，尤其是酸味较重的水果和新鲜叶菜类含维生素 C 较多。蔬菜如辣椒、茼蒿、苦瓜、豆角、菠菜、马铃薯、韭菜等中含量丰富；水果如枣类、刺梨、猕猴桃、蔷薇果、草莓、柑橘、柠檬等中含量也非常高，在动物的内脏中也含有少量的维生素 C。维生素 C 在一些常见植物产品中的含量见表 6-4。

表 6-4　维生素 C 在植物中的含量　　mg/100 g 可食部分

食品	维生素 C 含量	食品	维生素 C 含量	食品	维生素 C 含量
枣(鲜)	243	萝卜叶(白)	77	番石榴(鸡矢果，番桃)	68
辣椒(红小)	144	茎用芥菜(青菜头)	76	油菜薹	65
枣(蜜枣，无核)	104	芥菜(大叶芥菜)	72	花菜	61
大蒜(脱水)	79	青椒(灯笼椒，柿子椒，大椒)	72	红菜薹	57

6.3.2　维生素 B_1

维生素 B_1(vitamin B_1)又称硫胺素(thiamin)或抗脚气病维生素，是由嘧啶环和噻唑环通过亚甲基结合而成的一种 B 族维生素，广泛存在于动植物组织中(图 6-10)。1896 年由荷兰科

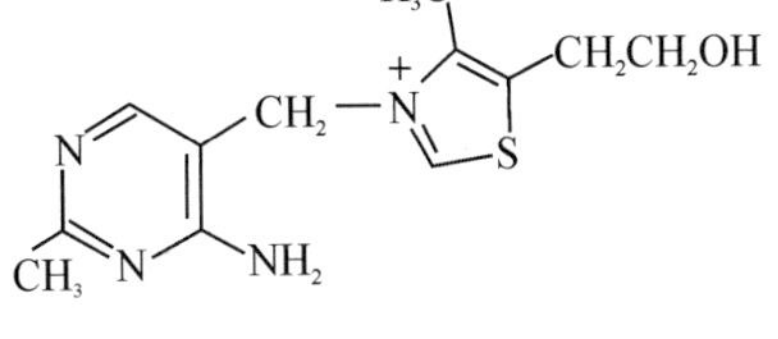

硫胺素

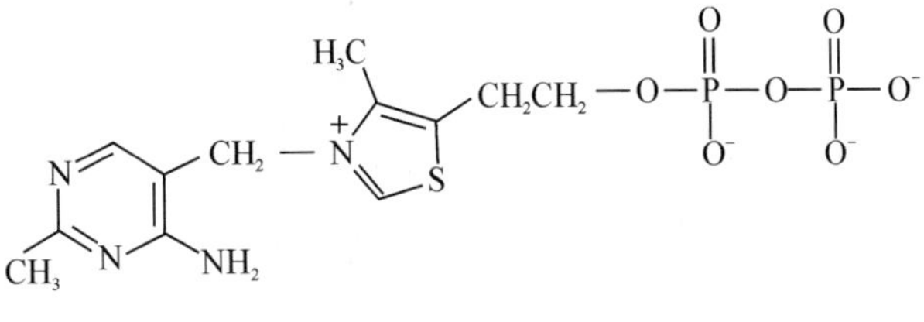

硫胺素焦磷酸盐

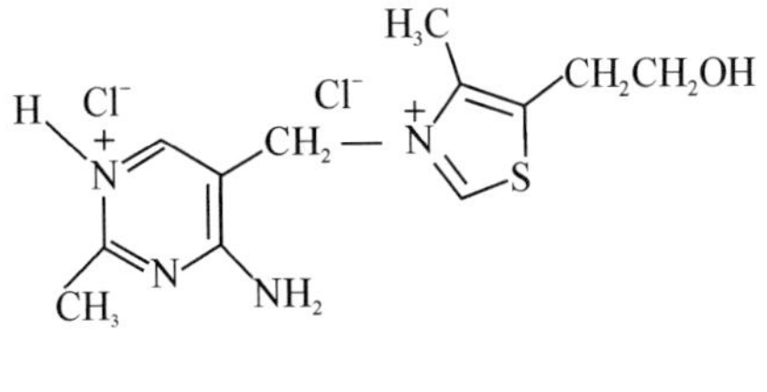

硫胺素盐酸盐

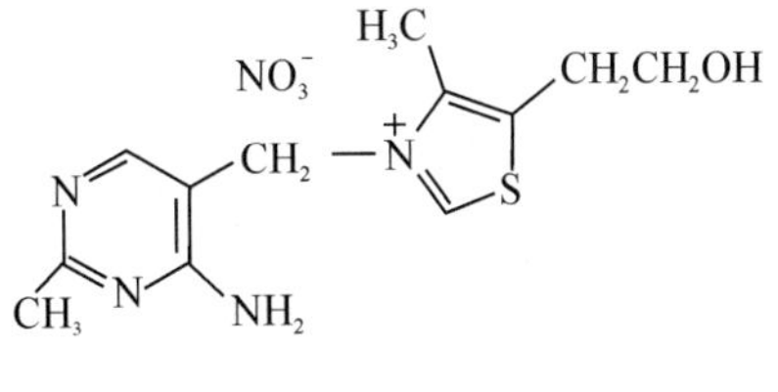

硫胺素单硝酸盐

图 6-10　各种形式硫胺素的结构

学家艾克曼首先发现,1910 年被波兰化学家冯克从米糠中提取和提纯。它是白色粉末,易溶于水,遇碱易分解。维生素 B_1 的生理功能是能增进食欲,维持神经正常活动等,缺少它会得脚气病、神经性皮炎等。硫胺素在食品中有许多存在形式,包括有游离的硫胺素,焦磷酸酯(辅羧化酶),此外硫胺素的盐酸盐和硝酸盐等也都是有效的存在形式。硫胺素分子中有两个碱基氮原子,一个是在初级氨基基团中,另一个是在具有强碱性质的四级铵中,所以硫胺素能与无机酸和有机酸形成相应的盐类。天然存在的硫胺素有一个伯醇基,因而它能与磷酸形成磷酸酯,并且可因溶液的 pH 不同而呈不同形式。

硫胺素在酸性溶液中很稳定,在碱性溶液中不稳定,易被氧化和受热破坏,还原性物质亚硫酸盐、二氧化硫等能使维生素 B_1 失活,遇光和热效价下降,是最不稳定一种维生素。食品中其他组分也会影响硫胺素的降解,如单宁能与其形成加成产物而使其失活;二氧化硫或亚硫酸盐会导致其破坏;类黄酮会使硫胺素分子发生变化;胆碱使其分子断裂而加速降解;但是蛋白质和碳水化合物对硫胺素的热降解有一定的保护作用,主要是因为蛋白质可与硫胺素的硫醇形式形成二硫化物,从而阻止其降解。硫胺素的降解过程见图 6-11。

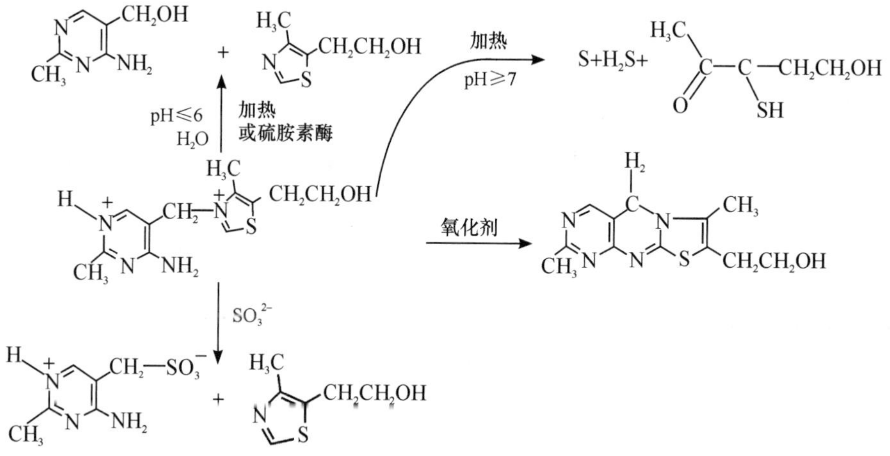

图 6-11 硫胺素的降解历程

在室温和低水分活度的条件下,硫胺素显示出极好的稳定性,而在高水分活度和高温下长期储存,损失较大(表 6-5)。如在模拟谷类早餐食品中,当温度低于 37 ℃,水分活度为 0.1～0.65 时,硫胺素只有很少或几乎没有损失;当温度升高到 45 ℃,且水分活度大于 0.4 时,硫胺素的降解速度加剧,尤其当水分活度为 0.5～0.65 时更为突出,当水分活度在 0.65～0.85 范围内增加时,硫胺素的降解速度下降(图 6-12)。

表 6-5 罐装食品中硫胺素的保留率

食品名称	经 12 个月储藏后的保留率/%		食品名称	经 12 个月储藏后的保留率/%	
	38 ℃	1.5 ℃		38 ℃	1.5 ℃
杏	35	72	番茄汁	60	100
绿豆	8	76	豌豆	68	100
利马豆	48	92	橙汁	78	100

硫胺素在一些宰后的鱼类和甲壳动物类中不稳定,已被认为是硫胺素酶的存在所

致,但现在认为至少应部分归因于含血红素蛋白(肌红蛋白和血红蛋白)对硫胺素降解的非酶催化作用。在金枪鱼、猪肉及牛肉的肌肉组织中存在着促使硫胺素降解的血红素蛋白,这一事实表明变性的肌红球蛋白或许参与了食品加工和储藏过程中硫胺素的降解。

硫胺素在肝脏被磷酸化成为焦磷酸硫胺素,并以此构成重要的辅酶参与机体代谢。硫胺素在体内参与 α-酮酸的氧化脱羧反应,对糖代谢十分重要。另一方面,硫胺素还作为转酮酶的辅酶参与磷酸戊糖途径的转酮反应,这是唯一能产生核糖以供合成 RNA 的途径。

硫胺素在体内储存量极少,若摄入不足如长期以精白米面为主食,缺乏其他副食补充可引起硫胺素缺乏症,即脚气病(beriberi),主要体现在损害神经血管系统,导致多发性末梢神经炎及心脏功能失调,发病早期可有疲倦、烦躁、头痛、食欲不振、便秘和工作能力下降等。硫胺素摄入过量可由肾脏排出,目前人类尚未有硫胺素中毒的记载。

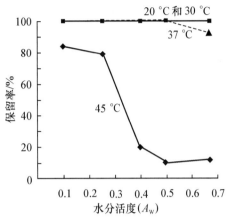

图 6-12　水分活度和温度对模拟早餐食品中硫胺素保留率的影响(8 个月)

硫胺素广泛分布于整个动、植物界,并且以多种形式存在于各类食物中,其良好来源是动物的内脏(肝、肾、心)、瘦肉、全谷、豆类和坚果,尤其在粮谷类的表皮部分含量更高,未精制的谷类食物含硫胺素达 $0.3 \sim 0.4$ mg/100 g,过度碾磨的精白米和精白面会造成硫胺素大量丢失。目前,谷物仍为我国传统膳食中硫胺素的主要来源。

6.3.3　维生素 B_2

维生素 B_2(vitamin B_2)又称为核黄素(riboflavin),1879 年英国化学家布鲁斯首先从乳清中发现,1933 年美国化学家哥尔倍格从牛奶中提取,1935 年德国化学家柯恩合成了它。维生素 B_2 是橙黄色针状晶体,味微苦,水溶液有黄绿色荧光,在碱性或光照条件下极易分解。其为含有核糖醇侧链的异咯嗪衍生物,在自然状态下它常常是磷酸化的,而且在机体代谢中起着辅酶的作用,其一种形式为黄素单核苷酸(FMN),另一种形式为黄素腺苷嘌呤二核苷酸(FAD),它们是某些酶如细胞色素 c 还原酶、黄素蛋白等的组成部分,后者起着电子载体的作用,在葡萄糖、脂肪酸、氨基酸和嘌呤的氧化中起作用,所以核黄素是一种重要的维生素(图 6-13)。

核黄素在中性和酸性介质中加热稳定,而在碱性环境中则快速降解。在食品常规的热处理、脱水和烹调过程中,核黄素损失不大。核黄素是光敏剂,见光分解主要生成了两个生物活性的产物,即光黄素(lumiflavin)和光色素(lumichrome)(图 6-14)。光黄素是一种强氧化剂,对其他维生素尤其是抗坏血酸有强烈的破坏作用。在出售的瓶装牛乳中,上述反应会造成营养价值的严重降低,并产生不适宜的味道,即"日光臭味",所以牛乳制品应采用避光包装。

核黄素不会蓄积在体内,所以时常要以食物或膳食补充剂来补充,其良好的食物来源主要是动物性食物,尤其是动物内脏如肝、肾、心以及蛋黄、乳类,鱼类以鳝鱼中含量最高。植物性

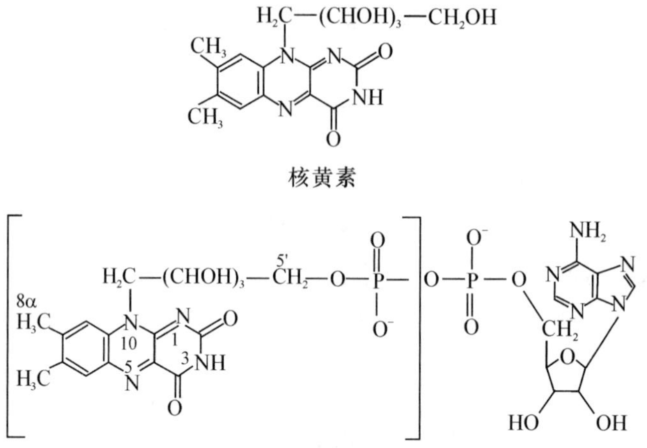

核黄素

黄素单核苷酸 （FMN）　　　　　　黄素腺嘌呤二核苷酸 （FAD）

图 6-13　核黄素、黄素单核苷酸和黄素腺嘌呤二核苷酸结构

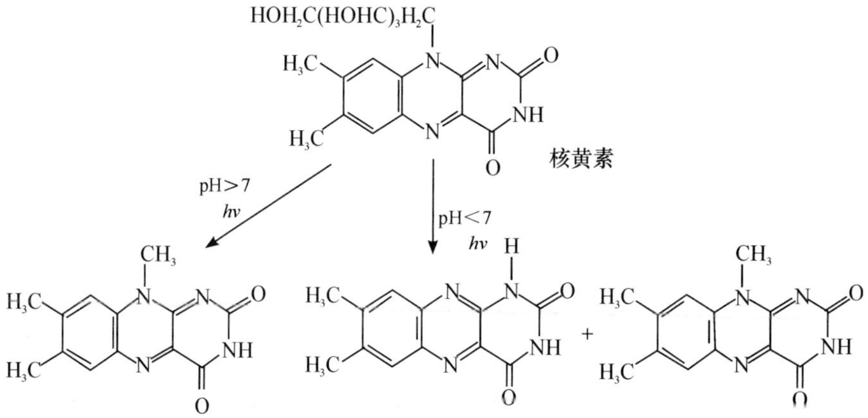

核黄素

光黄素　　　　　　　　　光色素　　　　+　　　　光黄素

图 6-14　核黄素在碱性、酸性光照时的分解

食物中则以绿叶蔬菜类如菠菜、韭菜、油菜及豆类中含量较多,野菜的核黄素含量也较高。谷类食物中的核黄素含量与其加工精度有关,加工精度较高的粮谷含量较低。我国居民的膳食构成是以植物性食物为主,这使核黄素成为最容易缺乏的营养素之一。

6.3.4　烟酸

烟酸(niacin)又称为维生素 PP、尼克酸、抗癞皮病因子,是吡啶 3-羧酸及其衍生物的总称,也为烟酸和烟酰胺的总称(图 6-15)。烟酰胺为两种重要辅酶的组成部分,即烟酰胺腺嘌呤二核苷酸(NAD^+)和烟酰胺腺嘌呤二核苷酸磷酸($NADP^+$),它们在糖酵解、脂肪合成和呼吸作用中起着重要的作用。烟酸也是癞皮病的预防因子,在许多以玉米为主食的地区,癞皮病是一个严重的问题,这是因为玉米蛋白中色氨酸的含量较低,而色氨酸在体内是可以转化成烟酸的;另外,玉米和其他谷物中烟酸利用率较低的原因是它可能与糖结合成复合物,但经过碱处理后可将烟酸游离出来。在动物组织中的维生素 PP 的主要形式为烟酰胺。

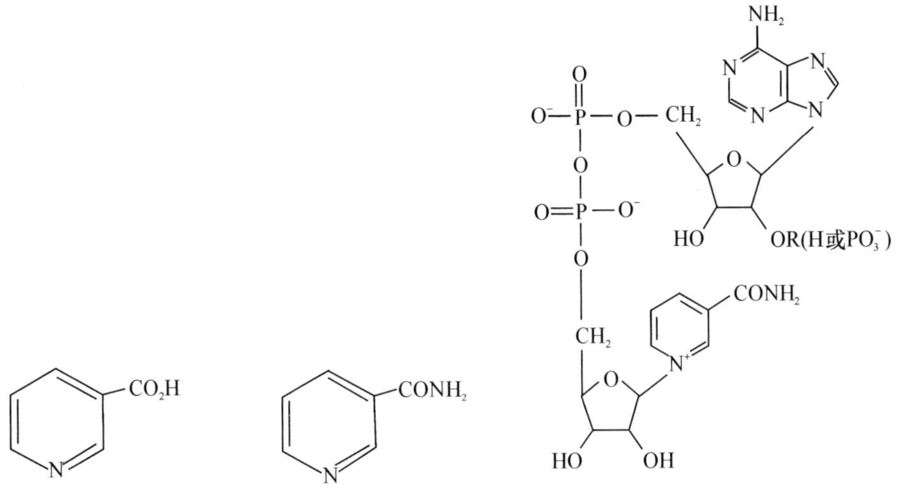

图 6-15 烟酸、烟酰胺和烟酰胺腺嘌呤二核苷酸的结构

烟酸是一种最稳定的维生素,对热、光、空气和碱都不敏感,在食品加工中也无损失。但在食品烹调的过程中,通过转化反应,也可改变食品中烟酸的含量。例如,玉米在沸水中加热,可从 NAD^+ 和 $NADP^+$ 中释放出游离的烟酰胺。

烟酸广泛存在于动物和植物性食物中,良好的来源为动物肝、肾、瘦肉、全谷、豆类等,乳类和蛋类烟酸含量较低,但是含有丰富的色氨酸,在体内可以转化为烟酸。一些植物中的烟酸常与大分子结合而不能被哺乳动物吸收,如玉米、高粱中的烟酸有 $64\%\sim73\%$ 为结合型烟酸,不能被人体吸收,但结合型烟酸在碱性溶液中可以分离出游离烟酸,而被动物和人体利用。

6.3.5 维生素 B₆

维生素 B_6(vitamin B_6)又称吡哆素,包括吡哆醛(pyridoxal)、吡哆醇(pyridoxine)和吡哆胺(pyridoxamine)(图 6-16),在生物体内以磷酸酯的形式存在,磷酸吡哆醛在氨基酸代谢中(如转氨作用、消旋作用和脱羧作用)起着辅酶的作用,可以帮助机体分解利用糖类、脂肪、蛋白质,也可以帮助分解利用糖原。

维生素 B_6 在酸液中稳定,在碱液中易破坏,吡哆醇耐热,吡哆醛和吡哆胺不耐高温;3 种形式的维生素 B_6 对光均较敏感,尤其是紫外线和在碱性环境中。吡哆醛和吡哆胺当暴露在空气中,加热和遇光都会很快破坏,形成无活性的化合物如 4-吡哆酸等。除加热可引起维生素 B_6 的损失外,在食品的长期持续保存过程中,吡哆醛可以与蛋白质的氨基酸(如半胱氨酸)反应形成含硫的衍生物,或者与氨基酸作用形成 Schiff 碱,从而降低其生物活性。一些食品中维生素 B_6 的稳定性见表 6-6。

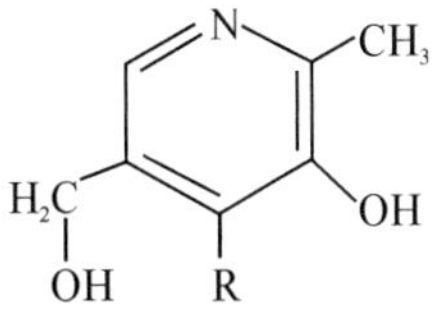

吡哆醛,R=CHO
吡哆醇,R=CH₂OH
吡哆胺,R=CH₂NH₂

图 6-16 维生素 B₆ 的化学结构

表 6-6　食品中维生素 B_6 的稳定性

食品	处理	保留率/%
面包(加维生素 B_6)	烘烤	100
强化玉米粉	50%相对湿度,38 ℃保存 12 个月	90~95
强化通心粉	50%相对湿度,38 ℃保存 12 个月	100
全脂牛乳	蒸发并高温消毒	30
	蒸发并高温消毒,室温保存 6 个月	18
代乳粉(液体)	加工与消毒	33~55(天然)
代乳粉(固体)	喷雾干燥	84(加入)
去骨鸡	灌装	57
	辐射(2.7 Mrad)	68

维生素 B_6 摄入不足可导致维生素 B_6 缺乏症,主要表现为脂溢性皮炎,口炎,口唇干裂,舌炎,易激怒,抑郁等。维生素 B_6 可以通过食物摄入和肠道细菌合成两条途径获得。虽然维生素 B_6 的食物来源很广泛,但一般含量均不高。动物性食物中的维生素 B_6 大多以吡哆醛,吡哆胺的形式存在,如白色的肉类(鸡肉、鱼肉等)、肝脏、蛋等中含量相对较高,但乳及乳制品中含量少;植物性食物中如豆类、谷类、水果和蔬菜中的维生素 B_6 含量也较多,但柠檬类果实中含量较少,且植物性食物中的维生素 B_6 大多与蛋白质结合,不易被吸收。

6.3.6　叶酸

叶酸(folic acid)又称维生素 M、维生素 Bc,包括一系列化学结构相似、生理活性相同的化合物,它们的分子结构中包括 3 个部分,即蝶呤、对-氨基苯甲酸和谷氨酸部分(图 6-17)。叶酸在体内的生物活性形式是四氢叶酸,是在叶酸还原酶、维生素 C、辅酶Ⅱ的协同作用下转化的。叶酸对于核苷酸、氨基酸的代谢具有重要的作用,缺乏叶酸会造成各种贫血病、口腔炎等症状发生。

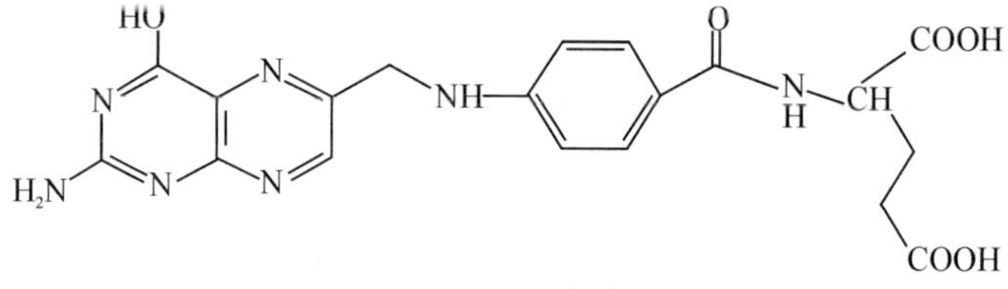

叶酸

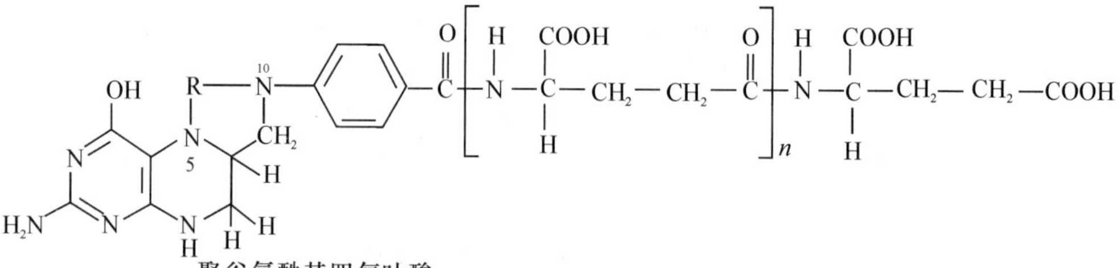

聚谷氨酰基四氢叶酸

取代基 (R): —CH_3; —CHO; —CH =NH; —CH_2—; =CH—

图 6-17　叶酸的结构

叶酸为黄色结晶,微溶于水,钠盐易溶于水,不溶于乙醇,乙醚及其他有机溶剂。叶酸的水溶液遇光、遇热不稳定,容易失去活性,如:蔬菜储藏 2~3 d 后叶酸损失 50%~70%;煲汤等烹饪方法会使食物中的叶酸损失 50%~95%;盐水浸泡过的蔬菜,叶酸的成分也会损失很大,所以人体真正能从食物中获得的叶酸并不多;但其在中性和碱性条件下稳定,即使加热到 100 ℃ 维持 1 h 也不被破坏。叶酸能与亚硫酸和亚硝酸盐作用,亚硫酸能导致叶酸侧链解离,生成还原型蝶呤-6-羧醛和氨基苯甲酰谷氨酸。在低温条件下,当叶酸与亚硝酸盐作用则生成 N-10-硝基衍生物,生成的物质对鼠类有弱的致癌作用。

在叶酸的氧化反应中铜离子和铁离子具有催化作用,并且铜离子的作用大于铁离子的作用,四氢叶酸被氧化降解后转化为两种产物,即蝶呤类化合物和对氨基苯甲酰谷氨酸(图 6-18),同时失去生物活性。如果加入还原物质如维生素 C、硫醇等物质,可使 5-甲基-二氢叶酸还原为 5-甲基四氢叶酸,从而增加叶酸的稳定性。

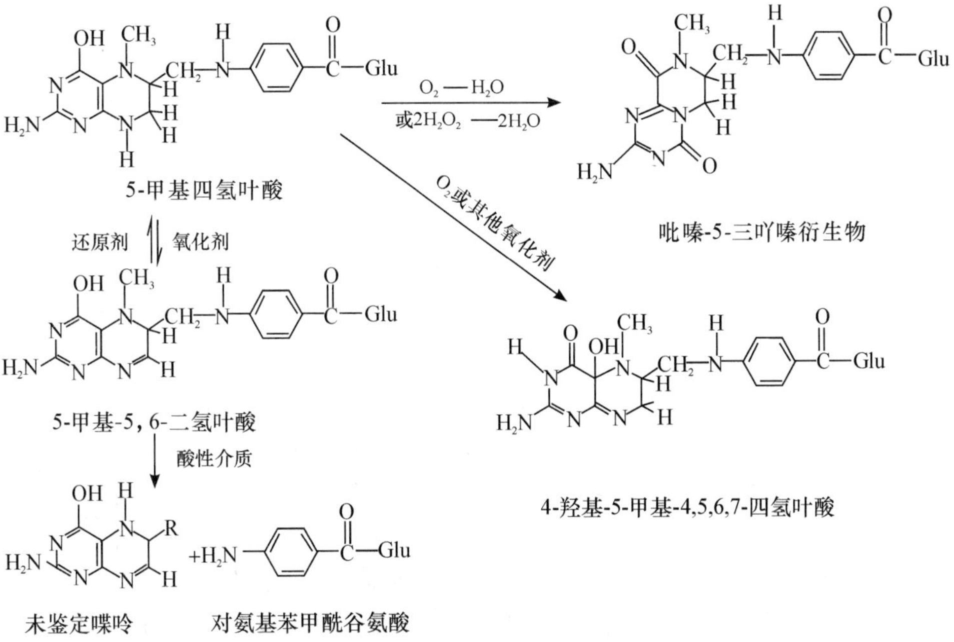

图 6-18　5-甲基四氢叶酸的氧化降解

叶酸广泛存在于动植物性食物中,其良好来源为肝、肾、绿叶蔬菜、马铃薯、豆类、麦胚、坚果等。各种加工处理对蔬菜中叶酸含量的影响程度见表 6-7。

表 6-7　加工过程对蔬菜中叶酸含量的影响

蔬菜	总叶酸含量/(μg/100 g 鲜样)		
	新鲜	水中煮 10 min 后	叶酸在蒸煮水中的含量
芦笋	175±25	146±16	39±10
绿叶菜	169±24	65±7	116±35
抱子甘蓝(芽甘蓝)	88±15	16±4	17±4
结球甘蓝(洋白菜)	30±12	16±8	17±4
花菜	56±18	42±7	47±20
菠菜	143±50	31±10	92±12

6.3.7 维生素 B$_{12}$

维生素 B$_{12}$(vitamin B$_{12}$)又称钴胺素,是一种由含钴的卟啉类化合物组成的 B 族维生素,也是唯一含金属元素的维生素。维生素 B$_{12}$ 为一种共轭复合体,其中心环部分是一个卟啉环体系,其中心的三价钴离子与卟啉环里四个氮原子配价键合,而钴离子的第六个配价位置由氰占据,故也称氰钴胺素(cyanocobalamin),它为一种红色的晶体物质,由于其稳定性好可以用于强化食品(图 6-19)。

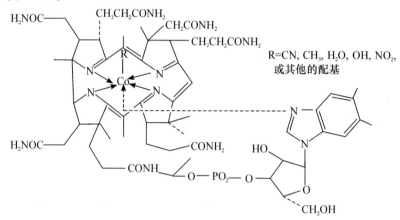

图 6-19 维生素 B$_{12}$ 的化学结构

维生素 B$_{12}$ 的水溶液在碱性条件下不稳定,且对紫外光敏感,其稳定的最适宜 pH 范围是 4～6,在此范围内,即使高压加热,也仅有少量损失。强酸(pH＜2)或碱性溶液中分解,遇热可有一定程度破坏,但短时间的高温消毒损失小,遇强光或紫外线易被破坏;普通烹调过程损失量约 30%。抗坏血酸或亚硫酸盐等能破坏维生素 B$_{12}$,低浓度的还原剂如巯基化合物,能防止维生素 B$_{12}$ 破坏,但用量较多以后,则又起破坏作用。在溶液中,硫胺素与烟酸的结合使用可缓慢地破坏维生素 B$_{12}$;铁离子与来自硫胺素中具有破坏作用的硫化氢结合,可以保护维生素 B$_{12}$,三价铁盐对维生素 B$_{12}$ 有稳定作用,而低价铁盐则导致维生素 B$_{12}$ 的迅速破坏。

维生素 B$_{12}$ 是唯一的一种需要一种肠道分泌物(内源因子)帮助才能被吸收的维生素,其主要的生理功能是参与制造骨髓红细胞,防止恶性贫血,防止大脑神经受到破坏。维生素 B$_{12}$ 是几种变位酶的辅酶,如甲基丙二酰变位酶和二醇脱水酶。

维生素 B$_{12}$ 主要存在于动物组织中(表 6-8),因此,它的膳食来源主要是动物性食品、菌类食品和发酵食品。除在碱性溶液中蒸煮外,维生素 B$_{12}$ 在其他情况下遭破坏程度不大。如肝脏在 100 ℃煮沸 5 min,维生素 B$_{12}$ 损失 8%;肉在 170 ℃焙烤 45 min,则维生素 B$_{12}$ 损失 30%。用普通炉加热冷冻方便食品,如鱼、油炸鸡、火鸡和牛肉,其维生素 B$_{12}$ 可保留 79%～100%。

表 6-8 食品中维生素 B$_{12}$ 的分布

食　　品	维生素 B$_{12}$ 含量/(μg/100 g 湿重)
器官(肝脏、肾、心脏),贝类(蛤、蚝)	＞10
脱脂浓缩乳,某些鱼、蟹、蛋黄	3～10
肌肉、鱼、乳酪	1～3
液体乳、切达乳酪、农家乳酪	＜1

6.3.8　泛酸

泛酸(pantothenic acid)的结构为 $D(+)$-N-2,4-二羟基-3,3-二甲基丁酰-β-丙氨酸,又称遍多酸、维生素 B_5(vitamin B_5),以辅酶 A(CoA)及酰基载体蛋白(ACP)的形式(图 6-20)在机体脂类代谢中起重要作用,由于其无所不在,人体暂未发现有典型的缺乏病例。

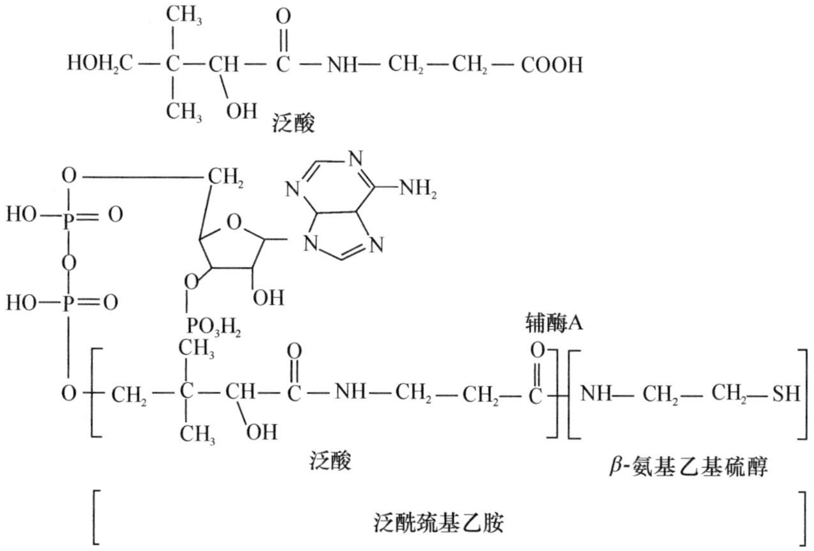

图 6-20　各种形式泛酸的结构

泛酸在空气中稳定,但对热不稳定;在 pH 5～7 范围内稳定,而在碱性溶液中容易分解,生成 β-丙氨酸和泛解酸,在酸性溶液中水解成泛解酸的 γ-内酯。虽然泛酸的热降解的机理还不完全清楚,但认为可能是 β-丙氨酸与 2,4-二羟基-3,3-二甲基丁酸之间连接键发生了酸催化水解。在其他的条件下,泛酸与食品中的其他组分均不发生反应。

在食品加工和储藏过程中,尤其在低水分活度的条件下,泛酸具有较高的稳定性。在烹调和热处理的过程中,随处理温度的升高和水溶解流失程度的增大,通常损失率在 30%～80% 范围内。

泛酸广泛分布于生物体中,富含泛酸的食物主要是肉、未精制的谷类制品、麦芽与麦麸、动物肾脏与心脏、绿叶蔬菜、啤酒酵母、坚果类、鸡肉、未精制的糖蜜等。常见食品中泛酸的含量见表 6-9。

表 6-9　常见食品中泛酸的含量　　　　　　　　　　mg/g

食品	泛酸含量	食品	泛酸含量
干啤酒酵母	200	荞麦	26
牛肝	76	菠菜	26
蛋黄	63	烤花生	25
小麦麸皮	30	全乳	24

6.3.9　生物素

生物素(biotin)又称维生素 H,辅酶 R(coenzyme R)等,是合成维生素 C 的必要物质,参

与三大营养物质的正常代谢,是一种维持人体生长、发育和正常人体机能健康必要的营养素。由于生物素分子结构中有 3 个不对称碳原子,所以它有 8 个立体异构体。天然存在的为右旋 D-型生物素,只有它才具有相应的生物活性。生物素与蛋白质中的赖氨酸残基结合形成生物胞素(biocytin),生物素和生物胞素是两种天然的维生素(图 6-21)。

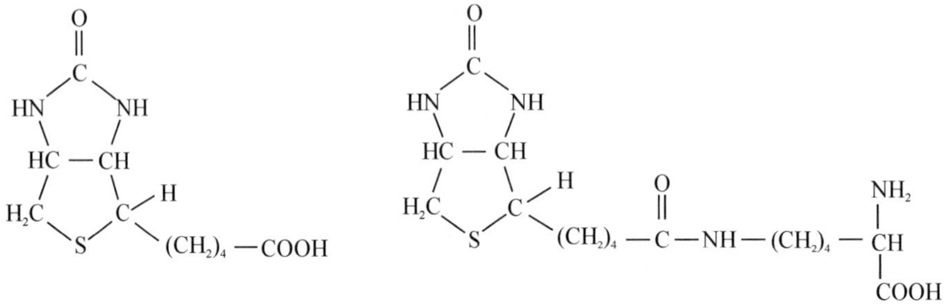

图 6-21　生物素(右)和生物胞素(左)的结构

生物素化学性质较稳定,不易受酸、碱及光线破坏,只是在 pH 过高或过低的条件下,生物素可能由于酰胺键的水解而失活;生物素在被氧化剂氧化为亚砜或砜类化合物时,或与亚硝酸生成亚硝基化合物时,均破坏其生物活性。

很多动物包括人体在内都需要生物素维持健康,生物素是多种羧化酶的辅酶,在羧化酶反应中起 CO_2 载体的作用。如果体内生物素轻度缺乏可致皮肤干燥、脱屑、头发变脆等,重度缺乏时可引起可逆性脱发、抑郁、肌肉疼痛与萎缩等。

生物素广泛分布于植物和动物体中(表 6-10),其中在蔬菜、牛奶、水果中以游离态存在,在动物内脏、种子和酵母中与蛋白质结合,啤酒的生物素含量较高。人体生物素的供应,部分是依靠膳食摄入,而大部分是肠道细菌合成。生物素可因食用生鸡蛋清而失活,这是由一种抗生物素的糖蛋白所引起的。

表 6-10　常见食品中生物素的含量　　　　　　　　　　　　　　μg/g

食品	生物素含量	食品	生物素含量
苹果	0.9	蘑菇	16.0
大豆	3.0	柑橘	2.0
牛肉	2.6	花生	30.0
牛肝	96.0	马铃薯	0.6
乳酪	1.8～8.0	菠菜	7.0
莴苣	3.0	番茄	1.0
牛乳	1.0～4.0	小麦	5.0

6.4　维生素类似物

目前,人们还发现一些有机物质也是人体生理机能不可少的,有人将其称为生物营养强化剂,也有人将其称为维生素类似物(vitamin-like compound)。虽然它们是否是维生素还存在争议,但这也充分反映出了现代科学的发展过程和现状。

6.4.1　胆碱

胆碱(choline)是卵磷脂的组成成分,同时又是乙酰胆碱的前体。虽然人体自己可以合成胆碱,但对哺乳动物还是需要在膳食中提供胆碱,特别是成长期的儿童或婴儿需要更多的胆碱,常以其氯化物或酒石酸盐的形式强化婴儿的配方食品。

胆碱的化学结构为$(CH_3)_3N^+CH_2CH_2OH$。

胆碱在机体内有如下几个重要功能。

(1)防止脂肪肝。胆碱是一种"亲脂剂",可促进脂肪以卵磷脂的形式被输送,或者提高脂肪酸本身在肝脏的利用,防止脂肪在肝脏中的反常积累,保证肝功能的正常。

(2)神经传导。它可帮助越过神经细胞的间隙,产生传导脉冲。

(3)促进代谢。胆碱广泛存在于食物中,其中在蛋黄、蛋类、肝脏中最为丰富,一般以卵磷脂、乙酰胆碱的形式存在。胆碱对热稳定,在加工、烹饪、储藏中几乎无损失。

6.4.2　肌醇

肌醇(inositol)是动物、微生物的生长因子,其理论上有 9 种立体结构形式,通常在自然界中发现的有 4 种,但唯有肌型肌醇才具有生物活性(图 6-22)。

目前,对于肌醇功能的了解并不全面,已经知道的作用有如下几种。

(1)亲脂肪作用(像胆碱一样对脂肪有亲和性),可以促进机体产生磷脂,磷脂则有助于将肝脏脂肪转运到细胞,降低胆固醇。

(2)通过与胆碱的结合,肌醇能预防脂肪性动脉硬化及保护心脏。

(3)肌醇是磷酸肌醇的前体,磷酸肌醇存在于机体各种组织中,特别是脑髓中。

自然界中存在着丰富的肌醇,主要来源于肾、脑、肝、心、酵母、柑橘类水果等;在谷物食品中,肌醇以植酸及植酸盐的形式广泛存在,对谷物食品的矿物质营养产生影响。肌醇的稳定性很高,耐酸、碱及加热,所以在食品加工中,肌醇的损失很少。

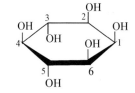

图 6-22　肌醇的化学结构
(以 1,4 为轴,内消旋)

6.4.3　肉碱

肉碱(carnitine)早在 1905 年就在肌肉中发现了,并被提取出来。其化学名称为 β-羟基-γ-三甲氨基丁酸,化学结构式为 $(CH_3)_3N^+CH_2CH(OH)CH_2COO^-$,有左旋($L$)及右旋($D$)两种旋光异构体。自然界中只存在 L-肉碱,并且研究证明只有 L 型肉碱对动物具有营养作用。

L-肉碱的主要功能是作为载体参与机体脂肪酸的代谢,提供能量,降低血清胆固醇;对脂溶性维生素及 Ca、P 的吸收也具有一定的促进作用;调节一些支链氨基酸的正常代谢;调节线粒体内结合 CoA/游离 CoA 比率;刺激肝内酮体生成,刺激糖原异生,维持正常代谢等。虽然 L-肉碱在人体组织中大量存在,但是婴幼儿体内合成能力很低,主要依靠母乳和辅助食品供给。并且,人或其他哺乳动物也有可能因先天性或代谢性疾病引起体内肉碱缺乏。因此,我国国家卫生和计划生育委员会(现国家卫生健康委员会)已批准 L-肉碱作为一种安全有效的营养强化剂,应用于乳粉、抗衰老食品、运动食品及减肥健美食品。常见食品原料中 L-肉碱的含量见表 6-11。

表 6-11　常见食品原料中 L-肉碱含量 mg/kg

品名	含量	品名	含量	品名	含量
玉米	5～10	菜粕	10	乳清粉	300～500
小麦	3～12	苜蓿	20	脱脂奶粉	120～150
大豆	0～10	大麦	10～18	鱼骨粉	85
高粱	15	鱼粉	85～145	牛奶	6～50

6.4.4　吡咯喹啉醌

吡咯喹啉醌(pyrroloquinoline quinone,PQQ)为三环醌,其结构见图 6-23。吡咯喹啉醌广泛存在于生物体内,除作为辅酶参与生物

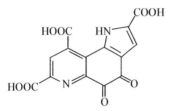

图 6-23　吡咯喹啉醌的结构

体内某些氧化还原酶类的催化反应外,还可用作生长刺激因子促进微生物和植物的生长发育。

到目前为止,科学家发现吡咯喹啉醌的最佳来源是纳豆,纳豆是一种用大豆发酵的日本传统食品。其他富含吡咯喹啉醌的食物包括欧芹、绿茶、青椒、猕猴桃和番木瓜果。

由于吡咯喹啉醌的普遍存在性以及它可被肠道细菌合成,所以人和啮齿动物产生吡咯喹啉醌缺乏症的可能性不大。

6.5　维生素在食品加工和储藏过程中的变化

在食品加工和储藏过程中,所有食物都不可避免地在某种程度上遭受维生素的损失。因此,食品在加工过程中除必须保持营养素最小损失和食品安全外,还须考虑加工前的各种条件对食品中营养素含量的影响,如成熟度、生长环境、土壤情况、肥料的使用、水的供给、气候变化、光照时间和强度,以及采后或宰杀后的处理等因素。

6.5.1　食品原料自身的影响

(1)成熟度。果蔬中维生素的含量随着成熟期、生长地以及气候的变化而异,如番茄中维生素 C 在成熟前期的含量最高,而辣椒在成熟期时维生素 C 含量最高(表 6-12)。

表 6-12　成熟度对番茄中抗坏血酸含量的影响

花开后周数	平均质量/g	颜色	抗坏血酸含量/(mg/100 g)	花开后周数	平均质量/g	颜色	抗坏血酸含量/(mg/100 g)
2	33.4	绿	10.7	5	146	红—黄	20.7
3	57.2	绿	7.6	6	160	红	14.6
4	102	绿—黄	10.9	7	168	红	10.1

(2)采后(宰后)食品中维生素的含量变化。食品从采收或屠宰到加工这段时间,营养价值会发生明显的变化。因为许多维生素的衍生物是酶的辅助因子(cofactor),易被酶,尤其是动、植物死后释放出的内源酶所降解。当细胞受损后,原来分隔开的氧化酶和水解酶会从完整的细胞中释放出来,从而改变维生素的化学形式和活性。例如,维生素 B_6、硫胺素或核黄素辅酶

的脱磷酸化反应、维生素 B_6 葡萄糖苷的脱葡萄糖基反应和聚谷氨酰叶酸酯的去共轭作用等，都会导致植物或动物采收或屠宰后维生素的分布和天然存在的状态发生变化，其变化程度与加工储藏过程中的温度高低和时间长短有关。一般而言，维生素的净含量变化较小，主要是引起生物利用率的变化。相对来说，脂氧合酶的氧化作用可以降低许多维生素的含量，而抗坏血酸氧化酶则专一性的引起抗坏血酸损失。如豌豆从采收到运往加工厂贮水槽的 1 h 内，所含维生素会发生明显的还原反应。新鲜蔬菜如果处理不当，在常温或较高温度下存放 24 h 或更长时间，维生素也会产生严重损失。

6.5.2　食品加工前的预处理

(1) 切割、去皮。植物组织经过修整或去皮，均会导致营养素的部分丢失。苹果皮中抗坏血酸的含量比果肉高，凤梨心比食用部分含有更多的维生素 C，胡萝卜表皮层的烟酸含量比其他部位高，马铃薯、洋葱和甜菜等植物的不同部位也存在着营养素含量的差别。因而在修整这些蔬菜和水果以及摘去菠菜、花菜、绿豆、芦笋等蔬菜的部分茎、梗和梗肉时，会造成部分营养素的损失。另外，在一些食品去皮过程中，使用强烈的化学物质，如碱液处理，将使外层果皮的维生素（如叶酸、抗坏血酸及硫胺素）遭受破坏。

动植物产品经切割或其他处理而损伤的组织，在遇到水或水溶液时会由于浸出而造成水溶性维生素的损失。

谷物的制粉涉及为除去糠麸（种皮）和胚芽而进行的碾磨和分级过程，因为许多维生素都浓缩于胚芽和糠麸中，所以也会造成维生素的损失。

(2) 漂洗、热烫。大米在漂洗过程中会损失部分维生素。大米经漂洗后 B 族维生素损失率为 60%，总维生素损失率为 47%；淘洗的次数越多，淘洗时用力越大，B 族维生素的损失越多。这主要是因为 B 族维生素主要存在于米粒表面的细米糠中。

热烫是水果和蔬菜加工中不可缺少的一种工艺处理，目的在于使有害的酶失活、减少微生物的污染、排除组织中的空气。热烫的方式有热水、蒸汽、热空气或微波。热水的烫漂会导致水溶性维生素的大量损失（图 6-24）。

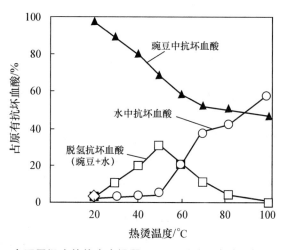

图 6-24　在不同温度的热水中烫漂 10 min 后豌豆中的抗坏血酸保留率

6.5.3 食品加工和储藏过程中的影响

食物在烹调前要经历一系列初加工以保障食品在运输、分配过程中的安全卫生和营养价值,处理方法依据食物种类和加工目的的不同而不同。

(1)冷冻保藏。冷冻是最常用的食品储藏方法。冷冻的全过程,包括预冷冻、冷冻储存、解冻3个阶段,维生素的损失主要包括储存过程中的化学降解和解冻过程中水溶性维生素的流失。例如,蔬菜类经冷冻后会损失37%~56%的维生素,肉类食品经冷冻后泛酸的损失为21%~70%。又如,在-18 ℃储存6~12个月的条件下,甘蓝、花菜、菠菜的维生素C损失率分别为49%、50%、65%,并与蔬菜的种类有关。水果及其产品经冷冻后,维生素C的损失较复杂,与许多因素有关,如种类、品种、汁液固体比、包装材料等。

(2)射线辐照。射线辐照主要用于肉类食品的杀菌防腐和蔬菜水果的保藏。例如,采用^{60}Co的γ射线辐照保藏洋葱、马铃薯、苹果、草莓,不但延长了保藏期,而且改善了商品质量。射线辐照对B族维生素的影响取决于辐射温度、辐射剂量和辐射率。与传统的热灭菌方法相比,它可以减少B族维生素的损失和维生素的降解,对维生素B_2和烟酸的影响较小。

6.5.4 食品添加剂的影响

在食品加工过程中为了防止食品的腐败变质或提高食品的品质,常常需要在食品中添加一些食品添加剂,有的食品添加剂对维生素有一定的影响。例如,氧化剂通常对维生素A、维生素C和维生素E有破坏作用,所以在面粉中使用的漂白剂等氧化剂往往会降低上述维生素的含量。

亚硫酸盐(或SO_2)常用来防止水果、蔬菜的酶促褐变和非酶促褐变,它作为还原剂时也可以保护维生素C不被氧化,但是作为亲核试剂则可破坏维生素B_1。

为了改善肉制品的颜色,往往添加硝酸盐和亚硝酸盐,而有些蔬菜本身如菠菜、甜菜中也有含量很高的亚硝酸盐,食品中的亚硝酸盐不但与维生素C能快速反应,而且还会破坏胡萝卜素、维生素B_1和叶酸等。

6.6 小结

维生素是一类有机化合物,是人体生命活动过程中不可缺少的微量营养素,虽然需要量小,但在体内的作用很大。缺少维生素,易患维生素缺乏症,影响人体正常代谢。人体需要的维生素绝大部分依赖食物提供。维生素主要有脂溶性的维生素A、维生素D、维生素E、维生素K等,水溶性的维生素有B族维生素(包括维生素B_1、维生素B_2、维生素PP、维生素B_6、维生素B_{12}等)和维生素C,它们在稳定性以及对食品其他组分的影响方面,有较大的差异。例如,有的维生素很不稳定,容易损失,特别是在食品加工和储藏过程中,因此必须注意加工方法和储藏条件。另外,各种食品中维生素的含量和种类不一,为了满足人体的需要量,常在某些食品中进行维生素的强化。表6-13简单总结了各种维生素的生理功能作用及主要的食物来源。

 二维码6-1 阅读材料——维生素缺乏和蔬菜

表 6-13　维生素的分类、生理功能及来源

分类	名称	俗名	生理功能	主要来源
水溶性维生素	维生素 B$_1$	硫胺素	维持神经传导,预防脚气病	酵母,谷类,肝脏,胚芽
	维生素 B$_2$	核黄素	促进生长,预防唇、舌炎、脂溢性皮炎	酵母,肝脏
	维生素 B$_3$	烟酸	预防癞皮病、皮炎、舌炎	酵母,胚芽,肝脏,米糠
	维生素 B$_6$	吡哆醇	与氨基酸代谢有关	酵母,胚芽,肝脏,米糠
	维生素 B$_9$	叶酸	预防恶性贫血、口腔炎	肝脏和肾,瘦肉,坚果
	维生素 B$_{12}$	氰钴胺素	预防恶性贫血	肝脏
	维生素 H	生物素	促进脂类代谢,预防皮肤病	肝脏,酵母,干酪
	维生素 B$_5$	泛酸	促进代谢	肉类,谷类,新鲜蔬菜
	维生素 C	抗坏血酸	预防及治疗坏血病,促进细胞间质生长	蔬菜,水果
	维生素 P	芦丁	维持血管正常通透性	柠檬
脂溶性维生素	维生素 A	视黄醇	预防表皮细胞角化,防治干眼病	肝脏,鱼肝油,胡萝卜素
	维生素 D	骨化醇	调节钙磷代谢,预防佝偻病	鱼肝油,牛奶
	维生素 E	生育酚	预防不育症	谷类胚芽及其油
	维生素 K	止血维生素	促进血液凝固	肝脏,菠菜,绿茶

❓ 思考题

1. 什么是维生素?有哪些共同特点?

2. 维生素的种类有多少?水溶性维生素和脂溶性维生素有什么区别?

3. 在食品加工过程中,热处理对维生素的影响如何?

4. 影响维生素 C 的降解因素有哪些?维生素 C 在食品工业中的作用有哪些?

5. 在食品储藏过程中,维生素的损失与哪些因素有关?

6. 维生素 C 的主要生理功能有哪些?

7. 采后(宰后)食物中维生素的变化有哪些?

8. 为何粗粮比细粮营养价值高?

9. 造成人体缺乏维生素的主要原因有哪些?

10. 食品加工中使用的二氧化硫对加工食品的营养有什么影响?

11. 儿童缺少哪一种维生素会导致生长过慢、口角炎、唇炎和舌炎等病?

12. 为什么维生素 C 不能与海鲜一起食用?

13. 影响维生素的生物利用率的因素有哪些?

📖 参考文献

[1]A. H. 恩斯明格,M. E. 恩斯明格,J. E. 康兰德,J.R.K.罗布森. 营养素. 北京:农业出版社,1986.

[2]蔡东联.实用营养师手册. 北京:人民卫生出版社,2009.

[3]查锡良.生物化学.7 版. 北京:人民卫生出版社,2010.

[4]葛可佑.公共营养师基础知识. 北京:中国劳动社会保障出版社,2013.

[5]国家药典委员会. 中华人民共和国药典.2 版. 北京:化学工业出版社,2005.

[6]阚建全.食品化学.3 版.北京:中国农业大学出版社,2016.

[7]李凤林,李凤玉,张忠.食品营养学. 北京:化学工业出版社,2009.

[8]王文君.食品化学.武汉:华中科技大学出版社,2016.

[9]吴坤. 营养与食品卫生学. 北京:人民卫生出版社,2003.

[10]杨月欣.食物营养宝典.北京:科学出版社,2009.

[11]BELITZ H D, GROSCH W, SCHIEBERLE P. Food chemistry, Heidelberg: Springer-Verlag Berlin,2009.

[12]DAMODARAN S, PARKIN K L, FENNEMA O R. Fennema's food chemistry, Pieter Walstra:CRC Press/Taylor & Francis, 2008.

[13]LEE S A, Bedford M R. Inositol- An effective growth promotor? Worlds Poultry Science Journal,2016, 72 (4):743−759.

[14]STABLER S P. Vitamin B_{12} deficiency. New England Journal of Medicine,2013, 368 (2):149−160.

第7章

矿物质

本章学习目的与要求

1. 了解食品中矿物质的种类、来源、存在形式、吸收利用的基本性质和它们在机体中的作用；了解常见的有毒矿物质。

2. 掌握矿物质在食品加工、储藏中所发生的变化以及对机体利用率产生的影响。

7.1 概述

食物中存在着含量不等的矿物元素,其中有许多是人类营养必不可少的。这些矿物元素或者以无机态或有机盐类的形式存在,或者与有机物质结合而存在,如磷蛋白中的磷和酶中的其他金属元素。在这些矿物元素中,已发现有 25 种左右的矿物元素是构成人体组织、维持生理功能、生化代谢所必需的,它们除以有机化合物出现的碳、氢、氧、氮之外,其余的统称为无机盐或矿物质(mineral)。同时这些矿物元素在体内不能合成,需由食物来提供。

根据这些矿物元素在人体内的含量水平和人体需要量的不同,习惯上分为两大类:一类是常量元素或宏量元素(macro element),如钙、磷、钠、钾、氯、镁与硫等 7 种,它们的含量占人体总灰分的 $60\%\sim80\%$,体内含量 $>0.01\%$,人体需要量为 $\geqslant100$ mg/d。另一类是微量元素(micro element 或 trace element),仅含微量或超微量,有 Fe、I、Cu、Zn、Se、Mo、Co、Cr、Mn、F、Ni、Si、Sn、V 等,前 8 种目前被认为是人体必需的微量元素,后者是人体可能必需的。微量元素可分为 3 种类型:①必需元素,其中包括 Fe、Cu、I、Co、Mn 和 Zn;②非营养非毒性元素 Al、B、Ni、Sn 和 Cr;③非营养有毒性元素,包括 Hg、Pb、As、Cd 和 Sb。

矿物质在体内的作用主要有以下几点。

(1)机体的重要组成部分。机体中的矿物质主要存在于骨骼并维持骨骼的刚性,99%的钙元素和大量的磷、镁元素就存在于骨骼、牙齿中;此外,磷、硫还是蛋白质的组成元素,细胞中则普遍含有钾、钠元素。

(2)维持细胞的渗透压及机体的酸碱平衡。矿物质与蛋白质一起维持细胞内外的渗透压平衡,对体液的潴留与移动起重要作用;此外,还有碳酸盐、磷酸盐等组成的缓冲体系与蛋白质一起构成机体的酸碱缓冲体系,以维持机体的酸碱平衡。

(3)保持神经、肌肉的兴奋性。K、Na、Ca、Mg 等离子以一定比例存在时,对维持神经、肌肉组织的兴奋性、细胞膜的通透性具有重要作用。

(4)对机体具有特殊的生理作用。例如,铁对于血红蛋白、细胞色素酶系的重要性,碘对于甲状腺素合成的重要性等,均属于此。

(5)对于食品感官质量的作用。矿物质对于改善食品的感官质量也具有重要作用,如磷酸盐类对于肉制品的保水性、结着性的作用,钙离子对于一些凝胶的形成的作用和食品质地的硬化的影响等。

食物中有些常量元素(尤其是单价的)一般以可溶性状态存在,而且大多数为游离态,如钠、钾等阳离子和氯、硫酸根等阴离子。而一些多价离子常处于一种游离的、溶解而非离子化的胶态形式的平稳状态之中,如在肉和牛乳中就存在这种平稳;金属元素还常常以一种螯合状态存在,如维生素 B_{12} 中的钴元素。

食品中矿物质含量的变化主要取决于环境因素,如植物赖以生长的土壤成分或动物饲料的成分。化学反应导致食品中矿物质的损失不如物理去除或形成生物不可利用的形式所导致的损失那样严重。矿物质最初是通过水溶性物质的浸出以及植物非食用部分的剔除而损失掉的,如大米中的矿物质主要是在谷物碾磨过程中损失,且加工精度越高,矿物质的损失就越严重。因此,在膳食中有必要补充一些微量矿物质。矿物质与食品中其他成分之间的相互作用是同样重要的,如一些食品中存在的草酸和植酸等多价阴离子,能与二价金属离子形成极难溶解的盐,而不能被肠道所吸收利用。因此,测定矿物质的生物利用率就显得非常必要。

7.2 食品中矿物质吸收利用的一些基本性质

为了充分合理地利用矿物质,首先必须了解矿物质的性质、存在状态及在食品加工和储藏过程中的变化。下面就其相关的物理和化学性质进行简单的介绍。

7.2.1 溶解性

所有的生物体系中都含有水,大多数矿物元素的传递和代谢都是在水溶液中进行的。因此,矿物质的生物利用率和活性在很大程度上与它们在水中的溶解性有直接的相关性。镁、钙、钡是同族元素,仅以+2价氧化态存在,虽然这一族的卤化物都是可溶性的,但是其重要的盐,包括氢氧化物、碳酸盐、磷酸盐、硫酸盐、草酸盐和植酸盐都极难溶解。食品在受到某些细菌分解后,其中的镁能形成极难溶的络合物 $Mg(NH_4)PO_4 \cdot 6H_2O$,俗称鸟粪石。铜以+1或+2价氧化态存在并形成络离子,它的卤化物和硫酸盐是可溶性的。各种价态的矿物质在水中有可能与生命体中的有机物质,如蛋白质、氨基酸、有机酸、核酸、核苷酸、肽和糖等形成不同类型的化合物,这有利于矿物质的稳定和在器官间的输送。此外,元素的化学形式同样影响元素的利用率和作用,如三价的铁离子很难被人体吸收利用,但二价的铁离子却较容易被吸收利用(表7-1);三价的铬离子是人体必需的营养元素,而六价的铬离子则是有毒元素。

表 7-1 食品强化用的铁盐和它们的生物利用率

化合物	强化食品的铁含量/(mg/kg)	相对生物价	
		人	鼠
硫酸亚铁	200	100	100
乳酸亚铁	190	106	—
焦磷酸铁	250	—	45
焦磷酸铁钠	150	15	14
柠檬酸亚铁铵	165～185	—	107
元素铁	960～980	13～90	8～76

7.2.2 酸碱性

任何矿物质都有阳离子和阴离子。但从营养学的角度看,只有氟化物、碘化物和磷酸盐的阴离子才是重要的。水中的氟化物成分比食品中更常见,其摄入量极大地依赖于地理位置。碘以碘化物(I^-)或碘酸盐(IO_3^-)的形式存在。磷酸盐以多种不同的形式存在,如磷酸盐(PO_4^{3-})、磷酸氢盐(HPO_4^{2-})、磷酸二氢盐($H_2PO_4^-$)或者是磷酸(H_3PO_4),它们的电离常数分别为:$k_1 = 7.5 \times 10^{-3}$,$k_2 = 6.2 \times 10^{-8}$,$k_3 = 1.0 \times 10^{-12}$。各种微量元素参与的复杂生物过程,可以利用 Lewis 的酸碱理论解释,由于不同价态的同一元素,可以通过形成多种复合物参与不同的生化过程,所以显示不同的营养价值。

7.2.3 氧化还原性

碘化物和碘酸盐与食品中其他重要的无机阴离子(如磷酸盐、硫酸盐和碘酸盐)相比,是比

较强的氧化剂。阳离子比阴离子种类多,结构也更复杂,它们的一般化学性质可以通过它们所在的元素周期表中的族来考虑。其他一些金属元素具有多种氧化态,如锡和铝(+2 和+4)、汞(+1 和+2)、铁(+2 和+3)、铬(+3 和+6)、锰(+2、+3、+4、+6 和+7),因此,这些金属元素中有许多能形成两性离子,既可作为氧化剂,又可作为还原剂。如钼和铁最为重要的性质是能催化抗坏血酸和不饱和脂质的氧化。微量元素的这些价态变化和相互转换的平衡反应,都将影响组织和器官中的环境特性,如 pH、配位体组成、电效应等,从而影响其生理功能。

7.2.4 微量元素的浓度

微量元素的浓度和存在状态,将会影响各种生化反应。许多原因不明的疾病(如癌症和地方病)都与微量元素相关,但实际上对必需微量元素的确认绝非易事,因为矿物元素的价态和浓度不同,乃至排列的有序性和状态不同,对生物的生命活动都会产生不同的作用。

7.2.5 螯合效应

许多金属离子可作为有机分子的配位体或螯合剂,如血红素中的铁、细胞色素中的铜、叶绿素中的镁以及维生素 B_{12} 中的钴。具有生物活性结构的铬称为葡萄糖耐量因子(GTF),它是三价铬的一种有机络合物形式。在葡萄糖耐量生物检测中,它比无机 Cr^{3+} 的效能高 50 倍。葡萄糖耐量因子除含有约 65% 的铬外,还含有烟酸、半胱氨酸、甘氨酸和谷氨酸,精确的结构还不清楚。Cr^{6+} 无生物活性。金属离子的螯合效应与螯合物的稳定性受其本身结构和环境因素的影响。一般五元环和六元环螯合物比其他更大或更小的环稳定。金属离子的 Lewis 碱性也会影响其稳定性,一般碱性越强越稳定。带电荷的配位体有利于形成稳定的螯合物。不同的电子供给体所形成的配位键强度不同,对氧来说 $H_2O>ROH>R_2H$;氮为 $H_3N>RNH_2>R_3N$;而硫是 $R_2S>RSH>H_2S$。此外,分子中的共轭结构和立体位阻有利于螯合物的稳定。

7.2.6 食品中矿物质的利用率

测定特定食品或膳食中一种矿物元素的总量,仅能提供有限的营养价值,而测定为人体所利用的食品中这种矿物元素的含量却具有更大的实用意义。食品中铁和铁盐的利用率不仅取决于它们的存在形式,而且还取决于影响它们吸收或利用的各种条件。测定矿物质生物利用率的方法有化学平衡法、生物测定法、体外试验和放射性同位素示踪法。这些方法已广泛应用于测定家畜饲料中矿物质的消化率。

放射性同位素示踪法是一种理想的检测人体对矿物质利用的方法。这种方法是在生长植物的介质中加入放射性铁,或在动物屠宰以前注射放射性示踪物质(^{55}Fe 和 ^{59}Fe);放射示踪物质通过生物合成制成标记食品,标记食品被食用后,再测定放射性示踪物质的吸收,这称为内标法。也可用外标法研究食品中铁和锌的吸收,即将放射性元素加入食品中。

矿物质的生物利用率与很多因素有关。主要以下几点。

(1)矿物质在水中的溶解性和存在状态。矿物质的水溶性越好,越利于肌体的吸收利用。另外,矿物质的存在形式也同样影响元素的利用率。

(2)矿物质之间的相互作用。机体对矿物质的吸收有时会发生拮抗作用,这可能与它们的竞争载体有关,如过多铁的吸收将会影响锌、锰等矿物元素的吸收。

(3)螯合效应。金属离子可以与不同的配位体作用,形成相应的配合物或螯合物。食品体系中的螯合物,不仅可以提高或降低矿物质的生物利用率,而且还可以发挥其他的作用,如防止铁、铜离子的助氧化作用。矿物质形成螯合物的能力与其本身的特性有关。

(4)其他营养素摄入量的影响。蛋白质、维生素、脂肪等的摄入会影响机体对矿物质的吸收利用,如维生素 C 的摄入水平与铁的吸收有关,维生素 D 对钙的吸收的影响更加明显,蛋白质摄入量不足会造成钙的吸收水平下降,而脂肪过度摄入则会影响钙质的吸收。食物中含有过多的植酸盐、草酸盐、磷酸盐等也会降低人体对矿物质的生物利用率。

(5)人体的生理状态。人体对矿物质的吸收具有调解能力,以达到维持机体环境的相对稳定,如在食品中缺乏某种矿物质时,它的吸收率会提高;在食品中供应充足时,吸收率会降低。此外,机体的状态,如疾病、年龄、个体差异等均会造成机体对矿物质利用率的变化。例如,在缺铁者或缺铁性贫血病人群中,对铁的吸收率提高;妇女对铁的吸收比男人高;儿童随着年龄的增大,铁的吸收减少。锌的利用率同样受到各种饮食和个体因素的影响。

(6)食物的营养组成。食物的营养组成也会影响人体对矿物质的吸收,如肉类食品中矿物质的吸收率就较高,而谷物中矿物质的吸收率与之相比就低一些。

例如,铁的价态影响吸收,二价铁盐比三价铁盐易于利用;元素铁微粒的大小以及食品的类型也影响铁的吸收;人体对动物性食品矿物质的利用率最高,而谷物食品则最低(图 7-1);另外,维生素能增强铁的吸收,磷酸盐在钙含量很低的情况下,将降低铁的吸收,糖也降低铁的吸收;蛋白质、氨基酸和碳水化合物均影响铁的利用率。又如,钙盐摄入的条件、钙盐的种类、膳食中的其他成分(如磷酸、植酸、单宁、膳食纤维)等会影响人体对钙的摄入;相反,维生素 D、乳糖、乳酸、寡聚糖等有益于钙的吸收;L-乳酸钙的钙吸收率远高于磷酸钙,也高于碳酸钙、柠檬酸钙和苹果酸钙。

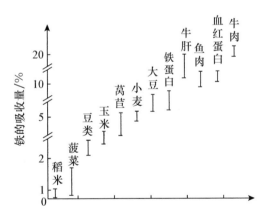

图 7-1　成人对各种食品中铁的吸收(以平均数士标准偏差表示)

制定合理的、有效的食品矿物质强化计划,需要有关食物来源和膳食中矿物质利用率的完整资料,这些资料在评价替代食品和类似食品的营养性质时也是十分重要的。关于测定人体营养必需的各种微量元素的生物利用率,以及弄清在现代膳食中影响矿物质利用率的各种因素,都有待进一步研究。

7.2.7　食品中矿物质的安全性

从营养的角度来看,有些矿物质不但没有营养价值,而且对人体健康还会产生危害,汞和

食品化学

镉就属于这样的矿物质。同时,所有矿物质即使是人体必需的微量元素,在超过一定量以后,也会对人体产生毒性。几种矿物质的安全剂量和中毒剂量之间的关系可以参见表 7-2。由表 7-2 可知,矿物质过度摄入量的范围在不同的反应程度之间出现了交叠,且产生每种反应程度所需的剂量范围往往是相当大的。

表 7-2　人类过量摄入[a] 某些矿物质和毒性反应的严重程度之间的关系

矿物质	症状[b]	毒性程度		
		无	中等	剧烈
铜	急性	—	2～16	125～50 000
	较长	—	—	0.5～4
钴	较长	—	150	35～600
氟	急性	—	3～19	80～3 000
	较长	—	3～19	2～180
铁	急性	—	—	12～1 500
	较长	7	—	6～15
碘	较长	8～35 000	1～15 000	1～180 000
锡	急性	—	130	23～700
锌	急性	13～23	—	8～530
	较长	2～10	10	—

a. 过量经口摄入的含义是产生反应的实际摄入量除以需要摄入量或相当的平均摄入量。
b. 急性,24 h 以内;较长,从一天到几代人。
引自:Food and Drug Administration. Toxicity of the Essential Minerals. Washington,D. C;DHEW,1975.

7.3　常见的常量矿物质

7.3.1　钙

钙(calcium,Ca),原子序数 20,原子量 40.078,属周期系 ⅡA 族,为碱土金属成员。熔点 839 ℃,沸点 1 484 ℃,相对密度 1.54。

钙是人体内最重要的、含量最多的矿物元素。一般情况下,成人体内含钙量 1 200～1 500 g。其中 99％的钙与磷形成羟磷灰石结晶[$3Ca_3(PO_4)_2 \cdot (OH)_2$]和磷酸钙,集中于骨骼和牙齿,其余 1％的钙或与柠檬酸螯合或与蛋白质结合,但多以离子状态存在于软组织、细胞液及血液中,这一部分钙统称混溶钙池。其中,肝中为 100～360 mg/kg,肌肉中为 140～700 mg/kg,血液中为 60.5 mg/L,骨骼中为 170 000 mg/kg,日摄入量为 600～1 400 mg。

钙的生理功能是构成骨骼和牙齿,维持神经和肌肉活动,促进体内某些酶的活性。此外,钙还参与血凝过程、激素分泌、维持体液酸碱平衡以及细胞内胶质稳定性。

食品中的一些成分将影响钙的吸收和利用(表 7-3),如膳食中的草酸盐与植酸盐可与钙结合而形成难以吸收的盐类;膳食纤维干扰钙的吸收,可能是其中的醛糖酸残基与钙结合所致;维生素 D 可促进人体对钙的吸收;乳糖可与钙螯合,形成低分子量的可溶性络合物,有利于钙的吸收;膳食蛋白质有利于钙的吸收等。所以,膳食的钙吸收很不完全,只能吸收 20％～30％。

表 7-3 膳食成分对钙吸收利用的影响

提高吸收利用	降低吸收利用	无作用
乳糖	植酸盐	磷
某些氨基酸	膳食纤维	蛋白质
维生素 D	草酸盐	维生素 C
	脂肪(消化不良时)	柠檬酸
	乙醇	果胶

钙的食物来源应考虑两个方面,一是食物中钙的含量,二是食物中钙的吸收率。乳和乳制品是食物中钙的最好来源,不但含量丰富,而且吸收率高,是婴幼儿的最佳钙源;虾皮、海带和发菜含钙也特别丰富;在儿童与青少年膳食中加入骨粉、蛋壳粉也是补充膳食钙的有效措施;豆和豆制品以及油料种子中含钙也不少,见表 7-4。

表 7-4 常用食物中的钙含量   mg/100 g 可食部分

食物	含钙量	食物	含钙量	食物	含钙量
人乳	34	海带(干)	1 177	蚕豆	93
牛奶	120	发菜	767	腐竹	280
奶酪	590	银耳	380	花生仁	67
蛋黄	134	木耳	357	杏仁(生)	140
标准粉	24	紫菜	343	西瓜子(炒)	237
标准米	10	大豆	367	南瓜子(炒)	235
虾皮	2 000	豆腐丝	284	核桃仁	119
猪肉(瘦)	11	豆腐	240~277	小白菜	93~163
牛肉(瘦)	6	青豆	240	大白菜	61
羊肉(瘦)	13	豇豆	100	油菜	140
鸡肉(瘦)	11	豌豆	84	韭菜	105

7.3.2 磷

磷(phosphorus,P),原子序数 15,原子量 30.973 762。磷是在人体中含量较多的元素之一,仅次于钙。磷和钙都是骨骼和牙齿的重要构成材料,其中钙/磷比值约为 2∶1。正常成年人体含磷 1%,骨中的含磷总量为 600~900 g,占总含磷量的 80%,剩余的 20% 分布于神经组织等软组织中。人体每 100 mL 全血中含磷 35~45 mg,肝中为 3~8.5 mg/kg,肌肉中为 3 000~8 500 mg/kg,骨骼中为 67 000~71 000 mg/kg,日摄入量为 900~19 000 mg。

磷是骨组织的一种必需成分,在成人体内含量为 650 g 左右,是体重的 1% 左右,其与钙的比值为 1∶2。成人体内近 80% 的磷分布于骨骼。磷在软组织中以可溶性磷酸盐离子形式存在,在脂肪、蛋白质和碳水化合物及核酸中以酯类或苷类化合物键合形式存在,在酶内则以酶活性调节因子形式存在。磷也在机体许多不同的生化反应中发挥重要作用。代谢过程中所需要的能量大部分来源于三磷酸腺苷、磷酸肌醇及类似化合物的磷酸键。

磷的生理作用有:①骨、牙齿以及软组织的重要成分;②调节能量释放,机体代谢中能量多以 ADP+磷酸+能量=ATP 及磷酸肌醇的形式储存;③生命物质成分,如磷酸、磷蛋白和核酸等;④酶的重要成分,如焦磷酸硫胺素、磷酸吡哆醛、辅酶Ⅰ、辅酶Ⅱ等的辅酶或辅基都需要磷参与;⑤物质的活化。此外,磷酸盐还参与调节酸碱平衡。

食品化学

磷广泛存在于动植物组织中,并与蛋白质或脂肪结合成核蛋白、磷蛋白和磷脂等,也有少量其他有机磷和无机磷化合物。除了植酸形式的磷不能被机体充分吸收和利用外,其他大多能为机体所利用。谷类种子中主要是植酸形式的磷,利用率很低,但当用酵母发面时,或预先将谷粒浸泡于热水中,则可大大降低植酸磷的含量,从而提高其吸收率。若长期食用谷类食品,可形成对植酸的适应力,植酸磷的吸收率也可有不同程度的提高。

磷在食物中分布很广,特别是谷类和含蛋白质丰富的食物,如瘦肉、蛋、鱼(卵)、内脏、海带、花生、豆类、坚果等。因此,一般膳食都能满足人体的需要。

7.3.3 镁

镁(magnesium,Mg),原子序数 12,原子量 24.305 0。熔点 649 ℃,沸点 1 090 ℃。镁占人体质量的 0.05%,其中约 60%以磷酸盐的形式存在于骨骼和牙齿中,约 38%与蛋白质结合成络合物存在于软组织中,约 2%存在于血浆和血清中。例如肝中为 590 mg/kg,肌肉中为 900 mg/kg,血液中为 37.8 mg/L,骨骼中为 700~1 800 mg/kg,日摄入量为 250~380 mg。

镁的生理功能:镁是人体内含量较多的阳离子之一,是构成骨骼、牙齿和细胞浆的主要成分,可调节并抑制肌肉收缩及神经冲动,维持体内酸碱平衡、心肌正常功能和结构;镁还是多种酶的激活剂,可使很多酶系统(碱性磷酸酶、烯醇酶、亮氨酸氨肽酶)活化,也是氧化磷酸化所必需的辅助因子。

镁较广泛地分布于各种食物中,新鲜的绿叶蔬菜、海产品、豆类是镁较好的食物来源,咖啡(速溶)、可可粉、谷类、花生、核桃仁、全麦粉、小米、香蕉等也含有较多的镁,但乳中含镁较少。因此,一般不会发生膳食镁的缺乏。但长期慢性腹泻将引起镁的过量排出,可出现抑郁、眩晕、肌肉软弱等镁缺乏症状。

7.3.4 钾

钾(potassium,K),原子序数 19,原子量 39.098 3,属周期系ⅠA族,为碱金属成员。熔点 63.25 ℃,沸点 760 ℃,密度 0.86 g/cm³(20 ℃)。正常人体内约含钾 175 g,其中 98%的钾储存于细胞液内,是细胞内最主要的阳离子。其中,肝中为 16 000 mg/kg,肌肉中为 16 000 mg/kg,血液中为 1 620 mg/L,骨骼中为 2 100 mg/kg,日摄入量为 1 400~1 700 mg。

钾的生理功能:维持碳水化合物、蛋白质的正常代谢;维持细胞内正常的渗透压;维持神经肌肉的应激性和正常功能;维持心肌的正常功能;维持细胞内外正常的酸碱平衡和离子平衡;可降低血压。

钾广泛分布于食物中,肉类、家禽、鱼类、各种水果和蔬菜类等都是钾的良好来源,如脱水水果、糖浆、马铃薯粉、米糠、海草、大豆粉、香料、向日葵籽、麦麸和牛肉等。但当限制钠时,这些食物的钾也受到限制。急需补充钾的人群为大量饮用咖啡的人、经常酗酒和喜欢吃甜食的人、血糖低的人和长时间节食的人。

7.3.5 钠

钠(sodium,Na),原子序数 11,原子量 22.989 770,熔点 98 ℃,沸点 883 ℃。钠在人体体液中以盐的形式存在。其中,肝中为 2 000~4 000 mg/kg,肌肉中为 2 600~7 800 mg/kg,血液中为 1 970 mg/L,骨骼中为 2 100 mg/kg,日摄入量为 2 000~15 000 mg。

钠的生理功能：①是细胞外液中带正电荷的主要离子，参与水的代谢，保证机体内水的平衡；②与钾共同作用可维持人体体液的酸碱平衡；③钠和氯是胃液的组成成分，与消化机能有关，也是胰液、胆汁、汗和泪水的组成；④可调节细胞兴奋性和维持正常的心肌运动；⑤和氯离子组成的食盐是不可缺少的调味品。

除烹调、加工和调味用盐（氯化钠）以外，钠以不同含量存在于所有食物中。一般而言，蛋白质食物中的含钠量比蔬菜和谷物中多，水果中很少或不含钠。食物中钠的主要来源有：熏腌猪肉、大红肠、谷糠、玉米片、泡黄瓜、火腿、青橄榄、午餐肉、燕麦、马铃薯片、香肠、海藻、虾、酱油、番茄酱等。因此，人很少发生钠缺乏问题。但在食用不加盐的严格素食或长期出汗过多、腹泻、呕吐等情况下，将会发生钠缺乏症，可造成生长缓慢、食欲减退、体重减轻、肌肉痉挛、恶心、腹泻和头痛等症状。

7.3.6　氯

氯（chlorine，Cl），原子序数 17，原子量 35.453，属周期系 ⅦA 族，为卤素成员。熔点 $-100.98\ ℃$，沸点 $-34.6\ ℃$，密度 $3.214\ g/L$。氯约占人体质量的 0.15%，以氯化物的形式分布于全身各组织中，以脑脊液和胃肠道分泌物中最多，在体液中以盐的形式存在。其中，肝中为 $3\ 000\sim7\ 200\ mg/kg$，肌肉中为 $2\ 000\sim5\ 200\ mg/kg$，血液中为 $2\ 890\ mg/L$，骨骼中为 $900\ mg/kg$，日摄入量为 $3\ 000\sim6\ 500\ mg$。

氯的生理功能：是消化道分泌液如胃酸、肠液的主要组成成分，与消化机能有关。Cl^- 和 Na^+ 还是维持细胞内外渗透压及体液酸碱平衡的重要离子，并参与水的代谢。

食盐和含盐食物都是氯的来源。值得注意的是，机体失氯与失钠往往相平衡，当氯化钠的摄入量受到限制时，尿中含氯量下降，紧接着组织中的氯化物含量也下降。出汗和腹泻时，钠损失增加，也会引起氯的损失。

7.4　常见的微量矿物质

7.4.1　铁

铁（iron，Fe），原子序数 26，原子量 55.845，属周期系 Ⅷ 族。熔点 $1\ 535\ ℃$，沸点 $2\ 750\ ℃$。铁是人体需要量最多的微量元素，健康成人体内含铁 0.004%，为 $3\sim5\ g$，其中 $60\%\sim70\%$ 存在于血红蛋白内，约 3% 在肌红蛋白中，各种酶系统（细胞色素酶、细胞色素氧化酶、过氧化物酶与过氧化氢酶等）中不到 1%，约 30% 的铁以铁蛋白（ferritin）和含铁血黄素（hemosiderin）形式存在于肝、脾与骨髓中，还有一小部分存在于血液转铁蛋白中。其中，肝中为 $250\sim1\ 400\ mg/kg$，肌肉中为 $180\ mg/kg$，血液中为 $447\ mg/L$，骨骼中为 $3\sim380\ mg/kg$，日摄入量为 $6\sim40\ mg$。

铁的生理作用：①与蛋白质结合构成血红蛋白与肌红蛋白，参与氧的运输，促进造血，维持机体的正常生长发育；②是体内许多重要酶系如细胞色素氧化酶、过氧化氢酶与过氧化物酶的组成成分，参与组织呼吸，促进生物氧化还原反应；③作为碱性元素，也是维持机体酸碱平衡的基本物质之一；④可增加机体对疾病的抵抗力。

食物中含铁化合物为血色素铁和非血色素铁，前者的吸收率为 23%，后者吸收率为 $3\%\sim8\%$。动物性食品如肝脏、动物血、肉类和鱼类所含的铁为血色素铁（也称亚铁），能直接被肠道吸收。植物性食品中的谷类、水果、蔬菜、豆类及动物性食品中的牛奶、鸡蛋所含的铁为非血色素铁(也称高铁),以络合物形式存在,络合物的有机部分为蛋白质、氨基酸或有机酸,此种铁须先在胃酸作用下与有机酸部分分开,成为亚铁离子,才能被肠道吸收。所以动物性食品中的铁比植物性食品中的铁容易吸收。为预防铁缺乏,应该首选动物性食品。

尽管如此,但牛奶是一种贫铁食物,有些国家限制儿童每日鲜奶的摄取量,每周安排一次无奶日,以预防缺铁性贫血;豆类食物含铁虽多,但不易吸收;蛋黄含有较多的铁,但由于其中含有卵黄磷蛋白,所以吸收率也不高;菠菜因含草酸较高,所以铁的吸收率只有 2%。因此,膳食中可利用铁长期不足,常导致缺铁性贫血,特别是婴幼儿、孕妇及乳母。蔬菜中含铁量不高,其中油菜、苋菜、菠菜、韭菜等铁的利用率也不高(表 7-5)。

表 7-5　常见食物中的铁含量　　　　　　　　　mg/100 g 可食部分

食物	含铁量	食物	含铁量	食物	含铁量
稻米	2.3	黑木耳(干)	97.4	芹菜	0.8
标准粉	3.5	猪肉(瘦)	3.0	大油菜	7.0
小米	5.1	猪肝	22.6	大白菜	4.4
玉米(鲜)	1.1	鸡肝	8.2	菠菜	2.5
大豆	8.2	鸡蛋	2.0	干红枣	1.6
红小豆	7.4	虾米	11.0	葡萄干	0.4
绿豆	6.5	海带(干)	4.7	核桃仁	3.5
芝麻酱	58.0	带鱼	1.2	桂圆	44.0

7.4.2　锌

锌(zinc,Zn),原子序数 30,原子量 65.409,熔点 419.73 ℃,沸点 907 ℃。在人体中锌的含量约为铁的 1/2(1.4～2.3 g)。锌广泛分布在人的神经、免疫、血液、骨骼、消化系统中,其中骨骼与皮肤中较多。红细胞膜上锌浓度也较高,锌主要以金属酶和碳酸酐酶、碱性磷酸酶的组分存在;血浆中的锌主要与蛋白质相结合,游离的锌含量很少。头发锌的含量可以反映膳食锌的长期供应水平和人体锌的营养状况。其中,肝中为 240 mg/kg,肌肉中为 240 mg/kg,血液中为 7 mg/L,骨骼中为 75～170 mg/kg,日摄入量为 5～40 mg。

锌的生理功能:锌是体内许多酶(醇脱氢酶、谷氨酸脱氢酶等)的组成成分或酶的激活剂;与核酸、蛋白质的合成,碳水化合物和维生素 A 的代谢及胰腺、性腺和脑下垂体的活动都有密切关系。锌能维护消化系统和皮肤的健康,并能保持夜间视力正常。

一般认为,高蛋白质食物含锌都较高,海产品是锌的良好来源,乳品及蛋品次之,蔬菜水果含锌量不高。经过发酵的食品含锌量增多,如面筋、麦芽都含锌。但是谷类中的植酸会影响锌的吸收,精白米和精白面粉含锌量少,即饮食越精细,含锌量越少。因此,以谷类为主食的幼儿,或者只吃蔬菜,不吃荤菜的幼儿,就容易发生缺锌。

虽然锌来源广泛,但动植物食物的锌含量与吸收率有很大差异。按每 100 g 含锌量(mg)计算,牡蛎中可达 100 mg 以上,畜禽肉及肝脏、蛋类为 2～5 mg,鱼及其他海产品中为 1.5 mg 左右,畜禽制品中为 0.3～0.5 mg,豆类及谷类中为 1.5～2.0 mg,而蔬菜及水果类含量较低,一般在 1.0 mg 以下。

7.4.3 碘

碘(iodine, I),原子序数 53,原子量 126.904 47,属周期系ⅦA 族,为卤素的成员。熔点 113.5 ℃,沸点 184.35 ℃,密度 4.93 g/cm^3。

人体内约含碘 25 mg,其中约 15 mg 存在于甲状腺中,其他则分布在肌肉、皮肤、骨骼中以及其他内分泌腺和中枢神经系统中。其中,肝中为 0.7 mg/kg,肌肉中为 0.05~0.5 mg/kg,血液中为 0.057 mg/L,骨骼中为 0.27 mg/kg,日摄入量为 0.1~0.2 mg。

碘的生理作用:碘在体内主要参与三碘甲腺原氨酸(T_3)和甲状腺素[四碘甲腺原氨酸(T_4)]的合成;促进生物氧化,协调氧化磷酸化过程,调节能量转化;促进蛋白质合成,调节蛋白质合成与分解;促进糖和脂肪代谢;调节组织中水盐代谢;促进维生素的吸收和利用;能活化包括细胞色素酶系、琥珀酸氧化酶系等 100 种酶系统,对生物氧化和代谢都有促进作用;促进神经系统发育,组织的发育和分化及蛋白质的合成。

机体所需的碘可以从饮水、食物及食盐中获取,其含碘量主要决定于各地区的生物地质化学状况。一般情况下,远离海洋的内陆山区,其土壤和空气中含碘较少,水和食物中含碘也不高。因此,可能成为地方性甲状腺高发地区。

含碘量较高的食物为海产品,如每 100 g 海带(干)含碘 24 000 μg、紫菜(干)中为 1 800 μg、淡菜(干)中为 1 000 μg、海参(干)中为 600 μg。对于不能常吃到海产品的地区,体内碘的需要也可通过膳食中添加碘化钾的食盐而获得。如每日摄入食盐 15 g,即可得到碘化钾 150 μg,相当于摄入碘 115 μg,已能满足机体的需要。1994 年 6 月 30 日,国务院办公厅发布了"关于实施食盐加碘项目有关问题的通知"(国办发〔1994〕80 号),这是基于当时大量非碘盐充销食盐市场,使我国碘缺乏病明显回升,严重危害人民群众的身体健康,党中央和国务院为了避免碘缺乏病的危害,保障全国人民的身体健康,决定实施食盐全面加碘项目。并于同年 8 月 23 日发布《食盐加碘消除碘缺乏危害管理条例》,自 1994 年 10 月 1 日起施行。后结合实际情况,国务院于 2017 年对本条例进行了适当修订。

7.4.4 硒

硒(selenium, Se),原子序数 34,原子量 78.96,熔点 221 ℃,沸点 685 ℃。人体内硒的含量为 14~21 mg,广泛分布于所有组织和器官中。指甲中硒含量最多,其次为肝和肾,肌肉和血液中含硒量约为肝的 1/2 或肾的 1/4。其中,肝中为 0.35~2.4 mg/kg,肌肉中为 0.42~1.9 mg/kg,血液中为 0.171 mg/L,骨骼中为 1~9 mg/kg,日摄入量为 0.006~0.2 mg。

硒的生理功能:①是谷胱甘肽过氧化物酶的组成成分,可清除体内过氧化物,保护细胞和组织免受损害;②具有很好地清除体内自由基的功能,可提高机体的免疫力,抗衰老,抗化学致癌;③可维持心血管系统的正常结构和功能,预防心血管病;④是部分有毒的重金属元素如镉、铅的解毒剂。

硒缺乏是引起克山病的一个重要原因,缺硒还会诱发肝坏死及心血管疾病。但硒是一把双刃剑,其健康作用和风险与硒元素的形态和含量水平密不可分。科学、合理地富硒和补硒,补充有机硒,是有利于身体健康的;然而,过度富硒或补硒,或者摄入无机硒的健康风险也是不容忽视的。当前,我国还存在硒资源分布不平衡、富硒农产品安全生产加工技术水平低以及富硒功能农业理论和生产创新性弱等问题。部分地方和企业炒作富硒概念,一些未经健康风险

科学评价的人工富硒产品充斥市场、鱼目混杂,对富硒产业的高质量发展起了负面作用。因此,实施科学富硒与补硒科技创新工程显得尤为重要。动物性食物肝脏、肾、肉类及海产品是硒的良好来源。但食物中硒含量受当地水土中硒含量的影响很大。

7.4.5 铜

铜(copper,Cu),原子序数为29,原子量为63.546,熔点1 084.6 ℃,沸点2 567 ℃。人体内含铜量50~100 mg,广泛分布于各器官、组织中,肝脏、肾脏、心脏、头发和大脑中的铜含量最高。肝中铜含量约占人体总铜的15%,脑占10%左右,肌肉中浓度较低,但含量占人体铜总量的40%左右。肝和脾是铜的储存器官,婴幼儿肝、脾铜含量较成人相对高。血清中铜水平为10~24 μmol/L,与红细胞中含量非常接近。

铜的生理功能:①参与体内多种酶的构成,已知有十余种酶含铜,且都是氧化酶,如铜蓝蛋白、细胞色素氧化酶、过氧化物歧化酶、酪氨酸酶、多巴-β-羟化酶、赖氨酰氧化酶等,铜在体内也以上述酶的形式参与许多作用;②能促进铁在胃肠道的吸收,并将铁送到骨髓去造血,促进红细胞成熟;③体内弹性组织和结缔组织中有一种含铜的酶,可以催化胶原成熟,保持血管弹性和骨骼的坚韧性,保持人体皮肤的弹性和润泽性,保持毛发正常的色素和结构;④参与生长激素、脑垂体素、性激素等重要生命活动,维护中枢神经系统的健康;⑤能调节心脏搏动,缺铜会诱发冠心病。

铜在动物肝脏、肾、鱼、虾、蛤蜊中含量较高,在豆类、果类、乳类中含量较少。

7.4.6 铬

铬(chromium,Cr),原子序数24,原子量51.996 1,熔点1 857 ℃,沸点2 672 ℃,单晶密度为7.22 g/cm³,多晶密度为7.14 g/cm³。人体内含铬总量为6~7 mg,广泛分布于各个器官、组织和体液中。其中,肝中为0.02~3.3 mg/kg,肌肉中为0.024~0.84 mg/kg,血液中为0.006~0.11 mg/L,骨骼中为0.1~0.33 mg/kg,日摄入量为0.01~1.2 mg。

铬的生理功能:①是葡萄糖耐量因子(GTF)的组成成分,对调节体内糖代谢、维持体内正常的葡萄糖耐量起重要作用;②影响机体的脂质代谢,降低血中胆固醇和三酰甘油的含量,预防心血管病;③是核酸类(DNA和RNA)的稳定剂,可防止细胞内某些基因物质的突变并预防癌症。因此,缺铬将主要表现在葡萄糖耐量受损,并可能伴随有高血糖、尿糖;缺铬也会导致脂质代谢失调,易诱发冠状动脉硬化导致心血管病。

铬的主要食物来源为粗粮、肉类、啤酒酵母、干酪、黑胡椒、可可粉。食品加工越精细,其中铬的含量越少,精制白糖、面粉几乎不含铬。

7.4.7 钼

钼(molybdenum,Mo),原子序数42,原子量95.94,熔点2 617 ℃,沸点4 612 ℃。钼在人体内的含量总共不到9 mg,分别积聚在肝脏、心脏等器官。其中,肝中为1.3~5.8 mg/kg,肌肉中为0.018 mg/kg,血液中为0.001 mg/L,骨骼中为<0.7 mg/kg,日摄入量为0.05~0.35 mg。

钼的生理功能:是人体黄嘌呤氧化酶或脱氢酶、醛氧化酶和亚硫酸盐氧化酶等的组成成分,能参与细胞内电子的传递,影响肿瘤的发生,具有防癌抗癌的作用。近年来,又发现钼是大脑必需的 7 种微量元素（Fe、Cu、Zn、Mn、Mo、I、Se）之一，缺钼会导致神经异常，智力发育迟缓，影响骨骼生长。

人体钼缺乏时，心肌缺氧引起心悸、呼吸急促；尿酸排泄减少，形成肾结石和尿路结石；可以引起龋齿，补充适量钼可增强氟的防龋作用。

钼在肉类、粗粮、豆类、小麦等食物中含量较多，叶菜中含量也较丰富。一般来说，食物越精细，含钼量就越小。

7.4.8 钴

钴（cobalt，Co），原子序数 27，原子量 58.933 200，属周期系Ⅷ族；熔点 1 495 ℃，沸点 2 870 ℃，相对密度 8.9。

钴在人体中的含量一般为 1.1～1.5 mg，广泛分布于人体的各个部位，肝、肾和骨骼中含量较高。红细胞中钴的含量为 0.059～0.13 mg/kg，血清中为 0.005～0.40 mg/kg，全血平均为 0.238 mg/kg 左右。50 岁以上老年人血液中钴的含量低于 20～50 岁的青年和中年人。在人体生长的各个阶段，男性血液中的钴含量总是高于女性的水平。正常人血液中钴的含量 8月最高，1 月最低，这与 5—7 月间人体从蔬菜和奶制品中摄入的钴最高，而 1 月相对最少相关。其中，肝中为 0.06～1.1 mg/kg，肌肉中为 0.28～0.65 mg/kg，血液中为 0.000 2～0.04 mg/L，骨骼中为 0.01～0.04 mg/kg，日摄入量为 0.005～1.8 mg。

钴的生理功能：主要以维生素 B$_{12}$ 及其辅酶的组成形式储存于肝脏中发挥其生物学作用，对蛋白质、脂肪、糖类代谢、血红蛋白的合成都具有重要的作用，并可扩张血管，降低血压。能防止脂肪在肝细胞内沉着，预防脂肪肝；可激活很多酶，如能增加人体唾液中淀粉酶的活性，增加胰淀粉酶和脂肪酶的活性；能刺激人体骨髓的造血系统，促使血红蛋白的合成及红细胞数目的增加；能促进锌在肠道吸收。因此，钴缺乏会引起营养性贫血症。

钴在动物内脏（肾、肝、胰）中含量较高，牡蛎、瘦肉也含有一定量的钴；发酵的豆制品如臭豆腐、豆豉、酱油等都含有少量维生素 B$_{12}$，可作为钴的食物来源；乳制品和谷类一般含钴较少。

7.5 矿物质在食品加工和储藏过程中的变化

食品中矿物质的含量在很大程度上受到各种环境因素的影响，如受土壤中矿物质的含量、地区分布、季节、水源、施用肥料、杀虫剂、农药和杀菌剂以及膳食的性质等因素的影响。此外，在加工过程中矿物质可直接或间接进入食品中（如水或设备），或在婴幼儿奶粉中添加铁、锌、钙，而在中老年奶粉中添加钙等。因此，食品中矿物质的含量可以变化很大（表 7-6）。

表 7-6　饮用水和食品中微量元素的含量

元素	含量
砷	0～100 μg/L，每日食品中 137～330 μg/kg
钡	<1 mg/L
铍	<1 μg/L
镉	<10 μg/L
铬	<100 μg/L
钴	在每千克绿叶菠菜中可高达 0.5 mg

续表7-6

元素	含　　量
铜	存在于动物和植物食品中,1～280 $\mu g/L$
铅	20～600 $\mu g/L$
锰	0.5～1.5 mg/L
镁	6～120 mg/L
汞	<1 $\mu g/L$,每天由食物中摄入 10 μg
钼	<100 $\mu g/L$,每千克食物中含有 100～1 000 μg
镍	1～100 $\mu g/L$,每日食品中含有 300～600 $\mu g/kg$
硒	<10 $\mu g/L$,在每千克粮食、肉和海产品中含量 100～300 μg
银	痕量
锡	1～2 $\mu g/L$,每日食品中含有 1～30 mg
钒	2～300 $\mu g/L$
锌	3～2 000 $\mu g/L$

　　在食品加工过程中,食品中存在的矿物质,无论是本身存在的或是人为添加的,它们或多或少都会对食品中的营养成分和感官品质产生影响。例如,果蔬制品的变色多是由多酚类物质(花青素)与金属形成复合物而造成的。维生素 C(抗坏血酸)的氧化损失是由含金属的酶类引起的,而含铁的脂氧合酶能使食品产生不良的风味。螯合剂的应用可以消除或减轻上述金属对食品的不良影响。

　　在加工过程中,食品矿物质的损失与维生素不同,因为它在多数情况下不是由于化学反应引起,而是通过矿物质的流失或与其他物质形成一种不适于人体吸收利用的化学形式。

　　食品在加工和烹调过程中对矿物质的影响是食品中矿物质损失的常见原因,如罐藏、烫漂、沥滤、汽蒸、水煮、碾磨等加工工序都可能对矿物质造成影响。据报道,罐藏的菠菜较新鲜的损失 81.7% 的锰、70.8% 的钴和 40.1% 的锌。番茄制成罐头后损失 83.8% 的锌,胡萝卜、甜菜和青豆制成罐头后,钴分别损失 70%、66.7% 和 88.9%。果蔬食品加工过程常常要经过烫漂工序,由于要用水,在沥滤时可能会引起某些矿物质的损失,如表 7-7 为热烫对菠菜中矿物质损失的影响,可见矿物质损失的程度与其溶解度有关。有时在加工中矿物质的含量反而有所增加,表 7-7 中钙就是这种情况。但是,在煮熟的豌豆中矿物质损失的情况与上述菠菜中的略有不同,即豌豆中钙的损失与其他矿物质相同,微量元素的损失也以以上相似(表 7-8)。加工时微量元素与矿物质的增加,还可能是由加入加工用水,接触金属容器和包装材料而造成的。也可能与食品罐头是否镀锡有关,如牛乳中的镍主要是由加工时所用的不锈钢容器所引起的(表 7-9)。

表 7-7　热烫对菠菜中矿物质损失的影响

矿物质	矿物质损失量/(g/100 g)		损失率/%
	未热烫	热烫	
钾	6.9	3.0	56
钠	0.5	0.3	43
钙	2.2	2.3	0
镁	0.3	0.2	36
磷	0.6	0.4	36
亚硝酸盐	2.5	0.8	70

表 7-8　生豌豆和煮过的豌豆中矿物质的含量

矿物质	矿物质含量/（mg/100 g）		损失率/%
	生	煮	
钙	135	69	49
铜	0.80	0.33	59
铁	5.3	2.6	51
镁	163	57	65
锰	1.0	0.4	60
磷	453	156	65
钾	821	298	64
锌	2.2	1.1	50

表 7-9　蔬菜罐头中微量金属元素的分布

蔬菜	罐[a]	组分[b]	金属元素含量/（g/kg）		
			铝	锡	铁
绿豆	La	L	0.10	5	2.8
		S	0.7	10	4.8
菜豆	La	L	0.07	5	9.8
		S	0.15	10	26
小粒青豌豆	La	L	0.04	10	10
		S	0.55	20	12
旱芹菜心	La	L	0.13	10	4.0
		S	1.50	20	3.4
甜玉米	La	L	0.04	10	1.0
		S	0.30	20	6.4
蘑菇	P	L	0.01	15	5.1
		S	0.04	55	16

a. La＝涂漆罐头；P＝素铁罐头。
b. L＝液体；S＝固体。

　　此外，碾磨对谷类食物中矿物质的含量也有影响。谷类食物中的矿物质主要分布于糊粉层和胚组织中，因而碾磨过程能引起矿物质的损失。损失量随碾磨的精细程度而增加，但各种矿物质的损失有所不同。例如，小麦经碾磨后，铁损失较严重，此外，铜、锰、锌、钴等也会大量损失；精磨大米时，锌和铬大量损失，锰、钴、铜等也会受到影响。但是在大豆的加工中则有所不同，因为大豆加工主要是一些脱脂、分离、浓缩等过程，大豆经过这些加工工序其蛋白质的含量有所提高，而很多矿物质正是与蛋白质组分结合在一起的，所以实际上大豆经过加工后，矿物质基本上没有损失（除硅外）。

　　食品中矿物质损失的另一个途径就是矿物质与食品中其他成分的相互作用，导致生物利用率下降。一些多价阴离子，如广泛存在于植物性食品中的草酸、植酸等，能与两价的金属阳离子如铁、钙等形成盐，而这些盐是非常不易溶解的，可经过消化道而不被人体吸收。因此，它们对矿物质的生物效价有很大的影响。

　　总之，有关食品加工对矿物质影响的研究目前还比较少。在研究过程中，取样技术和分析方法不一致，食品种类、品种、来源不统一，使得一些有限的数据不能直接用来比较，也就不能充分说明加工对矿物质的影响。但人体缺乏矿物质会对机体造成不同程度的危害，所以在食品中强化矿物质是很必要的。

7.6 小结

食物中存在着含量不等的矿物元素,它们或者以无机态或者以有机盐类的形式存在,其中25 种左右的矿物元素是构成人体组织、维持生理功能、生化代谢所必需的,同时这些矿物元素在体内不能合成,需由食物来提供。食品中矿物质含量的变化主要取决于环境因素,化学反应导致食品中矿物质的损失不如物理去除或形成生物不可利用的形式所导致的损失那样严重。制定合理的、有效的食品强化计划,需要有关食物来源和膳食中矿物质利用率的完整资料。从营养的角度来看,有些矿物质不但没有营养价值,而且对人体健康还会产生危害,汞和镉就属于这样的矿物质。同时,所有矿物质即使是人体必需的微量元素,在超过一定量以后,也会对人体产生毒性。表 7-10 简单总结了各种矿物元素的生理功能及主要的食物来源,表 7-11 也简单总结了各种矿物元素的每日摄取推荐量。

二维码 7-1 阅读材料——矿物质的功效与安全性

人体所需的和不需的矿物元素主要来源于食物和饮水,食物和饮水中矿物质含量的变化主要取决于环境因素,环境优劣对人民身体健康至关重要。因此,要坚持精准治污、科学治污、依法治污,持续深入打好蓝天、碧水、净土保卫战;加强污染物协同控制,基本消除重污染天气。统筹水资源、水环境、水生态治理,推动重要江河湖库生态保护治理,基本消除城市黑臭水体;加强土壤污染源头防控,开展新污染物治理;提升环境基础设施建设水平,推进城乡人居环境整治;全面实行排污许可制,健全现代环境治理体系,严密防控环境风险。

表 7-10 各种矿物元素的生理功能作用及主要的食物来源

元素	生理功能	缺乏后症状	主要食品来源
钙	1‰的钙可降低毛细血管和细胞膜的通透性,防止渗出,控制炎症和水肿;Ca^{2+} 是许多酶促反应的重要激活剂;与磷相互作用,构造健康的骨骼和牙齿;是控制肌凝蛋白、肌动蛋白、ATP 间基本反应所必需的触发剂;是血液凝固的必需因子,参与凝血过程	婴幼儿的佝偻病,成年人的骨质软化症及骨质疏松症	以乳及乳制品最好,豆类和蔬菜含钙也丰富。虾皮、蛤蜊、蛋黄、酥鱼、骨粉、海带、芝麻和豆制品等钙含量也相当高
磷	是构成人体组织中细胞的重要成分,作为核酸、磷脂及辅酶的组成成分参与代谢;参与 ATP 等供能储能物质,在能量产生、传递过程中起非常重要的作用;B 族维生素只有经过磷酸化才有活性,发挥辅酶作用;磷酸盐组成缓冲系统,参与维持体液渗透压和酸碱平衡;与钙相互作用,构造健康的骨骼和牙齿	骨质脆弱,疏松;牙龈萎缩;佝偻病,生长迟缓;虚弱,疲劳,厌食;手足、面部肌肉痉挛	瘦肉、蛋、鱼(卵)、动物肝、肾中磷含量都很高。海带、芝麻酱、花生、豆类等中含磷也较高
硫	可保发质及指甲健康,减轻关节疼痛;可除去酒精、环境污染、氰化物等对人体的毒害;能帮助细胞抵抗细菌感染;能帮助人体形成胰岛素,控制血糖值;协助肝脏分泌胆汁	与蛋白质缺乏相关	蛋类、豆类、肉类、鱼类、牛奶、甘蓝、小麦胚芽等蛋白质食物中硫含量丰富

续表7-10

元素	生理功能	缺乏后症状	主要食品来源
钾	细胞内、外钾浓度之间相互关系可影响细胞膜极化和重要的细胞程序;与钠共同作用维持人体体液的酸碱平衡;参与细胞内糖和蛋白质的代谢;有助于对过敏症的治疗;在摄入高钠而导致高血压时,钾具有降血压作用;可帮助脑部氧的输送,增进思路的清晰	心跳不规律和加速、心电图异常、肌肉衰弱和烦躁,最后导致心搏停止	肉类、家禽、鱼类、各种水果和蔬菜类食物中钾含量丰富
钠	是细胞外液中带正电荷的主要离子,参与水的代谢,保证机体内水的平衡;与钾共同作用可维持体液的酸碱平衡;是胰液、胆汁、汗和泪水的组成成分;调节细胞兴奋性和维持正常的心肌运动;和氯离子组成的食盐是不可缺的调味品	生长缓慢、食欲减退、由于失水体重减轻、哺乳期的母亲乳汁减少、肌肉痉挛、恶心、腹泻和头痛	蛋白质食物中的钠含量比蔬菜和谷物中多。水果中钠含量很少或不含钠
氯	Cl^-是维持细胞内外渗透压及体液酸碱平衡的重要离子,并参与水的代谢;是消化道分泌液如胃酸、肠液的主要组成成分	机体失氯与失钠往往相平衡	食盐和含盐食物都是氯的来源
镁	是构成骨骼、牙齿和细胞浆的主要成分;可调节和抑制肌肉收缩和神经冲动;维持体内酸碱平衡;是多种酶的激活剂,可使很多酶系统活化,也是氧化磷酸化所必需的辅助因子	焦躁不安、紧张与压力,严重缺镁,可致抽搐和惊厥	新鲜的绿叶蔬菜、海产品、豆类是镁较好的食物来源;可可粉、核桃仁、香蕉等也含有较多的镁
铁	与蛋白质结合构成血红蛋白与肌红蛋白,参与氧的运输,促进造血,维持机体的正常生长发育;是体内许多重要酶系如细胞色素酶,过氧化氢酶与过氧化物酶的组成成分,参与组织呼吸,促进生物氧化还原反应;是维持机体酸碱平衡的基本物质之一;可增加机体对疾病的抵抗力	食欲下降、烦躁乏力、面色苍白、毛发枯黄、头晕眼花、免疫功能降低、指甲脆薄和指甲凹陷等	动物肝脏、动物全血、肉类、鱼类和某些蔬菜(白菜、油菜、韭菜等)含铁丰富
锌	是体内许多酶的组成成分或酶的激活剂;与核酸、蛋白质的合成,碳水物和维生素A的代谢及胰腺、性腺和脑下垂体的活动都有密切关系;能维护消化系统和皮肤的健康,并能保持夜间视力正常	生长发育停滞,食欲减退,味觉不灵敏,性成熟受抑制,伤口愈合不良等症状	动物性食品一般含锌较高,较多的有牡蛎、肝脏、鱼肉。牛奶含锌少,白糖、水果更低
铜	参与体内多种酶的构成;能促进铁在胃肠道的吸收,并将铁送到骨髓去造血,促进红细胞成熟;体内弹性组织和结缔组织中有一种含铜的酶,可以催化胶原成熟,保持血管弹性和骨骼的坚韧性,保持人体皮肤的弹性和润泽性,保持毛发正常的色素和结构;参与生长激素、脑垂体素、性激素等重要生命活动,维护中枢神经系统的健康;能调节心脏搏动	贫血、骨质疏松、皮肤和毛发的脱色、肌张力的减退和精神运动性障碍,缺铜会诱发冠心病	动物肝脏、肾、鱼、虾、蛤蜊中含量较高;果汁、红糖中也有一定铁含量

续表7-10

元素	生理功能	缺乏后症状	主要食品来源
锰	可促进骨骼的生长发育;保护细胞中线粒体的完整性;保持正常的脑功能;维持正常的糖代谢和脂肪代谢;可改善肌体的造血功能	影响生殖能力;骨和软骨的形成不正常及葡萄糖耐量受损;可引起神经衰弱综合征,影响智力发育;将导致胰岛素合成和分泌的降低,影响糖代谢	以茶叶中锰含量最丰富,糙米、麦芽、莴苣、干菜豆、花生、马铃薯、大豆、向日葵籽等也含有锰
碘	参与合成三碘甲腺原氨酸(T₃)和甲状腺激素[四碘甲腺原氨酸(T₄)];维持中枢神经系统结构;活化100多种酶系统	甲状腺肿大;胎儿及新生儿缺碘则可引起呆小症、智力迟钝、体力不佳等严重发育不良	碘化食盐、甘蔗、蜂蜜、海产品、蔬菜、乳类及乳制品、蛋、全小麦等
铬	是葡萄糖耐量因子的组成成分,对调节体内糖代谢、维持体内正常的葡萄糖耐量起重要作用;影响机体的脂质代谢,降低血中胆固醇和三酰甘油的含量,预防心血管病;是核酸类(DNA和RNA)的稳定剂,可防止细胞内某些基因物质的突变并预防癌症	葡萄糖耐量受损,并可能伴随有高血糖、尿糖。脂质代谢失调,易诱发冠状动脉硬化导致心血管病	粗粮、肉类、啤酒酵母、干酪、黑胡椒、可可粉等都含有铬,精制白糖、面粉几乎不含铬
硒	是谷胱甘肽过氧化物酶的成分,清除体内过氧化物,保护细胞和组织免受损害;有很好的清除体内自由基的功能,可提高机体的免疫力,抗衰老,抗化学致癌;可维持心血管系统的正常结构和功能,预防心血管病;是部分有毒的重金属元素如镉、铅的天然解毒剂;可预防和治疗克山病和大骨节病	是引起克山病的一个重要病因;会诱发肝坏死和心血管疾病	肝、肾、海产品及肉类为硒的良好食物来源
钼	是人体黄嘌呤氧化酶、醛氧化酶等的重要组成成分;参与细胞内电子的传递,影响肿瘤的发生,具有防癌抗癌的作用	心肌缺氧引起心悸、呼吸急促;尿酸排泄减少,形成肾结石和尿路结石;引起龋齿	肉类、粗粮、干豆类、小麦等食物中含量较多,叶菜含量也较丰富
钴	是维生素B₁₂的重要组成成分;对蛋白质、脂肪、糖类代谢、血红蛋白的合成都具有重要的作用;可扩张血管,降低血压	营养性贫血症	动物内脏(肾、肝、胰)中含量较高,牡蛎、瘦肉、发酵豆制品也含有一定量的钴
氟	是人体骨骼和牙齿的组成成分,可预防龋齿、防止老年人的骨质疏松	珐琅质遭破坏,出现龋齿;骨骼脆弱易碎	咸水鱼和茶是氟的丰富食物来源,但主要来源是饮水

表7-11 各种矿物元素的每日摄取推荐量

元素	婴儿	儿童	青少年	成人	孕妇及乳母	老年
钙/mg	500	600	600	600	1 100	600
磷/mg	700	800	800	600	1 100	600
硫			尚无数据			
钾/mg	1 500	1 500	2 000	2 000	2 500	2 000
钠/g			成人每天2~4 g,高血压患者宜在2 g以下			
氯/mg	275~700	700~2 775	1 400~4 200	1 700~5 100	4 200~5 500	1 700~5 100

续表7-11

元素	婴儿	儿童	青少年	成人	孕妇及乳母	老年
镁/mg	50～70	150	150～250	350	450	350
铁/mg	10	8～14	15	10～15	45	10
锌/mg	成人每天 12～15 mg,或每千克体重摄取 0.2～0.3 mg					
铜/mg	婴儿每天每千克体重 0.05 mg 摄取,成人每天 2.5 mg					
锰/mg	0.5～1.5	1.5～2.5	2～3	2～3	2～3	2～3
碘/μg	90	90～110	150	150	180	110
铬/μg	每天自食物中摄取 50～200 μg 即可					
硒/μg	10～40	20～60	20～80	50～70	65～75	50
钼/μg	每天自食物中摄取 75～250 μg 即可					
钴/μg	尚无数据			2	3	2
氟/μg	婴幼儿每千克体重摄取 0.05 mg,成人每天约 1.8 mg					

❓ 思考题

1. 简述食品中矿物质吸收利用的基本性质和它们在机体中的作用。
2. 常见的矿物质(常量元素和微量元素)的基本理化性质有哪些?
3. 为什么谷物和豆类食品中的钙吸收利用率低,如何提高其吸收利用率?
4. 阐述矿物质在食品加工、储藏中所发生的变化以及对机体利用率产生的影响。
5. 试述铁在食物中的存在形式及对吸收率的影响因素。
6. 磷酸盐能增加肉制品保水性的原理是什么?
7. 菠菜营养丰富,但为什么吃得过多会引起人体钙和锌等的缺乏?
8. 为什么面粉发酵后可提高矿物质的生物利用率?
9. 举例说明矿物元素生物利用率的评判方法及其影响因素。

📑 参考文献

[1]陈炳卿.营养与食品卫生学.4 版.北京:人民卫生出版社,1981.

[2]阚建全.食品化学.3 版.北京:中国农业大学出版社,2016.

[3]刘邻渭.食品化学,北京:中国农业出版社,2000.

[4]宋丽军,郑晓吉.食品化学.东营:中国石油大学出版社,2017.

[5]王文君.食品化学.武汉:华中科技大学出版社,2016.

[6]夏延斌,王燕.食品化学.2 版.北京:中国农业出版社,2015.

[7]谢明勇.高等食品化学.北京:化学工业出版社,2014.

[8]BELITZ H D, GROSCH W, SCHIEBERLE P. Food chemistry. Heidelberg:Springer-Verlag Berlin, 2009.

[9]POTTER N N, HOTCHKISS J H. 食品科学.王璋,钟芳,徐良增,等译.北京:中国轻工业出版社,2001.

第 8 章

酶

本章学习目的与要求

1. 了解酶的化学本质、分类、酶活力和酶的反应动力学。
2. 熟悉食品加工中重要的酶类及酶在食品加工中的应用。
3. 掌握酶促褐变的机理、影响因素及控制手段，固定化酶的优缺点和基本方法。

"酶"的希腊文原意是"在酵母中"。后来证明,不仅在酵母中含有酶,所有生物体内都含有酶。近 20 年来,酶结构与功能的研究已进入了新的阶段,如阐明了不少酶的作用机制,在酶的分子水平揭示了酶和生命活动的关系,酶的应用研究也得到迅速发展。现在,酶工程已成为当代生物工程的重要组成部分。酶已经普遍使用在食品、发酵、日用化学等领域,如在食品加工中,可以利用酶来改进食品的质量和开发新的食品。在生物体内,酶控制着所有重要的生物大分子(蛋白质、糖类、脂类和核酸)和小分子(氨基酸、维生素、低聚糖和单糖)的合成与分解。食品加工的原料基本都是来自生物,含有种类繁多的酶(称为内源酶),其中的一些酶在加工期间甚至在加工过程完成后仍具有一定的活性。一些酶对食品的加工处理是非常有益的,如蛋白酶在奶酪的成熟过程中能催化酪蛋白水解而赋予奶酪特殊的风味;而有些酶是有害的,如番茄中的果胶酶在番茄加工中能催化果胶物质的降解而使番茄酱产品的黏度下降。除了食品原料中存在的内源酶的作用外,在食品加工和保藏中还使用不同种类的外源酶来提高产品的产量和质量。例如,使用淀粉酶和葡萄糖异构酶从玉米淀粉生产高果糖浆,在牛乳中加入乳糖酶将乳糖转化成葡萄糖和半乳糖,生产适合于乳糖不耐症的人群饮用的牛乳。因此,有效地使用外源酶和控制食品内源酶,对食品工业是非常重要的。

8.1 概述

8.1.1 酶的化学本质

在 1979 年,Dixon 和 Webb 将酶(enzyme)定义为:"酶是具有催化性质的蛋白质,此种催化性质源自于它特有的激活能力"。根据最近的研究进展可知,并非所有具有催化能力的生物分子都是蛋白质,如已经证实一些小核糖核酸分子,像核糖酶(ribozyme)也具有催化能力。然而,用"酶"这个术语来描述生物催化剂具有蛋白质的本质还是恰当的。事实上,目前在食品工业应用的酶大多是蛋白质。下面内容中提及的酶,都专指化学本质为蛋白质的这一类酶。

根据酶分子的特点可将酶分为以下 3 类。

(1)单体酶(monomeric enzyme),只有一条具有活性部位的多肽链,分子量在 13 000~35 000 间,如溶菌酶、胰蛋白酶等,属于这类的酶很少,通常为水解酶类。

(2)寡聚酶(oligomeric enzyme),由几个甚至几十个亚基组成,这些亚基可以相同,也可以不同,分子量为 35 000 到几百万;绝大多数寡聚酶的亚基数量为偶数,极个别寡聚酶的亚基数量为奇数;亚基间不是共价键结合,彼此很容易分开;大多数寡聚酶,当聚合时是活性态,解聚后即失活。

(3)多酶复合体(multienzyme complex),是由几种酶靠非共价键彼此嵌合形成的复合体,一般分子量为几百万以上;多酶复合体有利于一系列反应的进行,如脂肪酸合成酶(fatty acid synthetase)复合体就用于脂肪酸的合成。

有些酶是简单蛋白质,如脲酶、蛋白酶等,除了蛋白质外不含其他物质。有些酶是结合蛋白质,其中蛋白质部分称为脱辅基酶(apoenzyme)又称酶蛋白,非蛋白质的部分称为辅酶(coenzyme)或辅基(prosthetic group)。一般来说,辅酶与酶蛋白的结合比较松散,用透析的办法可以将它们分开;而辅基和酶蛋白结合比较牢固。辅酶或辅基对酶的催化作用是必需的,当酶蛋白与辅酶或辅基分离后,两者均不能起催化作用,只有全酶才具有催化活性。并且在催

化反应中,酶蛋白和辅酶或辅基所起的作用不同,酶反应的专一性以及高效性取决于酶蛋白本身,而辅酶或辅基的功能是传递氢、电子或某些化学基团。

辅酶或辅基包括金属离子如 Fe^{2+}、Cu^{2+}、Zn^{2+}、Mg^{2+}、Ca^{2+}、Na^+、K^+ 等,及小分子有机化合物如烟酰胺腺嘌呤二核苷酸(NAD)、烟酰胺腺嘌呤二核苷酸磷酸(NADP)、黄素腺嘌呤二核苷酸(FAD)、黄素单核苷酸(FMN)等。在生物体内,酶的种类很多,但辅酶或辅基的种类很少。通常情况下,一种酶蛋白只能与一种辅酶或辅基结合,但一种辅酶或辅基却能与多种酶蛋白结合构成多种酶。表 8-1 列举了常见的金属离子辅酶或辅基及其酶的种类。

表 8-1　常见金属离子辅酶或辅基及其酶的种类

金属离子	酶
Na^+	肠道内蔗糖 α-D-葡萄糖水解酶
K^+	丙酮酸激酶(也需要 Mg)
Mg^{2+}	激酶(如己糖激酶和丙酮酸激酶)、腺嘌呤核苷三磷酸酶(如肌球蛋白腺嘌呤核苷三磷酸酶)
Fe^{2+}	过氧化氢酶、过氧化物酶、固氮酶
Zn^{2+}	乙醇脱氢酶、羧肽酶
Mo^{2+}	黄嘌呤氧化酶
Cu^{2+}	细胞色素 c 氧化酶

8.1.2　酶的专一性

酶是生物催化剂,与其他非生物催化剂相比,具有专一性强、催化效率高和作用条件温和等特点。其中,酶的专一性(specificity)是酶的最重要的特性之一,也是酶与非生物催化剂之间最大的区别。酶的专一性(或特异性)是指酶对底物(substrate)具有选择性,即一种酶只能作用于一类底物或者一定的化学键甚至只能作用于一种物质。酶的专一性保证了生物体内的代谢活动按一定方向和途径有条不紊地进行,维持了生物体生命活动的正常性。

根据酶对底物专一性的程度,可以将酶的专一性分成以下几种类型。

(1)键专一性(bond specificity)。有些酶只要求作用于底物一定的化学键,而对化学键两端的基团并无严格要求,这种称为"键专一性"。例如,一些糖苷酶和蛋白酶,它们只要求底物具有糖苷键或肽键,而对构成糖苷键或肽键的糖或氨基酸残基的种类没有严格的要求,或对由多种糖构成的糖苷键或由多种氨基酸残基构成的肽键都能作用。

(2)基团专一性(group specificity)。基团专一性是指酶不仅对作用的底物的化学键有特定的要求,而且对与该化学键两端的基团也有一定的要求。例如,胰蛋白酶只能水解羧基一侧为精氨酸和赖氨酸的肽键(此性质常用于蛋白质序列的分析);磷酸单酯酶能水解许多磷酸单酯化合物(葡萄糖-6-磷酸和各种核苷酸),而不能水解磷酸二酯化合物。

(3)绝对专一性(absolute specificity)。有的酶对底物要求非常严格,仅仅催化一种底物的反应,而不作用于任何其他物质。例如,脲酶只能催化尿素水解,而对尿素的衍生物不起作用。又如,麦芽糖酶只作用于麦芽糖而不作用于其他双糖。绝对专一性也称为"结构专一性"。

(4)立体异构专一性(stereospecificity)。当底物具有立体异构体时,酶只能作用其中的一种,这种专一性称为立体异构专一性。又分为:①旋光异构专一性,例如,L-氨基酸氧化酶只能催化 L-氨基酸氧化,而对 D-氨基酸无作用;胰蛋白酶只作用于 L-氨基酸残基构成的肽键或其衍生物而不作用于 D-氨基酸残基构成的肽键或其衍生物;酵母中的 D-葡萄糖酶只能催

化 D-葡萄糖发酵,而不能催化 L-葡萄糖发酵。②几何异构专一性,当底物具有几何异构体时,酶只能作用于其中的一种。例如,琥珀酸脱氢酶只能催化琥珀酸脱氢生成延胡索酸,而不能生成顺丁烯二酸。因此,可利用酶的这个性质来分离手性化合物,所以酶的立体异构专一性在食品分析和加工中是非常重要的。

8.1.3 酶的命名与分类

酶的名称主要有习惯命名法和国际系统命名法。习惯命名法是根据以下 3 种原则来命名的:一是根据酶作用的性质,将其命名为水解酶、氧化还原酶、转移酶、异构酶、裂解酶、连接酶6 大类;二是根据酶作用的底物并兼顾作用的性质,如淀粉酶、脂肪酶和蛋白酶等;三是结合以上两种情况并根据酶的来源进行命名,如胃蛋白酶、胰蛋白酶等。习惯命名法比较简单,应用历史较长,尽管缺乏系统性,但现在还被人们使用。

1961 年国际生物化学学会酶学委员会推荐了一套新的系统命名方案及分类方法,规定了酶的系统命名法。酶的系统命名法的原则:是以酶所催化的整体反应为基础,规定每种酶的名称应同时明确酶的底物及催化反应的性质。如果一种酶能催化两种底物起反应,应在它们的系统名称中包括两种底物的名称,并以":"隔开;若底物之一是水时,可将水略去不写。

酶的系统分类方法主要是根据酶催化反应的类型而将其分成 6 大类,即氧化还原酶类(oxidoreductases)、转移酶类(transferases)、水解酶类(hydrolases)、裂解酶类(lyases)、异构酶类(isomerases)和连接酶类(ligases),分别用 1、2、3、4、5、6 来表示。再根据底物中被作用的基团或键的特点将每一大类分为若干个亚类,每一个亚类又按顺序编成 1、2、3、4 等数字。每一个亚类可再分为亚亚类,仍用 1、2、3、4 等编号。

每一个酶的分类编号都是由 4 个阿拉伯数字组成的国际酶学委员会编号(EC number)。例如,α-淀粉酶(习惯命名)的系统命名为 α-1,4-葡萄糖-4-葡萄糖水解酶,其国际酶学委员会编号为 EC 3.2.1.1。其中,EC 代表国际酶学委员会;第一个数字代表该酶属于 6 大类中的哪一类;第二个数字为酶所属大类中的亚类,如在氧化还原酶类中表示氢的供体,转移酶中表示转移的基团,水解酶中表示水解键连接的形式,裂解酶中表示裂解键的形式等;第三个数字是酶所属亚类中的亚亚类,用来补充第二个数字分类的不足,如表示氧化还原酶中氢原子的受体,转移酶的转移基团再进行细分;前三个数字表示酶作用的方式;第四个数字则表示酶在亚亚类中的排号,例如,氧化还原酶的编号为 EC1.2.3.4,其中的 1 表示其为氧化还原酶类,2 表示是氢原子的供体,3 表示氢原子的受体为氧,4 则表示它是进行这类作用的第四个酶。这种系统命名虽然严格,但因过于复杂,故尚未普遍使用。

食品加工中经常使用的酶是水解酶,其次是氧化还原酶及异构酶等。这些酶又可分为外源酶和内源酶,例如,导致水果和蔬菜变化的 3 个关键性的酶为脂氧合酶、叶绿素酶和多酚氧化酶;影响质构的果胶酶、纤维素酶、戊聚糖酶以及存在于动物、高等植物和微生物中的水解淀粉的淀粉酶,存在于动物组织细胞中的组织蛋白酶等都属于食品中常见的内源酶;有时为了改变食品的特性,也可以在加工过程中将酶加入食品原料中,使食品原料中的某些组分产生期望的变化,例如,采用 α-淀粉酶、葡萄糖淀粉酶和葡萄糖异构酶作用淀粉生产果葡糖浆,用脂解酶改性甘油三酯,利用蛋白酶作用蛋白质生产高质量的奶酪、啤酒和酱油,利用木瓜蛋白酶来配制肉类嫩化剂等,都属于食品外源酶的作用。表 8-2 列出了食品加工中重要酶的系统分类。

表 8-2　食品加工中重要酶的系统分类

类和亚类	酶	EC 编号
1. 氧化还原酶		
1.1　供体为 CH—OH		
1.1.1　受体为 NAD$^+$ 或 NADP$^+$	乙醇脱氢酶	1.1.1.1
	丁二醇脱氢酶	1.1.1.4
	L-艾杜糖醇-2-脱氢酶	1.1.1.14
	L-乳糖脱氢酶	1.1.1.27
	苹果酸脱氢酶	1.1.1.37
	半乳糖-1-脱氢酶	1.1.1.48
	葡萄糖-6-磷酸-1-脱氢酶	1.1.1.49
1.1.3　受体为氧	葡萄糖氧化酶	1.1.3.4
	黄嘌呤氧化酶	1.1.3.22
1.2　供体为醛基		
1.2.1　受体为 NAD$^+$ 或 NADP$^+$	醛脱氢酶	1.2.1.3
1.8　供体为含硫化物		
1.8.5　受体为醌或醌类化合物	谷胱甘肽脱氢酶(抗坏血酸)	1.8.5.1
1.10　供体为二烯醇或二酚		
1.10.3　受体为氧	抗坏血酸氧化酶	1.10.3.3
1.11　受体为氢化物	过氧化氢酶	1.11.1.6
	过氧化物酶	1.11.1.7
1.13　作用于单一供体		
1.13.11　与分子氧结合	脂氧合酶	1.13.11.12
1.14　作用于一对供体		
1.14.18　与一个氧原子结合	一元酚单加氧酶(多酚氧化酶)	1.14.18.1
2. 转移酶		
2.7　转移磷酸		
2.7.1　受体为—OH	己糖激酶	2.7.1.1
	甘油激酶	2.7.1.30
	丙酮酸激酶	2.7.1.40
2.7.3　受体为 N-基	肌酸激酶	2.7.3.2
3. 水解酶		
3.1　切断酯键		
	羧酸酯酶	3.1.1.1
	三酰甘油酯酶	3.1.1.3
3.1.1　羧酸酯水解酶	磷酸酯酶 A_2	3.1.1.4
	乙酰胆碱酯酶	3.1.1.7
	果胶甲酯酶	3.1.1.11
	磷酸酯酶 A_1	3.1.1.32
3.1.3　磷酸单酯水解酶	碱性磷酸酯酶	3.1.3.1
3.1.4　磷酸双酯水解酶	磷脂酶 C	3.1.4.3
	磷脂酶 D	3.1.4.4
3.2　水解 O-糖基化合物		
3.2.1　糖苷酶	α-淀粉酶	3.2.1.1

续表8-2

类和亚类	酶	EC 编号
	β-淀粉酶	3.2.1.2
	葡萄糖糖化酶	3.2.1.3
	纤维素酶	3.2.1.4
	聚半乳糖醛酸酶	3.2.1.15
	溶菌酶	3.2.1.17
	α-D-糖苷酶(麦芽糖酶)	3.2.1.20
	β-D-糖苷酶	3.2.1.21
	α-D-半乳糖苷酶	3.2.1.22
	β-D-半乳糖苷酶(乳糖酶)	3.2.1.23
	β-呋喃果糖苷酶(转化酶或蔗糖酶)	3.2.1.26
	1,3-β-D-木聚糖酶	3.2.1.32
	α-L-鼠李糖苷酶	3.2.1.40
	支链淀粉酶	3.2.1.41
	外切聚半乳糖醛酸酶	3.2.1.67
3.2.3 水解 S-糖基化合物	葡萄糖硫苷酶(黑芥子硫苷酸酶)	3.2.3.1
3.4 肽酶		
3.4.21 丝氨酸肽键内切酶	微生物丝氨酸肽键内切酶如枯草杆菌蛋白酶	3.4.21.62
3.4.23 天冬氨酸肽键内切酶	凝乳酶	3.4.23.4
3.4.24 金属肽键内切酶	嗜热菌蛋白酶	3.4.24.27
3.5 作用于除肽键外的 C—N		
3.5.2 环内酰胺	肌酐酶	3.5.2.10
4. 裂解酶		
4.2 C—O-裂解酶		
4.2.2 作用于多糖	果胶酸裂解酶	4.2.2.2
	外切聚半乳糖醛酸裂解酶	4.2.2.9
	果胶裂解酶	4.2.2.10
5. 异构酶		
5.3 分子内氧化还原酶		
5.3.1 醛糖和酮糖间的互变	木糖异构酶	5.3.1.5
	葡萄糖-6-磷酸异构酶	5.3.1.9

8.1.4 酶的催化理论

早在 1894 年,德国化学家 Emil Fischer 首先提出"锁钥学说",表明酶对它所作用的底物有着严格的专一性,底物的结构必须和酶活性部位的结构非常吻合,就像锁和钥匙一样,才能紧密结合形成中间产物。但"锁钥学说"很难解释底物与酶结合时,酶分子上的某些基团的明显变化以及酶常常能催化正、逆两个方向的反应的现象。为此,1913 年生物化学家 Michaelis 和 Menten 提出了酶中间产物学说。该学说的关键是认为酶参与了底物的反应,生成了不稳定的中间产物,因而使反应沿着活化能较低的途径迅速进行。事实上,中间产物学说已经被许多实验所证实,中间产物确实存在。如果以 E 表示酶,S 表示底物,ES 表示中间产物,P 表示反应终产物,其反应过程可表示如下。

$$E+S \longrightarrow ES \longrightarrow E+P$$

1958 年 D. E. Koshland 提出"诱导契合学说",表明酶的活性部位不是僵硬的结构,它具有一定的柔性。当底物与酶相遇时,可诱导酶蛋白的构象发生相应的变化,使活性部位上有关的各个基团达到正确的排列和定向,因而使酶和底物契合而形成中间产物,并催化底物发生反应。

二维码 8-1 酶的催化
理论及模型

酶的活性中心理论认为酶是生物大分子,酶分子的体积比底物的体积要大得多。在酶与底物结合,并催化底物发生化学反应的部位为酶的活性中心(active center)。构成活性中心的基团,可分为 2 类:和底物结合的基团称为结合基团(binding group),与底物不结合但参与催化反应的基团称为催化基团(catalytic group),但有些基团同时具有这两种作用。由此可见,酶的活性中心不仅决定酶的专一性,同时也对酶的催化性质起决定性作用。

8.1.5 酶活力

无论理论研究还是实际生产,使用酶制剂时都涉及酶的定量问题。因为酶不易制成纯品,酶制剂中常含有很多杂质,所以酶制剂中酶的含量都用它催化某一特定反应的能力来表示。

酶活力(enzyme activity),也称酶活性,是指酶催化一定化学反应的能力。酶活力的大小可以用在一定条件下,它所催化的某一化学反应的反应速率来表示,即酶催化的反应速率越快,酶的活力就越高;反之,速率越慢,酶的活力就越低。所以,测定酶的活力就是测定酶促反应的速率。酶催化反应的速率可通过测定单位时间内反应底物的减少量或产物生成量而得。一定数量的酶制剂催化特定反应的能力大小就表明其含酶量的多少,因此,酶单位(enzyme unit)都是以酶的活力为根据而定义的。

国际酶学委员会 1976 年规定:在特定条件下,在 1 min 内 1 μmol 的底物转化为产物的酶量为 1 个酶活力单位(active unit)或酶单位,称为酶的国际单位(IU)。特定条件是指:温度为 25 ℃,其他条件(如 pH 及底物浓度)均为酶的最适反应条件。这种规定方便了研究结果的相互比较,但在实际应用中常有不便之处,因而除了科学研究以外,不常采用。

1979 年,国际酶学委员会又推荐一种新的酶活力国际单位,即 Katal(简称 Kat)单位。规定为:在最适反应条件(温度 25 ℃)下每秒钟催化 1 摩尔(mol)底物转化为产物所需的酶量,定为 1 Kat 单位(1 Kat=1 mol/s)。Kat 单位与 IU 单位之间的换算关系如下。

$$1\ \text{Kat}=60\times10^6\ \text{IU}$$

在酶制剂生产上,生产商有时根据自己不同的产品制定各自的酶活力单位,并规定相应的底物或产物。例如,蛋白酶规定以 1 min 内能水解酪蛋白产生 1 μg 酪氨酸的酶量为 1 个蛋白酶单位;液化淀粉酶则以 1 h 内能液化 1 g 淀粉为 1 g 液化淀粉的酶量为 1 个酶单位,等等。在测定酶活力时,对反应的温度、pH、底物浓度、作用时间都有统一的规定,以便同类酶制剂产品之间的互相比较。

酶活力单位并不直接表示酶的绝对数量,它只不过是一种相互比较的依据。在实际应用中,除了使用每克(或每毫升)酶制剂含有多少酶活力单位来表示酶活力的大小外,有时还以每毫克酶蛋白含有多少酶活力单位来表示酶活力的大小,称为比活(specific activity),有时也采用每(毫)升酶液或每克酶制剂的酶活力单位数表示酶的比活。

8.2　酶催化反应动力学

8.2.1　酶催化反应的速度

酶催化反应动力学(kinetics of enzyme-catalyzed reactions)是指研究酶催化反应的速率以及影响此速率的各种因素。各种化学反应的速率可以相差很大,同一反应由于进行时的条件不同,反应速率也有很大的差别。因此,我们常需要改变条件来控制反应速率。另外,还有许多的化学反应,同时还有副反应的伴随发生,也需要设法降低副反应的速率,而使主要反应的速率增大。由此可见,通过化学动力学的研究,在理论上能够阐明化学反应的机制,了解化学反应的具体过程和途径;在实际应用上,可以根据化学反应的速率来估计该反应进行到某种程度所需的时间,也可以根据影响化学反应速率的因素,来进一步探讨控制该反应进行的措施。

反应速率是以单位时间内反应物或生成物浓度的改变来表示。随着反应的进行,反应物逐渐消耗,分子碰撞的机会也逐渐减小,因此反应速率也逐渐减慢。因为每一瞬间的反应速率都不相同,所以常用瞬时速率表示反应速率。设瞬时 dt 内反应物浓度的很小的改变为 dc,则

$$v = -\frac{dc}{dt}$$

式中负号表示反应物浓度的减少。有时反应速率也可用单位时间内生成物浓度的增加来表示,即

$$v = +\frac{dc}{dt}$$

式中正号表示生成物随时间的延长而增多,至于反应速率用哪一种反应物或生成物浓度的改变来表示,则没有关系,可根据取得的实验数据来决定。实际上,测定不同时间的反应物或生成物的浓度,可以通过化学方法或物理方法进行定量测定。

8.2.2　影响酶催化反应速度的因素

8.2.2.1　底物浓度的影响

所有的酶反应,如果其他条件恒定,则反应速度决定于酶浓度和底物浓度;如果酶浓度保持不变,当底物浓度增加,反应速度随之增加,并以矩形双曲线(rectangular hyperbola)形式增加(图 8-1)。即当底物浓度较低时,反应速度随底物浓度的增加而急剧增加,两者呈正比关系,反应呈一级反应;随着底物浓度的进一步增加,反应速度不再呈正比例增加,反应速度的增加幅度逐渐下降,此时呈混合级反应;如果再增加底物的浓度,反应速度将不再增加,表现出零级反应,此时酶的活性中心已被底物饱和。所有的酶均有此饱和现象,只是达到饱和时所需要的底物浓度不同而已。上述底物浓度对酶促反应速度的影响可用 Michaelis 与 Menten 于 1913 年提出的学说来解释。

Michaelis-Menten 学说假设有酶-底物中间产物的形成,并假设反应中产物转变成产物的

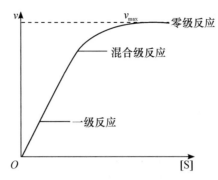

图 8-1 底物浓度对酶反应速度的影响

速度取决于酶-底物复合物转变成反应产物和酶的速度,其关系如下。

$$E + S \underset{K_{-1}}{\overset{K_1}{\rightleftharpoons}} ES \overset{K_2}{\longrightarrow} E + P$$

酶　　底物　　酶-底物复合物　　酶　　产物

式中:K_1、K_{-1}、K_2 为三个假设反应的速度常数。经数学推导得如下方程式。

$$v = \frac{K_2[E_t][S]}{[S] + \dfrac{K_{-1} + K_2}{K_1}}$$

式中:v 为产物的生成速度,$[E_t]$ 为酶的总浓度。

设 $K_m = \dfrac{K_{-1} + K_2}{K_1}$,$v_{max} = K_2[E_t]$,则

$$v = \frac{v_{max}[S]}{K_m + [S]}$$

这就是著名的米曼氏方程(Michaelis-Menten equation)或米氏方程。K_m 为米氏常数(Michaelis constant),它是酶的一个重要参数。米氏常数 K_m 值的物理意义是当酶催化反应的速度为最大速度一半时的底物浓度(mol/L),与酶的性质、酶的底物种类和酶作用时的 pH、温度有关,而与酶的浓度无关。酶的 K_m 值范围很广,大多数酶的 K_m 值在 $10^{-6} \sim 10^{-1}$ mol/L 间。对大多数酶来说,K_m 可表示酶与底物的亲和力,K_m 值大表示亲和力小,K_m 值小表示亲和力大。

测定 K_m 值有许多种方法,最常用的是 Lineweaver-Burk 的双倒数作图法。取米氏方程式的倒数形式,即

$$\frac{1}{v} = \frac{K_m}{v_{max}} \cdot \frac{1}{[S]} + \frac{1}{v_{max}}$$

若以 $1/v$ 对 $1/[S]$ 作图,即可得到如图 8-2 中的直线。此直线在纵轴上的截距为 $1/v_{max}$,在横轴上的截距为 $-1/K_m$,直线的斜率为 K_m/v_{max}。量取直线在两坐标轴上的截距或量取直线在任一坐标轴的截距并结合斜率的数值,可以很方便地求出 K_m 和 v_{max}。

8.2.2.2　酶浓度的影响

在底物过量而其他条件固定的情况下,且反应系统中不含有抑制酶活性的物质及其他不

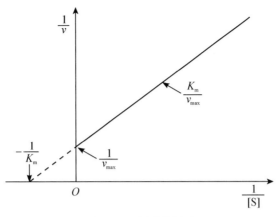

图 8-2 双倒数作图法

利于酶发挥作用的因素时,酶反应的速度与酶的浓度呈正比关系,因为酶进行催化反应时,首先要与底物形成一中间物,即酶-底物复合物,而且这一步骤正好是整个反应的限速步骤。而当底物浓度大大超过酶浓度时,这种中间物的生成速度决定于酶的浓度。所以,如果此时增加酶的浓度,就可增加反应的速度,即酶反应速度与酶浓度呈直线关系(图 8-3)。

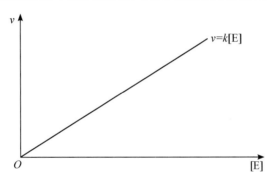

图 8-3 反应速度与酶浓度的关系

8.2.2.3 温度的影响

温度对酶催化反应速度的影响是双重的:①随着温度的升高,酶催化反应速度加快,直至达到最大反应速度为止;②高温时酶反应速度减小,这是酶本身因高温变性所致。因此,低温时,随着温度升高,反应速度加快;随着温度的不断上升,酶的变性逐渐成为主要矛盾,尽管温度升高能使酶反应速度加快,但总的结果是反应速度下降。

在一定条件下,每一种酶在某一温度下才表现出最大的活力,这个温度称为该酶的最适温度(optimum temperature)。最适温度是上述温度对酶催化反应双重影响的综合结果。一般来说,动物细胞的酶的最适温度通常在 37~50 ℃,而植物细胞的酶的最适温度较高,在 50~60 ℃。酶的最适温度不是一个固定不变的常数,其大小受底物种类、作用时间等因素影响而改变。例如,酶作用时间的长短不同,则最适温度也不相同,作用时间越长,最适温度越低;反之亦然。温度对酶反应速度的影响见图 8-4。

8.2.2.4 pH 的影响

一般催化剂当 pH 在一定范围内变化时,对催化作用没有多大影响,但对酶的催化反应速

度则影响较大,即酶的活性随着介质 pH 的变化而变化。每一种酶只能在一定 pH 范围内表现出它的活性,而且在某一 pH 范围内酶活性最高,这个 pH 称为最适 pH(optimum pH)。在最适 pH 的两侧酶活性都骤然下降,所以一般酶催化反应速度的 pH 曲线呈钟形(图 8-5)。但并不是所有酶都有如此特点,图 8-6 列举了几种酶的 pH 活性曲线。

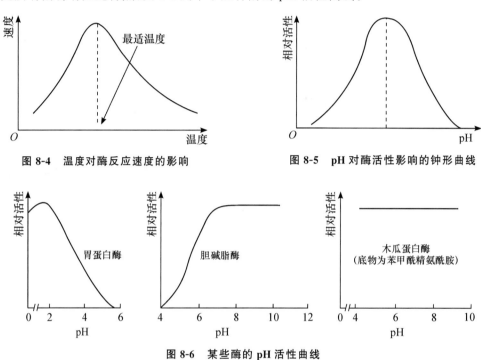

图 8-4　温度对酶反应速度的影响　　　　图 8-5　pH 对酶活性影响的钟形曲线

图 8-6　某些酶的 pH 活性曲线

因此,在酶的研究和使用时,必须先了解其最适 pH 范围。反应液必须选用具有缓冲能力的缓冲液来加以控制,以维持反应液中 pH 的稳定,使酶具有最高的活性。有些酶的最适 pH 是在极端的 pH 处,如胃蛋白酶的最适 pH 为 1.5~3,精氨酸酶的最适 pH 为 10.6。在食品中由于成分多且复杂,进行加工时,对 pH 的控制很重要。如果某种酶的作用是必需的,则可将 pH 调节至其最适 pH 处,使其活性达到最高;反之,如果要避免某种酶的作用,可以改变 pH 而抑制此酶的活性。例如,酚酶能产生酶促褐变,其最适 pH 为 6.5,若将 pH 降低到 3.0 时就可防止褐变产生,故在水果加工时常添加酸化剂(acidulant),如柠檬酸、苹果酸和磷酸等。

pH 影响酶的催化活力的原因有以下 3 个方面:①过酸、过碱会影响酶蛋白质的构象,甚至使酶变性失活。②当 pH 改变不是很剧烈时,酶虽未变性,但活力受到影响。因为 pH 可以影响酶分子和底物分子的解离状态,从而影响酶与底物的亲和力,进而降低酶的活性;pH 也会影响 ES 复合物的解离状态,不利于催化生成产物。③pH 影响维持酶分子空间结构的有关基团的解离,从而影响了酶活性部位的构象,进而影响酶的活性。

8.2.2.5　水分活度的影响

在体外,酶通常在含水的体系中发挥作用。在生物体内,酶反应不仅发生在细胞质中,而且也发生在细胞膜、脂肪组织和电子输送体系中,电子转移体系存在于脂肪载体中。可以采用 3 种方法研究水分活度对酶活力的影响。

(1)仔细地干燥(不采用加热的方法)一种含酶活力的生物材料(或模型体系),然后将干燥的样品平衡至各个不同的水分活度并测定样品中酶的活力。例如,A_w 低于 0.35($<1\%$水分含量)时,磷脂酶没有水解卵磷脂的活力;当 A_w 超过 0.35 时,酶活力非线性增加;在 A_w 为 0.9 时,仍没有达到最高活力。A_w 在高于 0.8(2%水分含量)时,β-淀粉酶才显示出水解淀粉的活力,A_w 在 0.95 时,酶活力提高了 15 倍。从这些例子可以得出结论:食品原料中的水分含量必须低于 $1\%\sim2\%$时,才能抑制酶的活力。

(2)采用有机溶剂取代水分的方法来确定酶作用所需的水的浓度。例如,采用能与水相混溶的甘油取代水分,当水分含量减少至 75%时,脂氧合酶和过氧化物酶的活力开始降低;当水分含量分别减少至 20%和 10%时,脂氧合酶和过氧化物酶的活力降至 0;黏度和甘油的特殊效应可能会影响到这些结果。

(3)在研究脂肪酶催化丁酸甘油酯在各种醇中的酯转移反应时,大部分的水可被有机溶剂取代。"干"的脂肪酶颗粒(0.48%水分含量)悬浮在水分含量分别为 0.3%、0.6%、0.9% 和 1.1%(质量分数)的干 n-丁醇中,最初的反应速度分别为 $0.8\ \mu mol$、$3.5\ \mu mol$、$5\ \mu mol$ 和 $4\ \mu mol$ 酯转移/($h \cdot 100\ mg$ 脂)。因此,猪胰脂肪酶在 0.9%水分含量时,具有最高的催化酯转移的初速度。

有机溶剂对酶催化反应的影响主要有 2 个方面:影响酶的稳定性和反应(如该反应是可逆的)进行的方向。这些影响作用在与水不能互溶和能互溶的有机溶剂中是不同的。在与水不能互溶的有机溶剂中,酶的专一性从催化水解反应移向催化合成反应。例如,当"干"(1%水分含量)酶颗粒在与水不能互溶的有机溶剂中悬浮时,脂肪酶催化脂的转酯化的速度提高 6 倍以上,而酯水解速度下降 16 倍。酶在水和与水能互溶的溶剂体系中的稳定性和催化活力是不同于在水和与水不能互溶的溶剂体系中的情况,如蛋白酶催化酪蛋白水解的反应,在 5%乙醇-95%缓冲液或 5%丙腈-95%缓冲液中进行时与在缓冲体系中进行时相比,K_m 提高,v_{max} 降低和酶稳定性下降。众所周知,在水解酶催化的反应中醇和胺与水存在着竞争作用。

8.2.2.6 激活剂对酶的影响

凡是能够提高酶活力的物质,都称为酶的激活剂(activator)。酶的激活剂大都是金属离子或其他无机离子。例如,Cl^- 是唾液淀粉酶的激活剂,Mg^{2+} 是 RNA 酶的激活剂,Mg^{2+}、Mn^{2+} 及 Co^{2+} 是脱羧酶的激活剂,Mn^{2+} 是醛缩酶的激活剂等。

某些还原剂,如半胱氨酸或还原型谷胱甘肽等,也能激活某些酶,使酶中二硫键还原成巯基,从而提高酶的活性,如木瓜蛋白酶等。

8.2.3 酶的抑制作用和抑制剂

许多化合物能与一定的酶进行可逆或不可逆的结合,而使酶的催化作用受到抑制,这种化合物称为抑制剂(inhibitor),如药物、抗生素、毒物、抗代谢物等都是酶的抑制剂。酶的抑制作用可以分为两大类,即可逆抑制作用和不可逆抑制作用。

8.2.3.1 不可逆抑制作用

抑制剂与酶的必需活性基团以非常牢固的共价键结合而引起酶活力的丧失,不能用透析、超滤等物理方法除去抑制剂而使酶恢复活性,称为不可逆抑制作用(irreversible inhibition)。例如,二异丙基氟磷酸(diisopropyl flurophosphate,DIFP)能与胆碱酯酶(choline easterase)活性中心丝氨酸残基的羟基结合,使酶失活。胆碱酯酶的失活导致乙酰胆碱的积累,从而引起迷

走神经的兴奋毒性状态。

8.2.3.2 可逆抑制作用

可逆抑制作用(reversible inhibition)的抑制剂是通过非共价键与酶和(或)酶-底物复合物进行可逆性的结合使酶活性降低或失活,可采用透析或超滤的方法将抑制剂除去,使酶的活性恢复。可逆抑制作用又可分为竞争性抑制、非竞争性抑制和反竞争性抑制3种类型。

(1)竞争性抑制作用。有些化合物特别是那些在结构上与天然底物相似的化合物也可以与酶的活性中心进行可逆地结合,在反应中与底物竞争同一部位。当抑制剂与酶结合后,就妨碍了底物与酶的结合,减少了酶的作用机会,因而降低了酶的活力。这种作用称为竞争性抑制作用(competitive inhibition),是最常见的一种可逆抑制作用(图 8-7)。

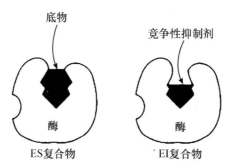

图 8-7 酶与底物或竞争性抑制剂结合的中间物

图 8-7 可用下面的平衡式来表示。

$$\text{E} + \text{S} \underset{K_2}{\overset{K_1}{\rightleftharpoons}} \text{ES} \xrightarrow{K_3} \text{E} + \text{P}$$

式中:I 为抑制剂,K_i 为抑制剂常数,EI 为酶-抑制剂复合物。酶-抑制剂复合物不能与底物反应生成 EIS,因为 EI 的形成是可逆的,并且底物和抑制剂不断竞争酶分子上的活性中心。竞争性抑制作用的典型例子为琥珀酸脱氢酶(succinate dehydrogenase)的催化作用,当有适当的氢受体(A)时,此酶催化下列反应。

$$\text{琥珀酸} + \text{受体}(A) \Longleftrightarrow \text{反丁烯二酸} + \text{还原性受体}$$

许多结构与琥珀酸结构相似的化合物都能与琥珀酸脱氢酶结合,但不脱氢,这些化合物阻塞了酶的活性中心,因而抑制了正常反应的进行。抑制琥珀酸脱氢酶的化合物有乙二酸、丙二酸、戊二酸等,其中最强的是丙二酸。竞争性抑制剂对酶的抑制程度取决于其与酶的相对亲和力和与底物浓度的相对比例,若增大底物浓度,此种抑制作用可被削弱。

按推导米氏方程式的方法导出的竞争性抑制作用的速度方程如下所示。

$$v = \frac{v_{\max}[\text{S}]}{K_{\text{m}}\left(1 + \dfrac{[\text{I}]}{K_{\text{i}}}\right) + [\text{S}]}$$

其米氏方程式和 Lineweaver-Burk 作图,见图 8-8。从图 8-8 可以看出,加入竞争性抑制剂后，v_{max} 不变，K_m 变大。且 K_m 随[I]的增加而增大。双倒数作图直线相交于纵轴，这是竞争性抑制作用的特点。

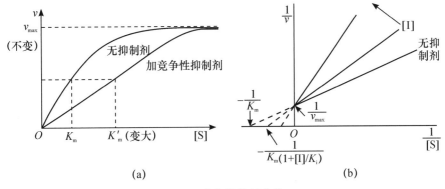

图 8-8　竞争性抑制曲线

（2）非竞争性抑制作用。有些抑制剂和底物可同时结合在酶的不同部位上，两者没有竞争作用。即酶与抑制剂结合后，还可以与底物结合；酶与底物结合后，还可以与抑制剂结合，但所形成的酶-底物-抑制剂三元复合物（ESI）不能进一步分解为产物，因此酶活性降低，这种抑制作用称为非竞争性抑制作用（non-competitive inhibition），见图 8-9。例如，亮氨酸就是精氨酸酶的一种非竞争性抑制剂。重金属如 Ag^+、Hg^{2+}、Pb^{2+} 等以及有机汞化合物能与酶分子中的—SH 络合，从而抑制酶的活性，某些需要金属离子维持活性的酶也可被非竞争性抑制剂所抑制。

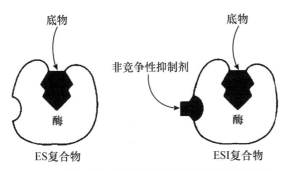

图 8-9　酶与底物或非竞争性抑制剂结合的中间物

图 8-9 可用下面的平衡式来表示。

$$\begin{array}{ccccccc}
E & + & S & \xrightleftharpoons{K_m} & ES & \longrightarrow & E & + & P \\
+ & & & & + & & & & \\
I & & & & I & & & & \\
\Updownarrow K_i & & & & \Updownarrow K_i & & & & \\
EI & + & S & \xrightleftharpoons{K_m} & EIS & & & &
\end{array}$$

按推导米氏方程式的方法导出的非竞争性抑制作用的速度方程如下所示。

$$v = \frac{v_{max}[S]}{(K_m + [S])\left(1 + \dfrac{[I]}{K_i}\right)}$$

其米氏方程式和 Lineweaver-Burk 作图,见图 8-10。从图 8-10 可以看出,加入非竞争性抑制剂后,K_m 不变,v_{max} 变小,且 v_{max} 随[I]的增加而减少。双倒数作图直线相交于横轴,这是非竞争性抑制作用的特点。

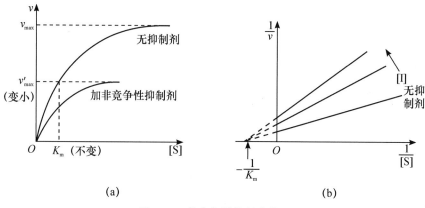

(a)   (b)

图 8-10   非竞争性抑制曲线

(3)反竞争性抑制作用。酶只有与底物结合后,才能与抑制剂结合,即抑制剂不妨碍酶同底物的结合,这种抑制作用称为反竞争性抑制作用(uncompetitive inhibition),常见于多底物反应中,而在单底物反应中比较少见。有人证明,L-Phe(苯丙氨酸),L-同型精氨酸等多种氨基酸对碱性磷酸酶的作用就是反竞争性抑制,肼类化合物抑制胃蛋白酶,氰化物抑制芳香硫酸酯酶的作用也属于反竞争性抑制。

按推导米氏方程式的方法导出的反竞争性抑制作用的速度方程如下所示。

$$v = \frac{v_{max}[S]}{K_m + [S]\left(1 + \dfrac{[I]}{K_i}\right)}$$

其米氏方程式和 Lineweaver-Burk 作图,见图 8-11。从图 8-11 可以看出,加入反竞争性抑制剂后,K_m 及 v_{max} 都变小,且 K_m 以及 v_{max} 都随[I]的增加而减少。双倒数作图为一组平行线,这是反竞争性抑制作用的特点。

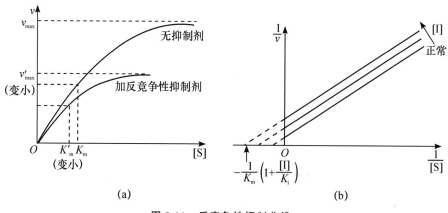

(a)   (b)

图 8-11   反竞争性抑制曲线

现将无抑制剂和有抑制剂的米氏方程和 K_m、v_{max} 的变化归纳于表 8-3。

表 8-3　竞争性抑制、非竞争性抑制及正常酶反应的比较

抑制类型	方程式	v_{max}	K_m
无抑制	$v = \dfrac{v_{max}[S]}{K_m + [S]}$	—	—
竞争性抑制	$v = \dfrac{v_{max}[S]}{K_m(1 + [I]/K_i) + [S]}$	不变	增加
非竞争性抑制	$v = \dfrac{v_{max}[S]}{(K_m + [S])(1 + [I]/K_i)}$	减少	不变
反竞争性抑制	$v = \dfrac{v_{max}[S]}{K_m + [S](1 + [I]/K_i)}$	减少	减少

8.3　酶促褐变

褐变作用(browning)可按其发生机制分为酶促褐变(enzyme browning)(生化褐变)及非酶褐变(non-enzyme browning)两大类。酶促褐变发生在水果、蔬菜等新鲜植物性食物中。水果和蔬菜在采摘后,组织中仍在进行活跃的代谢活动。在正常情况下,完整的果蔬组织中氧化还原反应是偶联进行的,但当发生机械性的损伤(如削皮、切开、压伤、虫咬、磨浆等)及处于异常的环境条件下(如受冻、受热等)时,便会影响氧化还原作用的平衡,发生氧化产物的积累,造成变色。这类变色作用非常迅速,并需要和氧接触和由酶所催化,称为"酶促褐变"。在大多数情况下,酶促褐变是一种不希望出现在食物中的变化,如香蕉、苹果、梨、茄子、马铃薯等都很容易在削皮切开后褐变,应尽可能避免。但像茶叶、可可豆等食品,适当的褐变则是形成良好的风味与色泽所必需的。

8.3.1　酶促褐变的机理

酶促褐变是酚酶催化酚类物质形成醌及其聚合物的反应过程。植物组织中含有酚类物质,在完整的细胞中作为呼吸传递物质,在酚-醌之间保持着动态平衡,当细胞组织破坏以后,氧就大量侵入,造成醌的形成和其还原反应之间的不平衡,于是发生了醌的积累,醌再进一步氧化聚合,就形成了褐色色素,称为黑色素或类黑精。

酶促褐变是在有氧条件下,由于多酚氧化酶(PPO,EC 1.10.3.1)的作用,邻位的酚氧化为醌,醌很快聚合成为褐色素而引起组织褐变。PPO 是发生酶促褐变的主要酶,存在于大多数果蔬中。在大多数情况下,PPO 的作用,不仅有损果蔬感观,影响产品运销,还会导致风味和品质下降,造成较大的经济损失。

酚酶的系统名称是邻二酚:氧-氧化还原酶(EC 1.10.3.1),以 Cu 为辅基,必须以氧为受氢体,是一种末端氧化酶。酚酶可以用一元酚或二元酚作为底物。有些人认为该酚酶是兼能作用于一元酚及二元酚的一种酶;但有的人则认为该酚酶是两种酚酶的复合体,一种是酚羟化酶(phenolhydroxylase),又称甲酚酶(cresolase),另一种是多元酚氧化酶(polyphenoloxidase),又称儿茶酚酶(catecholase)。酚酶的最适 pH 接近 7,比较耐热,依来源不同,在 100 ℃ 下钝化此酶需 2～8 min。

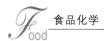

现以马铃薯切开后的褐变为例来说明酚酶的作用(图 8-12)。酚酶作用的底物是马铃薯中最丰富的酚类化合物酪氨酸。

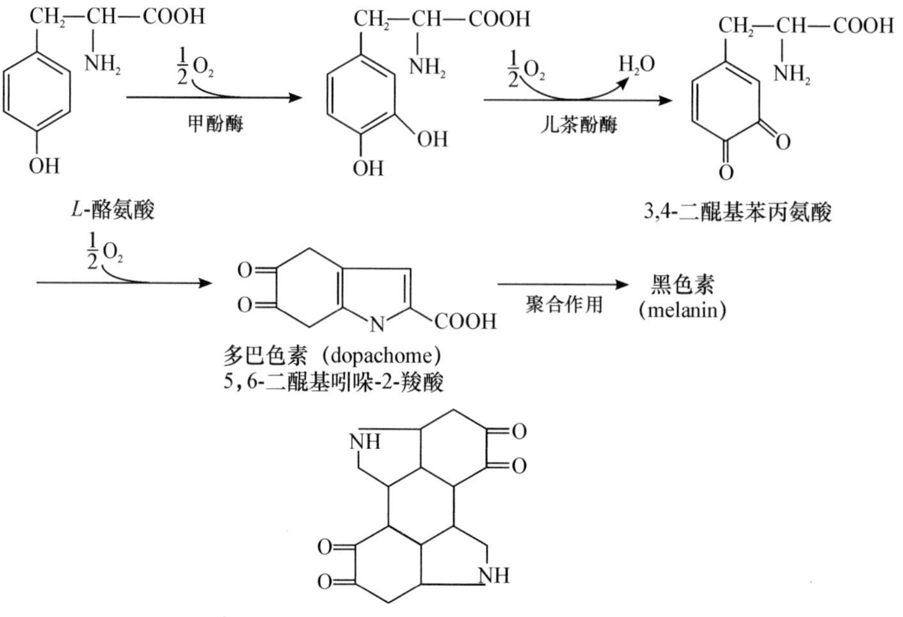

黑色素的局部结构

图 8-12 酶促褐变的机理

这也是动物皮肤、毛发中黑色素形成的机制。

在水果中,儿茶酚是分布非常广泛的酚类,在儿茶酚酶的作用下,较容易氧化成醌。

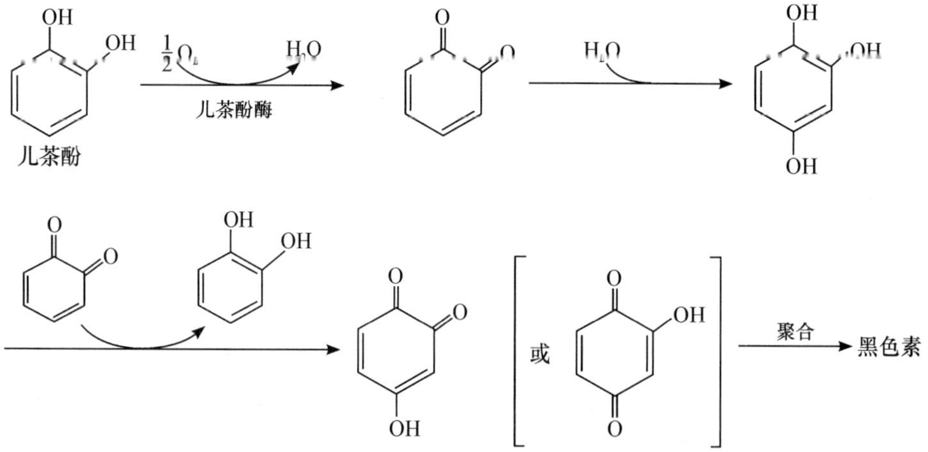

醌的形成是需要氧气和酶催化的,但醌一旦形成以后,进一步形成羟醌的反应则是非酶促的自动反应;羟醌进行聚合,依聚合程度增大而由红变褐,最后成褐黑色的黑色素物质。

水果蔬菜中的酚酶底物以邻二酚类及一元酚类最丰富。一般说来,酚酶对邻羟基酚型结构的作用快于一元酚;对位二酚也可被利用,但间位二酚则不能作为底物,甚至还对酚酶有抑制作用。

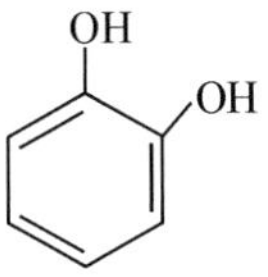

儿茶酚
(catehol)

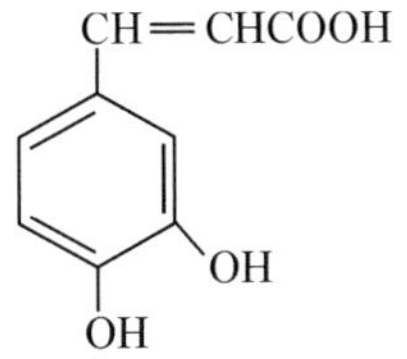

咖啡酸
(caffeic acid)

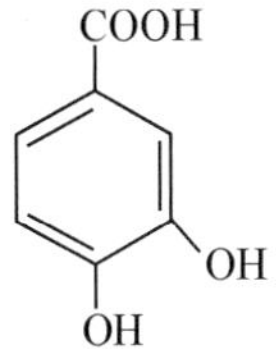

原儿茶酸
(protocatechuic acid)

但邻二酚的取代衍生物也不能为酚酶所催化，如愈创木酚（guaiacol）及阿魏酸（ferulic acid）。

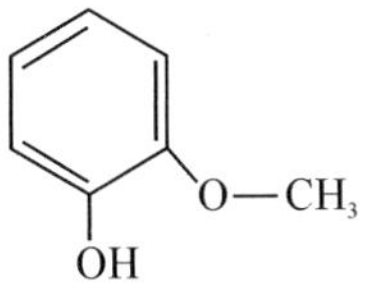

愈创木酚
(guaiacol)

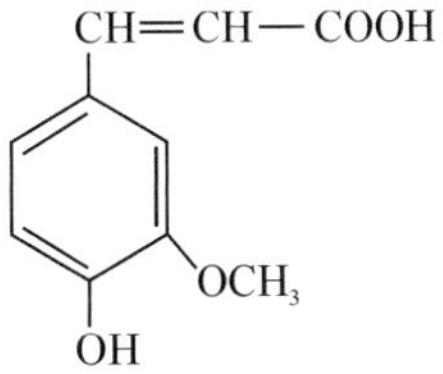

阿魏酸
(ferulic acid)

绿原酸（chlorogenic acid）是许多水果特别是桃、苹果等褐变的关键物质。

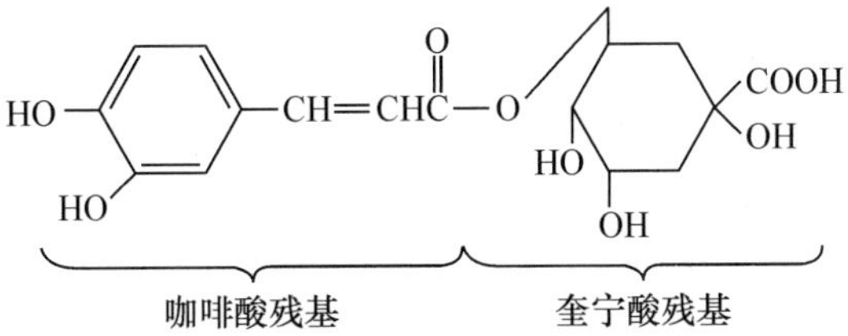

咖啡酸残基　奎宁酸残基
绿原酸（chlorogenic acid）

前已述及，马铃薯褐变的主要底物是酪氨酸。在香蕉中，主要的褐变底物也是一种含氮的酚类衍生物即 3,4-二羟苯乙胺（3,4-dihydroxy phenolethylamine）。

氨基酸及类似的含氮化合物与邻二酚作用可产生颜色很深的复合物，其机理大概是酚先经酶促氧化成为相应的醌，然后醌和氨基发生非酶的缩合反应。白洋葱、大蒜、韭葱（*Allium porrum*）的加工中常有粉红色泽的形成，其原因就如上述。

可作为酚酶底物的还有其他一些结构比较复杂的酚类衍生物，如花青素、黄酮类、鞣质等，它们都具有邻二酚型或一元酚型的结构。

在红茶发酵时，新鲜茶叶中多酚氧化酶的活性增大，催化儿茶素形成茶黄素和茶红素等有色物质，它们是构成红茶色泽的主要成分，即红茶的色泽主要是酶促褐变引起的，也表明红茶加工是多酚氧化酶在食品加工中发生酶促褐变的有利应用。但变红只是发酵的一部分，绝不是红茶发酵的完整体系。从鲜叶挥发性物质少于 50 种，经过萎凋、揉捻、发酵制成红茶，其中挥发性物质就增加到近 300 种来说，红茶发酵这方面表现出的特征，是绝不应该被忽视的。王泽农教授通过大量的研究也否定了传统观点"红茶的制作只是单纯的茶叶中的茶多酚的氧化过程"，证实了红茶的发酵是茶叶中各种成分相互作用、互相制约的转化过程，才形成了红茶特有的色、香、味。这体现了科学研究者严谨的工作态度，追求真理的工作作风，以及善于发现问题、敢于质疑、实事求是的科学态度。

除了常见的多酚氧化酶引起食品的酶促褐变外,广泛存在于水果、蔬菜细胞中的抗坏血酸氧化酶和过氧化物酶也可引起酶促褐变。

8.3.2 酶促褐变的控制

食品加工过程中发生的酶促褐变,少数是我们期望的,如红茶加工、可可加工、某些干果(葡萄干、梅干)的加工等。但是大多数酶促褐变会对食品特别是新鲜果蔬的色泽造成不良影响,必须加以控制。

酶促褐变的发生,需要3个条件,即适当的酚类底物、多酚氧化酶和氧,缺一不可。在控制酶促褐变的实践中,除去酚底物的途径可能性极小,曾经有人设想过使酚类底物改变结构,如将邻二酚改变为其取代衍生物,但迄今未取得实用上的成功。因此,实践中控制酶促褐变的方法主要从控制酚酶和氧两方面入手,主要途径有:①钝化酚酶的活性(热烫、抑制剂等);②改变酚酶作用的条件(pH、水分活度等);③隔绝氧气的接触;④使用抗氧化剂(抗坏血酸、SO_2 等)。常用的控制酶促褐变的方法主要有以下几种。

(1)热处理法。在适当的温度和时间条件下加热新鲜果蔬,使酚酶及其他相关的酶都失活,是最广泛使用的控制酶促褐变的方法。加热处理的关键是在最短时间内达到钝化酶的要求,否则过度加热会影响食品原有质量;相反,如果热处理不彻底,热烫虽破坏了细胞结构,但未钝化酶,反而会加强酶和底物的接触而促进褐变。像白洋葱、韭葱如果热烫不足,变粉红色的程度比未热烫的还要厉害。

虽然不同来源的多酚氧化酶对热的敏感程度不同,但研究发现,在 70~95 ℃加热 7 s 左右可使大部分多酚氧化酶失去活性。

水煮和蒸汽处理仍是目前使用最广泛的热烫方法。微波能的应用为热力钝化酶活性提供了新的有力手段,可使组织内外一致迅速受热,对质地和风味的保持极为有利,是热处理法抑制酶促褐变的较理想方法。

(2)调节 pH。利用酸的作用控制酶促褐变也是广泛使用的方法,常用的酸有柠檬酸、苹果酸、磷酸以及抗坏血酸等。一般来说,它们的作用是通过降低 pH 以控制酚酶的活力,因为酚酶的最适 pH 在 6~7,pH 低于 3.0 时酚酶已无活性。

柠檬酸是使用最广泛的食用酸,对酚酶有降低 pH 和螯合酚酶的 Cu^{2+} 辅基的作用,但作为褐变抑制剂来说,单独使用柠檬酸的效果不大,通常需与抗坏血酸或亚硫酸联用。通常将切开后的水果浸在这类酸的稀溶液中。对于碱法去皮的水果,这类酸还有中和残碱的作用。

苹果酸是苹果汁中的主要有机酸,在苹果汁中对酚酶的抑制作用要比柠檬酸强得多。

抗坏血酸是更加有效的酚酶抑制剂,即使浓度极大也无异味,对金属无腐蚀作用,而且作为一种维生素,其营养价值也是众所周知的。也有人认为,抗坏血酸能使酚酶本身失活。抗坏血酸在果汁中的抗褐变作用还可能是作为抗坏血酸氧化酶的底物,在酶的催化下把溶解在果汁中的氧消耗掉了。据报道,在每千克水果制品中,加入 660 mg 抗坏血酸,即可有效控制褐变并减少苹果罐头顶隙中的含氧量。

(3)二氧化硫及亚硫酸盐处理。二氧化硫及常用的亚硫酸盐如亚硫酸钠(Na_2SO_3)、亚硫酸氢钠($NaHSO_3$)、焦亚硫酸钠($Na_2S_2O_5$)、连二亚硫酸钠即低亚硫酸钠($Na_2S_2O_4$)等都是广泛用于食品工业中的酚酶抑制剂,在蘑菇、马铃薯、桃、苹果等加工中已应用。

用直接燃烧硫黄的方法产生 SO_2 气体处理水果蔬菜,SO_2 渗入组织较快,但亚硫酸盐溶液的优点是使用方便。不管采取什么形式,只有游离的 SO_2 才能起作用。SO_2 及亚硫酸盐溶液在微偏酸性(pH=6)的条件下对酚酶抑制的效果最好。

在实验条件下,10 mg/kg 的 SO_2 就几乎可完全抑制酚酶,但在实践中因有挥发损失和与其他物质(如醛类)反应等,SO_2 实际使用量要大一些,常达 $300\sim600$ mg/kg。SO_2 对酶促褐变的控制机制现在尚无定论,有的学者认为是抑制了酶活性,有的学者则认为是由于 SO_2 把醌还原成了酚,还有学者认为是 SO_2 和醌加合而防止了醌的聚合作用,很可能这 3 种机制都是存在的。

二氧化硫法的优点是使用方便、效力可靠、成本低、有利于维生素 C 的保存,残存的 SO_2 可用抽真空、炊煮或使用 H_2O_2 等方法除去。缺点是使食品失去原有色泽而被漂白(花青素破坏),腐蚀铁罐的内壁,有不愉快的嗅感与味感,残留浓度超过 0.064% 即可感觉出来,并且破坏维生素 B。

(4)驱除或隔绝氧气。具体措施有:①将去皮切开的水果蔬菜浸没在清水、糖水或盐水中;②浸涂抗坏血酸液,使在表面上生成一层氧化态抗坏血酸隔离层;③用真空渗入法把糖水或盐水渗入组织内部,驱除空气,果肉组织间隙中具有较多气体的苹果、梨等水果最适宜用此法。一般在 1.028×10^5 Pa 真空度下保持 $5\sim15$ min,突然破除真空,即可将汤汁强行渗入组织内部,从而驱除细胞间隙中的气体。

氯化钠也有一定的防酶促褐变的效果,一般多与柠檬酸和抗坏血酸混合使用。单独使用时,浓度高达 20% 时才能抑制多酚氧化酶的活性。此外,采取真空或充氮包装等措施也可以有效防止或减缓多酚氧化酶引起的酶促褐变。

(5)加酚酶底物的类似物。用酚酶底物的类似物如肉桂酸、对位香豆酸及阿魏酸等酚酸,可以有效地控制苹果汁的酶促褐变。在这 3 种同系物中,以肉桂酸的效率最高,当其浓度大于 0.5 mmol/L 时即可有效控制处于大气中的苹果汁的褐变达 7 h 之久。由于这 3 种酸都是水果蔬菜中天然存在的芳香族有机酸,在安全上无多大问题。肉桂酸钠盐的溶解性好,售价也便宜,控制褐变的时间长。

肉桂酸 (cinnamic acid)　　对位香豆酸 (p-cumaric acid)　　阿魏酸 (ferulic acid)

(6)底物改性。利用甲基转移酶,将邻二羟基化合物进行甲基化,生成甲基取代衍生物,可有效防止褐变。例如以 S-腺苷蛋氨酸为甲基供体,在甲基转移酶作用下,可将儿茶酚、咖啡酸、绿原酸分别甲基化为愈创木酚、阿魏酸和 3-阿魏酰金鸡纳酸。

8.4　酶在食品加工中的应用

8.4.1　食品加工中常用的酶

在食品加工中加入酶的目的通常是:①提高食品的品质;②制造合成食品;③增加提取食

品成分的速度与产量;④改良食品的风味;⑤稳定食品的品质;⑥增加副产品的利用率。食品工业中所使用的酶比起标准的生化试剂来说,相当的粗糙,大部分酶制剂中仍含有许多杂质,而且还含有其他的酶。食品加工中所使用的酶制剂是由可食用的或无毒的动植物原料和非致病、非毒性的微生物中提取的。用微生物制备酶有许多优点:①微生物的用途广泛,理论上利用微生物可以生产任何种酶;②可以通过变异或遗传工程改变微生物而高效生产酶或其本身没有的酶;③大多数微生物酶为胞外酶,所以以分离提取酶非常容易;④培养微生物用的培养基来源容易;⑤微生物的生长速率和酶的产率都是非常高的。

二维码 8-2 阅读材料——
酶类的来源和酶的固定化

在食品加工中,因为酶催化反应的专一性与高效性,酶的应用相当广泛,表 8-4 列出了食品工业中正在使用或将来很有发展前途的酶。从表 8-4 可以看出:用在食品加工中的酶的总数相对于已发现的酶的种类与数量来说,还是相当少的。食品加工中用得最多的是水解酶,并主要是碳水化合物水解酶,其次是蛋白酶和脂肪酶;少量的氧化还原酶类在食品加工中也有应用。目前,食品加工中只有少数几种异构酶得到应用。

表 8-4　酶在食品加工的应用

酶	食品	目的与反应
淀粉酶	焙烤食品	增加酵母发酵过程中的糖含量
	酿造食品	在发酵过程中使淀粉转化为麦芽糖,除去淀粉造成的混浊
	各类食品	将淀粉转化为糊精、糖,增加吸收水分的能力
	巧克力	将淀粉转化成流动状
	糖果	从糖果碎屑中回收糖
	果汁	除去淀粉以增加起泡性
	果冻	除去淀粉,增加光泽
	果胶	作为苹果皮制备果胶时的辅剂
	糖浆和糖	将淀粉转化为低分子量的糊精(玉米糖浆)
	蔬菜	在豌豆软化过程中将淀粉水解
转化酶	人造蜂蜜	将蔗糖转化成葡萄糖和果糖
	糖果	生产转化糖,供制果点心用
葡聚糖-蔗糖酶	糖浆	使糖浆增稠
	冰淇淋	使葡聚糖增加,起增稠剂的作用
乳糖酶	冰淇淋	阻止乳糖结晶而引起颗粒和砂粒的结构
	饲料	使乳糖转化成半乳糖和葡萄糖
	牛奶	除去牛乳中的乳糖以稳定冰冻牛乳中的蛋白质
纤维素酶	酿造食品	水解细胞壁中复杂的碳水化合物
	咖啡	咖啡豆干燥过程中将纤维素水解
	水果	除去梨中的粒状物,加速杏及番茄的去皮
半纤维素酶	咖啡	降低浓缩咖啡的黏度
果胶酶(有利方面)	巧克力-可可	增加可可豆发酵时的水解活动
	咖啡	增加可可豆发酵时明胶状种衣的水解
	水果	软化
	果汁	增加压汁的产量,防止絮结,改善浓缩过程

续表8-4

酶	食品	目的与反应
	橄榄	增加油的提取
	酒类	澄清
果胶酶(不利方面)	橘汁	破坏和分离果汁中的果胶物质
	水果	过度软化
柚皮苷酶	柑橘	将柚皮苷及其他糖苷水解,使柑橘制成的果胶、果汁脱去苦味
戊聚糖酶	磨粉	增加面粉制作过程中淀粉的回收率
水苏糖酶	豆类制品	减少豆类制品因含棉籽糖、水苏糖等寡糖造成肠中气体的生成
单宁酶	酿造食品	除去多酚化合物
	茶	防止冷茶提取液发生混浊
蛋白酶(有利方面)	焙烤食品	使面团软化,减少混合时间,增加面团的延伸性,改善面包质地和增加空隙度,释放 β-淀粉酶
	啤酒酿造	在酿造过程中产生酒体、风味和营养,增加滤过性、澄清性和加速冷却混浊性
	谷类食品	使蛋白质改性以增加此类食品的干燥率,用于豆浆和豆腐的加工
	干酪	增加酪蛋白凝聚,增加熟化时的风味
	巧克力-可可	用于发酵的可可豆中
	鸡蛋及蛋制品	改善干燥性质
	饲料	处理下脚料使其转化成饲料
	鱼和肉	嫩化,从骨头、鱼等下脚料中回收蛋白质、使油脂释放
	牛乳	制备豆乳奶
	蛋白质水解物	用于酱油、汤料、调味品及加工肉的制作
	酒类	澄清
蛋白酶(不利方面)	鸡蛋	对新鲜蛋和全蛋粉的储存期有影响
	螃蟹、龙虾	如酶未迅速失活,会导致过分嫩化
	面粉	若酶活性太高会影响空隙的体积与质地
脂肪酶(有利方面)	干酪	加速熟化、成熟及增加风味
	油脂	使脂肪转化成甘油及脂肪酸
	牛乳	使牛奶巧克力具特殊风味
脂肪酶(不利方面)	谷物食品	使黑麦蛋糕过分褐变
	牛乳及乳制品	水解性酸败
	油类	水解性酸败
磷酸酯酶	婴儿食品	增加有效性磷酸盐
	啤酒发酵	使磷酸化合物水解
	牛奶	检查巴氏消毒的效果
核糖核酸酶	风味增强剂	增加 $5'$-核苷酸与核苷
过氧化物酶(有利方面)	蔬菜	检查热烫效果
	葡萄糖的测定	与葡萄糖氧化酶综合使用测定葡萄糖
过氧化物酶(不利方面)	蔬菜	产生异味
	水果	加强褐变反应
过氧化氢酶	牛乳	在巴氏杀菌中破坏 H_2O_2
葡萄糖氧化酶	各种食品	除去食品中的氧气或葡萄糖,常与过氧化氢酶结合使用
脂氧合酶	面包	改良面包质地、风味并进行漂白

续表8-4

酶	食品	目的与反应
双乙醛还原酶	啤酒	降低啤酒中双乙醛的浓度
多酚氧化酶(有利方面)	茶叶、咖啡、烟草	使其在熟化、成熟和发酵过程中产生褐变
多酚氧化酶(不利方面)	水果、蔬菜	产生褐变、异味及破坏维生素C

利用酶还能控制食品原料的储藏性与品质。有一些植物原料在未完全成熟时即采收,需经过一段时间的催熟才能达到食用的品质。实际上是酶控制着成熟过程的变化,如叶绿素的消失、胡萝卜素的生成、淀粉的转化、组织的变软、香味的产生等。如果我们能了解酶在其中的作用而加以控制,就可改善食品原料的储藏性和品质。

8.4.1.1 水解酶类

(1)淀粉酶。水解淀粉的酶通称淀粉酶(amylase),有 α-淀粉酶、β-淀粉酶和葡萄糖淀粉酶。

α-淀粉酶广泛存在于动植物组织及微生物中,在发芽的种子、人的唾液、动物的胰脏内,α-淀粉酶的含量尤其高。现在工业上已经能用枯草杆菌、米曲霉、黑曲霉等微生物制备高纯度 α-淀粉酶。α-淀粉酶是一种内切酶,以随机方式水解淀粉(直链淀粉和支链淀粉)、糖原和环糊精分子内部的 α-1,4-糖苷键,保留异头碳的 α-构型,故称 α-淀粉酶。因此,α-淀粉酶使直链淀粉的黏度很快降低,碘液显色迅速消失,而且由于生成还原基团而增加了还原力。α-淀粉酶不能水解 α-1,6-糖苷键,但能越过此键继续水解 α-1,4-糖苷键,但也不能水解麦芽糖中的 α-1,4-糖苷键。因此,最后使淀粉生成麦芽糖、葡萄糖和糊精的混合物。α-淀粉酶的分子量在 50 000 左右,酶分子中含有一个结合得很牢固的 Ca^{2+},Ca^{2+} 起着维持酶蛋白最适宜构象的作用,从而使酶具有最高的稳定性和最大的活力。不同来源的 α-淀粉酶的最适温度不同,一般为 55~70 ℃,但也有少数细菌如地衣芽孢杆菌的 α-淀粉酶最适温度高达 92 ℃,当淀粉质量分数为 30%~40% 时,甚至在 110 ℃ 条件下仍具有短时的催化能力。使用 α-淀粉酶在较高温度下进行催化反应时,最好加入一定量的 Ca^{2+} 以维持酶的稳定性和活力。不同来源的 α-淀粉酶的最适 pH 也不同,一般为 4.5~7.0。

β-淀粉酶只存在于高等植物中,如在大麦芽、小麦、甘薯和大豆中含量丰富。哺乳动物中没有发现,但近年来发现少数微生物中也存在 β-淀粉酶。β-淀粉酶是一种外切酶,即它只能水解淀粉的 α-1,4-糖苷键,不能水解 α-1,6-糖苷键。当它水解淀粉时,从淀粉非还原末端开始,依次切下一个个麦芽糖单位,并将切下的 α-麦芽糖转变成 β-麦芽糖,故称为 β-淀粉酶。因为生成的 β-麦芽糖具有甜度,所以 β-淀粉酶又称为糖化酶。直链淀粉中偶尔出现的 1,3-糖苷键和支链淀粉中的 α-1,6-糖苷键不能被 β-淀粉酶水解,反应就停止下来,剩下来的化合物称为极限糊精。

葡萄糖淀粉酶,也称为 α-1,4-葡萄糖苷酶(glucosidase),主要来源于微生物中的根霉、曲霉等。葡萄糖淀粉酶的最适 pH 为 4~5,最适温度范围为 50~60 ℃。葡萄糖淀粉酶也是一种外切酶,但它不仅能水解淀粉分子的 α-1,4-糖苷键,而且还能水解 α-1,6-糖苷键和 α-1,3-糖苷键,只是水解后两种键的速度很慢,如水解 α-1,6-糖苷键的速度只有水解 α-1,4-糖苷键速度的 4%~10%。葡萄糖淀粉酶水解淀粉时,是从非还原末端依次切下一个个葡萄糖单位,并且将切下的 α-葡萄糖转为 β-葡萄糖。当作用到淀粉支点时,水解速度下降,但可切割支点。因此,葡萄糖淀粉酶作用于直链淀粉或支链淀粉时,最终产物都是葡萄糖。由于葡萄糖淀粉酶单独作用于支链淀粉时,水解 α-1,6-糖苷键的速度很慢,将支链淀粉完全水解所需要的时间很长,所以工业上常常将葡萄糖淀粉酶和 α-淀粉酶联合使用来水解淀粉,从而加快水解速度和效率。

此外,还有支链淀粉酶(pullulanase)和异淀粉酶(isoamylase),它们能水解支链淀粉和糖原中的 1,6-α-D-葡萄糖苷键,生成直链的片段,若与 β-淀粉酶混合使用可生成含麦芽糖丰富的淀粉糖浆。

上述几种淀粉酶的作用方式见图 8-13。

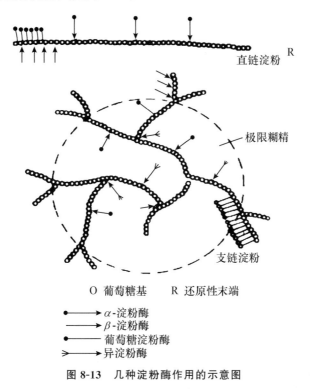

图 8-13   几种淀粉酶作用的示意图

(2)α-D-半乳糖苷酶。α-D-半乳糖苷酶(α-D-galactosidase)和 β-D-半乳糖苷酶、β-D-果糖呋喃糖苷酶和 α-L-鼠李糖苷酶都能水解双糖、寡糖和多糖的非还原性末端的单糖。其底物专一性可由酶的名称表现出来,如半乳糖苷酶。

豆科植物中的水苏糖能在胃和肠道内生成气体,这是因为肠道中有一些厌氧微生物生长,它们能将某些寡糖或单糖水解生成 CO_2、CH_4 和 H_2。但当上述水苏糖被 α-D-半乳糖苷酶水解后,就会消除肠胃中的胀气。

(3)β-D-半乳糖苷酶。β-D-半乳糖苷酶(β-D-galactosidase)能催化乳糖水解,所以又称乳糖酶。这种酶分布广泛,在高等动物(如人体的小肠黏膜细胞中)、植物、细菌和酵母中均存在。有些人体内缺乏乳糖酶,他们不能利用乳糖,因此不能消化牛乳,故在饮用牛乳的同时应供给 β-D-半乳糖苷酶制剂。当有半乳糖存在时可抑制乳糖酶对乳糖的水解,但葡萄糖则没有这种作用。此外,乳糖的溶解度很低,因而不利于脱脂奶粉或冰淇淋的生产。利用 β-D-半乳糖苷酶酶制剂可以将乳糖水解,使其加工品质得以改善。

(4)β-D-果糖呋喃糖苷酶。β-D-果糖呋喃糖苷酶(fructosidase)是从特殊酵母菌株中分离出来的一种酶制剂,在制糖或糖果工业上常用来水解蔗糖而生成转化糖。转化糖比蔗糖更易溶解,而且含有游离的果糖,故甜度也比蔗糖高。

(5)α-L-鼠李糖苷酶。有些橘汁、李子汁和柚汁中含橘皮苷,具有苦味。采用α-L-鼠李糖苷酶(rhamnosidase)和β-D-葡萄糖苷酶的混合物处理,其橘皮苷可以生成一种无苦味的化合物——柚苷素,即 4′,5,7-三羟基黄酮(naringenin)。

(6)糖苷酶混合物。糖苷酶混合物(glycosidase mixture)是一种戊聚糖酶制剂,是糖苷酶的混合物(含外纤维素酶和内纤维素酶及 α-甘露糖苷酶、β-甘露糖苷酶和果胶酶等)。黑麦粉的焙烤品质和黑麦面包的货架期,因其中的戊聚糖可受此酶部分水解而得以改善。

为使植物的主成分增溶(solubilization),可利用糖苷酶混合物在较温和与较短的时间中进行浸渍而达到,如它可使果泥、菜泥产品和菜叶叶片发生降解而增溶。这种酶还可用来增加对细胞壁的机械破碎,因而防止细胞中胶凝化淀粉过多地受到淋洗,而不致使菜泥等过分地黏稠。

由黑曲霉提取的糖苷酶,是一种纤维素酶、淀粉酶和蛋白酶混合在一起的混合酶制剂,在虾的加工中可用来去壳,因它能使虾壳变松,利用水蒸气即可以洗脱掉。

(7)果胶酶。在高等植物的细胞壁和细胞间层中存在原果胶、果胶和果胶酸等胶态聚合碳水化合物。果胶酶(pectic enzyme)就是水解这些物质的一类酶的总称。果胶酶广泛分布于高等植物和微生物中,根据其作用底物的不同,又可分为 3 类。其中两类(果胶酯酶和聚半乳糖醛酸酶)存在于高等植物和微生物中,还有一类(果胶裂解酶)存在于微生物中,特别是某些感染植物的致病微生物中。在高等动物中不存在果胶酶,但蜗牛例外。

①果胶酯酶(pectinesterase)(果胶:果胶酰基水解酶,EC 3.1.1.11)能催化果胶脱去甲酯基生成聚半乳糖醛酸链和甲醇,也称为果胶酶(pectase)、果胶甲氧基酶(pectin methoxylase)或果胶脱甲氧基酶(pectin demethoxylase)。它对半乳糖醛酸酯具有专一性,并要求在其作用的半乳糖醛酸酯的酯化基团附近有游离的羧基存在,不能对其他甲基酯类起分解反应。果胶酯酶存在于细菌、真菌和高等植物中,在柑橘和番茄中含量非常丰富,通常与聚半乳糖醛酸酶同时存在。在果蔬的加工中,若果胶酯酶被激活,将导致大量的果胶脱去甲酯基,从而影响果蔬的质构且生成的甲醇对人体有毒。尤其是在果酒酿造中,果胶酯酶的作用,可能会导致果酒中甲醇含量超标。因此,为了控制果酒中甲醇的含量,应首先对水果进行预热处理,钝化果胶酯酶的活性。

②聚半乳糖醛酸酶(polygalacturonase)(聚-α-1,4-半乳糖醛酸糖基水解酶,EC 3.2.1.15)是降解果胶酸的酶,根据对底物作用方式的不同可分两类:一类是随机水解果胶酸(聚半乳糖醛酸)的苷键,即聚半乳糖醛酸内切酶,多存在于高等植物、霉菌、细菌和一些酵母中;另一类是从果胶酸链的末端开始逐个切断苷键,即聚半乳糖醛酸外切酶,多存在于高等植物和霉菌中,在某些细菌和昆虫肠道中也有发现。内切聚半乳糖酸酶以无序方式水解果胶分子内部的 α-1,4-糖苷键,而外切聚半乳糖醛酸酶则沿果胶酸链的非还原末端将半乳糖醛酸逐个地水解下来。一些聚半乳糖醛酸酶主要作用于高甲基化果胶,称聚甲基半乳糖醛酸酶,而另一些则主要作用于富含游离羧基的果胶酸,称聚半乳糖醛酸酶。氯化钠是聚半乳糖醛酸酶达到最高活性时所必需的辅助因素。此外,一些聚半乳糖醛酸酶还需要铜离子作为辅助因素。

③果胶裂合酶(pectin lyase)[聚(1,4-α-D-半乳糖醛酸酐)裂解酶,EC 4.2.2.2]催化果胶

半乳糖醛酸残基的 C_4 和 C_5 位上发生氢的反式消去作用(β-消除反应),使糖苷键断裂,生成含不饱和键的半乳糖醛酸(每消除一个糖苷键的同时就产生一个双键),因此又称果胶转消酶,属于裂合酶类。果胶裂合酶是内切聚半乳糖醛酸裂解酶、外切聚半乳糖醛酸裂解酶和内切聚甲基半乳糖醛酸裂解酶的总称。果胶裂解酶主要存在于霉菌(黑曲霉)中,在植物中尚未发现。

上述 3 种果胶酶的作用方式见图 8-14。

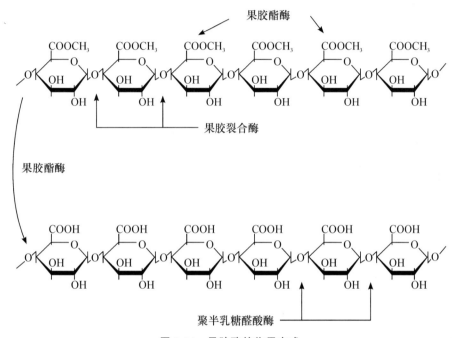

图 8-14　果胶酶的作用方式

果胶物质是高等植物细胞的细胞间层和初生细胞壁的主要成分之一,它们的聚合度和酯化度的变化会改变果蔬在后熟、采后保存或加工中的质构。内源果胶酶是催化水果后熟中内源果胶物质水解从而引起组织软化的主要酶类,鲜食果的采后催熟就是人为促进此类变化。利用转基因技术培育低内源果胶酶活性的番茄,从而延长采后储藏期和减少运输中的伤烂损失即人为避免此类变化。在澄清果汁的加工中,提高内源果胶酶活力或外加商品果胶酶可以提高榨汁效率、出汁率和澄清效果。在混浊型果汁生产中,因为果胶是一种保护性胶体,要设法减少果胶酶的作用,才有助于维持果汁中悬浮的不溶性颗粒的稳定性。例如,在水果罐头加工中,切开的果块先经热烫,这是一种钝化酶活的措施,其中包括钝化果胶酶以防止果肉在罐藏中过度的软化。

霉菌和细菌污染会造成果蔬组织快速软化腐烂,称为软腐病(soft root),这反映了微生物源果胶酶的不利方面。培养微生物并从中提取果胶酶而用于食品生产中,则反映了微生物源果胶酶的有利方面。

(8)纤维素酶。纤维素酶(cellulase)是水解纤维素的酶类。在植物性食物原料(如四季豆)的软化过程中,纤维素酶是否起重要作用仍然没有定论。微生物纤维素酶在转化不溶性纤维素成葡萄糖以及在果蔬汁生产中破坏细胞壁从而提高果汁得率等方面具有非常重要的意义。

根据作用于纤维素和降解中间产物的不同,纤维素酶可以分为内切纤维素酶(endoglu-

canase)、纤维二糖水解酶(cellobiohydrolase)、外切葡萄糖水解酶和 β-葡萄糖苷酶(β-glucosidase)。

(9)脂肪酶。脂肪酶(lipase)能水解油/水界面存在的三酰甘油的酯键而生成脂肪酸和甘油。但是对水解三酰甘油的酯键的位置具有特异性,首先水解 1,3 位酯键生成单酰甘油,第 2 位酯键在非酶异构后转移到第 1 位或第 3 位,然后再经脂肪酶作用完全水解成甘油和脂肪酸。脂肪酶只作用甘油-水界面的脂肪分子,因此在脂肪中加入乳化剂能增加油-水界面,从而大大提高脂肪酶的催化能力。其主要作用方式如下。

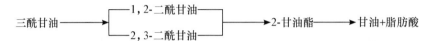

脂肪酶存在于含有脂肪的动物、植物和微生物(如霉菌、细菌等)组织中。脂肪酶能使脂肪生成脂肪酸而引起食品酸败,而在另一种情况下,又需要脂肪酶的活性而产生风味,如干酪生产中牛乳脂肪的适度水解会产生一种很好的风味。

脂肪酶还包括磷酸酯酶、固醇酶和羧酸酯酶,能分别水解磷酸酯类、固醇酯和三酰甘油如丁酸甘油酯。

(10)蛋白酶。蛋白酶(protease)是生物体系中含量较多的一类酶,也是食品工业中的重要酶类,可以从动物、植物或微生物中提取得到。蛋白酶的种类很多,分类比较复杂。根据蛋白酶作用方式的不同可分为两大类:内肽酶(肽链内切酶,endopeptidase)和外肽酶(肽链外切酶,exopeptidase)。内肽酶是从多肽链内部随机水解肽键,使之成为较小的肽链碎片和少量游离氨基酸。外肽酶是从多肽链的末端开始将肽键水解使氨基酸游离出来,又可分为两类,一类从肽链的氨基末端开始水解肽键,称为氨肽酶(aminopeptidase);另一类从肽链的羧基末端开始水解肽键,称为羧肽酶(carboxypeptidase)。根据蛋白酶最适 pH 的不同,蛋白酶又可分为酸性蛋白酶、碱性蛋白酶和中性蛋白酶。根据蛋白酶活性中心化学性质的不同,蛋白酶又可分为丝氨酸蛋白酶(活性中心含有丝氨酸残基)、巯基蛋白酶(活性中心含有巯基)、金属蛋白酶(活性中心含有金属离子)和酸性蛋白酶(活性中心含两个羧基)。蛋白酶还可根据其来源分为动物蛋白酶、植物蛋白酶和微生物蛋白酶。

酸性蛋白酶包括胃蛋白酶、凝乳酶及许多微生物和真菌蛋白酶。凝乳酶在干酪制作中用作凝聚剂,凝乳酶能水解 κ-酪蛋白 Phe_{105}-Met_{106} 之间的肽键,使酪蛋白胶束失去稳定性,随即聚集成一个凝块(农家干酪),并有助于风味物质的形成,而用其他的蛋白酶也能沉淀干酪,但产量与硬度都会降低。但由于凝乳酶是从小牛胃中提取到的,非常昂贵,所以近年来改用其代替品,有些微生物酸性蛋白酶就能适合这种要求。将酸性蛋白酶加到面粉中,在焙烤食品中可改变面团的流变学性质,因此也就改变了产品的坚实度(firmness)。而微生物蛋白酶可用来制作发酵食品如酱油等。

丝氨酸蛋白酶包括胰凝乳蛋白酶、胰蛋白酶及弹性蛋白酶等,可用来软化和嫩化肉中的结缔组织,即它们通过对肌球蛋白-肌动蛋白复合物的作用使肌肉变得柔软、多汁,口味细嫩。

巯基蛋白酶在其活性中心有一个巯基基团,大多存在于植物中,并且广泛应用于食品加工中,如木瓜蛋白酶、菠萝蛋白酶及无花果蛋白酶等。巯基蛋白酶可用作啤酒的澄清剂,因啤酒的冷却混浊与其中蛋白质的沉降有关,若用植物蛋白酶将蛋白质水解即能消除这种现象。另外还用作肉的嫩化剂,可以将酶溶液注射到牲畜屠体中或涂抹在小块的肉上,将弹性蛋白和胶原蛋白部分水解而使肉嫩化。用蛋白酶还可以生产完全的或部分水解的蛋白质水解液,如鱼蛋白的液化可生产出具有很好风味的产品。

(11)风味酶。水果和蔬菜中的风味化合物,大多是由风味酶(flavor enzyme)直接或间接地作用于风味前体,然后转化生成风味物质而产生风味的。

①水果如香蕉、苹果或梨等在生长过程中并无风味,甚至在收获时也不存在,直到成熟初期,少量生成的乙烯才刺激风味物质的合成。例如,香蕉风味的前体是非极性氨基酸和脂肪酸,成熟时经过一系列风味酶的作用转化为芳香族酯(aromatic ester)、醇类及酸,而形成香蕉特有的风味。

②甘蓝与洋葱风味的产生是由于专一性酶对特定风味前体的直接作用。甘蓝、芥菜、水芹菜等属十字花科,这类植物的风味主要来自硫葡糖苷酶作用于硫葡糖苷(thioglycoside)产生的芥菜油(异硫氰酸盐)。

$$R—C \begin{matrix} S—C_6H_{11}O_5 \\ \\ N—O—SO_2O^-K^+ \end{matrix} + H_2O \xrightarrow{\text{硫葡糖苷酶}} R—N=C=S+C_6H_{12}O_6+KHSO_4$$

硫葡糖苷   异硫氰酸盐

洋葱风味来自硫-烷基-L-半胱氨酸亚砜解离酶作用于硫-取代基-L-半胱氨酸亚砜,生成挥发性的含硫化合物。

$$2R—S—CH_2—CH—COOH \xrightarrow[\text{硫-烷基-}L\text{-半胱氨酸亚砜解离酶}]{H_2O \quad 2NH_3} 2CH_3—C—COOH+R—S—S—R$$

$\qquad\qquad\qquad | \atop NH_2$

硫-取代基-L-半胱氨酸亚砜   硫代亚磺酸酯(蒜素)

③红茶的风味是通过酶的间接作用——氧化作用而产生的。首先儿茶酚酶氧化黄酮醇,氧化态的黄酮醇再氧化茶中的氨基酸、胡萝卜素及不饱和脂肪酸而产生红茶中特有的香味成分。脂氧合酶广泛存在于植物中,能催化氧化不饱和脂肪酸形成氢过氧化物,再经酶或非酶裂解生成醛或酮等具风味特性的成分。

④食品加工过程中可利用风味酶使风味回复。因为食品在加工过程中大部分挥发性风味化合物受热挥发,会使食品失去风味,如果添加外来的酶使食品中原来的风味前体转变为风味物质,则加工后的食品仍能保特殊风味。

(12)维生素 B_1 水解酶。维生素 B_1 水解酶(thiaminase)主要存在于鱼及贝壳类等水产动物中,能将维生素 B_1 水解成 2-甲基-6-氨基-5-羟甲基嘧啶(2-methyl-6-amino-5-hydroxymethylpyrimidine)和 4-甲基-5-羟乙基噻唑(4-methyl-5-hydroxyethyl thiazole)。亚洲民族嗜食生鱼及鱼子酱(未经加热但由发酵制成),常造成维生素 B_1 缺乏症如脚气病。盐腌的生鲱鱼在 6 h 内能破坏加入的维生素 B_1 50%~60%。除水产动物外,维生素 B_1 水解酶也存在于蕨类、木贼、精白米的下脚料、豆及芥菜籽中,口腔中某些微生物能分泌维生素 B_1 水解酶,也会造成维生素 B_1 缺乏症。

(13)植酸酶。植酸即肌醇六磷酸,作为磷酸的贮存库,广泛存在于植物中。矿物质由于结合在蛋白质-植酸-矿物元素复合物中,因此就降低了某些植物性食物和一些植物蛋白分离物中矿物质的营养效价。如植酸与 Ca^{2+} 的连接会明显地影响到某些蔬菜的质地,因为 Ca^{2+} 与植酸连接后就不能参加果胶分子的交联。因此,植酸盐的存在会使蔬菜产生一种非适宜的软

化作用。但是,对脱水然后食用的干燥豆荚则要求有这种作用。

植酸酶(phytase)能将磷酸残基从植酸上水解下来,因此破坏了植酸对矿物元素强烈的亲和力,所以说植酸酶能增加矿物元素的营养效价,而且由于释放出的 Ca^{2+} 可参加交联或其他反应中去,从而改变了植物性食品的质地。植酸酶也广泛存在植物中,虽然有时它的浓度很低,但通过温度和水分活度对内源性植酸酶的控制,可以降低植物性食物中植酸的浓度;有时也通过外源性植酸酶对食物中植酸进行有效的控制。

(14)色素降解酶。色素降解酶(pigment degradation enzyme)包括叶绿素酶和花青素酶,存在于植物中,如果它们在收割的植物中没有失活的话,能分别催化叶绿素与花青素的破坏作用。

8.4.1.2　氧化还原酶类(oxidoreductases)

(1)葡萄糖氧化酶。葡萄糖氧化酶(glucose oxidase)可从真菌如黑曲霉和青霉菌中制备。它可以通过消耗空气中的氧而催化葡萄糖的氧化,因此它可除去葡萄糖或氧气。

$$C_6H_{12}O_6 + O_2 \xrightarrow{\text{酶}} C_6H_{10}O_6 + H_2O_2$$

例如,葡萄糖氧化酶可用于蛋品生产中以除去葡萄糖,而防止产品因美拉德(Maillard)反应而发生变色。此外,它还能使油炸马铃薯片产生金黄色而不是棕色,后者是由存在过多的葡萄糖所引起的。葡萄糖氧化酶还可除去封闭包装系统中的氧气以抑制脂肪的氧化和天然色素的降解。例如,螃蟹肉和虾肉若浸渍在葡萄糖氧化酶和过氧化氢酶的混合液中可抑制其颜色从粉红色变成黄色,因为其中的葡萄糖氧化酶能催化葡萄糖吸收氧而形成葡萄糖酸,而过氧化氢酶能催化过氧化氢分解成水和氧。其反应如下。

$$葡萄糖 + 1/2O_2 \xrightarrow[\text{过氧化氢酶}]{\text{葡萄糖氧化酶}} 葡萄糖酸$$

(2)过氧化氢酶。过氧化氢酶(catalase)主要是从肝或微生物中提取,它之所以重要是因为它能分解过氧化氢。

$$2H_2O_2 \xrightarrow{\text{过氧化氢酶}} 2H_2O + O_2$$

过氧化氢是食品用葡萄糖氧化酶处理后的一种副产品和一些罐装特殊过程加入食品中的化合物。例如,用 H_2O_2 可对牛乳进行巴氏消毒,经过该处理的牛乳就比较稳定,其中过剩的 H_2O_2 可用过氧化氢酶消除。

(3)乙醛脱氢酶。大豆加工时,由于其中的不饱和脂肪酸会发生酶促氧化而生成具有豆腥味的挥发性降解化合物(正己醛等),此时若加入乙醛脱氢酶(aldehyde dehydrogenase)则能使生成的醛转化成羧酸而消除豆腥味。

$$n\text{-正己醛} + NAD^+ \xrightarrow{\text{乙醛脱氢酶}} 己酸 + H^+ + NADH$$

在各种乙醛脱氢酶中,由牛肝线粒体中提取的乙醛脱氢酶与 n-正己醛有很高的亲和力,因此被推荐用于豆乳生产中。

(4)过氧化物酶。过氧化物酶(peroxidase)广泛存在于所有高等植物中和牛奶中。在植物过氧化物酶中,以辣根过氧化物酶研究得最清楚。过氧化物酶都含有一个血色素作为辅基,催化以下反应。

$$ROOH + AH_2 \xrightarrow{\text{过氧化物酶}} ROH + A + H_2O$$

其中,ROOH 是过氧化氢或有机过氧化物,AH_2 是电子供体。当 ROOH 被还原时,AH_2 被氧化。AH_2 可以是抗坏血酸盐、酚、胺类或其他还原性强的有机物,它们被氧化后多产生颜色,因此可用比色法来测定过氧化物酶的活性。因为过氧化物酶具有很高的耐热性,而且广泛存在于植物组织中,采用比色测定法灵敏度极高,也简单易行。因此,当食物进行热处理后,如果过氧化物酶的活性消失,则表示其他的酶也一定受到破坏,所以它可以作为热烫或消毒等有效性的指标。

从营养、色泽和风味来看,过氧化物酶也是很重要的。因过氧化物酶能使维生素 C 氧化而破坏其在生理上的功能;过氧化物酶能催化不饱和脂肪酸过氧化物的裂解,产生具有不良气味的羰基化合物,同时伴随产生自由基,这些自由基会进一步破坏食品中的许多成分。如果食品中不存在不饱和脂肪酸,则过氧化物酶能催化类胡萝卜素漂白和花青素脱色。

(5)抗坏血酸氧化酶。抗坏血酸氧化酶(ascorbic acid oxidase)是一种含铜的酶,能氧化抗坏血酸。

$$L\text{-抗坏血酸} + 1/2O_2 \xrightarrow{\text{抗坏血酸氧化酶}} \text{脱氢抗坏血酸} + H_2O$$

抗坏血酸氧化酶存在于瓜类、种子、谷物和水果蔬菜中。抗坏血酸氧化酶对抗坏血酸的氧化作用,对柑橘加工的影响很大。在组织完整的柑橘中,氧化酶与还原酶可能处于平衡状态,但是在提取果汁时,还原酶很不稳定,受到很大的破坏,此时抗坏血酸氧化酶的活性就显露出来。因此在柑橘加工过程中最好做到低温,快速榨汁、抽气,再进行巴氏杀菌以钝化酶的活性,从而减少维生素 C 的破坏。

(6)脂氧合酶。脂氧合酶(lipoxygenase)(亚油酸:氧化还原酶;EC 1.13.11.12)广泛存在于植物中,如在大豆、绿豆、小麦、燕麦、大麦及玉米中含量较多,另外马铃薯的块茎、花菜、紫苜蓿和苹果等植物的叶中也存在。

脂氧合酶对底物具有高度的特异性,只能催化含顺式-1,4-戊二烯结构的多不饱和脂肪酸(或酯)及甘油酯的氧化反应。亚油酸、亚麻酸、花生四烯酸因为都含有这种结构,所以很容易被脂氧合酶所作用,特别是亚麻酸更是脂氧合酶的良好底物。

脂氧合酶在食品加工中很重要,因为它会影响到食品的色泽、风味、质地和营养价值。如大豆和大豆制品中的豆腥味,就是由脂氧合酶催化其亚麻酸氧化生成的氢过氧化物继续裂解而产生的。在未经热烫而冷冻的豌豆中,羰基化合物的累积也是由脂氧合酶引起的,而且热烫不彻底的植物组织中仍含有此酶,同样会产生异味。所以,为了减少储藏蔬菜中脂氧合酶的活性,在冷冻或干燥前必须进行热烫。通心面在加工过程中,其中的脂氧合酶能对色素产生一种不良的漂白效果,即它能催化破坏 β-胡萝卜素、叶黄醇、叶绿素及维生素。小麦中的脂氧合酶对面粉的流变性质也有很大的影响,揉面时由于混入了空气中的氧,使脂氧合酶催化蛋白质中的巯基氧化成二硫键而形成网状结构,改善了面团的弹性。此外,面粉中常常加入大豆粉,这不仅可以增加面粉的蛋白质含量,而且还可利用大豆粉中的脂氧合酶加强漂白效果,同时改善面团的流变学性质。

8.4.2 酶在食品加工中的应用

酶在食品工业中主要应用于淀粉加工,乳品加工,水果加工,酒类酿造,肉、蛋、鱼类加工,面包与焙烤食品的制造,食品保藏,以及甜味剂制造等方面。

二维码 8-3　酶在食品
加工中的应用

8.4.2.1　酶在淀粉加工中的应用

用于淀粉加工的酶有 α-淀粉酶、β-淀粉酶、葡萄糖淀粉酶(糖化酶)、葡萄糖异构酶、脱支酶以及环糊精葡萄糖基转移酶等。淀粉加工的第一步是用 α-淀粉酶将淀粉水解成糊精,即液化;第二步是通过上述各种酶的作用,制成各种淀粉糖浆,如高麦芽糖浆、饴糖、葡萄糖、果糖、果葡糖浆、偶联糖以及环糊精等。各种淀粉糖浆,由于 DE 值不同,糖成分不同,其性质各不相同,风味各异。

此外,酶在淀粉类食品生产中还有其他的应用,如 α-淀粉酶用于酿造工业中淀粉的水解;在面包制造中为酵母提供发酵糖,改进面包的质构;用于啤酒生产中除去淀粉混浊,提高澄清度等。

8.4.2.2　酶在乳品加工中的应用

用于乳品工业的酶有凝乳酶、乳糖酶、过氧化氢酶、溶菌酶及脂肪酶等。凝乳酶用于制造干酪;乳糖酶用于分解牛奶中的乳糖;过氧化氢酶用于消毒牛奶;溶菌酶添加到奶粉中,可以防止婴儿肠道感染;脂肪酶可增加干酪和黄油的香味。

干酪生产的第一步是用乳酸菌将牛奶发酵成酸奶;第二步是用凝乳酶将可溶性 κ-酪蛋白水解成不溶性 para-κ-酪蛋白和糖肽;在酸性条件下,Ca^{2+} 使酪蛋白凝固,再经过切块、加热、压榨、熟化,便制成干酪。如凝乳酶水解 κ-酪蛋白:

$$N\cdots Pro \cdot His \cdot Leu \cdot Ser \cdot Phe \cdot \downarrow Met \cdot Ala \cdot Ile \cdot Pro \cdot Pro\cdots C$$
$$(不溶性)para\text{-}\kappa\text{-}酪蛋白\rightarrow \mid \leftarrow 糖肽$$

过去凝乳酶取自小牛的皱胃,全世界一年要宰杀 4 000 多万头小牛,来源不足,价格昂贵,现在 85% 的动物凝乳酶已由微生物酶所代替。微生物凝乳酶实为酸性蛋白酶,只是凝乳作用强,而水解酪蛋白弱而已,但多少还会使酪蛋白水解,形成苦味肽。现在已用基因工程将牛的凝乳酶原基因转移给大肠杆菌,已成功表达。所以,现用发酵法已能生产真正的凝乳酶。

牛奶中含有一定数量的乳糖,有些人由于体内缺乏乳糖酶,因而饮牛奶后常发生腹痛、腹泻等症状;同时,乳糖由于难溶于水,常在炼乳、冰淇淋中呈砂样结晶而析出,影响品质,因此需要用乳糖酶除去牛奶中的乳糖生产脱乳糖的牛奶。

另外,干酪生产的副产物乳清中含有大量的乳糖,因为乳糖难消化,历来作为废水排放。现在,可用乳糖酶分解乳清中的乳糖,从而使乳清可以作为饲料和生产酵母的培养基。

8.4.2.3　酶在水果加工中的应用

用于水果加工的酶有果胶酶、柚苷酶、纤维素酶、半纤维素酶、橙皮苷酶、葡萄糖氧化酶和过氧化氢酶等。

果胶是水果中的一部分,它在酸性和高浓度糖溶液中可以形成凝胶,这一特性是制造果冻、果酱等食品的物质基础,但是在果汁加工中,果胶却导致果汁过滤和澄清困难。果胶酶可以催化果胶分解,因此工业上可用黑曲霉、文氏曲霉或根霉所生产的果胶酶处理破碎的果实,加速果汁过滤,促进果汁澄清,提高果汁产率。

在制造橘瓣罐头时,用黑曲霉所生产的纤维素酶、半纤维素酶和果胶酶的混合酶处理橘瓣,可以从橘瓣上除去囊衣。

用柚苷酶处理橘汁,可以除去橘汁中具苦味的柚苷。橘汁中加入黑曲霉橙皮苷酶,可以将不溶性的橙皮苷分解成水溶性橙皮素,防止白色沉淀的产生,从而使橘汁澄清,也脱去了苦味。用葡萄糖氧化酶和过氧化氢酶处理橘汁,可以除去橘汁中的氧,从而使橘汁在储藏期间保持原有的色、香、味。

8.4.2.4 酶在酒类酿造中的应用

啤酒是以大麦芽为原料,但在大麦发芽过程中,呼吸作用将使大麦中的淀粉有很大的损失。因此,啤酒厂常用大麦、大米、玉米等作为辅助原料来代替一部分大麦芽,但这又将引起淀粉酶、蛋白酶和 β-葡聚糖酶的不足,使淀粉糖化不充分及蛋白质和 β-葡聚糖降解不足,从而影响啤酒的风味和产率。在工业实际生产中,添加微生物的淀粉酶、中性蛋白酶和 β-葡聚糖酶等酶制剂,可以弥补原料中酶活力不足的缺陷,从而增加发酵度,缩短糖化时间。另外,在啤酒巴氏灭菌前,加入木瓜蛋白酶或菠萝蛋白酶或霉菌酸性蛋白酶处理啤酒,可以防止啤酒混浊,延长保存期。

糖化酶代替麸曲,用于制造白酒、黄酒、酒精,可以提高出酒率,节约粮食,简化设备等。在果酒生产中通常使用复合酶制剂,包括果胶酶、蛋白酶、纤维素酶、半纤维素酶等,不仅可以提高果汁和果酒的得率,有利于过滤和澄清,而且还可以提高产品的质量。

8.4.2.5 酶在肉、蛋、鱼类加工中的应用

老牛、老母猪的肌肉,由于其结缔组织中胶原蛋白的机械强度很大,烹煮时不易软化,所以难以嚼碎。用木瓜蛋白酶或菠萝蛋白酶、米曲霉蛋白酶等酶制剂处理,可以水解其胶原蛋白,从而使肌肉嫩化。工业上肉嫩化的方法有 2 种:一种是宰杀前,肌内注射酶溶液于动物体;另一种是将酶制剂涂抹于肌肉片的表面,或者用酶溶液浸渍肌肉。

利用蛋白酶水解废弃的动物血、杂鱼以及碎肉中的蛋白质,然后抽提其中的可溶性蛋白质,以供食用或作为饲料,这是开发蛋白质资源的有效措施。其中,以杂鱼的利用最为瞩目。

用葡萄糖氧化酶与过氧化氢酶共同处理以除去禽蛋中的葡萄糖,可以消除禽蛋产品干制时"褐变"的发生。

8.4.2.6 酶在面包与焙烤食品制造中的应用

陈面粉的酶活力低和发酵力低,因而用陈面粉制造的面包,体积小,色泽差。向陈面粉的面团中添加霉菌所生产的 α-淀粉酶和蛋白酶制剂,则可以提高面包的质量。

添加 β-淀粉酶,可以防止糕点老化;加蔗糖酶,可以防止糕点中的蔗糖从糖浆中析晶;添加蛋白酶,可以使通心面条风味佳,延伸性好。

8.4.2.7 酶在食品添加剂制造中的应用

酶在食品添加剂的生产中应用也很广泛,主要有乳化剂、增稠剂、酸味剂(乳酸、苹果酸等)、鲜味剂(味精、呈味核苷酸)、甜味剂(天冬酰苯丙氨酸甲酯)、低聚糖(帕拉金糖、麦芽低聚糖)、食品强化剂(赖氨酸、天冬氨酸、苯丙氨酸、丙氨酸)等。

例如,天冬酰苯丙氨酸甲酯(H-Asp-Phe-OMe)是一种低热的新型二肽甜味剂,其甜度是

蔗糖的 200 倍,特别适用于糖尿病人。它是以苄氧基羰基-L-天冬氨酸(Cbz-Asp)和 L-苯丙氨酸甲酯(Phe-OMe)为原料,在有机溶剂中,利用固定化耐热中性蛋白酶催化合成反应,然后用钯碳(Pd-C)催化氢解反应而制得。其合成过程如下。

$$Cbz—Asp+Phe—OMe \xrightarrow[\text{中性蛋白酶、有机溶剂}]{\text{固定化耐热}} Cbz—Asp—Phe—OMe \xrightarrow{Pd-C} H—Asp—Phe—OMe$$

又如,青橘柑中含有 10%～20% 的橙皮苷,经过抽提分离后,用黑曲霉橙皮苷酶水解橙皮苷,除去分子中的鼠李糖,然后再在碱性溶液中水解、还原,便制得一种比蔗糖甜 70～100 倍的橙皮素-β-葡萄糖苷二氢查耳酮。它是一种安全、低热的甜味剂,但是溶解度很低(仅 0.1%),没有实用价值。如果将此物与淀粉溶液混合,利用环糊精葡萄糖基转移酶催化偶联反应,使其葡萄糖分子的 C_4 接上 2 个葡萄糖分子(G—G),生产出的橙皮素二氢查耳酮-7-麦芽糖苷,其甜度不变,但溶解提高了 10 倍。

橙皮素二氢查耳酮-7-麦芽糖苷

8.4.2.8　酶在食品保鲜方面的应用

酶法食品保鲜技术是利用酶的催化作用,防止或消除外界因素对食品的不良影响,从而保持食品原有的优良品质和特性的技术。用于食品保鲜的酶主要有葡萄糖氧化酶(glucose oxidase)、溶菌酶(lysozyme)等。

(1)葡萄糖氧化酶。葡萄糖氧化酶是一种理想的除氧保鲜剂,其保鲜原理是:催化葡萄糖与氧反应,生成葡萄糖酸和过氧化氢,有效地降低或消除了密封容器中的氧气,从而防止食品氧化,起到保鲜作用。

具体做法:是将葡萄糖氧化酶制成"吸氧保鲜袋",即将葡萄糖氧化酶和其作用底物葡萄糖混合在一起,包装于不透水但可透气的薄膜袋中,置于装有需保鲜食品的密闭容器中,当密闭容器中的氧气透过薄膜进入袋时,就在葡萄糖氧化酶的催化作用下,与葡萄糖发生反应,从而除去密闭容器中的氧,达到防止氧化的目的。葡萄糖氧化酶也可直接加入罐装果汁、果酒中,防止罐装食品的氧化。

此外,将适量葡萄糖氧化酶加入蛋白液或全蛋液中,在有氧条件下,可以将蛋类制品中的少量葡萄糖除去,从而有效地防止蛋制品的褐变,提高产品的质量。

(2)溶菌酶。溶菌酶(EC 3.2.1.17)是一种催化细菌细胞壁中肽多糖水解的酶。其保鲜原理是:该酶专一作用于肽多糖分子中的 N-乙酰胞壁酸与 N-乙酰氨基葡萄糖之间的 β-1,4-糖苷键,破坏细菌的细胞壁,使细胞溶解死亡,从而有效防止和消除细菌对食品的污染,达到防腐保鲜的目的。

溶菌酶可从鸡蛋清或微生物发酵制得。不同来源的溶菌酶特性不同,蛋清来源的溶菌酶对金黄色葡萄球菌以外的许多革兰氏阳性菌具有强烈的溶菌特性,对革兰氏阴性菌无作用或作用很弱。

采用溶菌酶对食品进行保鲜,一般使用蛋清溶菌酶。溶菌酶现已广泛用于干酪、水产品、低度酿造酒、乳制品以及香肠、奶油、湿面条等食品的保鲜。

8.4.2.9 酶在食物解毒方面的应用

酶还可将食物中的有毒成分降解为无毒化合物,从而达到解毒的目的。如蚕豆中含有有毒成分,易导致溶血性贫血病,加入 β-葡萄糖苷酶能将毒素降解,降解产生的酚类碱极不稳定,在加热时可迅速氧化分解。

$$\text{伴蚕豆嘧啶核苷} + \text{蚕豆嘧啶葡萄糖苷} \xrightarrow[-2C_6H_{12}O_6]{\beta\text{-葡萄糖苷酶}} \text{异乌拉米尔} + \text{香豌豆嘧啶}$$

通过酶的作用还能将食品中很多毒素和抗营养因子除去,见表 8-5。

表 8-5　酶法除去食物中的毒素和抗营养因子

物质	食品来源	毒性	酶的种类
乳糖	乳	肠胃不适	β-半乳糖苷酶(乳糖酶)
寡聚半乳糖	豆	肠胃气胀	α-半乳糖苷酶
核酸	单细胞蛋白	痛风	核糖核酸酶
木酚素糖苷	红花籽	导泻	β-葡萄糖苷酶
植酸	豆、小麦	矿物质缺乏	植酸酶
胰蛋白酶抑制剂	大豆	降低蛋白质的消化和利用	脲酶
蓖麻毒	蓖麻豆	呼吸器官舒缩系统麻痹	蛋白酶
氰化物	水果果仁	死亡	硫氰酸酶、氰基苯丙氨酸合成酶、腈酶
番茄素	绿色水果	生物碱	成熟水果的酶系
亚硝酸盐	各种食物	致癌物	亚硝酸盐还原酶
咖啡碱	咖啡	亢奋	微生物嘌呤去甲基酶
皂草苷	苜蓿	牛气胀病	β-葡萄糖苷酶
含氯农药	含农残食物	致癌物	谷胱甘肽 S-转移酶
有机磷酸盐	各种食物	神经毒素	酯酶

8.4.3 酶在食品分析中的应用

与化学分析相比,酶法分析具有快速、专一、高灵敏度和高精确度等优点,尤其是对低含量化合物的分析误差较小。且酶法分析省去了将待测物和其他组分分离的麻烦,如测定植物中葡萄糖的含量,只需除去干扰吸光度的不溶物,即可直接采用葡萄糖氧化酶比色。另外酶法分析所需条件温和,大多数在接近室温和中性环境下进行,且反应时间很短。因此,可以避免或限制非酶引起的化合物变化。尤其是固定化酶,由于能重复使用,在食品分析中应用较广,目前使用的有固定化酶柱、酶电极、含酶的薄片和酶联免疫分析(ELISA)。

食品酶学分析包括测定食品中的酶活和食品成分,所测定的食品成分可以是酶的底物,也可以是酶的抑制剂或激活剂。

8.4.3.1 被测化合物是酶的底物

当被测化合物是酶的底物时,根据底物消耗的情况,可以分别采用终点测定法和动力学方法进行测定。

(1)终点测定法。只有当反应进行比较完全时,终点测定法(end-point method)才可靠。它是根据反应前后酶反应体系的吸光度或荧光强度的总变化,来测定产物(或底物)的量。与动力学方法比较,食品中待分析的底物浓度绝对不能低于酶催化反应的米氏常数 K_m。底物浓度对吸光度的影响见图 8-15。

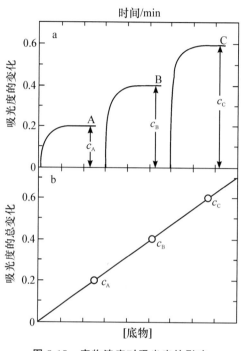

图 8-15　底物浓度对吸光度的影响

终点测定法的优点是不需要精确控制酶反应的 pH 和温度,只需要保证足够的酶,能使反应在 2~10 min 内完成,表 8-6 列出了终点测定法中所用的不同酶的浓度。在某些情况下,酶催化反应还未进行完全就已达到平衡,此时可以通过提高反应物的浓度或去除反应的某一产物,从而打破平衡,使其向有利于产物的方向进行。例如,在乳酸脱氢酶催化反应中,乳酸和 NAD$^+$ 是底物,反应生成丙酮酸,可以加入草氨酸盐(oxamate)将其除去,使反应向产物方向进行。另外,可以在完全相同的反应条件下,制作标准曲线,然后通过标准曲线得到待测化合物的浓度。

表 8-6　终点测定法所需要的酶浓度

底物	酶	K_m	酶浓度/(μKat/L)
葡萄糖	己糖激酶	1.0×10^{-4}(30 ℃)	1.67
甘油	甘油激酶	5.0×10^{-5}(25 ℃)	0.83
尿酸	尿酸氧化酶	1.7×10^{-5}(20 ℃)	0.28
富马酸	富马酸酶	1.7×10^{-6}(21 ℃)	0.03

(2)动力学方法。动力学方法(kinetic method)是根据测量酶催化反应的速率,计算出底物的浓度。当[S]>100K_m 时,反应速率与底物无关,显然无法通过测定酶催化反应的速率来计算作为酶底物的待测物浓度。因此,被测化合物的浓度必须小于 100K_m(最好小于 5K_m)。这样根据米氏方程式即可计算出作为底物的某种待测物的浓度。

具体步骤为:根据 Lineweaver-Burk 方程,以双倒数作图法作标准曲线,然后从标准曲线测定待测物浓度。该方法不易受干扰,可以进行自动分析,但是要严格控制反应条件,即待测物的测定和标准曲线制作的条件应完全相同。另外,要求分析使用的酶具有高的 K_m,以便测定较高的底物浓度。

表 8-7 列出了一些可采用酶法分析的化合物。

表 8-7　能用酶测定的一些化合物

化合物类别	代表化合物
醇	乙醇、甘油
醛	乙醛、乙醇醛
酸及其盐	乙酸盐、乳酸盐、甲酸盐、苹果酸盐、琥珀酸盐、柠檬酸盐、异柠檬酸盐、丙酮酸盐
单糖和类似化合物	葡萄糖、果糖、半乳糖、戊糖、山梨醇、肌醇
二糖和低聚糖	蔗糖、乳糖、棉籽糖、麦芽糖
多聚糖	淀粉、纤维素、半纤维素
L-氨基酸	谷氨酸、精氨酸
类脂	胆固醇

8.4.3.2　被测化合物是酶的激活剂或抑制剂

一些酶必须要有辅助因子存在才具有活性。辅助因子可以是有机化合物,如磷酸吡哆醛或 NAD^+;也可以是金属离子如 Zn^{2+} 或 Mg^{2+}。

当激活剂与酶牢固结合时,其反应初速度与激活剂浓度呈线性关系;当激活剂与酶松散结合时,其反应初速度与激活剂浓度呈双曲线,类似于底物浓度的测定。

被测化合物是酶的抑制剂时,反应速度降低。由于抑制剂与酶结合方式有可逆和不可逆等情况,测定起来非常复杂。

8.4.3.3　酶作为食品质量的指示剂

酶活力水平能作为食品原料以及制品质量的指标。在加工中测定果蔬中残存的过氧化物酶的活力以及乳和乳制品中残余的碱性磷酸酶的活力可以很好地反映出热处理是否充分。这两种酶相对于其他酶具有更高的稳定性,并且易于测定它们的活力,因而是很有用的食品质量的酶指示剂。表 8-8 列出了评价食品质量的酶指示剂。

表 8-8　评价食品质量的酶指示剂

目的	酶	食品原料
适度热处理	过氧化氢酶	水果和蔬菜
	碱性磷酸酶	乳、乳制品,火腿
	β-乙酰氨基葡萄糖苷酶	蛋
冷冻和解冻	苹果酸酶	牡蛎
	谷氨酸草酰乙酸转氨酶	肉
细菌污染	酸性磷酸酶	肉、蛋
	过氧化氢酶	乳、青刀豆
	谷氨酸脱羧酶	乳
	还原酶	乳
昆虫污染	尿酸酶	保藏谷物、水果
新鲜程度	溶血卵磷脂酶	鱼
	黄嘌呤氧化酶	鱼

续表8-8

目的	酶	食品原料
成熟度	蔗糖合成酶	马铃薯
	果胶酶	梨
发芽	淀粉酶	面粉
	过氧化物酶	小麦
色泽	多酚氧化酶	桃、鳄梨、小麦、咖啡
	琥珀酸脱氢酶	肉
风味	蒜氨酸酶	洋葱、大蒜
	谷氨酰胺酰基转肽酶	洋葱
营养价值	蛋白酶	蛋白质的消化能力
	蛋白酶	蛋白质的抑制剂
	L-氨基酸脱羧酶	必需氨基酸
	赖氨酸脱羧酶	赖氨酸

在食品的冷冻和解冻过程中,细胞完整性遭到破坏的同时会释放出一些酶,检测这些酶的活力可以判断食品原料是否耐冷冻和解冻。例如,苹果酸酶和谷氨酸草酰乙酸转氨酶活力水平的提高分别作为牡蛎和肉耐受冷冻和解冻的指示剂。不同食品原料所采用的耐受冷冻和解冻的酶的指示剂不同。

虽然细菌污染程度的常规检测方法是平板计数,但是测定指示剂酶活力水平也能得到同样的结果且节省时间。在食品原料中活力水平很低而被细菌污染后活力水平显著提高的这些酶可作为食品原料被污染程度的指示剂酶。例如,肉和蛋中的酸性磷酸酶和青刀豆中的过氧化氢酶可以作为这些食品原料的指示剂酶。用亚甲蓝测定还原酶活力可以指示乳被细菌污染的程度。鱼中溶血卵磷脂酶活力的增加与微生物污染有关,因此该酶的活力是指示鱼新鲜度的一个指标。高水分含量的小麦在储藏过程中容易发芽,导致焙烤产品质量下降,可以通过测定面粉中淀粉酶活性或小麦中过氧化物酶活性是否增加来判定小麦的发芽情况(表8-9)。

表8-9　食物中酶活力的测定

酶	食物种类
二酚氧化酶	谷物、面粉、牛奶、蔬菜
黄嘌呤-氧-氧化还原酶	牛奶
脂氧合酶	大豆、面粉
过氧化物酶	谷物、面粉、牛奶、蔬菜
过氧化氢酶	乳、乳品
脂肪酶	乳、乳品、谷粉类
磷酸酯酶	乳、乳品
淀粉酶	蜂蜜、面粉、麦芽、牛奶、面包、淀粉
脲酶	大豆粉、大豆制品
肌酸酶	肉提取液、肉汤

水果在成熟过程中,许多酶的活力水平发生显著变化,可以用这些酶指示水果的成熟度。如马铃薯中的蔗糖合成酶和梨中的果胶酶。

色泽和风味是决定食品品质的两个关键指标。在食品的色泽方面,多酚氧化酶的活力水平可以作为水果,如桃和鳄梨在加工过程中可能发生酶促褐变的指示剂,或者作为茶叶、咖啡、可可和小麦是否具有期望的褐变能力的指示剂。有些食品的风味是风味酶作用的结果,如谷氨酰胺酰基转肽酶首先催化产生谷氨酰胺酰基肽,再经蒜氨酸酶作用产生洋葱和大蒜特有的风味。

蛋白质的营养价值常常采用动物饲养实验或者体外酶法给予评价。影响蛋白质营养价值的因素主要有:①蛋白质的消化率;②食品中蛋白酶抑制剂对蛋白质的消化率和胰脏分泌蛋白酶的影响;③蛋白质中必需氨基酸的种类以及含量比例。酶法可以对以上 3 个方面进行测定且省时、省费用。

此外,通过酶活力的测定还可了解食品的品质,如测定 α-淀粉酶和 β-淀粉酶水平可判断麦芽的质量,并了解大麦成熟、发芽期间以及发酵过程中关键酶活力水平的变化。

8.4.4　酶在食品废弃物处理中的应用

人们在加工或食用一些产品时,往往将其下脚料等加工副产物丢弃。其实,这些废弃物经过加工、综合利用,可以变废为宝,还可避免污染环境。如用纤维素酶分解柑橘皮渣,可制取全果饮料,其中粗纤维有 50% 降解为短链低聚糖,还具有一定保健价值。纤维素酶或微生物可把农副产品和加工副产物中的纤维素转化成葡萄糖、乙醇和单细胞蛋白质等。

水产品加工废弃物在水产品中所占的比例相当大。以白鲢为例,加工过程中会产生 40% 左右的下脚料,其中鱼头占 30%、内脏占 8%、鱼鳔占 1%、鱼鳞占 1%。鱼鳞中的蛋白质经蛋白酶水解,制得的酶解液可用于调味品的生产和作为功能性食品的添加剂;鱼头经过蒸煮、酶解、反应、过滤等工艺可做成风味食品,可以直接作为调味料使用,也可以添加到酱油、鸡精中做成复合调味品;鱼骨粉主要用作饲料添加剂,还可添加到鱼香肠等鱼糜制品中,既降低成本,又强化营养;将鱼头、鱼骨粉碎,酶解制成的复合氨基酸钙,是一种增进营养、补充钙质的保健品。采珠后的蚌肉数量相当大,含丰富的蛋白质和必需氨基酸,长期以来用作鲜食、干制甚至用作饲料。利用枯草杆菌中性蛋白酶对蚌肉进行酶解,其水解液可用于生产功能性蛋白质饮料、调味配料及保健饮料等。

畜禽屠宰加工过程中,常产生大量的肉类副产品,如骨、骨架、机械去骨肉、脂肪及油渣等。这些副产品往往被视为低价值产品,有些被当作动物饲料廉价出售,有些则无法加以利用,带来储放及环保等方面的问题。利用酶生物技术水解其中的动物蛋白质,将这些副产品加工成肉类抽提物,并可进一步添加到肉制品中,改善肉制品的质量;或添加到多种食品中,改善食品的风味。

利用酶的高效生物催化作用,促进不易消化和不易加工成分的有益转化,从而增加食品的花色品种,提高产品的附加值,这是我国酶制剂在食品中应用的热点之一。

8.5　小结

酶的化学本质除了有催化活性的 RNA 外,几乎都是蛋白质。有些酶属简单蛋白质,有些酶是结合蛋白质,酶蛋白与辅酶或辅基结合在一起组成全酶后,才表现出催化作用。酶具有高度的专一性,如具有键专一性、基团专一性、绝对专一性、立体化学专一性等类型。酶催化反应速率受底物浓度、酶浓度、温度、pH、水分活度的影响,也常受抑制剂的影响。根据抑制剂与酶的作用方式,可分为可逆与不可逆抑制作用;可逆抑制剂与底物的关系又分为竞争性抑制、非竞争性抑制和反竞争性抑制。

植物组织发生损伤或处于异常环境时,会发生酶促褐变,这是酚酶催化酚类物质形成醌及其聚合物的过程。要控制酶促褐变,可从控制酶活性和氧浓度两方面入手,主要途径有钝化酶

的活性、改变酶的作用条件、隔氧、使用抗氧化剂等。

在食品加工中加入酶的目的通常是为了:①提高食品品质;②制造合成食品;③增加提取食品成分的速度与产量;④改良风味;⑤稳定食品品质;⑥增加副产品的利用率。酶主要应用于淀粉加工、乳品加工、水果加工、酒类酿造、肉类加工、面包与焙烤食品的制造、食品保藏以及甜味剂制造业等。食品工业中常用的酶有淀粉酶、脂肪酶、多酚氧化酶等。在食品分析中利用一些物质是酶反应的底物,可以采用酶法分析该物质的含量。利用酶的高效生物催化作用,促进不易消化和不易加工成分的有益转化,从而增加食品的花色品种,提高产品的附加值,这是我国酶制剂在食品废弃物的处理中应用的热点之一。

目前,我国食品工业使用的优质酶制剂如淀粉酶、蛋白酶等,绝大多数来自国外的酶制剂公司,受制于人。因此,广大食品科技工作者要坚持面向世界科技前沿、面向经济主战场、面向国家重大需求、面向人民生命健康,加快实现高水平科技自立自强。以国家战略需求为导向,集聚力量进行原创性、引领性科技攻关,坚决打赢关键核心技术攻坚战,解决困扰我国食品工业的一系列"卡脖子"技术难题,提升我国食品工业的核心竞争力。

❓ 思考题

1. 举例说明什么是内源酶和外源酶。

2. 请说明酶促褐变的机理及其控制措施。

3. 请从酶催化反应动力学角度解释竞争性抑制作用、非竞争性抑制作用及反竞争性抑制作用 K_m 及 v_{max} 的变化规律。

4. 酶学对食品科学有哪些重要性?

5. 烘焙食物中常用的酶有哪些? 其作用分别是什么?

6. 为什么米饭或馒头越嚼越甜?

7. 为什么洗衣粉中加入酶可以使洗衣服的效率提高?

8. 名称解释:酶,酶活力,酶的专一性,酶的活性中心,辅基,固定化酶,酶的抑制剂,酶激活剂,多酶体系。

▣ 参考文献

[1]郭勇. 酶工程. 4 版. 北京:科学出版社,2016.

[2]阚建全. 食品化学. 3 版. 北京:中国农业大学出版社,2016.

[3]莱因哈德·伦内贝格,达嘉·苏斯比尔. 生物技术入门. 杨毅,陈慧,王健美译. 北京:科学出版社,2009.

[4]李斌,于国萍. 食品酶学与酶工程. 2 版. 北京:中国农业大学出版社,2017.

[5]时君友. 生物化学. 北京:中国商务出版社,2017.

[6]王镜岩,朱圣庚,徐长法. 生物化学. 3 版. 北京:高等教育出版社,2002.

[7]徐凤彩. 酶工程. 北京:中国轻工业出版社,2001.

[8]BELITZ H D, GROSCH W, SCHIEBERLE P. Food chemistry. Heidelberg:Springer-Verlag Berlin,2009.

[9]DAMODARAN S, PARKIN K L, FENNEMA O R. Fennema's food chemistry. Pieter Walstra:CRC Press/Taylor & Francis, 2008.

第 9 章

色　素

本章学习目的与要求

1.了解常见食品着色剂的结构、性质及其使用要求和食品加工储藏过程中控制色泽的一些技术及其原理。

2.熟悉常见食品天然色素的化学结构、性质和在食品加工储藏过程中发生的重要变化及其影响因素。

3.掌握食品色素的概念、分类和常见的食品色素的名称。

9.1 概述

9.1.1 食品色素的定义和作用

物质的颜色（colour）是因为其能够选择性地吸收和反射不同波长的可见光（visible light），其被反射的光作用在人的视觉器官上而产生的感觉。把食品中能够吸收或反射可见光进而使食品呈现各种颜色的物质统称为食品色素（food pigment），包括食品原料中固有的天然色素，食品加工中形成的有色物质和外加的食品着色剂（food colorant）。食品着色剂是经严格的安全性评估试验并经准许可以用于食品着色的天然色素或人工合成的化学物质。

食品的颜色是食品主要的感官质量指标之一，人们在接受食品的其他信息之前，往往首先通过食品的颜色来判断食品的优劣，从而决定对某一种食品的"取舍"。食品的颜色直接影响人们对食品品质（food quality）、新鲜度（freshness）和成熟度的判断。例如，水果的颜色与成熟度有关，鲜肉的颜色与其新鲜度密不可分。因此，如何提高食品的色泽（colour）特征，是食品生产和加工者必须考虑的问题。符合人们心理要求的食品颜色，能给人以美的享受，提高人们的食欲（appetite）和购买欲望。

食品的颜色可以刺激消费者的感觉器官，并引起人们对味道的联想（表9-1）。如红色给人以味浓成熟和好吃的感觉，而且它比较鲜艳，引人注目，是人们普遍喜欢的一种色泽。很多的糖果、糕点和饮料都采用这种颜色，以提高产品的销售量。

表 9-1　食品的颜色对人感官的影响

颜色	感官印象	颜色	感官印象
红色	味浓成熟、好吃	灰色	难吃、脏
黄色	芳香、成熟、清淡、可口	紫红	浓烈、甜、暖
橙色	甜、滋养、味浓、美味	淡褐色	难吃、硬、暖
绿色	新鲜、清爽、凉、酸	暗橙色	陈旧、硬、暖
蓝色	新鲜、清爽、凉、酸（食品中很少直接用蓝色）	奶油色	甜、滋养、爽口、美味
咖啡色	风味独特、质地浓郁	暗黄	不新鲜、难吃
白色	有营养、清爽、卫生、柔和	淡黄绿	清爽、清凉
粉红色	甜、柔和	黄绿	清爽、新鲜

颜色可影响人们对食品风味的感受（flavor perception）。例如，人们认为红色饮料具有草莓（strawberry）、黑莓（black strawberry）和樱桃（cherry）的风味，黄色饮料具有柠檬（lemon）的风味，绿色饮料具有酸橙（bitter orange）的风味。因此，在饮料生产过程中，常把不同风味的饮料赋予不同的符合人们心理要求的颜色。

颜色鲜艳的食品可以增加食欲。美国人曾经对颜色和食欲之间的关系做过调查研究，结果表明，最能引起食欲的颜色是从红色到橙色之间的颜色，淡绿色和青绿色也能使人的食欲增加，而黄绿色是一种使人倒胃口的颜色，紫色能使人的食欲降低。这些颜色对人的食欲引起的心理感觉，实际上与长期以来人们对食品的喜好有关。例如，红色的苹果、橙色的蜜橘、黄色的蛋糕和嫩绿的蔬菜都能给人以好吃的感觉，而一些腐败变质的食品颜色会使人产生厌烦的感觉，因此一些不太鲜亮的颜色给人的印象一般不好。即使同一种颜色用在不同的食品上，也会产生不同的感觉,如紫色的葡萄汁很受人们的欢迎,但是没有人喜欢紫色的牛奶。

食品的色泽主要由其所含的色素决定,如肉及肉制品的色泽主要由肌红蛋白(myoglobin)及其衍生物(derivative)决定,绿叶蔬菜的色泽主要由叶绿素(chlorophyll)及其衍生物决定。在食品加工储藏中,常常遇到食品色泽变化的情况,有时向好的方向变化,如水果成熟时颜色变得更加美丽,烤好的面包具有褐黄色泽;但更多的时候是向不好的方向变化,如苹果切开后切面的褐变,绿色蔬菜经烹调后变为褐绿色,生肉在储存中失去新鲜的红色而变褐。食品色泽的变化大多数是由食品色素的化学变化所致。因此,认识不同的食品色素,对于控制食品色泽具有重要的意义。

在食品加工中,食品色泽的控制通常采用护色(color preservation)和染色(dye)两种方法。从影响色素稳定性的内外因素出发,护色就是要选择具有适当成熟度的原料,力求有效、温和及快速地加工食品,尽量在加工和储藏中保证色素少流失、少接触氧气、避光、避免过强的酸性或碱性条件、避免过度加热、避免与金属设备直接接触和利用适当的护色剂处理等,使食品尽可能保持其原来的色泽。染色是获得和保持食品理想色泽的另一类常用方法。食品着色剂可通过组合调色而产生各种美丽的颜色,而且其稳定性比食品固有色素的稳定性好,因此在食品加工中应用起来十分方便。然而,从营养和安全的角度考虑,食品染色并无必要,因为某些食品着色剂的使用会产生毒副作用。因此,必须遵照食品安全法规和食品添加剂(food additive)使用标准,严防滥用着色剂。

9.1.2　食品呈色的机理

不同的物质能吸收不同波长的光。如果某物质所吸收的光的波长在可见光区以外,这种物质则呈现出无色;如果它吸收的光的波长在可见光区域(400~800 nm),那么该物质就会呈现一定的颜色,其颜色与反射出的没有被吸收的光的波长有关。人的肉眼所看到的颜色,是由物体反射的不同波长的可见光所组成的综合色。例如,如果物体只吸收不可见光而反射全部可见光,那么它就呈现无色;如果物体吸收了全部可见光,它就呈现黑色或接近黑色;当物体选择性吸收部分可见光,则其呈现的颜色是由未被吸收的可见光组成的综合色(也称为被吸收光波组成颜色的互补色)。

食品色素一般为有机化合物(organic compound),其分子结构中往往具有发色团(chromophore)和(或)助色团。在紫外和可见光区(200~800 nm)具有吸收峰(absorption)的基团被称为发色团或生色团。常见的发色团是含有多个—C=C—的共轭体系(conjugation system),其中还可能会有几个—C=O、—N=N—、—N=O 或—C=S 等含有杂原子的双键。当这些含有发色团的化合物吸收可见光时,该化合物便呈现与被吸收光互补的颜色。不同波长光的颜色及其互补色如表 9-2 所示。

表 9-2　不同波长光的颜色及其互补色

光波长/nm	颜色	互补色	光波长/nm	颜色	互补色
400	紫	黄绿	530	黄绿	紫
425	蓝青	黄	550	黄	蓝青
450	青	橙黄	590	橙黄	青
490	青绿	红	640	红	青绿
510	绿	紫	730	紫	绿

在物质的分子结构中,当分子中含一个发色团时,其吸收波长为 $200\sim400$ nm,此物质是无色的;当分子中含有两个或多个共轭基团时,激发共轭双键所需要的能量降低,电子所吸收光的波长由短波长向长波长移动,使该物质显色。共轭体系越大,该结构吸收的波长也越长,见表 9-3。

表 9-3　共轭多烯化合物吸收光波波长与双键数的关系

化合物名称	共轭双键数/个	吸收波长/nm	颜色
丁二烯	2	217	无色
己三烯	3	258	无色
二甲基辛四烯	4	296	淡黄色
维生素 A	5	335	淡黄色
二氢-β-胡萝卜素	8	415	橙色
番茄红素	11	470	红色
去氢番茄红素	15	504	紫色

色素中还有些基团,如—OH、—OR、—NH$_2$、—NR$_2$、—SR、—Cl、—Br 等,它们的吸收波段在紫外区,本身并不产生颜色,但当与共轭体系或发色团连接时,可使整个分子的吸收波长向长波方向迁移而产生颜色,这类基团被称作助色团或助色基。不同色素的颜色差异和变化主要是由发色团和助色团的差异和变化引起的,如花青素类色素,2-苯基苯并呋喃母环上取代了多个—OH 和—OCH$_3$,这些助色基的位置和个数的变化就形成了形形色色的花青素的颜色。食品着色剂的结构中都含有生色团和助色团,了解它们的结构和性质,对于着色剂的研究、开发、使用有着重要的意义。

9.1.3　食品色素的分类

食品色素按来源的不同,可分为天然色素(natural pigment)和人工合成色素(synthetic pigment)两大类。天然色素根据其来源又可分为植物色素(如叶绿素、类胡萝卜素、花青素等)、动物色素(如血红素、卵黄和虾壳中的类胡萝卜素)和微生物色素(如红曲色素)。

天然色素根据其化学结构,可分为吡咯类(或卟啉类)、异戊二烯类、多酚类、酮类和醌类。常见的天然色素中,吡咯类色素有叶绿素和血红素;异戊二烯类色素有类胡萝卜素和辣椒红色素等;多酚类有花青素和花黄素等;酮类有红曲色素和姜黄素等;醌类有虫胶色素和胭脂虫红素等。

人工合成色素根据其分子中是否含有—N═N—发色团结构,可分为偶氮类色素和非偶氮类色素。例如胭脂红和柠檬黄等属于偶氮类色素,而赤藓红和亮蓝则属于非偶氮类色素。

此外,按溶解性质的不同,还可将食品色素分为水溶性色素和脂溶性色素。合成色素大都是水溶性色素,而天然的色素多数都是脂溶性的。

9.2　四吡咯色素

9.2.1　叶绿素

9.2.1.1　叶绿素的结构与性质

叶绿素(chlorophyll)是绿色植物、藻类和光合细菌的主要色素,是深绿色光合色素的总称。高等植物和藻类中存在 4 种结构很相似的叶绿素,称为叶绿素 a、叶绿素 b、叶绿素 c 和叶绿素 d。所有绿色植物都含有叶绿素 a,高等植物、绿藻类含叶绿素 a 和叶绿素 b,硅藻、褐藻含叶绿素 c,红藻含叶绿素 d。本章主要介绍高等植物中存在的叶绿素 a 和叶绿素 b,其结构如图 9-1 所示。

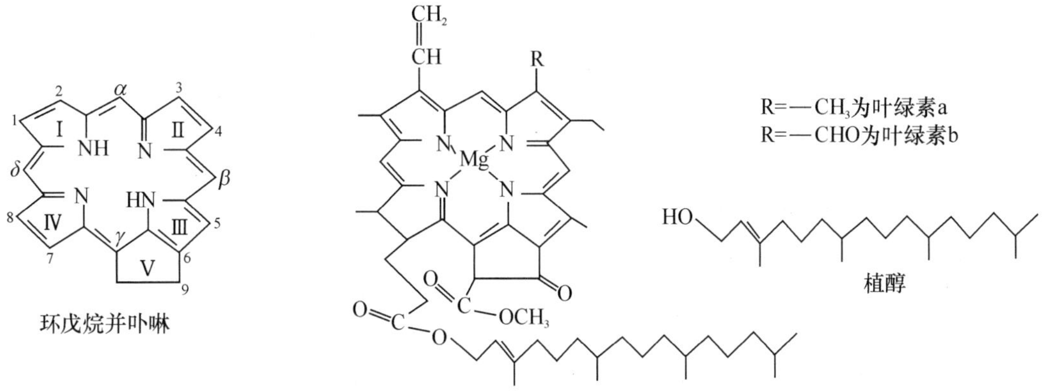

图 9-1　叶绿素 a 和叶绿素 b 的结构

叶绿素是含镁的四吡咯衍生物,由 4 个吡咯环(pyrrole ring)和 4 个甲烯基(—CH ═)连接成一个大环,称作卟啉环(porphyrin),也称为叶绿素的"头部"。镁原子居于卟啉环的中央,偏向于带正电荷,与其相连的氮原子则偏向于带负电荷,因而卟啉具有极性,可以与蛋白质结合。卟啉环上连接一个含羰基和羧基的副环(Ⅴ),称为同素环,副环上的羧基以酯键和甲醇结合。以酯键与Ⅳ吡咯环侧链上的丙酸相结合的部分称叶绿醇(phyto)或植醇(phytol),此部分称为叶绿素的"尾部"。叶绿醇是由 4 个异戊二烯单位组成的双萜,故"尾部"是亲脂的。

叶绿素 a 和叶绿素 b 在结构上的区别仅在于 3 位上的取代基不同,叶绿素 a 含有一个甲基(methyl group),而叶绿素 b 则含有一个甲醛基(formyl group)(图 9-1)。

叶绿素 a 是蓝黑色的粉末,溶于乙醇溶液而呈蓝绿色,并有深红色荧光。叶绿素 b 是深绿色粉末,其乙醇溶液呈绿色或黄绿色,并有荧光。二者都不溶于水而溶于有机溶剂,常利用有机溶剂(如丙酮、乙醇、乙酸乙酯等)从植物匀浆中萃取分离叶绿素。植物中的叶绿素一般存在于植物细胞的叶绿体中,它与类胡萝卜素、类脂物质及脂蛋白复合在一起并分布在叶绿体内的碟形体片层膜上。

在食品加工储藏中,叶绿素发生化学变化后会产生几种重要的衍生物,主要为脱镁叶绿素(pheophytin)、焦脱镁叶绿素(pyropheophytin)、脱植基叶绿素(chlorophyllide)、脱镁脱植叶

绿素（pheophorbide）和焦脱镁脱植叶绿素（pyrophephorbide）。见图9-2。

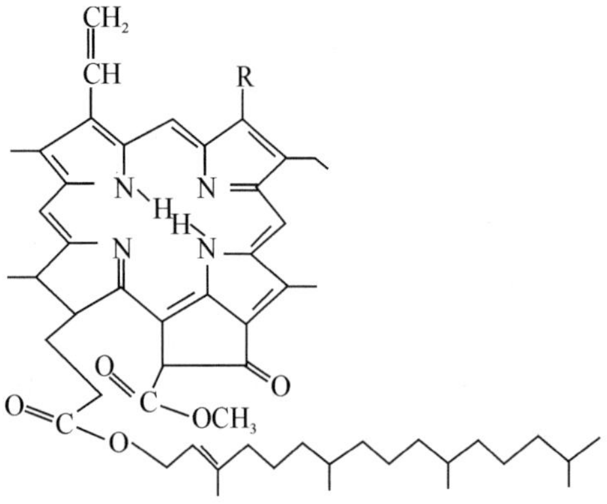

脱镁叶绿素（橄榄绿色）

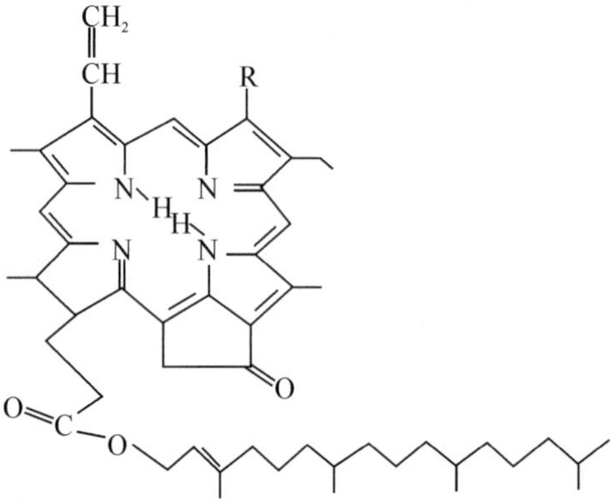

焦脱镁叶绿素（暗橄榄绿色）

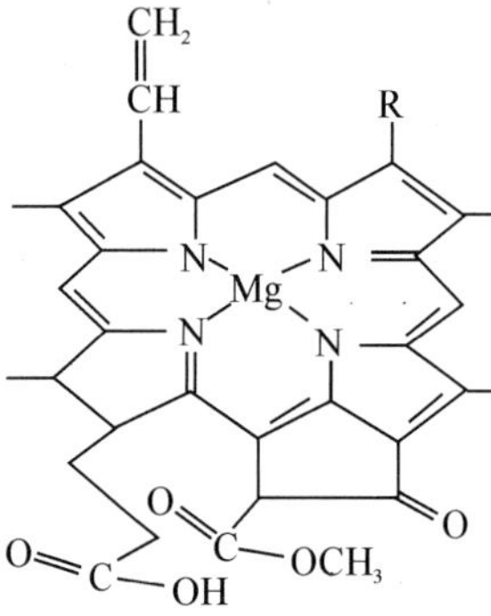

脱植基叶绿素（绿色）

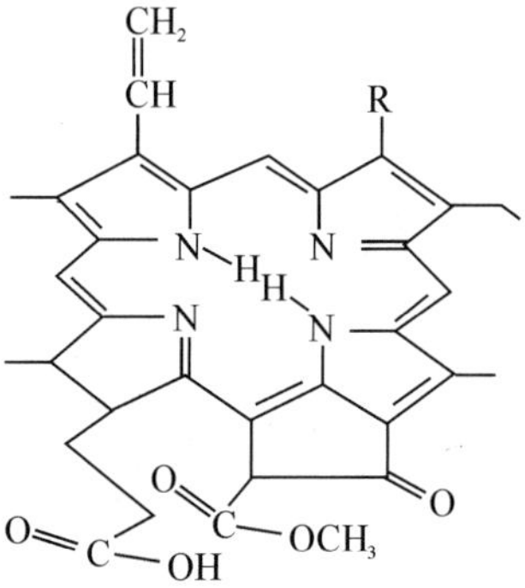

脱镁脱植叶绿素（橄榄绿色）

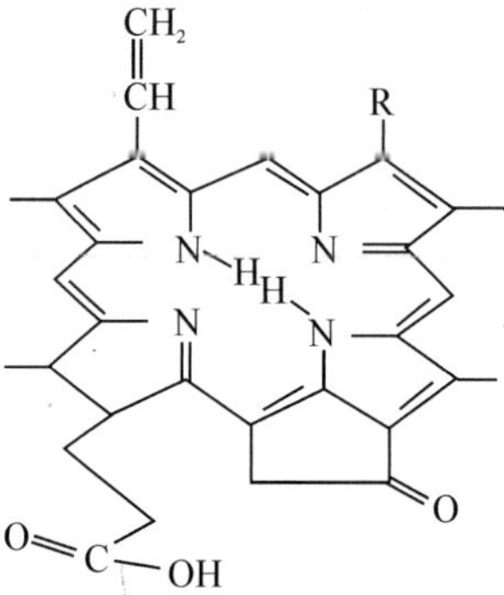

焦脱镁脱植叶绿素（暗橄榄绿色）

图9-2 主要叶绿素衍生物的结构与颜色

　　脱镁叶绿素是叶绿素结构中的镁离子被两个质子取代而产生的衍生物，其颜色为橄榄绿色，能溶于有机溶剂。脱植基叶绿素是叶绿素结构中的植醇被羟基取代而产生的衍生物，其颜色为绿色，是水溶性物质。焦脱镁叶绿素是脱镁叶绿素分子去甲酯基后发生酮式-烯醇式结构互变而形成的衍生物，其颜色比脱镁叶绿素更暗。脱镁脱植叶绿素是叶绿素分子同时脱去镁离子和植醇而形成的衍生物，颜色为橄榄绿，为水溶性色素。焦脱镁脱植叶绿素是焦脱镁叶绿素分子中植醇被羟基取代而产生的衍生物，其颜色比脱镁叶绿素更暗。脱镁脱植叶绿素中心镁离子还可以被二价锌或铜离子取代而形成衍生物，这类物质仍具有绿色，且其绿色比叶绿素更鲜艳、更稳定。

众多叶绿素衍生物的区别鉴定可以借助它们的可见吸收光谱。叶绿素 a 和叶绿素 b 及衍生物在 600～700 nm(红光)和 400～500 nm(蓝光)有尖锐的吸收峰,如溶于乙醚中的叶绿素 a 和叶绿素 b 的最大吸收波长在红区为 660.5 nm 和 642 nm,在蓝区为 428.5 nm 和 452.5 nm。

9.2.1.2　叶绿素在食品加工和储藏中的变化

(1)酶促变化。引起叶绿素破坏的酶促变化有两类:一类是直接作用,另一类是间接作用。直接以叶绿素为底物的酶只有叶绿素酶(chlorophyllase),它是一种酯酶,能催化叶绿素和脱镁叶绿素的植醇酯键水解而分别产生脱植基叶绿素和脱镁脱植叶绿素。叶绿素酶的最适温度在 60～82.2 ℃范围内,80 ℃以上其活性开始下降,达到 100 ℃时,叶绿素酶的活性完全丧失。

起间接作用的酶有脂肪酶、蛋白酶、果胶酯酶、脂氧合酶、过氧化物酶等;脂肪酶和蛋白酶的作用是破坏叶绿素-脂蛋白复合体,使叶绿素失去脂蛋白的保护而更易被破坏;果胶酯酶的作用是将果胶水解为果胶酸,从而降低了体系的 pH 而使叶绿素脱镁;脂氧合酶和过氧化物酶的作用是催化它们的底物氧化,氧化过程中产生的一些物质会引起叶绿素的氧化分解。

(2)热和酸引起的变化。绿色蔬菜初经烹调或热烫后表现出的绿色似乎有所加强并更加明快,这可能是原存于细胞间隙的气体被加热逐出,或者由于叶绿体中不同成分的分布情况受热变动的缘故,这些物理变化造成光线在蔬菜中的折射与反射的情况变化,从而引起颜色变化。

在加热或热处理过程中,叶绿素蛋白复合体中的蛋白质变性导致叶绿素与蛋白质分离生成游离的叶绿素。游离的叶绿素非常的不稳定,对光、热和酶都很敏感;同时植物在受热过程中组织细胞被破坏,致使氢离子穿过细胞膜的通透性增加,脂肪水解为脂肪酸,蛋白质分解产生硫化氢和脱羧产生的二氧化碳等都可导致体系的 pH 降低。

pH 是决定叶绿素脱镁速度的一个重要因素。在 pH 9.0 时,叶绿素对热非常稳定,而在 pH 3.0 时,它的稳定性却很差。pH 的降低诱发了植物细胞中脱镁叶绿素的生成,并进一步生成焦脱镁叶绿素,致使食品的绿色明显地向橄榄绿到褐色转变,而且这种转变在水溶液中是不可逆的。叶绿素 a 比叶绿素 b 发生脱镁反应的速度更快,这是因为叶绿素 b 的卟啉环内的正电荷相对更多,从而增加了脱镁的困难,使其比叶绿素 a 更稳定。

用 $NaCl$、$MgCl_2$ 和 $CaCl_2$ 处理烟叶并于 90 ℃下加热,其脱镁反应分别减速 47%、70% 和 77%。盐的作用可能是作为静电屏蔽剂,阳离子中和了叶绿体膜上脂肪酸和蛋白质具有的负电荷,从而降低了质子透过膜的速度。采用阳离子表面活性剂也有类似的作用,它吸附到叶绿体或细胞膜上,限制了质子扩散进入叶绿体,从而减缓了脱镁作用。

以前的观点认为,脱植基叶绿素的热稳定性高于叶绿素,但后来的研究事实证明恰好相反。现在认为植醇对质子取代镁离子有空间位阻作用,所以脱植基叶绿素比叶绿素更易脱镁。另外,脱植基叶绿素是水溶性色素,它会更容易与质子发生接触而使脱镁反应发生。当既有酶促作用,又有酸和热的作用时,叶绿素的变化顺序可见图 9-3。

腌制蔬菜时,常常发生颜色由翠绿向橄榄绿到褐色的转变,这是由于在腌制过程中生成的酸的作用所致,这里的酸多来自发酵,如乳酸菌发酵时将会产生大量乳酸。

(3)光解。在鲜活植物中,叶绿素和蛋白质结合,以蛋白复合体的形式存在,因此受到良好的保护,此时它既可发挥光合作用,又不发生光降解(photodegradation)。但当植物衰老、色素从植物中萃取出来以后或在加工储藏中细胞受到破坏时,可使其保护作用丧失,就会发生光分

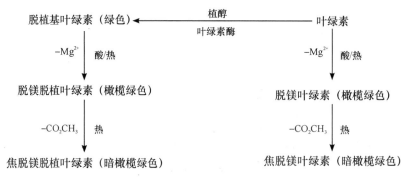

图 9-3　叶绿素及其衍生物在酶、酸和热作用下的衍生物

解,此时若有氧气存在时,会导致叶绿素的不可逆褪色。在有氧的条件下,叶绿素或卟啉类化合物遇光可产生单线态氧(singlet oxygen)和羟基自由基(hydroxyl radical),它们可与叶绿素的四吡咯(tetrapyrrole)进一步反应生成过氧化物(peroxide)和更多的自由基(radical),最终导致卟啉环的分解和颜色的完全丧失。叶绿素光解的过程始于亚甲基的开环,并形成了线形四吡咯结构,主要产物是甘油,同时还有乳酸、柠檬酸、琥珀酸和少量丙二酸,见图 9-4。

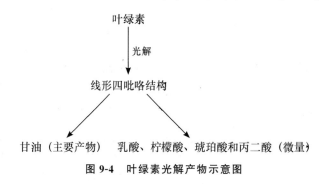

图 9-4　叶绿素光解产物示意图

9.2.1.3　护绿技术

(1)中和酸而护绿。提高罐藏蔬菜的 pH 是一种有效的护绿方法(color preservation)。采用加入适量氧化钙(calcium oxide)和磷酸二氢钠(sodium dihydrogen phosphate)来保持热烫液 pH 接近 7.0,或采用碳酸镁(magnesium carbonate)或碳酸钠(sodium carbonate)与磷酸钠(sodium phosphate)相结合调节 pH 的方法都有护绿效果。但由于它们在应用时,都能导致蔬菜组织软化并产生碱味而限制了它们在食品工业中的应用。

将氢氧化钙(calcium hydroxide)或氢氧化镁(magnesium hydroxide)用于热烫液,既可提高 pH,又有一定的保脆作用,此种方法是众所周知的"Blair 方法"。但是,该方法并未取得商业上的成功,原因是组织内部的酸不能得到长期有效的中和,一般在 2 个月以内,罐藏蔬菜的绿色仍会失去。

采用含 5% 氢氧化镁的乙基纤维素(ethycellulose)在罐内壁上涂膜的办法,可使氢氧化镁慢慢释放到食品中以保持 pH 8.0 很长一段时间,这样就可使绿色保持相对比较长的时间。该方法的缺点是将会引起谷氨酰胺(glutamine)和天冬酰胺(asparagine)部分水解而产生氨味,引起脂肪水解而产生酸败气味。在青豌豆中,此种护绿方法还可能引起鸟粪石(struvite)(磷酸铵镁络合物的玻璃状晶体)的形成。

（2）高温瞬时消毒。高温瞬时消毒（high-temperature short time method，HTST）不但能使维生素和风味更好保留，也能显著减轻植物性食品在商业杀菌中发生的绿色破坏程度。但经过约 2 个月的储藏后，食品的 pH 仍然会自然下降，导致叶绿素脱镁而使产品的绿色褪去。另外，采用高温瞬时杀菌和 pH 调节相结合的方法，叶绿素保存率通常会提高，但是储藏过程中同样会因为 pH 的下降使已取得的护色效果失去。

（3）绿色再生。将锌离子添加至蔬菜的热烫液中，也是一种有效的护绿方法，其原理是叶绿素的脱镁衍生物可以螯合锌离子，生成叶绿素衍生物的锌络合物（zinc metallo complex）（主要是脱镁叶绿素锌和焦脱镁叶绿素锌）。这种方法使用 Zn^{2+} 浓度约为万分之几，并将 pH 控制在 6.0 左右，在略高于 60 ℃ 以上进行热处理。为提高 Zn^{2+} 在细胞膜中的渗透性，还可在处理液中适量加入具有表面活性的阴离子化合物。这种方法用于罐藏蔬菜加工可产生比较满意的效果。Cu^{2+} 也有相类似的护绿效果。

叶绿素衍生物的铜和锌络合物可被用于改善绿色蔬菜的颜色，主要的产品有叶绿素铜（copper chlorophyll）和叶绿酸铜，它们分别是脱镁叶绿素和脱镁脱植叶绿素的铜衍生物。除美国尚未批准其在食品中应用外，其他国家普遍允许使用。日本按化学合成品对待，ADI 为 $0\sim15$ mg/kg。联合国粮农组织（FAO）已批准将其用于食品，但是游离铜离子的含量不得超过 200 mg/kg。

（4）其他护绿方法。气调保鲜技术使绿色同时得以保护，这属于生理护色。当水分活度很低时，即使有酸存在，H^+ 转移并接触叶绿素的机会也相对减小，它难以置换叶绿素和叶绿素衍生物中的 Mg^{2+}；同时由于水分活度较低，微生物的生长及酶的活性也被抑制。因此，脱水蔬菜能较长期地保持绿色。在储藏绿色植物性食品时，避光、除氧可防止叶绿素的光氧化褪色。因此，正确选择包装材料和护绿方法以及与适当使用抗氧化剂相结合，就能长期保持食品的绿色。

9.2.2 血红素

9.2.2.1 血红素及其衍生物的结构和物理性质

血红素（heme）是动物肌肉和血液中的主要红色色素，是呼吸过程中 O_2、CO_2 载体血红蛋白（hemoglobin）的辅基。血红素在肌肉中主要以肌红蛋白（myoglobin）的形式存在，而在血液中主要以血红蛋白的形式存在，蛋白质部分称为球蛋白（globulin），由 153 个氨基酸残基组成。血红素是一种卟啉类化合物，卟啉环中心的 Fe^{2+} 有 6 个配位部位，其中 4 个分别与 4 个吡咯环（tetrapyrrole ring）上的氮原子配位结合，一个与球蛋白的第 93 位上的组氨酸残基（histidine residue）上的咪唑基氮原子配位结合，第 6 个配位部位可与 O_2、CO 等小分子配位结合（图 9-5）。

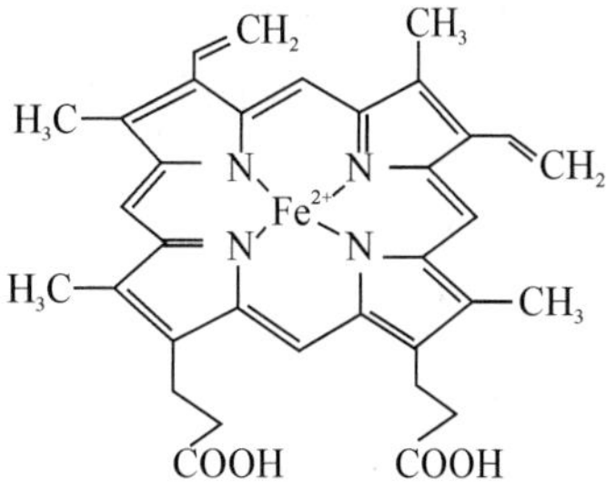

肌红蛋白是由 1 条多肽链（polypeptidechain，大约含 153 个氨基酸残基）组成的球状蛋白质与 1 分子血红素组成，其分子量为 16 700。肌红蛋白的主要作用是在肌细胞中接受和储存血红蛋白运送的氧，并分配给组织，以供代谢用。

血红蛋白分子由 2 条 α 肽链（每条含 141 个氨基酸残

图 9-5 血红素的结构

基)及 2 条 β 肽链(每条含 146 个氨基酸残基)组成的四聚体,每条肽链结合 1 分子血红素辅基,其分子量为 64 500。因此,血红蛋白可以粗略地看成是肌红蛋白的四聚体,其主要功能是在血液中结合并转运氧气。

肌肉内接近 90%的色素是肌红蛋白,肌肉中肌红蛋白的含量因动物种类、年龄和性别及部位的不同相差很大,如小牛的肉就不如老牛的肉中肌红蛋白含量高,所以色浅。肌肉中还含有少量其他色素,如细胞色素(cytochrome)、黄素蛋白(flavoprotein)和维生素 B_{12}。由于它们含量很少,所以新鲜肌肉的颜色主要由肌红蛋白决定,呈紫红色。虾、蟹及昆虫体内的血色素是含铜的血蓝蛋白。

在肉品加工和储藏中,肌红蛋白会转化为多种衍生物,其种类主要取决于肌红蛋白的化学性质、铁的价态、肌红蛋白的配体类型和球蛋白的状态。卟啉环中的血红素铁能以 2 种形式存在,一种是二价铁离子,另外一种是三价铁离子。肌红蛋白的铁离子是+2 价,且第 6 位缺乏配体键合;当二价铁离子与氧结合后,肌红蛋白称为氧合肌红蛋白。肌红蛋白的主要衍生物见表 9-4。

表 9-4　存在于鲜肉、腌肉和熟肉中的主要色素

色素名称	生成方式	铁的价态	血红素环的状态	球蛋白的状态	颜色
1.肌红蛋白	高铁肌红蛋的还原和氧化肌红蛋白的脱氧	Fe^{2+}	完整	天然	紫红色
2.氧合肌红蛋白	肌红蛋白的氧合	Fe^{2+}	完整	天然	鲜红色
3.高铁肌红蛋白	肌红蛋白与氧化肌红蛋白的氧化	Fe^{3+}	完整	天然	棕褐色
4.亚硝基肌红蛋白	肌红蛋白与 NO 的结合	Fe^{2+}	完整	天然	亮红(粉红)色
5.亚硝基高铁肌红蛋白	高铁肌红蛋白与 NO 的结合	Fe^{3+}	完整	天然	深红色
6.高铁肌红蛋白亚硝酸盐	高铁肌红蛋白与过量的亚硝酸盐结合	Fe^{3+}	完整	天然	红棕色
7.肌球蛋白血色原	肌红蛋白、氧合肌红蛋白因加热和变性试剂作用、肌红蛋白血色原受辐射	Fe^{2+}	完整(常与非球蛋白型变性蛋白质结合)	变性(通常分离)	暗红色
8.高铁肌球蛋白血色原	肌红蛋白、氧合肌红蛋白、高铁肌红蛋白、血色原因加热和变性试剂作用	Fe^{3+}	完整(常与非珠蛋白型变性蛋白质结合)	天然(通常分离)	棕色(有时灰色)
9.亚硝基血色原	亚硝基肌红蛋白受热和变性试剂作用	Fe^{2+}	完整,但一个双键已被饱和	变性	亮红(粉红)色
10.硫代肌绿蛋白	肌红蛋白与 H_2S 和 O_2 作用	Fe^{3+}	完整,但一个双键已被饱和	天然	绿色
11.高硫代肌绿蛋白	硫代肌绿蛋白氧化	Fe^{3+}	完整,但一个双键已被饱和	天然	红色

续表9-4

色素名称	生成方式	铁的价态	血红素环的状态	球蛋白的状态	颜色
12.胆绿蛋白	肌红蛋白或氧合肌红蛋白受过氧化氢作用、氧合肌红蛋白受抗坏血酸盐或其他还原剂的作用	Fe^2 或 Fe^{3+}		天然	绿色
13.硝化氯化血红素	亚硝基高铁肌红蛋白与过量的亚硝酸盐共热	Fe^{3+}	完整,但还原卟啉环打开	不存在	绿色
14.氯铁胆绿素	受过量的变性试剂的作用	Fe^{3+}	卟啉环被破坏	不存在	绿色
15.胆色素	受大剂量变性试剂的作用	无铁		不存在	黄色或无色

9.2.2.2　肌肉的颜色在储藏和肉品加工中的变化

动物屠宰放血后,由于血红蛋白对肌肉组织的供氧停止,新鲜肉中的肌红蛋白保持其还原状态,肌肉的颜色呈稍暗的紫红色(肌红蛋白的颜色)。当胴体被分割后,随着肌肉与空气的接触,还原态的肌红蛋白向两种不同的方向转变,一部分肌红蛋白与氧气发生氧合反应生成鲜红色的氧合肌红蛋白(oxymyoglobin),产生人们熟悉的鲜肉色;同时,另一部分肌红蛋白与氧气发生氧化反应,生成棕褐色的高铁肌红蛋白(metmyoglobin,棕褐色)。随着分割肉在空气中放置时间的延长,肉色就越来越转向褐红色,说明后一种反应逐渐占了主导(图 9-6)。

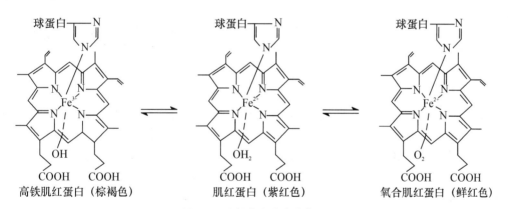

高铁肌红蛋白（棕褐色）　　肌红蛋白（紫红色）　　氧合肌红蛋白（鲜红色）

图 9-6　分割肉中的色素变化

肌红蛋白、氧合肌红蛋白和高铁肌红蛋白之间的转化是动态的,其平衡受氧气分压的强烈影响。图 9-7 反映了氧气分压高时有利于氧合肌红蛋白的生成,氧气分压低时有利于高铁肌红蛋白的生成。事实上,刚切开的肉表面由于与充足的氧气接触,肉色就是鲜红的,此时肉表面虽有一定量高铁肌红蛋白生成,但数量较少。随着肉的储存,高铁肌红蛋白生成量逐渐增加,其原因主要为:一方面是有少量好氧微生物在肉表面生长,使氧气分压有所降低;另一方面是肉内固有的还原性物质(如谷胱甘肽、巯基化合物等)使高铁肌红蛋白被还原为肌红蛋白,但当这些还原物质逐渐被耗尽时,高铁肌红蛋白的生成量就会增加。

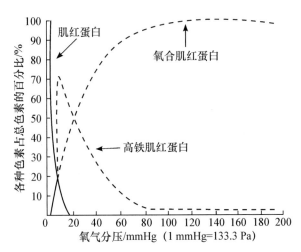

图 9-7　氧气分压对肌红蛋白、氧合肌红蛋白和高铁肌红蛋白相互转化的影响

血红素中的二价铁被氧化成三价铁的反应被认为是自动氧化(autoxidation)的结果。当球蛋白存在时,血红素的氧化速率($Fe^{2+} \rightarrow Fe^{3+}$)会降低,氧合肌红蛋白比肌红蛋白耐氧化,pH低和 Cu^{2+} 等金属离子存在时,此自动氧化的速度较快。

肉在储存时,其中的肌红蛋白在一定条件下会转变为绿色物质。这是污染细菌的生长繁殖产生了过氧化氢或硫化氢,二者与肌红蛋白的血红素中的高铁或亚铁反应分别生成了胆绿蛋白(choleglobin)和硫代肌红蛋白(sulfmyoglobin),致使肉的颜色变为绿色。

$$MbO_2(肌红蛋白) + H_2O_2 \longrightarrow 胆绿蛋白(绿色)$$
$$MbO_2(肌红蛋白) + H_2S + O_2 \longrightarrow 硫代肌红蛋白(绿色)$$

鲜肉在热加工时,肌红蛋白和高铁肌红蛋白的球蛋白会变性,此时的肌红蛋白和高铁肌红蛋白分别称为肌色原(myohemochromogen)和高铁肌色原(myohemichromogen)。即加热时,肉的温度升高和氧气分压的降低,促进了肌色原和高铁肌色原的产生,使肉的颜色发生变化,特别是高铁肌色原的产生,使肉色变为褐色。

火腿、香肠等肉类腌制品的加工中,使用了硝酸盐或亚硝酸盐作为发色剂,结果使肉中原来的色素转变为氧化氮肌红蛋白(nitrosylmyoglobin)、氧化氮高铁肌红蛋白(nitrosylmetmyoglobin)和氧化氮肌色原(nitromyohemochromogen),使腌肉制品的颜色更加鲜艳诱人,并且对加热和氧化表现出更大的耐性。这 3 种色素的中心铁离子的第 6 配位体都是氧化氮(nitric oxide)(NO),NO 和这些产物的生成可用图 9-8 表示。

硝酸盐(nitrite)和亚硝酸盐(inferior nitrate)除具有发色剂的功能外,还具有防腐剂(preservative)的功能,对肉制品的安全储藏具有重要意义。但是硝酸盐和亚硝酸盐发色剂本身的用量则必须严格控制,因过量使用不但产生绿色物质,还会产生致癌物质,如图 9-9 所示。

硝酸盐和亚硝酸盐可以与某些氨类物质生成致癌物质。习近平总书记在党的十九大报告中指出:要"实施食品安全战略,让人民吃得放心"。李克强总理在第十三届全国人民代表大会上所作的政府工作报告中强调:在食品安全方面,群众还有不少不满意的地方;要创新食品监管方式,让消费者买的放心,吃得放心。为此,出台了一系列的法律法规、标准、规范和制度,加强食品的安全监管。例如,2018 年 2 月 9 日,国家食品药品监督管理总局(现国家市场监督管

$$NO_3^- \xrightarrow[+2H^+]{\text{亚硝基化细菌还原作用}} NO_2^- + H_2O$$

$$NO_2^- + H^+ \xrightarrow{\text{pH 5.4～6.0最适}} HNO_2$$

$$3HNO_2 \xrightarrow{\text{歧化反应}} HNO_3 + 2NO + H_2O$$

$$2HNO_2 \xrightarrow{\text{还原剂}} 2NO + H_2O$$

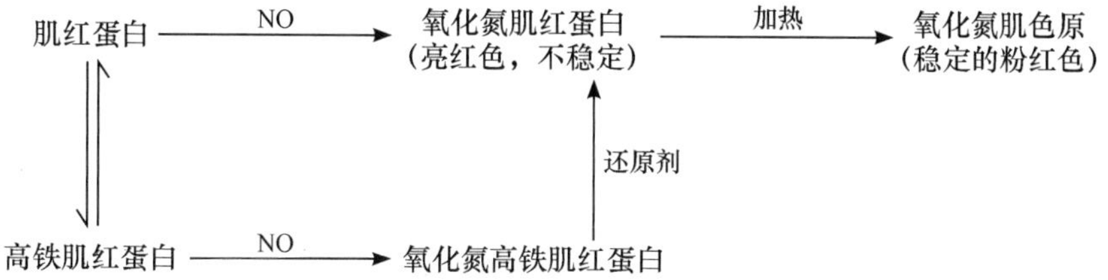

肌红蛋白 $\xrightarrow{NO}$ 氧化氮肌红蛋白(亮红色，不稳定) $\xrightarrow{\text{加热}}$ 氧化氮肌色原(稳定的粉红色)

高铁肌红蛋白 $\xrightarrow{NO}$ 氧化氮高铁肌红蛋白 $\xrightarrow{\text{还原剂}}$

图 9-8 肌肉在腌制过程中的发色反应

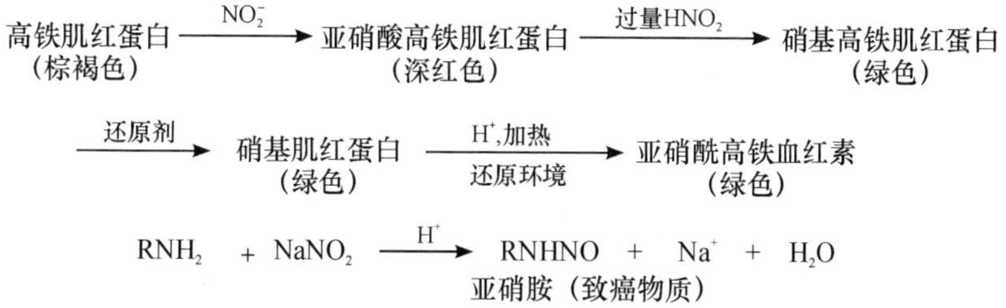

高铁肌红蛋白(棕褐色) $\xrightarrow{NO_2^-}$ 亚硝酸高铁肌红蛋白(深红色) $\xrightarrow{\text{过量}HNO_2}$ 硝基高铁肌红蛋白(绿色)

$\xrightarrow{\text{还原剂}}$ 硝基肌红蛋白(绿色) $\xrightarrow[\text{还原环境}]{H^+,\text{加热}}$ 亚硝酰高铁血红素(绿色)

$$RNH_2 + NaNO_2 \xrightarrow{H^+} \underset{\text{亚硝胺(致癌物质)}}{RNHNO} + Na^+ + H_2O$$

图 9-9 超标使用发色剂时绿色物质和致癌物质的生成反应

理局)《关于餐饮服务提供者禁用亚硝酸盐、加强醇基燃料管理的公告》(2018 年第 18 号)中规定:禁止餐饮服务提供者采购、贮存、使用亚硝酸盐(包括亚硝酸钠、亚硝酸钾),严防将亚硝酸盐误作食盐使用加工食品。因此近些年来,对硝酸盐和亚硝酸盐的替代品有很多研究和报道,如红曲色素应用在发酵香肠、火腿和午餐肉等食品中,可部分替代亚硝酸盐的用量,但是目前还没有找到可以完全替代亚硝酸盐的物质。

一些物质本身并无发色功能,但与发色剂配合使用可以明显提高硝酸盐和亚硝酸盐的发色效果,即可降低其用量而提高肉制品的安全性,此类物质称为发色助剂。肉制品中常用的发色助剂有乳酸(lactic

二维码 9-1 亚硝酸盐与肉制品的色泽

acid)、L-抗坏血酸(L-ascorbic acid)、L-抗坏血酸钠(sodium ascorbic acid)和烟酰胺(nicotin-amide)等。乳酸可促进亚硝酸的生成,L-抗坏血酸和 L-抗坏血酸钠可促进亚硝酸转化为氧化氮,烟酰胺与肌红蛋白结合可生成稳定的烟酰胺肌红蛋白,防止肌红蛋白在亚硝酸生成亚硝基期间变色,同时烟酰胺也是重要的营养强化剂,加入量为 0.01%～0.03%。

腌肉制品的颜色虽在多种条件下相当稳定,但可见光可促使它们重新转变为肌红蛋白和肌色原,而肌红蛋白和肌色原继续被氧化后就转变为高铁肌红蛋白和高铁肌色原。这就是腌肉制品见光褐变的原因。在不超标的前提下,使用充足的亚硝酸盐和添加抗氧化剂如抗坏血

酸有利于防止腌肉制品的见光褐变,因为它们可使光解产物——肌红蛋白和肌色原重新转变为亚硝基肌红蛋白和亚硝基肌色原。

鲜肉与腌肉中肌红蛋白发生的一系列变化如图9-10所示。

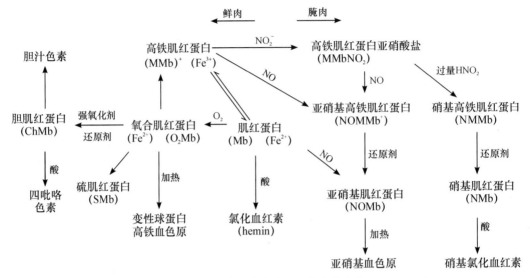

图 9-10　鲜肉与腌肉中肌红蛋白的变化

9.2.2.3　肉和肉制品的护色

肉类色素的稳定性与光照、温度、相对湿度、水分活度、pH 以及微生物的繁殖等因素相关。

把鲜肉置于透气性很低的透明包装袋内,抽真空后密封,必要时还可在袋内加入少量除氧剂以保持袋内无氧,这能使肉中的肌红蛋白处于还原状态,即血红蛋白中的铁离子是二价且没有氧与其结合,这种肉的颜色能够长期保持不变。一旦开袋,大量氧气与肉表面接触后,很快使肉色转向氧合肌红蛋白的鲜红色。这正是超市鲜肉的包装方法。

采用气调或气控技术大规模储藏肉或肉制品的方法也有一定的成功。首先,采用 100% CO_2 气体条件,肉色能得到较好保护。但 CO_2 分压不那么高时,肉品很容易出现褐色,主要原因是肌红蛋白向高铁肌红蛋白的转化。若配合使用除氧剂,护色效果可提高,但厌氧微生物的生长必须同时加以控制才行。

腌制肉(cured meat)产品的护色方法主要是避光和除氧。在选择包装方法时,必须考虑避免微生物的生长和产品失水。因为选择合适的包装方法不但可以保证此类产品的安全和减少失重,而且也是重要的护色措施之一。

9.2.2.4　血红素的应用

在食品工业中,血红素一般用作食品添加剂或补铁剂使用。血红素与植物中的铁和其他无机补铁剂相比,具有吸收率高、无毒副作用等优点,在临床上对缺铁性贫血有很好的治疗作用。

目前血红素主要是被应用于医药行业。血红素可用作原卟啉类药的原料生产原卟啉类药物,用于治疗各种肝病,如原卟啉二钠对各种肝病均有疗效。另外,以血红素为原料制备的血卟啉衍生物,在人体肿瘤部位停留的时间较长,并对紫外激光反应增强;在红色激光作用下,血卟啉产生自由基而杀死肿瘤细胞。因此,它们具有定位和治疗的双重作用。

9.3　类胡萝卜素

类胡萝卜素(carotenoid)又称多烯色素,是天然食品原料中分布最广泛的色素。红色、黄色和橙色水果及根茎类作物和蔬菜是富含类胡萝卜素的食物,卵黄、虾壳等动物材料中也富含类胡萝卜素。一般来说,富含叶绿素的植物组织也富含类胡萝卜素,因为叶绿体和有色体是类胡萝卜素含量较丰富的细胞器。

类胡萝卜素的结构可归为两大类:一类为纯碳氢化物(hydrocarbon carotenes),称为胡萝卜素类(carotenes);另一类为结构中含有羟基、环氧基、醛基、酮基等含氧基团,称为叶黄素类(xanthophylls)。

9.3.1　胡萝卜素类

9.3.1.1　结构和基本性质

胡萝卜素类包括 4 种化合物,即 α-胡萝卜素(α-carotene)、β-胡萝卜素(β-carotene)、γ-胡萝卜素(γ-carotene)和番茄红素(lycopene),它们都是含 40 个碳的多烯四萜,由异戊二烯经头-尾或尾-尾相连而构成,见图 9-11。

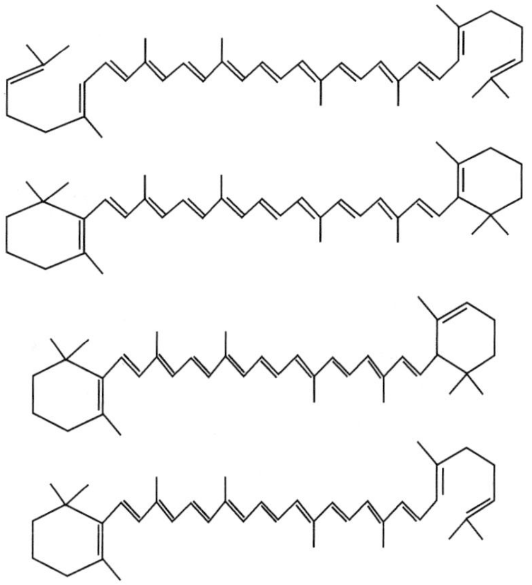

图 9-11　4 种胡萝卜素的结构式

由图 9-11 可见,它们是结构很相近的化合物,其化学性质也很相近,但它们的营养属性却不同,如 α-胡萝卜素、β-胡萝卜素、γ-胡萝卜素是维生素 A 原(provitamin A),因在体内均可以被转化为维生素 A,其中 1 分子 β-胡萝卜素可转化成 2 分子的维生素 A,1 分子的 α-胡萝卜素和 γ-胡萝卜素却只能转化成 1 分子的维生素 A。而番茄红素却不是维生素 A 原,即在体内不能转化为维生素 A。胡萝卜素的几何异构体是指它们的双键中一个

或几个发生了几何异构化,如新 β-胡萝卜素。胡萝卜素的氢化物指它们的加氢产物,如八氢番茄红素。

α-胡萝卜素、β-胡萝卜素广泛地存在于食品及生物原料中,但含量一般不高,而胡萝卜、甘薯、蛋黄和牛奶等中的 α-胡萝卜素、β-胡萝卜素、γ-胡萝卜素含量较高。番茄红素是番茄的主要色素,也广泛存在于西瓜、柑橘、杏和桃等水果中。在植物组织中,它们主要存在于有色体中;在动物体中,主要在富含脂质的特定组织中分布较多,如蛋黄。

胡萝卜素类为典型的脂溶性色素,易溶于石油醚、乙醚等有机溶剂,而难溶于乙醇和水。

胡萝卜素类结构中具有许多共轭双键,因此极易被氧化,且生成的产物非常复杂。当植物组织受到损伤时,胡萝卜素受氧化的敏感性增加;储藏在有机溶剂中的胡萝卜素,通常会加速分解;脂氧合酶、多酚氧化酶、过氧化物酶可加速胡萝卜素的间接氧化降解,因它们先催化自身的底物氧化形成具有高氧化力的中间体,转而氧化胡萝卜素。例如,脂氧合酶先催化不饱和脂肪酸氧化,生成氢过氧化物,后者再与胡萝卜素反应,使胡萝卜素氧化。因此,在食品加工中,热烫等适当的钝化酶处理措施可保护胡萝卜素。

通常,胡萝卜素的共轭双键多为全反式构型,只有极少数的顺式异构体存在。在热处理、有机溶剂、遇酸及溶液经光照(尤其是有碘存在时)的条件下,胡萝卜素极易发生异构化反应。胡萝卜素具有多个双键,因此其异构体的种类也很多,如 β-胡萝卜素就有 272 种可能的异构体。图 9-12 总结了 β-胡萝卜素的降解反应和可能的异构化反应。

胡萝卜素极易被氧化,因此它具有较好的抗氧化作用,可清除单线态氧、羟基自由基、超氧自由基和过氧自由基,而具有抗氧化作用。在胡萝卜素发挥抗氧化作用时,或被降解,或在发挥作用以后又复原。

9.3.1.2 胡萝卜素类在食品加工和储藏中的变化

在大多数的果蔬加工中,类胡萝卜素的性质相对稳定,如冷冻对胡萝卜素类色素的影响非常小。但在热加工条件下,由于植物组织受热时,胡萝卜素从有色体中转出而溶于脂类中,从而使其在植物组织中的存在形式和分布改变,而且在有氧、酸性和加热条件下胡萝卜素有可能降解,如图 9-12 所示。作为维生素 A 原而言,食品中的胡萝卜素类在加工和储藏中发生的异构化反应和降解反应中,有一部分是破坏性变化,会使维生素 A 原的活性降低。

9.3.2 叶黄素类

9.3.2.1 结构和基本性质

叶黄素类(xanthophyll)色素广泛存在于生物材料中,含胡萝卜素类的组织往往也富含叶黄素类。叶黄素类比胡萝卜素类的种类更多。一些叶黄素的结构见图 9-13。

随着叶黄素类的含氧量或者说随着叶黄素类的羟基和羰基等的增加,它们的脂溶性下降。因此,叶黄素类在甲醇或乙醇中能很好溶解,却难溶于乙醚和石油醚,有个别甚至亲水。从植物中提取总类胡萝卜素时应选用复合的、能兼顾溶解胡萝卜素类和叶黄素类的溶剂,己烷与丙酮以适当的配比,就是这种复合溶剂的例子。

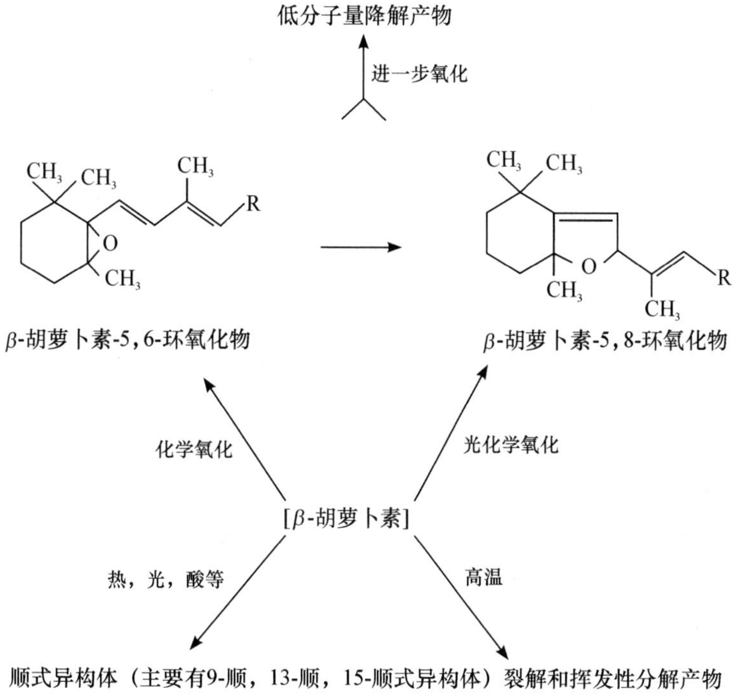

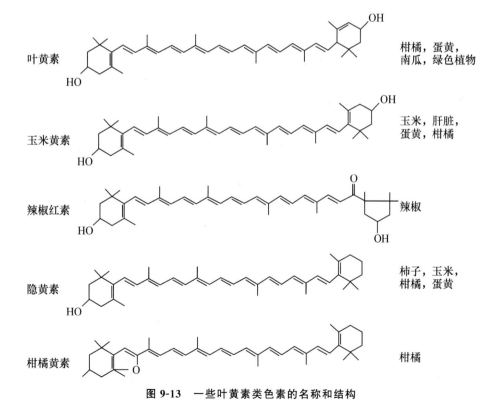

低分子量降解产物
进一步氧化
CH3 CH3 CH3 R O CH3
CH3 CH3 O CH3 R CH3
β-胡萝卜素-5,6-环氧化物
β-胡萝卜素-5,8-环氧化物
化学氧化
光化学氧化
[β-胡萝卜素]
热，光，酸等
高温
顺式异构体（主要有9-顺，13-顺，15-顺式异构体）裂解和挥发性分解产物

图 9-12　β-胡萝卜素的降解反应

叶黄素
HO
OH
柑橘，蛋黄，
南瓜，绿色植物
玉米黄素
HO
OH
玉米，肝脏，
蛋黄，柑橘
辣椒红素
HO
O
OH
辣椒
隐黄素
HO
柿子，玉米，
柑橘，蛋黄
柑橘黄素
O
柑橘

图 9-13　一些叶黄素类色素的名称和结构

叶黄素类的颜色常为黄色和橙黄色,也有少数为红色(如辣椒红素,capsanthin)。叶黄素类如以脂肪酸酯的形式存在,则依然保持本来的颜色;如与蛋白质相结合,其颜色却可能发生改变,如虾黄素($3,3'$-二羟基-$4,4'$-二酮-β,β'-胡萝卜素)在鲜龙虾壳中与蛋白质结合就形成龙虾壳的蓝色,当龙虾煮熟后,蛋白质与虾黄素的结合被破坏,虾黄素被氧化为砖红色的虾红素($3,3',4,4'$-四酮-β,β'-胡萝卜素)。

与胡萝卜素类相似,叶黄素类也是在热、酸和光作用下易发生顺反异构化,但引起的色变不明显;叶黄素类也易受氧化和光氧化而降解,强热下分解为小分子,这些变化有时会明显改变食品的颜色并影响风味。

叶黄素类中也有一部分为维生素 A 原,如隐黄素、柑橘黄素等。多数叶黄素与胡萝卜素类相同,也具有抗氧化作用。

9.3.2.2　叶黄素类色素在食品加工和储藏中的变化

在食品加工和储藏过程中,叶黄素类含有的羟基、环氧基、醛基等可能成为变化的起始部位,含氧基也可能促进或抑制分子中众多双键结构发生变化。因此,叶黄素类比胡萝卜素类的变化种类更多,变化条件也有一定差异。但是总体来讲,它们在加工和储藏中,遇到光照、氧化、中性或酸性条件下加热,会发生异构化和氧化分解等反应,缓慢地使食品褪色或褐变。作为维生素 A 原而言,上述变化有一部分是破坏性的变化。正如前所述,干制或加热使鲜虾变为橙红色,不是因为虾黄素的分解,而是其中的蛋白质受热变性和虾黄素被氧化为虾红素所致。

9.4　多酚类色素

多酚类(polyphenols)色素是自然界中存在非常广泛的一类化合物,此类色素最基本的母核为 α-苯基苯并吡喃,即花色基元。由于在苯环上连有 2 个或 2 个以上的羟基,所以统称为多酚类色素。多酚类色素是植物中存在的主要的水溶性色素,主要包括花青素、类黄酮色素、儿茶素、单宁等。它们的结构都是由 2 个苯环(A 和 B)通过 1 个三碳链连接而形成的一系列化合物,即具有 C_6—C_3—C_6 骨架结构,如图 9-14 所示。

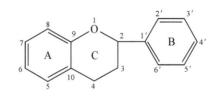

图 9-14　多酚类色素的基本结构(C_6—C_3—C_6 结构图)

9.4.1　花色苷

1835 年马尔夸特(Marquart)首先从矢车菊花中提取出一种蓝色的色素,称为花青素(anthocyanidin)。花青一词取自希腊语 anthos(花)和 kyanos(蓝色)。花色苷(anthocyanin)是花青素的糖苷(glycoside),是广泛地存在于植物中的一类水溶性色素(简称为花色素),它的颜色包括蓝、紫、紫罗兰、洋红、红和橙色等,是构成植物的花、果实、茎和叶五彩缤纷色彩的物质。

9.4.1.1　结构和物理性质

花色苷是花青素的糖苷，由一个花青素与糖以糖苷键相连。花青素具有类黄酮(fla-vonoid)典型的 C_6—C_3—C_6 的碳骨架结构，是 2-苯基苯并吡喃阳离子(2-phenylbenzopyrylium of flavylium salt)结构的衍生物(图 9-15)，由于取代基的数量和种类的不同形成了各种不同的花青素和花色苷。已知有 20 种花青素，但在食品中重要的仅 6 种，即天竺葵色素(pelargoni-din)、矢车菊色素(cyanidin)、飞燕草色素(delphinidin)、芍药色素(peonidin)、牵牛花色素(pe-tunidin)和锦葵色素(malvidin)。与花青素成苷的糖主要有葡萄糖(glucose)、半乳糖(galac-tose)、木糖(xylose)、阿拉伯糖(arabinose)和由这些单糖构成的均匀或不均匀双糖和三糖。天然存在的花色苷的成苷位点大多在 2-苯基苯并吡喃阳离子的 C_3 和 C_5 位上，少数在 C_7 位，间或有在 $C_{3'}$、$C_{4'}$ 和 $C_{5'}$ 位上成苷。这些糖基有时被脂肪族或芳香族的有机酸酰化，参与上述反应的主要有机酸包括咖啡酸(caffeic acid)、对香豆酸(p-coumaric acid)、芥子酸(sinapic acid)、对羟基苯甲酸(p-hydroxybenzoic acid)、阿魏酸(ferulic acid)、丙二酸(malonic acid)、苹果酸(malic acid)、琥珀酸(succinic acid)或乙酸(acetic acid)。金属离子的存在对花色苷的颜色将产生重大的影响。

各种花青素或各种花色苷的颜色出现差异主要是由其取代基的种类和数量不同而引起。花色苷分子上的取代基有羟基、甲氧基和糖基。作为助色团，取代基助色效应的强弱取决于它们的供电子能力，供电子能力越强，助色效应越强。甲氧基的供电子能力比羟基强，与糖基的供电子能力相近，但是糖基由于分子比较大，可能表现出空间阻碍效应。如图 9-16 所示，随着羟基数目的增加，光吸收波长向红光方向移动(红移)，蓝色加强；随着甲氧基数目的增加，光吸收波长向蓝光方向移动(蓝移)，红色加强；红移和蓝移，可导致花色苷的颜色加深。

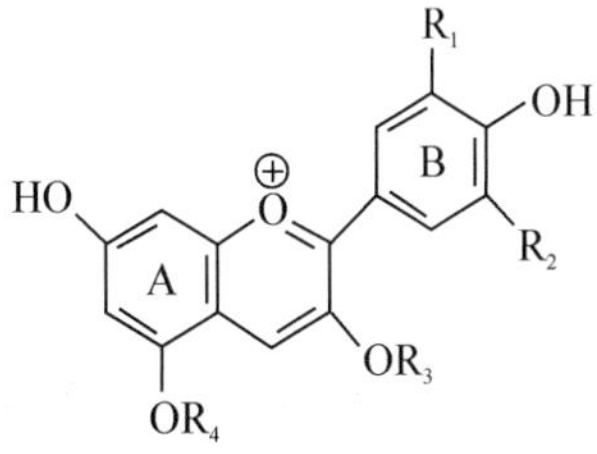

R_1 和 R_2 =—H，—OH 或—OCH$_3$

R_3 =—糖基或—H

R_4 =—H 或—糖基

图 9-15　花青素的结构

花青素和花色苷都是水溶性色素，但由于花色苷增加了亲水性的糖基，其水溶性更大。

已在植物中发现了 250 种以上的花色苷，各种植物中所含的花色苷种类多少不一，有的多达几十种(如葡萄)。不同植物和植物在不同生长期或成熟期，花色苷含量都有很大的差异，在 20～600 mg/100 g 鲜重的范围内变化。

9.4.1.2　花色苷的变化

花色苷和花青素的稳定性均不高，它们在食品加工和储藏中经常因化学反应而变色。影响其稳定性的因素包括 pH、氧浓度、氧化剂、亲核试剂、酶、金属离子、温度和光照等。

不同花色苷和花青素的结构与其稳定性之间的关系有一定规律性。花色苷和花青素结构中羟基多的稳定性不如甲氧基多的高，花青素不如花色苷稳定，糖基不同稳定性也不同。例如，天竺葵色苷、矢车菊色苷和飞燕草色苷含量高的植物的颜色，不如牵牛花色苷和锦葵色苷含量高的植物的颜色稳定。蔓越橘中含半乳糖基的花色苷，比含阿拉伯糖基的花色苷在储藏期间更稳定。

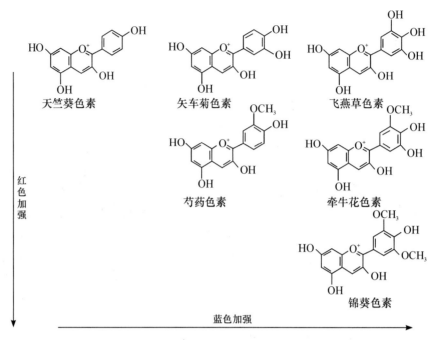

图9-16　食品中常见的6种花青素及它们红色和蓝色增加的次序

（1）pH的影响。在水溶液或食品中，花色苷随pH的变化可出现4种结构形式，即蓝色醌式结构（A）、红色2-苯基苯并吡喃阳离子（AH$^+$）、无色醇型假碱（B）和无色查尔酮（C）（图9-17）。

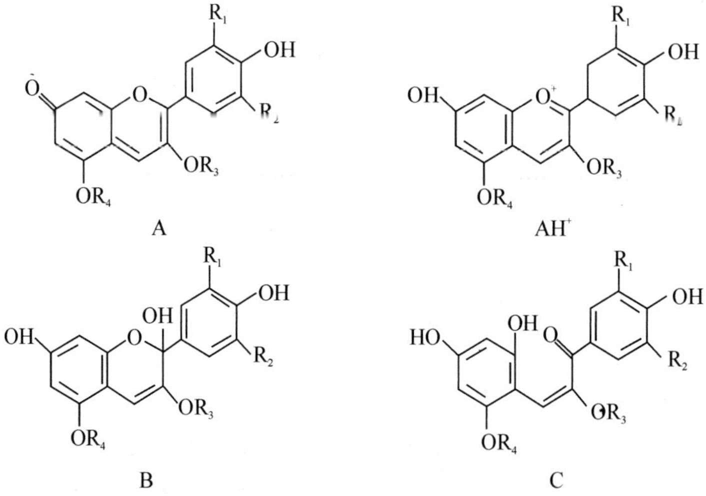

A 为醌式结构（蓝色），AH$^+$ 为2-苯基苯并吡喃阳离子（红色），B 为醇型假碱式结构（无色），C 为查耳酮式结构（无色）

图9-17　花色苷在水溶液中的4种存在形式及它们的颜色

从图9-18可以看出，锦葵色素-3-葡萄糖苷的水溶液在低pH时2-苯基苯并吡喃阳离子结构占优势，而在pH为4～6时，醇型假碱式结构占优势，其他两种存在量很少。因此，当pH接近6时，溶液变为无色。

有人对矢车菊-3-鼠李糖苷在pH为0.71～4.02范围内的缓冲溶液的吸收光谱进行了研

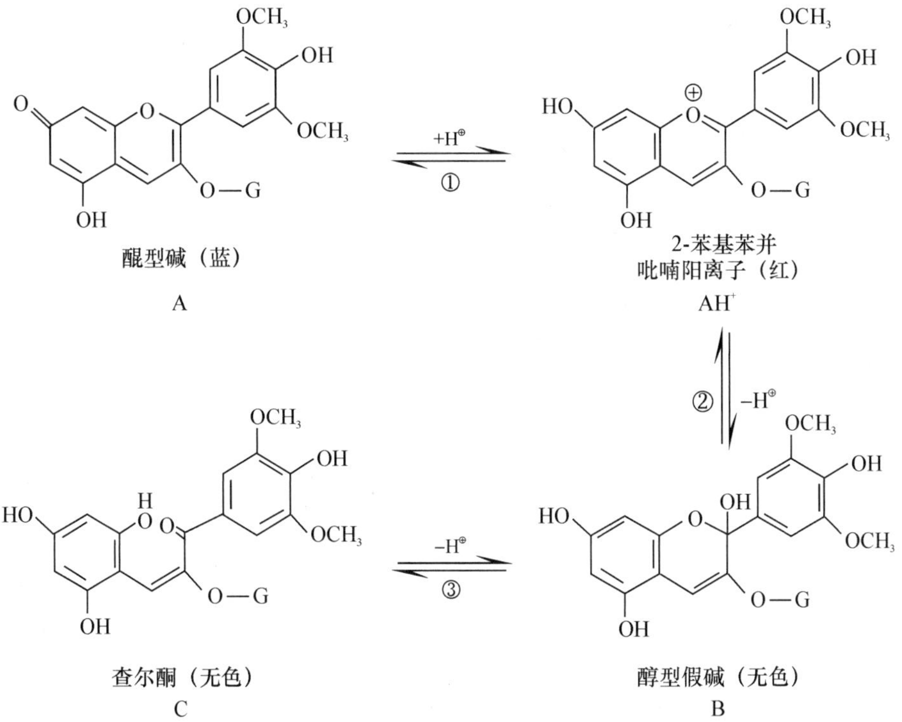

图 9-18　锦葵色素-3-葡萄糖苷在 pH 0～6 范围内变化出现的 4 种结构

究。结果表明,在该范围内,吸光度随着 pH 的增加而降低。又有人对蔓越橘(含有多种花色苷)鸡尾酒的光吸收进行了类似研究,结果与此相同。这些研究说明,花色苷在酸性溶液中的呈色效果最好。

(2)温度的影响。温度强烈地影响花色苷和花青素的稳定性,这种影响的程度还受环境氧含量、花色苷种类以及 pH 等的影响。一般来说,含羟基多的花青素和花色苷的热稳定性不如含甲氧基或含糖苷基多的花青素和花色苷的热稳定性。

花色苷在水溶液中的 4 种结构形式间的转化平衡也受温度的影响。加热时,平衡向着生成查耳酮式结构的方向移动,其结果是显色物质(AH$^+$ 和 A)含量降低。冷却并酸化时,假碱结构的花色苷很快转变为阳离子(AH$^+$),而查耳酮型的变化不大。

花色苷热降解的确切机理尚未被充分阐明,现已提出 3 条降解途径(图 9-19)。3,5-二葡萄糖-香豆素苷是 3,5-二葡萄糖-花色苷(矢车菊色素、甲基花色素、飞燕草色素、牵牛花色素和锦葵色素)的常见降解产物。途径 A(图 9-19a)说明了这种产物是 2-苯基苯并吡喃阳离子先转化为醌式结构,然后经过中间体分解而产生香豆素衍生物及苯酚化合物。途径 B(图 9-19b)中 2-苯基苯并吡喃阳离子先转为假碱式结构,然后经过查耳酮式结构分解为褐色的降解产物。途径 C(图 9-19c)的前几步与途径 B 相似或相同,但查耳酮的降解产物是因水的插入而形成的。这些研究结果说明,花色苷的热降解受花色苷的种类和降解温度的影响。加热温度越高,花色苷的颜色变化越快,110 ℃被认为是花色苷分解的最高温度,在 60 ℃以下花色苷的分解速度较低。

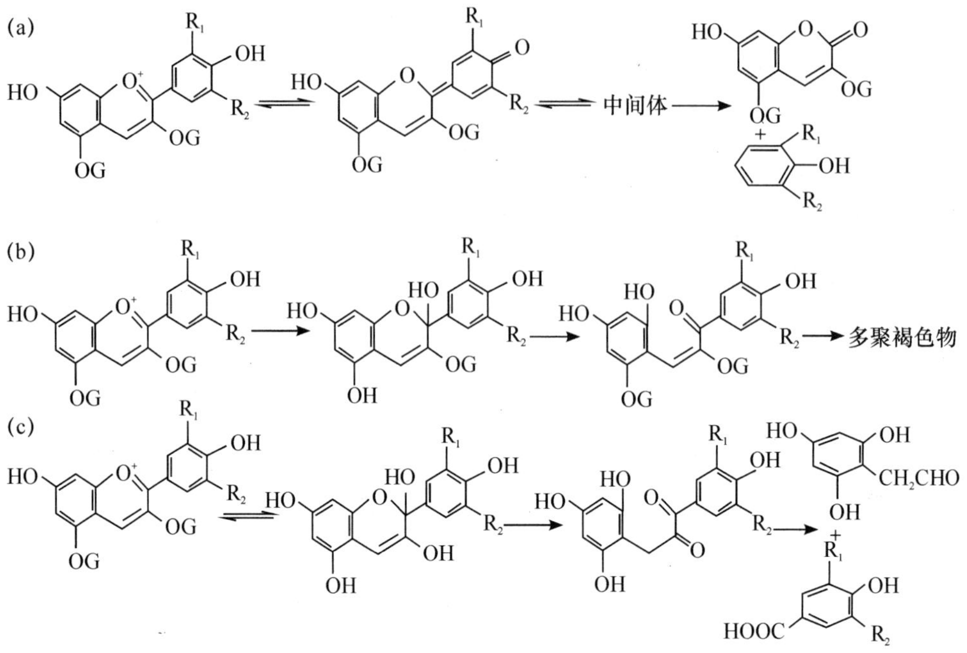

$R_1, R_2 =$ —OH，—H，—OCH₃ 或 —OG；G= 葡萄糖基

图 9-19　3,5-二葡萄糖苷花色苷的降解机理

（3）氧气、水分活度和抗坏血酸的影响。在分子氧存在的条件下，花色苷会降解生成无色的或褐色的物质，这是花青素高度的不饱和结构使其对氧气颇为敏感所致。如葡萄汁趁热灌装并且装得满一些时，瓶装葡萄汁由紫色向褐色的转变延缓；如果改用充氮灌装或真空灌装，变色速度将更慢。这说明氧气对花青素或花色苷具有破坏作用。水分活度对花色苷稳定性的影响机理尚无多少研究资料，但研究已证实，在水分活度为 0.63～0.79 的范围内，花色苷的稳定性相刘最高。

在含有抗坏血酸和花色苷的果汁中，这两种物质的含量会同步减少。这是因为抗坏血酸在氧化中可产生 H_2O_2，H_2O_2 可对 2-苯基苯并吡喃阳离子的 2 位碳进行亲核进攻，从而裂开吡喃环而产生无色的酯和香豆素衍生物，再进一步降解或聚合，最终在果汁中产生褐色沉淀物。因此，促进或抑制抗坏血酸氧化降解的条件，也是促进或抑制花色苷降解的条件。例如，Cu^{2+} 浓度提高将同时加速抗坏血酸和花色苷的降解，而食品中有黄酮醇（如槲皮素和槲皮苷）一类抗氧化剂存在时，抗坏血酸和花色苷同时得到一定的保护；温度高时，抗坏血酸对花色苷的破坏加速，温度低时，抗坏血酸对花色苷具有保护作用。

（4）光照的影响。光照对花色苷有两种作用，一是有利于花色苷的生物合成，二是能引起花色苷的降解。在光照条件下，酰化和甲基化的二糖苷比非酰化的二糖苷稳定，二糖苷又比单糖苷稳定。花色苷自身缩合或与其他有机物缩合后，根据环境条件的不同，可能提高或降低花色苷的稳定性。多羟基黄酮、异黄酮和噢哢磺酸酯等对花色苷的光降解具有抗性，因为带负电荷的磺酸基和带正电荷的 2-苯基苯并吡喃阳离子相互吸引，使这些分子与花色苷形成了复合物（图 9-20）。

其他的辐照能也能引起花色苷降解。例如，当用电离辐照保藏果蔬时，就有花色苷的光降解作用。

食品化学

272

(5)二氧化硫的影响。SO_2 是食品工业中常用的防腐剂和漂白剂,二氧化硫对花色苷的脱色作用可能是可逆或不可逆的。当 SO_2 用量在 $500\sim2\,000\ \mu g/g$ 时,其漂白作用是可逆的,在后续的加工中,通过大量的水洗脱后,颜色可部分恢复。对不可逆的漂白作用研究认为,其漂白机理是 SO_2 在果汁中酸的作用下形成了亚硫酸氢根,并对花色苷 2-位或 4-位碳亲核加成反应生成了无色的花色苷亚硫酸盐复合物(图 9-21)。

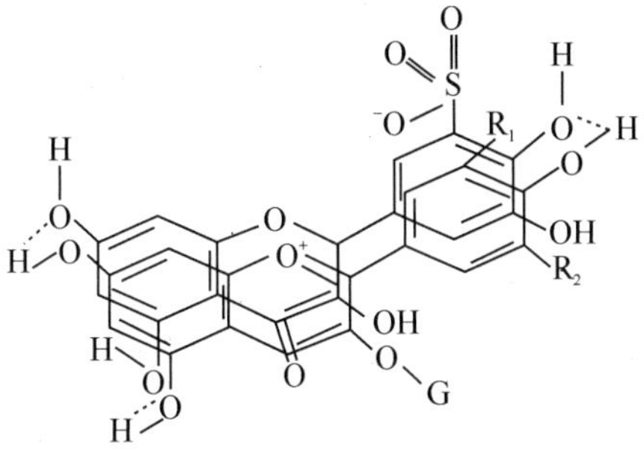

图 9-20　花色苷-多羟基黄酮磺酰酯复合物 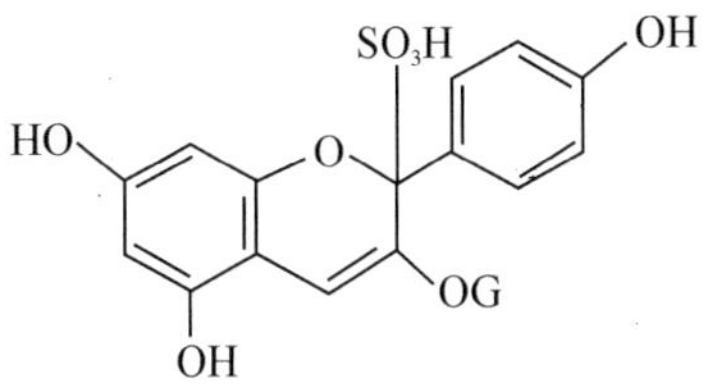　　图 9-21　花色苷亚硫酸盐复合物

(6)糖及糖降解产物的影响。当糖浓度高时,由于水分活度的降低,花色苷生成假碱式结构的速度减慢,所以花色苷的颜色得到了很好的保护。但当糖浓度较低时(如果汁),花色苷的降解或变色却加速,其中果糖、阿拉伯糖、乳糖和山梨糖(sorbose)对花色苷的降解作用大于葡萄糖、蔗糖(sucrose)和麦芽糖(maltose)。这些糖自身先降解(非酶褐变)成糠醛(furfural)或羟甲基糠醛(hydroxymethyl furfural),然后再与花色苷类缩合而生成褐色物质。升高温度和有氧气存在将使反应速度加快。上述现象在果汁中相当明显,其反应机理还不清楚。

(7)金属离子的影响。花色苷与 Al^{3+}、Fe^{2+}、Fe^{3+}、Sn^{2+}、Ca^{2+} 等金属离子可以发生络合反应,从而对花色苷的颜色起到稳定作用。但是只有当花青素和花色苷的 B 环上含有邻位羟基时,才能有此反应,产物可能为深红色、蓝色、绿色和褐色等物质(图 9-22)。这种金属离子络合物在植物中普遍存在,如鲜花的颜色比花色苷鲜艳就是因为鲜花中的一部分花色苷与金属离子形成了络合物。罐藏果蔬的颜色将受到金属罐材料的影响,曾经由于罐内壁涂料不过关,从罐内壁浸蚀出来的金属离子就常与花色苷形成络合物,多数情况下产生不良的深色,少数情况下美化了食品颜色。果蔬食品的加工设备若不是不锈钢,而是易腐蚀金属,也会出现同样的问题。

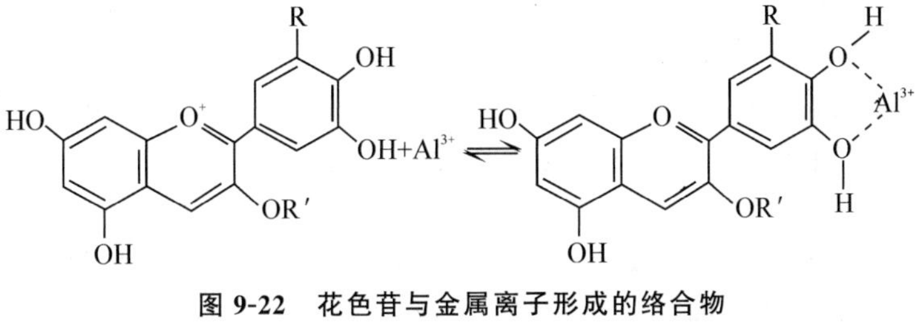

图 9-22　花色苷与金属离子形成的络合物

桃、梨、荔枝、蔓越橘和红甘蓝的加工中常出现花色苷金属离子络合引起变色的问题,这种络合物的稳定性高于花色苷,一旦生成就不易逆转,但柠檬酸(citric acid)等有络合金属离子的能力,从而可减少花色苷金属离子络合物的生成,并可使它们部分逆转为

花色苷。

(8)缩合反应的影响。花色苷可与自身或其他有机化合物发生缩合反应,并可与蛋白质、单宁、其他类黄酮和多糖形成较弱的络合物。虽然后一类络合物本身并不显色,但它们可通过红移作用增强花色苷的颜色,并增大最大吸收峰波长处的吸光强度。该类色素在加工和储藏中也较稳定,如果酒中稳定的颜色是花色苷的自身缩合的缘故,该聚合物对 pH 不敏感,并且有抵御二氧化硫漂白的作用。

当 2-苯基苯并吡喃阳离子及或醌式碱吸附在合适的底物(如果胶或淀粉)上时,可使花色苷保持稳定,但是与某些亲核化合物如氨基酸、间苯三酚、儿茶酚和抗坏血酸缩合,则生成无色的物质,如图 9-23 所示。

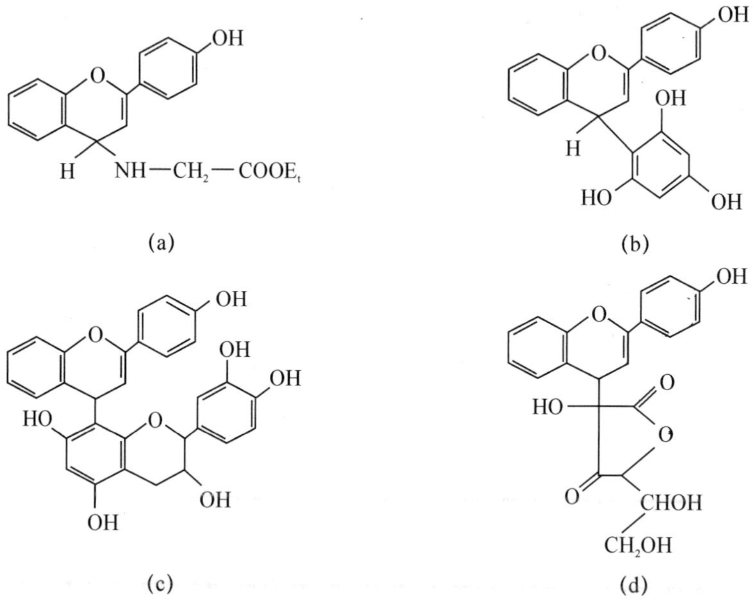

图 9-23　2-苯基苯并吡喃阳离子与甘氨酸乙酯(a)、根皮酚(b)、儿茶素(c)
和抗坏血酸(d)形成的无色缩合物

(9)花色苷的水解。花色苷的水解方式有酸水解和酶水解。一般在 100 ℃的 1 mol/L 的 HCl 溶液中,花色苷在 0.5～1 h 内就会完全水解生成相应的花青素和糖,酸度越高,水解的速度越快。葡萄糖苷酶和多酚氧化酶是已知的可引起花色苷降解的两类酶,它们被通称为花色苷酶。葡萄糖苷酶水解花色苷分子上的糖苷键,使之生成花青素和糖,由于花青素的稳定性小于花色苷,所以这种酶促水解加速了花色苷的降解。多酚氧化酶催化氧化小分子酚类生成邻醌,邻醌能通过化学氧化作用使花色苷转化为氧化的花色苷及其降解产物。

在加工储藏和包装之前,初步蒸汽漂白对果品和蔬菜中的花色苷酶可起到破坏和抑制作用。葡萄糖、葡萄糖酸和葡萄糖 δ-内酯是糖苷酶的竞争性抑制剂,多酚氧化酶的活性也可以有效地被二氧化硫、亚硫酸盐等抑制。因此,在果蔬加工过程中,采用蒸汽适当地加热、加入酶抑制剂可有效地抑制酶的活性,保护果蔬食品的颜色。

9.4.2 类黄酮色素

9.4.2.1 结构和物理性质

类黄酮(flavonoid)包括类黄酮苷和游离的类黄酮苷元,是广泛分布于植物组织中的无色至黄色的水溶性色素。在花、叶、果中,多以苷的形式存在,而在木质部组织中,多以游离苷元的形式存在。与花青素一样,类黄酮苷元的碳骨架结构也是 C_6—C_3—C_6 结构,区别于花青素的显著特征是 4 位皆为酮基。类黄酮苷元又被分为若干子类,图 9-24 是这些子类的母核结构和一些食品中常见类黄酮色素的结构。

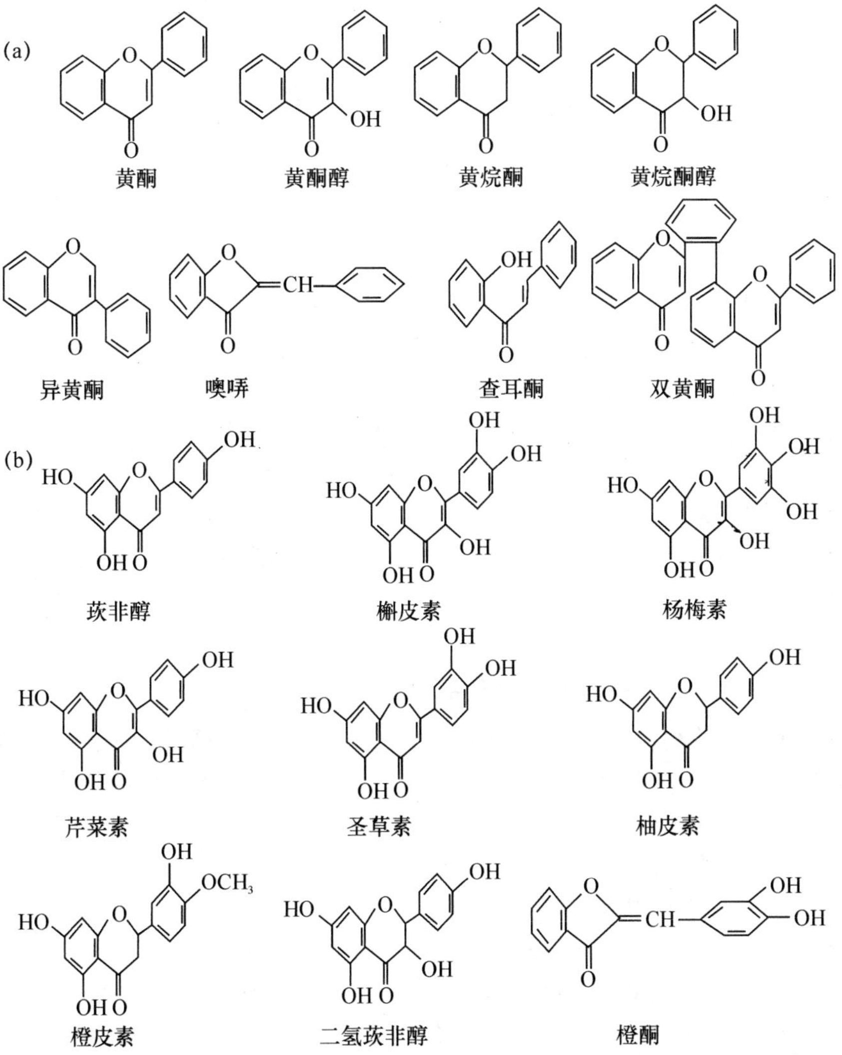

(a)类黄酮苷元的一些子类的名称和母核结构;(b)一些常见类黄酮苷元的名称及结构

图 9-24 类黄酮

天然黄酮类化合物为上述基本母体的衍生物,常见的取代基有—OH 和—OCH₃等。此类化合物从结构上可分为许多类型,主要有 6 类:①黄酮和黄酮醇类(flavones and flavonols),如槲皮素及其苷类是植物界分布最广的黄酮类化合物;②二氢黄酮和二氢黄酮醇类(flava-

nones and flavanonols),存在于精炼玉米油中;③黄烷醇类(flavanols),茶叶中的茶多酚(tea polyphenol)的主要成分是儿茶素(catechin),属于黄烷-3-醇类;④异黄酮及二氢异黄酮类(isoflavones and isoflavanones),如大豆异黄酮和葛根素;⑤双黄酮类(biflavonoids),如银杏黄酮;⑥其他黄酮类化合物,如花色苷和查耳酮等。黄酮类化合物具有抗氧化、抗肿瘤、抗突变和保护心血管等多种特殊的生物作用,是植物化学物近些年研究的热点。

呈色的类黄酮一般出现在黄酮、黄酮醇、异黄酮、噢呋(aurone)、查耳酮(chalcone)和双黄酮中,它们及其苷类多呈黄色。黄酮类化合物结构中的酚羟基数目和结合位置对其呈色有很大的影响,若只是 3 位上有羟基,则此类黄酮类化合物仅呈灰黄色;3′或 4′位上有羟基或甲氧基的黄酮类化合物多呈深黄色,而且 3 碳位上的羟基能使 3′或 4′碳位上有羟基的化合物的颜色变深(表 9-5)。

表 9-5　不同碳位的基团对黄酮类化合物颜色的影响

碳位	基团	颜色
3	—OH	仅呈灰黄色
3′或 4′	—OH 或—OCH$_3$	多呈深黄色

通常游离的类黄酮化合物难溶于水,易溶于有机溶剂和稀碱液;天然类黄酮多以糖苷的形式存在,类黄酮苷易溶于水、甲醇和乙醇溶液中,难溶于有机溶剂中。类黄酮苷的糖基常为葡萄糖、半乳糖、木糖、芸香糖、新橙皮糖和葡萄糖酸等。糖苷键的位置时有变化,但在母核结构的 3、5 和 7 位成苷最常见,也有在 3′、4′、5′位上成苷的。与花色苷类似,类黄酮化合物中也有酰基取代物。已知的类黄酮(包括苷)达 1 670 多种,其中有色物 400 多种,多呈淡黄色,少数为橙黄色。

一些类黄酮对食品的颜色有一定贡献,但由于它们色淡,浓度低时贡献很小。花菜、洋葱和马铃薯略带的浅黄色主要由类黄酮产生。与花色苷类似,类黄酮也能形成缩合物,缩合后颜色和呈色强度都有一定的变化,花菜、洋葱和马铃薯中缩合类黄酮是它们含有的各种类黄酮中相对更重要的呈色物质。

9.4.2.2　类黄酮在食品加工和储藏中的变化

类黄酮也像花色苷那样可与多种金属离子形成络合物,这些络合物比类黄酮的呈色效应强。例如,类黄酮与 Al^{3+} 络合后会增强黄色,圣草素与 Al^{3+} 络合后的最大吸收光波长为 390 nm,此时的黄色很诱人;类黄酮与铁离子络合后可呈蓝、黑、紫、棕等不同颜色。芦笋中的芸香苷(3-芸香糖基-槲皮素)遇到铁离子后产生一种难看的深色,使芦笋中产生深色斑点。相反,芸香苷与锡离子络合时则产生理想的黄色。

在食品加工中,有时会因水硬度较高或因使用碳酸钠和碳酸氢钠而使 pH 上升,在这种条件下烹调,原本无色的黄烷酮或黄烷酮醇可转变为有色的查耳酮类(图 9-25)。例如,马铃薯、小麦粉、芦笋、荸荠、黄皮洋葱、花菜和甘蓝在碱性水中加工(煮)时都会出现由白变黄的现象。该变化为可逆变化,可用有机酸加以控制和逆转。

类黄酮的乙醇溶液,在镁粉和盐酸的还原作用下,迅速出现红色或紫红色。如黄酮变成橙红色,黄酮醇变为红色,黄烷酮和黄烷酮醇多变为紫红色。这是因为类黄酮还原后形成了各种花青素。

类黄酮也属于多酚类物质,酶促褐变的中间产物如邻醌或其他氧化剂可氧化类黄酮而产生褐色沉淀物质。成熟橄榄的黑色就是木樨草素-7-葡萄糖苷（又称毛地黄黄酮-7-葡萄糖苷）在产品发酵和后期储藏中受氧化而形成的；也是果汁久置变褐产生沉淀的原因之一。

类黄酮是一类重要的生物活性物质，现已将它作为保健功能因子应用于保健食品。目前已知的其主要功能有：清除自由基、扩张血管、改善微循环、降血脂、除胆固醇及防治心脑血管疾病等。

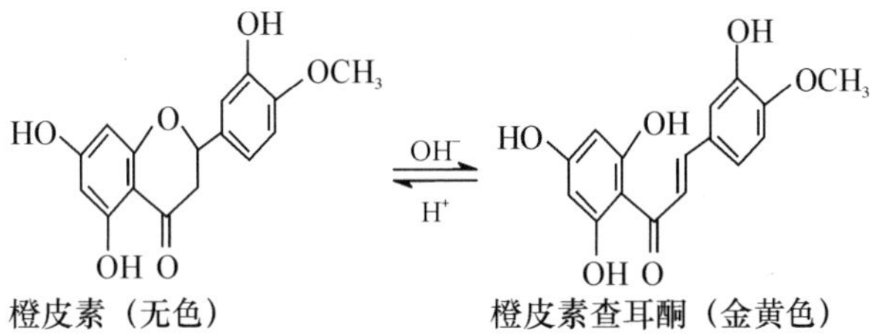

图 9-25　无色的黄烷酮与碱加热后转变成有色的查耳酮

9.4.3　儿茶素

儿茶素（catechin），是一种多酚类化合物。常见的儿茶素有 4 种（图 9-26），另外还有一些聚合态及蛋白质结合态的儿茶素。图 9-26 中的命名前都有"表"字，意思是说母核中 2 位和 3 位的取代基处于吡喃环的同侧。茶叶中常见的儿茶素有 6 种，即 L-表没食子儿茶素（L-EGC），L-没食子儿茶素（D,L-GC），L-表儿茶素（L-EC），L-儿茶素（D,L-C），L-表儿茶素没食子酸酯（L-ECG），L-表没食子儿茶素没食子酸酯（L-EGCG）。

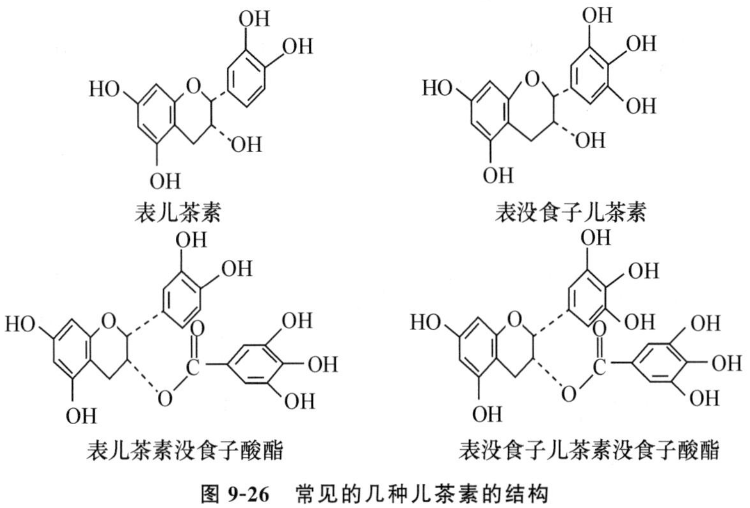

图 9-26　常见的几种儿茶素的结构

儿茶素在茶叶中含量很高。儿茶素本身无色，具有较轻的涩味。儿茶素与金属离子结合产生白色或有色沉淀，如儿茶素溶液与三氯化铁反应生成黑绿色沉淀，遇乙酸铅生成灰黄色沉淀。

作为多酚，儿茶素非常容易被氧化生成褐色物质。许多含儿茶素的植物组织中也含有多酚氧化酶和（或）过氧化物酶，在组织受损伤时，儿茶素就会在上述酶的作用下被氧化生成褐色物质。酶促褐变的中间产物——邻醌是引起儿茶素进一步氧化或彼此氧化聚合生成褐色物质的重要物质，整个酶促氧化过程可用图 9-27 表示。红茶加工中，儿茶素的氧化产物被称为茶

黄素和茶红素。茶黄素色亮,茶红素色深,二者以适当比例就构成红茶的颜色。高温、潮湿条件下遇氧,儿茶素也可自动氧化。

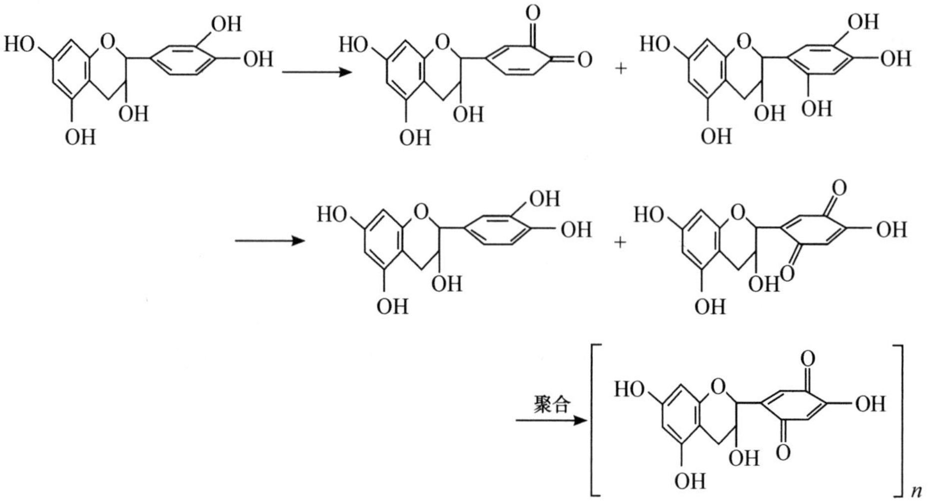

图 9-27 儿茶素的呈色变化

9.4.4 单宁

单宁(tannin)又称鞣质,在植物中广泛存在,在五倍子和柿子中含量较高。单宁分为可水解型和缩合型(原花色素)两大类,一些单宁的结构见图 9-28。水解型单宁分子的碳骨架内部有酯键,分子可因酸、碱等作用而发生酯键的水解;缩合型单宁——原花色素(anthocyanogen)。它们的基本结构单元常为黄烷-3,4-二醇(图 9-29)。

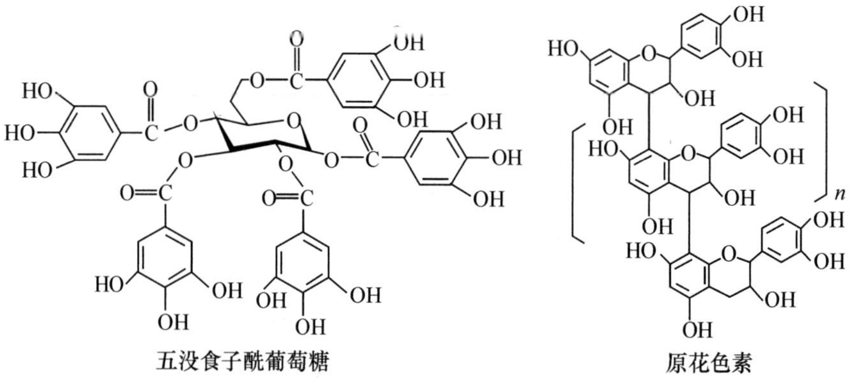

五没食子酰葡萄糖   原花色素

图 9-28 单宁的结构

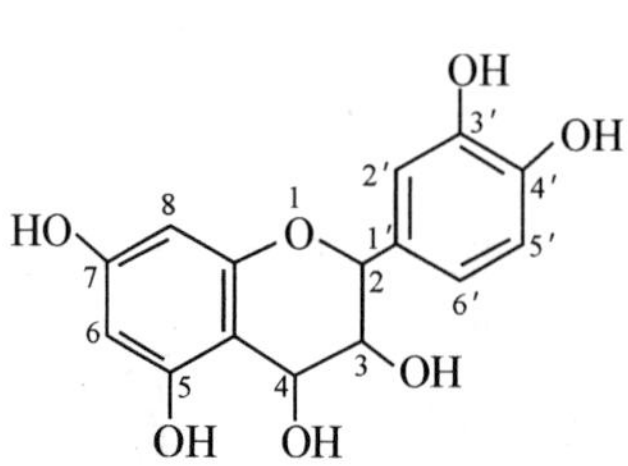

图 9-29 黄烷-3,4-二醇的结构

原花色素的基本结构单元是黄烷-3-醇或黄烷-3,4-二醇通过 4→8 或 4→6 键缩合而形成二聚物、三聚物或多聚物。原花色素起初在可可豆中发现,后来发现在果汁中也普遍存在。原花色素在酸性加热条件下会转为花青素,如天竺葵色素、牵牛花色素或飞燕草色素而呈色。例如,苹果、梨、和其他果汁中的二聚原花色素在酸性条件下加热就可转化为花青素和其他多酚。该反应的机理见图 9-30。

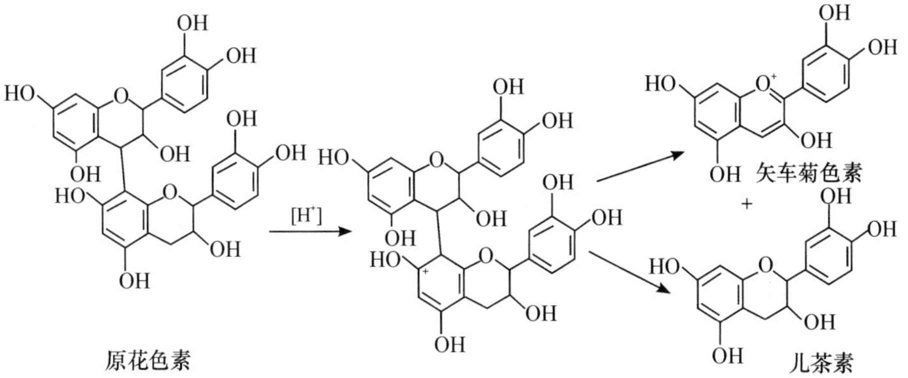

图 9-30　原花色素酸水解的机理

原花色素在加工和储藏过程中还会生成氧化产物。如当果汁暴露在空气中或在光照条件下,它们转变为稳定的红棕色物质,苹果汁储藏后的红色就有这种产物的贡献。一般认为,酶促褐变的中间产物也可对原花色素起氧化作用。

单宁的颜色为白中带黄或轻微褐色,具有十分强的涩味;单宁与蛋白质作用可产生不溶于水的沉淀,与多种生物碱或多价金属离子结合也生成有色的不溶性沉淀。而在食品加工储藏中,单宁会在一定条件(如加热、氧化或遇到醛类)下缩合,从而消除涩味。作为多酚,单宁也易被氧化,酶促褐变和非酶促褐变都可发生,但以酶促褐变为主。

9.5　食品着色剂

9.5.1　焦糖色素

焦糖色素(caramel)是糖质原料(如饴糖、蔗糖、糖蜜、转化糖、乳糖、麦芽糖浆和淀粉的水解产物等)在加热过程中脱水缩合而形成的复杂红褐色或黑褐色混合物,是应用较广泛的半天然食品着色剂。按焦糖色素在生成过程中所使用的催化剂不同,国际食品法典委员会(CAC)将其分为 4 类(表 9-6)。

焦糖色素为黑褐色的胶状物或块状物,有特殊的甜香气和愉快的焦苦味,但在通常的使用量下,很少能表现出来。易溶于水,对光和热的稳定性好。

焦糖色素具有胶体性质,均带有电荷,所带电荷的种类和焦糖的生产工艺及所应用于食品的 pH 环境有关。因此,在选用焦糖色素时,要考虑使用的焦糖所带的电荷与食品所带的电荷相同,否则将会产生絮凝或沉淀。例如,加入饮料的焦糖色素应带强的负电荷,且等电点小于 1.5,其 pH 范围多为 2.5～3.5;而加入酱油、啤酒的焦糖色素通常应带正电荷,pH 范围为 3.8～5.0。

食品化学

表 9-6　焦糖色素的类别及特征

特征	普通焦糖（Ⅰ）	焦糖色素的种类		
		亚硫酸盐焦糖（Ⅱ）	氨法焦糖（Ⅲ）	亚硫酸铵法焦糖（Ⅳ）
国际编号	ISN 150a	ISN 150b	ISN 150c	ISN 150d
	EEC No. E150a	EEC No. E150b	EEC No. E150c	EEC No. E150d
典型用途	蒸馏酒、甜食等	酒类	焙烤食品、啤酒、酱油	软饮料、汤料等
所带电荷	负	负	正	负
是否含氨类物质	否	否	是	是
是否含硫类物质	否	是	否	是

注：ISN 为国际食品法典委员会（CAC）1989 年通过的食品添加剂国际编号系统（2001 年修订本），EEC 为欧洲经济共同体。

氨法生产的焦糖色素是目前我国生产量最大的一类焦糖色素，此类焦糖色素中可能含有 4-甲基咪唑，它是一种惊厥剂，慢性毒性试验结果又证实它会使白细胞减少，生长缓慢。因此，在铵盐法生产的焦糖色素中，要严格控制 4-甲基咪唑的含量。

我国规定不加铵盐和加铵盐生产的焦糖色素均可应用在饮料、酱油、醋、啤酒、黄酒、酱及酱制品菜、可可制品、果酱、饼干、即食谷物、复合调味料、面糊等食品中，其最大使用量按照 GB 2760 上的规定。

按 FAO/WHO（1984）规定，焦糖色素可用于橘丝皮果冻、肉汤羹、冷饮等食品中，用量可按正常生产需要量确定。

9.5.2　红曲色素

红曲色素（monascin）来源于微生物，是一组由红曲霉菌（*Monascus* sp.）、紫红曲霉菌（*Monascus purpureus*）、安卡红曲霉菌（*Monascus anka*）、巴克红曲霉菌（*Monascus barkeri*）所分泌的色素，属酮类色素，共有 6 种，分别为红斑素（潘红素）、红曲红素（梦那玉红）、红曲素（梦那红）、红曲黄素（女卡黄素）、红斑胺（潘红胺）和红曲红胺（梦那玉红胺）。其中红色色素、黄色色素和紫色色素各 2 种，黄色色素和结构如图 9-31 所示。

从不同的菌种得到的红曲色素，其组成是不同的。例如，从赤红曲霉获得的是红曲黄素；从紫红曲霉获得的是红曲素。上述 6 种红曲色素的物理和化学性质互不相同，具有实际应用价值的主要是红斑素（潘红素）和红曲红素（梦那玉红）两种。

红曲色素是红色或暗红色的粉末或液体状或糊状物。熔点 60 ℃，可溶于乙醇水溶液、乙醇、乙醚和乙酸。色调不随 pH 变化，热稳定性高，几乎不受金属离子（如 Ca^{2+}、Mg^{2+}、Fe^{2+}、Cu^{2+}）的影响，也几乎不受氧化剂和还原剂影响（次氯酸除外），但在太阳光直射下色度降低；对蛋白质染色性好，一旦染着后，经水洗也不褪色。

红曲色素也具有防腐作用，对蜡状芽孢杆菌、枯草芽孢杆菌、金黄色葡萄球菌具有较强的抑制作用；其次，对绿脓杆菌、鸡白痢杆菌、大肠杆菌和变形杆菌也有一定的抑制作用；而对八叠球菌、啤酒酵母和产黄青霉菌等不具有抑制作用。红曲色素与乳酸链球菌素和山梨酸钾联合作用可抑制肉毒梭状芽孢杆菌的生长。另外，红曲色素还具有降低三酰甘油、胆固醇和防止动脉硬化等保健作用。红曲色素可应用于肉制品的着色，如将其作为发酵香肠的着色剂可部分替代亚硝酸钠的用量，以 1 600 mg/kg 红曲色素为着色剂制作的发酵香肠的颜色接近于 150 mg/kg 亚硝酸钠为发色剂制作的发酵香肠，并且对肉毒梭状芽孢杆菌还有一定的抑制作用;红曲色素用于红腐乳食品的着色,不仅为红腐乳提供了色泽和各种酶类,使产品表面形成了诱人的红色,内部形成多种香气和香味成分,而且具有降血压、降胆固醇的功能;红曲色素还可以应用在配制酒、果醋、饮料、各种调味品、酿造食品、植物蛋白食品等的着色。我国允许红曲色素按正常生产需要量添加到食品中(GB 2760)。

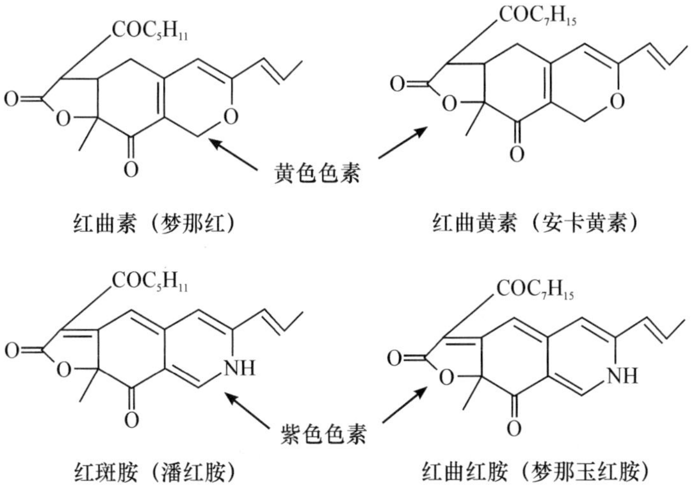

图 9-31 红曲色素的结构

9.5.3 姜黄素

姜黄色素是从生姜科姜黄属植物姜黄(*Curcuma longa*)的地下根茎中提取的黄色色素,是一组酮类色素,主要成分为姜黄素(curcumin)、脱甲基姜黄素和双脱甲基姜黄素 3 种。其核心结构如图 9-32 所示。

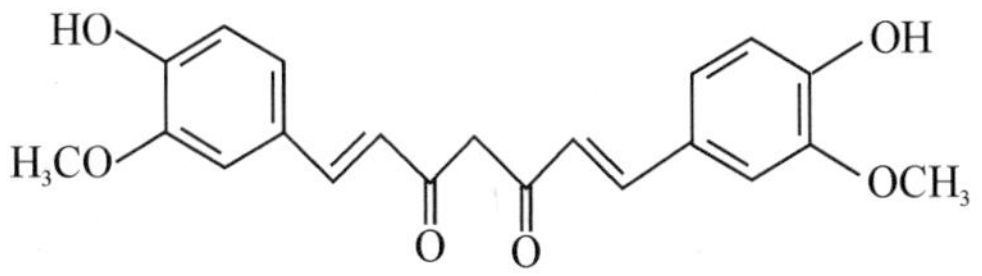

图 9-32 姜黄色素的结构

姜黄色素为橙黄色结晶性粉末,几乎不溶于水,而溶于乙醇、丙二醇、乙酸和碱溶液或醚中,具有特殊芳香,稍苦,中性和酸性溶液中呈黄色,碱性溶液中呈褐红色,对光、热、氧化作用及铁离子等不稳定,但耐还原性好。它对蛋白质着色力很好,常用于咖喱粉着色。

我国允许的添加量因食品而异,用于糖果、冷冻饮品、汽水、果冻、方便米面制品、复合调味料等时,用量常在 0.01~0.7 g/kg,也用于膨化食品、粮食制品馅料、熟制坚果及其籽类,此时可按正常生产需要添加(GB 2760)。姜黄素在国外也用于各种油脂,以恢复其在加工时损失的颜色。

9.5.4 甜菜红素

甜菜红素(betacyanins)是从黎科植物红甜菜块茎中提取出的一组水溶性色素,也广泛存在于花和果实中;以甜菜红素和甜菜黄素及它们的糖苷形式存在于这些植物的液泡中。其结

构如图 9-33 所示。

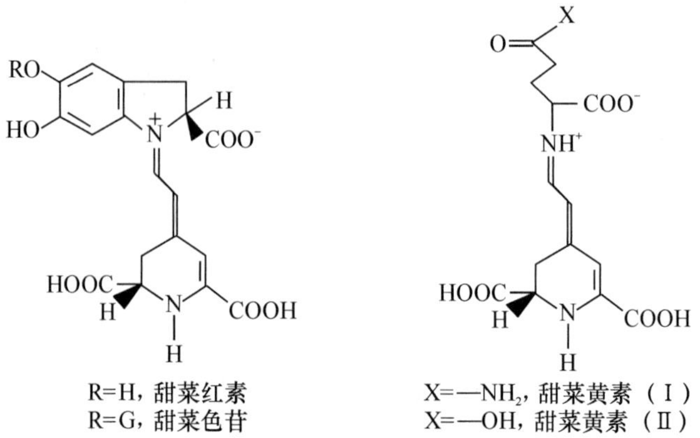

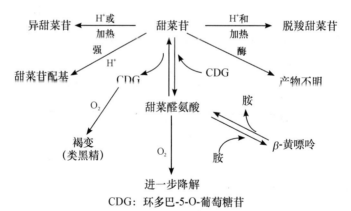

R=H, 甜菜红素
R=G, 甜菜色苷

X=—NH₂, 甜菜黄素（Ⅰ）
X=—OH, 甜菜黄素（Ⅱ）

图 9-33　甜菜红素和甜菜黄素的结构

甜菜红素溶液在 pH 4～7 范围内呈紫红色，当 pH 低于 4 或高于 7 时，颜色变为紫色，pH 为 10.0 以上时，甜菜红素被水解为甜菜黄素，溶液立即向黄色转变。甜菜色素的耐热性不高，在 pH 4.0～5.0 时相对稳定，在中等碱性条件下加热会转变为甜菜醛氨酸（betalamic acid，BA）和多巴-5-O-葡萄糖苷（cyclodopa-5-O-glucoside，CDG），该反应可逆，在 pH 降到 4～5 时又可部分逆转。

甜菜色苷在加热和酸的作用下可引起异构化，在 C-15 的手性中心可形成两种差向异构体，随着温度的升高，异甜菜色苷的比例增高（图 9-34），导致褪色严重。

图 9-34　甜菜色苷的酸和（或）热降解

甜菜红素也不耐氧化，氧化的机理尚不清楚，但不是自由基机理。例如，漂白粉或次氯酸钠等就可使其褪色，甜菜罐头顶空的氧气会加速甜菜红素褪色。光照会加速氧化，抗坏血酸能减慢氧化速度。甜菜红素氧化后紫红色褪去，常同时有褐色产生。如果没有氧化条件，甜菜红素对光的稳定性尚好。

某些金属离子对甜菜红素的稳定性也有一定影响，如 Fe^{2+}、Cu^{2+}、Mn^{2+} 等，其机理是这些金属离子可催化氧化抗坏血酸的氧化，因而降低了抗坏血酸对甜菜色素的保护作用。金属螯合剂的存在，可大大改善抗坏血酸作为甜菜色素保护剂的效果。

甜菜红素的食品着色性良好，在 pH 为 3.0～7.0 的食品中使用色泽较稳定，在低水分活度的食品中,色泽可持久保持。

我国规定甜菜红素可应用在各类食品中,并可按正常生产需要量添加(GB 2760)。

9.5.5 其他天然着色剂

我国还允许使用多种其他天然着色剂,如红花黄、虫胶红、越橘红、辣椒红、红米红、黑加仑红、桑葚红、天然苋菜红、落葵红、黑豆红、高粱红、萝卜红、栀子黄、菊花黄浸膏、玉米黄、沙棘黄、可可壳色素、多惠柯棕、金樱子棕和橡子壳棕。它们的应用范围及用量规定请查看 GB 2760。

二维码 9-2 人工合成着色剂

9.6 食品调色的原理和实际应用

9.6.1 着色剂溶液的配制

着色剂粉末直接使用时不方便,在食品中分布不均匀,可能形成色素斑点,经常需要配制成溶液使用。合成着色剂溶液一般使用的浓度为 $1\% \sim 10\%$,浓度过大则难于调节色调。

配制时,着色剂的称量必须准确。此外,应该按每次的用量配制,因为配制好的溶液久置后易析出沉淀。由于温度对着色剂溶解度的影响,着色剂的浓溶液在夏天配好后,贮存在冰箱或是到了冬天,也会有沉淀。胭脂红的水溶液在长期放置后会变成黑色。

配制着色剂水溶液所用的水,通常应先将水煮沸,冷却后再用,或者应用蒸馏水或离子交换树脂处理过的水。

配制溶液时,应尽可能避免使用金属器具;剩余溶液保存时,应避免日光直射,最好在冷暗处密封保存。

9.6.2 食品着色的色调选择原则

色调是一个表面呈现近似红色、黄色、绿色、蓝色的一种或两种颜色的目视感知属性。食品大多具有丰富的颜色,而且其色调与食品内在品质和外在美学特性具有密切的关系。因此,在食品的生产中,特定的食品采用什么色调是至关重要的。食品色调的选择依据是心理或习惯上对食品颜色的要求,以及颜色与风味、营养的关系。色调选择应该与食品原有色泽相似或与食品的名称一致或根据拼色原理调制出特定食品相应的特征颜色。如樱桃罐头、杨梅果酱应选择相应的樱桃红、杨梅红色调,红葡萄酒应选择紫红色,白兰地选择黄棕色等。又如糖果的颜色可以根据其香型特征为依据来选择,如薄荷糖多用绿色,橘子糖多用红色或橙色,巧克力糖多用棕色等。

9.6.3 色调的调配

以红色、黄色、蓝色为基本色,可以根据不同需要来选择其中 2 种或 3 种拼配成各种不同的色谱。基本方法是由基本色拼配成二次色,或再拼成三次色,其简易调色原理如下所示。

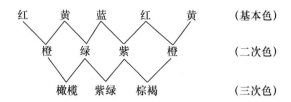

红	黄	蓝	红	黄	(基本色)
	橙	绿	紫	橙	(二次色)
	橄榄	紫绿	棕褐		(三次色)

各种食品合成着色剂溶解在不同溶剂中,可以产生不同的色调和颜色强度,尤其当使用两种或数种食品合成着色剂拼色时,情况更为显著。例如,某一比例的红、黄、蓝三色的混合物,在水溶液中色泽较黄,而在 50% 乙醇中色泽较红。食品酒类因酒精含量不同,着色剂溶解后的色调也不同,故需要按酒精含量及色调强度的需要进行拼色。此外,食品在着色时是潮湿的,当水分蒸发逐渐干燥时,着色剂也会随着集中于表层,造成所谓"浓缩影响",特别是在食品和着色剂之间的亲和力低时更为明显。拼色时要注意各种色素的稳定性不同,这会导致合成色色调的变化,如靛蓝褪色较快,柠檬黄则不易褪色,由其合成的绿色会逐渐转变为黄绿色。合成色素运用上述原理进行拼色的效果较好。天然色素由于其坚牢度低、易变色和对环境的敏感性强等因素,不易于拼色。

我国的"面点大王"王志强,他从 16 岁到 68 岁只做了一件事——"面点",他把面点做得和水果形状、口感都一样(称为"面果儿"),不使用人工色素。为了让面点颜色逼真,他想办法从蔬菜中提取汁液染色;发酵和上屉蒸的时候,为了保持逼真造型、不脱色,他反复试验,采用立体蒸制方法而蒸出了"瓜果飘香";味道则和造型一致,苹果造型就是苹果味,柿子造型就是柿子味。这几点要求,他就用了 12 年的时间。王志强古稀之年,现仍醉心钻研,其作品"惊艳"的背后是其半生执着于"面点"一件事的匠人情怀。

9.7 小结

食品色素是指食品中能够吸收和反射可见光波进而使食品呈现各种颜色的物质;食品着色剂又称食用色素,是以食品着色为目的,经过严格的毒理试验证明其安全性后,经官方的严格审批才能在食品中使用的一类天然或人工合成染料。

食品色素的分类有多种方法,按照其来源将食品着色剂分为天然食品着色剂和人工合成食品着色剂两大类;天然食品色素按照来源又分为植物色素、动物色素和微生物色素。按照结构,食品色素分为四吡咯色素、异戊二烯衍生物、多烯色素、多酚类色素、醌类色素和偶氮类色素。按照溶解性,食品色素分为水溶性色素和脂溶性色素两大类。

二维码 9-3 阅读材料——天然色素的开发和利用是食品着色剂的研究和发展方向

叶绿素、血红素、类胡萝卜素、花青素类、类黄酮类色素、儿茶素等天然色素的变化是食品颜色变化的基础,掌握它们的变化条件并适当地控制它们是保证食品色泽的重要方面。当食品的天然色素不能满足人们对食品色泽的需要时,借助于食品着色剂来保证食品的颜色。食品着色剂的使用要严格按照食品添加剂的要求,严防滥用食品着色剂。

? 思考题

1.何谓食品色素? 食品色素有什么作用?

2.叶绿素的主要衍生物都是在什么条件下生成的？在食品加工储藏中怎样控制条件使食品保持绿色？

3.肉类腌制时能发生哪些化学变化？发色剂过量会产生哪些危害？

4.类胡萝卜素类色素是多功能天然色素,它还具有哪些营养作用？

5.多酚类色素包括哪些物质？影响对多酚类色素颜色变化的因素有哪些？

6.天然着色剂和合成着色剂的特点主要有什么异同？如何选择食品着色剂进行拼色？

7.什么颜色的食品会被人所喜爱？这些食品在加工储藏过程中颜色会改变吗？

8.为什么虾经过高温加工后由青色变为红色？

9.肉在室温下长期放置,为什么表面颜色会发生紫红色—鲜红色—褐色的变化？

10.为什么纯发酵的葡萄酒加入小苏打后颜色由紫红色变为蓝色？

11.人工合成色素与天然色素有什么区别？为什么人工合成色素取代天然色素被广泛应用于食品中？

12.名词解释:叶绿素,血红素,类胡萝卜素,原花青素,高铁肌红蛋白,氧合肌红蛋白,类黄酮。

■ 参考文献

[1]曹雁平,刘玉德.食品调色技术.北京:化学工业出版社,2002.

[2]郝利平,夏延斌,陈永泉,等.食品添加剂.北京:中国农业大学出版社,2002.

[3]黄强,罗发兴,扶雄.焦糖色素及其研究进展.中国食物与营养,2004(11):23-26.

[4]阚建全.食品化学.3版.北京:中国农业大学出版社,2016.

[5]黎彧.利用天然资源开发食用色素.资源开发与市场,2003,19(4):245-247.

[6]李清春,张景强.红曲色素的研究及进展.肉类工业,2001(4):25-28.

[7]李全顺.β-胡萝卜素的研究进展.辽宁大学学报,2002,29(3):203-207.

[8]李志钊,叶春华.血红素的应用和生产技术研究进展.食品研究与开发,2000,21(5):12-14.

[9]卢钰,董现义,杜景平,等.花色苷研究进展.山东农业大学学报,2004,35(2):315-320.

[10]王镜岩,朱圣庚,徐长法.生物化学.3版.北京:高等教育出版社,2002.

[11]王文君.食品化学.武汉:华中科技大学出版社,2016.

[12]王玉芬,张建国.红曲色素在肉制品中的应用.中国食品添加剂,2002(6):71-74.

[13]OWEN R.FENNEMA.食品化学.3版.王璋,许时婴,江波,等译.北京:中国轻工业出版社,2003.

[14]夏延斌,王燕.食品化学.2版.北京:中国农业出版社,2015.

[15]杨涛,林清录,周俊清,等.红曲生理活性物质及其开发应用的安全性评价.中国食物与营养,2005(1):28-30.

[16]DAMODARAN S, PARKIN K L, FENNEMA O R. Fennema's Food Chemistry, Pieter Walstra:CRC Press/Taylor & Francis,2008.

第 10 章

食品的风味物质

本章学习目的与要求

1. 了解常见气味物质的有机化学类别及气味;了解呈味物质之间的相互作用和食品呈味物质的呈味机理。

2. 熟悉食品香气物质在食品加工中的应用,熟悉一些重要动植物食品的香气特征和呈香物质。

3. 掌握常见食品呈味物质(如甜味剂、酸味剂、鲜味剂)的呈味特点及其在食品加工中的应用;掌握食品香气的形成途径。

10.1 概述

10.1.1 风味的概念

狭义上来讲,食品的香气、滋味和入口获得的香味,统称为食品的风味;广义上来讲,"食品风味"是指摄入的食品使人的所有感觉器官,包括味觉、嗅觉、痛觉、触觉、视觉和听觉等在大脑中留下的综合印象(图 10-1)。食品的风味一般包括两个方面,一个是滋味(taste),另一个就是气味(odor)。在食品生产中,风味和食品的营养价值、质地等都一起受到生产者和消费者的极大重视。

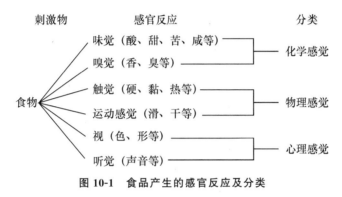

图 10-1 食品产生的感官反应及分类

味感是食物在人的口腔内对味觉器官的刺激而产生的一种感觉。这种刺激有时是单一性的,但多数情况下是复合性的,包括心理味觉(形状、色泽和光泽等)、物理味觉(软硬度、黏度、温度、咀嚼感和口感等)和化学味觉(酸味、甜味、苦味和咸味等)。

世界各国对味觉的分类并不一致,如日本分为 5 味即咸、酸、甜、苦、辣。在欧美国家和地区分为 6 味即甜、酸、咸、苦、辣、金属味。在印度分为甜、酸、咸、苦、辣、淡、涩、不正常味等 8 味。在我国,除酸、甜、苦、辣、咸 5 味外,还有鲜味和涩味,共分 7 味。但在生理学上只有酸、甜、苦、咸 4 种基本味。因为辣味是刺激口腔黏膜引起痛觉,也伴有鼻腔黏膜的痛觉,同时皮肤也有感觉。涩味是指舌头黏膜的收敛作用。但从食品的调味而言,辣味和涩味应看成是两种独立的味。至于鲜味和其他味配合,能使食品的整个风味具有更鲜美的特殊作用,所以在欧美把鲜味物质列为风味的强化剂或增效剂,并不把鲜味列为独立的味。应该说,鲜味在食品调味方面也应作为独立的一种味。

衡量味的敏感性的标准是呈味阈值。阈值是指某一化合物能被人的感觉器官(味觉或嗅觉)所辨认时的最低浓度。由于人的味觉感受器(味蕾)的分布区域及对味觉物质的感受敏感性不同,所以感觉器官对呈味化合物的感受敏感性及阈值各不相同。对于基本味觉来讲,各个典型代表物的阈值一般认为蔗糖为 0.3%(质量分数)、柠檬酸为 0.02%(质量分数)、奎宁约 16 mg/kg,氯化钠为 0.2%(质量分数)。而舌不同部位对各代表物的感知阈值也不同(表 10-1)。

在食品中,呈香物质种类繁多,大多数属于非营养性物质,它们的耐热性很差,并且其香气与分子结构有高度的特异性。食品的香气是由多种呈香物质综合产生的,很少由一种物质独

表 10-1　味道在舌不同部位的感知阈值范围　　　　　　　　　　　　mol/L

味道	呈味物质	舌尖	舌边	舌根
咸味	食盐	0.25	0.24	0.28
酸味	盐酸	0.01	0.006~0.007	0.016
甜味	蔗糖	0.49	0.72~0.76	0.79
苦味	硫酸奎宁	0.000 29	0.000 2	0.000 5

立产生,因此,食品的某种香气阈值会受其他呈香物质的影响,当它们相互配合恰当时,能发出诱人的香气,如果配合不当,会使食品的气味不协调,甚至出现异味。同样,食品中呈香物质的相对浓度,只能反映食品香气的强弱,但不能完全地、真实地反映食品香气的优劣程度。因此,判断一种呈香物质在食品香气中起作用的数值称为香气值(发香值),香气值是呈香物质的浓度和它的阈值之比,即

$$香气值 = \frac{呈香物质的浓度}{阈值}$$

一般当香气值低于 1,人们嗅感器官对这种呈香物质不会引起感觉。

由于风味是一种感觉现象,所以对风味的理解和评价常带有强烈的个人、地区和民族的特殊倾向。风味是评定食品感官质量的重要内容。虽然现代分析技术为风味化学的深入研究提供了极大的方便,但是无论是用定性或定量的方法,都很难准确地测定和描述食品的风味,因为风味是某种或某些化合物作用于人的感觉器官的生理结果。因此,感官鉴定仍是风味研究的重要手段。

10.1.2　风味物质的特点

食品中体现风味的化合物称为风味物质。食品的风味物质一般有多种并相互作用,其中的几种风味物质起到主导作用,其他作为辅助作用。如果以食品中的一个或几个化合物来代表其特定的食品风味,那么这几个化合物称为食品的特征效应化合物(characteristic compound)。例如,香蕉香甜味道的特征化合物为乙酸异戊酯,黄瓜的特征化合物为 2,6-壬二烯醛等。食品的特征效应化合物的数目有限,并以极低的浓度存在,有时很不稳定,但它们的存在为我们研究食品风味的化学基础提供了重要依据。

体现食品风味的风味物质一般有如下特点。

(1)种类繁多,相互之间影响作用明显。如在调配的咖啡中,风味物质达到 500 多种。另外,风味物质之间的相互拮抗或协同作用,使得用单体成分很难简单重组其原有的风味。

(2)含量微小,但效果显著。食品中风味物质的含量差异较大,所占的比例也很低,但产生的风味却明显。如香蕉的香味特征物在每千克水中仅 5×10^{-6} mg 就会具有香蕉味道。

(3)稳定性比较差。很多风味物质容易被氧化、加热等分解,稳定性差,如风味较浓的茶叶,会因其风味物质的自动氧化而变劣。

(4)风味物质的分子结构缺乏普遍的规律性。风味物质的分子结构是高度特异的,结构的稍微改变将引起风味的很大差别,即使是相同或相似风味的化合物,其分子结构也难以找到规律性。

(5)风味物质还受其浓度、介质等外界条件的影响。

10.2 食品的味感

10.2.1 味感的生理基础

食物的滋味虽然多种多样,但都是食品中可溶性呈味物质溶于唾液或食品的溶液刺激口腔内的味觉感受器(taste receptor),再通过一个收集和传递信息的味神经感觉系统传导到大脑的味觉中枢,最后通过大脑的综合神经中枢系统的分析,从而产生味感(gustation)或称味觉。

口腔内的味觉感受器主要是味蕾(taste bud),其次是自由神经末梢。味蕾是分布在口腔黏膜中极其活跃的微结构(图 10-2),具有味孔,并与味神经相通。一般成年人只有 9 000 多个味蕾,婴儿可能超过 10 000 个味蕾。这说明人的味蕾数目随着年龄的增长而减少,对味的敏感也随之降低。人的味蕾除小部分分布在软腭、咽喉和会咽等处外,大部分味蕾都分布在舌头表面的乳突中,尤其在舌黏膜皱褶处的乳突侧面上更为稠密。当用舌头向硬颚上研磨食物时,味蕾最易受到刺激而兴奋起来。自由神经末梢是一种囊包着的末梢,分布在整个口腔内,也是一种能识别不同化学物质的微接收器。

味蕾通常由 40～150 个椭圆性的味细胞所组成,是味觉感受器与呈味物质相互作用的部位。味蕾中的味细胞寿命不长,从味蕾边缘表皮细胞上有丝分裂出来后只能活 6～8 d,因此,味细胞一直处于变化状态。味蕾有孔的顶端存在着许多长约 2 μm 的微绒毛(微丝),正是有这些微绒毛才使得呈味物质能够被迅速吸附,从而产生味觉。味细胞后面连着传递信息的神经纤维,这些神经纤维再集成小束通向大脑,在其传递系统中存在几个独特的神经节,它们在自己的位置上支配相应的味蕾,以便选择性地响应不同的化合物。味蕾 10～14 d 更新一次,并通过味孔与口腔相通。味细胞表面由蛋白质、脂质及少量的糖类、核酸和无机离子组成。

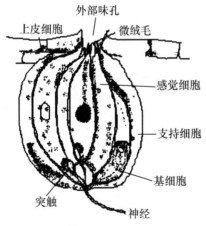

图 10-2 味蕾的结构

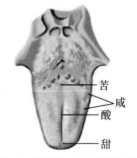

图 10-3 舌头不同部位对味觉的敏感性

不同的呈味物质在味细胞的受体上与不同的组分作用,如甜味物质的受体是蛋白质,苦味和咸味物质的受体则是脂质,有人认为苦味物的受体也可能与蛋白质相关。实验也表明,不同的呈味物质在味蕾上有不同的结合部位,尤其是甜味、苦味和鲜味物质,其分子结构有严格的空间专一性要求,这反映在舌头上不同的部位会有不同的敏感性。同时,舌表面的乳头可从其

形状分为茸状乳头、丝状乳头和拐角乳头,它们分别存在于舌头表面的不同部位,由于乳头分布不均匀因而舌头各部位对味觉的感受性、灵敏度也不相同(图10-3)。

二维码 10-1 人味觉
感受器的构造

味感物质只有溶于水后才能进入味蕾孔口刺激味细胞。将一块十分干燥的糖放在用滤纸擦干的舌表面时,则感觉不到糖的甜味。口腔内由腮腺、颌下腺、舌下腺以及无数小唾液腺分泌出来的唾液,是食物的天然溶剂。分泌腺的活动和唾液成分在很大程度上也会与食物的种类相适应。食物越干燥,在单位时间内分泌的唾液量越多。吃鸡蛋黄时,分泌出的唾液浓厚并富含蛋白酶,而吃酸梅时则会分泌出稀薄而含酶少的唾液。唾液还能洗涤口腔,使味蕾能更准确地辨别味感。因此,唾液对味感也有极大的关系。

实验表明,人的味觉从刺激味蕾到感受到味,仅需 1.5~4.0 ms,比人的视觉(13~15 ms)、听觉(1.27~21.5 ms)或触觉(2.4~8.9 ms)都快得多。这是因为味觉通过神经传递,几乎达到了神经传递的极限速度,而视觉、听觉则是通过声波或一系列次级化学反应来传递的,因而较慢。苦味的感觉最慢,所以一般来说,苦味总是在最后才有感觉。但是人们对苦味物质的感觉往往比对甜味物质敏锐些。

味觉产生的生理学机制已经基本被确认,如图 10-4 所示。对甜味化合物来讲,实验结果表明,味觉感受器是与 G 蛋白(guanine nucleotide binding protein)结合在一起(对鲜味、苦味也是如此),一旦甜味化合物与味觉细胞表面的感受器的蛋白立体专一性结合,感受器蛋白将发生构型变化并随后与 G 蛋白作用,激活了腺苷酸环化酶(adenylyl cyclase),从 ATP 合成出 $3',5'$-环 AMP(cAMP);在此后,cAMP 刺激了 cAMP 依赖激酶,导致了 K^+ 通道蛋白质的磷酸化,K^+ 通道最后关闭。由此,向细胞输送 K^+ 的降低,导致细胞膜的脱极化,这将激活电位依赖钙通道,Ca^{2+} 流入细胞,在突触释放出神经传递物质(去甲肾上腺素,norepinephrine)。因此,在神经细胞产生了作用电位,从而产生相应的传导,最后在中枢神经形成相应的感觉。

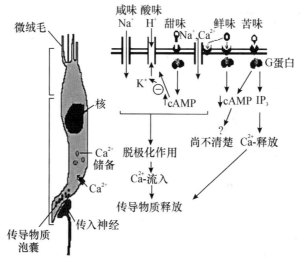

图 10-4 味觉产生的生理学机制

10.2.2　影响味感的主要因素

(1)呈味物质的结构。呈味物质的结构是影响味感的内因。一般来说,糖类如葡萄糖、蔗糖等多呈甜味;羧酸如乙酸、柠檬酸等多呈酸味;盐类如氯化钠、氯化钾等多呈咸味;而生物碱、重金属盐则多呈苦味。但也有许多例外,如糖精、乙酸铅等非糖有机盐也有甜味,草酸并无酸味而有涩味,碘化钾呈苦味而不显咸味,等等。总之,物质结构与其味感间的关系非常复杂,有时分子结构上的微小改变也会使其味感发生极大的变化。

(2)温度。相同数量的同一物质往往因温度的不同其阈值也有差别。实验表明,味觉一般在 10～40 ℃较为敏锐,其中以 30 ℃最为敏锐。低于此温度或高于此温度,各种味觉都稍有减弱,50 ℃时各种味觉大多变得迟钝。在 4 种原味中,甜味和酸味的最佳感觉温度在 35～50 ℃,咸味的最适感觉温度为 18～35 ℃,而苦味则是 10 ℃。各种味感阈值会随温度的变化而变化,这种变化在一定温度范围内是有规律的。不同的味感受温度影响的程度也不相同,其中对糖精甜度的影响最大,对盐酸影响最小。

(3)浓度和溶解度。味感物质在适当浓度时通常会使人有愉快感,而不适当的浓度则会使人产生不愉快的感觉。浓度对不同味感的影响差别很大。一般说来,甜味在任何被感觉到的浓度下都会给人带来愉快的感受;单纯的苦味差不多总是令人不快的;而酸味和咸味在低浓度时使人有愉快感,在高浓度时则会使人感到不愉快。

呈味物质只有溶解后才能刺激味蕾。因此,其溶解度大小及溶解速度快慢,也会使味感产生的时间有快有慢,维持时间有长有短。例如,蔗糖易溶解,故产生甜味快,消失也快;而糖精较难溶,则味觉产生较慢,维持时间也较长。呈味物质只有在溶解状态下才能扩散至味觉感受器,进而产生味觉,因此味觉也会受呈味物质所在的介质的影响。介质的黏度会影响可溶性呈味物质向味感受器的扩散,介质性质会降低呈味物质的可溶性,或者抑制呈味物质有效成分的释放。

(4)年龄、性别与生理状况。年龄对味觉敏感性是有影响的,这种影响主要发生在 60 岁以上的人群中,60 岁以下的人味觉敏感性没明显变化。年龄超过 60 岁的人,对咸、酸、苦、甜 4 种原味的敏感性会显著降低。造成这种情况的原因,一方面是年龄增长到一定程度后,舌乳头上的味蕾数目会减少;另一方面是老年人自身所患的疾病也会阻碍对味觉的敏感性。

性别对味觉的影响有两种不同看法,一些研究者认为在感觉基本味觉的敏感性上无性别差别;另一些研究者则指出性别对苦味敏感性没有影响,而对咸味和甜味,女性要比男性敏感,对酸味则是男性比女性敏感。

身体患某些疾病或发生异常时,会导致失味、味觉迟钝或变味。例如,人在患黄疸的情况下,对苦味的感觉明显下降甚至丧失;患糖尿病时,舌头对甜味刺激的敏感性显著下降;若长期缺乏抗坏血酸,则对柠檬酸的敏感性明显增加;血液中糖分升高后,会降低对甜味感觉的敏感性。这些事实也证明,从某种意义讲味觉的敏感性取决于身体的需求状况。这些由疾病而引起的味觉变化有些是暂时性的,待疾病恢复后味觉可以恢复正常,有些则是永久性的变化。

人处在饥饿状态下会提高味觉敏感性。有实验证明,4 种基本味的敏感性在上午 11:30 达到最高。在进食后 1 h 内敏感性明显下降,降低的程度与所食用食物的热量值有关。人在进食前味觉敏感性很高,证明味觉敏感性与体内生理需求密切相关。而进食后味觉敏感性下降,一方面是所摄入的食物满足了生理需求;另一方面则是饮食过程造成味觉感受器产生疲劳

导致味觉敏感性降低。饥饿对味觉敏感性有一定影响,但是对于喜好性却几乎没有影响。

10.2.3 呈味物质的相互作用

味的形成,除了生理现象外,还与呈味物质的化学结构和物理性质有关。如同一种物质由于光学性质不同,它们的味觉可以不完全一样;而不同的物质,可以呈现相同的味觉。

从人对基本味感的感觉速度上看,咸味感觉最快,苦味感觉最慢;但从敏感性看,以苦味最为敏感,更易被察觉。现在我们采用阈值为衡量标准,所谓阈值是指能够感受到该物质的最低含量(mol/m³,%或 mg/kg)。动物种类之间、人与人之间、种族、习惯等都存在差异,因此各文献的阈值会有一定差异。

食品的成分千差万别,成分之间会相互影响,因此各种食品虽然可具体分析出组分,却不能将各个组分的味感简单加和,而必须考虑多种相关因素。

(1)味的相乘作用。某种物质的味感会因另一味感物质的存在而显著增强,这种现象称为味的相乘作用。例如,谷氨酸钠(MSG)与 5′-肌苷酸(5′-IMP)共用能相互增强鲜味;麦芽酚几乎对任何风味都能协同,在饮料、果汁中加入麦芽酚能增强甜味。

(2)味的消杀作用。一种物质往往能减弱或抑制另一物质的味感的现象,称为味的消杀作用。例如,在蔗糖、柠檬酸、氯化钠和奎宁之间,若将任何两种以适当浓度混合时,都会使其中任何一种单独的味感减弱。

(3)味的对比作用。有时由于两种味感物质的共存也会对人的感觉或心理产生影响,有人将这种现象称为味的对比作用。例如,味精中有食盐存在时,使人感到味精的鲜味增强;在西瓜上撒上少量的食盐会感到提高了甜度;粗砂糖中由于杂质的存在也会觉得比纯砂糖更甜。

(4)味的变调作用。有人发现在热带植物匙羹藤的叶子内含有匙羹藤酸,当嘴里咬过这种叶子后,再吃甜或苦的食物时便不知其味,它可抑制甜味和苦味的时间长达数小时,但对酸味和咸味并无抑制作用;有时两种物质的相互影响甚至会使味感改变,如非洲西部地区有一种"神秘果"内含一种碱性蛋白质,吃了以后再吃酸的东西时,反而会感觉有甜味;有时吃了有酸味的橙子,口内也会有种甜的感觉。这种现象称为味的变调作用或阻碍作用。变调作用是味质本身的变化,而对比作用是味的强度发生改变。

(5)味的疲劳作用。当较长时间受到某味感物质的刺激后,再吃相同的味感物质时,往往会感到味感强度下降,这种现象称为味的疲劳作用。味的疲劳现象涉及心理因素,例如,吃第二块糖感觉不如吃第一块糖甜;有的人习惯吃味精,加入量越多,反而感到鲜味越来越淡。

各种甜味剂混合使用时,均能相互提高甜度,如将 26.7% 的蔗糖液和 13.3% 的 D.E.42 的淀粉糖浆混合,尽管 D.E.42 淀粉糖浆的甜度远低于相同浓度的蔗糖,但其混合糖的甜度仍与 40% 的蔗糖液相当。在糖液中加入少量多糖增稠剂,如在 1%～10% 的蔗糖液中加入 2% 的淀粉或少量树胶时,也能使其甜度和黏度都稍有提高。

在适当浓度(尤其是在阈值以下)的甜味剂与咸、酸、苦味物质共用时,往往有改善风味的效果。但当浓度较大时,其他味感物质对甜度的影响却没有一定规律,如在 5%～7% 的蔗糖中加入 0.5% 的食盐其甜度增高,加入 1% 的食盐其甜度下降。

除此之外,味感物与嗅感物之间相互也有影响。从生理学上讲,味感与嗅感虽有严格区别,但由于咀嚼食物时产生的由味与气相互混合而形成的复杂感觉,以及味感物质与风味化合物间的转化作用使两种感觉相互促进。

总之,各呈味物质之间或呈味物质与其味感之间的相互影响,以及它们所引起的心理作用,都是非常微妙的,许多至今尚不清楚,还需深入研究。

10.3　食品的滋味和呈味物质

10.3.1　甜味与甜味物质

甜味(sweet taste)是普遍受人们欢迎的一种基本味感,常用于改进食品的可口性和某些食用性。糖类是最有代表性的天然甜味物质。除了糖及其衍生物外,还有许多非糖的天然化合物、天然化合物的衍生物和合成化合物也都具有甜味,有些已成为正在使用的或潜在的甜味剂。

10.3.1.1　呈甜机理

在提出甜味学说以前,一般认为甜味与羟基有关,因为糖类分子中含有羟基,可是这种观点不久就被否定,因为不同多羟基化合物的甜味相差很大。再者,许多氨基酸、某些金属盐和不含羟基的化合物,如氯仿($CHCl_3$)和糖精,也有甜味。所以要确定一个化合物是否具有甜味,还需要从甜味化合物结构共性上寻找联系,因此而发展出从物质的分子结构上解释物质与甜味关系的相关理论。

1967 年,Shallenberger 和 Acree 等在总结前人对糖和氨基酸的研究成果的基础上,提出了有关甜味物质的甜味与其结构之间关系的 AH/B 生甜团学说(图 10-5)。他们认为,甜味化合物的分子结构中存在一个能形成氢键的基团—AH,称质子供给基,如—OH、—HN$_2$、=HN等;同时还存在一个电负性的原子—B,称质子接受基,如 O、N 原子等,它与基团—AH 的距离在 0.25～0.4 nm;甜味物质的这两类基团还必须满足立体化学要求,才能与受体的相应部位匹配。在甜味感受器内,也存在着类似的 AH/B 结构单元,其两类基团的距离约为 0.3 nm,当甜味化合物的 AH/B 结构单元通过氢键与甜味感受器内的 AH/B 结构单元结合时,便对味觉神经产生刺激,从而产生了甜味。氯仿、糖精、葡萄糖等结构不同的化合物的 AH-B 结构,可以用图 10-6 来形象地表示。

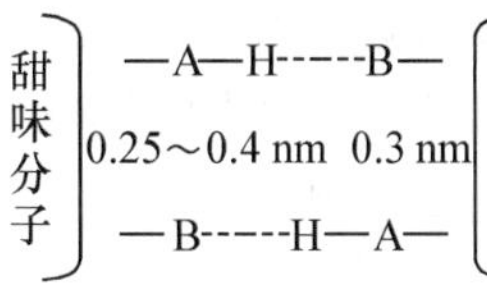

图 10-5　夏氏生甜学说图解

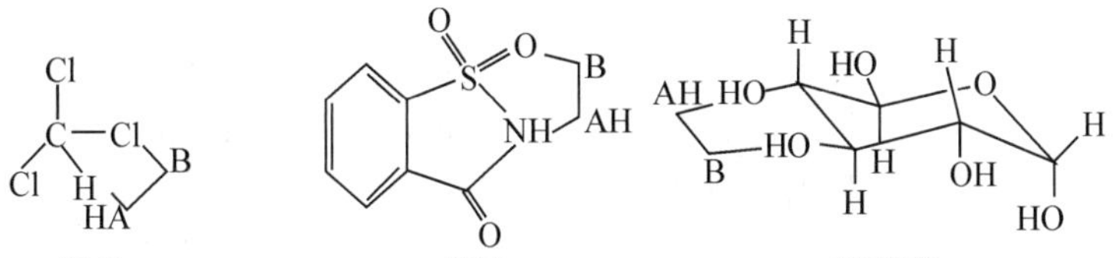

图 10-6　几种化合物的 AH/B 关系图

Shallenberger 和 Acree 等提出的学说虽然从分子化学结构的特征上可以解释一个物质是否具有甜味,但是却解释不了同样具有 AH/B 结构的化合物它们的甜味强度相差许多倍的内在原因。后来 Kier 对 AH/B 生甜团学说进行了补充和发展。他认为在甜味化合物中除了 AH 和 B 两个基团外,还可能存在着一个具有适当立体结构的亲油区域,即在距离 AH 基团质子约 0.35 nm 和距离 B 基团 0.55 nm 的地方有一个疏水基团(hydrophobic group)X(如—CH_2CH_3、—C_6H_5 等)时,它能与甜味感受器的亲油部位通过疏水键结合,产生第三接触点,形成一个三角形的接触面(图 10-7)。X 部位似乎是通过促进某些分子与甜味感受器的接触而起作用,并因此影响到所感受的甜味强度。因此,X 部位是强甜味化合物的一个极为重要的特性,它或许是甜味化合物间甜味质量差别的一个重要原因。这个经过补充后的学说称为 AH-B-X 学说。

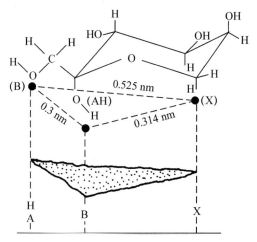

图 10-7　$β$-D-吡喃果糖甜味单元中 AH/B 和 X 之间的关系

10.3.1.2　甜味强度及其影响因素

甜味的强度可用"甜度"来表示,但甜度目前还不能用物理或化学方法定量测定,只能凭人的味感来判断。通常是以在水中较稳定的非还原天然蔗糖为基准物(如以 15% 或 10% 的蔗糖水溶液在 20 ℃时的甜度为 1.0 或 100),用以比较其他甜味剂在同温同浓度下的甜度大小。这种相对甜度称为比甜度(表 10-2)。这种比较测定法,受人为的主观因素影响很大,故所得的结果往往不一致,在不同的文献中有时差别很大。

表 10-2　一些糖和糖醇的比甜度

甜味剂	比甜度	甜味剂	比甜度	甜味剂	比甜度
$α$-D-葡萄糖	0.40~0.79	蔗糖	1.0	木糖醇	0.9~1.4
$β$-D-呋喃果糖	1.0~1.75	$β$-D-麦芽糖	0.46~0.52	山梨醇	0.5~0.7
$α$-D-半乳糖	0.27	$β$-D-乳糖	0.48	甘露醇	0.68
$α$-D-甘露糖	0.59	棉籽糖	0.23	麦芽糖醇	0.75~0.95
$α$-D-木糖	0.40~0.70	转化糖浆	0.8~1.3	半乳糖醇	0.58

影响甜味化合物甜度的主要外部因素如下。

(1)浓度。总的说来,甜度随着甜味化合物浓度的增大而提高,但各种甜味化合物甜度提高的程度不同,大多数糖及其甜度随浓度增高的程度都比蔗糖大,尤其以葡萄糖最为明显。例如,当蔗糖与葡萄糖的浓度均小于 40% 时,蔗糖的甜度大;但当两者的浓度均大于 40% 时,其甜度却几乎无差别。而人工合成甜味剂在过高浓度下,其苦味变得非常突出,所以食品中甜味剂的使用是有一定用量范围的。

(2)温度。温度对甜味剂甜度的影响表现在两方面。一是对味觉器官的影响,二是对化合物结构的影响。一般在 30 ℃ 时感觉器官的敏锐性最高,所以对滋味的评价在 10~40 ℃ 时较为适宜,过高、过低的温度下味觉感受均变得迟钝,不能真实反映实际情况。例如,冰淇淋中的糖含量很高,但是由于我们在食用时处于低温状态,故此并不感觉非常甜。在较低温度范围内,温度对蔗糖和葡萄糖的影响很小,但果糖的甜度受温度的影响却十分显著,这是因为在果糖的平衡体系中,随着温度升高,甜度大的 β-D-吡喃果糖的百分含量下降,而不甜的 β-D-呋喃果糖含量升高(图 10-8)。

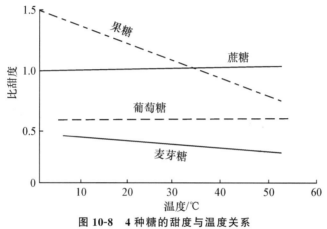

图 10-8　4 种糖的甜度与温度关系

(3)溶解。甜味化合物和其他呈味化合物一样,在溶解状态时才能够与味觉细胞上的受体产生作用,从而产生相应的信号并被识别。所以甜味化合物的溶解性质会影响甜味的产生快慢与维持时间长短。蔗糖产生甜味较快但维持时间短,糖精产生甜味慢但维持时间较长。

(4)甜味物质的相互作用也影响其甜度。

10.3.1.3　常见甜味剂及其应用

甜味剂按其来源可以分为 2 类:一类是天然甜味剂,如蔗糖、淀粉糖浆、果糖、葡萄糖、麦芽糖、甘草甜素、甜菊苷;另一类是合成甜味剂,如糖醇、糖精、甜蜜素、帕拉金糖等。合成甜味剂热值低、没有发酵性,对糖尿病患者和心血管患者有益。甜味剂按其生理代谢特性,还可分为营养性甜味剂和非营养性甜味剂。

(1)单糖和双糖。在单糖中,葡萄糖(glucose)的甜味有凉爽感,其甜度为蔗糖(sucrose)的 65%~75%,适合直接食用,也可用于静脉注射。果糖(fructose)与葡萄糖一起存在于瓜果和蜂蜜中,比其他糖类都甜,不需胰岛素,能直接在人体中代谢,适于幼儿和糖尿病患者食用。木糖由木聚糖水解而制得,易溶于水,类似果糖的甜味,其甜度约为蔗糖的 65%,溶解性和渗透性大而吸湿性小,易引起褐变反应,不能被微生物发酵。在人体内是不产生热能的甜味剂,可供糖尿病和高血压患者食用。

在双糖中,蔗糖(sucrose)的甜味纯正,甜度大,在甘蔗和甜菜中含量较多,工业上常以它们为原料生产蔗糖,是用量最多的天然甜味剂。麦芽糖(maltose)在糖类中营养价值最高,甜味爽口温和,不像蔗糖那样会刺激胃黏膜,甜度约为蔗糖的1/3。乳糖是乳中特有的糖,甜度为蔗糖的1/5,是糖类中甜度较低的一种,水溶性较差;食用后在小肠内受半乳糖酶的作用,分解成半乳糖和葡萄糖而被人体吸收,同时有助于人体对钙的吸收;它对气体和有色物质的吸附性较强,可用作肉类食品风味和颜色的保护剂;它易与蛋白质发生美拉德反应,添加到焙烤食品中,易形成诱人的金黄色。

(2)淀粉糖浆。淀粉糖浆(starch syrup)由淀粉经不完全水解而制得,也称转化糖浆,由葡萄糖、麦芽糖、低聚糖及糊精等组成。工业上常用葡糖当量(D. E.)来表示淀粉转化的程度,D. E. 指淀粉转化液中所含转化糖(以葡萄糖计)干物质的百分率。D. E. 小于20%的,称为低转化糖浆;D. E. 为38%～42%的,称为中转化糖浆;D. E. 大于60%时,称为高转化糖浆。中转化糖浆也称普通糖浆或标准糖浆,为淀粉糖浆的主要产品。D. E. 值不同的糖浆,在甜度、黏度、增稠性、吸湿性、渗透性、耐储性等方面均不同,可按用途进行选择。异构糖浆是葡萄糖在异构酶的作用下一部分异构化为果糖而制得,也称果葡糖浆。目前生产的异构糖浆,果糖转化率一般达42%以上,甚至达到90%以上(称为高果糖浆),异构糖浆甜味纯正,结晶性、发酵性、渗透性、保湿性、耐储性均较好,近年发展很快。

(3)甘草苷。甘草苷(liquinritin)由甘草酸与2分子葡糖醛酸缩合而成,比甜度为100～300,常用的是其二钠盐或三钠盐。它有较好的增香效能,可以缓和食盐的咸味,不被微生物发酵,并有解毒、保肝等作用。但它的甜味产生缓慢而保留时间较长,故很少单独使用。将它与蔗糖共用,有助于甜味的发挥,可节省蔗糖20%左右。它与糖精合用,按甘草苷与糖精为(3～4):1的比例,再加蔗糖与柠檬酸钠,甜味更佳。可用于乳制品、可可制品、蛋制品、饮料、酱油、腌渍物等的调味。

(4)甜菊苷。甜菊苷(stevioside)存在于甜叶菊的茎、叶内,为甜叶菊叶的水浸出物干燥后的粉末。糖基为槐糖和葡萄糖,配基是二萜类的甜菊醇,比甜度为200～300,是最甜的天然甜味剂之一。甜菊苷的甜感接近于蔗糖,对热、酸、碱都稳定,溶解性好,没有苦味和发泡性,并在降血压、促代谢、治疗胃酸过多等方面有疗效,适用于糖尿病人的甜味剂及低能值食品。

![甜菊苷的结构]

甜菊苷的结构

(5)糖醇。目前投入实际使用的糖醇类(alditols)甜味剂,主要有D-木糖醇、D-山梨醇、D-甘露醇和麦芽糖醇4种。它们在人体内的吸收和代谢不受胰岛素的影响,也不妨碍糖原的合成,是一类不使人血糖升高的甜味剂,为糖尿病、心脏病、肝脏病人的理想甜味剂;都有保湿性,能使食品维持一定水分,防止干燥。此外,山梨醇还具有防止蔗糖、食盐从食品内析出结晶,耐热,保持甜、酸、苦味平衡,维持食品风味,阻止淀粉老化的作用。木糖醇和甘露醇带有清凉味和香气,也能改善食品风味;还不易被微生物利用和发酵,是良好的预防龋齿的甜味剂。

糖醇类甜味剂还有一个共同的特点,即摄入过多时有引起腹泻的作用,因此在适度摄入的情况下有通便的作用。

(6)糖精钠。糖精钠(sodium saccharin)又名邻苯甲酰磺酰亚胺钠盐,是目前使用最多的合成甜味剂。它的分子本身有苦味,但在水中离解出的阴离子有甜味,比甜度 300~500,后味微苦,当浓度大于 0.5％时易显出分子的苦味。人食用糖精钠后会从粪、尿中原状排出,故无营养价值。

(7)甜蜜素。甜蜜素(sodium cyclohexyl sulfamate)是一种无营养甜味剂,化学名称为环己基氨基磺酸钠,毒性较小,为安全的食品添加剂;甜度为蔗糖的 30~50 倍,略带苦味;易溶于水,对热、光、空气稳定,加热后

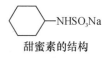
甜蜜素的结构

略有苦味。广泛用于饮料,冰淇淋、蜜饯、糖果和医药的生产中,其使用浓度不宜超过 0.1％~4.0％。但不能用于馒头等主食中,否则就是违反《中华人民共和国食品安全法》。

(8)甜味素。甜味素(aspartame,AMP)又称为蛋白糖、阿斯巴甜,有效成分的化学名叫天冬氨酰苯丙氨酸甲酯,其甜度为蔗糖的 100~200 倍,甜味清凉纯正,可溶于水,为白色晶体。但稳定性不高,易分解而失去甜味。甜味素安全,有一定的营养,在饮料工业中广泛使用,我国允许按正常生产需要添加。

$$HO-C-CH_2-CH-C-NH-CH-C-O-CH_3$$

天冬氨酸　　　　　苯丙氨酸　　　甲醇
L-Asp　　　　　　*L*-Phe　　　Met−OH

(9)帕拉金糖。帕拉金糖(palatinose)又名异麦芽酮糖,为白色晶体,味甜无异味,其最大特点就是抗龋齿性,被人体吸收缓慢,血糖上升较慢,有益于糖尿病人的防治和防止脂肪的过多积累。帕拉金糖作为预防龋齿和功能性甜味剂而广泛地应用于口香糖、高级糖果、运动员饮料等食品中。

(10)其他。蜂蜜是蜜蜂自花的蜜腺中采集的花蜜,为淡黄色至红黄色的强黏性透明浆状物,在低温下有结晶。比蔗糖甜,全部糖分约 80％,其中葡萄糖为 36.2％,果糖 37.1％,蔗糖为 2.6％,糊精约 3.0％。蜂蜜因花的种类不同而各有其特殊风味,含果糖多,不易结晶,易吸收空气中的水分,可防止食品干燥,多用于糕点、丸药的加工中。

除上述甜味剂之外,还有一些天然物的衍生物甜味剂,如某些氨基酸和二肽衍生物、二氢查耳酮衍生物、紫苏醛衍生物、三氯蔗糖等。

10.3.2 酸味与酸味物质

酸味(sour taste)是由舌黏膜受到氢离子刺激而引起的一种化学味感,因此,凡是在溶液中能电离出 H^+ 的化合物都具有酸味。食醋被作为区别食品味道的代表物和基准物之一。人

类早已适应酸性食物,故适当的酸味能给人以爽快的感觉,并促进食欲。酸味强度(sour taste intensity)可采用一定的评价方法,如品尝法或测定唾液分泌的流速来进行评价。品尝法常用主观等价值(P. S. E)表示,指感受到相同酸味时酸味剂的浓度;测定唾液分泌的流速是指测定每一腮腺在 10 min 内流出唾液的毫升数来表示。

不同的酸具有不同的味感,酸的浓度与酸味之间并不是一种简单的相互关系。酸的味感是与酸性基团的特性、pH、滴定酸度、缓冲效应及其他化合物,尤其是糖的存在与否有关。影响酸味的主要因素如下。

(1)氢离子浓度。所有酸味剂都能解离出氢离子,可见酸味与氢离子的浓度有关。当溶液中的氢离子浓度过低时(pH>5.0~6.5),难以感到酸味;当溶液中的氢离子浓度过高时(pH<3.0),酸味的强度过大使人难以忍受;但氢离子浓度和酸味之间并没有函数关系。

(2)总酸度和缓冲作用。通常在 pH 相同时,总酸度和缓冲作用较大的酸味剂,酸味更强。如丁二酸比丙二酸酸味强,因为丁二酸的总酸度在相同 pH 时强于丙二酸。

(3)酸味剂阴离子的性质。酸味剂的阴离子对酸味强度和酸感品质都有很大的影响。在 pH 相同时,有机酸比无机酸的酸味强度大;在阴离子的结构上增加疏水性不饱和键,酸味比相同碳数的羧酸强;若在阴离子的结构上增加亲水的羟基,酸味则比相应的羧酸弱。

(4)其他因素的影响。在酸味剂溶液中加入糖、食盐、乙醇时,酸味会降低。酸味和甜味的适当混合,是构成水果和饮料风味的重要因素;咸酸适宜是食醋的风味特征;若在酸中加入适量苦味物,也能形成食品的特殊风味。

10.3.2.1　呈酸机理

目前普遍认为,H^+ 是酸味剂 HA 的定味基,阴离子 A^- 是助味基。定味基 H^+ 在受体的磷脂头部相互发生交换反应,从而引起酸味感。在 pH 相同时,有机酸的酸味之所以大于无机酸,是因为有机酸的助味基 A^- 在磷脂受体表面有较强的吸附性,能减少膜表面正电荷的密度,即减少了对 H^+ 的排斥力。二元酸的酸味随碳链延长而增强,主要是由于其阴离子 A^- 能形成吸附于脂膜的内氢键环状螯合物或金属螯合物,减少了膜表面的正电荷密度。若在 A^- 结构上增加羧基或羟基,将减弱 A^- 的亲脂性,使酸味减弱;相反,若在 A^- 结构上加入疏水性基团,则有利于 A^- 在脂膜上的吸附,使膜增加对 H^+ 的引力。酸的阴离子还对酸的风味有影响,有机酸的阴离子一般具有爽快的酸味,当然也有一定的例外。

品尝法和测唾液流速法得出的酸强度次序不一,因此有人认为这两种反应出自不同部位的刺激。也有人证明结合在酸味受体膜上的质子多数是无效的,不能引起膜上局部构象的改变。鉴于膜结构中的不饱和烃链易与水结合,酸中的质子还有隧道效应。因此,有人也认为酸味受体有可能不是在磷脂的头部,而是在磷脂烃链的双键上。因为双键质子化后形成的 π 络合物之间有颇强的静电斥力,才能引起局部脂膜有较大的构象改变。

上述酸味模式虽说明了不少酸味现象,但目前所得到的研究数据,尚不足以说明究竟是 H^+、A^-,还是 HA 对酸感最有影响,酸味剂分子的许多性质如分子量、分子的空间结构和极性对酸味的影响也未弄清,有关酸味的学说还有待于进一步发展。

10.3.2.2　重要的食用酸味料及其应用

(1)食醋。食醋(vinegar)是我国最常用的酸味料,除含 3%~5% 的乙酸外,还含有少量的其他有机酸、氨基酸、糖、醇、酯等。它的酸味温和,在烹调中除用作调味外,还有防腐败、去腥臭等作用。乙酸挥发性高,酸味强。由工业生产的乙酸为无色的刺激性液体,能与水任意混合,可用于调配人工合成醋,但缺乏食醋风味。浓度在 98% 以上的乙酸能冻结成冰状固体,称为冰乙酸。我国允许乙酸在食品中,可根据生产需要量添加。

(2)柠檬酸。柠檬酸(citric acid)是在果蔬中分布最广的一种有机酸,在 20 ℃可完全溶解于水及乙醇,在冷水中比热水中易溶。柠檬酸可形成 3 种形式的酸盐,但除碱金属盐外,其他的柠檬酸盐大多不溶或难溶于水。柠檬酸的酸味圆润、滋美、爽快可口,入口即达最高酸感,后味延续时间短。广泛用于清凉饮料、水果罐头、糖果等的调配,通常用量为 0.1%~1.0%。它还可用于配制果汁粉,作为抗氧化剂的增效剂。柠檬酸具有良好的防腐性能和抗氧化增效功能,安全性高,我国允许按生产正常需要量添加。

(3)苹果酸。苹果酸(malic acid)多与柠檬酸共存,为无色或白色结晶,易溶于水和乙醇,20 ℃时可溶解 55.5%。苹果酸酸味较柠檬酸强,为柠檬酸 1.2 倍,爽口,略带刺激性,稍有苦涩感,呈味时间长。与柠檬酸合用时,有强化酸味的效果。常用于调配饮料等,尤其适用于果冻。苹果酸钠盐有咸味,可供肾脏病人作为咸味剂。苹果酸安全性高,我国允许按生产正常需要量添加,通常使用量为 0.05%~0.5%。

(4)酒石酸。酒石酸(tartaric acid)广泛存在于许多水果中,20 ℃时在水中溶解 120%。酒石酸酸味更强,约为柠檬酸的 1.3 倍,但稍有涩感。其用途与柠檬酸相同,多与其他酸合用。酒石酸安全性高,我国允许按生产正常需要量添加,一般使用量为 0.1%~0.2%,但它不适合于配制起泡的饮料或用作食品膨胀剂。

(5)乳酸。乳酸(lactic acid)在水果蔬菜中很少存在,现多为人工合成品,溶于水及乙醇,有防腐作用,酸味稍强于柠檬酸,可用作 pH 调节剂,可用于清凉饮料、合成酒、合成醋、辣酱油等。用其制作泡菜或酸菜,不仅可以调味,还可以防止杂菌繁殖。

(6)抗坏血酸。抗坏血酸(ascorbic acid)为白色结晶,易溶于水,有爽快的酸味,但易被氧化。在食品中可作为酸味剂和维生素 C 添加剂,还有防氧化和褐变的作用,可作为辅助酸味剂使用。

(7)葡萄糖酸。葡萄糖酸(gluconic acid)为无色或淡黄色液体,易溶于水,微溶于乙醇,因不易结晶,其产品多为 50% 的液体。干燥时易脱水生成 γ-葡萄糖酸内酯或 δ-葡萄糖酸内酯,且此反应可逆,利用这一特性可将其用于某些最初不能有酸性而在水中受热后又需要酸性的食品中。如将葡萄糖酸内酯加入豆浆中,遇热即会生成葡萄糖酸而使大豆蛋白凝固,得到内酯豆腐。此外,将葡萄糖酸内酯加入饼干中,烘烤时即成为膨胀剂。葡萄糖酸也可直接用于调配清凉饮料、食醋等,可作为方便面的防腐调味剂,或在营养食品中代替乳酸。

10.3.3 苦味与苦味物质

苦味(bitter taste)是食品中很普遍的味感,许多无机物和有机物都具有苦味。单纯的苦味并不令人愉快,但当它与甜、酸或其他味感调配得当时,能形成一种特殊的风味。例如,苦瓜、白果、茶、咖啡等都具有一定的苦味,但均被视为美味食品。苦味物质大多具有药理作用,可调节生理机能,如一些消化活动障碍、味觉出现减弱或衰退的人,常需要强烈刺激感受器来恢复正常,由于苦味阈值最小,也最易达到这方面的目的。

10.3.3.1 呈苦机理

为了寻找苦味与其分子结构的关系,解释苦味产生的机理,曾有人先后提出过各种苦味分

子识别的学说和理论。

(1)空间位阻学说。Shallenberger 等认为,苦味与甜味一样也取决于刺激物分子的立体化学,这两种味感都可由类似的分子激发,有些分子既可产生甜味又可产生苦味。

(2)内氢键学说。Kubota 在研究延命草二萜分子结构时发现,凡属有相距 0.15 nm 的内氢键的分子均有苦味。内氢键能增加分子的疏水性,且易和过渡金属离子形成螯合物,合乎一般苦味分子的结构规律。

(3)三点接触学说。Lehmann 发现,有几种 D-型氨基酸的甜味强度与其 L-异构体的苦味强度之间有相对应的直线关系。因而,他认为苦味分子与苦味受体之间和甜感一样也是通过三点接触而产生苦味,但是苦味物质第三点的空间方向与甜味剂相反。

上述 3 种苦味学说虽都能一定程度解释苦味的产生,但大都脱离了味细胞膜结构而只着眼于刺激物分子结构,而且完全没有考虑一些苦味无机盐的存在。

(4)诱导适应学说。曾广植根据他的味细胞膜诱导适应模型提出了苦味分子识别理论,其要点如下。

①苦味受体是多烯磷脂在膜表面形成的"水穴",它为苦味物质和蛋白质之间的偶联提供了一个巢穴。同时肌醇磷脂(PI)能通过磷酰化生成 PI-4-PO_4 和 PI-4,5-$(PO_4)_2$ 后,再与 Cu^{2+}、Zn^{2+}、Ni^{2+} 结合,形成穴位的"盖子"。苦味分子必须首先推开盖子,才能进入穴内与受体作用。这样,以盐键方式结合于盖子的无机离子便成为分子识别的监护,当它一旦被某些过渡金属离子置换后,味受体上的盖子便不再接受苦味物质的刺激,产生了抑制作用。

②由卷曲的多烯磷脂组成的受体穴可以组成各种不同的多极结构而与不同的苦味物质作用。实验表明,人在品尝了硫酸奎宁后,并不影响继续品味出尿素或硫酸镁的苦味;反之亦然。若将奎宁和尿素共同品尝,则会产生协同效应,苦味感增强。这证明奎宁和尿素在味受体上有不同的作用部位或有不同的水穴。但若在品尝奎宁后再喝咖啡,则会感到咖啡的苦味减弱,这又说明两者在受体上有相同的作用部位或水穴,它们会产生竞争性的抑制。

③多烯磷脂组成的受体穴有与表蛋白粘贴的一面,还有与脂质块接触的更广方面。与甜味物质的专一性要求相比,对苦味物质的极性基位置分布、立体方向次序等的要求并不很严格。凡能进入苦味受体任何部位的刺激物会引起"洞隙弥合",通过下列作用方式改变其磷脂的构象,产生苦味信息。

盐桥转换。Cs^+、Rb^+、K^+、Ag^+、Hg^{2+}、R_3S^+、R_4N^+、$RNH—NH_3^+$、$Sb(CH_3)_4$ 等属于结构破坏离子,它们能破坏烃链周围的冰晶结构,增加有机物的水溶性,可以自由地出入生物膜。当它们打开盐桥进入苦味受体后,能诱发构象的转变。Ca^{2+}、Mg^{2+} 虽和 Li^+、Na^+ 一样属结构制造离子,对有机物有盐析作用,但 Ca^{2+}、Mg^{2+} 在一些阴离子的配合下能使磷脂凝集,便于结构破坏离子进入受体,也能产生苦味。

氢键的破坏。$(NH_2)_2C=X$(X 为 O、NH、S,下同)、$RC(NH_2)=X$、$RC=NOH$、$RNHCN$ 等可作为氢键供体。而 $O_2N-\langle\text{benzene ring with }NO_2\rangle-OR$、$O_2N-\langle\text{benzene ring with two }NO_2\rangle-X$ 等可作为氢键受体。苦味受体为卷曲的多烯磷脂孔穴,无明显的空间选择性,使具有多极结构的上述刺激物也能打开盖子盐桥进入受体(更大的苦味肽只能有一部分侧链进入)继而破坏其中的氢键及脂质-蛋白质间的相互作用,对受体构象的改变产生很大的推动力。

疏水键的生成。疏水键型刺激物主要是酯类,尤其是内酯、硫代物、酰胺、腈和异腈、氮杂环、生物碱、抗生素、萜类、胺等。不带极性基的疏水物不能进入受体,因为盐桥的配基和磷脂头部均有手性,使受体表层对疏水物有一定的辨别选择性。但这些疏水物一旦深入孔穴脂层即无任何空间专一性要求了,可通过疏水键作用引起受体构象的改变。

诱导适应学说进一步发展了苦味理论,对解释有关苦味的复杂现象做出了很大贡献。

①它更广泛地概括了各类型的苦味物质,为进一步研究结构与味感的关系提供了方便。

②在受体上有过渡金属离子存在的观点,对硫醇、青霉胺、酸性氨基酸、低聚肽等能抑制苦味及某些金属离子会影响苦味提供了解释。

③对甜味盲不能感受任何甜味剂,而苦味盲仅是难于觉察少数有共轭结构的苦味物质的现象做出了可能的解释。苦味盲是先天性遗传的,当 Cu^{2+}、Zn^{2+}、Ni^{2+} 与患者的受体上蛋白质产生很强的络合,在受体表层作为监护离子时,一些苦味物质便难以打开盖子进入穴位。

④苦味受体主要由磷脂膜组成的观点也为苦味强度提供了说明。因为苦味物质对脂膜有凝聚作用,增加了脂膜表面张力,故两者有对应关系;苦味物质产生的表面张力越大,其苦味强度也越大。

⑤解释了苦味强度随温度下降而增加,与温度对甜味、辣味的影响刚好相反的现象。因为苦味物质使脂膜凝聚的过程是放热效应,与甜、辣味物质使膜膨胀过程是吸热效应相反。

⑥它还说明了麻醉剂对各种味感受体的作用为何以苦味消失最快、恢复最慢的现象。这是由于多烯磷脂对麻醉剂有较大的溶解度,受体为其膨胀后失去了改变构象的规律,不再具有引发苦味信息的能力等。

10.3.3.2 常见的苦味物质及其应用

存在于食品和药物中的苦味物质,来源于植物的主要有 4 类:生物碱、萜类、糖苷类和苦味肽类;来源于动物的主要有苦味酸、甲酰苯胺、甲酰胺、苯基脲和尿素等。

生物碱分子中含有氮,具有苦且辛辣的味道。奎宁(quinine)是最常用的苦味基准物。萜类化合物种类多达上万种,一般含有内酯、内缩醛、内氢键、糖苷羟基等能形成螯合物的结构而有苦味,如啤酒花的苦味成分是萜类。糖苷类的配基大多具有苦味,如苦杏仁苷、白芥子苷等。柑橘类果皮和中草药中广泛存在有黄酮、黄烷酮等,多数为苦味分子。氨基酸侧链基团的碳原子数多于 3 并带有碱基时则为苦味分子,侧链基团当疏水性不强时,其苦味也不强。

盐类有中很多具有苦味,可能与它的阴、阳离子半径总和有关。随着离子半径之和加大,咸味减小,苦味增加。例如,NaCl、KCl 具纯正的咸味,它们半径之和小于 0.658 nm,而 KBr 又咸又苦,其半径之和为 0.658 nm,CsCl、KI 等苦味大,半径之和大于 0.658 nm。

(1)咖啡碱及可可碱。咖啡碱(caffeine)及可可碱(theobromine)都是嘌呤类衍生物,是食品中主要的生物碱类苦味物质。咖啡碱在水中浓度为 150~200 mg/kg 时,呈中等苦味,它存在于咖啡、茶叶和可拉坚果中。可可碱(3,7-二甲基黄嘌呤)类似咖啡碱,在可可中含量最高,是可可产生苦味的原因。

(2)苦杏仁苷。苦杏仁苷(amygdalin)是由氰苯甲醇与龙胆二糖所形成的苷,存在于许多蔷薇科(Rosaceae)植物如桃、李、杏等的果核、种仁及叶子中,尤以苦扁桃中最多。种仁中同时含有分解它的酶。苦杏仁苷本身无毒,具镇咳作用。生食杏仁、桃仁过多可引起中毒,原因是摄入的苦杏仁苷在同时摄入体内的苦杏仁酶(emulsin)的作用下,分解为葡萄糖、苯甲醛及氢

氰酸。

(3)柚皮苷及新橙皮苷。柚皮苷(naringin)及新橙皮苷(nehoesperidin)是柑橘类果皮中的主要苦味物质。柚皮苷纯品的苦味比奎宁还要苦,检出阈值可低达 0.002%。黄酮苷类分子中糖苷基的种类与其是否具有苦味有决定性的关系,如与芸香糖成苷的黄酮类没有苦味,而以新橙皮糖为糖苷基的都有苦味,当新橙皮糖苷基水解后,则苦味消失,利用这一原理可以采用酶制剂来脱去橙汁的苦味(图 10-9)。芸香糖与新橙皮糖都是鼠李糖葡萄糖苷,但前者是鼠李糖(1→6)葡萄糖,后者是鼠李糖(1→2)葡萄糖。

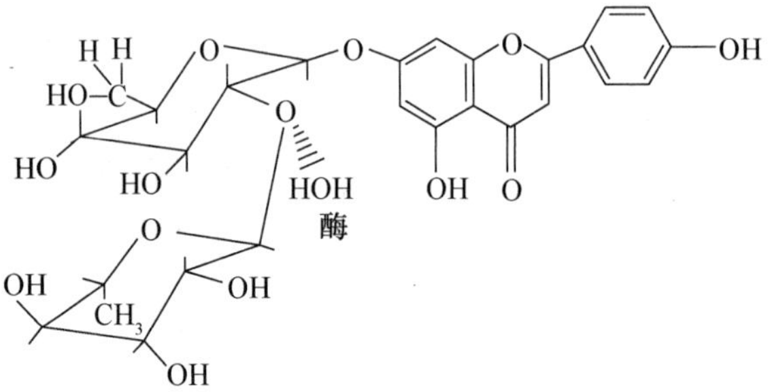

图 10-9　柚皮苷生成无苦味衍生物的酶水解部位结构

(4)胆汁。胆汁(bile)是动物肝脏分泌并储存于胆囊中的一种液体,味极苦。初分泌的胆汁是清澈而略具黏性的金黄色液体,pH 为 7.8～8.5,在胆囊中由于脱水、氧化等,色泽变绿,pH 下降至 5.50。胆汁中的主要成分是胆酸、鹅胆酸及脱氧胆酸。

(5)奎宁。奎宁(quinine)是一种广泛作为苦味感的标准物质,盐酸奎宁的苦味阈值大约是 10 mg/kg。一般来说,苦味物质比其他呈味物质的味觉阈值低,比其他味觉活性物质难溶于水。在有酸甜味特性的软饮料中,苦味能跟其他味感调和,使这类饮料具有清凉兴奋作用。

(6)苦味酒花。酒花(hop)大量用于啤酒工业,使啤酒具有特征风味。酒花的苦味物质是葎草酮(humulone)或蛇麻酮的衍生物,啤酒中葎草酮最丰富,在麦芽汁煮沸时,它通过异构化反应转变为异葎草酮。异葎草酮是啤酒在光照射下所产生的臭鼬鼠臭味和日晒味化合物的前体,当有酵母发酵产生的硫化氢存在时,异己烯链上的酮基邻位碳原子发生光催化反应,生成一种带臭鼬鼠味的 3-甲基-2-丁烯-1-硫醇(异戊二烯硫醇)化合物。在预异构化的酒花提取物中,酮的选择性还原可以阻止这种反应的发生,并且采用清洁的棕色玻璃瓶包装啤酒也不会产生臭鼬鼠味或日晒味。挥发性酒花香味化合物是否在麦芽煮沸过程中残存,这是多年来一直争论的问题。现在已完全证明,影响啤酒风味的化合物确实在麦芽汁充分煮沸过程中残存,它们连同苦味酒花物质所形成的其他化合物一起使啤酒具有香味。

(7)蛋白质水解物和干酪。蛋白质水解物和干酪有明显的令人厌恶的苦味,这是肽类氨基酸侧链的总疏水性所引起的。所有肽类都含有相当数量的 AH 型极性基团,能满足极性感受器位置的要求,但各个肽链的大小和它们的疏水基团的性质极不相同。因此,这些疏水基团和苦味感觉器主要疏水位置相互作用的能力大小也不相同。已证明肽类的苦味可以通过计算其疏水值来预测。图 10-10 即表征了 α_{s1} 酪蛋白衍生物的苦味肽,其疏水性氨基酸引发的强疏水性。

(8)羟基化脂肪酸。羟基化脂肪酸常常带有苦味,可以用分子中的碳原子数与羟基数的比值或 R 值来表示这些物质的苦味。甜味化合物的 R 值是 1.00～1.99,苦味化合物为 2.00～6.99,大于 7.00 时则无苦味。

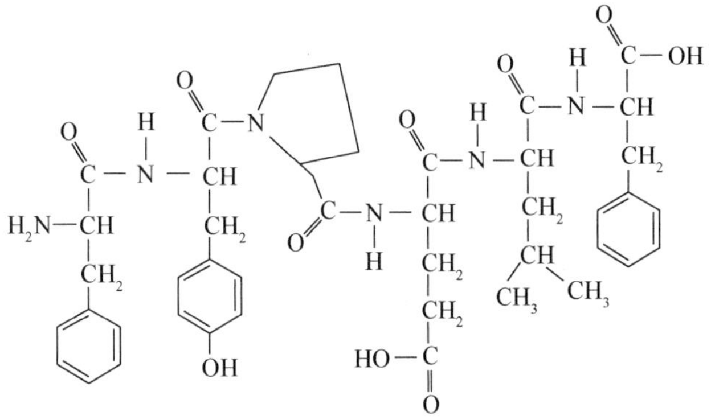

图 10-10　强极性 α_{s1} 酪蛋白衍生物的苦味肽

（9）盐类的苦味。盐类的苦味与盐类阴离子和阳离子的离子直径的和有关。离子直径的和小于 0.65 nm 的盐，显示纯咸味（LiCl＝0.498 nm，NaCl＝0.556 nm，KCl＝0.628 nm）。因此，KCl 稍有苦味。随着离子直径的和增大（CsCl＝0.696 nm，CsI＝0.774 nm），其盐的苦味逐渐增强，因此氯化镁是（0.850 nm）相当苦的盐。

10.3.4　咸味与咸味物质

咸味（salt taste）在食品调味中颇为重要。咸味是中性盐所显示的味，只有氯化钠才产生纯粹的咸味，用其他物质来模拟这种咸味是不容易的。如溴化钾、碘化铵等，除具咸味外还带有苦味，属于非单纯的咸味，粗盐中即有这种味道。以 0.1 mol/L 浓度的各种盐溶液的味感特点如表 10-3 所示。

表 10-3　盐的味感特点

味感	盐的种类
咸味	NaCl、KCl、NH$_4$Cl、NaBr、NaI、NaNO$_3$、KNO$_3$
咸苦味	KBr、NH$_4$I
苦味	MgCl$_2$、MgSO$_4$、KI、CsBr
不愉快味兼苦味	CaCl$_2$、Ca(NO$_3$)$_2$

10.3.4.1　咸味模式

咸味是由电离后的阴、阳离子所共同决定的。咸味的产生虽与阳离子和阴离子互相依存有关，但阳离子易被味感受器的蛋白质的羧基或磷酸基吸附而呈咸味。因此，咸味与盐电离出的阳离子关系更为密切，而阴离子则影响咸味的强弱和副味，也就是说阳离子是盐的定位基，阴离子为助味基。咸味强弱与味神经对各种阴离子感应的相对大小有关。从几种咸味物质的比较中发现，阴阳离子半径都小的盐有咸味，半径都大的盐呈苦味，介于中间的盐呈咸苦味。一般情况是，盐的阳离子和阴离子的原子量越大，越有增大苦味的倾向。

10.3.4.2　常见的咸味物质

食品调味用的盐，应该是咸味纯正的食盐。食盐中常混杂有氯化钾、氯化镁、硫酸镁等其他盐类，它们的含量增加，除具咸味外，还带来苦味；但如果它们微量存在，在加工或直接食用时则又有利于呈味作用。所以，食盐需经精制以降低这些有苦味的盐类含量。

虽然不少中性盐都显示出咸味,但其味感均不如氯化钠纯正,多数兼具有苦味或其他味道。

由于食盐的过量摄入会对身体造成不良影响,这便引起人们对食盐替代物产生兴趣。近年来,食盐替代物的品种较多,如葡萄糖酸钠、苹果酸钠等几种有机酸钠盐也有食盐一样的咸味,可用作无盐酱油和供肾脏病等患者作为限制摄取食盐的咸味料。此外,氨基酸的盐也带有咸味,如用 86% 的 $H_2NCOCH_2N^+H_3Cl^-$ 加入 14% 的 5′-核苷酸钠,其咸味与食盐无区别,这有可能成为未来的食品咸味剂。氯化钾也是一种较为纯正的咸味物,可在运动员饮料和低钠食品中部分代替 NaCl 以提供咸味和补充体内的钾。然而,使用食盐替代物的食品味感与使用 NaCl 的食品味感仍有较大的差别,这将限制食盐替代物的使用。

10.3.5 鲜味与鲜味物质

鲜味(delicious taste)是一种复杂的综合味感,具有风味增效的作用。我国将谷氨酸一钠、5′-鸟苷酸二钠、天冬酰胺钠、琥珀酸二钠、谷氨酸-亲水性氨基酸二肽(或三肽)及水解蛋白等的综合味感均归为鲜味。当鲜味剂的用量高于其阈值时,会使食品鲜味增加;但用量少于其阈值时,则仅是增强风味,故欧美常将鲜味剂称为风味增强剂(flavor enhancer)或呈味剂。

10.3.5.1 呈鲜机理

鲜味的通用结构式为 $^-O—(C)_n—O^-$,$n=3\sim9$。就是说,鲜味分子需要有一条相当于 3~9 个碳原子长的脂链,而且两端都带有负电荷,当 $n=4\sim6$ 时鲜味最强。脂链不限于直链,也可为脂环的一部分;其中的 C 可被 O、N、S、P 等取代。保持分子两端的负电荷对鲜味至关重要,若将羧基经过酯化、酰胺化,或加热脱水形成内酯、内酰胺后,均将降低其鲜味。但其中一端的负电荷也可用一个负偶极替代,如口蘑氨酸和鹅膏蕈氨酸等,其鲜味比味精强 5~30 倍。这个通式能将具有鲜味的多肽和核苷酸都概括进去。目前出于经济效益、副作用和安全性等方面的考虑,作为商品的鲜味剂主要是谷氨酸型和核苷酸型。

10.3.5.2 常见鲜味剂

鲜味剂若从化学结构特征上区分,可以分为氨基酸类、肽类、核苷酸类、有机酸类。

(1)氨基酸及肽类。在天然氨基酸中 L-谷氨酸和 L-天冬氨酸的钠盐及其酰胺都具有鲜味。L-谷氨酸钠俗称味精,具有强烈的肉类鲜味。谷氨酸型鲜味剂(MSG)属脂肪族化合物(aliphatic compound),在结构上有空间专一性要求,若超出其专一性范围,将会改变或失去味感。它们的定味基是两端带负电的功能团,如 C=O、—COOH、—SO$_3$H、—SH 等;助味基是具有一定亲水性的基团,如 α-L-HN$_2$、—OH 等。因此,味精的鲜味是由 α-NH$_3^+$ 和 γ-COO$^-$ 两个基团静电吸引产生的,在 pH=3.2(等电点)时,鲜味最低;在 pH=6 时几乎全部解离,鲜味最高;在 pH=7 以上时,由于形成二钠盐,鲜味消失。食盐是味精的助鲜剂,味精也有缓和咸、酸、苦的作用,使食品具有自然的风味。L-天冬氨酸的钠盐和酰胺也具有鲜味,是竹笋等植物性食物的主要鲜味物质。

凡与谷氨酸羧基端连接有亲水性氨基酸的二肽、三肽也有鲜味,如 L-α-氨基己二酸、琥珀酸二钠、谷-胱-甘三肽、谷-谷-丝三肽、口蘑氨酸等。若与疏水性氨基相接,则将产生苦味。

(2)核苷酸类。在核苷酸中能够呈鲜味的有 5′-肌苷酸(5′-IMP)、5′-鸟苷酸(5′-GMP)和 5′-黄苷酸,前二者鲜味最强,分别代表着鱼类、香菇类食品的鲜味。此外,5′-脱氧肌苷酸及 5′-脱氧鸟苷酸也具有鲜味。肌苷酸型鲜味剂(IMP)属于芳香杂环化合物,结构也有空间专一性要求,其定位基是亲水的核糖磷酸,助味基是芳香杂环上的疏水取代基。这些 5′-核苷酸与谷氨酸钠合用时可明显提高谷氨酸钠的鲜味(表 10-4),如 1% IMP+1% GMP+98% MSG 混合物的鲜味为单纯 MSG 的 4 倍。即这两类鲜味剂混合使用时有协同效应,并依赖其浓度并随浓度升高而增加。

X=H (5′-IMP,5′-肌苷酸)
X=—NH₂ (5′-GMP,5′-鸟苷酸)
X=—OH (5′-AMP,5′-腺苷酸)

表 10-4　MSG 与 IMP 的协同效应

MSG 用量/g	IMP 用量/g	混合物用量/g	相当于 MSG 量/g	相乘效果/倍
99	1	100	290	2.9
98	2	100	350	3.5
97	3	100	430	4.3
96	4	100	520	5.2
95	5	100	600	6.0

(3)有机酸类。琥珀酸(succinic acid)及其钠盐均有鲜味,在鸟、兽、禽、畜等动物中均有存在,而以贝类中含量最多。由微生物发酵的食品如酱油、酱、黄酒等中也有少量存在。它们可用作调味料,而用于酒精清凉饮料、糖果的调味,其钠盐可用于酿造品及肉类食品的加工。如与其他鲜味剂合用,有助鲜效果。

麦芽酚和乙基麦芽酚在商业上作为风味增效剂在水果和甜食中使用。商品麦芽酚为白色或无色结晶粉末,常温下在水中的溶解度是 1.5%,加热时在水和油脂中溶解度提高,乙基麦芽酚商品的外观和化学性质都类似于麦芽酚。这两种物质都具有邻羟基烯酮结构,并有少量邻二酮形成的异构体与之平衡存在。由于结构与酚类相似所以有类似酚类的一些化学性质,如麦芽酚可与萜盐作用而呈紫红色,与碱可形成盐等。高浓度的麦芽酚具有令人愉快的焦糖芳香,稀溶液则有甜味。50 mg/kg 的麦芽酚可使果汁具有圆润、柔和的味感。麦芽酚和乙基麦芽酚都可与甜味受体的 AH/B 部分相匹配,但作为甜味增效剂,乙基麦芽酚要比麦芽酚有效得多。麦芽酚可把蔗糖的检出阈值浓度降低一半,这些化合物实际的增效风味的机制迄今仍不清楚。

另外要指出的是,化合物所具有的鲜味可以随结构的改变而变化,如谷氨酸钠虽然具有鲜味,但是谷氨酸、谷氨酸的二钠盐均没有鲜味。

10.3.6　辣味与辣味物质

辣味(hot taste)是由辛香料中的一些成分所引起的尖利的刺痛感和特殊的灼烧感的总和。它不但刺激舌和口腔的触觉神经,同时也会机械刺激鼻腔,有时甚至对皮肤也产生灼烧感。适当的辣味有增进食欲、促进消化液分泌的作用,在食品调味中已被广泛应用。

10.3.6.1　呈辣机理

辣椒素、胡椒碱、花椒碱、生姜素、丁香、大蒜素、芥子油等都是双亲性分子,其极性头部是定味基,非极性尾部是助味基。大量研究资料表明,分子的辣味随其非极性尾链的增长而加剧,以 C_9 左右达到最高峰,然后陡然下降(图 10-11 和图 10-12),称为 C_9 最辣规律。以上几种物质的辣味符合 C_9 最辣规律。

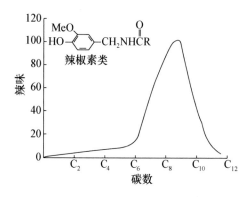

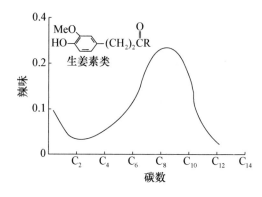

图 10-11　辣椒素与其尾链 C_n 的辣味关系　　图 10-12　生姜素与其尾链 C_n 的辣味关系

一般脂肪醇、醛、酮、酸的烃链长度增长也有类似的辣味变化。上述辣味分子尾链如无顺式双键或支链时，n-C_{12} 以上将丧失辣味；若链长虽超过 n-C_{12} 但在 ω-位邻近有顺式双键，则还有辣味。顺式双键越多越辣，反式双键影响不大；双键在 C_9 位上影响最大；苯环的影响相当于一个 C_4 顺式双键。一些极性更小的分子如 $BrCH = CHCH_2Br$、$CH_2 = CHCH_2X(X = NCS$、$OCOR$、NO_2、$ONO)$、$(CH_2 = CHCH_2)_2Sn(n=1,2,3)$、$Ph(CH_2)_nNCS$ 等也有辣味。

辣味物质分子极性基的极性大小及其位置与味感关系也很大。极性头的极性大时是表面活性剂；极性小时是麻醉剂。极性处于中央的对称分子如下所示。

$$RCON \bigcirc NCOR、RCOO \text{———} NHCOR$$

其辣味只相当于半个分子的作用，且因其水溶性降低而辣味大减。极性基处于两端的对称分子如下所示时，则味道变淡。

增加或减少极性头部的亲水性，如将 改变为

时，辣味均降低；甚至调换羟基位置也可能失去辣味，而产生甜味或苦味。

10.3.6.2　常见辣味物质

（1）热辣（火辣）味物质。热辣味物质是一种无芳香的辣味，在口中能引起灼热感觉。产生热辣（火辣）味物质的食品主要有如下几种。

①辣椒（*Capsicum aunuun*）。它的主要辣味成分为类辣椒素（capsaicin），是一类碳链长度不等（$C_8 \sim C_{11}$）的不饱和单羧酸香草基酰胺，同时还有少量含饱和直链羧酸的二氢辣椒素，后者已有人工合成。类辣椒素辣味强度各不相同，以侧链为 $C_9 \sim C_{10}$ 时最辣，双键并不是辣味所必需的。不同辣椒的辣椒素含量差别很大，甜椒通常含量极低，一般红辣椒含 0.06%，牛角红椒含 0.2%，印度萨姆椒为 0.3%，乌干达辣椒可高达 0.85%。

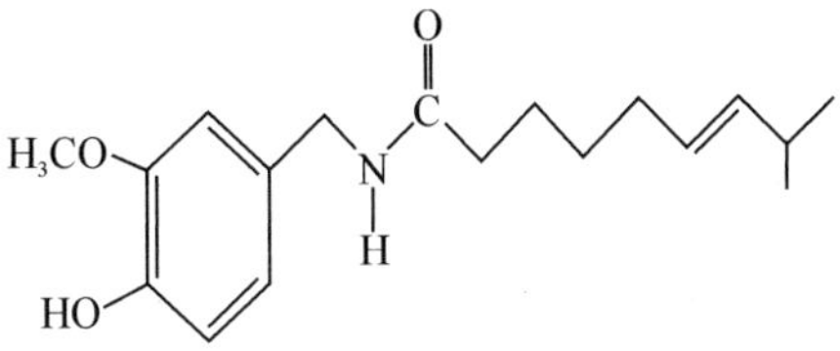

辣椒素

②胡椒（*Piper nigrum*）。常见的有黑胡椒和白胡椒两种，都由果实加工而成，其中由尚未成熟的绿色果实可制得黑胡椒；用色泽由绿变黄而未变红时收获的成熟果实可制取白胡椒。胡椒的辣味成分除少量类辣椒素外，主要是胡椒碱。胡椒碱是一种酰胺化合物，其不饱和烃基有顺反异构体，其中顺式双键越多时越辣；全反式结构也称异胡椒碱。胡椒经光照或储存后辣味会降低，这是顺式胡椒碱异构化为反式结构所致。合成的胡椒碱已在食品中使用（图 10-13）。

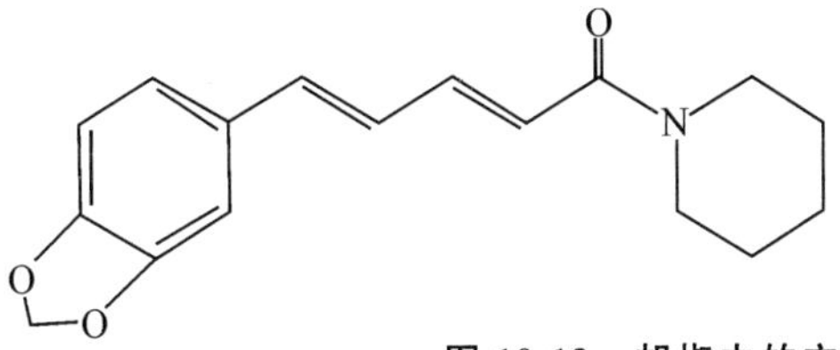

胡椒碱：　2-*E*和4-*E*构型，辣味最强
异胡椒碱：2-*Z*和4-*Z*型，辣味较强
异黑椒素：2-*E*和4-*Z*型，辣味较强
黑椒素：　2-*Z*和4-*Z*构型，辣味仅次于胡椒碱

图 10-13　胡椒中的主要辣味化合物及强度

③花椒（*Zanthoxylum bugeanum*）。花椒主要辣味成分为山椒素（sanshool），是酰胺类化合物。在花椒中发现的酰胺类的物质见表 10-5。除此外还有少量异硫氰酸烷丙酯等。它与胡椒、辣椒一样，除辣味成分外还含有一些挥发性香味成分。

表 10-5　花椒中的酰胺类物质

序号	名称	类型	取代基和双键类型（*Z/E*）
1	α-山椒素	Ⅰ	R＝H,2*E*,6*Z*,8*E*,10*E*
2	羟基-α-山椒素	Ⅰ	R＝OH,2*E*,6*Z*,8*E*,10*E*
3	羟基-β-山椒素	Ⅰ	R＝OH,2*E*,6*E*,8*E*,10*E*
4	β-山椒素	Ⅰ	R＝H,2*E*,6*E*,8*E*,10*E*
5	γ-山椒素	Ⅱ	R＝H,2*E*,4*E*,8*Z*,10*E*,12*E*
6	羟基-γ-山椒素	Ⅱ	R＝OH,2*E*,4*E*,8*Z*,10*E*,12*E*
7	2′-羟基-N-异丁基-2,4,8,10,12-十四烷五烯酰胺	Ⅱ	R＝OH,2*E*,4*E*,8*E*,10*E*,12*E*
8	N-异丁基-2,4,8,10,12-十四烷五烯酰胺	Ⅱ	R＝H,2*E*,4*E*,8*E*,10*E*,12*E*
9	2′-羟基-N-异丁基-2,4,8,11-十四烷四烯酰胺	Ⅲ	R＝OH,2*E*,4*E*,8*Z*,11*Z*
10	2′-羟基-N-异丁基-2,4-十四烷二烯酰胺	Ⅳ	R＝OH,2*E*,4*E*
11	N-异丁基-2,4-十四烷二烯酰胺	Ⅳ	R＝H,2*E*,4*E*
12	2′-羟基-N-异丁基-2,4,8-十四烷三烯酰胺	Ⅴ	R＝OH,2*E*,4*E*,8*Z*
13	N-异丁烯-2,4,8,10,12-十四烷五烯酰胺	Ⅵ	2*E*,4*E*,8*E*,10*E*,12*E*

注：

$CH_3-\overset{10}{CH}=CH-CH=\overset{8}{CH}-CH=\overset{6}{CH}-CH_2-CH_2-\overset{2}{CH}=CH-CONH-CH_2-C(Me)_2-R(Ⅰ)$

$CH_3-\overset{12}{CH}=CH-\overset{10}{CH}=CH-\overset{8}{CH}=CH-CH_2-\overset{4}{CH}=CH-\overset{2}{CH}=CH-CONH-CH_2-(Me)_2-R(Ⅱ)$

$CH_3-CH_2-\overset{11}{CH}=CH-CH_2-\overset{8}{CH}=CH-CH_2-\overset{4}{CH}=CH-\overset{2}{CH}=CH-CONH-CH_2-C(Me)_2-R(Ⅲ)$

$CH_3-(CH_2)_8-\overset{4}{CH}=CH-\overset{2}{CH}=CH-CONH-CH_2-C(Me)_2-R(Ⅳ)$

$CH_3-(CH_2)_4-\overset{8}{CH}=CH-CH_2-\overset{4}{CH}_2-CH_2-\overset{2}{CH}=CH-CONH-CH_2-C(Me)_2-R(Ⅴ)$

$CH_3-\overset{12}{CH}=CH-\overset{10}{CH}=CH-\overset{8}{CH}=CH-CH_2-CH_2-\overset{4}{CH}=CH-\overset{2}{CH}=CH-CONH-CH_2-C(Me)=CH_2(Ⅵ)$

（2）辛辣（芳香辣）味物质。辛辣味物质是一类除辣味外还伴随有较强烈的挥发性芳香味物质,是具有味感和嗅感双重作用的成分。

①姜(ginger)。新鲜姜的辛辣成分是一类邻甲氧基酚基烷基酮,其中最具代表性的为 6-姜醇,它分子中环侧链上羟基外侧的碳链长度各不相同（$C_5 \sim C_9$）。鲜姜经干燥贮存,姜醇会脱水生成姜烯酚类化合物,后者较姜醇更为辛辣。当姜受热时,姜烯酚环上侧链断裂生成姜酮,辛辣味较为缓和。姜醇和姜烯酚中以 $n=4$ 时辣味最强(图 10-14)。

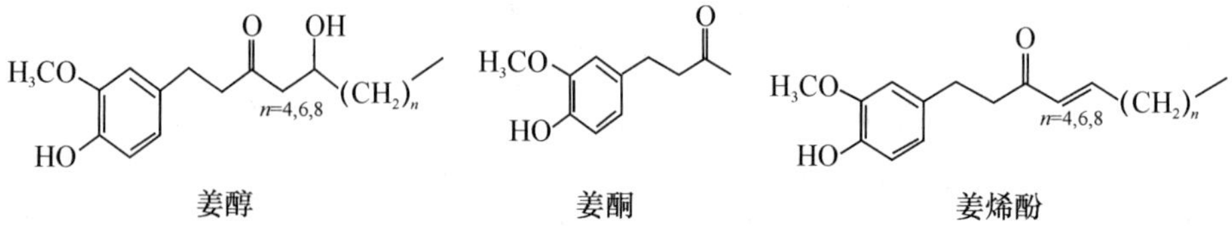

姜醇　　　　　　　　　　姜酮　　　　　　　　　　姜烯酚

图 10-14　姜中的辣味成分

②肉豆蔻(nutmeg)和丁香(clove)。肉豆蔻和丁香的辛辣成分主要是丁香酚和异丁香酚,这类化合物也含有邻甲氧基苯酚基团。

③芥子苷(mustard glycoside)。芥子苷有黑芥子苷(sinigrin)及白芥子苷(sinalbin)两种,在水解时产生葡萄糖及芥子油。黑芥子苷存在于芥菜(*Brassica juncea*)、黑芥(*Brassica nigra*)的种子及辣根(horseradish)等蔬菜中。白芥子苷则存在于白芥籽(*Sinapis alba*)中。

在甘蓝、萝卜、花菜等十字花科蔬菜中还含有一种类似胡椒的辛辣成分 S-甲基半胱氨酸亚砜(S-methyl-cysteine-S-oxide)。

（3）刺激辣味物质。刺激辣味物质是一类除能刺激舌和口腔黏膜外,还能刺激鼻腔和眼睛,具有味感、嗅感和催泪性的物质。产生刺激辣味物质的食品主要有如下几种。

①蒜、葱、韭菜。蒜的主要辣味成分为蒜素、二烯丙基二硫化物、丙基烯丙基二硫化物 3 种,其中蒜素的生理活性最大。大葱、洋葱的主要辣味成分则是二丙基二硫化物、甲基丙基二硫化物等。韭菜中也含有少量上述二硫化合物。这些二硫化物在受热时都会分解生成相应的硫醇(mercaptan),所以蒜、葱等在煮熟后不仅辛辣味减弱,而且还产生甜味。

②芥末、萝卜。主要辣味成分为异硫氰酸酯类化合物,其中的异硫氰酸丙酯也称芥子油(mustard oil),刺激性辣味较为强烈。它们在受热时会水解为异硫氰酸,辣味减弱。

10.3.7　其他味感

10.3.7.1　清凉味

清凉味(cooling sensation)是由一些化合物对鼻腔和口腔中的特殊味觉感受器刺激而产生。典型的清凉味为薄荷风味,包括留兰香和冬青油的风味。以薄荷醇(menthol)和 *D*-樟脑(camphor)为代表物(图 10-15),它们既有清凉嗅感,又有清凉味感。其中薄荷醇是食品加工中常用的清凉风味剂,在糖果、清凉饮料中使用较广泛。这类风味产物产生清凉感的机制尚不清楚。薄荷醇可用薄荷的茎、叶进行水蒸气蒸馏而得到,它具有 8 个旋光体,自然界存在的为 *L*-（—）-薄荷醇。

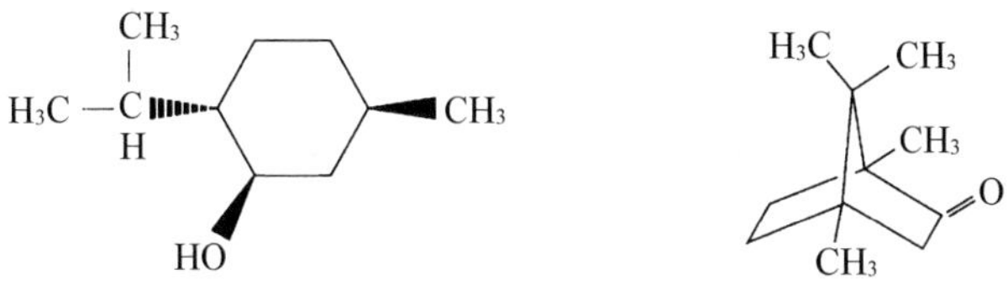

薄荷醇   樟脑

图 10-15   薄荷样清凉风味物的结构

一些糖的结晶入口后也产生清凉感,但这是因为它们在唾液中溶解时要吸收大量的热量所致。例如,蔗糖、葡萄糖、木糖醇和山梨醇结晶的溶解热分别为 18.1、94.4、153.0 和 110.0 J/g,后 3 种甜味剂明显具有这种清凉风味。

10.3.7.2　涩味

当口腔黏膜蛋白质被凝固时,就会引起收敛,此时感到的滋味便是涩味(astringency)。因此,涩味不是由作用味蕾所产生的,而是由刺激触觉神经末梢所产生的,表现为口腔的收敛感觉和干燥感觉。

引起食品涩味的主要化学成分是多酚类化合物,其次是铁金属、明矾、醛类、酚类等物质,有些水果和蔬菜中由于存在草酸、香豆素和奎宁酸等也会引起涩味。多酚的呈涩作用与其可与蛋白质发生疏水性结合的性质直接相关,如单宁分子具有很大的横截面,易与蛋白质分子发生疏水作用,同时它还有许多能转变为醌式结构的苯酚基团,也能与蛋白质发生交联反应。一般缩合度适中的单宁都有这种作用,但缩合度过大时因溶解度降低不再呈涩味。

未成熟柿子的涩味是典型的涩味,其涩味成分是以无色花青素为基本结构的糖苷,属于多酚类化合物,易溶于水。当涩柿及未成熟柿的细胞膜破裂时,多酚类化合物逐渐溶于水而呈涩味。在柿子成熟过程中,分子间呼吸或氧化,使多酚类化合物氧化、聚合而形成水不溶性物质,涩味即随之消失。

茶叶中也含有较多的多酚类物质,由于加工方法不同,制成的各种茶类所含的多酚类各不相同,所以它们涩味程度也不相同。一般的,绿茶中多酚类含量多,而红茶经过发酵后多酚类被氧化,其含量减少,涩味也就不及绿茶浓烈。

涩味在一些食品中是所需要的风味,如茶、红葡萄酒。在一些食品中却对食品的质量存在影响,如在有蛋白质存在时,二者之间会生产沉淀。

10.3.7.3　金属味

由于与食品接触的金属与食品之间可能存在着离子交换关系,存放时间长的罐头食品中常有一种令人不快的金属味(metallic taste),有些食品也会因原料引入金属而带有异味。

10.4　嗅觉

嗅觉(olfaction)主要是指食品中的挥发性物质刺激鼻腔内的嗅觉神经细胞而在中枢神经中引起的一种感觉(perception)。其中,将令人愉快的嗅觉称为香味(fragrance),令人厌恶的嗅觉称为臭味(stink)。嗅觉是一种比味觉更复杂、更敏感的感觉现象。

10.4.1　嗅觉理论

二维码 10-2　嗅觉产生的
生理基础

根据气味物质的分子特征与其气味之间的关系，已提出了多种嗅觉理论，其中嗅觉立体化学理论和振动理论是最著名的。

嗅觉立体化学理论（stereochemical theory）是在 1952 年由 Amoore 提出的。该理论第一次将物质产生的嗅觉与其分子形状联系起来，并首次在嗅觉研究中提出主导气味（primary odor）的概念，因而也有将此理论称为主香理论，这与颜色的视觉感觉相类似。Amoore 的理论认为：不同物质的气味实际上是有限几种主导气味的不同组合，而每一种主导气味可以被鼻腔内的一种相互各异的主导气味受体（primary odor receptor）感知。Amoore 并根据文献上各种气味出现的频率提出了 7 种主导气味，包括清淡气味（ethereal）、樟脑气味（camphoraceous）、发霉气味（musty）、花香气味（floral）、薄荷气味（minty）、辛辣气味（pungent）和腐烂气味（putrid）。为证明确实存在主导气味以及如何区别它们，Amoore 还进行了"特定嗅觉缺失症（specific anosmia）"实验。而后的 Guillot 对 Amoore 的实验结果分析认为，对某一特定气味识别能力缺失的特定嗅觉缺失症是因为患者缺乏其中某一主导气味受体。嗅觉立体化学理论从一定程度上解释了分子形状相似的物质，气味之所以可能差别很大的原因是它们具有不同的功能基团。

嗅觉振动理论（vibrational theory）由 Dyson 于 1937 年第一次提出，在随后的 20 世纪 50—60 年代又得到 Wright 的进一步发展。该理论认为嗅觉受体分子能与气味分子发生共振。这一理论主要基于对光学异构体（optical isomer）和同位素取代物质（isotopic substitution）气味的对比研究。一般，对映异构体（enantiomer）具有相同的远红外光谱，但它们的气味可能差别很大。而用氘取代气味分子则能改变分子的振动频率，但对该物质的气味影响很小。

10.4.2　嗅觉的特点及分类

10.4.2.1　嗅觉的特点

（1）敏锐。人的嗅觉相当敏锐（acuity），一些气味化合物即使在很低的浓度下也会被感知，据说个别训练有素的专家能辨别 4 000 种不同的气味。某些动物的嗅觉更为敏锐，有时连现代化的仪器也赶不上。犬类嗅觉的灵敏性已众所周知，鳝鱼的嗅觉也几乎能与犬相匹敌，它们比人类的嗅觉灵敏约 100 万倍。

（2）易疲劳与易适应。当嗅觉中枢神经由于一些气味的长期刺激而陷入负反馈状态（negative feedback status）时，感觉便受到抑制而产生适应性（adaptation）。香水虽芬芳，但久闻也不觉其香；粪便尽管恶臭，但呆久也能忍受。这说明嗅觉细胞易产生疲劳（fatigue）而对特定气味处于不敏感状态。另外，当人的注意力分散时会感觉不到气味，而长时间受到某种气味刺激便对该气味形成习惯等。疲劳、适应和习惯这 3 种现象会共同发挥作用，很难区别。

（3）个体差异大。不同的人，嗅觉差别很大，即使嗅觉敏锐的人也会因气味而异。对气味不敏感的极端情况便形成嗅盲，这也是由遗传产生的。有人认为女性的嗅觉比男性敏锐，但也有不同看法。

（4）阈值会随人身体状况变动。当人的身体疲劳或营养不良（malnutrition）时，会引起嗅觉功能降低；人在生病时会感到食物平淡不香；女性在月经期（menstrual period）、妊娠期（gestation)或更年期(climacteric period)可能会发生嗅觉减退或过敏现象,等等。这都说明人的生理状况对嗅觉也有明显影响。

10.4.2.2 嗅觉的分类

嗅觉分类实际上就是将气味类似的物质划分为一组并对它们的特征气味进行语义描述(semantic description)。目前,尚未有权威性的嗅觉分类方法。但 Amoore 分析了 600 种物质的气味和它们的化学结构,提出至少存在 7 种基本气味,即清淡气味、樟脑气味、发霉气味、花香气味、薄荷气味、辛辣气味和腐烂气味,其他众多的气味则可能由这些基本气味的组合所引起。但也有人在结构-气味关系研究中,经常把气味划分为龙涎香(ambergris)气味、苦杏仁(bitter almond)气味、麝香(musk)气味和檀香(sandalwood)气味。Boelens 对 300 种香味物质研究发现气味物质可以归属为 14 类基本气味,而 Abe 将 1 573 种气味物质利用聚类分析(cluster analysis)归属为 19 类。在嗅觉的分类中最为重要的就是如何度量两种气味之间的相似性(similarity),也就是类别划分的标准,这也是导致气味类别划分各异的重要原因。

10.5 嗅感物质

一般,一种食物的气味是由很多种挥发性物质共同作用的结果,如在调配咖啡中,已鉴定出香气成分达 468 种以上。但是某种食品的气味往往又是由主要的少数几种香气成分所决定,把这些成分称为主香(导)成分(primary fragrance)。判断一种挥发性物质在某种食品香气形成中作用的大小,常用该物质的香气值的大小来衡量。如果某种挥发性物质的香气值小于 1,说明该物质对食物香气的形成没有贡献;某种挥发性物质香气值越大,说明它在食物香气形成中的贡献越大。一个食物的主香成分比该食物中其他挥发性成分具有更高的香气值。与形成食物味感的物质不同,食品的气味物质一般种类繁多、含量极微、稳定性差且大多数为非营养性成分。按气味物质的属性来分,可以将气味物质划分为醇类(alcohol)、酯类(ester)、酸类(acid)、酮类(ketone)、萜烯类(terpene)、杂环类(heterocyclic)(吡嗪、吡咯、吡咯啉、咪唑等)、含硫化合物(sulfur containing matter)和芳烃类(aromatic hydrocarbon)等。但有关气味物质的结构与其气味之间的关系极其复杂,尚没有定论可言。

10.6 各类食品的香气及其香气成分

10.6.1 果蔬的香气及其香气成分

水果中的香气成分比较单纯,以有机酸酯类、醛类、萜类和挥发性酚类(volatile phenol)为主,其次是醇类、酮类及挥发性酸(volatile acid)等。水果的香气成分产生于植物体内的代谢过程中,因而随着果实的成熟而增加。人工催熟的果实则不及自然成熟水果的香气浓郁。

小分子酯类物质是苹果、草莓、梨、甜瓜、香蕉和甜樱桃等许多果实香气的主要成分。苹果挥发性物质中,小分子酯类物质占 78%~92%,以乙酸、丁酸和己酸分别与乙醇、丁醇和己醇形成的酯类为主。菠萝挥发性成分中酯类物质占 44.9%。构成草莓香气的酯类以甲酯和乙酯为主。厚皮甜瓜挥发性物质中乙酸乙酯占 50%以上。在构成果实香气的小分子酯类中,一部分为甲基或甲硫基支链酯,如苹果挥发性物质中含有较多的乙酸-3-甲基丁酯、3-甲基丁酸乙

酯和 3-甲基丁酸丁酯等,它们具有典型的苹果香味,且阈值很低,其中 3-甲基丁酸乙酯的阈值仅为 1×10^{-7} mg/kg,被认为是苹果的重要香气成分之一。甲硫基乙酸甲酯、甲硫基乙酸乙酯、乙酸-2-甲硫基乙酯、3-甲硫基丙酸甲酯、3-甲硫基丙酸乙酯和乙酸 3-甲硫基丙酯等 6 种硫酯被认为是甜瓜的重要香气成分。3-甲硫基丙酸甲酯和 3-甲硫基丙酸乙酯对菠萝香气影响较大。某些草莓品种和柑橘挥发性物质中也含有硫酯。苹果中的醇类物质占总挥发性物质的6%~12%,主要醇类为丁醇和己醇。甜瓜未成熟果实中存在大量中链醇和醛类物质。丁香醇、丁香醇甲酯及其衍生物等大量存在于成熟香蕉果实的挥发性物质中。葡萄挥发性物质中含有苯甲醇、苯乙醇、香草醛、香草酮及其衍生物。草莓成熟果实中也发现有肉桂酸的衍生酯,以甲酯和乙酯为主,它们的前体物质为 1-O-反式肉桂酰-β-D-吡喃葡萄糖。萜类物质是葡萄香气的重要组成部分,从葡萄挥发性物质中鉴定出 36 种单萜类物质,并认为沉香醇和牻牛儿醇为其主要香气成分。

蔬菜类的香气不如水果类的香气浓郁,但有些蔬菜具有特殊的辛辣气味,如蒜、洋葱等,主要是一些含硫化合物。当组织细胞受损时,风味酶(flavor enzyme)释出,与细胞质中的香味前体底物结合,催化产生挥发性香气物质。风味酶常为多酶复合体或多酶体系,具有作物种类和品种差异,如用洋葱中的风味酶处理干制的甘蓝,得到的是洋葱气味而不是甘蓝气味;若用芥菜风味酶处理干制甘蓝,则可产生芥菜气味。番茄果实挥发性物质以醇类、酮类和醛类物质为主,主要有顺-3-己烯醛、己烯醛、己烯醇、顺-3-己烯醇、1-庚烯-3-酮、3-甲基丁醇、3-甲基丁醛、丙酮、2-庚烯醛等。

10.6.2 肉的香气及其香气成分

肉的香味主要是肉中的香气前体在烧烤过程中通过美拉德褐变反应(Millard browning reaction)而形成的许多挥发性和非挥发性化合物的综合。肉汁中含有许多种氨基酸、肽、核苷酸、酸类及糖类等,其中肌苷酸含量相当丰富,与其他的化合物混合就形成了肉香。活的动物肌肉中存在 5′-腺苷二磷酸(5′-ATP),屠宰后它就转化成 5′-腺苷一磷酸(5′-AMP),然后脱氨生成 5′-肌苷酸磷酸。牛肉、猪肉及羊肉的风味相似,说明它们肉汁中的成分(即氨基酸和糖)非常相似,但它们的脂肪则反映不同的风味。在肉香的挥发性成分中,发现可能有硫化氢或甲基硫醇存在,对肉香起着重要的作用。还分离出一些其他的挥发性物质,其中有许多羰基化合物和醇类,如乙醛、丙醛、2-甲基丙醇、3-甲基丁醇、丙酮、2-丁酮、n-环己醇和 3-甲基-2-丁酮等。

10.6.3 乳品的香气及其香气成分

新鲜优质的牛乳具有一种鲜美可口的香味,其香味成分主要是低级脂肪酸和羰基化合物,如 2-己酮、2-戊酮、丁酮、丙酮、乙醛、甲醛等以及极微量的乙醚、乙醇、氯仿、乙腈、氯化乙烯、甲硫醚等。甲硫醚在牛乳中虽然含量微少,然而却是牛乳香气的主香成分。甲硫醚香气阈值在蒸馏水中大约为 1.2×10^{-4} mg/L。如果微高于阈值,就会产生牛乳的异臭味和麦芽臭味。

乳中的脂肪、乳糖吸收外界异味的能力较强,特别是牛乳,温度在 35 ℃左右时,其吸收能力最强,刚挤出的牛奶的温度恰好是在这个范围。因此,此时应防止与有异臭气味的物料接触。

牛乳中存在有脂水解酶(lipase),能使乳脂水解生成低级脂肪酸,其中丁酸(butyric acid)最具有强烈的酸败臭味。乳牛用青饲料饲养时,可抑制牛乳发生水解型酸败臭味,这可能与饲料中含有较多的胡萝卜素(carotene)有关,因为胡萝卜素具有抑制水解的作用。相反,用干饲料喂养时,牛乳易发生水解型酸败现象。除了饲养因素外,温度波动太大,没有及时冷却,长时间搅拌等都促使乳脂水解,使牛乳产生酸败臭气。

牛乳及乳制品长时间暴露在空气中,也会产生酸败气味,又称氧化臭(oxidative odour),这是由乳脂中不饱和脂肪酸的自动氧化(auto-oxidation)后产生 α-不饱和醛、β-不饱和醛(RCH=CHCHO)和具有两个双键的不饱和醛引起的。其中以碳原子数为 8 的辛二烯醛和碳原子数为 9 的壬二烯醛最为突出,两者即使在 1 mg/kg 以下,也能闻到乳制品有氧化臭。微量的金属、抗坏血酸(ascorbic acid)和光线等都促进乳制品产生氧化臭,尤其是二价铜离子催化作用最强。乳制品铜的含量在百万分之一时,就能形成强有力的催化作用。三价铁离子也具有催化作用,但较铜弱。

牛乳暴露于日光中,则会产生日晒气味,这是由牛乳中蛋氨酸(methionine)在维生素 B₂(即核黄素)的作用下,经过氧化分解而生成 β-甲硫基丙醛(β-methylthiopropionaldehyde)所致。β-甲硫基丙醛有一种甘蓝气味,如果将其高度稀释,则具有日晒气味。即使牛乳中 β-甲硫基丙醛稀释到 0.05 mg/kg,其气味也能感觉出来。牛乳产生日晒气味必须具备下列 4 个因素:光能、游离氨基酸或肽类、氧和维生素 B₂。β-甲硫基丙醛可分解生成甲硫醇(methanethiol)和二甲基二硫化物(dimethyldisulphide)等有刺激性气味的化合物(图 10-16)。

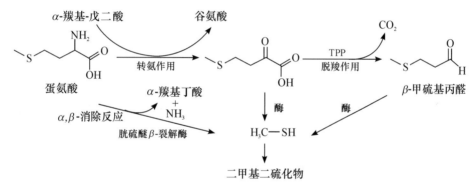

图 10-16　牛乳日晒味形成机理

另外,细菌作用可使牛乳中亮氨酸(leucine)分解成 3-甲基丁醛(3-methylbutanal)。使牛乳产生麦芽臭味(malty odor),其反应过程如图 10-17 所示。

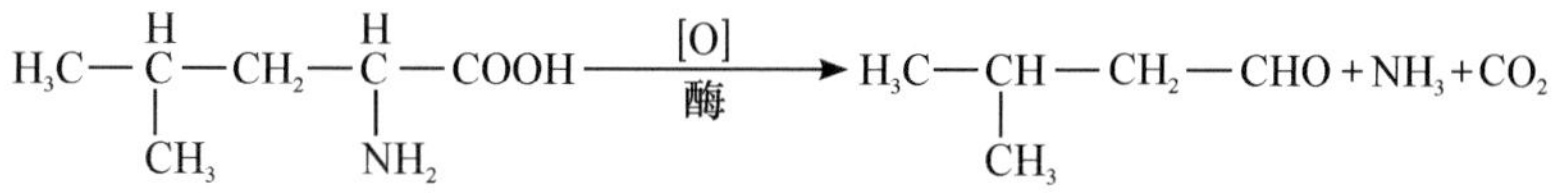

$$H_3C-\overset{\overset{\displaystyle H}{|}}{C}-CH_2-\overset{\overset{\displaystyle H}{|}}{\underset{\underset{\displaystyle NH_2}{|}}{C}}-COOH \xrightarrow[\text{酶}]{[O]} H_3C-CH-CH_2-CHO+NH_3+CO_2$$
$$\underset{\displaystyle CH_3}{|} \qquad\qquad\qquad\qquad \underset{\displaystyle CH_3}{|}$$

图 10-17　牛乳麦芽臭味形成机理

新鲜黄油香气的主要成分是挥发性酸和醇(如乙醇、正丁酸、异丁醇、正戊酸、异戊酸、正辛酸等,总含量 0.8~1.1 mg/kg)、异戊醛(1.0~10 mg/kg)、双乙酰(0.001 46 mg/kg)、乙偶姻(acetoin)(0.004 47 mg/kg)。其中,醛类来自氨基酸的降解,而酮类来自油酸及亚油酸等脂肪酸的氧化分解。双乙酰、乙偶姻是发酵乳制品香气的主要成分,它是由柠檬酸经微生物发酵而形成的,在缺氧状态下,酶活力较弱时,则生成无味的 2,3-丁二醇(2,3-butanediol)。当氧气非常充足时,则生成较多的双乙酰、乙偶姻。反应过程如图 10-18 所示。

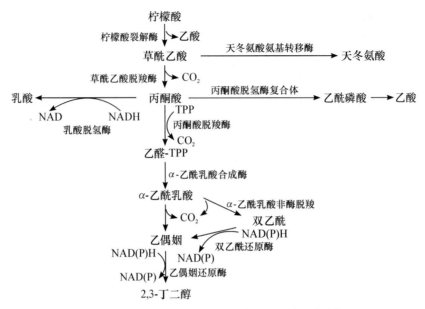

图 10-18　牛乳和酒在发酵制品中双乙酰的形成途径

10.6.4　烘烤食品的香气及其香气成分

许多食物在焙烤时都发出诱人的香气,这些香气成分形成于加热过程中发生的糖类热解、羰氨反应(美拉德反应)、油脂分解和含硫化合物(硫胺素、含硫氨基酸)分解的产物,综合而成各类食品特有的焙烤香气。

糖类是形成香气的重要前体。当温度在 300 ℃以上时,糖类可热解形成多种香气物质,其中最重要的有呋喃(furan)衍生物、酮类、醛类和丁二酮等。

羰氨反应不仅生成棕黑色的色素,同时伴随着形成多种香气物质。食品焙烤时形成的香气大部分是由吡嗪(pyrazine)类化合物产生的。羰氨反应的产物随温度及反应物不同而异,如亮氨酸(leucine)、缬氨酸(valine)、赖氨酸(lysine)、脯氨酸(proline)与葡萄糖(glucose)一起适度加热时都可产生诱人的气味,而胱氨酸(cycstine)及色氨酸(tryptophan)则产生臭气。

面包等面制品的香气物质,除了在发酵过程中形成的醇、酯外,在焙烤过程中还产生许多羰基化合物,已鉴定的就达 70 多种。在发酵面团中加入亮氨酸、缬氨酸、赖氨酸有增强面包香气的效果;二羟丙酮和脯氨酸在一起加热可产生饼干香气。

花生及芝麻经焙炒后都有很强的特有香气。在花生加热形成的香气成分中,除了羰基化合物以外,还发现有 5 种吡嗪化合物和甲基替吡咯;芝麻香气的主要特征性成分是含硫化合物。

10.6.5　发酵食品的香气及其香气成分

发酵食品及调味料的香气成分主要是由微生物作用于蛋白质、糖、脂肪及其他物质而产生的,主要有醇、醛、酮、酸、酯类物质。微生物代谢产物繁多,各种成分比例各异,使发酵食品的香气各有特色。

10.6.5.1　酒类的香气

各种酒类的芳香成分极为复杂,其成分因品种而异。如茅台酒的主要呈香物质是乙酸乙酯及乳酸乙酯;泸州大曲的主要呈香物质为己酸乙酯及乳酸乙酯;乙醛、异戊醇在这两种酒中含量均较高;此外,在酒中鉴定出的其他微量、痕量挥发成分还有数十种之多。

二维码 10-3　中国白酒特色与风味特性

10.6.5.2　酱及酱油的香气

酱及酱油中风味物质的来源有:原料成分所产生的香气成分;微生物新陈代谢所产生的香气成分;酱醪发酵过程中化学反应产生。酱类中主要的挥发性风味成分包括酯类、醇类、醛酮类、酚类,有机酸类、含硫类化合物,还有呋喃类、含氮杂环类化合物。酱油的香气物质包含有机酸类、醇类、酯类、酚类、醛类、呋喃类、吡嗪类、吡啶类以及其他杂环类物质,它们在酱油中的含量各不一致,共同组成了酱油的特殊香气。

10.6.6　水产品的香气及其香气成分

水产品(aquatic product)香气所涉及的范围比畜禽肉类食品更为广泛。这一方面是因为水产品的品种更多,不仅包括动物种类的鳍鱼类、贝壳、甲壳类等不同品种(variety),而且还包括某些水产植物种类。另一方面,水产品随新鲜度(freshness)而变化的香气性质也比其他食品更为明显,水产品的气味大致可以分为生鲜品的气味和加工品的气味。前者随着产品在储藏过程中新鲜度的降低而逐渐发生变化,而后者因加工方法的不同,使其气味有很大的差别。这些与气味有关的挥发性成分主要分为胺类(含氮化合物)、酸类、羰基化合物和醇类、含硫化合物及其他(酚等)。大多数鱼类具有甜香和类植物香的气味,这种气味主要来自于挥发性羰基化合物。鱼体随着新鲜度的下降,会产生腥臭味,胺类则是臭气的主要成分,其中氨、二甲胺、三甲胺是代表性成分。蟹肉中检测到 70 多种香气成分,含量较高的香气成分包括戊醇、戊醛、己醛、壬醛、三甲胺,不同品种间香气成分的种类有较大的差异。对虾含有烃类、醇类、酮类、脂类、萘类等,烃类含量 65% 以上,赋予对虾清甜气味;1-戊烯-3-醇、(顺,反)3,5-辛二烯-2-酮和(反,反)3,3-辛二烯-2-酮以及酯类化合物赋予对虾良好风味。

10.6.7　茶叶的香气及其香气成分

已从成品茶叶中分离鉴定的香气物质种类有 600 多种,主要有醇、醛、酮、酯、酸、含氮化合物与含硫化合物等,而新鲜茶叶中的香气物质种类只有 80 多种。因此,茶叶的绝大部分香气物质是在加工过程中形成的。不同品种的茶叶由于加工工艺各异,因而香气差别也甚远。绿茶(green tea)中的炒青茶具有粟香或清晰的香气,主要香气成分是吡嗪、吡咯等物质;蒸青茶中芳樟醇及其氧化物含量较高而具有明显的青草香。红茶(black tea)普遍具有典型的花果香,主要呈香物质是香叶醇、芳樟醇及其氧化物、苯甲醇、2-苯乙醇、水杨酸甲酯等。乌龙茶(oolong tea)为半发酵茶,花香是其主要特点,茉莉酮酸甲酯、吲哚、芳樟醇及其氧化物、苯甲醇、苯乙醇、茉莉酮、茉莉内酯、橙花树醇、香叶醇等是呈香的主要物质。

10.7　食品中香气的形成途径

尽管风味化合物千差万别,然而它们的生成途径主要有生物合成(biosynthesis)和化学反应两类。其中生物合成的基本途径主要是在酶的直接作用或间接催化下进行的生物合成,许多食物在生长、成熟和储存过程中产生的香气物质,大多是通过这条基本途径形成的。例如,苹果、梨、香蕉等水果中香气物质的形成,某些蔬菜如葱、蒜、结球甘蓝(洋白菜)中香气物质的产生,以及香瓜、番茄等瓜菜中香气成分的形成,都基本上通过这条途径。而非生物化学反应的基本途径是非酶化学反应,食品在加工过程中的各种物理、化学因素作用下所生成的香气物质,通常都是通过这条基本途径形成。例如,花生(peanut)、芝麻(sesame)、咖啡(coffee)、面包等在烘炒、焙烤时产生的香气成分;肉、鱼在红烧、烹调时形成的香气物质;脂肪被空气氧化时生成的醛、酮、酸等香气成分。

综合起来,食品中香气物质形成的途径或来源大致有以下 5 个方面:生物合成、酶的作用、发酵作用和食物调香等。

10.7.1　生物合成作用

食物中的香气物质大多数是食物原料在生长、成熟和储藏过程中通过生物合成作用形成的,这是食品原料或鲜食食品香气物质的主要来源。葱、蒜、结球甘蓝(洋白菜)等辛辣物质,以及香瓜、番茄等蔬菜的香气物质都是通过这种方式形成的。不同食物香气物质生物合成的途径不同,合成的香气物质种类也完全不同。食物中的香气成分主要是以氨基酸、脂肪酸、羟基酸、单糖、糖苷和色素为前体,通过进一步的生物合成而形成。

10.7.1.1　以氨基酸为前体的生物合成

在各种水果和许多蔬菜的香气成分中,都发现含有低碳数的醇、醛、酸、酯等化合物。这些香气物质的生物合成前体有很大一部分是氨基酸,其中尤以支链氨基酸(亮氨酸等)、含硫氨基酸和芳香族氨基酸最为重要。

(1)支链氨基酸。香蕉、苹果、洋梨、猕猴桃等水果是靠后期催熟来增加香气的,它们的香气成分随着水果在后熟过程中呼吸高峰期的到来而急剧生成。例如香蕉,随着蕉皮由绿色变成黄色,其特征香气物质乙酸异戊酯等酯类物质含量迅速增加。洋梨的特征香气成分 2,4-癸二烯酸酯的含量,也是在呼吸高峰期后 2～3 d 时升到最高值。苹果的香气特征物之一— 3-甲基丁酸乙酯也是在后熟中形成。苹果和香蕉的上述特征香气成分,就是以支链氨基酸 L-亮氨酸为前体,通过生物合成产生的(图 10-19)。

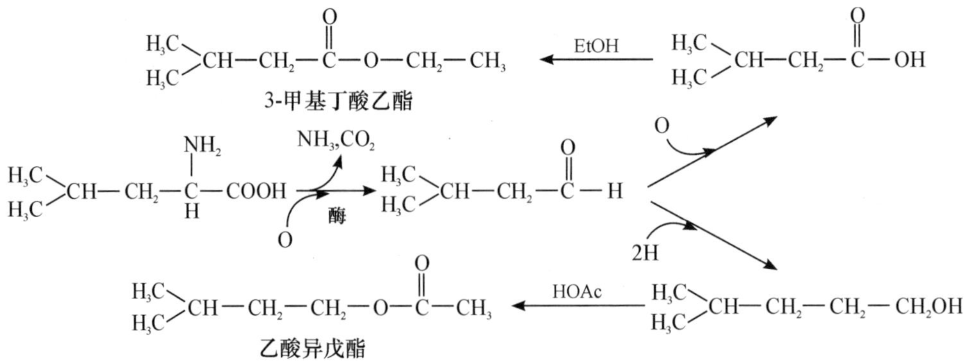

图 10-19　以亮氨酸为前体形成香蕉和苹果特征性香气物质的过程

在番茄成熟过程中,异戊醇、乙酸异戊酯以及异丁酸或丁酸异戊酯的含量均有增加,其中的关键物质是异戊醛。曾将有^{14}C 标记的亮氨酸加入新鲜的番茄粗提物中,得到含有^{14}C 的异戊醛;而将该亮氨酸加入煮沸后的番茄粗提物中时却无上述现象。这说明在番茄内由亮氨酸生成异戊醛的过程具有酶促反应性质。

有些蔬菜的特征香气成分中含有吡嗪(pyrazine)类化合物,例如甜柿子椒和豌豆中含有2-甲氧基-3-异丁基-吡嗪,生菜和甜菜中含有 2-甲氧基-3-仲丁基-吡嗪,叶用莴苣和马铃薯中含有 2-甲氧基-3-异丙基-吡嗪等。这类化合物在植物体内是以亮氨酸为前体而生物合成的(图10-20),某些微生物如假单胞菌属菌株(*Pseudomonas*)也能产生这类物质。

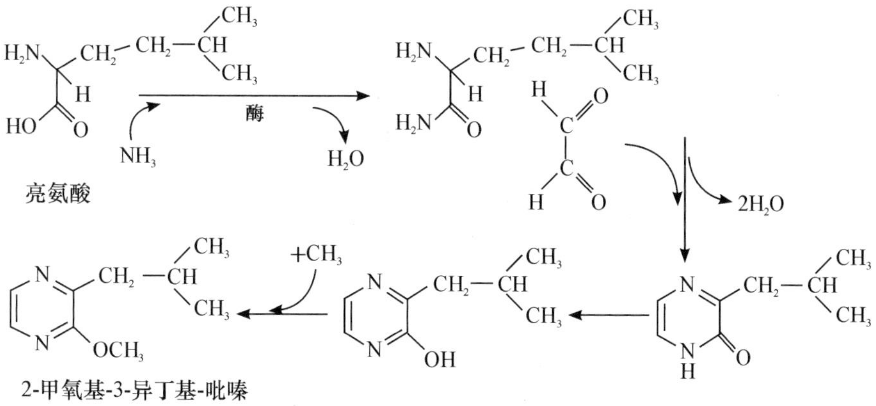

图 10-20　生马铃薯、豌豆和豌豆荚特征性香气成分形成途径

除亮氨酸外,植物还能将其他类似的氨基酸按上述生物合成途径产生香气物质。例如,存在于各种花中的具有玫瑰花和丁香花芳香的 2-苯基乙醇,就由苯丙氨酸(phenylalanine)经上述途径合成的。此外,某些微生物,包括酵母、产生麦芽香气的乳链球菌(*Streptococcus*)等也能按上述途径转变大部分氨基酸。

(2)芳香族氨基酸。很多水果的香气成分中包含有酚、醚类化合物,如香蕉内的榄香素和5-甲基丁香酚,葡萄和草莓中的桂皮酸酯,以及某些果蔬中的草香醛等。这些香气物质的前体是芳香族氨基酸,如苯丙氨酸和酪氨酸。由于这些芳香族氨基酸在植物内可由莽草酸(shikimic acid)生成,所以有时也将这个生物合成过程称为莽草酸途径。通过这个途径还可以生成与香精油(essential oil)有关的香气成分。烟熏食品(smoked food)的香气,在一定程度上也是以这个途径中的某些化合物为前体的。

(3)含硫氨基酸。洋葱、大蒜、香菇、海藻等的主要特征性香气物质分别是 S-氧化硫代丙醛、二烯丙基硫代亚磺酸酯(蒜素)、香菇酸、甲硫醚等,它们也是以半胱氨酸(cysteine)、甲硫氨酸(methionine)及其衍生物为前体通过生物合成作用而形成的。其中洋葱、大蒜和香菇特征性香气物质的前体分别是 S-(1-丙烯基)-*L*-半胱氨酸亚砜、S-(2-丙烯基)-*L*-半胱氨酸亚砜和S-烷基-*L*-半胱氨酸亚砜(香菇精,lenthionine),它们形成的途径分别见图 10-21、图 10-22 和图 10-23。

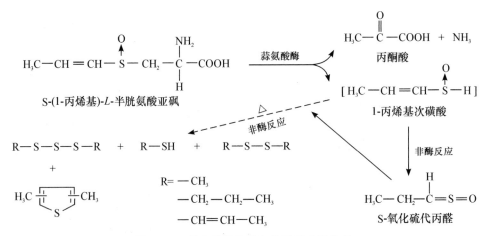

图 10-21 洋葱特征性香气物质形成的途径

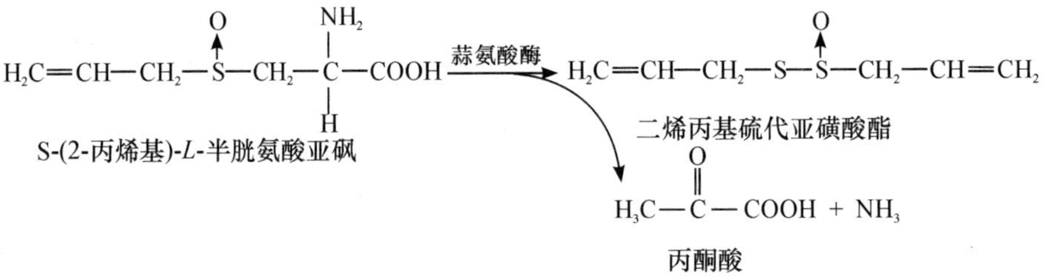

图 10-22 大蒜特征性香气物质形成的途径

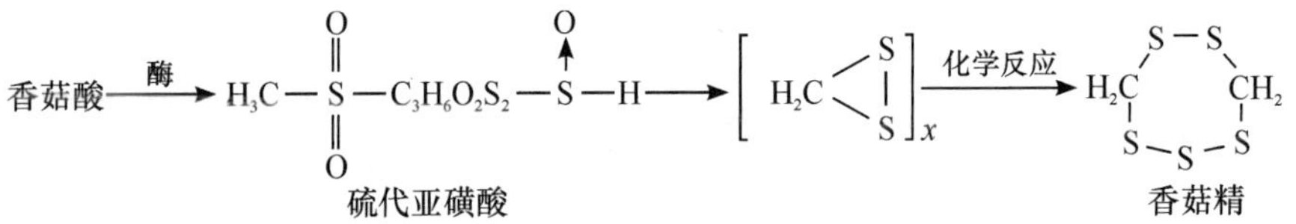

图 10-23 香菇特征性香气物质形成的途径

10.7.1.2 以脂肪酸为前体的生物合成

在水果和一些瓜果类蔬菜的香气成分中,常发现含有 C_6 和 C_9 的醇、醛类(包括饱和或不饱和化合物)以及由 C_6、C_9 的脂肪酸所形成的酯,它们大多是以脂肪酸为前体通过生物合成而形成的。按其催化酶的不同,主要有两类反应机理。

(1)由脂氧合酶产生的香气成分。人们发现,与脂肪在单纯的自动氧化中产生的香气劣变不同,由脂肪酸经生物酶促反应合成的香气物质通常具有独特的芳香。作为前体物的脂肪酸多为亚油酸和亚麻酸。

苹果、香蕉、葡萄、菠萝、桃子中的己醛,香瓜、西瓜的特征性香气物质 2-*trans*-壬烯醛和 3-*cis*-壬烯醇,番茄的特征性香气物质 3-*cis*-己烯醛和 2-*cis*-己烯醇以及黄瓜的特征性香气物质 2-*trans*-6-*cis*-壬二烯醛等,都是以脂肪酸(亚油酸和亚麻酸)为前体,在脂氧合酶(lipoxygenase)、裂解酶(lyase)、异构酶(isomerase)、氧化酶(oxidase)等的作用下合成的(图 10-24)。一般来说,C_6 化合物(常是伯醇和醛类)产生青草气味;C_9 化合物(也常是伯醇和醛)往往呈现出甜瓜和黄瓜的香气;而 C_8 化合物(通常为仲醇和酮类)则具有紫罗兰般的香气。

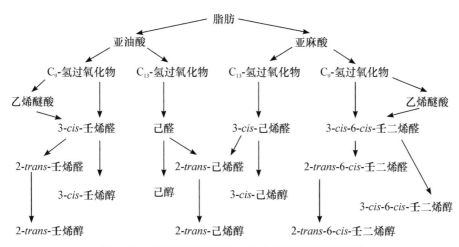

图 10-24　以脂肪酸为前体生物合成香气物质的途径

在食用香菇的特征香气成分中有 1-辛烯-3-醇、1-辛烯-3-酮、2-辛烯醇等挥发性物质,有人认为它们的形成与脂肪的酶促氧化有关,但也有研究发现亚油酸的 C_{13}-氢过氧化物的降解物在蘑菇匀浆中仅发现有相应的羟基酸,并未检出有 1-辛烯-3-醇,同时亚油酸 C_9 氢过氧化物也不是辛烯醇的前体物。

在黄瓜、番茄等蔬菜的香气物质中,包括有 C_6 和 C_9 的饱和及不饱和醛、醇。这些物质除了可以亚油酸为前体通过上述途径合成外,还可用亚麻酸为前体进行生物合成,产物(3Z)-乙烯醇和(2Z)-己烯醛是番茄的特征香气物质,而(2E,6Z)-壬二烯醛(醇)则是黄瓜的特征香气成分。

大豆制品豆腥味(green-bean-like flavour)的主要成分是己醛(hexanal),该物质也是以不饱和脂肪酸(亚油酸和亚麻酸)为前体在脂氧合酶的作用下形成的,其具体的生物合成途径如图 10-25 所示。

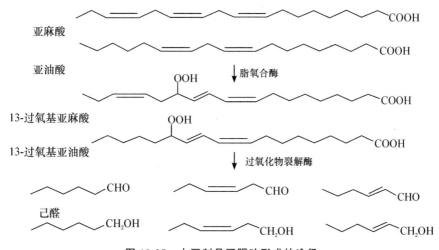

图 10-25　大豆制品豆腥味形成的途径

(2)由脂肪 β-氧化产生的香气物质。梨、杏、桃等水果在成熟时都会产生令人愉快的果香,这些香气成分很多是由长链脂肪酸经 β-氧化(β-oxidation)衍生而成的中碳链($C_6 \sim C_{12}$)化

319

合物。例如，由亚油酸通过 β-氧化途径生成的(2E,4Z)-癸二烯酸乙酯，就是梨的特征香气成分(图10-26)。在这个途径中，还同时生成了 $C_8 \sim C_{12}$ 的羟基酸，这些羟基酸也能在酶催化下环化，生成 γ-内酯或 δ-内酯。$C_8 \sim C_{12}$ 的内酯具有明显的椰子和桃子的特征芳香。通常自然成熟的水果比人工催熟的要香，例如，自然成熟的桃子中内酯(尤其 γ-内酯)的含量增加很快，其酯类和苯甲醛的含量比人工催熟的桃子要多3～5倍，这与相关酶的活性有关。

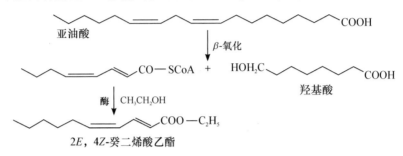

图10-26 脂肪酸 β-氧化产生香气物质的途径

10.7.1.3 以羟基酸为前体的生物合成

在柑橘类水果及其他一些水果中都含有烯萜类化合物，包括开链萜和环萜，成为这些水果的重要香气成分。这些烯萜是生物体内通过异戊二烯途径(isoprenoid pathway)合成的，其前体是甲瓦龙酸(mevalonic acid)(一种 C_6 的羟基酸)，它在酶的催化下先生成焦磷酸异戊烯酯，然后再分成2条不同的途径进行合成(图10-27)。这些反应的产物大多呈现出天然芳香，如柠檬酸、橙花醛(neral)是柠檬的特征香气成分；β-甜橙醛(β-sinensal)是甜橙的特征香气分子；诺卡酮(Nootkatone)是柚子的重要香气物质等。

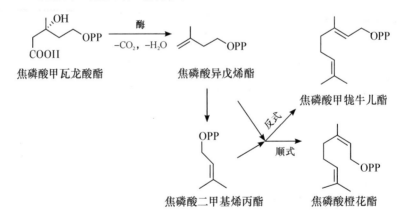

图10-27 羟基酸形成萜烯类香气物质的途径

具有明显椰子和桃子特征香的 $C_8 \sim C_{12}$ 内酯以及在乳制品香气中扮演主要角色的 δ-辛内酯，主要是以脂肪酸 β-氧化的羟基酸产物或脂肪水解产生的羟基酸为前体在酶的催化下发生环化反应(cyclic reaction)形成的(图10-28)。

10.7.1.4 以糖苷为前体的生物合成

在水果中存在大量的各种单糖，不但构成了水果的味感成分，而且也是许多香气成分如醇、醛、酸、酯类的前体物质。即单糖经无氧代谢生成丙酮酸(pyruvic acid)后，再在脱氢酶

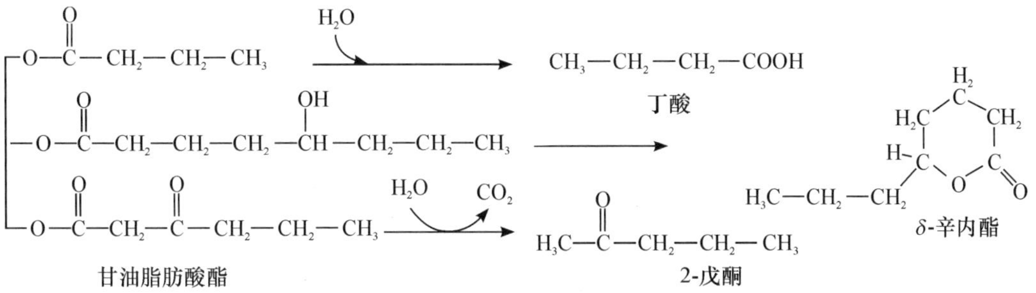

图 10-28　羟基酸环化形成香气物质的途径

(dehydrogenase)催化下氧化脱羧(decarbodioxygen)生成活性乙酰辅酶 A(acetyl coenzyme A),再分两条途径通过酶促反应合成香气物质:一条途径是在醇转酰酶催化下生成乙酸某酯;另一条途径是在还原酶催化下先生成乙醇,再合成某酸乙酯。

十字花科蔬菜,包括山葵(wasabi,*Eutrema yunnanense*)、辣根(horseradish,*Amoracia rusticana*)、芥末(mustard)、榨菜、雪里蕻等的特征性香气物质是异硫氰酸酯(isothiocyanate)、硫氰酸酯(thiocyanate)和一些腈类(nitrile)化合物。一般认为这些辛辣味的物质并不是直接存在于植物中,而是植物细胞遭到破坏时,其中辛辣物质的前体硫代葡萄糖苷(glucosinolate)在一定外界条件下由芥子苷酶(myrosinase)催化降解而形成的。即首先硫代葡萄糖苷在芥子苷酶的作用下降解生成一分子葡萄糖、一分子 HSO_4^- 和一分子不稳定的中间体——非糖配基,非糖配基随即发生非酶水解,根据反应条件的不同可生成异硫氰酸酯和硫氰酸酯,在 pH<4 的情况下易形成腈类化合物和单质硫(sulfur)(图 10-29)。

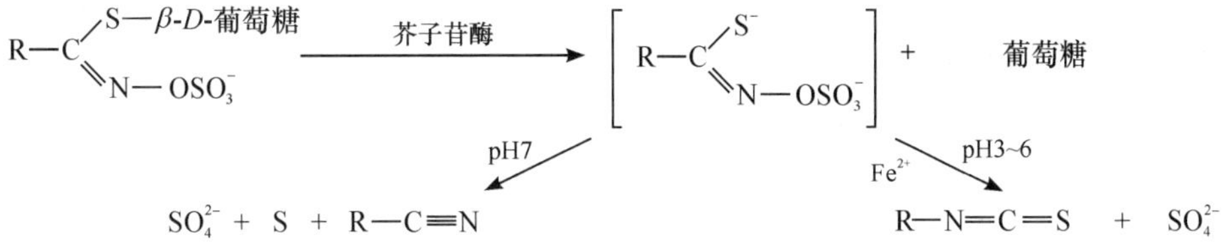

图 10-29　十字花科植物特征性香气物质形成的途径

10.7.1.5　以色素为前体的生物合成

某些食物的香气物质是以色素(pigment)为前体形成的,如番茄中的 6-甲基-5-庚烯-2-酮(6-methyl-2-heptene-2-oxo)和法尼基丙酮(farnesylacetone)是由番茄红素(lycopene)在酶的催化下生成的(图 10-30)。红茶中的 β-紫罗兰酮(β-ionone)和 β-大马酮可以通过类胡萝卜素氧化得到。

10.7.2　酶的作用

酶(enzyme)对食品香气的作用主要指食物原料在收获后的加工或储藏过程中在一系列酶的催化下形成香气物质的过程,包括酶的直接作用和酶的间接作用。所谓酶的直接作用是指酶催化某一香气物质前体直接形成香气物质的作用,而酶的间接作用主要是指氧化酶催化形成的氧化产物对香气物质前体进行氧化而形成香气物质的作用。葱、蒜、结球甘蓝(洋白菜)、芥菜的香气形成属于酶的直接作用,而红茶的香气形成则是典型的酶间接作用的例子。

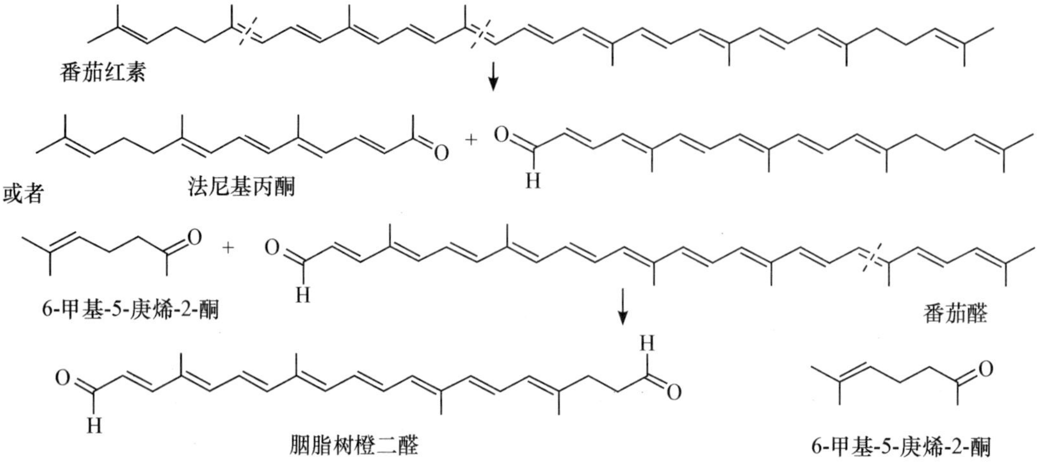

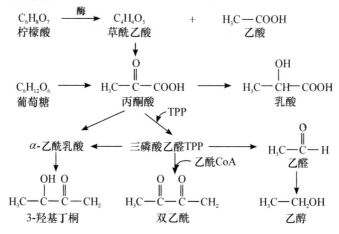

图 10-30　番茄红素降解形成香气物质的途径

10.7.3　发酵作用

发酵食品(fermented food)及其调味品(flavoring)的香气成分主要是由微生物作用于发酵基质中的蛋白质、糖类、脂肪和其他物质而产生的,主要有醇、醛、酮、酸、酯类等物质。由于微生物代谢的产物种类繁多,各种成分比例各异,所以发酵食品的香气也各有特色。发酵对食品香气的影响主要体现在 2 个方面:一方面是原料中的某些物质经微生物发酵而形成香气物质,如醋的酸味,酱油的香气;另一方面是微生物发酵形成的一些非香气物质在产品的熟化(maturation)和储藏过程中进一步转化而形成香气物质,如白酒的香气成分。微生物发酵形成香气物质比较典型的例子就是乳酸发酵(图 10-31)。乳酸、双乙酰和乙醛共同构成了异型乳酸发酵奶油和乳酪的大部分香气,而乳酸、乙醇和乙醛构成了同型乳酸发酵酸奶的香气,其中以乙醛最重要。双乙酰是生啤酒和大部分多菌株乳酸发酵食物的特征性香气物质。

图 10-31　乳酸发酵产生的主要香气物质

10.7.4　食物调香

食物的调香主要是通过使用一些香气增强剂或异味掩蔽剂来显著增加原有食品的香气强

度或掩蔽原有食品具有的不愉快的气味。香气增强剂的种类很多,但广泛使用的主要是 L-谷氨酸钠、$5'$-肌苷酸、$5'$-鸟苷酸、麦芽酚和乙基麦芽酚。香气增强剂本身也可以用作异味掩蔽剂,除此之外,使用的异味掩蔽剂还很多,如在烹调鱼时,添加适量食醋可以使鱼腥味明显减弱。

一些人造肉、素鸡、素排骨等想要有肉味,就需要加入通过现代生物工程技术合成的肉味香料或肉味香精。但是在 20 世纪 80 年代,市面上的肉味香料和肉味香精要么味道不够,要么要从国外进口,价格昂贵。这很大程度上是由于我国尚未掌握某些香料的关键生产技术,而被国外"卡脖子"。中国工程院院士、北京工商大学校长孙宝国率领研究团队,从 1986 年开始相关研究,成功开发了两个最具代表性的香料制造技术,其中一个是 2-甲基-3-呋喃硫醇的生产。2-甲基-3-呋喃硫醇,是在肉里发现的非常有特征的一个风味物质,当时全世界只有美国国际香料公司能够生产,美国国际香料公司给它的代号为"030"。1990 年"030"的进口价格为每千克14 万元,非常昂贵但又非常关键。孙院士及其团队用了 5 年时间攻克了"030"的关键技术,实现了国产化生产,与进口的 14 万元/kg 相比,国产化的产品每千克售价 4.2 万元,价格大大降低。在这个基础上,他们还研制出了甲基(2-甲基-3-呋喃基)二硫醚。甲基(2-甲基-3-呋喃基)二硫醚当时美国国际香料公司给它的代号为"719",1994 年的价格是 16 万元/kg,我国研究出来后使价格降至 6 万元/kg,现在其价格更便宜了。正是通过攻克一系列"卡脖子"技术难题,现在我国成为了香料大国,更成为含硫香料强国,产品足以影响国际市场价格。

10.8　食品加热形成的香气物质

10.8.1　加热食品中的香气成分

食物在热处理过程中,香气成分的变化十分复杂。除了食品内原有的香气物质因受热挥发而有所损失外,食品中的其他组分也会在热的影响下发生降解或相互作用而生成大量的新的香气物质。新香成分的形成既与食物的原料组分等内在因素有关,也与热处理的方法、时间等外因有关。对动、植物性食物进行的热处理,最为常见的有烹煮、焙烤、油炸等方式。

(1)烹煮中形成的香气物质。在烹煮过程中,水果、乳品等食品,主要是原有香气物质的挥发散失,生成新的香气物质不多;蔬菜、谷类食品,除原有香气物质有部分损失外,也有一定量的新香气物质生成;鱼、肉等动物性食物,则通过反应形成大量的香气物质。在烹煮条件下发生的非酶反应(non-enzymatic reaction),主要有羰氨反应、维生素和类胡萝卜素的分解、多酚化合物的氧化、含硫化合物的降解等。因此,对于一些香气清淡或虽香气较浓而易挥发的果蔬等食物,不宜长时间烹煮,否则香气损失太大。

(2)焙烤中形成的香气物质。对焙烤风味有重要贡献的化合物分为杂环类化合物、烃类及其含氧衍生物和含硫化合物 3 大类。例如,烤面包除了在发酵过程中形成醇、酯类化合物外,在焙烤过程中还会产生多达 70 种以上的羰基化合物,其中的异丁醛、丁二酮等对面包香气影响很大。炒花生、炒瓜子等坚果的焙烤的浓郁芳香气味,大都与呋喃、吡啶、吡嗪类化合物和含硫化合物有关,这是它们在焙烤时形成的最重要的特征香气成分。在炒芝麻的香气物质中,呋喃赋予其复杂香味,而噻吩和噻唑等硫化物是其特征成分。食物在焙烤时发生的非酶反应,主要有羰氨反应、维生素的降解,油脂、氨基酸和单糖的降解,以及 β-胡萝卜素、儿茶酚(catechol)等的热降解。

(3)油炸中形成的香气物质。油炸食品其诱人的香气很易引起食欲。这时产生香气物质

的反应途径,除了在高温下可能发生的与焙烤相似的反应之外,更多地还与油脂的热降解反应有关。油炸食品特有的香气物质为2,4-癸二烯醛,阈值为5×10^{-4} mg/kg。除此之外,油炸食品的香气成分还包含有高温生成的吡嗪类和酯类化合物以及油脂本身的独特香气物质。例如,用椰子油炸的食品带有甜感的椰香,用芝麻油炸的食品带有芝麻酚香等。

10.8.2 加热食品香气形成的机理

10.8.2.1 通过 Maillard 反应形成香气物质

高温烹调、焙烤、油炸食品香味的形成,主要发生的反应有 Maillard 反应,糖、氨基酸、脂肪热氧化,维生素 B_1、维生素 C、胡萝卜素降解。其中,Maillard 反应是形成高温加热食品香气物质的主要途径(图 10-32)。

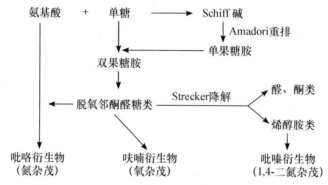

图 10-32 Maillard 反应中形成香气物质的重要途径

Maillard 反应的产物十分复杂,既和参与反应的氨基酸及单糖的种类有关,也与受热的温度、时间、体系的 pH、水分等因素有关。一般来说,当受热时间较短、温度较低时,反应的主要产物除了 Strecker 醛类以外,还有特征香气的内酯类(lactone)和呋喃类化合物(furan)等;当温度较高、受热时间较长时,生成的香气物质种类有所增加,如有焙烤香气的吡嗪类、吡咯、吡啶类化合物形成增加。

首先,不同种类的糖与氨基酸作用时,将降解产生不同的香气物质。例如,麦芽糖(maltose)与苯丙氨酸反应产生令人愉快的焦糖甜香;而果糖与苯丙氨酸反应却产生一种令人不快的焦糖味,但有二羟丙酮存在时,则产生紫罗兰香气。二羟丙酮和甲硫氨酸作用形成类似烤马铃薯的气味,而葡萄糖和甲硫氨酸反应,则呈现烤焦的马铃薯味。在葡萄糖存在时,脯氨酸、缬氨酸和异亮氨酸会产生一种愉悦的烤面包香;在还原二糖如麦芽糖存在时,形成烤焦的结球甘蓝(洋白菜)味;而在非还原二糖如蔗糖存在时,则产生不愉快的焦炭气味。核糖(ribose)与各种氨基酸共热时,能产生丰富多彩的香气变化;但若在同样条件下加热没有核糖的含硫氨基酸时,除了产生硫黄气味外,没有其他的香气变化。

其次,不同种类的氨基酸发生 Maillard 反应的难易程度也不一样。一般来说,不同氨基酸的降解速率从大到小的次序为:羟基氨基酸、含硫氨基酸、酸性氨基酸、碱性氨基酸、芳香族氨基酸、脂肪族氨基酸。图 10-33 至图 10-37 分别是 Maillard 反应中主要香气物质咪唑(imidazole)、吡咯啉(pyrroline)、吡咯(pyrrole)、吡嗪(pyrazine)、氧杂茂(oxazole)和硫杂茂(thiazole)的形成途径。

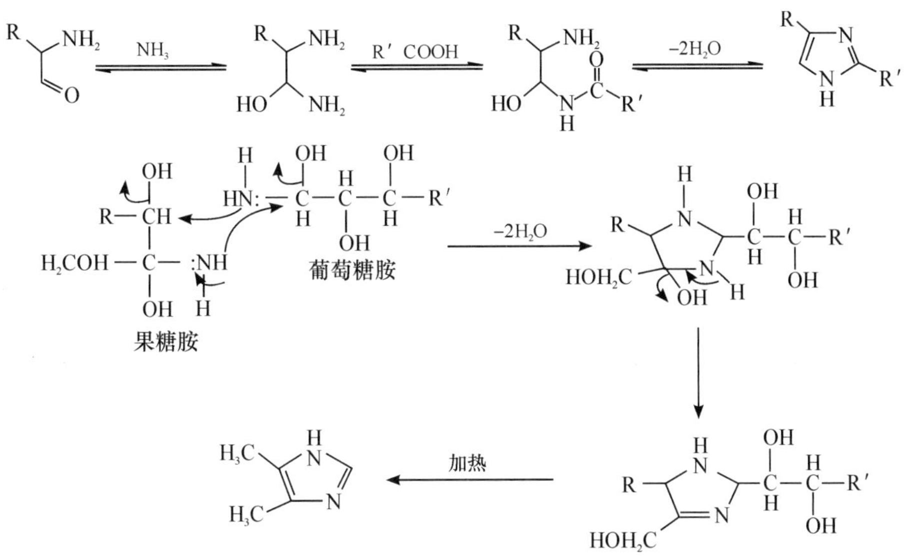

图 10-33　Maillard 反应中咪唑形成的两种途径

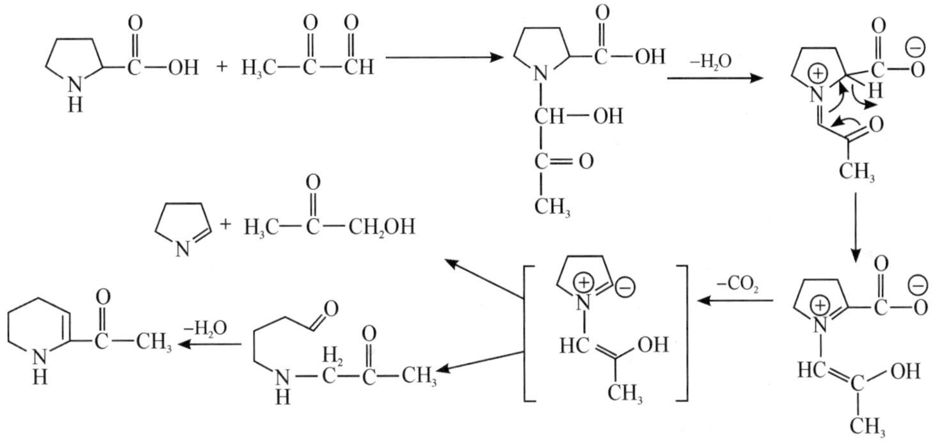

图 10-34　**Maillard 反应中脯氨酸经 Strecker 降解形成吡咯啉等的途径**

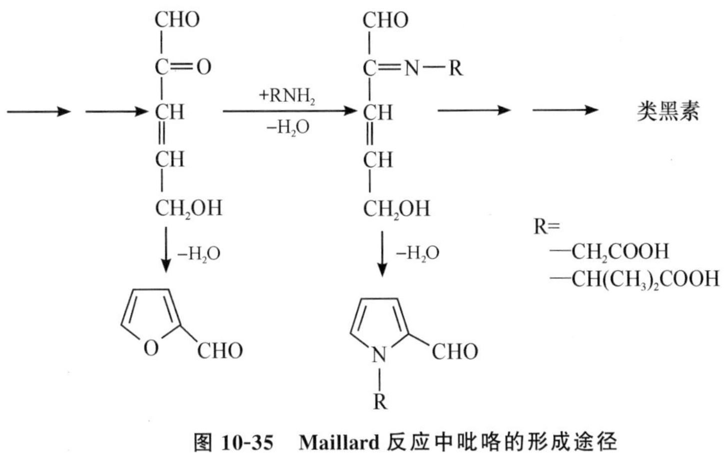

图 10-35　**Maillard 反应中吡咯的形成途径**

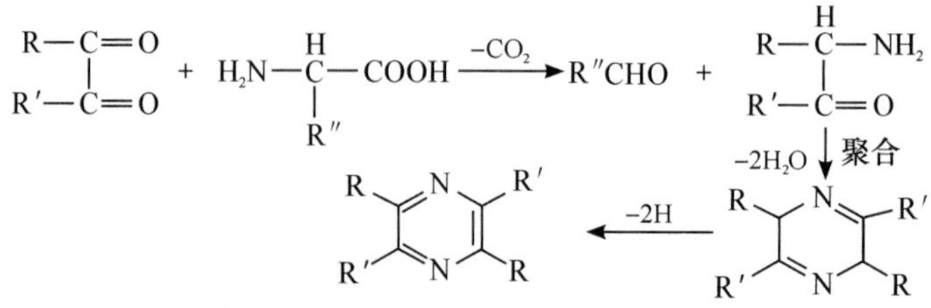

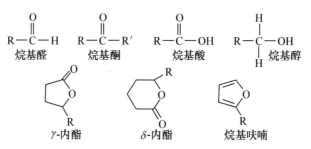

图 10-36　Maillard 反应中吡嗪的形成途径

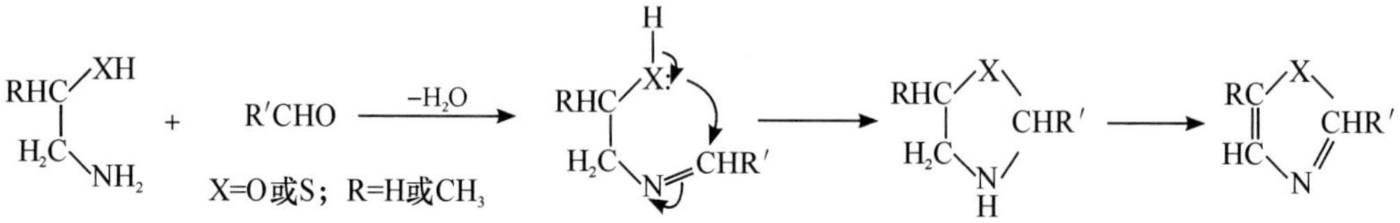

图 10-37　Maillard 反应中氧杂茂和硫杂茂的形成途径

10.8.2.2　通过食品基本组分的热降解形成香气物质

(1)糖的热降解。糖即使在没有含氮物质存在的情况下受热,也会发生一系列的降解反应,根据受热温度、时间等条件的不同而生成各种香气物质。一般的,当温度较低或时间较短时,会产生一种牛奶糖样的香气特征;若受热温度较高或时间较长时,则会形成甘苦而无甜香味的焦糖色素(caramel pigment),有一种焦煳气味。但不同的单糖热降解所形成的香气成分差异却并不明显。

(2)氨基酸的热降解。一般的氨基酸在较高温度受热时,都会发生脱羧反应或脱氨、脱羧反应,但这时生成的胺类产物往往具有不快的气味。若继续在热的作用下,其生成的产物可以进一步相互作用,生成具有良好的香气化合物。在热处理过程中,对食品香气影响较大的氨基酸主要是含硫氨基酸和杂环氨基酸(heterocyclic amino acid)。单独存在时,含硫氨基酸的热分解产物,除了硫化氢、氨、乙醛等物质之外,还会同时生成噻唑类(thiazole)、噻吩类(thiophene)及许多含硫化合物,这些物质大多数都是挥发性极强的香气物质,不少是熟肉香气的重要组分。对于杂环氨基酸,脯氨酸和羟脯氨酸在受热时会与食品组分生成的丙酮醛进一步作用,形成具有面包、饼干、烘烤玉米和谷物似的香气成分吡咯和吡啶类化合物。此外,苏氨酸、丝氨酸的热分解产物是以吡嗪类化合物为特征,有烘烤香气;赖氨酸的热分解产物则主要是吡啶类、吡咯类和内酰胺(lactam)类化合物,也有烘烤和熟肉香气。

图 10-38　由脂肪热氧化降解形成的香气物质

(3)脂肪的热氧化降解。脂肪在无氧条件下即使受热到 220 ℃,也没有明显的降解现象。但食品的储存和加工,通常都是在有氧的大气条件下进行,此时脂肪最易被氧化生成食品的香气物质。在烹调的肉制品中发现的由脂肪降解形成的香气物质,包括由脂肪烃、醛类、酮类、醇类、羧酸类和酯类(图 10-38)。

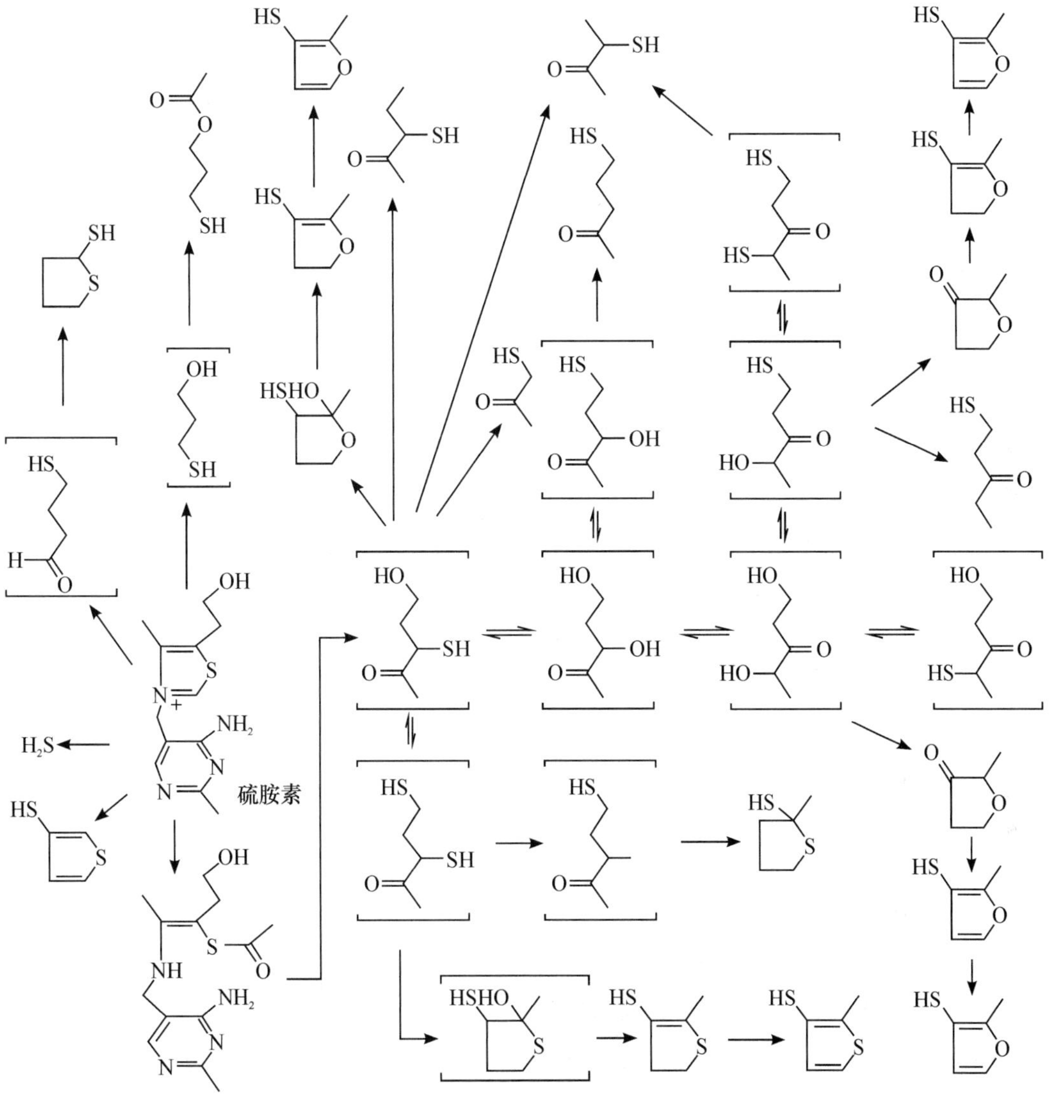

图 10-39　硫胺素热降解途径

10.8.2.3　由食品其他组分热降解形成的香气物质

除 3 大营养素外,食物体系中的组分多而杂,这里仅介绍几类目前研究较多且对食物香气形成影响较大的热降解途径。

(1)硫胺素的热降解。纯的硫胺素(thiamine)并无香气,但它的热降解产物相当复杂,主要有呋喃类、嘧啶类(pyridine)、噻吩类和含硫化合物等(图 10-39)。

(2)抗坏血酸的热降解。抗坏血酸极不稳定,在热、氧气或光照条件下均易降解生成糠醛和小分子醛类化合物。糠醛化合物是烘烤后的茶叶、花生以及熟牛肉香气的重要组分之一;生成的小分子醛类本身既是香气成分,也很易再与其他化合物反应生成新的香气成分。

（3）类胡萝卜素和叶黄素的氧化降解。有一些化合物能使茶叶具有浓郁的甜香味和花香，如顺-茶螺烷、β-紫罗兰酮（β-ionone）等，其来源于β-胡萝卜素或叶黄素的氧化分解（图10-40）。尽管这些化合物以低浓度存在，但分布广泛，可使很多食品产生丰满和谐的香气。

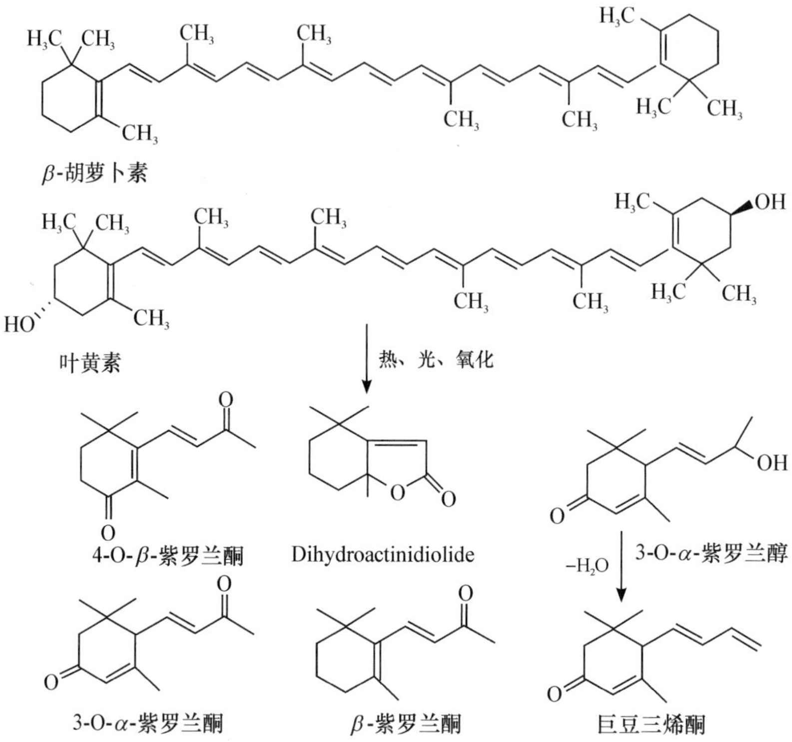

β-胡萝卜素

叶黄素

热、光、氧化

4-O-β-紫罗兰酮　　　Dihydroactinidiolide　　　$-H_2O$　　3-O-α-紫罗兰醇

3-O-α-紫罗兰酮　　　　β-紫罗兰酮　　　　巨豆三烯酮

图 10-40　胡萝卜素、叶黄素及其降解产物

10.9　食品加工与香气控制

10.9.1　食品加工中香气的生成与损失

食品加工是一个复杂的过程，发生着极其复杂的物理化学变化，伴有食物形态、结构、质地、营养和风味的变化。以加工过程中食物的香气变化为例，有些食品加工过程能极大地提高食品的香气，如花生的炒制、面包的焙烤、牛肉的烹调以及油炸食品的生产，而有些食品加工过程却使食品香气丢失或不良气味出现，如果汁巴氏杀菌产生的蒸煮味、常温储藏绿茶的香气劣变、蒸煮牛肉的过熟味以及脱水制品的焦煳味等。任何一个食品加工过程总是伴有或轻或重的香气变化（生成与损失）。因此，在食品加工中如何控制食品香气的生成与减少香气损失就非常重要。

10.9.2　食品香气的控制

（1）原料的选择。影响食品香气的因素众多，其中之一就是食品的原料。不同属性（种类、产地、成熟度、新陈状况以及采后情况）的原料有截然不同的香气，甚至同一原料的不同品种其香气差异都可能很大。如在呼吸高峰期（respiration climax）采收的水果，其香气比呼吸高峰前采收的要好很多。所以,选择合适的原料是确保食品具备良好香气的一个途径。

(2)加工工艺。食品加工工艺对食品香气形成的影响也是重大的。同样的原料经不同工艺加工可以得到香气截然不同的产品,尤其是加热工艺。在绿茶炒青茶中,有揉捻工艺的名茶常呈清香型,无揉捻工艺的名茶常呈花香型。揉捻茶中多数的香气成分低于未揉捻茶,尤其是顺-3-己烯醇和萜烯醇等。杀青和干燥是炒青绿茶香气形成的关键工序,适度摊放能增加茶叶中主要呈香物质游离态的含量,不同干燥方式对茶叶香气的影响是明显的。

(3)储藏条件。茶叶在储存过程中会发生氧化而导致品质劣变,如陈味产生,质量下降。气调储藏苹果的香气比冷藏的苹果要差,而气调储藏后再将苹果置于冷藏条件下继续储藏约15 d,其香气与一直在冷藏条件下储藏的苹果无明显差异。超低氧(ultra low oxygen)环境对保持水果的硬度等非常有利,但往往对水果香气的形成有负面影响。在不同储藏条件下储藏,水果中呈香物质的组成模式也会不同,这主要是不同的储藏条件选择性地抑制或加速了其中的某些香气物质形成途径的结果。

(4)包装方式。包装方式对食品香气的影响主要体现在两个方面,一是通过改变食品所处的环境条件,进而影响食品内部的物质转化或新陈代谢而最终导致食品的香气变化;二是不同的包装材料对所包装食品的香气物质的选择性吸收。包装方式将会选择性地影响食品的某些代谢过程,如不同类型套袋的苹果中醛、酮、醇类香气物质没有明显差异,而双层套袋的苹果中酯类的含量偏低;又如脱氧、真空及充氮包装都能有效地减缓包装茶的品质劣变。而对油脂含量较高的食品,密闭、真空、充氮包装对其香气劣变有明显的抑制作用。当然目前采用的活性香气释放包装方式,也是改良或保持食品香气的一个有效途径。

(5)食品添加物。有些食品成分或添加物能与香气成分发生一定的相互作用,如蛋白质与香气物质之间有较强的结合作用。所以,新鲜的牛奶要避免与异味物质接触,否则这些异味物质会被吸附到牛奶中而产生不愉快的气味。β-环糊精(β-cyclodextrin)具有特殊的分子结构和稳定的化学性质,不易受酶、酸、碱、光和热的作用而分解,可包埋香气物质,减少其挥发损失,香气能够持久。并且添加这类物质后,还可掩饰产品的不良气味。

10.9.3 食品香气的增强

(1)香气回收与再添加。香气回收技术是指先将香气物质在低温下萃取出来,再把回收的香气重新添加至产品,使其保持原来的香气。香气回收采用的方法主要有:水蒸气汽提、超临界 CO_2 抽提、分馏等。目前超临界 CO_2 流体具有萃取率高、传质快、无毒、无害、无残留、无污染环境等诸多优点,因此在香气回收中具有广阔的应用前景。

(2)添加天然香精。添加香精是增加食品香气常用的方法,又称为调香。合成香精虽然价格便宜,但由于其安全性,使用范围越来越小。而从天然植物、微生物或动物中获得的香精,具有香气自然,安全性高等特点,越来越受到人们的欢迎。值得注意的是,由于同一个呈香物质在不同浓度时其香味差异非常大,所以在使用香精时要特别注意香精的添加量。

(3)添加香味增强剂。香味增强剂(aroma enchancement)是一类本身没有香气或很少有香气,但能显著提高或改善原有食品香气的物质。其增香机理不是增加香气物质的含量,而是通过对嗅觉感受器的作用,提高感受器对香气物质的敏感性,即降低了香气物质的感受阈值。目前,在实践中应用较多的主要有 L-谷氨酸钠、5′-肌苷酸、5′-鸟苷酸、麦芽酚和乙基麦芽酚。香气增强中使用最多的是麦芽酚和乙基麦芽酚。麦芽酚在酸性条件下增香、调香效果好;在碱

性条件下因生成盐而降低其调香作用;遇到铁盐呈紫红色,故产品中用量应适当,以免影响食品色泽。乙基麦芽酚的增香能力为麦芽酚的6倍,化学性质与麦芽酚相似,在食品中的用量一般为0.4~100 mg/kg。

(4)添加香气物质前体。在鲜茶叶杀青之后向萎凋叶中加入胡萝卜素、抗坏血酸等,能增强红茶的香气。添加香气物质前体与直接添加类似香精最大的区别就是,添加香气物质前体形成的香气更为自然与和谐。这一方面的研究也是食品风味化学的一个重要领域。

(5)酶技术。风味酶(flavor enzyme)是指那些可以添加到食品中能显著增强食品风味的酶类物质。利用风味酶增强食品香气的基本原理主要有两个方面,一方面是根据食品中的香气物质可能是游离态或键合态,而只有游离态香气物质才能引起嗅觉刺激,键合态香气物质对食品香气的呈现是没有贡献的。因此,在一定条件下将食品中以键合态形式存在的香气物质释放出来形成游离态香气物质,这无疑会大大提高食品的香气质量。另一方面是食品中存在一些可被酶转化的香气物质前体,在特定酶的作用下,这些前体物质会转化形成香气物质而增强食品的香气。这方面的研究也是当前风味化学的一个热点。

食品中的键合态香气物质主要以糖苷的形式存在,如葡萄、苹果、茶叶、菠萝、芒果、西番莲等很多水果和蔬菜中,都存在一定数量的键合态香气物质。在成品葡萄酒中添加一定量的糖苷酶能显著提高葡萄酒的香气;而在干结球甘蓝(洋白菜)中添加一定量的芥子苷酶能使产品的香气更加浓郁。此外,食品中的一些键合态香气物质也可能是以被包埋、吸附或包裹在一些大分子物质上形式存在,对于这类键合态香气物质的释放,一般是采用对应的高分子物质水解酶水解的方式来释放,如在绿茶饮品加工中添加果胶酶,可释放大量的芳樟醇和香叶醇。

对食品中香气物质前体进行催化转化的酶很多,但更多的研究集中在多酚氧化酶(polyphenol oxidase)和过氧化物酶(peroxidase)上。有研究表明,多酚氧化酶和过氧化物酶可用于红茶的香气改良,效果十分明显。而过氧化氢酶(catalase)和葡萄糖氧化酶(glucose oxidase)可以用于茶饮料中的萜烯类香气物质而对茶饮料有定香作用。

10.10　小结

风味是衡量食品质量的一个重要指标,它不仅能够影响摄食者的食欲,而且对人的心理和生理有着潜在的影响。食品的风味是对所摄入的食品在各个方面感觉的综合,其中最为重要的是味觉和嗅觉。

二维码 10-4　阅读材料——气味的测定

味觉一般是食品中的水溶性化合物刺激舌黏膜中的化学感受器产生的,而嗅觉主要是由食品中的一些挥发性化合物刺激鼻腔内的嗅觉神经元而产生的。在大多数情况下,食品所产生的味觉或嗅觉是众多呈味物质或呈香物质共同作用的结果。从生理的角度来看,只有酸、甜、苦、咸属于基本味觉。不同类型的物质具有不同的呈味机理,而不同的味觉之间会相互作用。与味觉相比,嗅觉更为复杂,这不仅体现在嗅觉产生的机理复杂,更为重要的是对食品香气做出贡献的一个化合物的数量很难确定。这些众多的食品呈香物质主要通过生物合成、酶的作用、发酵作用和食物调香等而形成。食品加工过程对食品香气的形成有重大影响,因此应该采取措施增强和保持食品的香气。

思考题

1. 食品的阈值和香气值各指什么？呈味物质的相互作用对风味有何影响？

2. 简述呈味物质的呈甜、呈酸、呈苦、呈鲜机理。

3. 简述食品香气物质的形成途径和控制方法。

4. 简述食品中的常见的甜味剂、酸味剂、鲜味剂的呈味特点。

5. 食品的风味与哪些因素有关？

6. 为什么人总是先感觉出甜和辣味，其次是酸味，最后才是苦味？

7. 为什么面团在焙烤后会散发出诱人的香味？

8. 为什么人工催熟的水果不及自然成熟的水果香气浓郁？

9. 为什么俗话说"要想甜，先加盐"？

10. 名词解释：风味，阈值，香气值，相对甜度，味的对比作用，味的变调作用，味的消杀作用，味的相乘作用，味的适应现象，辣味，涩味，鲜味。

参考文献

[1] 丁耐克. 食品风味化学. 北京：中国轻工业出版社，2006.

[2] 高瑞昌，苏丽，黄星奕，等. 水产品风味物质的研究进展. 水产科学，2013，23(1)：59-62.

[3] 阚建全. 食品化学. 3 版. 北京：中国农业大学出版社，2016.

[4] 李丽，高彦祥，袁芳. 坚果焙烤香气化合物的研究进展. 中国食品添加剂，2011(3)：164-169.

[5] 苗志伟，官伟，刘玉平. 酱中挥发性风味物质的研究进展. 食品工业科技，2012，33(8)：390-394.

[6] 宋丽军，郑晓吉. 食品化学. 东营：中国石油大学出版社，2017.

[7] 王文君. 食品化学. 武汉：华中科技大学出版社，2016.

[8] 王璋，许时婴，汤坚. 食品化学. 北京：中国轻工业出版社. 2007.

[9] 夏延斌，王燕. 食品化学. 2 版. 北京：中国农业出版社，2015.

[10] 谢笔钧. 食品化学. 北京：科学出版社，2011.

[11] 赵谋明. 食品化学. 北京：中国农业出版社，2012.

[12] BELITZ H D, GROSCH W, SCHIEBERLE P. Food chemistry. Heidelberg：Springer-Verlag Berlin，2009.

[13] DAMODARAN S, PARKIN K L, FENNEMA O R. Fennema's food chemistry. Pieter Walstra：CRC Press/Taylor & Francis, 2008.

[14] FURUSAWA R, GOTO C, SATOH M, et al. Formation and distribution of 2,4-dihydroxy-2,5-dimethyl-3(2H)-thiophenone, a pigment, an aroma and a biologically active compound formed by the Maillard reaction, in foods and beverages. Food & Function，2013，4 (7), 1076-1081.

[15] GONZALEZ-BARREIRO C, RIAL-OTERO R, CANCHO-GRANDE B, et al. Wine aroma compounds in grapes：a critical review. Critical Reviews in Food Science and Nutrition，2015, 55 (2)：202-218.

第 11 章
食品添加剂

本章学习目的与要求

1. 了解新型食品添加剂的开发研究动态。

2. 熟悉食品添加剂的概念。

3. 掌握常用食品抗氧化剂、面粉处理剂、抑菌剂、增稠剂、风味增强剂等添加剂的作用机理,使用范围及其在食品加工中的应用,科学合理地使用和认知食品添加剂。

尽管食品添加剂被认为是现代食品加工业的灵魂,但是近年来频发的食品安全事件却往往让食品添加剂蒙上一层阴影。那么,什么是食品添加剂? 如何正确地使用食品添加剂?

11.1 食品添加剂概述

11.1.1 食品添加剂的概念

由于各国饮食习惯、加工方法、使用范围和种类的差异,有关食品添加剂的定义也有所不同。联合国粮农组织(FAO)和世界卫生组织(WHO)联合组成的国际食品法典委员会(CAC)在集中各国意见的基础上曾于 1983 年规定:食品添加剂是指"其本身通常不以食用为目的,也不作为食品的主要原料物质,这种物质并不一定具有营养价值,在食品的制造、加工、调制、处理、罐装、包装、运输和保藏过程中,由于技术上(包括调味、着色和赋香等感官)的目的,有意加入食品中,同时直接或间接地导致这些物质或其副产品成为食品的一部分,或者改善食品的性质。它们不包括污染物或者为了保持、提高食品营养价值而加入食品中的物质"。我国 2014 年新修订的《食品安全国家标准 食品添加剂使用标准》(GB 2760—2014)将食品添加剂定义为:"为改善食品品质和色、香、味以及为防腐和加工工艺需要而加入食品中的化学合成或天然物质。食品用香料、胶基糖果中基础剂物质、食品工业用加工助剂也包括在内"。

11.1.2 食品添加剂的使用意义

食品工业发展的一个重要基础就是食品添加剂,正如食品添加剂的定义所言,食品添加剂是为改善食品的品质和色香味以及防腐和加工工艺的需要而加入食品中的天然和化学合成物质。众所周知,单纯天然食品无论是其色、香、味,还是质构和保藏性都不能满足消费者的需要。没有食品添加剂也就没有现代食品工业,因此,有人认为食品添加剂是食品工业的灵魂。

随着食品工业的飞速发展,人们对食品的色、香、味、品种、新鲜度等方面提出了更高的要求,必须开发更多更好的新型食品来满足人们的需求,食品添加剂在这方面发挥了重要作用。开发新型食品主要有 2 个途径:一是新原料,理论上采用新原料加工新型食品是一个很好的方法,但食品原料的更新速度是有限的,尽管现在生物技术发展迅猛,但转基因食品没有得到预想的结果,人们对它们还有一定的疑虑,全新的基因工程食品的发展估计还有相当一段时间。另一个途径是采用新加工工艺。食品加工要遵循食品安全法的要求,采用一些极端的工艺条件来生产所谓的新食品往往是不适用的。因此要加工出新型的食品,最有效、经济的方法就是使用食品添加剂。例如,如果没有使用增稠剂,就不会有果冻、软糖之类的食品出现。使用食品添加剂不仅对于制备新型食品很有必要,而且对于人们的另一个消费时尚——新鲜食品也是至关重要的。实践证明,单纯依靠气调、冷藏等方法来保鲜食品往往是很不够的,有些场合还不适用,而采用食品保鲜剂不仅方便简捷,而且非常有效。

习近平总书记在党的十九大报告中指出:要"实施食品安全战略,让人民吃得放心"。李克强总理在第十三届全国人民代表大会上所作的政府工作报告中强调:在食品安全方面,群众还有不少不满意的地方。要创新食品监管方式,让消费者买得放心,吃得放心。为此,全国政协委员、中国工程院院士、北京工商大学校长、食品添加剂著名学者孙宝国教授曾在全国两会上发表了"加强食品依法科学监管,让人民吃得放心"的特约专稿,在《科技导报》发表了"正确认

食品化学

识食品添加剂,促进食品产业健康发展"的文章。食品添加剂的科学合理、规范合法使用已成为保证食品质量与安全的重要内容与基本要求。

11.1.3 对食品添加剂的一般要求

为保证食品安全卫生,食品添加剂首先应是安全的,即无害无毒,其次才是具有改善食品色、香、味、形等的工艺作用。因此,对食品添加剂应有如下的严格要求。

(1)不应对人体产生任何健康危害。

(2)不应掩盖食品腐败变质。

(3)不应掩盖食品本身或加工过程中的质量缺陷或以掺杂、掺假、伪造为目的而使用食品添加剂。

(4)不应降低食品本身的营养价值。

(5)在达到预期效果的前提下尽可能降低在食品中的使用量。

11.1.4 食品添加剂的安全性评价及使用标准

食品添加剂,特别是化学合成的食品添加剂,往往都有一定的毒性。为了达到安全使用的目的,需要进行充分的毒理学评价(安全性评价),以便制定使用标准。进行毒理学评价时,除进行必要的理化分析检测外,主要是通过动物试验获得资料。

动物毒性试验包括急性毒性试验,亚急性毒性试验和慢性毒性试验。一般情况下,根据急性,亚急性和慢性毒性试验就可做出评价。如果发现可疑线索,应进一步进行有关的特殊试验,包括繁殖试验、致癌、致畸、致突变、致敏试验等。我国关于食品添加剂的有关文件规定,根据添加剂的来源、结构等方面的情况,3个阶段的毒性试验不一定全做,有时只做一、二两阶段的试验即可做出判断。

食品添加剂的使用标准是指其安全使用的定量指标。把动物的最大无作用量(MNL)除以100(安全系数),可求得人体每日允许摄入量(ADI),单位为 mg/kg 体重。ADI 乘以平均体重就得到每人每日允许摄入总量(A)。然后根据人群膳食调查,了解膳食中含有该物质的各种食品的每日摄入量(C),分别算出每种食品含有该物质的最高允许量(D),从而制定出某种添加剂在每种食品中的最大使用量(E),其单位为 g/kg。

11.1.5 食品添加剂的分类

食品添加剂按来源可分为天然食品添加剂和化学合成食品添加剂两大类。前者主要从动植物或微生物中提取而来;后者则是采用化学合成所得的物质。目前使用的天然食品添加剂为数不多,大多属于化学合成品。

食品添加剂按应用特性可分为直接食品添加剂,如食用色素,甜味剂等;加工助剂如消泡剂等及间接添加剂。

食品添加剂最常见的分类方法是按其在食品中的功能来进行分类。多数国家与地区将食品添加剂按其在食品加工、运输、储藏等环节中的功能分为以下6类:①防止食品腐败变质的添加剂有防腐剂、抗氧化剂和杀菌剂;②改善食品感官性状的添加剂有鲜味剂、甜味剂、酸味剂、色素、香料、香精、发色剂、漂白剂和抗结块剂;③保持和提高食品质量的添加剂如组织改良剂、面粉面团质量改良剂、膨松剂、乳化剂、增稠剂和被膜剂;④改善和提高食品营养的添加有维生素、氨基酸和无机盐;⑤便于食品加工制造的添加剂有消泡剂、净化剂;⑥其他功能的添加剂有胶姆糖基质材料、酸化剂、酶制剂、酿造用添加剂和防虫剂等。其实,按使用功能划分类别也并非十分完美,因为不少添加剂具有多种功能,如抗坏血酸既是一种广泛使用的天然抗氧化剂,又是营养强化剂。因此,只能按它主要使用的功能和习惯来进行划分。

我国《食品安全国家标准　食品添加剂使用标准》(GB 2760—2014)将食品添加剂划分为22类,即防腐剂、抗氧化剂、着色剂、漂白剂、调味剂、凝固剂、乳化剂、膨松剂、品质改良剂、香味剂、甜味剂、营养强化剂等,酶制剂取消设类编码,采用清单管理方式。美国 FDA 规定的有32类,欧洲共同体有 9 类,日本将食品添加剂划分为 30 类。

11.1.6　食品添加剂的发展趋势

尽管国家规定允许使用的食品添加剂在法定的使用范围内是安全的,但是消费者往往对食品添加剂的使用有一定的疑虑,有些食品制造商竭力宣传所谓的无食品添加剂食品,这往往是不切实际的,也是不负责任的。有些食品添加剂和食品原料之间并没有明确的界限,有些食品没有食品添加剂是完全不可能制造的。尽管如此,我们不得不说,有些食品添加剂还是有一定的毒性,目前各国都在致力于开发出新型的食品添加剂和研究新的食品添加剂合成工艺。因此,食品添加剂回归自然是必然的发展趋势。

(1)研究开发天然食品添加剂。

(2)大力研究生物性食品添加剂。近年来,人们逐渐认识到天然食品添加剂一般都有较高的安全性,因此天然食品添加剂的应用越来越广泛。但自然界植物、动物的生产周期很长,生产效率低,采用现代生物技术生产天然食品添加剂不仅可以大幅度提高生产能力,并且还可以生产一些新型的食品添加剂,如红曲色素、乳酸链球菌素、黄原胶、溶菌酶等。

(3)研究新型食品添加剂的合成工艺。很多传统的食品添加剂本身有很好的使用效果,但由于制造成本高,产品价格昂贵,应用受到了限制,迫切需要开发一些高效节能的工艺。如甜菊糖苷采用大孔树脂吸附工艺后,产品质量有很大的提高,且成本降低,对甜菊糖苷的推广应用起到了很大的促进作用。

(4)研究食品添加剂的复配。实践表明,很多食品添加剂复配可以产生增效作用或派生出一些新的效用,研究食品添加剂的复配不仅可以降低食品添加剂的用量,而且可以进一步改善食品的品质,提高食品的食用安全性。

(5)研究专用的食品添加剂。不同的应用场合,往往要求不同性能的食品添加剂或食品添加剂组合,研究开发专用的食品添加剂或食品添加剂组合,可以最大限度地发挥其潜力,极大地方便使用,提高有关产品的质量,降低产品的成本。

(6)研究高分子型食品添加剂。增稠剂基本上都是天然的或改性天然水溶性高分子,其他食品添加剂除了少数生物高分子外,基本上都是小分子物质。实践表明,若能把普通食品添加剂高分子化,往往可以具有如下优点:①食用安全性大大提高;②热值低;③效用耐久化。

11.2　酸度调节剂

酸度调节剂(acidity regulator)是指用于食品加工过程中控制 pH 或调节产品酸碱度的食品添加剂。一般分为酸味剂、碱性剂和缓冲剂 3 类。

酸味剂能赋予食品酸味,改善食品风味,促使唾液、胃液、胆汁等消化液的分泌,具有促进食欲和消化的作用。由于酸性物质不利于微生物的繁殖,所以有防腐作用。例如,酸型防腐剂维生素 C 可控制富脂食品的酸败,减少水果及强化食品中维生素 C 的损失,防止引起苹果片褐变的酶促氧化反应,促进烟熏肉制品的着色护色,并可改良原料黏度和流变性及调节 pH。各种酸味剂具有不同的味觉,如柠檬酸有清凉感,苹果酸有苦味,磷酸、乳酸及富马酸有涩味,乙酸则有刺激味。国际上使用的酸味剂有 20 余种,我国允许使用的有柠檬酸、乳酸、酒石酸、苹果酸、富马酸、磷酸、乙酸、己二酸等。

碱性剂能提高食品的 pH,增强面制品的弹性和延展性,提高蔬菜制品的硬度和脆性,改善食品质量,但会使食品产生苦味。通常使用的有氢氧化钠、氢氧化钾等无机碱和碳酸氢铵、碳酸钠和碳酸氢钠等碳酸盐。

缓冲剂是使食品在制造过程中或使最终成品 pH 保持稳定的一类食品添加剂。一般是弱酸或弱碱及其盐类如酒石酸、琥珀酸、柠檬酸等有机酸及其盐类、磷酸盐等。缓冲液由这些有机酸及其盐类按一定配比混合而成,对体系的 pH 有缓冲作用。

在食品保存中,酸有特异性的抑制微生物的作用,因而酸是常用的抗菌剂,如山梨酸、苯甲酸。某些酸离解后对特定的金属离子有螯合作用,使食品保持稳定,延长其储藏期,如柠檬酸及其衍生物。酸可使果胶凝固,可作为消泡剂和乳化剂。在奶酪和乳制品生产中(如酸奶),酸可以使乳蛋白凝结。如将凝乳酶和酸性物质如柠檬酸加入冷牛奶(4~8 ℃)可以生产奶酪,然后再加热到 35 ℃便生成均匀的凝胶,而将酸加入温热牛奶中会产生蛋白质沉淀而不是凝胶。

在水果和蔬菜罐头食品中,添加柠檬酸使其 pH 降低到 4.5 以下,可以达到抑菌的目的,如抑制有毒微生物的生长。

酸对食品除了能产生酸味之外,还有调节和强化人的味觉能力,成为重要的调味剂。此外,用来制造软糖的酸如酒石酸氢钾,可引起蔗糖的有限水解(转化)产生果糖和葡萄糖。这些单糖由于增加了糖浆组成的复杂性,降低了平衡相对湿度,抑制蔗糖晶体的过分生长,从而有效地改善了软糖的质量。

常用于食品的有机酸有如下所示。

乙酸　　　　(CH_3COOH)

柠檬酸　　　$HOOC—CH_2—COH(COOH)—CH_2—COOH$

苹果酸　　　$HOOC—CHOH—CH_2—COOH$

乳酸　　　　$CH_3—CHOH—COOH$

富马酸　　　$HOOC—CH=CH—COOH$

琥珀酸　　　$HOOC—CH_2—CH_2—COOH$

酒石酸　　　$HOOC—CHOH—CHOH—COOH$

磷酸是唯一作为食品酸化剂使用的无机酸。在有香味的碳酸饮料,特别是可乐和类似啤酒的无醇饮料中,磷酸是广泛使用的一种重要酸化剂。

一些食用酸类的离解常数见表 11-1。

在食品加工中,碱和碱性物质(多是碱性盐类)有多种应用,包括对过量酸的中和、体系 pH 的调节、改善食品的颜色和风味、与某些金属离子螯合、二氧化碳气体的产生以及各种水果和蔬菜的去皮等。在生产像发酵奶油这类食品过程中,需要用碱中和过量的酸,即在用搅乳器搅拌前,加入乳酸菌使奶油发酵,产生大约 0.75% 的可滴定酸度(以乳酸计),然后用碱中和至约 0.25% 的可滴定酸度。减小其酸度可以提高搅拌效率并阻止产生氧化性臭味。许多碱和碱性物质可单独使用或混合使用作为中和剂,但在选择它们时要考虑溶解度、碱的强度、是否会产生气泡等有关性质,特别是要考虑碱性物质或碱的过量是否会产生异味。在有相当量的游离脂肪酸存在时,更应该注意。

表 11-1　某些食用酸的离解常数(25 ℃)

酸	离解步数	pK_a	酸	离解步数	pK_a
有机酸			丙酸		4.87
乙酸		4.75	琥珀酸	1	4.16
乙二酸	1	4.43		2	5.61
	2	5.41	酒石酸	1	3.22
苯甲酸		4.19		2	4.82
正丁酸		4.81	无机酸		
柠檬酸	1	3.14	碳酸	1	6.37
	2	4.77		2	10.25
	3	6.39	正磷酸	1	2.12
甲酸		3.75		2	7.21
富马酸	1	3.03		3	12.67
	2	4.44	硫酸	2	1.92
己酸		4.88			
乳酸		3.08			
苹果酸	1	3.40			
	2	5.10			

注:本表摘自 Weast R C. Handbook of Chemistry and Physics,BocaRaton:CRC Press,1988.

应当着重指出的是,为了改善加工食品的颜色和风味,使消费者更加喜爱,常需进行碱处理。例如,成熟的橄榄用氢氧化钠溶液(0.25%～2.0%)处理,有助于除去它的苦味成分和显现较深的颜色。在焙烤前将椒盐卷饼浸入 87～88 ℃ 的 1.25% 氢氧化钠溶液中,由于发生麦拉德(Maillard)褐变反应,其表面变得光滑并产生深褐色。一般认为,用氢氧化钠处理制作玉米粥和玉米面饼的生面团,可以破坏其中的二硫键。大豆蛋白质经过碱处理后可增溶并引起某些营养成分的损失。在脆花生的生产中使用少量碳酸氢钠溶液处理,可促使羰氨褐变(美拉德褐变),并且通过二氧化碳的释放使之具有孔状结构和松脆感。碳酸氢钠也用于加工可可粉生产深色(荷兰)巧克力。

在食品加工中,强碱还大量用于各种水果和蔬菜的去皮。只要它们与氢氧化钠的热溶液(约 3%,60～82 ℃)接触,随后稍加摩擦即可达到去皮的目的,与其他传统去皮技术相比,此种去皮法可减少工厂产生大量废水。强碱引起细胞和组织成分不同程度的增溶作用(溶解薄层间的果胶质)是强碱腐蚀性去皮工艺的理论依据。

除了酸和碱外,在食品工业中,柠檬酸和磷酸的钠盐也常被用作控制 pH 和调节酸味,并改善产品的品质。磷酸根和柠檬酸根对钙、镁等金属离子有配位螯合的作用,如加入的磷酸盐和柠檬酸盐,可与酪蛋白的钙、镁离子形成络合物,从而改变液体牛乳中盐的平衡。随所加盐的类型和浓度不同,在乳蛋白质体系中可起到稳定作用、胶凝作用或去稳定作用,其机理比较复杂,至今还不十分了解。又如在加工奶酪和人造奶酪中,广泛使用盐类来改善其内部结构使之具有均匀柔嫩的质地。人们常常把这些添加剂看成是乳化盐，因为它们有助于脂肪的分散和体系的稳定。虽然对盐的乳化机理仍不完全清楚，但很可能是当盐加入奶酪中时，盐的阴离子与钙结合导致奶酪蛋白的极性和非极性区的重排和暴露，这些盐的阴离子成为蛋白质分子间的离子桥，因而成为捕集脂肪的稳定因素。奶酪加工使用的盐包括磷酸一钠、磷酸二钠和磷酸三钠、磷酸二钾、六偏磷酸钠、酸式焦磷酸钠、焦磷酸四钠、磷酸铝钠、柠檬酸三钠、柠檬酸三钾、酒石酸钠和酒石酸钾钠。向炼乳中加入一定量的磷酸盐如磷酸三钠能阻止乳脂和水相的分离，加入量随季节不同和牛乳来源不同而变化。经高温短时消毒的炼乳在存放时常会发生胶凝，加入多磷酸盐如六偏磷酸钠和三聚磷酸钠，可通过蛋白质变性和增溶机理阻止凝胶的生成，这一机理涉及磷酸盐对钙和镁的络合。

加入适量的磷酸盐可以增大猪肉、牛肉、羊肉、家禽和海产品对水的保持能力，从而减少水分的损失。三聚磷酸钠在加工肉类、家禽和海产品中是最常使用的磷酸盐，常与六偏磷酸钠掺和使用，以增加肉类对腌制盐水中钙、镁等离子的耐受能力。因为如果盐水中含有较多的钙、镁等离子时，正磷酸盐和焦磷酸盐常常会发生沉淀。

在碎肉制品中，如红肠和香肠，添加氯化钠(2.5%～4.0%)和多磷酸盐(0.35%～0.5%)有助于形成更稳定的凝胶，在烹煮后则形成由凝聚蛋白质构成的黏结网络。例如，用多磷酸盐浸过的(6%～12%溶液，保留量0.35%～0.50%)鱼片、甲壳类动物和家禽，烹调时在表面形成一层可增加水分保持的凝聚蛋白，这可以认为盐引起的增溶作用主要发生在组织表面。

11.3 防腐剂

防腐剂是具有杀死微生物或抑制其增殖作用的物质，更确切地可将此类物质称为抗微生物剂或抗菌剂。若从抗微生物的作用来衡量，具有杀菌作用的物质称为杀菌剂，而仅具抑菌作用的物质称为防腐剂(狭义范围的防腐剂或称保藏剂)，但杀菌作用和抑菌作用不易严格划分。同一物质浓度高时可杀菌，而低浓度时只能抑菌，作用时间长时可以杀菌，时间短时仅能抑菌。并由于各种微生物不同，同一种物质对一种微生物有杀菌作用，而对另一种微生物仅具抑菌作用。两者没有严格的界限，不可能划分清楚，一般按惯例将狭义的防腐剂和杀菌剂统称为防腐剂。防腐剂应具有显著的杀菌或抑菌作用，并应尽可能具有破坏病原性微生物的作用，但不应阻碍肠道酶类作用，也不能影响肠道有益正常菌群的活动。目前，国内外应用较为普遍的防腐剂，一般可分成下列5类。

(1)酸型防腐剂。常用的有山梨酸、苯甲酸、丙酸等及其盐类。酸型防腐剂的防腐功能主要由于未离解的酸分子，其防腐效力主要随pH而定，食品酸性越强其防腐效果越好，在碱性中几乎没有防腐能力。

(2)酯型防腐剂。如尼泊金酯，对霉菌及酵母的抑菌作用较强，对细菌特别是对革兰氏阴性菌及乳酸菌作用较差，但总的来说其杀菌作用比酸型防腐剂强。酯型防腐剂由于没有离解作用，其防腐效果不会因pH的改变而有所变动。酯型防腐剂有较好的脂溶解度，但其水溶性甚差，限制了应用范围。

(3)无机防腐剂。主要为亚硫酸及其盐类(我国列为漂白剂)、硝酸盐及亚硝酸盐(我国作为护色剂)、次氯酸盐等。亚硫酸盐可用于蔬菜及水果的保鲜，美国在1959年批准为GRAS，1982年批准继续有效，由于残留的SO_2能引起严重的过敏反应，尤其对哮喘病患者影响更大，美国食品和药品监督管理局已于 1986 年禁止在新鲜蔬菜及水果中作为防腐剂使用。

(4)乳酸链球菌素(nisin)等生物防腐剂。乳酸链球菌素是乳酸链球菌属微生物的代谢产物,对革氏阳性菌、乳酸菌、链球菌属、杆菌属、梭菌属和其他厌氧芽孢菌有抑制作用,不能抑制酵母及霉菌。由于其抑菌范围较窄,应用面较小。它在人的消化道中为蛋白水解酶所降解,不是以原有形式被人体吸收,因而安全性较高。

(5)取材于各种生物的天然防腐剂是近年来发展较快的防腐剂。由于安全性高,不受用途限制,并适应人们对食品安全性的要求,发展潜力很大。按 1992 年 11 月 28 日日本厚生省 48 号令及 208 公告发表的《化学合成以外的食品添加剂名单》中有下列 8 种:①野茉莉提取物;②瓦蒿提取物;③鱼精蛋白;④日偏柏醇;⑤果胶分解物;⑥朴树提取物;⑦聚赖氨酸;⑧连翘提取物。其中聚赖氨酸、鱼精蛋白、果胶分解物已成为商品。其他大多数尚处于研发阶段。

11.3.1 亚硫酸盐和二氧化硫

二氧化硫(SO_2)及其衍生物早已是普遍使用的食品防腐剂。它们添加到食品中,也可作为抗氧化剂与还原剂以阻止非酶褐变反应(non-enzymic browing)和酶催化反应(enzyme catalysis reaction)以及控制微生物。通常 SO_2 及其衍生物代谢成为硫酸盐,并经过尿液排出体外,不产生明显的病理效应。然而,最近了解到二氧化硫及其衍生物的剧烈反应将导致敏感性哮喘,所以它们在食品中的使用近来受到限制并要求严格地在标签上注明。不过,它们在当前的食品保护中仍占主要地位。

在食品中,一般使用的形式包括 SO_2 气体和钠、钾、钙的亚硫酸盐(SO_3^{2-})、亚硫酸氢盐(HSO_3^-)和偏亚硫酸盐($S_2O_5^{2-}$)。最常用的偏亚硫酸盐是偏亚硫酸钠与偏亚硫酸钾,因为它们在固态的氧化反应中也有非常好的稳定性。不过,当滤去固体有问题或气态也能控制 pH 时,则使用气态二氧化硫。

在酸性介质中,二氧化硫是最有效的抗菌剂,这种抗菌作用是未离解的亚硫酸产生的。溶液酸度增加至 pH 为 3.0 以下时,主要存在形式是不解离的亚硫酸,并有部分二氧化硫气体逸出。酸度高时二氧化硫可产生强的抗菌效果,因为未解离的亚硫酸更容易穿透细胞壁。亚硫酸抑制酵母、霉菌和细菌的程度各不相同,特别是酸度低时更是如此。低酸度时 HSO_3^- 离子对细菌有效,但对酵母无效。而且,对革兰氏阴性菌的效果远远超过对革兰氏阳性菌的效果。

二氧化硫作为食品保鲜剂,从微生物学与化学的应用来看,其作用可能都是由亚硫酸离子的亲核性所致。含四价硫和氧的离子与核酸之间的反应,可引起微生物失活或被抑制,认为是酸性亚硫酸与乙醛在细胞中的反应;还原酶中的二硫键,以及生成亚硫酸加成物,使细胞代谢所必需的酶反应不能发生;SO_2 与酮基反应生成羟基磺酸盐(酯),使之抑制烟酰胺二核苷酸(nicotinamide dinucleotide)参与的呼吸机制中的几步反应。

在已知的食品非酶褐变抑制剂中,二氧化硫可能是最有效的。其化学机理复杂多样,如二氧化硫阻碍非酶褐变(图 11-1),最重要的是含四价硫和氧的阴离子(酸性亚硫酸)与还原糖和其他参与褐变反应化合物的醛基反应。这种可逆的酸性亚硫酸加成物因为结合了羰基而延缓了褐变过程,不过也有认为此反应除去了类黑精结构中的羰基发色团从而产生了漂白效果。含亚硫酸根与羟基的反应是不可逆的,尤其是在褐变反应中与糖的 4-位羟基以及抗坏血酸中间体作用生成了相对稳定的磺酸酯($R-CHSO_3^- -CH_2R'$),从而延缓了整个反应,特别是倾向于产生有色颜料的反应。

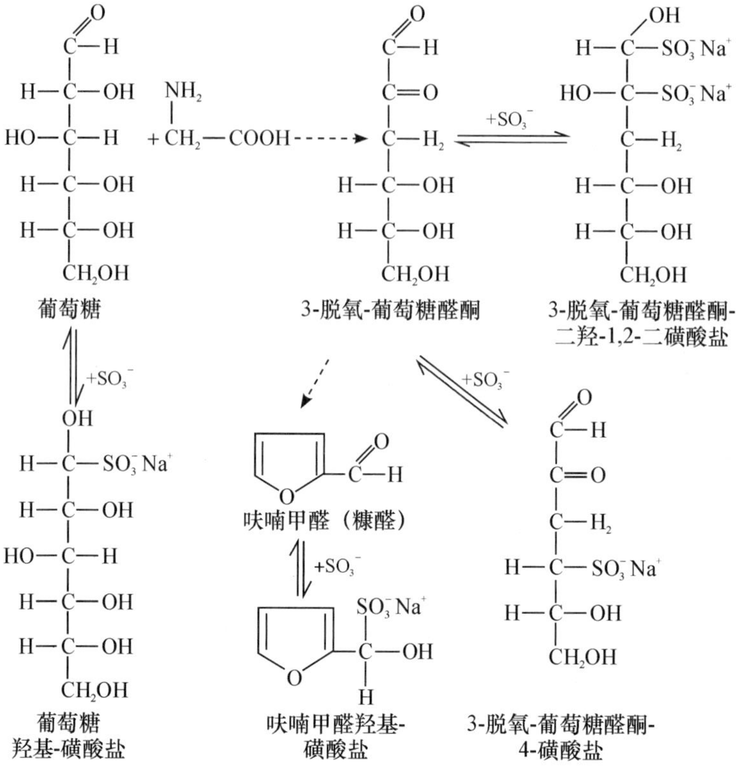

图 11-1 某些硫（Ⅳ）氧阴离子（HSO_3^-，SO_3^{2-}）阻止 Maillard 褐变反应的机理

二氧化硫也能抑制某些酶催化反应,特别是酶促褐变。如在处理某些新鲜水果和蔬菜过程中,应用亚硫酸盐或偏亚硫酸氢盐溶液喷洒或浸渍,可以得到良好的效果。在处理前需预先剥皮或切开马铃薯、胡萝卜或苹果,不论柠檬酸存在与否,此种方法均可使酶促褐变得到有效的控制。

二氧化硫在多种食品中具有抗氧化作用,但也有副作用。例如,将二氧化硫通入啤酒中,在存放期间会明显阻止氧化风味的形成。鲜肉在二氧化硫存在时,虽能有效地保持红色,但此种方法会掩盖变质的肉制品,所以规定禁止使用。

面粉经二氧化硫作用,会使蛋白质的二硫键发生可逆性断裂。这对面包生面团的焙烤性质有好的影响。水果干燥前常用二氧化硫处理,此种处理虽能防止褐变,但会引起花青素苷色素的氧化漂白。可利用二氧化硫的氧化漂白作用,来制造白葡萄酒和糖水樱桃。

11.3.2 亚硝酸盐和硝酸盐

亚硝酸和硝酸的钠盐及钾盐通常用于肉类腌制,以保持肉类的颜色、抑制微生物的生长以及产生特殊风味,其中实际起作用的是亚硝酸盐而不是硝酸盐。肉中的亚硝酸盐分解形成一氧化氮,它与血红素反应生成亚硝基肌红蛋白,使腌制的肉类呈现粉红色。亚硝酸盐显然是通过抗氧剂的作用使腌肉产生风味,但其机理尚不清楚。另外,亚硝酸盐（150~200 mg/kg）能抑制碎肉罐头和腌肉中的梭状芽孢杆菌,其抑制作用在 pH 为 5.0~5.5 比在较高 pH 时更为有效。对亚硝酸盐的抗菌机理还不清楚,有人认为亚硝酸盐与巯基反应可形成在厌氧条件下不被生物代谢转化的化合物,从而起到抗菌的作用。

研究证明,亚硝酸盐在腌肉中能生成少量而且具有毒性的亚硝胺。

硝酸盐存在于多种植物中,如菠菜。在过度施肥的土壤中所生长的植物组织中,可累积大量的硝酸盐。硝酸盐在肠道中被还原成亚硝酸盐而被吸收,这样会由于形成高铁血红蛋白而导致青紫症,所以人们对在食品中使用亚硝酸盐和硝酸盐产生了异议。在使用过程中要严格遵守其限量规定。

11.3.3　山梨酸

直链脂肪族酸一般显示出抗霉菌活性,其中 α-不饱和脂肪酸同系物特别有效。山梨酸(2,4-己二烯酸)和它的钠盐及钾盐广泛用于乳酪、焙烤食品、果汁、葡萄糖、蔬菜等各类食品以抑制霉菌和酵母菌。山梨酸阻止霉菌的生长特别有效,而且含量高达 0.3%(按质量分数计)时也几乎无味道。山梨酸的使用方法包括直接加入、表面涂抹或掺入包装材料中。活性随 pH 降低而增强,表明未解离形式比解离形式抑菌力更强。山梨酸有效范围为 pH<6.5,明显高于丙酸和苯甲酸的有效 pH 范围。

山梨酸盐有广泛的抗菌活性,对与新鲜家禽、鱼和肉腐败有关的多种细菌均有抗菌活性。对于咸肉和在真空下包装的冷冻鲜鱼,它在阻止产生肉毒杆菌毒素方面特别有效。

山梨酸的抗霉菌作用是由于霉菌不能代谢脂肪族链中的 α-不饱和二烯体系。山梨酸的二烯结构可干扰细胞中的脱氢酶,脱氢酶使脂肪酸正常脱氢,这是氧化作用的第一步。可是,在高等动物体内并不产生此种抑制效应。所有证据均表明,人和动物对山梨酸和天然脂肪酸的代谢完全一样。但也曾出现几种霉菌能代谢转化山梨酸,并认为这种代谢是通过 β-氧化作用进行的,与哺乳动物的代谢相似。

短链($C_2 \sim C_{12}$)饱和脂肪酸对许多霉菌亦有中等程度的抑制效力。然而,有些霉菌能促进饱和脂肪酸的 β-氧化生成相应的 β-酮酸,特别是当酸浓度恰好显示抑制作用时,生成的 β-酮酸通过脱羧反应生成相应的甲基酮,甲基酮不显示抗霉菌性质,如图 11-2 所示。

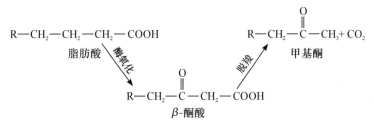

图 11-2　脂肪酸通过霉菌酶氧化生成 β-酮酸,随后脱羧成甲基酮

关于山梨酸的抗菌机理,有人认为抗霉菌的酸附着在细胞表面可引起细胞通透性的变化;又有人认为不饱和脂肪酸可发生氧化,生成的自由基附着在细胞膜的关键位置显示抑制作用。但上述这些机理都是推测性的,缺乏足够的根据。

11.3.4　甘油酯

许多游离脂肪酸和酰基甘油对革兰氏阳性细菌和某些酵母菌表现出强烈的抗菌活性。不饱和化合物,特别是 18 个碳原子的化合物,可显示强的脂肪酸抗菌活性;中等链长(12 个碳原子)脂肪酸甘油酯的抑菌作用最强。

$$HC-O-C-(CH_2)_{10}-CH_3$$
CHOH
CH_2OH
月桂酸单甘油酯（Ⅱ）

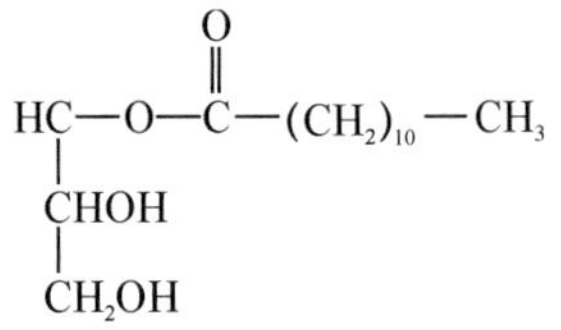

月桂酸单甘油酯（Ⅱ），商业名称 Monolaurin，当以浓度 15～250 mg/kg 存在时，能抑制葡萄球菌和链球菌，可用在某些含脂食品中，如应用在腌（熏）肉和冷冻的包装鲜鱼中。

11.3.5　乙酸

乙酸（醋酸）是食醋的主要成分（含 4％乙酸），食醋对食物的防腐作用古人早已利用。另外，在食品防腐方面亦可应用乙酸钠（CH_3COONa）、乙酸钾、乙酸钙[$(CH_3COO)_2Ca$]以及二乙酸钠（$CH_3COONa \cdot CH_3COOH \cdot 1/2H_2O$），如用于面包和其他焙烤食品（加入量 0.1％～0.4％）以阻止胶粘和霉菌的生长，但对酵母菌无害。

食醋和乙酸可用于腌肉和腌鱼制品，如果有发酵的糖类化合物存在，至少必须添加 3.6％的乙酸方可阻止乳酸菌和酵母菌的生长。乙酸还用于番茄酱、蛋黄酱和腌菜这类食品，表现出双重功能，即抑制微生物和产生香味。和其他脂肪酸一样，乙酸的抑菌活力随 pH 减小而增大。

11.3.6　苯甲酸

苯甲酸（C_6H_5COOH）天然存在于酸果蔓、梅干、肉桂和丁香中，广泛用作食品抗菌剂。未解离的苯甲酸才具有抗菌活性，在 pH 为 2.5～4.0 范围内呈现最佳活性，因而适合用于酸性食品，如果汁、碳酸饮料、腌菜和泡菜。在食品中添加少量苯甲酸时，对人体并无毒害，因它可与人体内的甘氨酸结合后形成马尿酸（苯甲酰甘氨酸），易于从体内排掉而使苯甲酸不会在体内蓄积（图 11-3）。

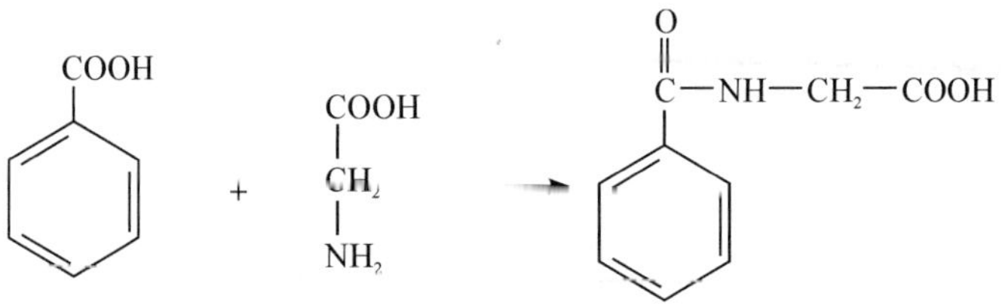

图 11-3　苯甲酸与甘氨酸的结合反应

苯甲酸的钠盐比苯甲酸更易溶于水，故一般使用苯甲酸钠，它可在食品中部分转变为有活性的酸的形式。苯甲酸抑制酵母菌和细菌的作用强，而对霉菌的作用小。通常将苯甲酸与山梨酸（即己二烯酸）或对-羟基苯甲酸烷基酯（parabens）合并使用，使用范围 0.05％～0.1％。

11.3.7　对-羟基苯甲酸烷基酯

对-羟基苯甲酸烷基酯，商业名称叫 Parabens，包括从甲基到庚基的一系列物质。各国采用的烷基种类不完全相同。例如，美国使用的是其甲基、丙基和庚基酯；其他一些国家也有采用乙基和丁基酯的。

Parabens 可用作焙烤制品、软饮料、啤酒、小肉片菜卷、腌菜、果酱、肉冻以及糖浆的防腐剂，几乎不影响食品的香味，是霉菌和酵母菌的有效抑制剂，用量为 0.05％～0.10％（按质量分数计）；但对细菌，特别是革兰氏阴性细菌无作用。

随着对-羟基苯甲酸酯类中烷基链长的增加,其抑菌活性增大,但在水中的溶解度却降低,故通常使用烷基链较短的化合物。与其他抗真菌剂比较,这类化合物在 pH 为 7 或更高时仍具有活性,表明在这个 pH 范围内该类化合物仍有相当部分保持不解离状态。酚羟基使分子具有弱酸的特性,酯链甚至在消毒温度下对水解也是稳定的。

对-羟基苯甲酸与苯甲酸有许多共同的性质,并且它们常常合并使用。对-羟基苯甲酸烷基酯对人毒性很小,在酯基水解后和随后的代谢作用,使它们可以经尿排泄到体外,故可安全地使用。

对-羟基苯甲酸烷基酯 (n 为 0~6)

11.3.8 抗生素

抗生素是由各种微生物合成产生的一类物质,具有选择性的抗菌活性。抗生素在控制动物致病微生物方面的成功使用,使它们有可能应用于食品的防腐方面。可是,由于担心经常使用抗生素会产生微生物抗药性,有的国家已禁止在食品中使用。但有的国家却允许限制性地使用少量的抗生素,包括乳酸链球菌素、金霉素和土霉素。

食品中抗生素的大多数实际应用,都涉及将它们作为食品保藏的辅助物。对于新鲜肉类、鱼和家禽这一类易腐食物,广谱抗生素具有较好的作用。事实上,近几年来,有的国家允许将宰杀家禽整体浸入金霉素或土霉素溶液中以延长它们的货架期,残留的抗生素可用一般烹煮方法破坏。

乳酸链球菌素(nisin)已应用于食品防腐,对革兰氏阳性微生物是有效的,特别是能阻止孢子的增生。乳酸链球菌素是由乳酸链球菌产生的,可用来阻止乳制品的腐败,如用于加工奶酪和炼乳。乳酸链球菌素对革兰氏阴性腐败菌无效,并且有些梭状芽孢杆菌株还有抗药性。乳酸链球菌素对人体基本无毒,能在肠道中无害地降解,并且不会导致对医药抗生素有交叉的抗药性。

11.4 面粉处理剂

面粉处理剂是对小麦面粉起漂白和增强或减弱其筋力的食品添加剂,主要有氧化剂和还原剂两类。小麦面粉中所含的类胡萝卜素等色素,易被氧化剂氧化而变成无色,以提高小麦面粉的白度。氧化剂能抑制小麦面粉中蛋白质分解酶的活性,从而避免蛋白质分解,增强面筋网络,提高面团持气能力。还原剂能减弱小麦面粉的筋力,软化面团。我国 GB 2760—2014 允许使用的面粉处理剂有 L-半胱氨酸盐酸盐、抗坏血酸、偶氮甲酰胺、碳酸镁和碳酸钙。

新制取的小麦面粉由于含过多的巯基(—SH)和蛋白质分解酶的活性较高,使面粉面筋质弱,延伸性大,缺乏弹性,不易制得优质的面粉制品。虽然面粉在储藏中能自然地后熟,但速度较慢,需要 2~3 个月时间才能完成自然熟化过程。为此,在加工面粉和调制面团时常加入适量的氧化剂,能缩短面粉后熟,改善面团的流变特性,提高面团的弹性和持气性。

氧化剂的作用机理为:①氧化剂能将面粉蛋白质分子中的巯基基团(—SH)氧化为二硫基团(—S—S—),而二硫基团可使许多蛋白质分子互相结合起来,使蛋白质的分子量加大,形成大分子面筋网络结构,强化了面筋骨架,提高了面筋的强度和可塑性。②氧化剂抑制了蛋白酶的活性,使面筋蛋白免遭蛋白酶的分解破坏,从而保护了面筋。③氧化剂能氧化面粉中的类酯

物成二氢酯物,提高了蛋白质的黏结作用,使整个面筋网络更加牢固,更有弹性、韧性和持气性。

还原剂的作用机理为:因面粉蛋白质分子中的—SH 和—S—S—决定面团筋力的强弱,且—SH 和—S—S—可以互相转化。当面粉中添加还原剂时,可以把面粉蛋白质分子中的—S—S—还原成—SH,降低了蛋白质的交联度,减弱了面团的筋力,进而影响了面团的流变特性。

11.4.1 L-半胱氨酸盐酸盐

L-半胱氨酸盐酸盐,无色至白色结晶或结晶性粉末,有轻微特殊气味的酸味,熔点 175 ℃ (分解)。溶于水,水溶液呈酸性,1%溶液的 pH 约为 1.7,0.1%溶液的 pH 约为 2.4。也可溶于醇、氨水和乙酸,不溶于乙醚、丙酮、苯等。具有还原性,对面团具有促进发酵、防止氧化的作用,也可作为面包速成促进剂,能改变面包和食品的风味。我国 GB 2760—2014 规定其用于发酵面制品,最大使用量为 0.06 g/kg;冷冻米面制品最大使用量为 0.6 g/kg(以 L-半胱氨酸盐酸盐计)。

11.4.2 L-抗坏血酸

L-抗坏血酸又称维生素 C,分子式 $C_6H_8O_6$,分子量 176.13,为白色或带黄色结晶状粉末,无臭,有酸味,受光的作用会慢慢变色,在干燥状态时比较稳定,但在水中却很快分解,添加量一般为 30~75 mg/kg。L-抗坏血酸能改进面团的气体保留容量,增强弹性,改进面团的水分吸收,使制作的面包体积大,具有均匀多孔且细腻的面包质地。例如,每 100 kg 面粉加入 L-抗坏血酸 4 g,则可使面包体积增加 7.5%。实验证明,变性蛋白与 L-抗坏血酸配合使用时,对面团的流变特性、发酵特性(尤其是保气性能)、抗拉伸强度、成品体积和质量具有明显改善作用。

值得注意的是,与其他任何一种食品添加剂一样,L-抗坏血酸改善面粉品质的作用是有限的。对于品质中等或中等稍差的面粉。靠添加 L-抗坏血酸可较为明显地改善其品质特性;而对于那些品质较差的面粉,是难以通过采用添加 L-抗坏血酸以及任何其他添加剂的方式来达到真正改善其品质的目的的。此外,L-抗坏血酸在面粉中仅能起到品质改良剂的作用,而不是营养剂,要注意其添加量,添加量一般为 10~25 g/kg 面粉,添加量过小效果不显著,过大则会使面团发脆。而且 L-抗坏血酸在食品加工过程中不稳定,常与柠檬酸、氨基酸、蛋白质、果胶等配合使用,防止其被破坏。

11.4.3 偶氮甲酰胺

偶氮甲酰胺又称偶氮二酰胺,无臭,相对密度(d)1.65,熔点 225 ℃(分解),是一种黄色至橘红色结晶性粉末。具有漂白和氧化双重作用,是一种速效面粉增筋剂,也适用于塑料发泡。有研究表明偶氮甲酰胺在面粉中可能代谢产生氨基脲(semicarbazide,SEM)。SEM 通常作为呋喃西林(nitrofurazone)的代谢物在兽药残留中检出。硝基呋喃类药物具有致突变和致癌作用。不同国家和地区对它的使用要求不同,英国、欧盟、澳大利亚、新西兰、新加坡和日本等地已禁止偶氮二甲酰胺在食品中的使用。在美国、巴西、加拿大,则允许其在安全范围内使用。我国 GB 2760—2014 规定其在面粉中最大使用量为 0.045 g/kg。偶氮甲酰胺在面粉熟化处理方面,能氧化小麦粉中的半胱氨酸从而使面粉筋度增加,提高面团气体保留量,增加烘焙制品弹性和韧性,改善面团的可操作性和调理性。在低用量下可完成对面粉的安全快速氧化,起效快,小麦粉潮湿后即可起作用,效果优于溴酸钾,是溴酸钾的替代品。

11.4.4　碳酸镁

碳酸镁按结晶条件不同分为轻质碳酸镁和重质碳酸镁。轻质碳酸镁即 $MgCO_3 \cdot H_2O$,白色,单晶或无定型粉末,重质碳酸镁有 $5MgCO_3 \cdot Mg(OH)_2 \cdot 3H_2O$,$5MgCO_3 \cdot 2Mg(OH)_2 \cdot 7H_2O$ 和 $3MgCO_3 \cdot Mg(OH)_2 \cdot 4H_2O$ 等。碳酸镁常用作面粉填充剂,其重要作用是提高面粉改良剂的分散性和流动性,是抗结块疏松剂,一般在面粉改良剂中的含量为 $10\% \sim 15\%$。

11.5　乳化剂

乳化剂是分子中同时具有亲油基和亲水基的一类两亲性物质,可以在油水界面定向吸附,起到稳定乳液和分散体系的作用。有些物质从结构上并不同时存在通常意义上的亲油基和亲水基,但在油水分散体系中,它们以特殊的构象形式存在,一部分保持亲水结构,另一部分形成亲油结构,因而形成了功能意义上的表面活性剂,如多糖类高分子物质(羧甲基纤维素钠、羟乙基纤维素、海藻酸钠等)。

乳化剂主要有以下几种分类方法。

乳化剂按其离子性可分为 2 类:①离子型乳化剂,品种较少,主要有硬脂酰乳酸钠、磷脂和改性磷脂以及一些离子性高分子(如黄原胶、羧甲基纤维素)等。②非离子型乳化剂,大多数食用乳化剂均属此类,如甘油酯类、山梨醇酯类、木糖醇酯类、蔗糖酯类和丙二醇酯类等。

乳化剂按分子量大小也可分为 2 类:①小分子乳化剂,其乳化效力高,常用的乳化剂均属此类,如各种脂肪酸酯类乳化剂。②高分子乳化剂,其稳定效果好,主要是一些高分子胶类,如纤维素醚、海藻酸丙二醇酯、淀粉丙二醇酯等。

乳化剂按亲油亲水性还可以分为 2 类:①油包水类乳化剂,一般指亲水亲油平衡值(简称HLB 值)在 3~6 之间的乳化剂,如脂肪酸甘油酯类乳化剂、山梨醇酯类乳化剂等。②水包油类乳化剂,一般指 HLB 值 9 以上的乳化剂,如低酯化度的蔗糖酯、吐温系列乳化剂、聚甘油酯类乳化剂等。

食用乳化剂还有其他分类方法,如按其来源来分、按其亲水基结构来分等。

乳化剂在食品中的主要作用如下。

(1)分散体系的稳定作用。乳化剂由于其两亲作用,在油水界面能定向吸附,使油相界面变得亲水,水相界面变得亲油,使原本不相容的不同体系变得相容,从而使体系稳定。

(2)发泡和充气作用。乳化剂是表面活性剂,在气、液界面也能定向吸附,大大降低了气液界面的表面张力,使气泡容易形成和稳定。

(3)破乳和消泡作用。乳化剂中 HLB 值较小者在气、液界面会优先吸附,但其吸附层不稳定、缺乏弹性,造成气泡破裂,因而起到消泡的作用,如可用在豆腐、味精、蔗糖生产中的消泡等。

(4)对体系结晶的影响。乳化剂可以定向吸附于结晶体系的晶体表面,改变晶体表面张力,影响体系的结晶行为,如一般情况下会干扰结晶,使晶粒细小,这对于糖果、雪糕、巧克力等生产中控制晶粒的大小很有效果。

(5)与淀粉相互作用。食品乳化剂一般为脂肪酸酯,淀粉可以和脂肪酸的长链结构形成络合物,从而防止了淀粉的凝沉老化,达到延长淀粉质食品的保鲜期。

11.6 抗氧化剂

抗氧化剂是指能抑制或阻止食品发生氧化反应的所有物质。抗氧化剂种类繁多,其作用机理也不尽相同,但一般都依赖其还原性。一种方式是抗氧化剂自身氧化,消耗食品内部和环境中的氧,终止自动氧化的链式反应,从而保护食品不受氧化;另一种方式是抗氧化剂通过抑制氧化酶的活性而防止食品氧化变质。例如,亚硫酸和亚硫酸盐易氧化成磺酸盐和硫酸盐,是干果类食品中有效的抗氧化剂。

各种抗氧化剂的抗氧化效果不同,且几种抗氧化剂的组合会有更好的效果,显示出协同效应,但此协同效应的机理还不清楚。例如,抗坏血酸和酚类抗氧化剂合用就具有明显的协同效应,但抗坏血酸不溶于脂肪,要使它达到最佳效果,必须增大其亲油性,方法是将抗坏血酸用脂肪酸酯化形成诸如棕榈酰抗坏血酸酯这类化合物,就能达到效果。

铜和铁等过渡金属离子是脂质氧化的助氧化剂,加入螯合剂如柠檬酸或 EDTA,可使之钝化,因此螯合剂可作为抗氧化剂的增效剂,而它们单独使用时,并无抗氧化作用。

最常用的食品抗氧化剂是酚类物质,如目前国内外使用比较多的抗氧化剂主要是丁基羟基茴香醚(BHA)、丁基羟基甲苯(BHT)、丙基没食子酸盐(PG)、叔丁基对苯二酚(TBHQ)。近几年来,许多天然抗氧化剂,如生育酚、茶多酚、甘草提取物、植酸、松柏醇、愈创木脂以及愈创木脂酸等已在食品加工和储藏中得到应用。

由于此节内容在脂质一章已有详细介绍,在此不再赘述。

11.7 抗结剂和消泡剂

阻止粉状颗粒彼此黏结成块的物质称为抗结剂。抗结剂一般附着在颗粒表层使之具有一定程度的憎水性而防止粉状颗粒结块。

我国 GB 2760 规定允许使用的抗结剂有亚铁氰化钾、硅铝酸钠、二氧化硅、微晶纤维素、硬脂酸镁、滑石粉、硅酸钙等。其中多是硅酸、脂肪酸、磷酸等的钙盐和镁盐。例如,硅酸钙($CaSiO_3 \cdot x\,H_2O$)可用来阻止发酵粉(达到 5%),食盐(达到 2%)以及其他食品发生结块;研细的硅酸钙吸收 2.5 倍自身质量的液体而仍然能保持自由流动;除吸收水分以外,硅酸钙还可有效地吸收油和其他非极性有机物质,这一特性使之能用于成分复杂的粉状混合物和某些含有游离香精油的香料。又如,硬脂酸钙也可以阻止粉状食品凝聚或黏结,并且在加工时增大流动性;硬脂酸钙不溶于水并能很好地黏附在颗粒表面使之具有憎水性外层;商业硬脂酸盐粉末的体积密度大(约 0.32 g/mL),比表面积大,这使它作为调节剂使用(0.5%~2.5%)是相当经济的;在生产片状果糖时,硬脂酸钙可用作脱模润滑剂(1%)。

食品工业中使用的其他抗结剂包括硅铝酸钠、磷酸三钙、硅酸镁和碳酸镁等,其使用量与其他抗结剂相似。微晶纤维素粉可用来阻止格栅状乳酪结块。

消泡剂是在食品加工过程中降低表面张力,消除泡沫的物质,可分为破泡剂和抑泡剂。如乳化硅油、丙二醇、矿物油、液状石蜡、蔗糖脂肪酸酯等。

11.8 稳定剂和增稠剂

食品增稠剂通常是指能溶解于水中,并在一定条件下充分水化形成黏稠、滑腻或胶冻液的大分子物质,又称食品胶、糊料、水溶胶、食用胶和亲水胶体。它是食品工业中广泛应用的一类重要食品添加剂,可充当胶凝剂、增稠剂、乳化剂、成膜剂、持水剂、黏着剂、悬浮剂、晶体阻碍剂、泡沫稳定剂、润滑剂等。

增稠剂按其来源可分为2类:①天然增稠剂,如果胶、琼脂、海藻酸、槐豆胶、淀粉、明胶、卡拉胶等;②合成增稠剂,如改性淀粉、改性纤维素、海藻酸丙二醇酯、黄原胶等。

增稠剂按照其离子性质也可分为2类:①离子性增稠剂,如海藻酸、羧甲基纤维素和淀粉、黄原胶、卡拉胶、明胶等;②非离子增稠剂,如淀粉、羟丙基淀粉、海藻酸丙二醇酯等。

增稠剂按照其化学结构可分为多糖类增稠剂和多肽类增稠剂2类:①多糖类增稠剂,大多数增稠剂都属于此类,如淀粉类,纤维素类,海藻酸、果胶、槐豆胶等;②多肽类增稠剂,属于此类的主要有干酪素和明胶,由于其来源有限,价格偏高,应用较少。

此外,增稠剂还可以按照其流变性质,分为牛顿性增稠剂和非牛顿性增稠剂,凝胶性增稠剂和非凝胶性增稠剂等。

增稠剂的性质与很多因素有关,一是增稠剂本身的结构因素,二是溶液体系的性质。一般说来,在溶液中容易形成网状结构或具有较多亲水基团的增稠剂,都具有较高的黏度。同一种增稠剂,分子量越大,相同质量浓度体系的黏度就越大。增稠剂浓度增大,黏度都会或多或少地有所增加。离子型增稠剂的黏度性质受体系电解质、pH的影响比非离子型增稠剂要大。例如,海藻酸在pH为5~10时,黏度稳定;在pH小于4.5时,初始黏度显著增加,同时海藻酸分子也发生酸催化降解,黏度逐渐下降;pH进一步下降至2~3时,海藻酸沉淀析出,而此时海藻酸丙二醇酯出现最大黏度。黄原胶尽管也是离子型高分子,但其结构特殊,分子中有较多的侧链,具有独特的耐酸、耐碱和耐电解质性质。其他有较多侧链的高分子物质,如海藻酸丙二醇酯,也有类似的性质。一般增稠剂溶液在温度升高时,黏度下降,温度下降时黏度上升;很多高分子物质在高温下发生降解,特别是在酸性条件下,黏度将发生永久性下降。

增稠剂在食品中主要起如下几方面的作用。

(1)增稠、分散和稳定作用。食用增稠剂溶于水中都有很大的黏度,使体系具有稠厚感。体系黏度增加后,体系中的分散相不容易聚集和凝聚,因而可以使分散体系稳定。增稠剂大多具有表面活性,可以吸附于分散相的表面,使其具有一定的亲水性,易于在水体系中分散。

(2)胶凝性。有些增稠剂,如明胶、琼脂等,在温热条件下为黏稠流体;当温度降低时,整个体系形成了没有流动性的半固体,也就是凝胶。有些离子型的水溶性高分子,如海藻酸,在有高价离子的存在下可以形成凝胶,而与温度没有多少关系,这对于加工特色食品很有益处。

(3)凝聚性。增稠剂是高分子物质,在一定条件下,可以同时吸附于多个分散介质上使其凝聚,如在啤酒中加入少量的聚乙烯吡咯烷酮,就可以使啤酒澄清。

(4)保水性、持水性。增稠剂都是亲水性高分子,本身具有较强的吸水性,可以使食品保持一定的水分含量。

(5)控制结晶。增稠剂可以赋予食品以较高的黏度,从而使体系不容易结晶或使结晶细小。

（6）成膜、保鲜作用。食用增稠剂可以在食品表面形成一层保护性薄膜,保护食品不受氧气、微生物的作用。如与食用表面活性剂并用,可用于水果、蔬菜的保鲜。

在食品中需要添加的食品增稠剂的量甚微,通常为千分之几,但却能有效又经济地改善食品体系的稳定性。其化学成分大多是天然多糖及其衍生物(除明胶是由氨基酸构成外),广泛分布于自然界。增稠剂在碳水化合物一章已有详细介绍,在此也不再赘述。

11.9 甜味剂及糖的替代物

食品的甜味不仅可以满足人的爱好,同时也能改进食品的可口性和其他食用性质,并且可以供给人体热能。

甜味剂的品种繁多,按来源可分为天然甜味剂和合成甜味剂;按生理代谢特点可分为营养性甜味剂和非营养性甜味剂。常用的合成甜味剂有糖精、甜蜜素、糖醇等;天然甜味剂有蔗糖、葡萄糖、果糖等糖类,由于这些糖类除赋予食品甜味外,还是重要的营养素,供给人体的热能,通常视为食品的原料,而不作为食品添加剂使用。

甜味剂在第 10 章食品的风味物质已有详细介绍,在此不再赘述。

11.10 食用香精香料

11.10.1 香料

食品香料是指能够用于调配食品香精,并使食品增香的物质,它不但能够增强食欲,有利于人的消化吸收,而且对增加食品的花色品种和提高食品的质量也具有很重要的作用。食品香精是指由食品香料、溶剂或载体以及某些其他食品添加剂组成的具有一定香型和浓度的混合物。食品香料是一类特殊的食品添加剂,品种多,用量小,大多存在于天然食品中。食品香料本身强烈的香和味,在食品中的用量常受限制,因此,我国 GB 2760 中对食品香料的使用范围和使用量不作规定,可按正常生产需要使用。

（1）香料的作用。由食品香料调配而成的食品香精在食品中有以下几个功能。

①辅助作用。如高级酒类、天然果汁由于香气不足,需要选用与其香气相适应的香精来辅助其香气。

②稳定作用。天然产品的香气,往往因地理、季节、气候、土壤、栽培、采收和加工等影响而不稳定,而香精的香气比较稳定。加香后,可以对天然产品的香气起到一定的稳定作用。

③补充作用。如果酱、果脯、水果蔬菜罐头等,在加工过程中可损失其原有的大部分香气,选用与香气特征相对应的香精加香,可使产品的香气得到应有的补偿。

④赋香作用。有些食品本身没有什么香味,如硬糖、汽水、饼干等,通常选用具有明显香型的香精,使成品具有一定类型的香味和香气。

⑤矫味作用。有些食品本身具有令人难以接受的香味,通过选用合适的香精矫正其味,使人们乐于接受。

⑥替代作用。当直接用天然品有困难时(如原料供应不足,价格成本过高,加工工艺困难等),可用相应的香精替代和部分替代。

(2)香料的分类。食品香料按其来源和制造方法等的不同,通常分为天然香料、天然等同香料和人造香料 3 类。

①天然香料。是用纯粹物理方法从天然芳香植物或动物原料中分离得到的物质,安全性高,包括精油、酊剂、浸膏、净油和辛香料油树脂等。

②天然等同香料。是用合成方法得到或由天然芳香原料经化学过程分离得到的物质,这些物质与供人类消费的天然产品(不管是否加工过)中存在的物质,在化学上是相同的。这类香料品种很多,对调配食品香料十分重要。

③人造香料。是在供人类消费的天然产品(不管是否加工过)中尚未发现的香味物质。此类香料品种较少,它们均是由化学合成方法制成,且其化学结构迄今在自然界中尚未发现存在。基于此,这类香料的安全性引起人们的极大关注。在我国,凡列入 GB 29938《食品安全国家标准　食品用香料通则》中的这类香料,均经过一定的毒理学评价,并被认为对人体无害(在一定的剂量条件下)。但是,随着科学技术和人们认识的不断深入发展,有些原属人造香料的品种,在天然食品中发现有所存在,因而可以列为天然等同香料。例如,我国许可使用的人造香料己酸烯丙酯,国际上现已将其改列为天然等同香料。

11.10.2　香精

食品香精品种繁多,可以从不同的角度进行如下不同的分类。

(1)按用途分为饮料用、糖果用、焙烤食品用、酒用、调味料用、方便食品用、汤料用和茶叶用等食品香精。

(2)按香型分为花香型、果香型、酒香型、乳品型、肉香型、蔬菜型和焙烤型等。还可进一步细分,如肉香型又可分为猪肉香型、牛肉香型和鸡肉香型等。

(3)按剂型分为液体(包括乳化和浆状)、固体(包括粉状和块状)。

(4)按性能分为水溶性、耐热性(油溶性)、乳浊性和微胶囊香精等。

①水溶性香精。通常也称水质香精,在一定的比例下,可在水中完全溶解,溶液透明澄清,香气比较飘逸,适用于以水为介质的食品,如汽水、果露、棒冰、冰淇淋、酒类等。

②耐热性香精。通常也称为油质香精,其特点是香气比较浓郁、沉着和持久,香味浓度较高,相对来说不易挥发,适用于较高温度操作工艺的食品加香,如糖果、饼干和糕点等。

③乳化香精。其外观呈乳浊状,加入水溶液中能迅速分散并使之呈混浊状态,适用于需要混浊度的果汁和果味饮料等。

④微胶囊香精。其特点是对香精中易于氧化、挥发的芳香物质起到很好的保护作用,从而延长加香产品的保质期,又适用于粉末状食品的加香,如固体饮料、果冻粉等。

下面简单介绍几种天然食品香料。

11.10.3　天然薄荷脑

天然薄荷脑(L-menthol)又名左旋薄荷醇,无色柱状结晶,沸点 216 ℃,闪点 93 ℃,在水中的溶解度为 0.05%,可溶于乙醇、丙二醇、甘油和石蜡油,暴露于大气中会升华。薄荷脑清凉,使人精神振奋,能透发出愉快的薄荷特征香气,但不持久。

天然薄荷脑通常用水蒸气蒸馏法从鲜的或阴干的薄荷的茎叶(地上绿色部分)蒸馏得到薄荷油,得率为 0.3%～0.6%(按干料计为 1%～2%)。薄荷油再经冷冻法可取出 45%～55%

的薄荷脑,剩余部分称为薄荷素油(尚含有 50％以上的薄荷脑)。我国薄荷脑的主要指标(GB 1886.199—2016)为:熔点 41～44 ℃,不挥发物≤0.05％,比旋光度(25 ℃)−50°～−49°。

薄荷脑是一种用途广、用量大的香料,既可以直接用于医药品、牙膏、漱口水等卫生用品和食品、烟草等制品,也可用于调配各种食品香精和微量用于奶油、焦糖和果香香精。薄荷脑在薄荷香精中用以增加凉的感觉,也常与大茴香油或大茴香脑合用于甘草香精,还常与柠檬、甜橙等果香合成复合香型。在需要凉感的而不需要典型的薄荷香味的产品中都可使用薄荷脑,如具留兰香型的胶姆糖中用它以增强爽口清凉的感觉。

11.10.4 小花茉莉浸膏

小花茉莉浸膏(*Jasminum sambac* concrete)为绿黄色或淡棕色疏松的稠膏状,主要指标(GB 1886.23—2015)为:熔点 46.0～52.0 ℃,酸值≤11.0,酯值≥80.0,净油含量≥60.0％。净油为深棕色或棕黑色微稠液体,具有清鲜温浓的茉莉鲜花香气,精细而透发,有清新之感。小花茉莉浸膏为天然香料,组分极为复杂,主要成分为乙酸苄酯、苯甲酸顺式-3-己烯酯、芳樟醇、甲位金合欢烯、顺式-3-己烯醇及其乙酸酯、反式橙花叔醇等。

小花茉莉浸膏通常用溶剂(常用石油醚)浸提法从即将开放的小花茉莉花朵中浸提而制得浸膏。浸膏再进一步用乙醇萃取而得净油,是我国独特的天然香料。

小花茉莉浸膏在食品香精中,常用于杏、桃、樱桃、草莓等果香香精中,可起到缓和来自合成香料的粗糙的化学气息,并赋予香精以天然感和新鲜感。

11.10.5 肉桂油

肉桂油(oil of cassia)又称中国肉桂油,粗制品是深棕色液体,精制品为黄色或淡棕色液体。放置日久或暴露在空气中会使油色变深、油体变稠,严重的会有肉桂酸析出。我国 GB 1886.7—2016 规定其主要指标为:相对密度(20 ℃/20 ℃)1.052～1.070,折光率(20 ℃)1.600～1.614,溶于冰乙酸和乙醇。肉桂油为天然香料,成分极为复杂,主要成分有反式肉桂醛、乙酸肉桂酯、香豆素、水杨醛、苯甲酸、苯甲醛、乙酸邻甲氧基肉桂酯、反式邻甲氧基肉桂醛等。

肉桂油由中国肉桂(*Cinnamomum aromaticum* Nees)的枝、叶或树皮或籽用水蒸气蒸馏法提油而得到,得率:鲜枝叶为 0.3％～0.4％;树皮 1％～2％;籽 1.5％。

肉桂油在食品香精中可用于樱桃、可乐、姜汁、肉桂等香精中。

11.10.6 桉叶油

桉叶油(oil of eucalyptus)为无色或淡黄色易流动液体,具有桉叶素的特征香气,有点樟脑和药草气息,有凉味。桉叶油为天然香料,其组分极其复杂,主要成分有 1,8-桉叶素(80％以上)、莰烯、水芹烯等。

桉叶油通常用水蒸气蒸馏法从蓝桉(*Eucalyptus globulus* Labill.)或含桉叶素的某些樟树品种的叶、枝中提取精油,再经精制加工制得。我国 GB 1886.33—2015 规定了桉叶素含量不低于 80％的桉叶油产品的标准。

桉叶油具有杀菌作用,大量用于医药制品,也可用于止咳糖、胶姆糖、含漱剂、牙膏、空气清净剂等。

11.11　风味增强剂

　　能增强食品风味的食品添加剂称风味增强剂。尽管它们在所用的浓度下本身不一定有明显的风味,但可显著地增强食品的风味。常用的风味增强剂有氨基酸类增味剂,核苷酸类增味剂,麦芽酚和乙基麦芽酚等。

二维码 11-1　阅读材料——
勿谈"添"色变

　　食品的风味物质已在第 10 章有详细介绍,在此不再赘述。

11.12　小结

　　食品添加剂是为改善食品的品质和色、香、味以及为防腐和加工工艺的需要而加入食品中的天然和化学合成物质。众所周知,单纯天然食品无论是其色、香、味,还是质构和保藏性都不能满足消费者的需要。因此,没有食品添加剂也就没有现代食品工业,也有人认为食品添加剂是食品工业的灵魂。但食品添加剂的使用必须严格按照我国 GB 2760 的要求执行,并且要不断寻找新的食品添加剂种类,特别是天然食品添加剂和复配食品添加剂种类,以满足人们日益提高的需求。

　　坚持全面依法治国,推进法治中国建设,加强食品安全法律法规和标准以及监督防控体系的建设,深入开展食品安全法等的宣传教育,正确认识食品添加剂,促进食品产业健康发展。

❓ 思考题

1.何谓食品添加剂？如何正确认识食品添加剂的利与弊？

2.试述常用抑菌剂的作用机理、使用范围。

3.举例说明天然植物提取物抗氧化剂在食品工业中的应用及注意事项。

4.面粉品质改良剂有哪些？

5.乳化剂剂在食品加工中有何作用？

6.举例说明酸、碱、盐在食品加工中的应用。

7.复合添加剂复配时的注意事项有哪些？

8.举例说明植物胶在奶制品中的应用。

9.查阅资料,说明尼泊金酯在食品中的应用及作用机理,三氯蔗糖的特性和安全性。

10.名词解释:食品添加剂,酸度调节剂,膨松剂,乳化剂,防腐剂,甜味剂,增稠剂,水分保持剂,稳定剂。

📖 参考文献

[1]曹雁平,肖俊松,王蓓.食品添加剂安全应用技术.北京:化学工业出版社,2012.

[2]高彦祥.食品添加剂.北京:中国轻工业出版社,2011.

[3]胡国华.复合食品添加剂.北京:化学工业出版社,2012.

[4]阚建全.食品化学.3 版.北京:中国农业大学出版社,2016.

［5］刘钟栋.食品添加剂原理及应用技术.北京：中国轻工业出版社，2000.

［6］食品安全国家标准　食品添加剂使用标准：GB 2760—2014.

［7］孙宝国.食品添加剂.2版.北京：化学工业出版社，2013.

［8］谢笔钧，何慧.食品化学.北京：科学出版社，2011.

［9］姚焕章.食品添加剂.北京：中国物质出版社，2001.

［10］周家华，杨辉荣，黎碧娜，等.食品添加剂.北京：化学工业出版社，2001.

［11］邹志飞.食品添加剂使用标准之解读.北京：中国质检出版社，2011.

［12］BELITZ H D，GROSCH W，SCHIEBERLE P. Food chemistry. Heidelberg：Springer-Verlag Berlin，2009.

［13］DAMODARAN S，PARKIN K L，FENNEMA O R. Fennema's food chemistry. Pieter Walstra：CRC Press/Taylor & Francis，2008.

第 12 章
食品中的有害成分

本章学习目的与要求

1. 了解食品中有害成分的概念、来源和分类;有害物质的结构与毒性的关系。
2. 熟悉食品中有害成分的特点和吸收、分布、排泄与防控。
3. 掌握食品中有害成分的安全性评估方法。

食品中除营养成分和非营养性但能赋予食品色香味的成分外,还常含有一些有害成分(harmful constituent)。这些成分有的来源于食物原料本身,有的来自食品加工过程,有的来自微生物污染和环境污染等。当食品中有害成分超过一定量时,即可对人体健康造成危害(hazard)。

12.1 概述

12.1.1 有害成分的概念

食物中的有害成分(物质)是指"已经证明人和动物在摄入达到某个充分数量时可能带来相当程度危害的物质",也称为嫌忌成分(undesirable constituent)或有毒物质或毒物(toxicant)。

某种物质通过物理损伤以外的机制引起细胞或组织损害时称为有毒(toxic)。有毒物质在一定条件下产生的临床状态称为中毒(intoxication, poisoning)。有毒物质具有的对细胞和/或组织产生损害的能力称为毒性(toxicity)。毒性较高的物质,用较小剂量即可造成损害;毒性较低的物质必需较大剂量才呈现毒性作用。因此,讨论某种物质的毒性时,还必须考虑到它进入机体的数量(剂量)、方式(经口、经呼吸道、经皮肤)和时间分布(一次给予或反复多次),其中最基本的因素是剂量(dose)。

(1)致死量(lethal dose, LD):在字义上是指能引起动物死亡的剂量。但实际上是在多少动物中有多少死亡,则有很大的程度差别。所以对于致死量还应进一步明确下列概念。

绝对致死剂量(LD_{100}):指能引起一群动物全部死亡的最低剂量。

半数致死剂量(LD_{50}):能引起一群动物的50%死亡的最低剂量。

最小致死剂量(MLD):能使一群动物中仅有个别死亡的最高剂量。

最大耐受剂量(MTD):能使一群动物虽然发生严重中毒,但全部存活无一死亡的最高剂量。

(2)最大无作用量(maximal no-effect level):是指不能再观察到某种物质对机体引起生物学变化的最高剂量。在最大无作用量的基础上,可以制订人体每日允许摄入量(acceptable daily intake, ADI)和在某种食品中最高允许含量或最高残留限量。

(3)最小有作用量(minimal effect level):指能使机体开始出现毒性反应的最低剂量,即能引起机体在某项观察指标发生超出正常范围的变化所必需的最小剂量。

在以上各种有关剂量的概念中,LD_{50}、最大无作用量和最小有作用量是3个最重要的剂量参数。

(4)无损害作用(non-adverse effect):指不引起机体在形态、生长、发育和寿命方面的改变;不引起机体功能容量(functional capacity)的降低和对额外应激状态代偿能力的损害;所引起的生物学变化一般都是可逆的,停止接触有关化学物质后,不能查出机体维持体内稳态(hemeostasis)能力的损害;也不能使机体对其他环境因素不利影响的易感性有所增强。

(5)损害作用(adverse effect):与无损害作用的概念相反。

(6)效应(effect):表示接触一定剂量化学物质在机体引起的生物学变化,如接触某些有机磷农药可引起胆碱酯酶活力降低,即为有机磷农药所引起的效应。

（7）反应（response）：是指接触一定剂量化学物质后，表现一定程度某种效应的个体在一个群体中所占的比例。

所以，效应仅涉及个体（individual），即一个人或一个动物，可用一定计量单位表示其强度；而反应则涉及群体（population），如一群人或一组动物，只能用百分率（%）或比值来表示反应的强度。

12.1.2　有害成分的来源和分类

食品中的有害成分根据其来源可分为 4 大类：天然物（natural toxicant）、衍生物（derived toxicant）、污染物（contaminated toxicant）、添加物（added toxicant）。衍生物是食物在储藏和加工烹调过程中产生的；污染物和添加物都属于外来的。

根据其结构可分为两大类：有机毒物（organic toxicant）和无机毒物（inorganic toxicant）。

根据其毒性强弱可分为：极毒、剧毒、中毒、低毒、实际无毒等。

12.1.3　食品中有害成分对食品安全性的影响

食品安全性是指："在规定的使用方式和用量的条件下长期食用，对食用者不产生不良反应的实际把握。"不良反应既包括一般毒性和特异性毒性，也包括由偶然摄入所导致的急性毒性和长期微量摄入所导致的慢性毒性。

当前的食品安全问题涉及急性食源性疾病（foodborne illness）以及具有长期效应的慢性食源性危害（foodborne hazard）。急性食源性疾病包括食物中毒、肠道传染病、人畜共患传染病、肠源性病毒感染以及经肠道感染的寄生虫病等。慢性食源性危害包括食物中有毒、有害成分引起的对代谢和生理功能的干扰、致癌、致畸和致突变等作用对健康的潜在性损害。

因此，影响食品安全性的因素很多，包括微生物、寄生虫、生物毒素、农药残留、重金属离子、食品添加剂、包装材料释出物和放射性核素以及食品加工和储藏过程中的产生物。另外，食品中营养素不足或数量不够，也容易使食用者发生诸如营养不良、生长迟缓等代谢性疾病，这也属于食品中的不安全因素。

12.1.4　食品中有害成分的研究方法

食品中有害成分的研究，包括如下 3 部分内容。

（1）有害成分的组成、结构、含量、理化性质，在食品或外环境的存在形式以及在食品加工和储藏过程中发生的变化。

（2）有害成分随同食品被吸收入机体后在体内分布、代谢转化和排泄过程。

（3）随同食品进入机体的有害成分及其代谢产物在体内引起的生物学变化，即对机体可能造成的毒性损害及其机理。

二维码 12-1　食品中有害物质的吸收、分布与排泄

二维码 12-2　阅读材料——食品中有害物质的生物转化

因此，食品中有害成分的研究方法应包括实验研究和人群调查两个方面。在实验研究方面，利用物理和化学的方法来研究如上所述的食品中有害成分的第 1 部分内容；利用生物学方

法,结合物理、化学、生理生化或分子生物学方法,如用动物试验来研究其第 2 部分内容;用动物、微生物、昆虫或动物细胞株毒性试验来研究其第 3 部分内容。人群调查是对人体进行直接观察。主要是通过中毒事故的处理或治疗,直接获得相关资料,了解一般健康状况、发病率、可能有关的特殊病症或其他异常现象。人群调查的结果,可以与动物毒性试验结果相互印证。

最后,利用上述实验的结果,阐明食品中有毒成分的组成、结构、理化性质及在食品加工和储藏过程中的变化,确定其对人体的安全性或毒性,并在此基础上也为预防措施或制定有关安全标准提供科学依据。

12.2 有害物质的结构与毒性的关系

食品中有害成分由于化学结构以及理化性质不同,因此对机体的毒性也有差异。如果能找出化学结构与毒性关系的规律,即有可能根据化学物质的结构对其毒性作用加以估计或预测,为动物毒性试验设计提供依据。

12.2.1 有机化合物结构中的功能基团与毒性

12.2.1.1 烃类

烃类不饱和度越高,化学性质越活泼,因而毒性也较强。碳链长度相同时,不饱和烯烃的毒性大于烷烃,而炔烃毒性更强。环烃一般比相应烷烃毒性低。有侧链的烃类一般比碳原子数相同的直链烃毒性为低。

芳烃的毒性较强,但主要是吸入毒性,如苯吸入后表现较强的神经与血液毒性作用。苯环上带有烷基侧链者,一般在体内的毒性较小,尤其是慢性毒性,因为侧链易于氧化,最后形成苯甲酸,并与甘氨酸结合成为马尿酸,随同尿液排出。

稠环芳烃中三环以下的联苯、萘和蒽等均无致癌性,它们水溶性较小,不易吸收,所以经口毒性不大,而且均有较强的刺激性气味,故不易发生急性中毒。

萜烯烃是具有不饱和键的环戊烷系化合物,生成过氧化物的趋势较强,因而毒性也较大。

污染食品的烃类,主要是食用植物油的抽提溶剂中残留的轻汽油(己烷与庚烷),食品包装薄膜中释出的聚乙烯、聚丙烯和聚苯乙烯等,但它们经口毒性都很低。

12.2.1.2 卤代烃类

卤素有较强的吸电子效应,因而可使卤代烃分子极性增加,在体内易与酶系统结合,所以卤素是较强的毒性基,因而卤代烃一般比其母体烃毒性为大。

卤代烃类化合物的毒性高低可因卤素元素不同而有差别,一般按氟、氯、溴、碘的顺序而增强;而且卤素原子数目越多,毒性也越高。

各种卤代烃化合物的毒性作用也不一样,但除普遍具有对皮肤、黏膜和呼吸系统刺激以及腐蚀作用外,多数有麻醉以及侵害神经系统的作用,对肝、肾等其他器官也有损害。

卤代烃类中有许多与食品污染有关的重要物质,如有机氯杀虫剂(六六六和 DDT 等)、含各种卤素的除草剂(氟乐灵、乙乐灵等)、熏蒸剂(溴甲烷等)、食品包装用塑料(聚氯乙烯、聚四氟乙烷等)、某些霉菌毒素和工业三废中有关物质如多氯联苯等。

12.2.1.3 硝基和亚硝基化合物

硝基化合物的毒性很强,是作用于肝、肾中枢神经和血液的毒物,主要是吸入和经皮肤吸

356

收中毒。

有机硝基化合物分子中引入卤素、氨基和羟基时,更能增加其毒性,而引入烷基、羧基和磺酸基时,则毒性减弱;一般硝基越多,毒性越强。

亚硝基化合物与硝基化合物类似,但毒性较强,其中亚硝胺类为致癌物。

所有这些硝基化合物直接污染并存在于食品中的机会不大,但作为农药及其他食品污染物的母体物仍须特别注意。如用作粮食熏蒸剂的硝基三氯甲烷、除草剂氟乐灵和地乐灵的母体是二硝基甲苯胺衍生物等。

12.2.1.4　氨基化合物和偶氮化合物

氨基化合物的毒性各有不同,没有取代基的脂肪族胺与芳胺均有毒,尤其是芳胺,如苯胺、甲苯胺、联苯胺、β-萘胺、β-萘酚、氯苯胺、二苯胺和联苯甲胺等。导入羧基或羟基可使毒性降低,但氨基酸是体内重要的营养物质。

偶氮苯、氨基偶氮苯和二氨基偶氮苯等均与苯胺有类似的毒性作用。

脂肪族胺多在食品腐败过程中出现,如甲胺、二甲胺、三甲胺以及碳链更长的各种胺类;碱性孔雀绿、甲基紫、碱性品红、碱性亮绿和碱性槐黄等色素的母体物均为苯胺;奶油黄(对二甲氨基偶氮苯)是典型的油溶性偶氮色素。

12.2.1.5　腈和脲

脂肪族腈、芳腈和二腈都具有明显毒性,氰醇毒性很强。山黎豆中一种已经证实的有毒物质是 β-N-(γ-L-谷酰基)氨基丙腈。

脲本身毒性不大,但取代脲类除草剂、巴比妥、嘧啶和黄嘌呤等的母体是脲,一般经口毒性不高。

12.2.1.6　醇和酚

在脂肪族一元醇类中,以丁醇和戊醇毒性最强,其他碳原子数较多或较少的其他一元醇,毒性均较低,但甲醇例外,其毒性较强。

在碳原子数相同的醇类中,异构醇毒性比正构醇弱。环戊醇和环己醇等环烷醇类化合物的毒性与环烷烃类相近似。多元醇类一般毒性很低。芳香族一元醇,如苯甲醇、苯乙醇等,有一定强度的经口毒性。卤代醇,其毒性很强。

酚类的毒性较相应的芳香烃和相似的环烷醇为强,并随侧链碳原子数增加而渐减。多元酚的毒性作用,多数小于苯酚。萘酚的毒性作用与苯酚相似,但较低。

卤代酚类化合物的毒性均比母体酚为高,而且随卤素原子数的增加而增强。

12.2.1.7　醚类

脂肪族低级醚有麻醉与刺激作用,其麻醉作用较相应的醇类强,分子中如有双键及卤素,则麻醉作用减弱而刺激性增强。

芳香族醚类可作为香精原料,毒性强弱不等。环醚类均有一定毒性,如分子中有双键及卤素可增强其刺激性。醚主要有麻醉性,经口毒性不大,对食品污染可能较少。

12.2.1.8　醛和酮

醛的毒性随着分子碳链的加长而逐渐减弱;分子中有双键或卤素时,则毒性增强。酮与醛的毒性相似,分子量增加、不饱和键存在以及卤素取代均可使毒性增强,一般脂肪族酮比芳香

族酮毒性大。脂肪族低级酮及其卤素取代物如丙酮、一氯丙酮、一溴丙酮和一碘丙酮的毒性按上述顺序而增强。

12.2.1.9　羧酸和酯类

有机化合物引入羧基,其毒性减低或消失。多元酸中的草酸与柠檬酸能与血液及组织中的钙结合,因而具有一种特殊毒性,但它们又是体内正常代谢产物,所以其毒性主要决定于剂量大小。

芳香族一元酸一般毒性不大。苯二元酸,如苯二甲酸的间位和对位异构体经口毒性均较低。三元以上的芳香族酸毒性尚不清楚。羟基羧酸经口毒性较羧酸更低。

酯类的毒性一般与酸的关系比醇更为密切,一般也较酸类强。甲酯的毒性比高级脂肪酸酯高,其他低级脂肪酸(癸酸以下)的乙、丙、丁和戊酯,多数经口毒性不大。水杨酸酯有慢性毒性,草酸酯毒性近似草酸。内酯(lactone)一般均有毒,有些具致癌或促致癌作用。

磷酸酯类农药即有机磷农药,其通式如下。

$$\begin{matrix} R_1O \\ \diagdown \\ R_2O \end{matrix} \overset{\overset{O或(S)}{\|}}{P} - X \qquad\qquad \begin{matrix} R_1O \\ \diagdown \\ R_2O \end{matrix} \overset{\overset{O或(S)}{\|}}{P} - O - \overset{\overset{O或(S)}{\|}}{P} \begin{matrix} OR_3 \\ \diagup \\ OR_4 \end{matrix}$$

磷酸酯 　　　　　　　　焦磷酸酯

磷酸酯类农药的毒性主要与其 R 基团和非烷基 X 基团有关。在 R 基团中,碳原子数增加,毒性也相应增强。在非烷基 X 基团方面,如 X 为苯环时,由于苯环上的取代基不同,毒性也不相同;一般情况下,各种取代基毒性高低的大致顺序是按—NO_2、—CN、—Cl、—H、—CH、叔—C_4H_9、—CH_2O 和—NH_2 顺序而递减,而且苯环上—NO_2 基的位置与毒性的关系是对位>邻位>间位;另外,—P ═O 的毒性比—P ═S 高。

12.2.1.10　硫醇、硫醚和硫脲

硫醇主要为恶臭,并非毒性,虽有麻痹中枢神经作用,但主要是吸入毒性。芳香族硫醇毒性也与此类似。

硫醚和二硫化物,均有麻醉性,但仅具吸入毒性。卤代硫醚的典型代表芥子气(二氯二乙硫醚),是剧毒气体,可腐蚀皮肤和黏膜,故称糜烂性毒气。

硫脲毒性较强并可致癌,硫脲的各种衍生物毒性不等。

12.2.1.11　磺酸和亚磺酸、砜和亚砜

有毒化合物引入磺酸基后,毒性将降低,如是致癌物也可失去致癌性。一般对血液和神经具有毒性的烃类、酯类和含有硝基、氨基的化合物经磺化后,毒性均可降低甚至完全失去毒性,亚磺酸与磺酸相似,经口毒性一般不大。

砜和亚砜本身皆不具毒性,其毒性决定于与其结合的其他物质。二苯砜或二苯亚砜毒性不大;但当砜或亚砜与卤素结合或被还原为硫醚时,刺激性较明显。

12.2.2　无机化合物的毒性

无机化合物的毒性无一定规律,但可根据以下各点,粗略预测各种无机化合物的毒性。

12.2.2.1　金属毒物

首先,无机化合物的毒性与其溶解度有关,一般金属类本身比其盐类难溶于水,所以毒性

较低。

其次,有些金属的有机化合物比无机化合物易吸收,故毒性较大。如无机汞吸收率仅为2%,乙酸汞约为50%,苯基汞可达50%～80%,甲基汞达100%,因此其毒性按上述顺序而增大,差别较为明显。

第三,同一金属常有不同化合价,如砷有三价和五价两种,一般情况下,化合价低者,毒性较大,但铬例外,六价铬毒性高于三价铬。

12.2.2.2　氧化还原剂和酸碱

氧化能力较强的化合物,一般毒性也较大;酸或碱的毒性则取决于其在水中的离解度,强酸和强碱的离解度大,对机体的危害大于离解度小的弱酸和弱碱。

12.2.3　食品中有害物质的理化性质与毒性的关系

12.2.3.1　油水分配系数与毒性

一种物质在油和水两种介质中的分配率,常为一个恒定的比值,即为该物质的油水分配系数。油水分配系数大者,表明易溶于油,反之,易溶于水。

亲脂性物质较易透过生物膜的脂质双分子层,而进入组织细胞,其毒性较亲水性物质相对为强,因此油水分配系数较大的物质,毒性高于油水分配系数较小者。

而就亲水性物质本身而言,凡相对在水中溶解度较高者比在水中溶解度较低者相对较易被吸收,毒性也较高。但另一方面,水溶性较高的物质易于由体内排出,因此可使其毒性降低。一种化学物质如果引入极性基团,即可降低其毒性。

在油和水中都不易溶解的物质,其毒性也较低,如很多金属元素和石蜡等高级烷烃。

12.2.3.2　光学异构与毒性

食品中有害物质如有光学异构现象,机体组织或酶通常只能与一种光学异构体作用,而且往往是与 L-异构体起作用,而 D-异构体在体内生物活性甚低,甚至完全不具有生物活性。但也有例外,如尼古丁的 L-异构体与 D-异构体在体内毒性相等。

12.2.3.3　基团的电负性与毒性

食品中有害物质如与带有负电的基团相结合,则受电子吸引的影响,在分子中将形成"正电中心"。此处电子云密度显著降低,与受体的负电荷相互吸引而牢固地结合,即产生毒性,由此可预测该物质与受体结合地稳定度和毒性大小。

12.3　食品中的各类有害物质概述

正如前面所述,食品中的有害物质来源于食物原料本身,食品加工过程中产生,微生物污染和环境污染等,本节将对它们进行简单介绍。

12.3.1　食品中的天然有害物质

食品中的天然有害物质主要是指有些动植物中所含有的一些有毒的天然成分,如河豚毒素。有些动植物食品因储存不当时也会形成某种有害物质,如马铃薯储存不当,发芽后可产生龙葵素。另外,某些特殊原因,也可使食品带毒,如蜂蜜是无毒的,但蜜源植物含有毒素时会

食品化学

酿成有毒蜂蜜，误食后也会引起中毒。

12.3.1.1 植物类食品中的天然有害物质

1.有毒植物蛋白及氨基酸

(1)凝集素。在豆类及一些豆状种子(如蓖麻)中含有一种能使红细胞凝集的蛋白质，称为植物血细胞凝集素(hemagglutinin)，简称凝集素(lectin)。

凝集素通过与血细胞膜高度特异性的结合而使血细胞凝集，并能刺激培养细胞的分裂。当给大鼠口服黑豆凝集素后，明显地减少了对所有营养素的吸收。在离体的肠管试验中，观察到通过肠壁的葡萄糖吸收率比对照组低 50%。因此推测凝集素的作用是与肠壁细胞结合，从而影响了肠壁对营养成分的吸收。

若生食豆类，会引起恶心、呕吐等症状，重则可致命。所有凝集素在湿热处理时均被破坏，在干热处理时则不被破坏，因此可采取加热处理、热水抽提等措施去毒。

①大豆凝集素。大豆凝集素是一种糖蛋白，分子量为 110 000，糖的部分占 5%，主要是甘露糖和 N-乙酰葡萄糖胺。食生大豆的动物比食熟大豆的动物需要更多的维生素、矿物质以及其他营养素。在常压下蒸汽处理 1 h 或高压蒸汽($9.8×10^4$ Pa)处理 15 min 可使其失活。

②菜豆属豆类的凝集素。菜豆属的豆类如菜豆、绿豆、芸豆和红花菜豆等均有凝集素存在，具有明显的抑制饲喂动物生长的作用，剂量高时可致死。用高压蒸汽处理 15 min 可使其完全失活。其他豆类如扁豆、蚕豆、立刀豆等也都有类似毒性。

③蓖麻毒蛋白。蓖麻子虽不是食用种子，但在民间也有将蓖麻油加热后食用的情况。人、畜生食蓖麻子或蓖麻油，轻则中毒呕吐、腹泻，重则死亡。蓖麻中的有害成分是蓖麻毒蛋白，是最早被发现的植物凝集素，其毒性极大，对小鼠的毒性比豆类凝集素要大 1 000 倍。用蒸汽加热处理可以去毒。

(2)蛋白酶抑制剂。植物中广泛存在能够抑制某些蛋白酶活性的物质，称为蛋白酶抑制剂(protease inhibitor)，属于抗营养物质一类，对食物的营养价值具有较重要的影响。

蛋白酶抑制剂中比较重要的有胰蛋白酶抑制剂(trypsin inhibitor)，胰凝乳蛋白酶抑制剂(chrymotrypsin inhibitor)和 α-淀粉酶抑制剂(α-amylase inhibitor)。胰蛋白酶抑制剂主要存在于大豆等豆类及马铃薯块茎等食物中，生食这些食物，由于胰蛋白酶受到抑制，反射性地引起胰腺肿大。α-淀粉酶抑制剂主要存在于小麦、菜豆、芋头、未成熟香蕉和芒果等食物中，影响糖类的消化吸收。

采用高压蒸汽处理或浸泡后常压蒸煮或微生物发酵的方法，可有效消除蛋白酶抑制剂的作用。

(3)过敏原。"过敏"(allergy)是指接触(摄取)某种外源物质后所引起的免疫学上的反应，这种外源物质就称为过敏原(allergen)。

由食品成分导致的免疫反应主要是由免疫球蛋白 E(immunoglobin E,IgE)介导的速发过敏反应(immediate hypersensitivity)。其过程首先是 B 淋巴细胞分泌过敏原特异的 IgE 抗体，敏化的 IgE 抗体和过敏原在肥大细胞和嗜碱细胞表面交联，使肥大细胞释放组胺等过敏介质，从而产生过敏反应。

过敏的主要症状为皮肤出现湿疹和神经性水肿、哮喘、腹痛、呕吐、腹泻、眩晕和头痛等，严重者可能出现关节肿和膀胱发炎，较少死亡。产生特定的过敏反应与个体的身体素质和特殊人群有关；一般儿童对食物过敏的种类和程度要远比成人强。

　　从理论上讲,食品中的任何一种蛋白质都可使特殊人群的免疫系统产生 IgE 抗体,从而产生过敏反应。但实际上仅有较少的几类食品中的成分是过敏原,包括牛奶、鸡蛋、虾和海洋鱼类等动物性食品,以及花生、大豆、菜豆和和马铃薯等植物性食品(表 12-1)。

　　(4)毒肽。毒肽(toxic peptide)中最典型的是存在于毒蕈中的鹅膏菌毒素(amatoxins)(图 12-1)和鬼笔菌毒素(phalloidins)(图 12-2)。

表 12-1　食品中的过敏原

食品名称	过敏原	食品名称	过敏原
牛奶	β-乳球蛋白,α-乳清蛋白	花生	伴花生球蛋白
鸡蛋	卵黏蛋白,卵清蛋白	大豆	Kunitz 抑制剂,β-伴大豆球蛋白
小麦	清蛋白和球蛋白	菜豆	清蛋白(分子量 18 000)
水稻	谷蛋白组分,清蛋白(分子量 15 000)	马铃薯	未确定蛋白(分子量 16 000～30 000)
荞麦	胰蛋白酶抑制剂		

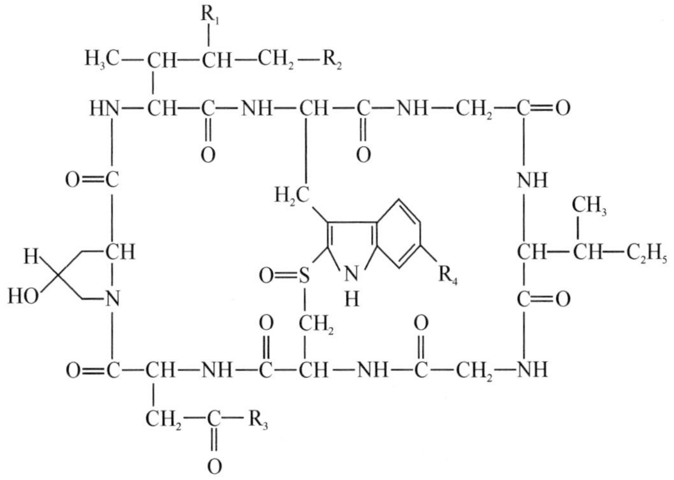

	R_1	R_2	R_3	R_4
α-鹅膏菌素	OH	OH	NH_2	OH
β-鹅膏菌素	OH	OH	OH	OH
γ-鹅膏菌素	OH	H	NH_2	OH
ε-鹅膏菌素	OH	H	OH	OH
三羟基鹅膏菌素	OH	OH	OH	H
一羟基毒蕈环肽酰胺	H	H	NH_2	OH

图 12-1　鹅膏菌毒素

　　鹅膏菌毒素是环八肽类(环庚肽),也称毒伞肽,有 6 种同系物。鬼笔菌毒素是环七肽类(环辛肽),有 5 种同系物。它们的毒性机制基本相同,鹅膏菌毒素作用于肝细胞核,鬼笔菌毒素作用于肝细胞微粒体。鹅膏菌毒素的毒性大于鬼笔菌毒素,但其作用速度较慢,潜伏期也较长。

　　毒肽中毒的临床经过,一般分为 6 期:潜伏期、胃肠炎期、假愈期、内脏损害期,精神症状和恢复期。

　　潜伏期的长短因毒蕈中两类毒肽含量的比例不同而异,一般为 10～24 h。开始时出现恶心、呕吐及腹泻、腹痛等,称为胃肠炎期。胃肠炎症状消失后,病人无明显症状,或仅有乏力,不思饮食,但毒肽则逐渐侵害实质性脏器,称为假愈期。此时,轻度中毒病人损害不严重,可由此

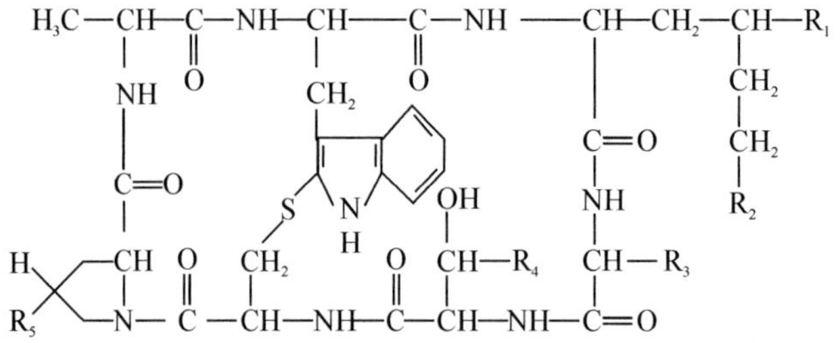

图 12-2 鬼笔菌毒素

	R₁	R₂	R₃	R₄	R₅
鬼笔环肽	OH	H	CH₃	CH₃	OH
一羟基鬼笔碱	H	H	CH₃	CH₃	OH
三羟基鬼笔碱	OH	OH	CH₃	CH₃	OH
二羟基鬼笔酸	OH	H	CH(CH₃)₂	COOH	OH
毒菌溶血苷 B	H	H	CH₂C₆H₅	CH₃	H

进入恢复期。严重病人则进入内脏损害期,损害肝、肾等脏器,使肝脏肿大,甚至发生急性肝坏死,死亡率高达 90%。经过积极治疗的病例,一般在 2~3 周后进入恢复期,各项症状和体征渐次消失而痊愈。

(5)有毒氨基酸及其衍生物。

①山黧豆毒素原。山黧豆中毒(lathyrism)是食用山黧豆属的豆类如野豌豆、鹰嘴豆和卡巴豆(garbanzos)而引起的食物中毒现象。山黧豆中毒有两种表现形式,骨病性山黧豆中毒(osteolathyrism)和神经山黧豆中毒(neorolathyrism)。对人的典型中毒症状是肌肉无力,不可逆的腿脚麻痹,甚至死亡。

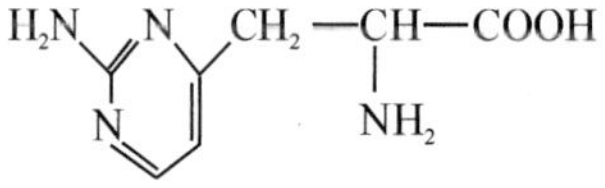

山黧豆氨酸

引起山黧豆中毒的主要毒素有 2 类:一类是致神经麻痹的毒素,有 3 种氨基酸,即 α,γ-二氨基丁酸,γ-N-草酰基-α,γ-二氨基丁酸和 β-N-草酰基-α,β-二氨基丙酸;另一类是致骨骼畸形的毒素,如 β-N-(γ-谷氨酰)-氨基丙腈,γ-甲基-L-谷氨酸、γ-羟基戊氨酸及山黧豆氨酸。

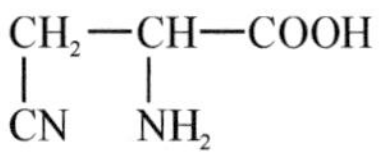

β-氰基丙氨酸

②β-氰基丙氨酸。β-氰基丙氨酸是一种神经毒素,存在于蚕豆中,能引起和山黧豆中毒相同的症状。

③刀豆氨酸。刀豆氨酸是存在于刀豆属中一种精氨酸的同系物,生食某些种刀豆有毒即为此故。焙炒或煮沸 15~45 min 可破坏大部分刀豆氨酸。

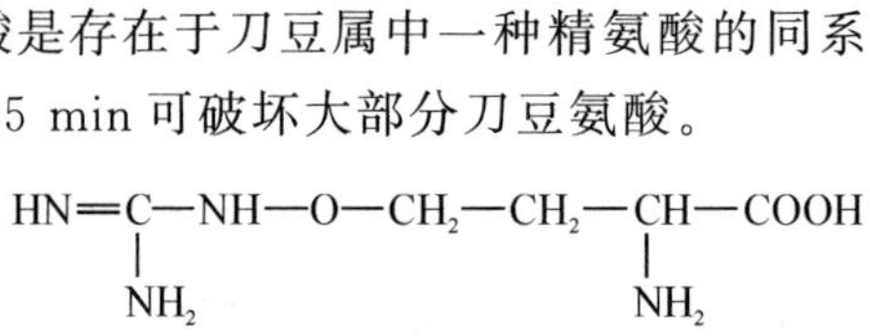

刀豆氨酸

④L-3,4-二羟基苯丙氨酸(L-DOPA)。许多植物中含有少量 L-DOPA,但蚕豆的豆荚中

含有游离态的或 β-糖苷态的 L-DOPA 高达 0.25%,是蚕豆病(favism)的重要病因,症状是急性溶血性贫血病,食后 $5\sim24$ h 发病,急性发作期可长达 $24\sim48$ h,然后自愈。L-DOPA 也是一种药物,能治震颤性麻痹(parkinson 氏病)。

2.毒苷

存在于植物性食品中的毒苷主要有氰苷、硫苷和皂苷 3 类。

(1)氰苷类。许多植物性食品如杏、桃、李、枇杷等的核仁,木薯块根和亚麻子中含有氰苷(cyanogentic glycoside),如苦杏仁中含有的苦杏仁苷(amygdalin),木薯和亚麻子中含有的亚麻仁苷(linamarin)。

氰苷的基本结构是含有 α-羟基腈的苷,其糖类成分常为葡萄糖、龙胆二糖或荚豆二糖,由于 α-羟基腈的化学性质不稳定,在胃肠中由酶和酸的作用水解产生醛或酮和氢氰酸,氢氰酸被机体吸收后,其氰离子即与细胞色素氧化酶的铁结合,从而破坏细胞色素氧化酶传递氧的作用,影响组织的正常呼吸,可引起机体窒息死亡。中毒后的临床症状为意识紊乱,肌肉麻痹,呼吸困难,抽搐和昏迷。

氰苷在酸的作用下也可水解产生氢氰酸,但一般人胃内的酸度不足以使氰苷水解而中毒。加热可灭活使氰苷转化为氢氰酸的酶,达到去毒的目的;由于氰苷具有较好的水溶性,因而也可通过漂洗的办法除去氰苷。

常见食物中的氰苷如表 12-2 所示。

表 12-2　常见食物中的氰苷

苷类	存在植物	水解产物
苦杏仁苷	蔷薇科植物,包括苹果、梨、桃、杏、樱桃、李等	龙胆二糖＋HCN＋苯甲醛
洋李苷	蔷薇科植物,包括桂樱等	葡萄糖＋HCN＋苯甲醛
荚豆苷	野豌豆属植物	荚豆二糖＋HCN＋苯甲醛
蜀黍苷	高粱属植物	D-葡萄糖＋HCN＋对羟基苯甲醛
亚麻苦苷	木薯、白三叶草等	D-葡萄糖＋HCN＋丙酮

(2)硫苷。硫苷(thioglycoside)类物质存在于甘蓝(cabbage)、萝卜、芥菜、结球甘蓝(洋白菜)等十字花科植物(Cruciferae)及葱、大蒜等植物中,是这些蔬菜辛味的主要成分,均含有 β-D-硫代葡萄糖苷。各种天然硫苷都与一种或多种相应的苷酶同时存在,但在完整组织中,这些苷酶不与底物接触,只在组织破坏时,如将湿的、未经加热的组织匀浆、压碎或切片等处理时,苷酶才与硫苷接触,并迅速将其水解成糖苷配基、葡萄糖和硫酸盐。

$$R-C=N-O-SO_3H \xrightarrow[\text{苷酶}]{H_2O} H_2SO_4 + 葡萄糖 + \left[R-C=NH \right] \longleftrightarrow \begin{matrix} R-S-C\equiv N & 硫氰酸酯 \\ R-N=C=S & 异硫氰酸酯 \\ R-C\equiv N+S & 腈+硫 \end{matrix}$$

S-β-D-葡萄糖　　　　　　　　　　　　　　　SH

硫代葡萄糖苷　　　　　　　　　　　糖苷配基　　　　　配基分子重排产物

糖苷配基发生分子重排,产生硫氰酸酯和腈。硫氰酸酯抑制碘吸收,具有抗甲状腺作用;腈类分解产物有毒;异硫氰酸酯(isothiocyanate)经环化可成为致甲状腺肿素(goitrin)(5-乙烯基•唑-2-硫酮,5-vinyloxazolidine-2-thione),在血碘低时妨碍甲状腺对碘的吸收,从而抑制了甲状腺素的合成,甲状腺也因之而发生代谢性增大。

油菜、芥菜、萝卜等植物的可食部分中致甲状腺肿素含量很少,但在其种子中的含量较高,可达茎、叶部的20倍以上。在综合利用油菜籽饼(粕)、开发油菜籽蛋白质资源,或以油菜籽饼(粕)作为饲料时,必须除去致甲状腺物质。

(3)皂苷类。这类物质可溶于水形成胶体溶液,搅动时会像肥皂一样产生泡沫,故称为皂苷。皂苷有破坏红细胞引起溶血作用,对冷血动物有极大的毒性。皂苷广泛存在于植物界,但食品中的皂苷对人畜在经口服时多数没有毒性(如大豆皂苷等),也有少数剧毒(如茄苷)。

大豆中的皂苷已知有5种,其成苷的糖有木糖、阿拉伯糖、半乳糖、葡萄糖、鼠李糖及葡糖醛酸等,其配基为大豆皂苷配基醇,有A、B、C、D、E 5种同系物。

茄苷是一种胆碱酯酶抑制剂,人畜摄入过量均会引起中毒,起初舌咽麻痒、胃部灼痛、呕吐、腹泻,继而瞳孔散大、耳鸣、兴奋,重者抽搐、意志丧失,甚至死亡。茄苷对热稳定,一般烹煮不会受到破坏。

马铃薯中茄苷的含量一般为30～100 mg/100 g,但发芽马铃薯芽眼四周和见光变绿部位,茄苷的含量极高,可达5 g/kg。通常认为200 mg/kg以内食用是安全的。

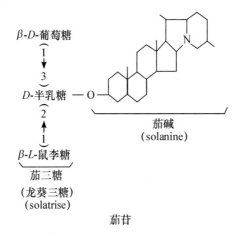

茄苷

3.生物碱

生物碱是指存在于植物中的含氮碱性化合物,大多数具有毒性。

食物中所含生物碱的品种不多,较重要的是马铃薯中的茄碱(solanine)和某些毒蕈中的有毒生物碱。

茄碱在变青和发芽的马铃薯中含量较高。误食发芽马铃薯的患者表现为呕吐、腹泻,呼吸困难、急促,严重者可因心肺功能衰竭而致死。

黄嘌呤衍生物咖啡碱、茶碱和可可碱是食物中分布最广泛的兴奋性生物碱,相对而言,这类生物碱是无害的。

存在于毒蝇伞菌等毒伞属蕈类中的毒蝇伞菌碱和蟾蜍碱,其中毒症状是大量出汗,严重者发生恶心,呕吐和腹痛,并有致幻作用。

存在于墨西哥裸盖菇、花褶菇等蕈类中的裸盖菇素及脱磷酸裸盖菇素,误食后出现精神错乱。花褶菇在我国各地都有分布,生于粪堆上,故称粪菌,又称笑菌或舞菌。

有毒生物碱主要有吡咯烷生物碱、秋水仙碱及马鞍菌素等。秋水仙碱本身对人体无毒,但在体内被氧化成氧化二秋水仙碱后则有剧毒,致死量为3～20 mg/kg体重。秋水仙碱存在于鲜黄花菜中,食用较多炒鲜黄花菜后数分钟至十几小时发病。主要为恶心、呕吐、腹痛、腹泻、头昏等。鲜黄花菜干制后无毒。

4. 棉酚

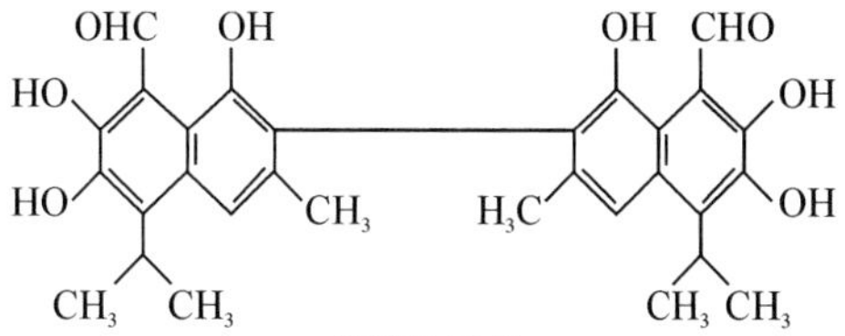

棉籽含游离棉酚 $0.15\%\sim2.8\%$，生棉籽榨油时大部分转移到棉籽油中，毛棉油含棉酚量可达 $1\%\sim1.5\%$。

棉酚能使人体组织红肿出血、精神失常、食欲不振、体重减轻，影响生育力。

去除棉酚可采用 $FeSO_4$ 处理法、碱处理法、尿素处理法、氨处理法等化学方法和湿热蒸炒处理法及微生物发酵法等方法。

棉酚的结构

12.3.1.2　动物性食品中的天然有害物质

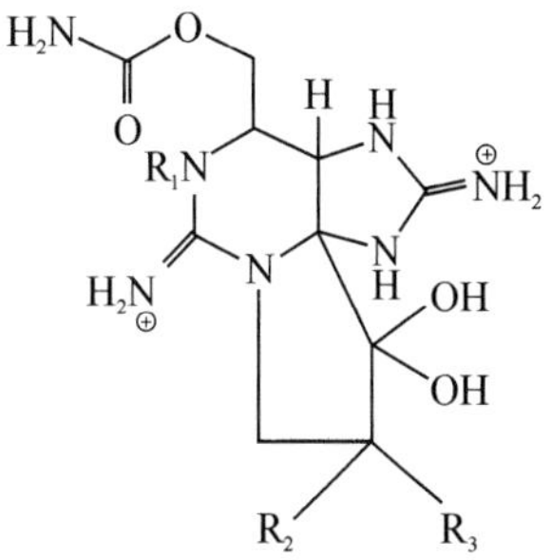

有毒的动物性食品几乎都属于水产品。水产动物的毒素成分可分为鱼类毒素和贝类毒素两大类。

(1)贝类毒素。海产贝类毒素中毒虽然是由于摄食贝类而引起，但此类毒素本质上并非贝类代谢产物，而是贝类曾摄入有毒的双鞭甲藻等并有效地浓缩其所含的毒素，这种贝类毒素称为石房蛤毒素或岩藻毒素，分子式为 $C_{10}H_{17}N_7O_4\cdot2HCl$（图 12-3 和表 12-3）。

图 12-3　岩藻毒素的结构

表 12-3　岩藻毒素及其衍生物

STX	R_1	R_2	R_3
saxitoxin	H	H	H
gonyautoxin-Ⅱ	H	H	OSO_3^-
gonyautoxin-Ⅲ	H	OSO_3^-	H
neosaxitoxin	OH	H	H
gonyautoxin-Ⅰ	OH	H	OSO_3^-
gonyautoxin-Ⅵ	OH	OSO_3^-	H

石房蛤毒素对热稳定，烹煮时不会被破坏，它是一种神经毒素，为低分子毒素中最毒的一种。摄食后数分钟至数小时发病，开始唇、舌和指尖麻木，继而腿、臂和颈部麻木，然后全身运动失调，并伴有头痛、头晕、恶心和呕吐。严重者可因呼吸困难而在 $2\sim24$ h 内死亡。

染毒的贝类在清水中放养 $1\sim3$ 周，即可排净毒素。

(2)鱼类毒素。已知约有 500 种海洋鱼类可引起人体中毒，其毒素来源有内源性的，也有外源性的。

河豚毒素(tetrodotoxin)是鱼类毒素中研究最详细的一种，主要存在于卵巢、肝、肠、皮肤及卵中，无论淡水产还是海产的河豚大多有毒。河豚的肌肉一般无毒，但有些河豚的肌肉也有毒。

河豚毒素是氨基全氢间二氮杂萘($C_{11}H_{17}N_3O_8$)，相对分子质量 319(图 12-4)，纯品为无色结晶，稍溶于水，易溶于稀乙酸中，不溶于无水乙醇和其他溶剂中；在 pH 为 7 以上及 pH 为 3 以下不稳定，分解成河豚酸，但毒性并不消失。极耐高温，经 100 ℃加热 4 h，115 ℃加热 3 h，120 ℃加热 $20\sim60$ min，200 ℃以上加热 10 min 方可使毒素破坏，故通常罐藏食品的杀菌条件都不能使其完全失活。

河豚毒素的毒性,主要表现在使神经中枢和神经末梢发生麻痹,最后因呼吸中枢和血管运动中枢麻痹而死亡。

鱼类组胺毒素是鱼组织中的游离组氨酸在链球菌、沙门菌等细菌中的组氨酸脱羧酶作用下产生的(图 12-5)。

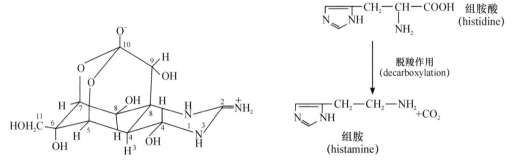

图 12-4　河豚毒素的结构　　　　图 12-5　鱼类组胺毒素的形成

鱼类组胺毒素的形成与鱼的种类和微生物有关。青花鱼、金枪鱼、沙丁鱼等鱼类在 37 ℃放置 96 h 即可产生 1.6~3.2 mg/g 的组胺,在同样的情况下鲈鱼可产生 0.2 mg/g 的组胺,而鲤鱼、鲫鱼和鳝鱼等淡水鱼类产生的组胺更少,仅为 1.2~1.6 mg/kg。当鱼体不新鲜或腐败时,组胺含量更高。

组胺毒素中毒是组胺使毛细血管扩张和支气管收缩所致,主要表现为面部、胸部以及全身皮肤潮红和眼结膜充血等,患者 1~2 d 内可恢复。

12.3.2　微生物毒素

许多食品污染的微生物可产生对人、畜有害的毒素,其中有些是致癌物和剧毒物。

12.3.2.1　细菌毒素

细菌毒素中最主要的是沙门菌毒素、葡萄球菌肠毒素及肉毒杆菌毒素等。

(1)沙门菌毒素。在细菌性食物中毒中,最常见的是沙门菌引起的食物中毒。沙门菌最常见的有鼠伤寒沙门菌、肠炎沙门菌、猪霍乱沙门菌和丙型副伤寒沙门菌等。

沙门菌本身不分泌外毒素,但会产生毒性较强的内毒素。沙门菌引起的食物中毒,通常是一次性吞入大量菌体所致,菌体在肠道内破坏后放出肠毒素引起症状,潜伏期一般为 8~24 h。一般症状为发病突然、恶心、呕吐、腹泻、发热等急性胃肠炎症状,病程较短,一般在 2~4 d 可复原,重者也有致死的情况。

沙门菌引起中毒多由动物性食物引起。此类菌虽在肉、乳、蛋等食物中滋生,却不分解蛋白质产生吲哚类臭味物质,所以熟肉等食物被沙门菌污染,甚至已繁殖到相当严重的程度,通常也无感官性质的改变,故不易察觉。

(2)葡萄球菌肠毒素。葡萄球菌中最著名的是金黄色葡萄球菌,其中有些菌株产生肠毒素,已知有 A、B、C、D、E 等类型,常见的是 A 型及 D 型。

肠毒素是分子量为 $(3~3.5)×10^4$ 的蛋白质,比较耐热,一般的烹煮条件下不被破坏,需在 100 ℃ 煮 2 h,218~248 ℃加热 30 min 才能失活。

肠毒素中毒症状为流涎、恶心、呕吐、痉挛及腹泻等。大多数患者在 1~2 d 后恢复正常,少有死亡。

(3)肉毒杆菌毒素。自然界中已知有 7 种血清型的产毒肉毒杆菌:A、B、C、D、E、F、G,其中以 A、B、E 经常与人类肉毒杆菌中毒有关。

肉毒杆菌能产生毒性极强的蛋白质类外毒素,其芽孢极为耐热,肉食罐头杀菌不足时常引起罐头变质,如食用可引起中毒。但肉毒杆菌毒素对热不稳定,在 80 ℃加热 30 min 即可失去生物活性。

肉毒杆菌毒素主要作用于周围神经系统的突触,阻碍神经末梢乙酰胆碱的释放,引起肌肉麻痹,患者多因横膈和其他呼吸器的麻痹而造成窒息死亡。

12.3.2.2　霉菌毒素

霉菌毒素是指霉菌在代谢过程中产生的有毒物质,目前已发现的霉菌毒素有 150 多种,其中有的是肝脏毒素如黄曲霉毒素、杂色曲霉素、黄天精和含氧肽;有的是肾脏毒素如橘青霉素;有的是神经毒素如黄绿青霉素;也有的是造血组织毒素、光过敏皮炎毒素,这些毒素中有的还具有致癌性。

1. 曲霉毒素

(1)黄曲霉毒素。黄曲霉毒素(aflatoxin)是由黄曲霉和寄生曲霉中少数几个菌株所产生的肝毒性代谢物。根据黄曲霉毒素在紫外光照射下所发出荧光的颜色不同而分为 B 族和 G 族两大族,目前已确定结构的有黄曲霉毒素 B_1、黄曲霉毒素 B_2、黄曲霉毒素 G_1、黄曲霉毒素 M_1 等 17 种,其中以黄曲霉毒素 B_1 毒性最大,致癌性最强,黄曲霉毒素 G_1、黄曲霉毒素 M_1 次之,其他相对较弱。

各种黄曲霉毒素的分子量为 312～346,熔点 200～300 ℃,难溶于水,己烷、石油醚,可溶于甲醇、乙醇、氯仿、丙酮和二甲基甲酰胺等溶剂中。耐热性强,加热到熔点温度时开始裂解,在一般烹调温度下很少被破坏。氢氧化钠可使黄曲霉毒素的内酯六元环开环形成相应的钠盐,溶于水,在水洗时可被洗去。因此,植物油可采用碱炼脱毒,其钠盐加盐酸酸化后又可内酯化而重新闭环。

黄曲霉毒素B_1　　　　　黄曲霉毒素B_1钠盐

人对黄曲霉毒素 B_1 比较敏感,日摄入量 2～6 mg 即可发生急性中毒,主要表现为呕吐、厌食、发热、黄疸和腹水等肝炎症状,严重者可导致死亡。另外,黄曲霉毒素是目前所知致癌性最强的物质,可诱导多种动物产生肿瘤并同时诱导多种瘤症。

黄曲霉毒素主要污染粮油及其制品,如花生、花生油、玉米、稻米、棉籽等。豆类一般不易受污染。

(2)小柄曲霉毒素。杂色曲霉、构巢曲霉和离蠕孢霉会产生化学结构相似的有毒物质,称为小柄曲霉毒素,有 14 种同系物,也是致肝癌毒素,对肾脏也有损害,但其毒性较低,存在于玉米等粮食上。

(3)棕曲霉毒素。这是一类由棕曲霉和纯绿青霉产生的毒素,有7种结构类似的化合物,其中以棕曲霉毒素A的毒性最大,动物实验证明能致肝、肾损害和肠炎。存在于玉米、小麦、花生、大豆、大米等作物上。

2.青霉毒素

稻谷在收割后和储存中由于水分过多,极易被青霉菌污染而霉变,其米质呈黄色,称为黄变米。从霉变后的黄变米上常可分离出各种青霉毒性代谢物,其中重要的有岛青霉、橘青霉和黄青霉等霉菌所产生的毒素。

(1)岛青霉素。从岛青霉(Penicillium islandicum)中可分离出多种毒素,其中重要的有黄变米毒素(黄天精)(luteoskyrin),环氯素(cyclochlorotin)和岛青霉素(silanditoxin)。其他的毒素如红天精(erythroskyrin)、瑰天精、天精以及链精等也较重要。

①黄变米毒素。又称为黄天精,是双多羟二氢蒽醌衍生物,分子式为$C_{30}H_{22}O_{12}$,熔点为287 ℃(裂解),溶于脂肪溶剂。小鼠经口的LD_{50}为221 mg/kg,经腹腔注射为40.3 mg/kg。中毒时,主要引起肝脏病变。

②环氯素。是一种毒性较高的含氯肽类化合物,纯品为白色针状结晶,溶于水,熔点为251 ℃(裂解)。环氯素是作用迅速的肝脏毒素,能干扰糖原代谢。小鼠经口服LD_{50}为5.6 mg/kg体重。

③岛青霉素。也为含氯环肽,其理化性质与环氯素类似,也是作用较快的肝毒素。

(2)橘青霉素。橘青霉素对中枢神经和脊髓运动细胞具有抑制作用。开始中毒时四肢麻痹,继而发生呼吸困难而致死。小鼠经口服该毒素每日5 mg/kg,半数死亡。

橘青霉素纯品为柠檬黄色针状结晶,熔点172 ℃,分子量259,能溶于无水乙醇、氯仿、乙醚,难溶于水。

3.镰刀菌毒素

镰刀菌是污染粮食与饲料的常见霉菌菌属之一。按镰刀菌毒素的化学结构及毒性,可大体分为4类:①顶孢霉毒素类;②玉米赤霉烯酮;③丁烯酸内酯;④串珠镰刀菌毒素。

(1)顶孢霉毒素(单端孢霉毒素)。顶孢霉毒素已知约有40种同系物,均为无色结晶,微溶于水;性质稳定,用一般烹调方法不易被破坏,具有较强的细胞毒性,使分裂旺盛的骨髓细胞、胸腺细胞以及肠上皮细胞的细胞核崩溃。中毒症状主要为皮炎、呕吐、腹泻、拒食等。

(2)玉米赤霉烯酮。玉米赤霉烯酮(zearalenone)又称F-2霉素,是污染玉米、大麦等粮食最常见的玉米赤霉菌产生的代谢产物,分子式为$C_{18}H_{22}O_5$,分子量为318,熔点164～165 ℃,不溶于水、二硫化碳和四氯化碳,溶于碱性水溶液、乙醚、苯、氯仿、二氯甲烷、乙酸乙酯、乙腈和乙醇。

玉米赤霉烯酮具有雌激素作用,能使子宫肥大、抑制卵巢正常功能而使之萎缩,因而造成流产、不孕。食用含赤霉烯酮面粉制作的各种面食可引起中枢神经系统的中毒症状,如恶心、发冷、头痛、神智抑郁和共济失调等。

(3)丁烯酸内酯。存在于多种镰刀菌中,属血液毒素,能使动物皮肤发炎、坏死。

(4)串珠镰刀菌毒素。串珠镰刀菌是寄生于植物的病菌之一。用串珠镰刀菌污染的玉米喂马,会发生皮下出血、黄疸、心出血、肝损害等。

4.霉变甘薯毒素

霉变甘薯毒素并不是霉菌的代谢产物,而是甘薯被甘薯黑斑病菌和茄病镰刀菌污染后,甘薯对这些霉菌寄生做出生理反应而产生的次生代谢产物。主要有薯萜酮、薯萜酮醇、4-薯醇和薯素。前两种为肝毒素,后两种为肺水肿因子。

除薯素为无色晶体外,其余 3 种均为油状液体,纯品均无臭味,在 pH 为中性时稳定,遇酸、碱易被破坏。

12.3.3　化学毒素

12.3.3.1　食物中的农药残毒

农药(pesticide)分为杀昆虫剂(insecticide)、杀菌剂(fungicide)、除草剂(herbicide)、杀螨剂(acaricide)、杀螺剂(molluscicide)和灭鼠剂(rodenticide)等,以有机氯、有机磷、有机汞及无机砷制剂的残留毒性最强。粮食是农药污染最广的一种食物,其次是水果和蔬菜。

(1)有机磷农药。有机磷农药(organophosphate pesticides)是人类最早合成而且仍在广泛使用的一类杀虫剂。早期发展的大部分是高效高毒品种,如对硫磷(parathion)、甲胺磷(methamidophos)、毒死蜱(cholorpyrifos)和甲拌磷(phorate)等;而后逐步发展了许多高效低毒低残留品种,如乐果(dimethoate)、敌百虫(trichlorfon)、马拉硫磷(malathion)、二嗪磷(diazinon)和杀螟松(cyanophos)等。

有机磷农药的溶解性较好,易被水解,在环境中滞留时间较短,可被很快降解,在动物体内的蓄积性小,具有降解快和残留低的特点,目前已成为我国主要的取代有机氯的杀虫剂。

有机磷农药对食品的污染量较少,一般来说,除内吸性很强的有机磷农药外,食品中的残留量在经洗净、整理、烹调后,都有不同程度的减少。

有机磷农药是神经毒素,主要是竞争性抑制乙酰胆碱酯酶的活性,使神经突触和中枢的神经递质——乙酰胆碱的累积,从而导致中枢神经系统过度兴奋而出现中毒症状。

(2)有机氯农药。有机氯农药主要有六六六(BHC)、氯丹(chlordane)、艾氏剂(Aldrin)、狄氏剂(Dieldrin)、林丹、七氯(heptachlor)和毒杀酚等。有机氯农药性质稳定、脂溶性强、残留期长。长期和大量使用有机氯农药,可造成环境、食品以及人体的长期污染。因此,我国于1984 年停止使用。

食品中有机氯农药残留的总体情况是:动物性食品高于植物性食品;含脂肪多的食品高于含脂肪少的食品;猪肉高于牛肉、羊肉;水产品中淡水产品高于海洋产品,池塘产品高于河湖产品。植物性食品中的污染程度按植物油、粮食、蔬菜、水果的顺序递减。

有机氯农药中毒,主要是引起神经系统的疾患。另外,还可引起肝脏脂肪病变、肝、肾器官肿大等。

(3)氨基甲酸酯农药。氨基甲酸酯(carbarmate)是针对有机氯和有机磷农药的缺点而开发出的新一类杀虫剂,具有选择性强、高效、广谱,对人畜低毒,易分解和残毒少的特点,在农业、林业和牧业等方面得到了广泛的应用。主要品种有速灭威(metolcarb)、西维因(carbaryl)、涕灭威(aldicarb)、克百威(carbofuran)、叶蝉散(Isoprocarb)和抗蚜威(pirimicarb)等。

氨基酸甲酸酯类杀虫剂在酸性条件下较稳定,遇碱易分解,暴露在空气和阳光下易分解,在土壤中的半衰期为数天至数周。

氨基甲酸酯的毒性机理和有机磷一样,都是哺乳动物乙酰胆碱酯酶的阻断剂,且具有致突变、致畸和致癌作用。其中毒症状是特征性的胆碱性流泪、流涎,瞳孔缩小,惊厥和死亡。

(4)拟除虫菊酯农药。目前,有近 20 种拟除虫菊酯杀虫剂投入使用,主要的品种有氯青菊酯(cypermethrin)、氰戊菊酯(fenvalerate)、溴氰菊酯(deltamethrin)和甲氰菊酯

(cyhalotrin)等。

拟除虫菊酯农药在光和土壤微生物作用下易转化为极性化合物,不易造成污染,在农作物中的残留期为7～30 d。它在生物体内基本上不产生蓄积效应,对哺乳动物的毒性不强,主要为中枢神经毒。

(5)除草剂。主要有2类。

①氯酚酸酯。氯酚酸酯类(chlorophenoxy acid esters)是目前广泛使用的除草剂,主要有2,4-D(2,4-二氯苯氧乙酸)和2,4,5-T(2,4,5-三氯苯氧乙酸)。它们易水解成酸,直接从尿中排出,在人体中的蓄积性较差,故慢性中毒并不常见。摄入较低剂量的该类物质可造成非特征性的肌肉虚弱;大剂量摄入该类物质可引起肢体进行性僵硬、共济失调、麻痹和昏迷。

②四氯二苯-p-二·英。四氯二苯-p-二·英(tetrachlorodibenzo-p-dioxin,TCDD)是一类重要的除草剂,有22种不同的异构体。TCDD的化学性质相当稳定,在超过700 ℃的温度下才发生化学分解;具有亲脂性,与土壤中的固体及其他物质紧密结合,容易在环境中扩散。

TCDD对人的急性毒性不如动物敏感,但长期摄入低剂量的TCDD可能对人造成危害,包括使人致癌。有研究显示,含TCDD的苯氧基除草剂可增加人体肌肉、神经和脂肪组织肉瘤发生。

12.3.3.2 多氯联苯化合物和多溴联苯化合物

多氯联苯(polychlorinated biphenyl,PCB)和多溴联苯(polybrominated biphenyl,PBB)是稳定的惰性分子,具有良好的绝缘性与阻燃性,在工业中广泛应用。如作为抗燃剂、抗氧剂加于油漆中;作为软化剂等加到塑料、橡胶、油墨、纸与包装材料中。PCB和PBB不易通过生物和化学途径分解,极易随工业废弃物而污染环境。由于其具有高度稳定性与亲油性,可通过各种途径富积于食物链中,特别是水生生物体中。鱼是人食入PCB和PBB的主要来源,家禽、乳和蛋中也常含有这类物质。PCB和PBB进入人体后主要积蓄在脂肪组织及各种脏器中。中毒表现为皮疹、色素沉积、浮肿、无力、呕吐等症状,病人脂肪中PCB和PBB的含量为13.1～75.5 mg/kg。美国规定家禽体内PCB残留量为5 mg/kg体重。

12.3.3.3 重金属

相对密度(比重)在4.0以上的金属统称为重金属。重金属对机体损害的一般机理是与蛋白质、酶结合成不溶性盐而使蛋白质变性。当人体的功能性蛋白,如酶类、免疫性蛋白等变性失活时,对人体的损伤极大,严重者常可致死亡。

重金属主要是因工业污染而进入环境的,并经过多种途径进入食物链。人和动物体通过食物吸收和富集大量重金属,严重时可出现中毒症状,其中以汞、镉、铅最为重要。

(1)汞。汞主要来源于环境的自然释放和工业的污染。在有工业污染的水域生长的鱼可富集有机汞,汞曾作为杀菌剂用于处理种子,因而对粮食作物也有污染。环境中的汞,经微生物群的甲基化作用,形成了毒性较强的烷基汞类化合物,如双甲基汞等。

(2)镉。镉是食品中最重要的重金属污染之一,主要是通过水体和水生生物污染以及含镉废水、废渣、废气被作物及牧草吸收所致。

镉在人体内的含量,随年龄的增长而增多。镉随水、食品进入机体,主要在肾、肝等脏器中蓄积。镉在人体内的半衰期是16～31年。长期摄入含微量镉的食品,可使体内蓄积而引起慢性中毒,主要是损害肾近曲小管上皮细胞,表现为蛋白尿、糖尿和氨基酸尿等。镉对磷有一定的亲和力,故可使骨骼中的钙析出而引起骨质疏松软化,出现严重的腰背酸痛、关节痛以及全身刺痛。现已知镉有害于个体发育,故可致畸胎,影响与锌有关的酶而干扰代谢功能,改变血压状况,具有致癌作用并引起贫血。对人镉的耐受量为 0.5 mg/周。

(3)铅。人体内的铅主要来自食物。据测定,每人每天通过接触吸收的铅量为 300 μg,其中 90% 来自食物。而食物中铅的来源主要有 3 个方面:一是含铅农药在粮食、水果上的残留物;二是汽车燃烧含铅汽油排放的氧化铅及油漆与涂料中含的铅造成的环境污染;三是食品加工、储藏、运输使用的设备器皿含铅,或在食品加工的配料中含铅,如铅合金、搪瓷、陶瓷、马口铁、皮蛋包料等均含有铅。

铅在生物体内的半衰期约 4 年,在骨骼中沉积的铅半衰期为 10 年,故铅在机体内较易积蓄,达到一定量时即可呈毒性反应。铅主要损害神经系统、造血器官和肾脏,同时出现口腔金属味、齿龈铅线、胃肠道疾病、神经衰弱以及肌肉酸痛、贫血等症,严重时发生休克、死亡。人对铅的耐受量为 3.5 mg/周。

(4)砷。砷污染食品的主要原因是田间使用含砷农药和食品加工时使用不符合卫生标准的含砷辅助剂等。砷进入人体后,主要在富含胶质的毛发和指甲中富集,骨骼和皮肤中次之。成人体内含砷量平均为 18~21 mg。砷在体内排泄缓慢,可因蓄积而致慢性中毒。中毒机制是:三价砷在体内与细胞中含巯基的酶结合而形成稳定的络合物,使酶失去活性,阻碍细胞呼吸作用,引起细胞死亡而呈现毒性;也可使神经细胞代谢发生障碍,造成神经系统病变,如多发性神经炎等。五价砷在体内还原成三价砷后也可呈现毒性。人对砷的耐受量为 0.35 mg/周。

综上,纯天然的食品并不是一定安全的。其实,纯天然食品基本上已经不存在了。随着化肥、农药和兽药的广泛使用,不管是自然长成,还是人工培育,食品生长的大环境其实没有太大差异。一些来自山野的纯天然食物,也可能存在一定量的天然毒素。天然毒素是动植物在优胜劣汰的自然环境中,为抵御"天敌"求得生存而分泌的。鸡鸭牛羊等家禽家畜吃了霉变的食物后,所产的蛋、奶也可能有黄曲霉毒素存在。纯天然的食品在种植、收获、储存和制备过程中没有严格的质量控制规范和标准,所以很难保证其安全性。因此,纯天然并不是安全的代名词。"纯天然"和"零添加"一样大多只是营销的手段。不管是纯天然的食品还是现代食品工业生产的食品,安全不安全不能靠想象,而是都要在同等环境下接受科学的检验,而这个科学的检验就是风险评估。只要通过科学的风险评估,证明其安全性,那么纯天然的食品和现代食品工业生产的食品的安全性就并无高下之分。所以,要辩证地看问题。

12.3.4　食品加工中产生的有害物质

因加工的需要,在食品加工过程中会有意或无意地引入一些有毒的化学成分,如肉类制品中常添加有亚硝酸盐,致使其潜在地形成强致癌物亚硝胺类;熏制食品时随熏烟而引入致癌物苯并[a]芘及其他多环芳烃等。在食品加工过程,食品原料也会发生变化而产生一些有毒物质,如油脂的氧化产物等。

12.3.4.1　食品添加剂引起的毒害

在食品生产加工过程中,在一定范围内使用一定剂量的食品添加剂,对人体无害。但如果滥用,也可能引起各种形式的毒害作用,如慢性中毒、致畸、致癌、致突变等。食品添加剂引起毒害作用的主要原因有如下几点。

(1)食品添加剂代谢、转化引起的毒害。食品添加剂随食品进入人体后,有些代谢产物及

化学转化产物有毒性,一般可分为以下几类。

①制造过程中产生的杂质,如糖精中的邻甲苯磺酰胺、氨法生产焦糖色素中的 4-甲基咪唑等。

②食品处理和储藏过程中添加剂的转化,如天冬酰胺甜肽转化为二羧哌嗪,赤藓红色素转变为荧光素等。

③同食品成分起反应生成有毒产物,如焦碳酸二乙酯形成强致癌物氨基甲酸乙酯,亚硝酸盐形成亚硝基化合物等。

④代谢转化产物,如糖精在体内代谢转化为环己胺,偶氮染料代谢形成游离芳香族胺等。

(2)食品添加剂中污染杂质引起的毒害。无害添加剂中有害杂质污染常可造成严重的中毒事件。如 1955 年,日本"森永"牌调和奶粉中,由于加入了含砷达 3%～9% 的磷酸氢二钠作为稳定剂,酿成了"森永砷乳"中毒事件,全国中毒婴儿达 12 131 名,死亡 131 名。因此,切不可忽视作为食品添加剂的化学物质的规格、级别,绝不能随便代用。

(3)营养性添加剂过量的毒性效应。食品加工中常加入一些营养物质作为强化剂,如维生素类。曾有报道好几种维生素摄食过多引起的中毒,如维生素 A 摄食过多可发生慢性中毒现象,主要症状为无食欲、头痛、视力模糊、失眠、脱发、肩背有红疹、皮肤干燥脱屑、唇裂出血、鼻出血、牙龈发红、贫血等症状。

维生素 D 摄食过多可以引起血清钙增加,总胆固醇增高、骨髓钙质过度沉积,还会造成婴儿食欲缺乏、呕吐、烦躁、便秘、体重下降、生长停滞。

其他维生素也有好几种都存在过量中毒的现象。

(4)添加剂使一些人产生过敏反应。日常原因不明的过敏反应疾患中,可能很大部分是由食品添加剂所引起的。已知添加柠檬黄合成色素的饮料有引起支气管哮喘、荨麻疹、血管性浮肿等过敏反应;糖精可引起皮肤瘙痒、日光过敏皮炎等症状;很多香料也可引起过敏反应,如鼻炎、咳嗽、喉头浮肿、支气管哮喘、便秘、浮肿性关节炎等。

人多数组织、器官都可发生过敏性反应,但最易发生的是皮肤、呼吸器官及肠胃系统。

12.3.4.2 食品加工中产生的有害物质

1.硝酸盐类及亚硝胺的形成

食物中硝酸盐(nitrate)及亚硝酸盐(nitrite)的来源:一是腌肉制品中作为发色剂;二是施肥过度由土壤转移到蔬菜中。在硝酸还原酶作用下,硝酸盐还原成亚硝酸盐。

在适宜的条件下,亚硝酸盐可与肉中的氨基酸发生反应,也可在人体的胃肠道内与蛋白质的消化产物二级胺和四级铵反应,生成亚硝基化合物(NOC),尤其是生成 N-亚硝胺(nitrosamine)和亚硝酸胺这类致癌物,因此也有人将亚硝酸盐称为内生性致癌物。图 12-6 显示硝酸盐、亚硝酸盐和亚硝胺之间的转化。

亚硝酸盐的急性毒性作用是导致高铁血红蛋白症,即亚硝酸盐使血红蛋白的亚铁离子被氧化为高铁离子,血氧运输严重受阻。这种症状特别容易在婴儿中发生,这是因为婴儿肠内酸度较低,并且缺乏使血红素的高铁离子还原为亚铁离子的心肌黄酶。

硝酸盐及亚硝酸盐的慢性毒性作用有 3 方面:①致甲状腺肿,硝酸盐浓度较高时干扰正常的碘代谢,导致甲状腺代偿性增大;②致维生素 A 不足,长期摄入过量亚硝酸盐导致维生素 A 的氧化破坏并阻碍胡萝卜素转化为维生素 A;③与仲胺或叔胺结合成亚硝基化合物,其中许多都有强烈的致癌作用。

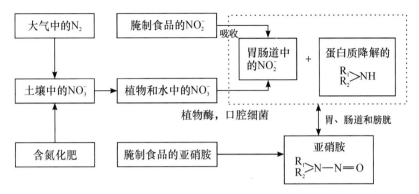

图 12-6　亚硝基化合物的转化

2. 多环芳烃

多环芳烃(polycyclic aromatic hydrocarbon,PAH)是煤、石油、木材、烟草、有机高分子化合物等有机物不完全燃烧时产生的挥发性碳氢化合物,是重要的环境和食品污染物。食品中的脂肪、固醇等成分,在烹调加工时经高温热解或热聚,形成多环芳烃,这是食品中多环芳烃的主要来源。多环芳烃种类繁多,10 多种具有强烈的致癌作用,其中研究最详细的是苯并[a]芘。苯并[a]芘是一种由 5 个苯环构成的多环芳烃(图 12-7)。

苯并[a]芘在常温下为浅黄色针状结晶,性质很稳定,沸点 310～320 ℃(1.3×10³ Pa),熔点 179～180 ℃,在水中溶解度为 0.004～0.012 mg/L,易溶于环己烷、己烷、苯、甲苯、二甲苯和丙酮等有机溶剂中,稍溶于乙醇、甲醇。苯并[a]芘常温下不与浓硫酸作用,但能溶于硫酸,能与硝酸、过氯酸和氯磺酸起化学反应,可利用这一性质来消除苯并[a]芘。苯并[a]芘在碱性条件下较稳定。

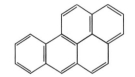

图 12-7　苯并[a]芘结构

多环芳烃是一种强致癌、致突变的化学物质,能透过皮层及脂肪随血液循环分散到身体的各部分。环境中的稠环芳烃主要引发皮肤癌及肺癌,而食物中的稠环芳烃则主要引发胃癌。

为防止和减少食品中多环芳烃的污染,应注意改进食品烹调和加工的方式方法,以减少食品成分的热解、热聚。例如,不要直接用火焰烧烤食物;加强种养殖业所用水域及环境的管理和监测;积极采取去毒措施,如油脂可用活性炭吸附去毒,粮谷可通过碾磨加工去毒,日光或紫外线照射也可使食品中的稠环芳烃含量降低。

3. 油脂氧化及加热产物

油脂自动氧化及热变化的许多产物对人体是极其有害的。

(1)油脂自动氧化产物及其毒性。在氧气的存在下,油脂易发生游离基反应,产生各类氢过氧化物和过氧化物,继而进一步分解,产生低分子的醛、酮类物质。在过氧化物分解的同时,也可能聚合生成二聚物、多聚物。脂肪自动氧化不但使油脂营养价值降低,气味变劣,口味差,而且还会产生毒性物质。脂肪自动氧化主要产生过氧化物和 4-过氧化氢链烯醛。过氧化物有较强的毒性,可使机体的一些酶,如琥珀酸脱氢酶和细胞色素氧化酶遭到破坏,油脂中的维生素 A、维生素 D 及维生素 E 等失去活性,并使机体因缺乏必需脂肪酸而出现病症。一般认为过氧化物值在 100 以下不会使动物产生不良症状,但考虑到个体体质和摄入量等因素,其值以不超过 30 为宜。4-过氧化氢链烯醛是油脂氧化产生的二次氧化产物,其毒性比氢过氧化物

强。用含有 4-过氧化氢链烯醛的油脂饲喂小鼠,结果 2 h 内小鼠死亡。原因是其分子量小,更易被肠道吸收,并使酶的失活作用更为显著。

(2)油脂的加热产物及其毒性。油脂在 200 ℃以上高温中长时间加热,易引起热氧化、热聚合、热分解和水解等多种反应,使油脂起泡、发烟、着色、储存稳定性降低。劣变后的油脂,营养价值降低,并可能产生下列毒物。

①甘油酯聚合物。这种物质在消化道内会被水解成甘油二酯或脂肪酸聚合物类成分。脂肪酸聚合物很难再分解,直接被动物体吸收,进而转移到与脂代谢有关的组织,与各种酶形成共聚物,阻碍酶的作用。

②环状化合物。其环状单聚体毒性极强,二聚体以上的热聚物因不易吸收而毒性较小。

4.美拉德反应产物

在面包、糕点和咖啡等食品的烘烤过程中,美拉德反应(Maillard reaction)能产生诱人的焦黄色和独特风味。美拉德反应也是食品在加热或长期储藏时发生褐变的主要原因。

美拉德反应除形成褐色素、风味物质和多聚物外,还可形成许多杂环化合物。从美拉德反应得到的混合物表现为很多不同的化学和生物特性,其中,有促氧化物和抗氧化物、致突变物和致癌物以及抗突变物和抗致癌物。事实上,美拉德反应诱发生物体组织中氨基和羰基的反应并导致组织损伤,后来证明这是导致生物系统损害的原因之一。在食品加工过程中,美拉德反应形成的一些产物具有强致突变性,提示可能形成致癌物。

5.溶剂萃取和毒素的形成

一些化合物本身在一定浓度范围内并不具有毒性,但与食品组分发生化学反应后能生成有毒产物。例如,在某些国家中曾用三氯乙烯萃取多种油料作物种子中的油脂和从咖啡豆中萃取咖啡。在萃取加工过程中,溶剂与原料中的半胱氨酸作用产生有毒的 S-(二氯乙烯)-L-半胱氨酸,当用萃取后的残留物(饼粕)喂养动物时即产生再生障碍性贫血。

12.4　食品有害物质的安全评价方法

食品中有害物质的安全评价方法同食品的安全性毒理学评价方法,可按照 GB 15193.1—15193.29《食品安全国家标准 食品安全性毒理学评价程序和方法》标准进行。该标准规定我国的食品安全性毒理学评价程序包括 4 个阶段,即急性毒性试验、遗传毒理学试验、亚慢性毒性试验和慢性毒性试验。除此之外,还有以下原则性规定。

(1)凡属我国新创的物质,特别是其化学结构提示有慢性毒性、遗传毒性或致癌性可能的,或产量大、使用面广、摄入机会多的,必须进行全部 4 个阶段的毒性试验。

(2)凡属与已知物质(指经过安全性评价并允许使用者)的化学结构基本相同的衍生物或类似物,则可进行前 3 阶段试验,并按试验结果判断是否需要进行第 4 阶段试验。

(3)凡属已知的化学物质,WHO 对其已公布 ADI 者,同时有资料证明我国产品的质量规格与国外产品一致,则可先进行第 1 和第 2 阶段试验。如果产品质量或试验结果与国外资料一致,一般不要求进行进一步的毒性试验,否则应该进行第 3 阶段试验。

为了建立一个有效的食品安全性及毒理分析检验体系,即能依靠该体系做出食品毒性评估的正确判断,同时且能减少测试所需的实验动物数目,节约开支及时间,美国食品安全科学委员会提出被称为"决定树"的方案,广泛被世界各国所接受。该决定树总的程序如图 12-8 所示。

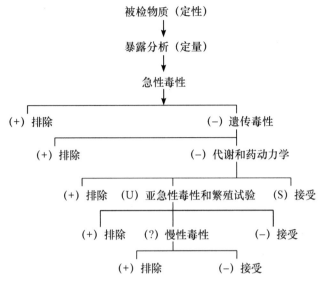

+:毒性不可接受;—:表示可接受的毒性;?:证据不足;S:已知代谢途径并且安全;U:代谢途径未知

图 12-8 食品安全性评估的决定树分析

12.4.1 食品中有害物质的定性分析

食品中有害物质的安全性评价首先取决于食品中有害物质的测定,即将有害物质从食品中分离出来并进行正确的定量测定。有害物质分析的方法包括毒性检测的方法和有害物质分离的方法。

首先要准确验明被检物质,在样品纯度较高的情形下比较容易,因为针对纯物质的化学鉴定和标准程序比较完善。而对一个复杂的混合物就比较复杂一些,此时,最重要的是弄清楚混合物的组成并确定是哪一个成分具有毒性。毒性检测通常是观察中毒效应,由于很少用人来做试验,所以必须选择一种"动物模型"(通常是大鼠或小鼠)来做验证试验。

食物首先应被分成不同的组分,并监测检验每一种组分的毒性。具有毒性的组分被进一步分离和检验直到纯的毒物被完全分离出来。毒物的化学结构可以经各种光谱分析如 UV、IR、NMR、GC-MS 等得到确认。

12.4.2 食品中有害物质的定量分析

一般而言,每一种毒物的定量分析方法有一系列政府监控或规定的质量标准,以确保食品中的毒物在法定的水平之下。

我国于 2003 年公布的《食品卫生检验方法 理化部分 总则》(GB/T 5009.1—2003),为食品中的大多数检控物质的分析提供了指引。FAO/WHO 国际农药残留法典委员会(CCPR)1993 年公布了推荐的 183 种农药残留量检验方法,并要求在选择分析方法时需遵守以下准则。

(1)使用公开发表的,并经多个实验室协同研究证明是有效的分析方法,优先使用标准方法(如 AOAC 方法)。

食品化学

（2）能测定一种以上的残留即多种残留的方法，在处于或低于所规定的最高残留限量的条件下，适用于尽可能多的商品。

（3）可用于装备有日常工作分析仪器的管理性工作的实验室，并优先选用 GC 或 HPLC 作为推荐方法的测定。

12.4.2.1　取样

如果一种毒物广泛存在于任何食物中，化学分析的目的就是测定毒物的量，以确定是否其含量超标。为达到这一目的，取样方法及相关的统计方法对分析方法显得十分重要，因为这与测定结果的判定直接有关。在不同的取样点增加重复取样有助于发现差异，其次，由于食物样品的所有部分均需要同等地暴露于提取过程中，所以，经常有必要混合或切细样品以便达到均质化。

一般而言，样品应该是对某一特定化合物进行筛选和收集，但是不同的化合物所需的样品处理方法不同或相互矛盾，使得"总筛选"不可能进行。例如，含有一些化学物的样品需经碱处理以防止酸降解，而另一些化学物则需要酸处理以防止碱降解。在这种情况下，可能需要一个一般性的或总的筛选试验以便检测一大类的化学物质，之后需要再次收集样品，对筛查中发现的化学物进行特异性的检验和分析。

12.4.2.2　萃取和净化

一旦选取了适宜数量的具有代表性的样品，下一步通常是将被分析物从食品基质中分离出来。一种分析方法的检测能力往往取决于该方法对被分析物质的回收率，以及检测器对被分析物的敏感程度。由于食品中的毒物水平一般处于微量甚至痕量，在分析之前对食品中的毒物进行富集和浓缩往往是必需的。

样品萃取后，将样品放入最终分析仪器前的任何处理步骤均称为净化。该步骤的目的是为了减少进入敏感分析元件的外源化学物质的量，并尽可能避免样品对注射口和分析色谱柱的污染。净化同时也可以制备一定量的待测物以备进一步的分离。液-液萃取、固相萃取（SPE）、超临界流体萃取（SFE）和吹赶-捕集法（P&T 法）是目前常用的萃取和净化方法。

其中，SPE 是目前美国环保局（EPA）指定的农药残留萃取和净化方法。其一般步骤是：将液态或溶解后的固态样品倒入活化过的固相萃取柱，然后利用抽真空或加压使样品进入固定相，固相萃取步骤中将保留感兴趣的组分和类似的其他组分，并尽量减少不需要的样品组分的保留，较弱保留的样品组分可用一种溶剂冲洗掉，然后用另一种溶剂把感兴趣的分析物从固定相上洗脱下来。或者可以让感兴趣的组分（分析物）直接通过固定相而不被保留，同时大部分干扰物被保留在固定相上，从而得到分离。在多数情况下，使分析物得到保留更有利于样品净化。

12.4.2.3　色谱分析

色谱是目前分辨率最高的化学分离方法之一。色谱依据其流动相的不同可分为很多类型，如高效液相色谱（HPLC）、毛细管气相色谱（CGC）、薄层色谱（TLC）、超临界色谱（SFC）和毛细管电泳（CE）等。色谱可以分离和纯化几乎所有的化学物质。由于其分离方法的灵活性、分析的高效性，所分离物质的广泛性，色谱方法对化学毒理有深远的影响。

12.4.3　食品中有害物质的安全性评价

12.4.3.1　预备工作

在进行食品安全性评估之前,另一个首先需要解决的问题是确定人群对某一种物质的摄入水平。做这种测量的方法之一是进行全膳食分析,即访问调查对象以获得他们消费食物类型的信息,并对这类食品所含的所有化学成分(包括有毒物质的残留)进行全面的分析。另一方法是所谓"菜篮子分析",即从零售商那里购买食物,用传统或有代表性的方法进行处理,然后分析某种有疑问的食品成分。通过分析可以计算出某一特定食物成分的年人均消耗量或暴露量。

暴露量评估是指对于通过食品或其他有关途径的暴露而可能进入的生物、化学和物理性因素进行定性和定量评估。例如膳食农药残留暴露评价应以农药残留水平和膳食消费结构为基础进行。农药残留水平主要通过监测分析得出食品中的具体残留量(MRL,单位为 mg/kg 或 $\mu g/kg$),膳食消费可通过全膳食研究获得数据,以 kg/(人·d)表示。

12.4.3.2　急性毒性

首先要做的毒性检验通常都是急性毒性试验,一般是用单剂量的被检物质在 24 h 内反复饲喂两种性别的大鼠或小鼠,并记录 7 d 发生的中毒效应。急性毒性试验的主要目的是确定被检物使实验动物死亡的剂量水平,即定出 LD_{50}。如果该物质的 LD_{50} 小于人的可能摄入量的十倍以上,则不再进行下一步的试验,除极个别情况下某物质具有很强的急性毒性而不能用于食品,应对该物质进行弃用处理。从急性毒性试验获得的数据通常用来确定接下来进行的长期毒性试验的剂量和方法,一般被测物通常要接着做遗传毒性试验,并进行代谢及药动学的研究。急性毒性试验的结果只能作为下一阶段试验的参考,而不能作为某种待测物安全评价的依据。

12.4.3.3　遗传毒性

遗传毒性检验的首要目的是确定被检化学物质诱导供试生物发生突变的可能性。以致突变试验来定性表明受试物是否有突变作用或潜在的致癌作用。

致突变试验包括微生物和哺乳动物细胞的点突变分析;培养的哺乳动物细胞和动物实体模型的染色体畸变(chromosome aberration),以及人和其他哺乳动物细胞的转化研究(肿瘤移植)。致突变试验一般首选鼠伤寒沙门菌/哺乳动物微粒体酶试验,即 Ames 试验,必要时可另选和加选其他试验,如小鼠骨髓微核率测定和骨髓细胞染色体畸变分析;小鼠精子畸形分析和睾丸染色体畸变分析。

如果遗传毒理学的研究发现某物质有致突变性,并具有可能的致癌性,那么就可进行该物质的危害性评价。假如某物质在几个试验中都表现出致突变性,并与人类的致癌性有关,而且使用该物质可明显增加人群对该物质的暴露程度,即使没有做进一步的慢性试验,也可将此物质从进一步使用的名单中删除。如果某物质被检测为低的致突变危险性,例如,该物质仅在一个试验中观察到致突变性,或者仅在很大剂量时才在几个试验中表现出致突变性,则该物质有必要开展进一步的分析。

12.4.3.4　代谢试验

代谢试验是亚慢性试验的一部分,应该在致突变试验之后才进行。该试验的目的是获得

单剂量或重复剂量的某物质被摄入后,其在有机体中的吸收、生物转化、沉积(储藏)和清除特性方面的定性和定量数据。如胃肠道吸收量、血中的浓度、主要器官的分布和排泄物中的含量等等。如果该物质的代谢物的生物效应已知,便可做出使用或拒绝使用该物质的决定。例如,如果能分析出该物质的所有代谢物并且已知它们都是无毒物质,则可认为该被检物质是安全的。如果该物质的有些代谢物有毒或母体物质的大部分沉积于一些组织中,则需做进一步的试验。对一种物质的潜在危害性进行评价之前,要确定该物质在实验动物中的代谢情况是否与其在人体中的代谢一样。因此,对一种物质的代谢和药动学方面知识的了解,对从动物试验结果推断到人体发生相似的危害的结果是必不可少的。

我国的《食品安全性毒理学评价程序和方法》中要求,对于我国新创制的化学物质,在进行最终评价时,至少应进行以下几项代谢方面的试验:该物质在胃肠道的吸收、血液中的浓度及生物半衰期,该物质在主要器官和组织中的分布及其排泄(尿、粪、胆汁)。有条件时,可进一步进行代谢产物的分离、鉴定。对于国际上许多国家已批准使用和毒性评价资料比较齐全的化学物质,可暂不要求进行代谢试验。

12.4.3.5　亚慢性毒性试验

亚慢性毒性试验的周期从几个月到一年不等,目的是测定摄入某物质对组织或代谢系统可能的累积效应。为衡量某一食物成分的安全性,亚慢性毒性试验一般对两种试验对象进行90 d的膳食研究,其中一种应是啮齿动物。亚慢性毒性试验包括每天检查试验动物的外观和行为变化,每周记录体重、食物消耗量和排泄物的特性。除了血、尿的生化检测外,还定期进行血液学和眼科检查。在某些情况下,还进行肝、肾和胃肠功能检查以及血压和体温的测量。试验结束后,对所有动物再进行尸体解剖,检查总的病理改变,其中包括主要器官和腺体重量的改变。

通过亚慢性毒性试验可确定某物质的最大无作用剂量(MNEL)。如果某物质的 MNEL 小于人的可能摄入量的 100 倍,表示毒性较强,应予以放弃;大于 100 倍而小于 300 倍者,可进行慢性毒性试验,若大于或等于 300 倍者,则不必进行慢性试验,可直接进行毒性评价。

12.4.3.6　致畸性试验

致畸试验是亚慢性试验的一个重要方面。致畸性(teratogenesis)可解释为从受精卵形成至胎儿成熟出生之间任何时候开始的发育异常。

致畸试验包括怀孕雌性动物在胎儿器官形成期的短期(1～2 d)试验和整个妊娠期的试验。短期给药的致畸试验,避免了母体对毒物的代谢和排出等产生适应系统,还避免了死胎的发生。接下来的给药则要覆盖胚胎器官发育的各个关键时期,并监控毒物在母体和胎儿两个体系中的累积效应,即同时监控怀孕期母体肝脏对该物质的代谢活性,以及胎儿体系中该代谢物的浓度及成分的变化。还要监控怀孕母体储留部位的该物质所达到的饱和水平,后者与胎儿体系中试验物质浓度的提高紧密相关。

假如试验条件与该物质暴露的实际情况相符,通过上述急性和亚慢性试验即可对该物质的毒效应做出评价。如果某一物质的消耗量很大,或者该物质具有可能致癌的化合物结构,或者该物质在亚慢性毒性试验中显示其具有累计毒性,或者显示遗传毒性试验的阳性结果,则不能做出其对人体无毒的最终决定。

12.4.3.7 慢性毒性试验

慢性毒性试验的主要目的是为了评价长期暴露于相对低水平的某物质时,在亚慢性试验中不能被验证的毒性作用,其是否具有进行性和不可逆的毒性作用以及致癌作用,最后确定最大无作用剂量,为受试物能否用于食品的最终评价提供依据。慢性毒性试验是在实验动物生命周期中的关键时期,用适当的方法和剂量饲喂动物被测物质,观察其累计的毒性效果,有时可包括几代的试验。致癌试验是检验受试物或其代谢产物是否具有致癌或诱发肿瘤作用的慢性毒性试验。

对决定是否接受一种物质用于食物而言,慢性毒性试验的结论是最终的结论。如果该物质在慢性毒性试验中未发现有致癌性,那么根据上述急性和慢性毒性试验的数据以及该物质的摄入水平,将对该物质应用于食品做出总的风险性评估。如果一种物质被证明具有致癌活性,且有剂量和效应关系,在绝大多数情况下该物质不允许作为食品添加剂使用。如果发现毒性试验的设计有误或在将来出现未预料的发现,则需要进一步的试验。

12.4.4 食品中有害物质的安全性评价方法展望

上面介绍的是传统的评价方法,现在提出了减少或部分取代使用实验动物的"替代试验方法"。"替代方法"是使用微生物、细胞、组织、基因动物(也包括虚拟数据库)等来预测外来化学物对人的毒性。

目前,欧洲和北美分别有政府组织在进行这方面的工作,如欧盟的"替代方法欧洲确认中心"(ECVAM)和美国的"替代方法指标确认国际协作委员会"(ICCVAM)。

毒理学试验方法的革新需要机制知识(特别是分子水平和基因水平),而机制知识是建立替代方法的基础。

美国 ICCVAM 提出:确定外源化学物、致癌物应减少依赖动物试验,更多地采用新的分子生物学技术,更多地了解外源化学物如何损伤人的细胞和控制细胞增殖的遗传物质,以便衡量外源化学物的致癌潜力。

要得出接触很小剂量可能产生的细胞损伤,而不是依靠传统的大剂量的动物致癌试验结果外推对人体的效应。这就要深入了解致癌前期的分子生物学变化与毒作用机制;进行外源化学物的安全性毒理学评价很需要这样的涉及机制的定性定量资料,当然也包括毒代动力学资料。

所以,当前的发展趋势是重视研究外源化学物更早发生的、在小剂量作用下、分子/基因方面改变的机制,从机制出发来改进现行毒性试验方法(如诱变性试验和致癌性试验)以及根据毒作用机制来进行安全性毒理学评价,逐步建立起国际通用的"替代试验方法"与评价标准。

替代试验方法的关键要点与比较毒理学。比较毒理学是指将新食品中的内源毒素(如天然存在的和内源的毒素)浓度与存在于与新食品对应的传统食品中的毒素的浓度进行比较。这与传统方法相比有不同的基本观念变化:传统方法强调在范围很广的安全限量(主观设定为 100 倍)不存在毒性,而替代方法允许在新食品中含有内源毒素,只要其含量不超过与新食品对应的传统食品所含的毒素量(与新食品对应的传统食品是指目前还被食用的但要被新食品取代的食品)。替代方法的可信度取决于是否存在可靠的、有可比性的、天然存在于普通食物中的有毒物质数据库。

12.5　小结

食品中有害物质的种类很多,有的是食品原料本身固有的,有的来自于环境污染和微生物污染,也有的是来自加工过程中产生的。这些有害物质对食品的安全性产生了重大的影响,是造成食品安全事故的原因,将极大地影响社会稳定和政府信誉。

食品中有害物质的安全性评价方法和程序同食品毒理学的评价方法和程序,并已发展到利用分子生物学的技术来评价。

思考题

1.豆类食物中有哪几种天然有害物质?它们的主要毒性是什么?

2.花生、玉米及其制品在储藏期最易产生何种有害物制质?有哪些种类?

3.由果蔬带入食物链的有害物质主要有哪些?如何防范?

4.由食品加工产生的有害物质有哪些?

5.简述食品中有害物质的安全性评价方法。

6.简述食品中有害物质的吸收、分布和排泄途径。

7.名词解释:绝对致死量（LD_{100}）,半数致死量（LD_{50}）,最小致死量（MLD）,最大耐受量（MTD）,最大无作用量,最小有作用量,无损害作用,效应,反应,植物血细胞凝集素,蛋白酶抑制剂,过敏及过敏原。

参考文献

[1]黄泽元,迟玉杰.食品化学.北京:中国轻工业出版社,2017.

[2]阚建全.食品化学.3版.北京:中国农业大学出版社,2016.

[3]王璋,许时婴,汤坚.食品化学.北京:中国轻工业出版社,2007.

[4]夏延斌,王燕.食品化学.2版.北京:中国农业出版社,2015.

[5]谢明勇.高等食品化学.北京:化学工业出版社,2014.

[6]BELITZ H D, GROSCH W, SCHIEBERLE P. Food chemistry. Heidelberg: Springer-Verlag Berlin, 2009.

[7]DAMODARAN S, PARKIN K L, FENNEMA O R. Fennema's food chemistry. Pieter Walstra:CRC Press/Taylor & Francis, 2008.

[8]SHIBAMOTO T,BJELDANES L F. Introduction of food toxicology. New York: Academic Press Inc. ,1993.

[9]WATSON D H. Safety of chemicals in food-chemical contaminants. New York: Marcel Dekker, Inc. 1993.

[10]WATSON D. Natural toxicants in food. USA: Sheffield Academic Press. 1998.

中英文索引